NOUVEAU COURS

COMPLET

D'AGRICULTURE

DU XIXe SIÈCLE.

SER – SUC.

TOME QUATORZIÈME.

NOMS DES AUTEURS.

MESSIEURS

THOUIN, Professeur d'Agriculture au Jardin du Roi.

TESSIER, Inspecteur-général des Établissement ruraux appartenant au Gouvernement.

HUZARD, Inspecteur-général des Écoles Vétérinaires de France.

SILVESTRE, Secrétaire de la Société royale et centrale d'Agriculture de Paris.

BOSC, Inspecteur-général des Pépinières royales et de celles du Gouvernement.

YVART, Professeur d'Agriculture et d'Économie rurale à l'École royale d'Alfort, etc.

CHASSIRON, de la Société d'Agriculture de Paris, Propriétaire-Cultivateur.

CHAPTAL, Membre de l'Institut, Propriétaire-Cultivateur, etc.

DE LACROIX, Membre de l'Institut et Propriétaire

DE PERTUIS, Membre de la Société d'Agriculture de Paris, Propriétaire-Cultivateur.

DE CANDOLLE, Professeur de Botanique et Membre de la Société d'Agriculture.

DU TOUR, Propriétaire-Cultivateur à Saint-Domingue.

DUCHESNE, Membre de la Société d'Agriculture de Versailles.

FÉBURIER, Membre de la même Société.

DE BRÉBISSON, Membre de la Société d'Agriculture et des Arts de Caen.

Composant la Société d'Agriculture de l'Institut royal de France.

Les articles signés (**R.**) sont de **ROZIER**.

OUVRAGE IMPRIMÉ PAR Mme HUZARD,

(NÉE VALLAT LA CHAPELLE).

NOUVEAU COURS

COMPLET

D'AGRICULTURE

DU XIXME SIÈCLE,

CONTENANT LA THÉORIE ET LA PRATIQUE DE LA GRANDE ET DE LA PETITE CULTURE,
L'ÉCONOMIE RURALE ET DOMESTIQUE, LA MÉDECINE VÉTÉRINAIRE, ETC.,

OU

DICTIONNAIRE RAISONNÉ ET UNIVERSEL

D'AGRICULTURE,

Ouvrage rédigé sur le plan de celui de feu l'abbé ROZIER, duquel on a conservé les
articles dont la bonté a été prouvée par l'expérience;

Par les Membres

DE LA SECTION D'AGRICULTURE DE L'INSTITUT DE FRANCE, ETC.

Avec des Figures en taille-douce.

NOUVELLE ÉDITION,

revue, corrigée et augmentée.

DU FONDS DE M. DETERVILLE.

PARIS,

A LA LIBRAIRIE ENCYCLOPÉDIQUE DE RORET,

RUE HAUTEFEUILLE, 10 BIS.

1858.

IMPRIMERIE DE A. ÉVERAT ET C°,
rue du Cadran, 16.

NOUVEAU

COURS COMPLET

D'AGRICULTURE.

SER

SERAI. Partie caseuse qui est restée dans le petit-lait, résultant de la fabrication des fromages façon de Gruyères, et qu'on en retire, par une opération particulière, pour la nourriture des ouvriers et des cultivateurs peu fortunés. *Voyez* FROMAGE.

Pour faire le serai, on remet sur le feu le petit-lait dont on vient d'ôter un fromage, et quand il est en pleine ébullition on y verse l'AISY. (*Voyez* ce mot.) Il ne tarde pas à se montrer à la surface une écume blanche, qui s'épaissit par les progrès de la cuisson. On enlève cette croûte avec l'écumoire, et on la met dans un moule, où elle s'affaisse et prend la forme voulue.

Le serai frais est, dit-on, un aliment très-sain qui nourrit beaucoup. On le sale, et il se conserve plusieurs mois par ce moyen. (B.)

SERANCER. C'est diviser la filasse du chanvre et du lin au moyen du serançoir.

Cette opération, la première que subit la filasse après qu'elle est séparée de la chenevotte, se fait quelquefois chez les cultivateurs, mais rarement par eux-mêmes, c'est-à-dire que ce sont des ouvriers voyageurs qui s'en chargent généralement. Elle appartient donc aux arts et n'est pas dans le cas d'être décrite ici, quelque simple qu'elle soit. *V.* CHANVRE et LIN. (B.)

SERANÇOIR. Ce nom doit être exclusivement donné à une espèce de peigne formé de dents plus ou moins grosses, plus ou moins longues, plus ou moins rapprochées, fixé à hauteur d'appui dans un gros morceau de bois, et qui sert à diviser la filasse du chanvre et du lin, à la peigner, comme on dit vulgairement; mais cependant on l'applique souvent à la broye, c'est-à-dire à un autre instrument de bois qui sert à séparer cette filasse des chenevottes. *Voyez* CHANVRE et LIN.

Comme les serançoirs varient dans toutes les dimensions, que leur construction est fort simple, et qu'ils n'appartiennent pas directement aux procédés de l'agriculture, je n'entrerai pas dans de plus grands détails sur ce qui les concerne. (B.)

SEREIN. On appelle ainsi la condensation des vapeurs qui se sont élevées pendant la chaleur du jour, condensation qui a lieu par l'effet du refroidissement de l'atmosphère au moment où le soleil quitte l'horizon.

L'expérience a prouvé que, dans certains pays, il était dangereux de s'exposer au serein; ce qu'on peut expliquer et par la simple influence du passage subit du chaud au froid, et par l'action des gaz ou miasmes délétères qui retombent avec lui et qui se fixent sur la peau ou entrent dans les poumons : ces pays sont principalement ceux qui sont chauds et où il se trouve beaucoup de MARAIS. *Voyez* ce mot.

Le serein doit avoir aussi de l'effet sur les végétaux; mais il est peu sensible et n'a pas été observé.

On croit généralement que le serein forme seul la rosée, mais il n'y concourt que pour la plus petite partie. C'est le soleil qui, en chassant devant lui les vapeurs, l'occasionne principalement. La preuve en est que souvent il n'y a pas de rosée à quatre heures du matin, et que les plantes en sont couvertes à six. *Voyez* au mot ROSÉE. (B.)

SERENNE. Tantôt on donne ce nom au vase dans lequel on sépare le beurre de la crème au moyen de la percussion, tantôt à celui où cette opération se fait par le mouvement d'ailes tournantes dans un vase circulaire. *Voyez* BARATTE, LAIT et LAITERIE. (B.)

SÉRENTE. Nom vulgaire du SAPIN-PESSE, ou ÉPICÉA. *Voyez* SAPIN.

SÉRÈQUE. C'est le GENÊT SAGITTAL.

SERFOUETTE. Outil de jardinage dont on se sert pour remuer la terre, c'est-à-dire pour donner un léger labour autour de petites plantes potagères, comme pois, chicorées, laitues. On s'en sert aussi pour faire périr les mauvaises herbes et les enlever dans les planches et plates-bandes. Cet outil est en fer et formé de deux branches ou dents renversées et pointues, posées toutes deux du même côté à-peu-près parallèlement, et réunies par une douille, à laquelle s'adapte un manche de bois de 4 pieds de long. *Voyez* le mot SERFOUIR. (D.)

SERFOUIR. C'est biner la terre avec une fourche à deux dents. *Voyez* BINAGE, LABOURAGE et SERFOUETTE.

Il y a la différence du binage au serfouissage, que, dans ce dernier, la terre n'est pas ou presque pas changée de place, qu'on ne fait que la gratter pour diviser sa surface.

On serfouit les semis qui sont trop serrés, pour que le fer de la binette puisse passer entre les plants qui les composent.

Du reste, les effets des serfouissages sont, à l'intensité près, les mêmes que ceux des binages : ainsi ce serait se répéter que de les développer ici.

Quelquefois on serfouit avec un bâton pointu, avec une lame de couteau.

Il est des lieux, comme dans la Vendée, où on serfouit les blés, par cette raison semés très-clair, avec une espèce de houlette de 10 à 12 pieds de long, et de 2 pouces de fer, en se tenant debout et en ne quittant sa place que lorsque tout ce que la houlette peut atteindre est remué. L'abondance des talles et la propreté des grains prouvent les avantages de cette pratique, qui n'est pas aussi coûteuse qu'on pourrait le croire, et qui peut très-certainement être rendue générale dans tous les pays de petite culture. (B.)

SERINGA. *Voyez* SYRINGA.

SERINGUE. JARDINAGE. Tuyau de fer-blanc ou de cuivre, de 2 à 3 pouces de diamètre et de 2 à 3 pieds de long, terminé par un bout en pomme d'arrosoir, percé de très-petits trous, et dans lequel joue un fouloir de bois, muni à son extrémité antérieure d'une garniture de chanvre.

On se sert de la seringue, dans les serres et les orangeries, pour donner une mouillure en forme de pluie sur les feuilles et les branches des arbres et des plantes qu'on y conserve. On s'en sert aussi pour répandre sur les mêmes parties des espaliers et autres arbres fruitiers les plus précieux, ainsi que sur les arbustes étrangers, une LESSIVE ou une DÉCOCTION de plantes âcres (*voyez* ces mots), propres à faire périr les insectes qui les tourmentent.

Un jardin bien monté ne peut se passer d'une ou plusieurs seringues pour l'un et l'autre de ces objets. Les arrosemens sur les feuilles, imitant la nature, sont toujours très-avantageux et souvent indispensables. *Voyez* ARROSEMENT. (B.)

SERPE. Instrument de fer, plat et tranchant, haut de 8 à 10 pouces, large de 3 à 4, qui a le bout courbé en croissant, et une poignée de bois. On s'en sert, dans l'agriculture et le jardinage, pour couper de menues branches, et pour tailler quelques ouvrages de bois, comme cerceaux, échalas, pieux, etc. Après la cognée, c'est l'instrument dont on fait le plus usage dans l'exploitation des forêts, et pour émonder les arbres des grandes routes. (D.)

Dans chaque département, on voit des serpes différentes en forme et en grandeur de celles des départemens voisins, sans qu'on puisse en indiquer les motifs. Entrer dans la discussion de ces motifs serait un travail fort difficile et peu utile.

Le COUJARD est une sorte de serpe dont il est à désirer que l'usage s'étende en France. *Voyez* son article.

Lasteyrie a figuré plusieurs sortes de serpes peu connues en France, dans le premier volume de sa *Collection des machines et instrumens employés en agriculture*. (B.)

SERPENT. On donne ce nom à une famille d'animaux caractérisée par un corps très-allongé, couvert d'écailles et dépourvue de pieds. Elle est un objet de terreur et de proscription. On en tue généralement toutes les espèces, quoiqu'on ne doive redouter que le plus petit nombre. Je crois que, loin d'aggraver par des histoires ou des contes la peur qu'on en a dans la campagne, on doit accoutumer les enfans à ne pas craindre et à ne pas tuer même ces espèces dangereuses, qui toutes fuient l'homme et sont utiles à l'agriculture, en détruisant les mulots, les limaces et les insectes, qui en mangent les produits.

Les trois genres de serpens dont il existe des espèces en France, sont COULEUVRE, VIPÈRE et ORVET. On trouvera à ces mots tout ce qu'il convient à un cultivateur de savoir à leur sujet, j'y renvoie le lecteur.

On croit généralement dans la campagne que les serpens aiment le lait avec passion et tettent souvent les vaches : c'est un préjugé ; tous sont carnivores, c'est-à-dire ne vivent que de chair et même que de chair vivante. Une vipère qui se jetterait sur un mulot qui court, ne touchera pas à celui qui est mort ou qui ne donne aucun signe de vie.

On dit que les serpens charment les animaux qu'ils voient les premiers, et que, par l'effet de ce charme, ces animaux viennent d'eux mêmes se jeter dans leur bouche. Le vrai est qu'ils leur causent quelquefois une telle terreur, qu'ils perdent la faculté de se sauver et de se défendre. Cet effet est fort naturel et s'observe même dans l'homme. (B.)

SERPENT AVEUGLE, SERPENT CASSANT. *Voyez* ORVET.

SERPENT A COLLIER. C'est la COULEUVRE la plus commune. *Voyez* ce mot.

SERPENTAIRE. Plante du genre des GOUETS et des ARISTOLOCHES. *Voyez* ces mots.

SERPENTAIRE A GRANDES FLEURS. C'est un CACTIER.

SERPENTAUX. On donne ce nom, en jardinage, aux ra-

meaux de certains arbustes qui sont longs et flexibles, lorsque, couchés en terre pour être marcottés, ils y entrent et en
ressortent plusieurs fois. Les chèvrefeuilles, les jasmins, les
viornes et autres plantes de cette nature se multiplient souvent ainsi.

L'établissement des serpentaux ne diffère pas des marcottes
ordinaires, il suffit seulement de faire attention que la partie
hors de terre offre des boutons d'où puissent sortir de nouvelles
branches. *Voyez* au mot MARCOTTE. (B.)

SERPETTE. Petite serpe dont les jardiniers et les vignerons
se servent pour tailler les arbres et la vigne ; sa lame se plie
souvent et se ferme en partie dans le manche comme celle d'un
couteau. Les serpettes diffèrent de forme et de grandeur, suivant l'idée de l'ouvrier et l'habitude d'un pays. En général, le
tranchant doit être de médiocre longueur, c'est-à-dire d'environ 2 pouces jusqu'à l'endroit où la courbure du dos commence, et ensuite toute la courbure jusqu'à l'extrémité de la
pointe doit avoir encore 2 pouces, ensorte que le tout ne soit
que de 4 pouces en tout. Le manche doit plus approcher de
la forme carrée que de la forme ronde, doit être aussi d'une
grosseur raisonnable, afin qu'il remplisse à peu près la main
et qu'elle puisse le tenir bien ferme, sans qu'il tourne ou
qu'il lui échappe en faisant effort : une grosseur de 2 pouces
ou de 2 pouces et quelques lignes est la plus convenable.

Le fer de la serpette doit être d'un bon acier et bien trempé,
de manière que le tranchant ne puisse pas aisément se rebrous-
ser, s'égrener ou s'ébrécher. Il faut que les serpettes soient
toujours bien affilées, souvent nettoyées et repassées autant de
fois qu'on s'aperçoit que le tranchant ne coupe pas bien. On
ne doit se servir de la serpette que pour couper le bois qui est
jeune et vif, tendre, bien placé et d'une grosseur médiocre ;
jamais on ne doit l'employer aux endroits qui pourraient l'é-
mousser et où la serpe ou la scie ferait mieux qu'elle.

Avec les plus petites serpettes, on peut couper des branches
de 3 à 4 lignes de diamètre ; les moyennes servent à la taille
des arbres fruitiers, et on fait usage des plus fortes pour couper des branches qui ont 2 pouces de grosseur. Un manche
uni ne convient point à cet instrument, parce qu'il est sujet
à glisser dans la main quand on veut s'en servir. (D)

Tout instrument contondant, comme des CISEAUX, un SÉ-
CATEUR, etc., est inférieur à la serpette, 1°. parce qu'il coûte
nécessairement plus cher ; 2°. parce qu'il opère moins rapide-
dement ; 3°. et principalement parce qu'il comprime avant de
couper, et que toute compression désorganise plus ou moins
les parties voisines de la ligne de compression, sur-tout quand
le bois n'est pas encore complétement AOUTÉ. (B.)

SERPILLIÈRE. Les jardiniers donnent ce nom à la courtilière. C'est aussi le morceau de Toile avec lequel on couvre
les semis et les fleurs. *Voyez* ce mot et Couverture. (B.)

SERPILLON. Petite serpe en usage pour la taille des
arbres.

SERPOLET. Espèce du genre des thyms.

SERRE. Bâtiment en partie vitré, destiné à renfermer, au
moins pendant l'hiver, les plantes qui croissent naturellement
entre les tropiques, et qui ont par conséquent besoin d'une
température très-élevée non-seulement pour croître, mais
même pour se conserver. *Voyez* aux mots Froid, Gelée et
Hiver.

On peut aussi cultiver dans les serres des légumes et des
fruits dont on veut jouir avant l'époque fixée par la nature ;
mais on le fait rarement, à raison de la dépense. On préfère
employer à cet usage les Baches, les Chassis, les Couches,
dont la construction et l'entretien sont moins coûteux ; on
devrait encore plus leur préférer les Téronées. *Voyez* ces
mots.

A Schœnbrunn, jardin de l'empereur d'Autriche, près
Vienne, chaque serre est affectée à une culture particulière,
de manière que celle qui est avantageuse à une plante n'est
pas nuisible aux autres, comme cela a lieu généralement chez
nous. Ainsi il y a une serre uniquement pour les palmiers,
qui craignent si fort l'humidité ; il y en a une pour les plantes
de la Guiane, qui redoutent si fort la sécheresse. Ce n'est
que quand nous ferons de même que nous pourrons espérer de
conserver long-temps, et de jouir de tout le luxe de leur végétation, les arbres et les plantes vivaces des pays inter-
tropicaux.

Pour remplir leur objet, les serres doivent être tenues, par
le moyen naturel des rayons du soleil ou par celui artificiel du
feu, dans un degré de chaleur approchant de celui de celle qui
règne habituellement entre les tropiques, c'est-à-dire, terme
moyen, entre 15 ou 20 degrés au-dessus de zéro du thermomètre de Réaumur.

Lorsqu'une serre se chauffe par le moyen des rayons du soleil seulement, on l'appelle *serre tempérée ;* lorsqu'elle se
chauffe par les rayons du soleil et par des poêles, on l'appelle
serre chaude.

Une serre ne mérite le titre de bonne que lorsqu'elle possède au plus haut degré, par sa construction, la faculté de con-
centrer la chaleur des rayons du soleil dans son intérieur et
d'y conserver celle du feu qu'on y allume pendant un temps
plus ou moins long.

C'est de l'exposition et du mode de construction d'une serre qu'on doit attendre ces résultats avantageux.

L'exposition d'une serre doit être entre l'est et le sud. Trop à l'est, elle reçoit trop obliquement les rayons du soleil ; au-delà du sud, elle les perd trop promptement. Je dirai donc qu'il faut rigoureusement la placer au sud-est, si on pouvait toujours être le maître de l'emplacement, si le choix ne dépendait pas souvent des bâtimens déjà construits et des alentours. L'ouest et le nord ne valent absolument rien, et il faut renoncer à toute construction de serre lorsqu'on se trouve ainsi placé.

Un cultivateur qui a écrit sur la construction des serres, mon prédécesseur Nolin, a prétendu que l'exposition que je viens d'indiquer ne valait pas celle du sud-ouest, parce qu'il s'élève toujours le matin un vent d'est très-froid ; mais il n'a pas fait attention que les vents d'ouest sont toujours humides dans les deux tiers de la France, et que l'humidité, comme je le dirai plus bas, est plus nuisible que le froid aux serres. D'ailleurs, c'est le matin que presque toutes les fleurs s'épanouissent, et dès que le soleil s'est élevé de quelques degrés sur l'horizon, ce vent froid se dissipe. (*Voyez* Vent.) D'ailleurs, qui oblige d'ouvrir les panneaux de la serre avant dix heures du matin ?

Une montagne, un bois, une rivière, un étang, qui se trouvent à peu de distance devant une serre, sont de mauvais voisins pour elle, parce qu'ils amènent un air humide et froid, qui ne peut que beaucoup nuire à la végétation des plantes qu'elle contient, soit directement en agissant sur elles pendant l'été lorsque ses panneaux sont ouverts, soit indirectement en soutirant à travers les vitres et les murs sa chaleur intérieure.

Au contraire, une montagne, de grands bâtimens placés derrière la serre, à une petite distance, sont un supplément extrêmement avantageux, en ce qu'ils agissent comme Abri (*voyez* ce mot), et en augmentant la chaleur de l'atmosphère environnante, diminuent la déperdition de celle qui a été accumulée dans l'intérieur de la serre, soit par les rayons du soleil, soit par le feu des poêles.

Pour éviter que le froid et l'humidité de la terre ne se transmettent dans les serres, il faut que leur sol soit élevé au-dessus d'elle de 3 ou 4 pieds par le moyen d'un massif de maçonnerie, au centre duquel il serait bon de mettre du charbon ou du verre en poudre, comme mauvais conducteur de la chaleur. S'il n'était pas trop coûteux de bâtir ce massif en briques vernissées, cela n'en vaudrait que mieux. On emploie ordinairement des pierres de taille assemblées avec du ciment.

Ainsi que l'expérience le prouve, les couches inférieures de l'air sont plus chaudes que les supérieures lorsque le soleil

brill°, mais elles sont plus froides, comme plus humides, lorsqu'il ne paraît pas et pendant la nuit. (*Voy.* Air et Humidité.)
On doit donc, dans les pays brumeux, tenir le sol de la serre
aussi haut que la facilité du service intérieur le permet, c'est-
à-dire au moins au double de ce qui vient d'être dit. Une
rampe vis-à-vis la porte fournit alors un moyen de communication.

La nécessité de donner le plus de lumière possible à la serre
commande de faire son plan horizontal de la forme d'un parallélogramme fort allongé. Celle d'un trapèze, dont le petit côté
serait au nord, vaudrait mieux en théorie ; cependant la nécessité d'obtenir le plus de terrain possible, et d'avoir des angles
pour placer les réservoirs à eau, fait repousser cette forme de
la pratique. Il doit y avoir une proportion nécessaire entre la
longueur et la largeur ; mais les élémens de cette proportion
sont plus faibles dans le sens de la largeur, c'est-à-dire qu'une
serre double en longueur ne peut être double en largeur.

Une trop petite serre et une trop grande serre ont également
des inconvéniens : la première, parce qu'elle coûte presque autant
à construire, exige presque autant de chaleur qu'une moyenne,
est plus sensible aux influences du froid extérieur, et contient
moins de plantes ; la seconde, à raison de ce qu'elle exige des
dépenses considérables en bâtimens, consomme une grande
quantité de chaleur pour produire peu d'effet, et qu'un défaut
de soin peut y causer de grands désastres.

Il a été de tout temps reconnu qu'une serre moyenne valait
mieux que deux serres petites, et deux serres moyennes qu'une
serre grande.

Mais qu'est-ce qu'une serre moyenne ? Plusieurs personnes
qui répondraient à cette question pourraient être fort peu
d'accord ; cependant je crois pouvoir arbitrer que c'est celle
qui a 5 à 6 toises de long.

Puisqu'une serre doit jouir de tous les rayons du soleil et de
lumière qu'il est possible de lui procurer dans le climat où
elle est construite, il faudrait que sa profondeur fût la moindre
possible, c'est-à-dire 2 à 3 pieds ; mais le peu de plantes qu'elle
pourrait contenir, et la rapidité avec laquelle l'air qu'elle ren-
fermerait se mettrait au niveau de la température extérieure,
ne le permettent pas.

« Il faut, dit Nolin, que la grandeur, la proportion et la
disposition des parties d'une serre s'accordent avec le bien des
plantes et la facilité de les soigner. D'abord la profondeur ne
peut être moindre que de 8 pieds et demi ou 9 pieds, dont
5 ou 6 seront occupés par les plantes et le reste servira au service. En second lieu, le mur du fond ne peut pas avoir moins
de 5 pieds ou 5 pieds et demi de hauteur, afin qu'un homme

puisse facilement y passer. Enfin la hauteur du vitrage du côté du midi doit être telle que les rayons du soleil éclairent, tous ou presque tous les jours de l'année, toutes les faces intérieures. Sa largeur et la hauteur de son vitrage se déterminent par la hauteur méridienne du soleil au solstice d'été, car plus le degré du solstice d'été est élevé au-dessus de l'horizon, moins les rayons du soleil sont obliques, et par conséquent moins la largeur d'une serre doit être prolongée au-delà de 8 pieds et demi ou 9 pieds.

» Si donc dans un climat où l'angle du solstice avec l'horizon est de 70 degrés, on donne au vitrage d'une serre 18 pieds de hauteur, le rayon solsticial ne s'étendra qu'à environ 6 pieds 3 pouces sur l'aire horizontale. Ainsi la largeur de la serre ne serait pas suffisante; mais dans ce climat, où l'on tire les plantes de la serre long-temps avant le solstice pour les exposer en plein air, on peut lui donner les mêmes dimensions qu'à celle destinée pour un climat où la hauteur du solstice serait de 5 à 6 degrés moindre.

» Ainsi, plus les rayons du soleil sont obliques, et plus on peut donner de largeur à une serre : par exemple, dans un climat plus septentrional que Paris, où la hauteur du solstice serait de 58 degrés, si le vitrage vertical d'une serre est de 18 pieds, le rayon du solstice tombera sur l'aire horizontale à 11 pieds; mais si on donne au dehors seulement 2 pieds de talus au vitrage, pour l'incliner un peu et lui faire recevoir moins obliquement les rayons du soleil, l'espace compris entre le pied de ce vitrage et le rayon du solstice sera de 13 pieds, sur lesquels, prenant 9 pieds pour la largeur, le soleil frappera tout le fond de la serre presque tous les jours de l'année; ce qui est nécessaire dans un tel climat, où à peine ose-t-on risquer en plein air un petit nombre de plantes.

» Avant d'exposer une méthode pour déterminer les projections relatives de toutes les parties d'une serre pour le climat de Paris, je ferai quelques observations générales.

» 1°. Si la serre n'est destinée que pour les plantes des climats compris entre le 23e. et le 36e. degrés, comme la plupart passent l'été en plein air dans le climat de Paris, on peut la régler à environ 62 degrés, c'est-à-dire du 15 au 20 septembre, temps où on rentre les plantes, du 20 au 25 mai, temps où on les sort.

» 2°. Si la serre ne renferme que des plantes de la zone torride, quelques-unes, les moins délicates, pouvant supporter le plein air pendant une partie de l'été, et laissant de la place pour rapprocher vers le devant celles qui doivent être constamment tenues dans la serre, il n'est pas nécessaire que le soleil, au solstice d'été, éclaire le fond. Ainsi on pourra reculer le mur du nord environ d'un pied au-delà du rayon solsticial, et attacher contre ce mur des planches sur lesquelles on placera des pots dans les saisons où il jouira du soleil. »

Il peut donc y avoir des serres dont le vitrage soit perpendiculaire, et il peut y en avoir dont il soit plus ou moins incliné en dedans. Je ferai connaître plusieurs sortes de ces dernières.

« La mesure d'un des côtés d'une serre étant donnée, continue Nolin, et la hauteur du solstice d'été étant connue, il est facile de trouver les dimensions et les proportions des autres côtés.

» Soit la hauteur du solstice à Paris de 64 degrés et demi, et soient donnés 9 pieds pour la largeur de la serre; 1°. d'un point C, *Pl. I, fig.* 1, pris à volonté sur l'horizontale CB, je décris un arc de 60 degrés et demi, et je tire le rayon solsticial CE; 2°. je prends sur l'horizontale les 9 pieds donnés pour la largeur, et de leur extrémité B j'élève la verticale BE. Le point où elle coupera le rayon donnera la hauteur d'un vitrage de 19 pieds 2 pouces; 3°. du point C j'élève une autre verticale CF, qui sera le mur du nord. Pour trouver sa hauteur, je décris du point E un arc de 45 degrés, qui font la mesure de l'inclinaison du toit, en tirant la ligne EF, le point où elle rencontrera la ligne CF montrera la hauteur du mur du nord, de 10 pieds 2 pouces, et la longueur du toit incliné, de 12 pieds 8 pouces. »

Dans cette sorte de serre le vitrage est perpendiculaire et par conséquent moins exposé aux effets de la grêle, de la neige, des pluies battantes, aux coups meurtriers du soleil; il ne laisse point tomber en eau sur les plantes les vapeurs qui s'y attachent; mais si elles ont une grande profondeur, elles ont nécessairement une grande hauteur, et si elles sont étroites elles contiennent peu de plantes et se refroidissent rapidement.

Fondés sur le principe constant que le vitrage d'une serre doit recevoir directement les rayons du soleil pendant la plus grande partie de l'année, la plupart des cultivateurs lui donnent de l'inclinaison.

Mais quelle est cette inclinaison? « C'est, continue Nolin, dans le climat de Paris, celle qui coupe à angles droits la ligne du solstice d'hiver (ce solstice est élevé de 17 degrés et demi, par conséquent le vitrage doit être incliné de 72 degrés et demi), car depuis le 20 novembre jusqu'au 10 janvier les rayons du soleil tomberaient directement sur le vitrage, presque tous les jours à midi, cet astre, pendant ce temps, étant, à cause de l'obliquité de l'axe de la terre, presque fixe au même degré du zodiaque; le 10 décembre et le 20 janvier, ils seraient directs à onze heures et à une heure ; vers le 20 novembre et le 10 février, à dix heures et à deux heures ; le 1er. octobre et le 1er. mars, à neuf heures et à trois heures; le 5 septembre et le 25 mars, à huit heures et à quatre heures; vers le 5 août et le 25 avril, à sept heures et à cinq heures ; enfin vers le solstice d'été, à six heures du matin ou du soir, ou zéro, parce que le vitrage, supposé bien orienté au midi, est dans le plan de six heures. »

La *Pl. I, fig.* 2 , représente la construction de la coupe transversale de cette serre d'après les mêmes proportions que celles adoptées pour la serre à vitrage perpendiculaire.

« Ce petit nombre d'époques, observe Nolin, suffit pour montrer qu'un vitrage qui a cette inclinaison reçoit en hiver les rayons du soleil aux heures les plus voisines de midi, les seules où il ait quelque chaleur, et qu'au contraire plus le soleil s'approche du solstice d'été, temps où il n'échauffe que trop les serres, ses rayons n'y tombent directement qu'à des heures plus éloignées de midi, et que l'heure de midi est celle où ils sont les plus obliques.

» Quelque avantageuses que soient ces dernières serres, on a trouvé qu'elles n'étaient pas encore assez échauffées par les rayons du soleil, et on en a construit mi-partie perpendiculaire et mi-partie inclinée. Alors la partie inclinée l'a été de 45 degrés (et même plus pour les serres à ananas).

» Les partisans des deux précédentes directions du vitrage des serres, ajoute Nolin, objectent 1°. que les inconvéniens cités plus haut deviennent plus graves; 2°. que les rayons du soleil tombent trop obliquement pendant l'hiver sur l'une et l'autre parties du vitrage, et trop directement pendant l'été sur la partie inclinée; mais d'abord la chaleur du soleil n'étant pas assez forte en hiver pour dispenser d'allumer du feu pendant le jour, dans les temps de gelée et de grand froid, quelque dégagé de vapeurs que l'air puisse être, il importe peu que les rayons du soleil tombent plus ou moins obliquement sur le vitrage ; en second lieu, pendant l'été, une partie des plantes est exposée en plein air, et l'autre n'est retenue dans la serre que parce qu'elle a besoin d'une grande chaleur : or, plus la chaleur sera grande et plus l'on pourra donner d'air; ce qui sera très-avantageux à ces plantes renfermées.

» Les dimensions de ces serres sont indépendantes des solstices, de l'équinoxe, et des différentes hauteurs du soleil dans les diverses saisons, parce que tous les jours de l'année il peut étendre ses rayons sur toutes les faces intérieures , et que rien n'y porte de l'ombre. Elles se règlent sur le nombre et la grandeur des plantes, observant cependant que plus elles ont de capacité, plus elles sont dispendieuses à échauffer pendant l'hiver. On trouve leurs proportions par la même méthode que celle des serres à vitrage vertical, et même plus facilement. Ainsi, soit à construire une serre de 12 pieds de longueur, dont le mur du fond doit avoir 18 pieds de hauteur, 1°. j'élève la ligne AB, *Pl. I, fig.* 3; 2°. je prends la même longueur sur l'horizontale, pour avoir le triangle rectangle ABC; 3°. je prends de A vers C la largeur (12 pieds) de la serre. Etant soustraite de 18, il restera 6 pieds pour la hauteur du vitrage vertical DE; et la ligne EB sera la longueur (17 pieds) et l'inclinaison (45 degrés) de la partie supérieure du vitrage.

» Mais on n'a pas toujours besoin d'une telle hauteur et souvent de plus de largeur. On peut alors diminuer d'environ un tiers la longueur du vitrage et le remplacer par un petit toit incliné au nord, comme on le voit, *fig.* 4. Dans quelques serres, ce toit est plus large encore, ce qui diminue leur capacité et les rend plus faciles à chauffer. Dans d'autres, il est prolongé en saillie au-dessus du vitrage, comme on le voit, *fig.* 5, 1°. pour l'abriter et empêcher le vent du nord de se rabattre dessus; 2°. pour, en le plafonnant, le mettre dans le cas de réfléchir les rayons du soleil; 3°. pour pouvoir y attacher les toiles ou les paillassons destinés à garantir la serre du trop grand soleil, ou son vitrage de la grêle.

» Les fondations d'une serre doivent être en briques, celles des faces intérieures et extérieures vernissées (1), c'est-à-dire vitrifiées à leur surface, pour diminuer d'autant la perte de la chaleur, le verre étant un de ses plus mauvais conducteurs. Ces briques coûtent un peu plus cher, parce qu'elles exigent plus de cuisson; mais il ne faut pas regarder à quelques francs de plus de dépense.

» On pave l'intérieur, au niveau des fondations, avec les mêmes briques, mais sans les lier entre elles par de la chaux.

» Au-dessus de ces fondations, qui ont environ 2 pieds d'épaisseur, et qui s'élèvent à 2 ou 3 pieds au plus au-dessus de terre, on bâtit du côté du nord un mur en moellons de même épaisseur et de la hauteur de la serre Il est revêtu en dedans et en dehors d'un bon enduit, et blanchi en dedans d'un lait de chaux, mieux encore d'une couche de peinture à la colle ou au caillé de lait.

» Sur les trois autres côtés on applique une plate-forme de bon bois de chêne, large de 9 à 10 pouces, épaisse de 5 à 6, taillée en chanfrein sur le bord de sa face supérieure, pour faciliter l'écoulement des eaux des pluies et pour laisser passer

---

(1) De la mine de plomb sulfureuse (galène), ou de l'oxide vitreux de plomb (litharge), réduit en poudre et uni a un lait de chaux épais, dans la proportion d'un cinquantième, suffit pour, en y trempant les briques déjà cuites et en les remettant au feu, déterminer la vitrification de leur surface.

plus de lumière sur l'aire de la serre ; elle doit déborder d'un à 2 pouces le parement extérieur des murs.

» Dans cette plate-forme on entenonne des montans ou poteaux, distans de 4 à 5 pieds entre eux, de 6 pouces d'équarrissage et d'une longueur égale à la hauteur du vitrage, c'est-à-dire de toute la hauteur de la serre, si tout son vitrage est vertical ou incliné, et de la partie inférieure seulement, s'il est en partie vertical et en partie incliné. Dans ce dernier cas, ces montans reçoivent une autre plate-forme des mêmes dimensions que l'autre et s'y entenonnent. Cette seconde plate-forme reçoit, en mortaise, de semblables montans inclinés, qui se posent aussi en assemblage sur le faîte.

» Une barre plate ou une forte tringle de fer attachée avec des vis, ou passée dans des coulisses de fer du côté intérieur de la serre, sur les travers de ces montans, vers leur milieu, les tient en respect et les empêche de se déjeter d'un autre côté.

» Toutes ces pièces de bois doivent être unies et dressées à la varlope. On abat les angles des montans du côté intérieur de la serre et aux deux côtés de leur face extérieure. On creuse, suivant leur longueur, une feuillure plus ou moins large et profonde (environ deux pouces), pour recevoir les châssis vitrés et les y adapter exactement. Les châssis inclinés s'appliqueront bien dans les feuillures par leur propre poids ; les verticaux y seront retenus par des tourniquets, qui donneront la facilité de les enlever et de les remettre à volonté. Il sera bon de faire un ou plusieurs panneaux suivant la longueur de la serre, en forme de porte ouvrant ou fermant par dehors, pour donner beaucoup d'air quand cela est nécessaire. Pour les châssis inclinés, on fera, sur-tout dans la partie la plus haute, plusieurs vasistas, ou, mieux, on fera, près du faîte ou sur le faîte, quelques panneaux qui s'élèveront ou s'abaisseront au moyen d'une bascule ou autrement. Dans les serres assez basses pour qu'un homme puisse atteindre au vitrage incliné, on pourrait le construire comme le châssis à coulisse des croisées; sa partie inférieure glisserait dans une coulisse sur la supérieure.

» Chaque panneau sera composé d'un cadre ou battant, dont le bois aura environ trois pouces de largeur sur deux d'épaisseur, et de deux ou trois montans de 2 pouces de largeur et d'épaisseur, et entenonnés sur les deux traverses inférieures et supérieures des battans, sans être coupés par aucune traverse. Pour leur en tenir lieu et pour les empêcher de se déjeter et de se tourmenter, on y attache du côté intérieur, avec des vis, de petites tringles de fer distantes l'une de l'autre de 2 à 3 pieds. Le cadre du panneau et les montans auront sur leurs bords extérieurs une petite feuillure, pour placer les vitres.

» Tous ces bois recevront trois couches à l'huile et en blanc, pour les empêcher de pourrir aussi rapidement et pour qu'ils réfléchissent les rayons du soleil. »

On pourrait substituer le fer au bois dans toutes ces parties, et on obtiendrait une plus longue durée ; mais aussi la dépense serait plus forte et la serre moins bonne, parce que le fer est un des meilleurs conducteurs de la chaleur que l'on connaisse. *Voy*. CHALEUR.

Cela étant fait, on posera sur les panneaux les vitres de manière qu'elles soient en recouvrement de 4 à 6 lignes, et on les garnira de bon mastic, qu'on peindra aussi. Ces vitres auront le plus de hauteur possible. *Voyez* CHASSIS.

Pour prévenir l'introduction de l'eau par la ligne de jonction des vitres, M. Jordens a proposé dans la seconde série du Répertoire des arts et manufactures anglaises, n°. 183, de tailler les verres à angle saillant du côté de la pente et rentrant du côté opposé, et de mettre du mastic dans l'intervalle, excepté à la pointe : il assure que ce moyen lui a parfaitement réussi.

C'est toujours du verre commun qu'on emploie, à raison de l'économie, dans la fabrication de ces vitres ; mais si elles étaient composées de verre légèrement coloré en rouge, on obtiendrait une chaleur bien plus considérable, les rayons rouges étant plus chargés de calorique que les bleus et les jaunes, et par conséquent que les blancs. *Voyez* CHALEUR.

On pourrait, en superposant plusieurs vitrages les uns aux autres, faire naître dans la serre une chaleur constante, telle qu'elle brûlerait les plantes, et ce par le seul effet de l'accumulation de celle des rayons du soleil. Je désire beaucoup d'être à portée d'en faire construire une à trois vitrages, pour faire des expériences et forcer à fleurir beaucoup de plantes qui s'y refusent dans celles du Jardin du Muséum : la dépense serait presque double, mais ne serait certainement pas perdue ; du moins suis-je persuadé que l'économie annuelle du bois en dédommagerait et même bien au-delà. Je la voudrais d'ailleurs d'une capacité moyenne, 18 à 20 pieds de long. Il n'y a pas de doute qu'il ne fût très-facile d'en régler la chaleur au moyen des ouvertures et des toiles, et de la proportionner, en chaque saison, au besoin des plantes qui y seraient contenues. *Voy*. CHALEUR et LUMIÈRE.

On peut placer la porte des serres dans toutes les parties de leur pourtour ; cependant il vaut mieux qu'elles soient vers leur fond, sur un de leurs petits côtés, ou sur le derrière, principalement pour économiser de la place. Cette porte sera exactement close, et autant que possible accompagnée d'un tambour, qui empêchera l'air extérieur d'y entrer en trop grande quantité lorsqu'on l'ouvrira pendant l'hiver.

Je n'ai pas cru devoir donner le plan ni l'élévation des serres à châssis perpendiculaires et à châssis simplement inclinés; mais j'ai pensé qu'il était bon d'offrir quelques exemples de celles qui ont une partie de leur vitrage perpendiculaire ou peu inclinée, et une autre inclinée de 45 degrés, renvoyant au mot BACHE celles qui sont extrêmement inclinées.

La *figure 5, Pl. I*, représente l'élévation d'une de ces serres, dans laquelle, tantôt les deux faces de côté sont en maçonnerie, tantôt seulement celle qui regarde le nord-est ou l'est. Cette serre est la plus simple.

Il y a quelques années qu'on a commencé en Angleterre à établir des serres plutôt tempérées que chaudes, sur un autre principe, mais qui, à raison de la grande quantité de lumière qui y règne, ont des avantages immenses sur celles dont j'ai parlé jusqu'à présent. On en voit à Paris chez les pépiniéristes Noiselle et Cels, dont ils sont extrêmement satisfaits, et qui m'ont paru remplir en effet toutes les conditions requises, à la chaleur près, qu'on peut difficilement y élever à un très-haut degré, à raison de la grande quantité de leur déperdition par les jointures des vitres.

Cette serre est constituée par un parallélogramme d'environ 18 pieds de large, sur une longueur indéterminée, mais qui ne doit pas être moindre que le double de sa largeur. Son pourtour est un mur de 3 pieds de hauteur, prolongé triangulairement en hauteur jusqu'à 18 pieds, sur les côtés les plus étroits, dans l'un desquels la porte se trouve percée. Sur les côtés les plus larges est fixée une sablonnière à rainure, et d'un des sommets des côtés les plus étroits à l'autre est placée une faîtière également à rainure. Sur l'intervalle des sablonnières à la faîtière se placent des vitraux, dont une partie est fixée et l'autre mobile.

. Cette serre représente ainsi un toit posé sur des murs de 6 pieds de hauteur, ou un double grand châssis.

Dans l'intérieur on pratique de chaque côté, avec des madriers, deux caisses de 2 pieds de profondeur, séparées par un couloir de 2 pieds de large pour le service, caisses qu'on remplit de terre ou de tannée, dans laquelle on plonge les pots.

Lors des petites gelées on couvre les vitraux de paillons et, lors des grandes, d'autant de feuilles sèches qu'il est nécessaire pour en garantir l'intérieur, et on place un ou deux, ou trois poêles portatifs dans cet intérieur pendant la nuit.

M. de Soulanges, à Ris, vient de faire construire de semblables serres, où les plantes destinées à être multipliées sont en pleine terre. Point de doute pour moi qu'elles rempliront leur but mieux que les BACHES (*voyez* ce mot), si elles sont soignées d'une manière convenable.

Les arbustes et les plantes en pots se placent, dans cette serre, sur sa longueur, les plus hauts contré le vitrage, de sorte qu'il ne peut pas y en entrer de plus de 3 ou 4 pieds de haut; mais ils y sont si éclairés, mais ils y reçoivent si complétement l'influence de la chaleur solaire, qu'ils y poussent, y fleurissent, grènent comme dans leur pays natal.

Malgré la dépense que cause la cassure annuelle des vitres; malgré la crainte de la grèle, qui peut les casser toutes en quelques minutes; malgré les soins plus minutieux de leur service pendant les gelées, ces sortes de serres sont si avantageuses et si agréables, qu'il n'y a pas de doute pour moi que leur usage s'étendra.

On trouve des modèles de serre dans les *Transactions de la Société horticulturale de Londres*, vol. 1, pages 99, 161; vol. 2, pages 171, 320, 336, 355; vol. 4, pages 314 et 363.

Encore en Angleterre, M. Jenkins, a imaginé de substituer le fumier au feu d'un fourneau pour la culture des ananas et s'en est trouvé parfaitement bien. Pour cela, il pratique sous sa serre, qui a 30 pieds de long sur 10 de large, une chambre qui n'a qu'une petite porte ouverte en dehors, l quelle n'est séparée de la serre que par un plancher de larges tuiles reposant sur des barres transversales de fer. Tous les quinze jours, il met du fumier sur l'aire de la chambre et l'arrose, et cela plus ou moins selon qu'il désire obtenir un plus haut degré de chaleur. Le fumier qui, quand on en remet de nouveau, s'amoncelle contre le mur antérieur de la chambre, s'affaisse assez pour qu'il soit nécessaire de ne l'extraire qu'une seule fois par an. Les ananas, ainsi conduits, croissent plus promptement et mûrissent mieux que par la méthode ordinaire, et n'éprouvent jamais les accidens qui sont la suite de cette dernière méthode (*Voyez* ANANAS et BACHE.) Je l'ai fait graver avec deux autres de même sorte, tome 17 de la nouvelle série des *Annales d'agriculture*.

Jusqu'ici je n'ai parlé des serres que comme si elles ne devaient être échauffées que par leur clôture exacte et par les rayons du soleil, c'est-à-dire comme si elles étaient toutes des *serres tempérées*. Il convient actuellement de faire voir comment on les transforme en *serres chaudes*.

« Dans nos climats, dit Nolin, que je continue de suivre, les rayons du soleil, trop obliques pendant l'hiver et souvent interceptés par des nuages ou des brouillards, ne peuvent procurer aux serres une chaleur suffisante, ainsi on a recours au feu; mais son action immédiate serait meurtrière pour les végétaux; l'air même qui les environne dans la serre ne doit recevoir sa chaleur que des cor s interposés, échauffés et enflammés, ou mis dans l'état d'ignition.

Dans l'origine de l'invention des serres, origine qu'au reste on ne connaît pas, on employait probablement des poêles qu'on plaçait intérieurement sur le sol, comme on le fait encore dans quelques orangeries, et le tuyau, conducteur de la fumée, les traversait dans leur longueur pour profiter autant que possible de toute la chaleur produite; mais on ne tarda pas à s'apercevoir que cette chaleur était trop directe, trop inégale, qu'il était trop difficile de s'opposer aux effets de la fumée, et on se détermina à faire sortir toute la chaleur du sol même de la serre, non-seulement par ces considérations, mais encore parce que cette chaleur, comme excessivement légère, tend toujours à s'élever.

Aujourd'hui donc toutes les serres ont leur fourneau dans la terre, au-dessous de leur aire, et la chaleur se répand dans l'intérieur par des conduits de chaleur qui circulent autour, le plus ordinairement sous l'espace destiné au passage des ouvriers pour le service des plantes.

Ce n'est point une chose facile que de construire le fourneau d'une serre et les conduits qui portent la chaleur dans son intérieur. Il faut qu'il consomme le moins de bois, qu'il se perde le moins de chaleur possible. Des architectes très-instruits des principes actuels de la pyrotechnie sont seuls en état d'en donner le plan, qui doit varier selon la grandeur de la serre, son objet, sa position même. On doit principalement désirer qu'on y applique le procédé des poêles fumivores, c'est-à-dire dont la fumée est entièrement consumée dans son retour au foyer, et qui n'ont par conséquent pas besoin de cheminée; car il y a grande économie de combustible et grande inquiétude de moins, la fumée étant extrêmement nuisible aux plantes lorsqu'elle s'introduit dans la serre. (*Voyez* FUMÉE.) M. Champy est le seul qui, à ma connaissance, en ait construit une d'après ces principes.

Les fourneaux, ainsi que les conduits de chaleur, sont le plus souvent construits en briques (ces derniers valent mieux en tuyaux de terre, encore mieux en fonte de fer ou en cuivre). Dans la difficulté où je me trouve de choisir entre des exemples nombreux, je préfère m'en tenir à ceux cités par Nolin, quoique je sois persuadé qu'on peut faire mieux.

Pour diminuer la déperdition de chaleur qui se fait à travers le mur du fond des serres, on est aujourd'hui dans l'usage de faire derrière ce mur une galerie de 8 à 10 pieds de largeur, et où se trouvent l'entrée du ou des fourneaux, le magasin du bois, etc. Lorsque la serre est assez élevée, on pratique un premier étage à cette galerie et on y loge le jardinier.

On peut aussi produire le même effet en formant, autour des murs de la serre, à l'extérieur, une couche de fragmens de LAITIER, de MACHEFER, de CHARBON (*voyez* ces mots); toutes substances qui, étant mauvais conducteurs de la chaleur, empêchent la déperdition de celle qui a été accumulée dans l'intérieur, soit par l'effet des rayons solaires, soit par celui des fourneaux. Depuis quelque temps, mon collaborateur Thouin, les a même introduits sur le sol de l'intérieur et a posé les pots dessus : par ce moyen il épargne la tannée, objet très-cher à Paris. Les plantes végètent avec moins de vigueur, sans doute, mais se conservent mieux. Cette excellente pratique sera sans doute imitée dans tous les lieux où elle pourra l'être.

On a reconnu qu'un fourneau large de 2 pieds, profond d'autant et haut de 16 à 18 pouces, suffit pour une serre de 30 pieds de longueur et proportionnée dans ses autres dimensions. On a reconnu encore que si au lieu d'un seul fourneau on en construit deux de moindres dimensions (un à chaque extrémité), on obtiendra plus de chaleur avec moins de dépense en combustible. Il est évident qu'un petit fourneau est plus économique et plus avantageux qu'un grand; cependant s'il était si petit qu'on fût obligé d'y mettre du bois très-fréquemment, il serait incommode pour le service, sur-tout pendant les nuits rigoureuses de l'hiver. La hauteur est la dimension sur laquelle on se trompe le plus, presque toujours elle est trop considérable. Celle indiquée plus haut est la plus élevée qu'on doive adopter.

Le fourneau peut être construit hors de la serre ou dans la serre, ou dans le mur de la serre. C'est ce dernier cas qui se voit le plus souvent, et véritablement c'est celui qui a le moins d'inconvéniens. Si l'aire de la serre est élevée de 3 pieds au-dessus du sol, cette hauteur sera suffisante pour sa construction.

La hauteur et la largeur du tuyau de chaleur se règlent sur celle du fourneau. En partant du fourneau, il aura pour hauteur à peu près les trois quarts de celle du fourneau, et pour largeur un peu plus que le tiers de celle du fourneau. Il diminuera graduellement de hauteur jusqu'à 5 à 6 pieds au-delà du fourneau. Alors on lui donne pour hauteur les deux tiers de celle du fourneau, et pour largeur le tiers de celle du fourneau, ainsi graduellement jusqu'à son entrée dans la cheminée, où il n'aura plus que 5 à 6 pouces de largeur.

En général les dimensions, la direction du tuyau de chaleur sont aussi difficiles à déterminer que sa construction est difficile à exécuter, j'en renvoie tous les détails au talent de l'architecte.

Outre le tuyau de chaleur, on voit dans quelques serres un tuyau qui lui est superposé, et qui répand un air chaud dans la serre par le moyen d'ouvertures ou bouches qu'on ouvre et ferme à volonté.

On chauffe les serres avec du bois, avec du charbon de bois, avec de la houille, avec de la tourbe. Le feu de bois est le meilleur sous tous les rapports ; mais comme chaque espèce de bois donne une intensité différente de chaleur, il faut la calculer ; car les serres doivent toujours être tenues à une température la moins variable possible, et cependant faire d'autant plus de feu que l'air extérieur est plus froid et le soleil plus faible.

La température de la serre étant toujours la même, les plantes qui s'y cultivent croissent sans discontinuer au contraire de celles en pleine terre, qui sont retardées dans leur végétation lorsque le vent passe au nord ou même à l'est, lorsque la saison s'avance et principalement pendant presque toutes les nuits. Cette circonstance doit beaucoup influer sur la culture qu'on leur donne.

Au reste, cette égalité de température ne paraît pas un avantage qui compense les inconvéniens d'un air stagnant, car les plantes en serre sont toujours moins vigoureuses que celles en pleine terre. *Voyez* TEMPÉRATURE.

M. Knigth, dans un mémoire inséré dans le 5e. volume de la 2e. série des *Annales d'agriculture*, établit qu'il est nuisible aux plantes des serres de leur donner pendant la nuit une température plus élevée que pendant le jour, ainsi que cela se pratique généralement.

J'ai représenté, *Pl. I*, *fig.* 6, la coupe d'une serre pourvue d'une galerie au nord, d'un fourneau, de sa cheminée et de deux toiles mobiles : l'une, extérieure, pour empêcher les effets de la grêle et de la neige ; l'autre, intérieure, pour diminuer ceux d'un soleil trop ardent ou d'une humidité trop abondante. C'est autour des rouleaux qui se voient à son sommet que s'envident ces toiles, et c'est au moyen des poids qui pendent des deux côtés du mur du fond qu'on les tient dépliées, un ressort se trouvant dans les rouleaux. La *fig.* 7 représente le plan de l'extrémité de cette serre, où se trouvent le fourneau, le commencement du tuyau de chaleur, du tuyau à air, et l'espace où se placent les pots.

Il y a quelques années qu'on a proposé de chauffer les serres avec des tuyaux de métal constamment tenus pleins d'eau chaude, l'expérience en a été faite au Jardin du Muséum et j'en ai été témoin. On a trouvé que la chaleur n'était pas assez forte pour les temps froids.

Mais il n'en est pas de même de la vapeur de l'eau bouillante, plusieurs serres sont aujourd'hui chauffées par ce moyen en Angleterre et en Russie. On voit, dans les Annales générales des sciences physiques qui s'impriment à Bruxelles, v. 2, p. 77, et dans les Transactions de la Société horticulturale de Londres, vol. 4, pag 434, deux appareils fort différens disposés à cet effet. On peut encore en imaginer d'autres. Je ne les décrirai pas ici, à raison de leur complication; mais j'inviterai les cultivateurs français qui, à ma connaissance, n'ont pas encore fait usage de ce moyen, de l'essayer en grand, puisqu'ils doivent y trouver sécurité et économie.

Dans les serres dont je viens de parler, on met les pots où se trouvent les plantes sur l'aire même, ou sur un gradin à ce disposé, et il se fait une grande évaporation de l'humidité de ces pots, évaporation qui amène leur refroidissement (*voyez* ÉVAPORATION et FROID); mais il est beaucoup de ces plantes qui ne s'accommodent pas de cette circonstance, soit parce qu'il est de leur nature d'aimer l'eau, soit parce qu'il leur faut un plus grand degré de chaleur. C'est pour ces plantes, qui sont en grand nombre, qu'on construit dans le milieu des serres des fosses revêtues de dalles minces de pierre, ou, mieux, de briques vernissées posées de champ, fosses dans lesquelles on met de la terre, ou plus communément de la TANNÉE (*voyez* ce mot et celui COUCHE), pour y enfouir les pots plus ou moins selon la nature de la plante qu'ils contiennent.

La longueur de ces fosses, dit Nolin, est ordinairement celle de la longueur de la serre, moins 18 pouces ou 2 pieds à chaque extrémité, espace nécessaire pour le passage. Sa largeur peut aussi être arbitraire; cependant, si elle est fort étroite, la couche ne conservera pas long-temps sa chaleur; si elle est fort large, la masse du tan étant considérable, elle soutiendra long-temps sa chaleur; mais il sera difficile d'atteindre et de soigner les plantes placées au milieu : ainsi on lui donne le plus commodément 6 pieds de largeur. Sa profondeur ne peut pas être moindre que de 2 pieds et demi, et elle peut être de 5 ou 6, pourvu que l'aire de la serre ait cette élévation au-dessus du sol, ou que le terrain ne soit pas humide. Dans la plupart des serres, sa surface est de niveau à l'aire; dans quelques-unes, elle est plus ou moins élevée au-dessus.

Certains jardiniers, pour économiser le tan, mettent du fumier au fond de la fosse; mais les émanations qui s'élèvent de ce fumier, et qui ne peuvent être emportées par l'air, sont aussi nuisibles aux plantes que désagréables à l'odorat.

Peu après que le tan est mis dans la fosse, il s'y développe

un si grand degré de chaleur que si on y enterrait les plantes
sur-le-champ, elles seraient frappées de mort pour la plupart.
On attend donc quelques jours qu'il ait jeté son feu, comme
disent les jardiniers. Un bâton qu'on y enfonce et qu'on en
retire de temps en temps indique, par le moyen de l'attouchement, l'époque où il est possible d'y placer les pots avec sécurité. Un thermomètre indiquerait ce moment avec encore
plus d'exactitude.

Une bonne tannée peut conserver de la chaleur pendant six
mois. Rarement on la renouvelle en entier, mais par quart ,
par tiers, par moitié sur-tout, quand on ne veut que conserver
et non activer la végétation dans les plantes. Ordinairement
on fait, au commencement de l'hiver, un fort change (expression technique), et au milieu du printemps un faible , quelquefois on en fait trois par an , le tout selon la qualité du tan ,
la grandeur de la fosse, la bonté de la serre, et l'objet de la culture.

Dans toute serre il faut qu'il y ait, ou au milieu, contre le
mur du nord, ou aux extrémités du côté de ce mur, une ou
deux cuvettes en plomb, en pierre ou en bois, plus profondes
que larges, destinées à contenir l'eau nécessaire à l'arrosement
des plantes de la serre; eau qui, pour ne pas retarder la végétation de ces plantes, doit être à la température de l'intérieur
de la serre.

La description, le plan et la coupe d'une serre à tannée qui
réunit tous les avantages désirables, complétera ce que j'ai à
dire sur la construction de ces sortes de bâtimens, quoique
j'eusse encore beaucoup de choses à dire, si je voulais entrer
dans tous les détails nécessaires.

« Cette serre, c'est Nolin qui parle, sera longue de 30 pieds,
large de 11, et haute de 16 et demi, depuis le pavé jusqu'à
l'angle formé par le toit et le vitrage incliné.

» Derrière son mur du nord est une galerie large de 5 pieds;
l'aire ou le pavé de la serre étant élevé de 4 pieds (ou davantage) au-dessus de son sol, on entre dans la galerie par la
porte A, *Pl. II, fig.* 1 et 2, et on monte par l'escalier C. A la
serre B est une croisée qui éclaire la galerie. Si le pavé est de
niveau avec le terrain, ou peu élevé au-dessus, B serait la
porte de cette galerie, et A serait une croisée qui éclairerait
la partie creusée pour la construction et le service du fourneau
D, auquel on descend par l'escalier C.

» Le fourneau a, de son âtre au sommet de sa voûte , 14
pouces de hauteur ; sa largeur est de 20 pouces, et sa profondeur de 2 pieds et demi. S'il devait être servi en tourbe ,
il aurait 3 pieds ou 3 pieds et demi de profondeur. La capacité
du cendrier est à peu près le tiers de celle du fourneau.

» *a e i o* est un tuyau d'air qui a son ouverture en *a*, parcourt trois côtés du fourneau, au niveau de son âtre, se replie en *o*, et se prolonge autour des quatre côtés de la tannée jusqu'en *e*. Il a 6 pouces de hauteur sur autant de largeur.

» Le tuyau de chaleur diminue de capacité depuis 11 pouces de hauteur sur 7 de largeur, en partant du fourneau, jusqu'à 7 de hauteur et 5 de largeur, en entrant dans la cheminée. Il s'élève aussi graduellement depuis le fourneau jusqu'à son extrémité, comme il a été expliqué ci-devant. Depuis le fourneau jusqu'à 12 ou 14 pieds, il est placé au-delà du tuyau d'air, qui s'élève beaucoup moins, et dont l'interposition éloigne assez le tuyau de chaleur de la tannée pour la préserver du feu, comme on le voit, *fig.* 2, qui représente la coupe, prise de V en X. Ensuite, comme en F, il court par-dessus et s'approche de la tannée pour lui communiquer plus de chaleur, et continue son cours au-dessus du tuyau d'air, l'un et l'autre séparés de la tannée par la largeur d'une brique, comme on le voit, *fig.* 3, qui représente une coupe faite d'Y en Z. Du tuyau d'air il sort plusieurs petits tuyaux, comme on le voit encore dans la même figure, qui vont se terminer à fleur du pavé. L'ouverture de toutes ces bouches prises ensemble est à peu près égale à celle du tuyau ; c'est-à-dire que ce dernier ayant 36 pouces carrés, chacune aura 6 pouces carrés, excepté la dernière en E, qui sera plus grande.

» La tannée, large de 6 pieds et profonde de 3 et demi, s'élève de 8 pouces au-dessus du pavé. Ordinairement sa surface est horizontale ; mais il est bon, dans beaucoup de cas, de lui donner une inclinaison plus ou moins forte du côté du soleil.

» Le passage ou sentier autour de la tannée est large de 18 pouces ; mais aux deux bouts de la serre il reste un espace vide pour placer les plantes qui n'ont pas besoin de la tannée. Au pied du vitrage, sur le mur, qui s'élève de 7 à 8 pouces au-dessus du pavé, on place un rang de pots contenant les plantes qui demandent beaucoup d'air et de lumière et peu de chaleur.

» Le long du mur du nord est une plate-bande LL, large de 16 pouces, bordée de briques posées de champ, remplie de terre, qu'on garnit de plantes grimpantes ou autres propres à garnir le mur.

» A chaque coude du tuyau de chaleur est pratiquée une chambre ou récipient, pour faciliter le mouvement ou le cours de la fumée. Cette chambre est couverte d'une dalle de pierre assise sur de l'argile corroyée et de la mousse, et en dessus garnie d'un anneau de fer, afin de pouvoir la lever facilement pour nettoyer le tuyau avec un balai emmanché à une perche très-souple.

» Le tuyau S de la cheminée, large d'un pied, long de 6 pouces, est garni d'une soupape ou d'un diaphragme à clef, qui se ferme exactement pour retenir la chaleur dans le fourneau lorsqu'il n'y a plus de fumée, et empêcher l'air froid de descendre.

» Le vitrage inférieur, *fig.* 3, haut de 9 pieds, non comprises les plates-formes inférieures et supérieures, est un peu incliné, plus pour la solidité que pour l'utilité de la serre. S'il était incliné à 72 degrés et demi, comme la ligne ponctuée G, il recevrait perpendiculairement le rayon du solstice d'hiver ; mais en décembre et en janvier, comme il a été observé, le soleil récréant plus les plantes par sa lumière que par sa faible chaleur, il importe peu que ses rayons frappent le vitrage un peu plus ou un peu moins obliquement.

» Le vitrage supérieur, long d'environ 10 pieds, est incliné à 45 degrés. Comme des panneaux de cette longueur seraient sujets à se courber, ils sont divisés en deux parties égales, et les montans sur lesquels ils sont posés sont soutenus par une panne appuyée d'un bout sur le gros mur du pignon à l'est, et de l'autre sur le pignon de la charpente, et, dans le milieu, sur une ferme indiquée par des lignes ponctuées, qui supporte aussi le milieu du faîte, lie et consolide tout l'ouvrage.

» Le toit est pareillement incliné à 45 degrés (il pourrait l'être moins); la partie qui s'avance au-dessus du vitrage n'a que 8 pieds de saillie, afin que le soleil du solstice d'été frappe une partie du mur du nord, comme le marque le rayon solsticiaire LK. On pourrait faire le prolongement de ce toit de deux ou trois pièces légères et mobiles, sur des charnières, de manière à pouvoir être repoussées en arrière dans les beaux temps, et abaissées en avant lorsque la grêle ou la neige serait à craindre, afin d'en couvrir le vitrage, qu'elle garantirait mieux que les toiles dont il a été question ci-devant. »

Presque toujours on devrait, à l'imitation de Dumont Courset, placer les serres chaudes entre deux serres tempérées, afin de diminuer la perte de la chaleur, qui a lieu par les côtés, et de faire profiter les deux serres tempérées de la chaleur de la serre chaude, c'est-à-dire partager la serre en trois par deux cloisons en vitrage. Il faut voir, dans son excellent ouvrage intitulé le *Botaniste cultivateur,* les avantages qu'il a tirés de cette disposition, qui tient au principe que j'ai émis plus haut relativement aux serres qui seraient composées de plusieurs vitrages superposés.

C'est aussi à ce principe qu'est due l'amélioration qu'a reçue la grande serre du Jardin du Muséum d'histoire naturelle de Paris, depuis qu'on en a bâti une seconde moins haute et plus étroite le long de son vitrage méridional.

Enfin, voilà la serre terminée, mais on ne peut pas encore y mettre des plantes, il faut attendre que les émanations de la chaux qui est entrée dans la formation du mur du nord, celles des oxides qui sont entrés dans la peinture à l'huile des bois, et que son humidité surabondante soient dissipées ; car celles qu'on y mettrait périraient, ou au moins perdraient leurs feuilles.

« L'objet des serres chaudes étant de suppléer par une chaleur artificielle au défaut de chaleur naturelle de notre atmosphère, et de préserver de ses intempéries les plantes des pays plus chauds, on doit les y transporter aussitôt qu'elles ne trouvent plus dans notre climat, pendant les nuits, un degré de chaleur ou de température égal à celui dont elles jouissent dans le leur pendant les nuits les moins chaudes.

» Nos serres chaudes renferment,

» 1°. Les plantes de la zone torride ou des climats compris entre les deux tropiques. De ces plantes, les unes ne peuvent supporter le plein air de notre climat pendant les nuits même les plus chaudes de nos étés ordinaires ; on les tient constamment dans les serres. Les autres, moins délicates, peuvent respirer le grand air et recevoir les rosées dans une exposition chaude et bien abritée pendant environ deux mois et demi, jusqu'au temps où le thermomètre ne monte plus pendant la nuit qu'à 15 degrés au-dessus de zéro, c'est-à-dire au plus bas degré de leur patrie ; ce qui arrive, année commune, dans le climat de Paris, au commencement de septembre. On pourrait différer jusqu'aux nuits de 13 degrés, qui ne sont pas nuisibles à ces plantes ; mais sous un ciel aussi inconstant que le nôtre, dont la température varie quelquefois de plusieurs degrés dans un très-court espace de temps, il est plus prudent de prévenir que d'attendre le terme extrême. Quelques jours de plus de liberté importent peu au bien-être de ces plantes, condamnées chaque année à près de dix mois de prison, et ils peuvent leur devenir pernicieux ;

» 2° Des plantes originaires des pays situés depuis les tropiques jusqu'au 36e degré de latitude. La moindre chaleur de ces climats étant de 10 degrés, elles doivent être remises dans la serre lorsque le thermomètre ne monte pas au-dessus de ce degré pendant les nuits, ce qui arrive ordinairement vers la mi-septembre ; mais il est également prudent de prévenir cette époque, et de rentrer dès que le thermomètre descend à douze degrés au-dessus de zéro ;

» 3°. Quelques plantes des climats compris entre le 36ᵉ et le 43ᵉ degré de latitude, qui peuvent bien passer l'hiver dans l'orangerie, mais qui ont besoin de plus de 10 degrés de chaleur pour fleurir en automne ou en hiver. On doit les transporter dans la serre en même temps que les précédentes. »

A cette énumération donnée par Nolin, j'ajoute les plantes du pays même, ou autres, dont on désire, par quelques motifs que ce soit, accélérer la végétation. Je ne parle pas des plantes potagères, parce que ce n'est jamais dans des serres qu'on les place, mais sous des BACHES ou des CHASSIS.

« Je ne donne point pour terme les jours du calendrier, mais les degrés de chaleur marqués par le thermomètre, parce que rarement nos saisons ont la même température plusieurs années consécutives. Certaines années, les plantes les plus délicates pourraient demeurer en plein air au-delà du 15 septembre ; dans d'autres, elles y sont en danger dès le premier de ce mois.

» Avant de transporter les plantes dans la serre, il faut en détacher toutes les feuilles mortes ou jaunes, et les nettoyer de toute poussière et ordure, détruire les insectes, enfin les REMPOTER. (*Voyez* ce mot.) On choisit pour les rentrer un jour sec et chaud, et les heures où il n'y a pas de rosée sur les feuilles.

» Les plantes étant placées dans la serre, les plus délicates dans la tannée et dans le fond de la serre, où la chaleur est la plus grande, et les moins tendres, les plus avides de lumière, sur le devant et disposées suivant leur hauteur en étages, de manière qu'elles ne se dérobent pas le soleil, on leur donne de l'air tous les jours pendant les heures où le thermomètre, placé à l'ombre, marque 15 degrés ou davantage ; mais pendant la nuit, on ne donne aucune entrée à l'air, parce qu'il est de 4 à 5 degrés plus froid que pendant le jour.

» Vers la fin de septembre, on renouvelle la couche de tan, comme il a été dit ci-devant. Pendant qu'elle jette son feu, et que les pots sont entassés dans les sentiers, on ouvre les panneaux pendant le jour, pour dissiper les vapeurs humides qu'elle répand dans la serre. Ordinairement la chaleur de cette tannée, dans laquelle on a remis les pots, mais qu'on surveille journellement, échauffe suffisamment la serre jusqu'en novembre.

» Enfin, lorsque le thermomètre, placé en dedans de la serre, ne monte pendant la nuit qu'à 14 ou 15 degrés, et que le thermomètre placé en dehors ne monte qu'à un ou 2 degrés au-dessus de zéro, on commence à allumer du feu pendant la nuit, et à mesure que la température de la saison devient plus froide, on augmente le feu et sa durée. Dans les serres qui ont deux fourneaux, on les allume alternativement ou ensemble selon la rigueur du froid. S'il descend à 10 degrés ou plus au-dessous de la congélation, on entretient le feu nuit et jour, soit que le soleil paraisse, soit que le temps soit couvert, de sorte que les fourneaux et les tuyaux ne refroidissent point, et qu'on puisse promptement augmenter la chaleur lorsque vers la nuit le froid augmente. Il faut regarnir de bois les fourneaux vers minuit, ou même après, et vers six heures du matin, afin que, pendant les heures de grand froid, ils donnent une grande chaleur. Dans les dégels et les temps humides, le feu est nécessaire pour dissiper l'humidité de la serre et empêcher l'air d'y pénétrer. Le plus haut degré de chaleur d'une serre doit être de 25 degrés.

» Pendant les nuits rigoureuses, les neiges et les temps de brouillards froids, on couvre les vitrages avec de grosses toiles ou des paillassons, tant pour conserver la chaleur de la serre que pour préserver les vitrages; mais on les découvre le plus tôt possible. De la lumière, je le répète, un air sans humidité et au moins 15 degrés aux plantes de la zone torride, au moins 12 aux autres, sont les soins importans pour les conserver et les faire prospérer.

» Pendant ces mêmes temps on n'ouvre aucun vitrage de la serre pour y introduire l'air. Souvent il n'en vient que trop par l'intervalle mal joint des châssis, ou par la porte d'entrée; cependant, s'il arrivait un beau jour, on en profiterait à l'heure de midi pour ouvrir quelques panneaux et faire évaporer l'air étouffé et chargé d'humidité.

» Si la chaleur de la couche tombe tellement que celle du feu ne puisse la soutenir au degré nécessaire, il faut remanier le tan et même en ajouter du neuf.

» Dans l'endroit le plus chaud et le plus voisin du fourneau il doit y avoir, comme il a déjà été dit, un vaisseau rempli d'eau, qui prend la température de la serre et avec laquelle on arrose les plantes. Il faut ne leur en donner que dans le besoin, sur-tout pendant les temps rigoureux, où on ne peut donner de l'air à la serre et en dissiper l'humidité. Les plantes grasses, les plantes laiteuses et celles qui sont en état de non végétation active, veulent être très-peu et très-rarement mouillées; celles qui sont plongées dans la tannée, recevant quelque humidité à travers le pot, ont moins besoin d'être arrosées que celles dont le pot est à l'air. Pendant l'hiver on ne crible pas l'eau sur les plantes, on la verse seulement sur la terre, en prenant garde de n'en pas répandre à terre ou dans la tannée.

» Un jardinier soigneux visite tous les jours sa serre plutôt deux fois qu'une, et chaque fois qu'il voit une feuille jaunir, ou un plant moisir, il le coupe et l'emporte. Il nettoie avec une éponge les feuilles ou les tiges qui se couvrent de miélat, de poussière; il fait la guerre aux insectes de toutes espèces. Enfin il donne tous les quinze jours un léger binage à la surface de la terre des pots qui lui paraissent en avoir besoin, et un balayage ou houssage général. C'est par la plus grande propreté qu'il prévient les effets désastreux d'un air stagnant et humide.

» Lorsque le soleil, vers l'équinoxe du printemps, commence à communiquer à l'air 14 ou 15 degrés de chaleur, on ouvre pendant le milieu du jour quelques panneaux, afin de ranimer les plantes et les préparer petit à petit à leur sortie.

» Lorsque le thermomètre en plein air ne descend plus pendant la nuit au-dessous de 15 degrés (vers la mi-juin dans le climat de Paris), on tire de la serre les plantes de la zone torride. Celles en deçà des tropiques ont dû en sortir environ un mois plus tôt lorsque le thermomètre a marqué pendant les nuits douze degrés. Un temps couvert et une petite pluie douce sont très-favorables pour ce transport; mais si le soleil est vif, il faut placer les plantes à l'ombre, ou leur en procurer par des abris. Quelques jours après, on leur donne un peu de soleil, enfin on les y expose pendant toute la journée. Si elles y étaient d'abord exposées, les pousses faibles, effilées, étiolées (*voyez* ÉTIOLEMENT) qu'elles ont faites dans la serre seraient desséchées, brûlées par ses rayons. L'exposition la plus chaude et la mieux défendue du nord et de l'est leur convient le plus. Il faut ranger ensemble les plantes grasses, celles qui craignent les pluies abondantes ou continues, afin de pouvoir les en défendre par des toiles ou autres couvertures.

» Quant aux plantes qui ne sortent point de la serre, il faut leur continuer les mêmes soins, et de plus les garantir des coups de soleil par des toiles lorsqu'on juge qu'ils sont à craindre pour elles. Elles exigent alors des arrosemens fréquens, tantôt avec l'arrosoir à pomme sur leurs feuilles, tantôt avec l'arrosoir à goulot sur la terre. Un air presque tous les jours renouvelé leur est indispensable. On remue de nouveau la tannée et on y ajoute du nouveau tan, afin de ranimer sa vigueur. Quelques cultivateurs, et entre autres Dumont Courset, à la pratique duquel on ne peut avoir trop de confiance, ne mettent du nouveau tan qu'à cette époque et s'en trouvent bien. »

Dès que les plantes sont un peu accoutumées au grand air, il faut procéder à leur rempotement. Cette opération se fait positivement comme celle semblable qui a eu lieu avant leur rentrée, excepté qu'à l'époque dont il est ici question on s'occupe de multiplier celles dont on désire avoir un plus grand nombre de pieds. Le Déchirement des vieux pieds, les Éclats, les Rejetons, les Marcottes, les Boutures, les Racines (*voyez* ces mots), sont les moyens qu'on emploie ordinairement. Ils ne diffèrent pas de ceux indiqués au mot Orangerie. *Voyez* ce mot.

Rarement on sème dans les serres. C'est sous des Baches, des Chassis, des Cloches. *Voyez* ces mots.

La terre des pots dans laquelle on met les plantes destinées à rester dans la serre, ne diffère pas de celle qu'on emploie pour celles qui se placent dans l'orangerie. Généralement c'est une terre composée, mi-légère, mi-forte, et abondamment pourvue d'engrais, j'en donnerai la composition au mot Terre.

On croit généralement que l'entretien d'une serre est un article considérable de dépense, cependant deux ou trois cordes de bois sont suffisantes pour chauffer celle dont j'ai donné les dimensions en dernier lieu. La casse des vitres et des pots, à moins de cas extraordinaires, est peu de chose lorsqu'on a des ouvriers attentifs. Dans beaucoup de lieux, on a la tannée presque uniquement pour les frais de transport. L'important est de conserver les châssis et les vitrages dans le meilleur état possible d'entretien, et en conséquence faire visiter et réparer le tout avec la plus scrupuleuse exactitude avant la rentrée des plantes, car un air froid qui entre par une fente augmente la consommation du bois, l'eau des pluies qui pénètre entre les châssis accélère leur pourriture et oblige à de grands travaux.

C'est une erreur de croire que parce que l'humidité est nuisible aux serres, il faille les fermer hermétiquement comme le font tant de jardiniers pendant les temps humides; la pratique des bons cultivateurs les a conduits au contraire à les tenir ouvertes dans ce cas. *Voyez* Dumont Courset, volume 4, page 390.

Cadet de Vaux propose d'établir dans toutes les serres deux ventilateurs pour en chasser l'air humide et altéré par la pourriture des plantes qui s'y trouvent : l'un serait en haut et donnerait entrée à l'air froid, l'autre serait en bas et donnerait sortie à cet air.

Une humidité surabondante dans les serres est, je le répète, extrêmement nuisible non-seulement parce qu'elle fait moisir les jeunes pousses, etc., mais encore parce qu'elle provoque l'allongement de ces pousses, les affaiblit et les empêche d'amener à bien les fleurs qui doivent en sortir; cependant les cultivateurs chinois accélèrent, dit-on, la floraison des plantes apportées du dehors, déjà avancées dans leur boutonnement, en les mettant dans des serres où il y a de l'eau bouillante constamment en évaporation. Ce fait devrait être constaté, car il est très-remarquable. Au reste, la circonstance où se trouvent ces plantes est fort différente de celle des plantes constamment tenues dans la serre.

Les soins à donner à l'intérieur des serres pendant l'hiver ne diffèrent pas de ceux indiqués à l'article ORANGERIE; c'est-à-dire qu'il faut enlever les feuilles et les rameaux CHANCIS (*voyez* ce mot), balayer souvent les couloirs, biner les pots, arroser au besoin, soit sur la terre, soit en forme de pluie sur les feuilles, changer tous les pots de place au moins deux fois, et balayer à fond à la suite de cette opération, laver les vitres, même les plantes pour les débarrasser du NOIR ou FUMAGO, croûte formée sur elles par leur transpiration naturelle, ou produite par la COCHENILLE DES SERRES. *Voyez* ces mots.

Cet article, quelque long qu'il soit, aurait besoin, je le sens, encore de plus grands développemens; mais il eût fallu faire un volume pour entrer dans tous les détails de théorie et de pratique qui peuvent s'appliquer aux serres. Je crois cependant que ce que je viens de dire suffira pour guider un amateur de plantes qui voudrait en construire et gouverner une. Voyez *Pl. II.* (B.)

SERRE A LÉGUMES. Lieu destiné à conserver pendant l'hiver les légumes arrachés ou coupés, qui craignent la gelée, ou qu'on veut avoir sous la main à toutes les époques et quelque temps qu'il fasse.

Dans les grands jardins, la serre pour les légumes est ou une voûte sous une terrasse, sous l'orangerie, sous le logement du jardinier. Dans les petits, ce n'est le plus souvent qu'une chambre au rez-de-chaussée à côté de ce logement, ou une portion de cave.

Quel que soit le local qu'on destine à la conservation des légumes pendant l'hiver, il faut qu'il n'y puisse pas geler et que l'humidité n'y soit pas très-considérable : c'est de la bâtisse que résultent ces deux circonstances. Une voûte bien construite à chaux et à ciment, quelle que soit la nature du terrain, les doit immanquablement procurer, lorsque de plus il y a deux portes l'une devant l'autre, et placées de manière que l'une soit toujours fermée lorsque l'autre s'ouvre, et une ou deux ouvertures ou fenêtres propres à renouveler l'air à volonté.

La capacité de la serre à légumes doit être proportionnée à la quantité de légumes qu'on est dans le cas d'y placer. Trop serrés, ces légumes seraient exposés à pourrir; trop écartés, ils emploieraient un terrain qui pourrait être utilisé sous quelque autre rapport : deux moyennes valent mieux qu'une trop grande.

C'est dans du sable pur ou, à défaut, dans de la terre presque sèche, qu'on place la plupart des légumes, qui gagnent à être tenus debout, tels que les choux-cabus, les choux-fleurs, les chicorées endive, scarole et amère, etc. On les y range de manière qu'ils soient un peu écartés, parce que leur attouchement favorise leur altération. Les racines à collet, comme les carottes, les betteraves, les navets, les panais, peuvent être indifféremment mises de la même manière, ou couchées les unes sur les autres, les feuilles en dehors, avec du sable ou de la terre entre chaque rang. Quant aux raves, aux pommes de terre, aux topinambours, etc., on peut les mettre en tas, et aussi les séparer par des lits de sable ou de terre.

Comme si la chaleur se soutenait à 10 degrés et au-dessus dans une serre à légumes, les légumes pousseraient, et, excepté la chicorée amère, deviendraient impropres à être employés à l'objet pour lequel on les conserve, il est important d'ouvrir et de fermer les ouvertures de manière qu'elle soit constamment inférieure, c'est-à-dire entre 4 et 6. Indiquer des préceptes à cet égard serait superflu, puisque la sensation qu'on éprouve en y entrant, ou un thermomètre, et les dispositions du local peuvent seules guider convenablement.

Un jardinier soigneux doit visiter souvent, c'est-à-dire au moins deux fois par semaine, les serres à légumes, pour en ôter les objets qui commencent à se pourrir; car, ainsi que je viens de le dire, ces objets concourent singulièrement à gâter ceux qui sont sains. Lorsque la température sera basse, mais que la gelée ne sera pas à craindre, il ouvrira pendant quelques heures les portes et toutes les ouvertures, pour renouveler l'air de l'intérieur; car, d'un côté, cet air renfermé s'est chargé d'humidité, et de l'autre il a pris une odeur particulière qu'il peut communiquer à tous les légumes, et surtout à quelques espèces d'une nature délicate, telles que les choux-fleurs.

Au moyen de soins non interrompus, non-seulement une serre à légumes peut en fournir pendant tout l'hiver, mais même jusque fort tard au printemps, c'est-à-dire jusqu'à ce que les primeurs soient devenus communes. (B.)

SERRE PORTATIVE. Caisse destinée à transporter au loin des plantes délicates dont la végétation ne peut être interrompue, ou qui, étant sur mer, sont dans le cas de craindre les effets de l'air ou de l'eau salée. Pour cela, trois des côtés de cette caisse sont prolongés de 4 pieds, et sur l'autre sont fixés des montans, écartés de 8 à 10 pouces et disposés de manière à re-

cevoir un vitrage. Le dessus est un toit en planche, qui s'ouvre
et se ferme à volonté.

Cette serre devrait plutôt être appelée une orangerie portative, puisqu'on ne l'échauffe pas au moyen du feu. On peut
lui donner telles dimensions et telles formes qu'on veut,
pourvu qu'elle soit maniable et que les plantes puissent y être
à l'aise. (B.)

SERRON. Nom vulgaire de l'ANSERINE BON HENRI dans les
Pyrénées.

SERRURERIE. ARCHITECTURE RURALE. Cet art s'est per-
fectionné avec le temps, comme tous ceux qui tiennent à l'architecture ; mais ce n'est guère que dans les grandes villes, et
l'on ne s'y occupe point des ferrures qui entrent dans les constructions rurales.

Celles des portes d'un usage fatigant n'y sont jamais assez
solides, et les ferrures des portes des maisons de ville sont trop
chères pour être employées dans des bâtimens d'exploitation.

Lorsque l'on examine la ferrure des grandes portes d'une
ferme, on y voit des pentures qui, au moindre choc, sont
faussées ou emportées. D'ailleurs ces pentures, placées comme
elles le sont ordinairement, font porter tout le poids de chaque
ventail sur les gonds. Alors, ou les ventaux s'affaissent sous
leur propre poids, après avoir faussé leurs pentures, ou leur
pesanteur dérange les gonds, presque toujours mal scellés dans
les pierres des pilastres, et quelquefois ces pierres elles-mêmes.
Les portes tombent : elles ne peuvent plus s'ouvrir ni se fermer, et elles sont continuellement en état de réparation. Cette
manière de les ferrer est donc très-mauvaise.

Aux gonds et aux pentures dont nous venons de parler, nous
avons substitué l'usage des tourillons et des étriers sur pivots,
et l'expérience a confirmé les avantages de cette innovation.

Le tourillon de chaque ventail n'est autre chose que le prolongement de son charnier : il joue dans un trou circulaire,
pratiqué à cet effet dans le poitrail, ou dans l'arrière-cou-
verte de la porte. Le bas du charnier est arrasé avec la traverse
inférieure du ventail, que l'on construit d'ailleurs de la manière ordinaire, et garni d'un étrier de fer à trois branches
pour les grosses portes, et à deux seulement en équerre pour
les autres. Le dessous des étriers contient un pivot qui y est
soudé, lequel tourne sur une crapaudine de fonte solidement
scellée dans le seuil de la porte.

Pour produire le même effet, et empêcher que les ordures
ne s'amassent dans la crapaudine et ne gênent le jeu des pivots, Volney, de l'Institut, a imaginé de remplacer la crapaudine par un massif de fer fondu, faisant pivot dans sa partie supérieure, et de souder un dez de fonte à l'étrier, au lieu du pivot.

Au moyen de l'une ou de l'autre de ces ferrures, les mouvemens de la grande porte ne peuvent plus en ébranler les pilastres, et ses ventaux sont toujours maintenus dans la position convenable. Il ne restait plus qu'à garantir les ventaux de l'affaissement occasionné par leur propre poids, et favorisé par le relâchement ordinaire des traverses et des écharpes. Nous y sommes parvenus en p'açant sur chaque ventail une plate-bande en fer, fixée par des boulons à écroux, d'un bout au haut du charnier, et de l'autre au bas du battant ou dormant, à leur point d'assemblage avec les traverses inférieures.

De grandes portes que nous avons fait ferrer ainsi il y a environ trente ans, n'ont exigé et n'exigent encore d'autre entretien que celui de leur peinture.

On ferrera d'une manière analogue et avec les modifications convenables toutes les portes qui sont exposées au choc des animaux, et qui, par cette raison, exigent une grande solidité.

Pour les autres, les ferrures ordinaires nous paraissent suffisantes.

Quant aux fenêtres et aux volets des bâtimens ruraux, on devrait supprimer de leur ferrure et les verroux à ressort, qui jouent si mal, et les espagnolettes, qui sont trop coûteuses; des barres dites *à la capucine* les contiendront avec plus de solidité et d'économie. (DE PER.)

SERSIFIS *Voyez* SALSIFIS.

SERVE. On donne ce nom, dans le département de l'Ain, aux mares creusées dans la cour des fermes. (B.)

SÉSAME, *Sesamum*. Genre de plantes de la didynamie angiospermie, et de la famille des bignones, qui renferme quatre espèces, dont deux sont cultivées dans les pays chauds pour leurs semences, qu'on mange et dont on tire de l'huile d'excellente qualité.

Le SÉSAME ORIENTAL, ou *jugoline*, a les racines annuelles; les tiges droites, cylindriques, velues, hautes d'un à 2 pieds; les feuilles opposées, pétiolées, ovales, oblongues, très-entières, légèrement velues; les fleurs blanches, assez grandes, solitaires sur des pédoncules axillaires, et accompagnées de bractées. Il est originaire de l'Inde, mais cultivé de temps immémorial en Egypte et dans l'Orient. On le sème et on le récolte positivement comme le SORGHO. (*Voyez* ce mot.) Les graines du sésame se mangent grillées comme le maïs, ou cuites comme le riz, ou en bouillie comme le millet, ou après les avoir réduites en farine grossière, en galettes et autres pâtisseries. On en tire, au moyen de la chaleur et de la presse, ou de l'eau chaude, une huile dont on fait une prodigieuse consommation pour l'assaisonnement des alimens, pour l'usage de la lampe, etc. Elle est regardée comme aussi bonne que celle du fruit de l'olivier, et jouit, comme celle de ben, de la propriété de ne jamais se figer.

On ne cultive le sésame dans aucune partie de l'Europe, quoiqu'il fût possible de le faire. Il fleurit assez bien dans les jardins de Paris lorsqu'on l'a semé sur couche ; mais pour peu que les gelées de l'automne soient précoces, il n'y amène pas ses semences à maturité.

Le Sésame de l'Inde a les racines annuelles ; les tiges droites, rameuses, obtusément tétragones, hautes de 3 ou 4 pieds ; les feuilles opposées, ovales, lancéolées, velues, les inférieures trilobées, les supérieures entières. Il est originaire de l'Inde et se cultive en Afrique et en Amérique, sous les mêmes rapports que le précédent, auquel il est supérieur par sa grandeur et l'abondance de ses rameaux. J'ai mangé en Amérique des galettes faites avec ses semences fraîches, et je les ai trouvées fort délicates.

Les sésames croissent dans les terrains les plus secs et les plus arides, mais s'accommodent cependant fort bien des sols fertiles. Ils parcourent rapidement les phases de leur végétation. (B.)

SÉSÉLI, *Seseli*. Genre de plantes de la pentandrie digynie et de la famille des ombellifères, qui renferme une quinzaine d'espèces, dont deux ou trois sont employées en médecine.

Le Séséli tortueux a les racines fusiformes et tortues ; la tige striée, très-rameuse, haute d'un à 2 pieds ; les feuilles alternes, deux fois ailées, à folioles linéaires et disposées en faisceaux ; les ombelles petites et rapprochées. Il est bisannuel, croît naturellement sur les bords de la Méditerranée, et fleurit au milieu de l'été.

On l'appelle vulgairement *fenouil tortu*, à raison de la disposition de ses rameaux et de ses racines, et *séséli de Marseille*, parce que c'est de cette ville qu'on le tire pour l'usage de la médecine. Toutes ses parties et sur-tout ses semences sont âcres et aromatiques. On emploie principalement ces dernières comme stomachiques, diurétiques, emménagogues, résolutives et carminatives. Elles entrent dans la composition de la thériaque ; sa racine s'emploie de préférence dans l'asthme, la passion hystérique et l'épilepsie.

Le Séséli de montagne et le Séséli annuel, qu'on trouve sur les montagnes arides du centre de la France, ont les mêmes propriétés que le précédent, mais à un moindre degré, et peuvent lui être substitués. (B.)

SÉSÉLI COMMUN. On donne quelquefois ce nom à la berle des potagers.

SÉSÉLI DE CRÈTE. C'est le tordyle officinal.

Tome XIV. 3

SÉSÉLI DE MONTPELLIER. *Voyez* LIVÈCHE DES PRÉS.

SÉSÉS. Ce sont les chiches dans le département du Var. *Voyez* CHICHE.

SÉSIE, *Sesia*. Genre d'insectes de l'ordre des lépidoptères, qui a été long-temps confondu avec celui des SPHINX, quoi-qu'il en diffère beaucoup par les mœurs. Il intéresse les cul-tivateurs, parce que les chenilles des espèces qui le compo-sent vivent dans l'intérieur des végétaux et sur-tout des arbres, et causent souvent leur mort.

Les espèces les plus communes sont:

La SÉSIE APIFORME, qui a les antennes brunes; le corcelet noir, avec deux taches jaunes; les ailes transparentes, bor-dées de brun; l'abdomen brun, avec un cercle jaune sur chaque anneau; les pattes jaunes. Il atteint 7 à 8 lignes de long, et se trouve en Europe sur le tronc des saules et des peupliers, aux dépens desquels vit sa larve. Les ravages de cette dernière sont peu remarqués, mais ils sont certains : il n'y a pas d'autre remède que de faire la chasse aux insectes parfaits au moment de leur naissance.

La SÉSIE TIPULIFORME a le corps noir, avec des cercles jaunes sur l'abdomen; les ailes transparentes, avec le bord et une bande transversale noire. Elle se trouve en Europe et atteint 4 à 5 lignes de longueur : sa chenille vit de la moelle du gro-seillier rouge, dont elle fait très-souvent périr les branches. Ses ravages sont également peu remarqués, parce qu'elle n'est pas très-commune, et que les groseilliers sont très-rameux ; mais ils n'en existent pas moins.

On ne connaît pas le lieu de l'habitation des chenilles des autres espèces de sésies, qui sont au nombre d'une tren-taine. (B.)

SESLÈRE. Genre de plantes de la triandrie digynie, et de la famille des graminées, dont les espèces faisaient autrefois partie des CRETELLES.

Des quatre espèces de seslères connues, la seule dans le cas d'être mentionnée ici est la SESLÈRE BLEUATRE, *Cynosurus cærulæus*, Lin. C'est une plante à racines vivaces; à chaume haut de 5 à 6 pouces ; à feuilles larges et courtes; à fleurs bleuâtres, disposées en épi court et cylindrique, qu'on trouve sur les montagnes pelées et un peu humides de l'intérieur de la France. Elle fleurit presque immédiatement après la fonte des neiges, et est extrêmement recherchée par les bestiaux et sur-tout par les moutons. Ces deux circonstances devraient en-gager les cultivateurs à la semer en grand dans les lieux qui lui conviennent. Il suffirait qu'elle fût plus connue, et qu'il devînt facile de s'en procurer des graines, pour qu'on la recherchât beaucoup, quoiqu'elle ne puisse jamais fournir un fourrage à faucher. (B.)

SETIER. Ancienne mesure de capacité. *Voyez* Mesure.

SÉTON, TROCHIQUE, ORTIE, ROUELLE ou CAUTÈRE ANGLAIS. Le séton, le trochique, l'ortie, et la rouelle ou cautère anglais, sont autant d'exutoires dont la médecine vétérinaire fait usage.

Le séton est une bandelette de toile, ou une ligature large d'environ 2 centimètres, que l'on passe entre cuir et chair, c'est-à-dire sous la peau entre le tissu cellulaire et les muscles, au moyen d'une longue aiguille plate, tranchante d'un bout, et percée de l'autre d'une fente oblongue, pour y passer la bandelette ou ligature qui doit faire le séton.

On place le séton en plusieurs parties du corps, à la nuque, au cou, aux épaules, entre les jambes de devant, sous le ventre, aux fesses et aux hanches. La longueur du séton et le lieu où il doit être placé sont déterminés par la nature de la maladie pour laquelle on le met, et par la plus ou moins grande abondance de suppuration qu'on a dessein d'obtenir.

On passe quelquefois le séton à travers les tumeurs froides et indolentes.

Le séton se fait de la manière suivante : on pince la peau à l'endroit où l'on veut le placer, on lui fait faire un pli longitudinal et on l'incise transversalement avec un bistouri ; ensuite on introduit dans l'incision faite l'aiguille dont nous venons de parler, puis d'une main on la pousse peu à peu, légèrement et par petites secousses ; tandis que de l'autre on la suit par-dessus la peau, en la soutenant et en l'accompagnant jusqu'à ce qu'elle soit parvenue à l'endroit où on en a fixé la sortie. L'aiguille parvenue à ce point, on met dans la fente qui est à sa partie supérieure la bandelette ou ligature, qu'on a soin d'enduire d'onguent vésicatoire ou suppuratif, suivant l'exigence des cas ; puis on pousse un peu plus fort, afin de percer la peau. En faisant cette opération, il faut prendre garde de pénétrer dans les muscles.

Le séton ainsi passé, on en réunit les deux bouts par un nœud, ou on attache à chacun de ces bouts un petit morceau de bois, pour éviter que le séton ne sorte.

Le séton est d'un usage très-fréquent ; on l'emploie dans les maladies internes toutes les fois qu'on a en vue d'évacuer quelques humeurs, ou qu'on a à craindre des métastases, c'est-à-dire le transport de ces humeurs sur quelques viscères ou autres parties essentielles à la vie.

Dans les maladies externes, on l'emploie aussi pour changer le point d'irritation, l'appeler et le fixer pour ainsi dire sur une autre partie.

5 *

On s'en sert aussi dans les maladies chroniques, comme d'un moyen propre à en favoriser la cure.

Il est encore mis en usage comme préservatif dans les maladies épizootiques et contagieuses.

La durée du temps pendant lequel on doit laisser le séton est déterminée par la nature des maladies. M. Chabert pense qu'il y a du danger à le laisser trop long-temps, parce que la nature s'y habitue; il propose de le sécher pour le renouveler quelque temps après si on le juge nécessaire.

Le *trochique*, ou l'*ortie* se font de même et produisent les mêmes effets: c'est un morceau de garou, lauréole mâle, sainbois, ou d'ellébore, ou de sublimé corrosif (muriate de mercure corrosif), et même d'arsenic blanc (oxide d'arsenic), qu'on place entre cuir et chair et à travers les tumeurs indolentes qu'il faut irriter. Le garou est le moins actif de ces trochiques, il faut lui préférer les autres lorsqu'il s'agit d'obtenir une action forte et prompte, comme dans les maladies contagieuses et épizootiques, pour lesquelles les trochiques sont employés comme préservatifs.

La *rouelle* ou *cautère anglais*, est une pièce de cuir de forme ronde, de 6 à 7 centimètres de diamètre (2 pouces à 2 pouces et demi), percée, dans le milieu, d'une ouverture pour laisser une issue à la matière qui doit en découler. Cette ouverture lui donne à peu près la forme d'un anneau plat; on entoure cette pièce de cuir de filasse ou d'une petite bandelette de toile, afin d'y pouvoir appliquer de l'onguent vésicatoire ou suppuratif, ou autres substances analogues.

On met la rouelle, comme les autres cautères, entre cuir et chair.

Après avoir fait à la peau une incision, qui doit être plus grande que pour le séton, on la détache avec les doigts ou le bout d'une spatule plate, selon la forme et la grandeur de la rouelle, puis on place cette rouelle dans l'ouverture qu'on vient de faire, et on l'y maintient en faisant un seul point de suture dans le milieu de la plaie. (DESP.)

SÈVE. Liqueur limpide, souvent presque aussi insipide que l'eau pure, qu'on voit fluer de toutes les parties des végétaux lorsqu'on les entame à certaines époques de l'année, et que toutes les observations prouvent être l'aliment qui entretient leur vie et les fait grossir, fructifier, etc.

C'est au printemps, lorsque les feuilles et les fleurs commencent à se développer, que les plantes sont le plus fournies de sève. Il y a aussi en automne un nouveau mouvement dans la végétation, qui augmente sa masse. Pendant l'hiver et dans le fort de l'été, elle paraît comme stationnaire, quoiqu'on ne puisse se refuser à croire qu'elle continue à avoir une action quelconque.

Non-seulement la connaissance de l'origine, de la nature, de la marche et des effets de la sève est importante à acquérir pour expliquer les phénomènes de la végétation, mais encore pour se livrer à la pratique de l'agriculture. Je dois donc entrer dans des développemens de quelque étendue sous les quatre considérations ci-dessus.

Tous les phénomènes tendent à prouver que la sève est le résultat de l'absorption par les RACINES, à l'aide de la CHALEUR, de l'EAU et de la portion soluble d'HUMUS OU TERREAU qui se trouve à l'extrémité de leurs ramifications, plus de l'ACIDE CARBONIQUE existant en nature dans cette eau et dans ce terreau, ou en état de GAZ dans les interstices de la terre.

Lorsque les FEUILLES existent, elles jouent aussi dans ce cas un rôle important.

Les preuves de ce fait se trouveront aux mots ci-dessus : ainsi ce serait faire un double emploi que de les développer ici de nouveau.

On demandera peut-être quelle est la puissance qui fait passer les sucs de la terre dans les racines, ici on manque et on manquera probablement toujours d'expériences, je répondrai donc l'action vitale; réponse vague, mais qui s'appuie sur un principe général, l'attraction des molécules similaires. En effet, si cela n'était pas, pourquoi une racine morte ne tirerait-elle pas également les sucs de la terre?

Rozier a dit : à l'extrémité de chaque racine, de chaque radicule, est un levain qui approprie la sève à chaque espèce de végétal. Ce levain est, dans son genre, analogue à notre salive, aux sucs gastriques de la bouche, qui approprient les alimens que nous mangeons et les préparent à subir la digestion dans l'estomac. Cette idée, quelque non appuyée qu'elle puisse paraître aux yeux de ceux qui veulent que tout soit déduit des faits, n'est peut-être pas dénuée de fondement.

Grew a émis l'opinion que la sève entre en état de vapeur dans les racines des plantes; mais des observations faites depuis ne permettent pas de l'adopter. *Voyez* RACINE.

L'eau se mêle avec la sève en toutes proportions, celle qu'on retire de telle plante contient d'autant plus d'eau qu'il a plu depuis plus long-temps, ou qu'elle a été plus fréquemment arrosée : de là la faiblesse des plantes et l'insipidité de leurs fruits dans ces deux circonstances.

Lorsqu'on fait chauffer légèrement de la sève, il se dégage beaucoup d'ACIDE CARBONIQUE et de l'ACIDE ACÉTIQUE. *Voyez* ces deux mots et celui BOIS.

Deyeux et Vauquelin, qui ont analysé les sèves de la vigne, du bouleau, du charme et de l'orme, ont reconnu qu'en les laissant exposées à l'air elles se coloraient et déposaient des flocons d'une matière glutineuse. Bientôt elles éprouvent successivement les fermentations vineuse, acide et putride, après quoi elles deviennent fétides et déposent un mucilage dont il se dégage de l'ammoniac. Les réactifs leur ont prouvé qu'elles contenaient de l'acétate de potasse, de l'acétate de chaux, du carbonate de chaux, et du sucre.

Outre ces matières, les sèves du hêtre et du chêne, qu'ils ont aussi analysées, leur ont offert du tannin, de l'acide gallique, et un extrait couleur marron qui donne une couleur solide aux étoffes.

On peut conclure de ce beau travail, que chaque plante a une sève différente, au moins dans la quantité relative de ses principes composans; ce qui est déjà quelque chose. Mais combien de choses restent encore à désirer!

Une différence marquée dans la nature de la sève se remarque aux différentes époques de l'année. D'abord l'eau y surabonde, peu à peu elle s'épaissit et se change enfin en CAMBIUM (*voyez* ce mot), c'est-à-dire en cette matière légèrement glutineuse qu'on trouve sous l'écorce des arbres qui sont en activité de végétation, et qu'on prend généralement pour la sève dans la pratique du jardinage.

C'est donc en déposant les diverses substances rappelées dans l'analyse précédente, que la sève fait croître les feuilles, les fleurs, les fruits, fait grossir et allonger les racines, le tronc et les branches. *Voyez* VÉGÉTATION.

Lorsqu'à la fin de l'hiver, on fait un trou au tronc des ÉRABLES, des BOULEAUX, etc. (*voyez* ces mots), il découle exclusivement des vaisseaux de l'aubier une grande quantité de sève, qu'on peut recueillir pour en obtenir du sucre. Cette sève cesse de couler dès que les feuilles commencent à se montrer, et alors elle s'épaissit, s'introduit entre l'aubier et l'écorce, commence à se transformer en cambium, et à organiser une nouvelle couche d'aubier, ainsi qu'une nouvelle couche corticale (*liber* de Duhamel). Alors seulement on peut greffer en écusson à œil poussant. *Voyez* GREFFE.

La marche de la sève a été l'objet de beaucoup de discussions parmi les physiologistes, et on est loin d'être encore d'accord sur ce qui la concerne.

Je ne puis mieux faire que de transcrire ici ce que Décandolle a écrit sur ce sujet dans les principes qui sont à la tête de sa nouvelle édition de la Flore française, ouvrage que tout cultivateur aisé ne peut se dispenser d'avoir, s'il veut connaître les plantes qui l'environnent.

« Après avoir long-temps disputé pour savoir si la sève aspirée par les racines monte par la moelle ou par l'écorce, on a eu enfin recours à des expériences directes; Magnol, en 1709,

et ensuite Duhamel, Bonnet, de Labaisse et Féburier ont fait
végéter des plantes dans l'eau colorée, et en suivant les traces
de cette espèce d'injection, ils ont montré que la sève monte
constamment par le corps ligneux, tantôt par le Bois, tantôt
par l'Aubier (*voyez* ces mots), plus souvent par l'un et l'autre
à-la-fois. On a vu que la sève monte dans les arbres dicoty-
lédons dépouillés d'écorce, ou dont le canal médullaire est
obstrué ; que les injections colorées suivent toujours la direction des Vaisseaux lymphatiques (*voyez* ce mot), qui sont
très-communs dans le corps ligneux, et ne se dévient point de
cette direction pour se jeter dans les cellules avoisinantes. Il
paraît cependant prouvé que la sève peut se détourner de cette
direction, et en s'infiltrant dans le tissu cellulaire, atteindre des vaisseaux collatéraux : ainsi lorsqu'on fait à un
arbre quatre entailles disposées de sorte que toutes les fibres
du tronc soient coupées par l'une de ces entailles, on voit que
l'arbre continue à pomper de la sève, laquelle doit nécessairement, pour arriver aux branches, se dévier de sa première
direction : c'est par cette déviation seule qu'on explique comment un arbre greffé avec deux arbres voisins, et ensuite
déraciné, peut être nourri par les deux arbres qui l'entourent ;
comment une feuille exposée dans l'air peut être nourrie par
d'autres feuilles de la même branche placées sur l'eau ; comment une feuille dont les nervures principales sont coupées,
continue à végéter, etc.

» Il paraît que certaines circonstances encore inconnues
déterminent le passage de la sève dans différentes parties du
corps ligneux. M. Coulomb a observé que, lorsqu'au premier
printemps on perce avec des tarières des troncs de peupliers,
on entend un bruit sourd et on voit sortir une quantité notable d'eau dans les trous qui atteignent le centre de l'arbre,
phénomène qui n'a pas lieu dans des trous peu profonds. Cette
ascension de la sève par la partie voisine de la moelle a sans
doute lieu par les vaisseaux lymphatiques qui entourent le canal médullaire.

» Les injections colorées des végétaux ont donné quelques
aperçus sur la vitesse de l'ascension de la sève. Bonnet a observé, dans les haricots, que l'injection s'est élevée, tantôt à
4 pouces en deux heures, tantôt à 3 pouces en une heure, et
à un demi-pouce en une demi-heure. Mais les expériences de
Hales réclament toute l'attention des physiologistes : il fit découvrir le pied d'un poirier ; il introduisit la coupe d'une de ses
racines dans un tube luté hermétiquement par le haut, rempli
d'eau, et qui reposait par le bas dans une cuvette de mercure,
en six minutes le mercure s'éleva de 8 pouces dans le tube ;
avec un appareil analogue, il observa que les branches, déta-

chées de l'arbre, conservent leur force de succion : une branche de poirier éleva, par exemple, en sept minutes, le mercure à 12 pouces de hauteur. Il y a plus : ces branches pompent avec la même énergie lorsqu'on les plonge dans l'eau par leur extrémité supérieure tronquée.

» Avant de rechercher les causes de cette ascension de la sève, il est nécessaire de passer en revue les circonstances externes et internes qui influent sur ce phénomène. Parmi les circonstances externes, 1°. la température : elle paraît être celle qui a le plus d'influence ; on voit, en comparant les expériences de Hales, que la chaleur accélère et que le froid retarde cette ascension ; tous les phénomènes de la végétation tendent d'ailleurs à démontrer ce fait ; 2°. l'influence de la lumière : elle n'est pas aussi bien connue ; des expériences de Sennebier, et autres qui me sont propres, me font penser qu'elle est de quelque importance : on sait déjà que les branches aspirent beaucoup plus pendant le jour que pendant la nuit ; mais on n'a pas encore déterminé avec précision l'influence de la lumière sur ce phénomène (1).

» Quant aux causes internes, nous trouverons, 1°. que la quantité d'eau absorbée est proportionnelle à la surface de la coupe de la branche ; 2°. qu'elle est proportionnelle au nombre des pores corticaux qui se trouvent sur la branche : ainsi dans les branches d'arbres où l'écorce a peu ou point de pores, elle est proportionnelle à la surface de la tige ; dans les plantes herbacées, elle est en rapport avec la surface entière de la plante. Nous savons déjà que les pores corticaux sont les organes principaux de la transpiration, et nous devons en conclure que l'absorption par les racines ou la coupe des branches est proportionnelle à la transpiration.

» Enfin, indépendamment des circonstances que nous venons d'apprécier, nous voyons que la quantité de la sève absorbée augmente régulièrement à des époques déterminées de l'année : ainsi, à l'entrée du printemps et avant la naissance d'aucune feuille, les arbres tirent du sol une quantité d'eau très-considérable. Cette sève particulière, qui est très-abondante dans la vigne, où elle a reçu le nom de *pleurs*, traverse le

---

(1) Une expérience facile à répéter prouve qu'il y a dans les végétaux même une force qui agit sur le mouvement de leurs fluides. Qu'on coupe un tronçon de branche pendant le mouvement de la sève, ou, en tous temps, un tronçon de chélidoine, soit la sève, soit le suc propre sort par les deux extrémités de ce tronçon, quelle que soit la température, quoique, par suite de l'effet de la petitesse de ses vaisseaux (action capillaire), cette sève et ce suc propre dussent y rester. On ne peut attribuer cette sortie à la contraction hygrométrique des vaisseaux, puisqu'elle a lieu instantanément aussitôt que la section est faite.

(*Note de* **M. Bosc.**)

corps ligneux et ne paraît à l'extérieur que dans les lieux où le corps ligneux est entamé. Scot assure que l'eau rendue à cette époque par un bouleau est égale au poids de l'arbre entier; Hales affirme que si alors on adapte un tube au sommet d'un chicot de vigne, l'eau y est poussée avec une énergie telle qu'il l'a vue s'élever à 21 pieds dans une expérience, et à 44 dans une autre. Quelle que soit l'exactitude accoutumée de ce physicien, on ne peut se défendre de partager ici les doutes de Sennebier, qui fait remarquer combien il est difficile de concilier ces expériences avec des faits bien connus; savoir, que l'épaisseur de l'écorce, la frêle enveloppe d'un bourgeon, et jusqu'à une simple couche de gomme, suffisent pour arrêter l'émission des pleurs.

» Il est, dans nos climats, une seconde époque où nous voyons la sève augmenter en quantité d'une manière très-notable, c'est celle que les cultivateurs désignent sous le nom de *sève d'août*. M. de Saussure a remarqué que ni la chaleur, ni le le froid, ni les sécheresses, ni l'humidité actuelle, ne hâtent ni ne retardent cette époque (1); elle doit, ainsi que la sève du premier printemps, être attribuée à des causes intérieures, qui dépendent de la vie même du végétal. Remarquons que ces deux époques particulières n'ont lieu que dans les plantes vivaces; que la première s'effectue au moment où les boutons de l'année précédente tendent à se développer; que la seconde s'opère à celui où les boutons de l'année suivante commencent à poindre. Il semble que ces boutons, animés d'une force vitale qui leur est propre, attirent à eux toute la lymphe environnante, à peu près comme les graines, qui, dès l'instant où elles sont fécondées, attirent toute la sève des organes environnans. *Voyez* BOUTON.

» Remarquons que les boutons communiquent avec les racines au moyen des trachées qui entourent le canal médullaire; que l'époque de leur développement coïncide avec celle où la sève monte par l'intérieur de l'arbre, et nous aurons de grandes probabilités pour conclure que l'augmentation de la sève aux deux époques que nous avons indiquées, tient à l'action vitale des boutons.

» Plusieurs auteurs ont tenté de donner des explications mécaniques du mouvement de la sève. Grew en cherche la

---

(1) Cette sève se développe plus tôt dans les pays chauds, dans les années chaudes. Elle se prolonge plus ou moins chaque année, selon qu'il fait humide et chaud, sec et froid. Chaque espèce d'arbre a aussi, dans le même lieu, une époque différente d'entrée en sève. J'ai déjà observé que, dans le voisinage de l'équateur, la plupart des arbres étant continuellement en végétation active, n'offraient point les deux sèves de ceux des pays tempérés, et qu'on ne pourrait pas les greffer en écusson.

cause dans le jeu des utricules ; Malpighi, dans la raréfaction et la condensation alternative de la sève, opérées par la température ; de la Hire, dans de prétendues valvules, qui empêcheraient le liquide de redescendre après que l'expansion de l'air l'aurait forcé de monter ; Perrault compare cette ascension à une simple fermentation. Il en est qui la rapportent à un effet hygrologique ; d'autres l'assimilent à l'ascension de l'eau dans les tubes capillaires ; quelques-uns l'attribuent au vide que la transpiration opère dans certaines parties du végétal. Indépendamment des objections auxquelles chacune de ces théories est sujette, il en est qui sont communes à toutes, c'est que ces différentes causes doivent agir aussi bien sur le végétal mort que sur le végétal vivant, tandis que les résultats sont entièrement différens : c'est qu'aucun n'explique la vitesse et la force de l'ascension de la sève ; aucun ne se concilie avec la direction déterminée des différens sucs du végétal ; aucun ne peut rendre raison de la cause de l'ascension de la sève dans les plantes qui végètent sous l'eau. Je ne nie point que quelques-uns de ces moyens facilitent l'ascension de la sève ; mais c'est dans les forces vitales qu'il faut chercher la vraie cause de ce phénomène. Nous voyons que, dans les animaux, l'œsophage est doué d'une force contractile qui force les alimens à passer de la bouche dans l'estomac, quelle que soit la position du corps. Pourquoi cette même propriété, qui dans les animaux est indépendante de la volonté et qui cependant est liée à la vie, n'existerait-elle pas dans les végétaux ? Cette propriété contractile des vaisseaux des plantes n'est point une hypothèse gratuite, et indépendamment du grand phénomène de l'ascension de la sève, il en est d'autres que nous ne pouvons concevoir sans elle. »

A cet excellent morceau, je n'ai plus à ajouter que quelques remarques de pratique, puisque j'ai parlé de la Nutrition des plantes à ce mot et aux mots Humus ou Terreau, Racine, Feuille, Carbone, Air, Lumière, Chaleur, Eau, Végétation, Irritabilité, etc.

Le grand effet de la sève du printemps, c'est de développer les feuilles, les fleurs, et de faire croître les tiges, ainsi que les racines et les fruits en hauteur et en grosseur. Elle trouve presque tous ses élémens, moins l'eau et la chaleur, d'abord en elle-même, ensuite dans l'air par ses feuilles, puis, vers le temps de la maturité des fruits, de la terre et des feuilles en même temps, mais plus de la première : alors la sève monte plus qu'elle ne descend, quoique son mouvement de descension soit toujours très-marqué (*voyez* au mot Bourrelet) ; mais à la sève d'août, au contraire, l'observation prouve qu'elle descend plus qu'elle ne monte, car c'est alors que les arbres grossissent et que leurs racines s'allongent le plus. La belle expérience citée par Thouin, à l'article GREFFE, prouve le fait d'une manière indubitable; c'est-à-dire que les greffes posées au premier printemps sur le tronçon d'une racine tenant à la tige ne poussent qu'en automne, tandis que les mêmes greffes, posées sur un tronçon de la même racine séparée de la tige, poussent de suite (1). On doit conclure de ces faits, et de ce que les plantes annuelles n'ont qu'une sève, que la sève d'août accumule dans les troncs et dans les racines celle qui, délayée au printemps par l'eau, aidée de la chaleur, donnera la première impulsion à la végétation : c'est pourquoi j'ai dit plus haut qu'elle trouvait alors presque tous ses élémens en elle-même. Dans l'état actuel de la physiologie végétale, on ne peut pas supposer qu'il y ait une sève organique qui n'ait passé par les feuilles (ou, ce qui en tient lieu, dans les plantes qui en sont privées), comme on ne peut supposer qu'il y ait du sang dans les animaux qui n'ait pas passé par les poumons. Si la première sève est si aqueuse, c'est qu'elle ne peut se charger abondamment de nouveaux principes qu'autant que les feuilles existent. *Voyez*, au mot BOUTURE, quelques autres faits qui tendent à prouver l'accumulation de la sève dans les branches.

Il y a déjà long-temps que la sève est en mouvement dans les plantes lorsque les jardiniers commencent à le reconnaître, puisque la facilité qu'ils trouvent à séparer l'écorce de l'aubier indique déjà l'existence du cambium. Ce n'est donc pas une expression exacte, que de dire que les arbres entrent en sève lorsqu'ils deviennent propres à recevoir la greffe; mais cette expression est consacrée, et il n'y a pas d'inconvéniens à continuer de s'en servir dès qu'on en connaît l'impropriété. Le gonflement des boutons au printemps est véritablement le signe qui indique que la sève entre en mouvement; mais ce gonflement est ou insensible lorsque la température s'élève graduellement, ou est irrégulier lorsqu'il fait tantôt chaud, tantôt

(1) Un fait que j'ai observé en 1819 prouve également l'action de la sève descendante : cette année, les fortes gelées de l'hiver atteignirent les racines des coignassiers de la pépinière du Luxembourg; beaucoup périrent de suite, d'autres poussèrent comme de coutume en 1820, ma s périrent en 1821 ; les plus petits se firent, au collet, une nouvelle couronne de racines. L'inspection des racines prouva que la partie intermédiaire desdites racines était morte, et que par conséquent la sève n'avait plus pu descendre jusqu'à leur extrémité. *Voyez* INCISION ANNULAIRE.

Les anciens connaissaient cette différence dans la direction des deux sèves : on lit au chapitre 2 du 10e. livre des Géoponiques, que la nature, au printemps, nourrit les branches des arbres et leur fait pousser des fleurs et des fruits, et à l'automne elle abandonne les branches pour s'occuper des racines. *Voyez* PLANTATION.

(*Note de M. Bosc.*)

froid. Le vrai est que la sève est, dans les pays tempérés comme entre les tropiques, toujours en action, mais qu'elle a des époques de plus ou moins grande activité, dont les causes, hors la chaleur et l'humidité, ne sont pas encore connues. La pratique de l'agriculture prouve de plus que la sève est arrêtée dans la rapidité de son mouvement pendant l'été par la fraîcheur de la nuit et par des arrosemens d'eau de fontaine ou de puits.

Du principe que la sève est constamment égale dans ses effets sous l'équateur, on peut conclure qu'elle est d'autant plus marquée dans ses deux renouvellemens d'action, qu'on s'en éloigne : aussi à peine peut-on greffer pendant quelques jours lors de celle d'août, à Montpellier, tandis qu'à Paris on le peut souvent pendant un mois.

Les usages de la sève, dans l'économie domestique, se réduisent au vin, et par suite au vinaigre qu'on retire de celle des bouleaux dans le Nord, et des palmiers dans le Midi, et au sucre que fournit celle de deux ou trois espèces d'érables, les propriétés des pleurs de la vigne étant imaginaires.

C'est encore la sève qui fournit le vinaigre qu'on retire de la distillation des bois, et dont M. Mollerat fait en ce moment l'objet d'un commerce de quelque importance. *Voyez* Bois.

Je vais terminer cet article par quelques observations ou considérations détachées, que je n'aurais pu y faire entrer qu'en le refondant.

La sève ne parvient qu'aux branches où elle peut s'utiliser: ainsi une vigne plantée hors d'une serre et dont une des branches entre dans cette serre, donne des feuilles et des fleurs seulement sur cette branche et réciproquement. Il n'a pas encore été possible de se former une idée du mode de cet effet.

On a souvent remarqué que lorsque la sève d'août manquait, l'année suivante ne fournissait pas de récolte.

Les pêches qui restent sur les branches dépourvues de feuilles par accident n'arrivent jamais à maturité. Pour les remettre dans la position exigée par la nature, M. Knight a imaginé de greffer par approche la partie supérieure de ces branches avec d'autres branches voisines garnies de feuilles, et il a obtenu, comme il s'y attendait, la maturité de ses pêches. Qui peut méconnaître dans ce cas les effets de la sève descendante?

La preuve de la concentration de la sève dans les troncs et dans les racines est fondée sur l'observation que pendant l'hiver les uns et les autres offrent plus de mucilage et de sucre que pendant l'été, ainsi que l'a reconnu M. Darwin et ainsi que les agriculteurs qui se nourrissent de pommes de terre, de carottes, de panais, d'oignons, etc., le remarquent chaque année.

Les graminées à tige vivace sont soumis à la même loi, comme on l'a observé en Angleterre à l'égard du FIORIN (*agrostis stolonifera*, Lin.).

Au printemps, la sève est plus montante que descendante et abonde plus dans l'aubier que dans l'écorce ; en automne, elle est plus descendante que montante et abonde plus dans l'écorce que dans l'aubier ; mais non-seulement elle est toute l'année montante et descendante d'une manière peu apparente, mais elle dévie de l'aubier à l'écorce et de l'écorce à l'aubier ; ce qui explique la belle expérience de Palissot Beauvois, qui, ayant isolé une portion d'écorce pourvue d'une branche, en laissant cette portion en place, a vu cette branche continuer à végéter, quoique faiblement.

Lorsqu'on taille les arbres en fleurs, on risque d'empêcher la fécondation de s'effectuer, par suite de la déperdition de leur sève par les plaies.

Il est quelquefois avantageux cependant de tailler lorsque la sève commence à se développer : par exemple, on ne taille les VIGNES et les PÊCHERS aux environs de Paris qu'en mars, afin de retarder la sortie des bourgeons, qui sans cela pourraient être frappées des gelées tardives.

Les greffes ne réussissent que lorsqu'il y a de nombreux rapports entre la sève de l'arbre greffé et de l'arbre à greffer. Ces rapports suivent assez généralement l'ordre des familles naturelles de Jussieu, mais on y a remarqué des anomalies très-singulières.

Il est des variétés d'arbres fruitiers qui reçoivent plus facilement la greffe des autres variétés que d'autres : ainsi le merisier à fruits rouges, pour les cerisiers; la cerisette et le Saint-Julien, pour les pruniers; les amandes non amères, pour plusieurs pêchers, etc. Dans ces cas, les pépiniéristes disent que ces variétés ont la *sève douce*, et cette expression est probablement juste.

L'observation prouve, chaque jour, dans les pépinières que lorsque la greffe appartient à un arbre plus vigoureux que le sujet, il se forme un bourrelet au-dessus du point de la greffe, et que lorsque c'est le sujet qui est dans ce cas il grossit bien plus que la greffe.

Lorsque les froids reviennent au moment de la floraison des arbres fruitiers, la sève est suspendue et les fleurs tombent. Il en est de même pour les fruits lorsque les froids se renouvellent après qu'ils sont noués.

Lorsque la végétation, par suite d'une saison pluvieuse, reste en activité tout l'été dans les arbres fruitiers, leurs fruits grossissent peu et ne prennent point de saveur.

C'est parce que la sève , quoique paraissant isolée dans des vaisseaux , ne fait cependant qu'un tout qui se communique par le tissu cellulaire , qu'elle semble suinter de l'aubier lorsqu'on écorce un arbre pendant sa plus grande force. *Voyez* CAMBIUM.

L'extravasation de la sève dans les fentes longitudinales faites à l'écorce des arbres courbes, du côté de leur courbure, les fait presque toujours redresser. *Voyez* BOURRELET et ÉCORCE.

C'est parce que la sève est obligée de refluer dans les racines des arbres dont on a cassé l'extrémité des bourgeons entre les deux sèves, que ces arbres portent plus de fruits l'année suivante. Ce sont principalement les POIRIERS, les POMMIERS, les VIGNES qu'on soumet à cette utile opération.

On explique de la même manière l'utile opération de CASSER l'extrémité des branches des BOURGEONS pour les faire aoûter, et de PINCER l'extrémité des tiges des FÈVES, des POIS, des MELONS, pour faire grossir davantage leurs fruits et les faire mûrir plus tôt.

On voit dans les mauvais terrains, lorsque l'année est sèche, la sève ne pouvoir se porter jusqu'au sommet des arbres, sommet qui périt tandis qu'il pousse des gourmands sur le tronc, ou qu'il sort de nouvelles tiges du collet des racines.

Ce fait a été expliqué de diverses manières; mais je crois qu'il faut se borner à le regarder comme le résultat d'une trop petite quantité de sève pour pouvoir remplir tous les vaisseaux, laquelle sève est par cela seul forcée de s'arrêter à une hauteur inférieure à celle où elle montait dans des circonstances très-favorables.

Faire naître des gourmands sur le tronc d'un arbre par un élagage inconsidéré , produit un effet semblable et par une cause analogue. *Voyez* ÉLAGAGE. (B.)

SEVRER. Les jardiniers ont remarqué que souvent une marcotte , après avoir pris quelques racines, cesse d'en pousser de nouvelles ou d'augmenter celles qu'elle a d'abord poussées, et que dans ce cas il était quelquefois avantageux de couper la portion de cette marcotte qui tient à la tige , avant l'époque où elle doit être arrachée et plantée séparément. Cette opération s'appelle sevrer, et a en effet pour objet d'intercepter la nourriture que la marcotte recevait de sa mère. Ordinairement elle remplit son but, quelquefois elle fait périr la marcotte. On ne doit en conséquence la faire qu'après s'être assuré si les racines déjà existantes sont assez nombreuses ou assez fortes pour nourrir la marcotte. Quelques jardiniers sèvrent toutes leurs marcottes un an avant de les enlever, d'autres le font dès que la sève d'automne est passée, quelques-uns même avant la sève d'août. Il est difficile de donner des règles générales à cet égard. Dans tous ces cas, il y des avantages et des inconvéniens, que des circonstances étrangères aux marcottes même rendent souvent prédominans. Quand on les sèvre un an d'avance, on a des marcottes très-bien enracinées, dont la vigueur assure la reprise, mais on perd le terrain propre à en faire d'autres ; quand on les sèvre entre les deux sèves on détermine la pousse de nouveaux bourgeons sur la mère, bourgeons qui pourront être couchés dès le printemps suivant et former de nouvelles marcottes. On trouvera au mot MARCOTTE tous les détails désirables sur ces objets. (B.)

SEXE DES PLANTES. Les anciens paraissent avoir eu une idée exacte du sexe des plantes : les plantes dioïques ont dû, dès les premiers âges du monde, apprendre à les reconnaître. L'Indien, l'Africain et l'Américain ont su de tous temps qu'il y avait des palmiers qui ne portaient jamais de fruits, et sans lesquels cependant ceux qui donnaient des fruits devenaient stériles. On avait oublié ces faits en Europe pendant les temps de barbarie qui ont accompagné et suivi la fin de l'empire romain. Ce n'est pour ainsi dire que de nos jours que Linnæus a remis la vérité dans tout son jour, l'a rendue classique en la faisant servir de base à son immortel ouvrage, intitulé *Systema plantarum*. (*Voyez* PLANTE, BOTANIQUE.) Il a prouvé mieux que Vaillant et autres, que les ÉTAMINES et les PISTILS (*voyez* ces mots) sont les organes sexuels des plantes, les premiers, mâles, les seconds, femelles, et que la fructification ne peut s'opérer sans FÉCONDATION. *Voyez* ce mot, et les mots ANTHÈRE, POLLEN, STIGMATE et GERME.

Aujourd'hui personne ne doute que le plus grand nombre des fleurs sont HERMAPHRODITES, c'est-à-dire mâles et femelles, l'organe femelle étant presque toujours central ; qu'il en est un petit nombre de MONOÏQUES, c'est-à-dire, dont les fleurs sont les unes mâles, les autres femelles sur le même pied ; enfin qu'un nombre à peu près égal est DIOÏQUE, c'est-à-dire, a les fleurs mâles et les fleurs femelles sur des pieds différens. (*Voyez* ces trois mots.) Quant aux fleurs polygames, elles font partie d'une de ces trois divisions.

Les cultivateurs ne peuvent pas se dispenser d'apprendre à connaître le sexe des plantes et les organes qui concourent à leur fécondation, car c'est le plus souvent sur eux que repose le succès de leurs pénibles travaux. (*Voyez* COULURE.) C'est parce que quelques jardiniers sont dans l'ignorance à cet égard, qu'ils coupent toutes les *fausses fleurs* (fleurs mâles) de leurs melons, de leurs courges ; que quelques agriculteurs

arrachent leur chanvre , qu'ils appellent si improprement femelle , puisque c'est réellement le mâle , avant qu'il ait fé-
condé les femelles , ce qui les prive de la graine , qui fait une
partie du bénéfice de la culture de cette plante ; qu'ils coupent la panicule du maïs , qui seule peut donner l'existence
aux grains pour lesquels on le cultive ; qu'ils plantent plus de
pieds de houblon mâles qu'il n'est nécessaire , puisque ce sont
les cônes des fleurs femelles qui servent exclusivement à la
fabrication de la bière.

Quoique les plantes dioïques puissent se féconder à une
grande distance , il n'est pas moins prudent de les rapprocher
dans les cultures ; souvent même , comme le MUSCADIER , le
PISTACHIER , il est avantageux de greffer tous les pieds , beaucoup en femelles , peu en mâles , pour être assuré d'avoir
abondance de fruit. (B.)

SEXTERÉE. Ancienne mesure de superficie. *Voyez*
MESURE.

SEYCETTE. Sorte de froment à barbes longues , qu'on cultive sur les bords du Rhône , autour de Beaucaire. *Voyez* FRO-
MENT. (B.)

SEYTIVE. Ancienne mesure agraire. *Voyez* MESURE.

SHERARDE, *Sherardia*. Petite plante de la tétrandrie monogynie et de la famille des rubiacées , qui se trouve abondamment dans les champs cultivés et qu'il est bon de faire
connaître aux cultivateurs , parce qu'elle fleurit de très-bonne
heure (même avant la fin de l'hiver) , et que les moutons ,
les chèvres et les chevaux la recherchent beaucoup. Ses racines sont annuelles et pivotantes ; ses tiges striées , hautes de
2 ou 3 pouces au plus ; ses feuilles verticillées; ses fleurs
bleues et terminales.

Cette plante , lorsqu'elle est extrêmement commune , et
cela a lieu dans beaucoup d'endroits , dédommage un peu les
cultivateurs des pertes que leur oscasionnent les jachères , en
fournissant un bon pâturage à leurs bestiaux (B.)

SIBADE. Avoine dans le département de Lot-et-Garonne.

SICHAS. Nom des SILOS , MATAMORES , OU FOSSES A BLÉ ,
dans le royaume de Valence. (B.)

SICOMORE. Espèce de FIGUIER et d'ÉRABLE.

SIFFLAGE. Synonyme de CORNAGE. *Voyez* ce mot.

SIFFLET (GREFFE EN). Sorte de greffe qu'on pratique
en enlevant la circonférence entière de l'écorce à une jeune
branche actuellement en sève; et en lui substituant un autre
segment d'écorce parfaitement semblable , pris sur l'arbre
qu'on veut multiplier. Cette sorte de greffe est peu usitée.
Voyez GREFFE. (B.)

SIGERBECK, *Sigerbeckia*. Genre de plantes de la syngénésie, polygamie superflue et de la famille des corymbifères, qui renferme trois plantes à tiges élevées, à feuilles opposées; rudes au toucher et à fleurs jaunes terminales et axillaires, qu'on cultive dans quelques jardins.

La plus connue de ces deux espèces est le Sigerbeck oriental, qui croît naturellement en Perse, dans les Indes, et à l'Ile de France. On l'appelle *herbe divine* et *herbe de flac* dans le dernier de ces lieux, où on lui attribue des propriétés très-étendues contre la gangrène, les ulcères, etc. Elle demande un sol léger et une exposition chaude; elle est annuelle et fleurit en pleine terre dans le climat de Paris; mais pour avoir de ses graines, il est nécessaire d'en tenir quelques pieds en pots dans l'orangerie. (B.)

SIGNALEMENT DES BESTIAUX. Presque tous les animaux domestiques ont des taches, des accidens naturels, qui permettent de les distinguer les uns des autres et de les réclamer, dans certains cas, avec certitude. Pour assurer d'autant plus leurs droits de propriété en cas de perte ou de vol, les cultivateurs doivent faire faire le signalement de ceux qu'ils possèdent par deux prud'hommes, et le faire viser par le maire de leur commune.

Ce signalement contiendra leur âge, leur hauteur, leur longueur, leur couleur, la place et la couleur des différentes taches qu'ils offrent et la distance respective de quelques-unes d'elles, les défauts naturels et apparens, les mutilations, blessures et autres marques artificielles. Plus ces objets seront détaillés et moins le signalement sera susceptible d'être attaqué en justice; cependant il n'est pas nécessaire qu'il soit minutieux.

Comme en général l'habitude de faire rend plus habile, les cultivateurs feront bien d'appeler un artiste vétérinaire pour faire le procès-verbal du signalement de leurs bestiaux. La petite dépense que cela leur occasionnera sera de beaucoup compensée par la certitude de la propriété, en cas des événemens précités.

Quant aux bestiaux qui sont d'une seule couleur, *voyez* au mot Marque des bestiaux. (B.)

SILENE, *Silene*. Genre de plantes de la décandrie trigynie et de la famille des caryophyllées, qui réunit plus de quatre-vingts espèces, dont quelques-unes sont très-communes dans les campagnes et d'autres se cultivent dans les jardins.

Les espèces de ce genre ont les feuilles opposées, conées; les tiges visqueuses, et les fleurs tantôt solitaires, tantôt réunies en épis ou en corymbes. Celles qu'il est le plus utile de connaître sont:

Le Silène penché, *Silene nutans*, Lin., qui a les racines vivaces; les tiges pubescentes, rameuses, hautes d'un à 2 pieds; les feuilles radicales spatulées; les caulinaires étroites; les fleurs blanches, disposées en panicule penchée et unilatérale; les pétales bifides. Il se trouve dans les prés montagneux, les friches les plus arides, et fleurit au milieu du printemps. Les vaches refusent de le manger, mais les chèvres, les moutons et sur-tout les chevaux l'aiment beaucoup. Il est des lieux où il est très-commun. Quoique peu brillant, il peut concourir à l'embellissement des jardins paysagers, et on fera bien d'y en placer quelques pieds.

Le Silène mousseux, *Silene acaulis*, Lin., a les racines vivaces; les tiges hautes d'un à 2 pouces; les feuilles courtes et linéaires; les fleurs rouges, solitaires et terminales; les pétales échancrés. Il se trouve sur les hautes montagnes, où il forme des gazons serrés du plus grand éclat quand il est en fleur, c'est-à-dire au milieu de l'été. Transporté dans les jardins, il perd beaucoup de sa beauté en prenant de la hauteur, aussi l'y cultive-t-on rarement.

Le Silène gaulois a les racines annuelles; les tiges velues, hautes d'un pied; les feuilles oblongues; les fleurs rougeâtres et disposées en épis unilatéraux. Il se trouve dans les champs de blé, en terrain sablonneux et aride, quelquefois en si grande abondance qu'il en couvre la surface. Il n'est pas facile de l'extirper, parce qu'il donne ses graines avant la récolte du blé, et que ces graines se conservent plusieurs années dans la terre sans germer. Lorsqu'il est en moindre quantité il nuit peu aux récoltes, ses tiges étant grêles et peu garnies de feuilles.

Le Silène conique et le Silène anglais sont souvent dans le même cas.

Le Silène-cinq-plaies, *Silene quinque vulnera*, Lin., a les racines annuelles; les tiges hautes de 8 à 10 pouces; les feuilles rudes au toucher; les fleurs disposées en épis unilatéraux; les pétales entiers, rouges et bordés de blanc. Il est naturel aux parties méridionales de l'Europe et fleurit en été. On le cultive dans les jardins, à raison de l'élégance de ses fleurs. C'est dans les plates-bandes des parterres et en petites touffes qu'il produit le plus d'effet. Il faut le semer en place dès les premiers jours du printemps, si on veut jouir de tous ses agrémens.

Le Silène-Armeria a les racines annuelles; les tiges rameuses et visqueuses; les feuilles larges, ovales, et d'un vert glauque; les fleurs rouges, disposées en faisceau terminal; les pétales entiers. Il se trouve dans les mêmes endroits que le précédent, et se cultive comme lui dans les jardins, où il fleurit tout l'été et où il donne une variété à fleurs blanches : on l'y connaît sous le nom d'*attrape-mouche*, parce que les mouches se prennent dans la viscosité de ses tiges, et y périssent souvent en grand nombre. La manière de le semer ne diffère pas de celle indiquée plus haut. (B)

SILEX. Pierre se cassant en fragmens conchoïdes, assez dure pour rayer le verre, donnant des étincelles avec le briquet, et infusible sans addition, qu'on trouve dans les pays à couches, soit dans les craies, soit dans les argiles superficielles, et qui varie dans sa couleur depuis le noir brun le plus foncé jusqu'au fauve le plus clair et le plus transparent.

Tous les phénomènes de position que présente le silex tendent à prouver que sa formation est très-moderne, et que cette formation a eu lieu dans l'eau douce. Cuvier et Brongniart ont mis ce fait au rang des indubitables par leur mémoire géologique sur les environs de Paris, inséré dans les Annales du Muséum. L'analyse de cette pierre donne pour ses principes constituans la terre qui, de son nom, a pris celui de siliceuse, et un peu de fer. Exposée long-temps à l'air, sa surface et ensuite son intérieur se décomposent et passent à l'état d'argile.

Le silex forme toujours des masses isolées solides, ou remplies de cavités irrégulières; les unes et les autres tantôt disposées en lits parallèles à l'horizon, ou tantôt dispersées irrégulièrement dans les couches de craie ou d'argile. Avec les premières on fait les pierres à fusil, les pierres à briquets, et on bâtit des maisons peu solides, par la difficulté d'en faire les assises régulières ; avec les secondes on forme les meules de moulin, et on bâtit des maisons très-durables, par la facilité qu'a le mortier ou le plâtre, en s'introduisant dans les cavités, d'en lier les diverses parties. (*Voyez* MEULIÈRE.) On trouve de ces masses, qui se rapprochent fréquemment de la forme globuleuse, dont le diamètre est de plusieurs toises, et d'autres qui ont à peine quelques lignes. Les silex solides sont généralement plus tendres, plus faciles à casser en lames minces lorsqu'ils sortent de la terre que lorsqu'ils ont été exposés à l'air pendant quelque temps. Aussi conserve-t-on dans l'eau celles de ces masses solides qui sont propres à faire des pierres à fusil, car toutes ne le sont pas.

Si les silex étaient tous en place, ils n'auraient aucune influence sur l'agriculture, mais la destruction des montagnes qui en contenaient les a rendus si abondans, que le sol de cantons fort étendus est presque entièrement composé de leurs fragmens arrondis par le frottement qu'ils ont éprouvé dans les rivières qui les ont charriés. Lorsque ces fragmens sont aplatis, ils prennent le nom de GALET; lorsqu'ils sont globuleux et de plus d'un pouce de diamètre, on les appelle Cail-loux; lorsqu'ils ont quelques lignes seulement de grosseur, ils prennent la dénomination de Graviers : encore plus petits, c'est le Sable. *Voyez* ces différens mots et le mot Sablonneux, où il sera question de la nature agricole des terres où se trouvent des fragmens de silex des plus petites proportions. (B.)

SILHOS. Nom des Fosses a grains dans quelques parties de l'Espagne. *Voyez* ce mot. (B.)

SILICÉ. On appelle ainsi la terre, base des silex. *Voyez* Quartz, Silex, Caillou, Grès.

La silice est très-abondante dans les graminées et familles voisines, c'est dans l'écorce qu'on en trouve le plus. Le rotang donne quelquefois des étincelles lorsqu'on le frappe avec le briquet. (B.)

SILICULE. Fruit d'une partie des fleurs de la famille des crucifères ou tétradynames. Il est constitué par deux panneaux très-courts, aplatis ou sphéroïdes, entiers ou échancrés, séparés par une cloison et contenant une ou plusieurs semences attachées à la suture des panneaux. *Voyez* Plantes cruci-fères et Silique. (B.)

SILIQUARTRUM. Nom latin du gainier.

SILIQUE. Sorte de péricarpe qui appartient particulièrement à une section des plantes crucifères ou tétradynames. Il est composé par deux panneaux très-allongés, divisés dans leur longueur par une cloison membraneuse, et renfermant des semences attachées à la suture des panneaux. *Voyez* aux mots Plantes crucifères et Silicule. (B.)

SILLÉE. Fosse dans laquelle on plante la vigne dans beaucoup de lieux.

Une sillée est plus ou moins large, plus ou moins profonde, plus ou moins longue selon les lieux, mais cependant dans des limites assez circonscrites, excepté pour la longueur, qui peut être la même que la largeur de la Vigne. *Voyez* ce mot ainsi que ceux Pouée, Paillot et Orne. (B.)

SILLON. Mesure de superficie pour les champs. *Voyez* Mesure.

SILLON. Ouverture faite dans la terre par la charrue. *Voy.* Labour et Charrue.

Pour être bien fait, un sillon doit être droit, également large et également profond dans toute sa longueur. Il n'est pas donné à tout le monde de tracer convenablement un sillon : là, comme dans tant d'arts, il faut de l'habitude pour bien faire.

La largeur d'un sillon dépend de celle du soc de la charrue combiné avec la forme de son oreille lorsqu'elle en a. Sa profondeur est la suite de l'inclinaison de la première de ces pièces, de celle du sol et de la hauteur de l'oreille. Lorsque, pour une profondeur de 3 pouces, on se sert d'une oreille ou trop grande ou trop petite, il n'y a pas renversement complet de la terre soulevée; ce qui est un grave inconvénient.

On doit proportionner la longueur des sillons à la force des chevaux ou des bœufs employés au labour, parce qu'il y a des inconvéniens à laisser reposer ces animaux pendant la durée de son tracé; c'est-à-dire qu'il faut qu'ils agissent constamment avec égalité jusqu'à ce qu'il soit fini.

En général, les sillons étroits valent mieux que les sillons larges, parce qu'ils divisent mieux la terre. Il est bon de les faire, en conséquence, plus larges dans les terres légères que dans les terres fortes, dans les terres depuis long-temps en labour que dans celles qu'on défriche.

Les sillons qui traversent les autres pour favoriser l'écoulement des eaux s'appellent des MAITRES. Ils doivent suivre l'inclinaison des terres, et par conséquent être le plus souvent irréguliers; on gagne cependant toujours à les faire droits lorsqu'on le peut.

C'est mal à propos qu'on appelle sillons les petites raies creuses qui sont formées par la terre enlevée des sillons; mais l'usage a prévalu et il faut le respecter. Ces raies indiquent le nombre de sillons, mais un champ labouré n'a plus qu'un ou deux véritables sillons, selon que la charrue était à oreille mobile ou à oreille fixe. (B.)

SILLON. C'est le BILLON de quatre raies dans le département de Lot-et-Garonne. (B.)

SILLONNER. C'est tracer des SILLONS. (B.)

SILLONNEUR. On a donné ce nom à une houe à cheval fort légère, quoique formée de plusieurs socs et propre à donner des binages d'été dans l'intervalle des cultures. *Voyez* HOUE A CHEVAL. (B.)

SILO. Nom basque qui correspond à celui de FOSSE A GRAINS. (B.)

SILPHION, *Silphium*. Genre de plantes de la syngénésie nécessaire et de la famille des corymbifères, qui renferme une douzaine d'espèces indigènes à l'Amérique septentrionale, dont deux ou trois sont propres, par leur grandeur, à servir d'ornement dans les parterres et dans les jardins paysagers, et qu'on y cultive quelquefois à cet effet.

Le SILPHION A FEUILLES DÉCOUPÉES, *Silphium laciniatum*, Lin., a les racines vivaces, la tige cylindrique, presque nue, hérissée, rameuse à son sommet; les feuilles alternes, très-grandes, pinnées, sinuées, les radicales longuement pétiolées; les fleurs jaunes, peu nombreuses et assez larges. Il est originaire de la Caroline, où je l'ai observé, et il se cultive dans quelques jardins, où il fleurit à la fin de l'été. C'est une plante très-remarquable par sa hauteur, qui surpasse ordinairement 6 pieds, et qui ne manque pas d'élégance. On la place au milieu des grands parterres ou entre les buissons des derniers rangs des bosquets des jardins paysagers.

Le Silphion perfolié a les racines vivaces, les tiges quadrangulaires, glabres, hautes de 8 à 10 pieds ; les feuilles opposées, conées, deltoïdes, dentées, glabres, assez grandes ; les fleurs jaunes et disposées en corymbe terminal. Il croît dans les mêmes lieux que le précédent, se cultive dans les mêmes jardins et fleurit à la même époque. Souvent il forme de grosses touffes fort agréables, mais moins élégantes que celles de la précédente.

Ces deux espèces, les seules que je crois nécessaire de citer ici, demandent une terre substantielle, légère et un peu fraîche, pour produire de belles tiges, mais elles réussissent en général dans tous les terrains. On les multiplie par leurs graines, qu'on sème au printemps dans une planche bien préparée et bien abritée. Les pieds qui proviennent de ces graines peuvent être mis en place le printemps suivant, mais ne fleurissent généralement que la seconde et même que la troisième année. On les multiplie aussi, et bien plus fréquemment, sur-tout la seconde espèce, par la séparation des bourgeons des vieux pieds, effectuée en automne, séparation dont les résultats donnent des fleurs dès la même année. (B.)

SIMPLE. Ce nom s'applique vulgairement aux plantes employées en médecine.

On dit aussi qu'une fleur est simple, par opposition aux fleurs semi-doubles et aux fleurs doubles, lorsqu'elle n'a que le nombre de pétales qui lui est assigné par la nature. *Voyez* Fleur double, Anémone, Renoncule, Jacinthe et Rose.

Il fut une époque où un amateur aurait eu honte de laisser voir une seule fleur simple dans son jardin. Aujourd'hui on ne les repousse plus, on trouve qu'une anémone simple brille même à côté d'une anémone double. D'ailleurs on a remarqué que les fleurs simples, lorsqu'elles sont odorantes, le sont plus que les doubles de la même espèce. (B.)

SIROPS. Ce sont des liquides chargés, à l'aide de l'infusion, de la décoction, de la trituration, de la distillation de sucs d'herbes ou de fruits, de principes extractifs muqueux, odorans, huileux, résineux et salins, auxquels on ajoute du miel ou du sucre pour les garantir de la fermentation, dans la proportion environ du double du poids du liquide ; il en faut moins pour les sirops acides, et davantage pour ceux préparés pour être consommés pendant l'été.

Il existe dans les pharmacies beaucoup de sirops, qu'il est possible encore de multiplier et de varier autant qu'il y a de médicamens solubles dans l'eau ou dans les acides végétaux; on les nomme simples lorsqu'ils ne sont chargés que des principes d'une seule substance, et composés quand ils contiennent ceux de plusieurs.

Le degré de cuisson que doit avoir le sirop est déterminé au moyen de l'aréomètre de Baumé; il faut que cet instrument indique 31 degrés au moment où l'ébullition se manifeste. Telles sont les règles générales pour la préparation des sirops qui ont pour base le sucre ou le miel.

Sirop de sucre. On prend la quantité de cassonnade de l'espèce de celle qui est la plus grasse et par conséquent la moins cristallisable, on y ajoute le double de son poids d'eau; le mélange mis sur le feu, clarifié au moment où il bout, et parfaitement écumé, est amené par la cuisson à la consistance d'un sirop qui marque 33 degrés quand il est refroidi.

Sirop de vinaigre. Ce sirop est, comme celui de groseille, de verjus ou d'épine-vinette, qui, étendu dans une certaine quantité d'eau, offre une boisson rafraîchissante, d'une saveur très-agréable. On le prend avec plaisir dans les chaleurs vives de l'été. Il désaltère promptement, délicieusement et à peu de frais; la préparation en est simple, il n'y a personne qui ne soit dans le cas de l'exécuter en suivant exactement ce que nous allons indiquer.

Sirop de vinaigre framboisé. Prenez 16 onces de vinaigre framboisé (on verra la préparation au mot Vinaigre) et 30 onces de sucre, qu'on metrra par morceaux dans un matras, et sur lequel on versera le vinaigre. Le matras, bien bouché, sera placé à la chaleur du bain-marie; dès que le sucre est fondu, on laisse éteindre le feu; et le sirop étant refroidi, on le met en demi-bouteilles qu'il faut avoir soin de bien boucher et de placer dans un lieu frais.

On prépare avec le suc du verjus exprimé, fermenté et filtré, un sirop également fort agréable et rafraîchissant, en faisant fondre 28 onces de sucre dans une livre d'acide.

Sirop de miel. C'est dans ce moment qu'il faudrait reproduire les usages qu'on faisait du miel à la place du sucre, et rappeler qu'il était autrefois la base des sirops et des électuaires purgatifs, puisque par lui-même il a la propriété relâchante comme toutes les matières abondantes en mucoso-sucré.

Pour préparer ce sirop, on expose le miel blanc au feu, et dès qu'il monte on jette un peu d'eau froide , on le retire sur-le-champ , on laisse reposer , on écume, et on ajoute la quantité d'eau strictement nécessaire , afin de lui donner promptement la consistance d'un sirop ; c'est à peu près trois parties de miel sur une d'eau.

Pour affaiblir le goût particulier du miel , qui décèle toujours sa présence dans certaines préparations domestiques où il entre, plusieurs tentatives ont été faites; on l'a fait bouillir entre autres avec du charbon bien lavé ; mais M. Henry, qui a essayé les miels de tous les pays de la France, a remarqué qu'il est bien possible de diminuer par ce moyen la couleur et la saveur de sirop de miel, mais qu'on ne parviendra jamais à l'assimiler à celui du sucre de canne et que son cachet subsistera toujours.

Sirops sans le secours du sucre ou du miel. De toutes les parties des végétaux cultivés en Europe qui renferment une plus grande quantité de corps sucrant, les raisins occupent le premier rang, et sur-tout les raisins du midi , vu qu'ils contiennent moins d'eau et de matière extractive, et fournissent par conséquent des sirops plus abondans et plus faciles à préparer (1).

Si les différentes espèces et variétés de raisins ne conviennent pas toutes à la cuve, il n'en existe pas une seule qui, dans les grands et petits vignobles, quand l'année est bonne, ne puisse servir à faire des sirops ; mais , quel que soit le raisin qu'on choisisse, il doit être parfaitement mûr, parce qu'on a remarqué que de deux parties cueillies dans une même vigne à trois jours d'intervalle de beau temps , l'une a donné jusqu'à cinq pour cent de plus de sirop concentré au même degré que la première; ce qui doit servir à prouver combien on perd

---

(1) Lorsque mon ami et collaborateur, l'estimable Parmentier, rédigeait cet article, le sucre était extrêmement cher et le vin presque sans valeur, à raison de la guerre, aussi le sirop de raisin était une production de première importance, aussi tous les amis de leur patrie, et Parmentier à leur tête, faisaient-ils les plus grands efforts pour en perfectionner et en étendre la production. De là les nombreux ouvrages sur ce sujet, qui lui sont dus ; de là l'étendue de cet article.

Aujourd'hui que le sucre de canne est à bon compte, que le vin se vend bien, les cultivateurs sont moins intéressés à fabriquer du sirop de raisin, qu'ils ne vendraient pas et qui serait sujet à fermenter au printemps ; c'est par cette raison qu'excepté quelques propriétaires de vignes et seulement pour leur usage, nul d'entre eux n'en fabrique plus.

J'aurais donc pu réduire de beaucoup cet article , mais le respect dont je fais profession pour la mémoire de Parmentier s'y est opposé.

(*Note de M. Bosc.*)

ou on gagne d'alcool et de sirop quand les circonstances déterminent les vendanges hâtives ou tardives.

C'est donc la maturité parfaite qui doit régler tout le travail dont il s'agit. Il existe au midi de la France des raisins
tellement abondans en matiere sucrée que, légèrement pressés,
ils poissent les mains; chaque grain pourrait même être considéré comme un vase rempli de sirop , et le moût qu'il produit en fournit jusqu'à un tiers de son poids bien conditionné.

Il est important de ne cueillir le raisin que par un temps
sec, après que le soleil a enlevé la rosée, et de choisir les
grappes dont les raisins ne soient pas trop pressés. On a constamment observé que du raisin cueilli par un temps sec , et
laissé étendu sur des claies, donnait un moût plus riche en
matière sucrante au bout de deux jours, que s'il eût été exprimé à l'instant de la cueillette.

Quand après la vendange on jouit encore de quelques rayons
de soleil, qu'il n'y a rien à redouter de la part des oiseaux et
des insectes, il est avantageux d'en profiter pour laisser plus
long-temps le raisin au cep perdre de son eau surabondante de
végétation, augmenter son état sucré, et diminuer les frais
d'évaporation. Dans le cas contraire, il faut se hâter de le
rentrer à la maison, de l'exposer sur des claies ou de la paille :
comme, pour en faire du vin de liqueur de ce nom, attendre
qu'il soit un peu fané, pour le porter au pressoir.

On doit prendre garde cependant que cette dessiccation préalable et spontanée, si essentielle pour les raisins du nord, ne
soit portée trop loin au midi, où l'évaporation se fait beaucoup
plus rapidement, attendu que l'on serait forcé, comme à Té-
nédos en Archipel, d'y ajouter de l'eau, pour donner au moût
la fluidité nécessaire pour couler : autrement il en resterait
beaucoup dans le marc, qui serait autant de perdu pour la
confection des sirops. Mais le temps le plus favorable pour se
livrer à ces opérations, c'est après la vendange et lorsque le
raisin a acquis autant de maturité qu'il peut en obtenir, laissé
au cep ou mis sur de la paille.

Il paraît, d'après les expériences faites comparativement
au midi de la France, sur les raisins rouges et sur les raisins
blancs, que ce sont ces derniers qui ont constamment fourni
le produit le moins coloré, le plus abondant et le plus parfait;
qu'il n'y a que ceux-là qu'on se propose désormais de consacrer
au sirop et à la conserve; la même remarque a eu lieu également
au nord. M. Henry, chef de la pharmacie centrale , a recon-
connu que le raisin blanc *meslier*, très-commun dans les environs de Paris, est aussi celui qu'il faut préférer, parce qu'il

mûrit plus promptement, plus facilement, et qu'il est sensi-
blement plus sucré.

Chaque canton paraît avoir une nomenclature particulière
pour désigner les espèces de raisins qu'il produit. Celles qu'on
appelle à Bergerac *blanc similhon* et *muscat faux*, ou *muscade*,
sont ce qu'il y a de mieux pour la confection des sirops, et
donneront toujours à la fabrique un grand renom.

Les raisins blancs, en outre, sont susceptibles, plus que les
rouges, d'acquérir sur le cep un excès de maturité, que l'on
appelle *pourri, sorbé*. Il est vrai que, dans cet état, le raisin
au nord est réellement gâté, mais est au midi au point le plus
sucré qu'il puisse atteindre.

Pour le vendanger on suit tous les jours la vigne avec un
panier dans lequel on fait tomber les grains sphacélés, comme
pourri à leur surface; et c'est de ce raisin que l'on retire, par
expression, un moût très-sirupeux, qui, après la fermentation, fournit ce vin doux si agréable, et si recherché en
Hollande.

On devrait préférer, au nord sur-tout, les espèces hâtives,
vu qu'elles auraient le temps d'acquérir plus de maturité; les
tardives conviendraient mieux au midi, où le froid et les pluies
sont moins redoutables; en les laissant au cep ou étendues sur
la paille quelque temps, elles acquerraient plus de matière
sucrée.

Mais c'est toujours le raisin le moins cher qu'il faut se procurer, parce que souvent ce n'est pas le plus sucré qui a ordinairement le plus de prix, témoin à Alexandrie, où beaucoup de raisins blancs ont moins de valeur, parce qu'on prétend que le vin qui en résulte nuit à la santé de la majeure
partie des habitans, qui en font leur boisson journalière. A
Turin, le nebbiolo, raisin de prédilection, très-estimé pour
le vin, n'est pas le plus propre aux sirops; ce sont les raisins
blancs qui fournissent les vins les moins doux, les plus susceptibles de se conserver. En un mot, il convient de choisir
dans chaque vignoble les variétés de raisin qui, par la dégustation, annoncent être les plus sucrées et les moins abondantes
en matière extractive.

C'est le temps et l'expérience qui concourront à établir
la préférence qu'on devra accorder à telle ou telle espèce
de raisin; on peut, il est vrai, recommander dès à présent le
grenache blanc, la blanquette, le maturo, le muscat blanc,
le morillon blanc, le meslier. Le travail intéressant que mon
estimable collègue Bosc poursuit, avec autant de zèle que de
connaissances, sur environ deux mille plants de vigne, qui,
réunis dans la pépinière du Luxembourg sous le ministère de

M. Chaptal , sont soumis à la même culture , élevés dans le même sol, exposés au même climat et à la même température, déterminera sans doute des variétés de raisins dont l'art de faire des sirops profitera par la suite. C'est un nouveau service qu'il aura rendu à l'agriculture.

Sirop doux de raisin. De quelque espèce que soient les raisins, qu'ils proviennent du midi ou du nord , le sirop qu'on en obtient est toujours plus ou moins acide, acidité qu'il perd par la saturation du moût, d'où résulte ce que l'on nomme un *sirop doux.* Pour parvenir à cet état, quatre opérations principales sont nécessaires; savoir, la saturation du moût, la clarification , la cuisson, la décantation.

La première consiste à exposer au feu le moût qu'on a préparé soi-même, et quand il approche du degré de l'ébullition, à enlever les écumes, à retirer la bassine, à y ajouter à diverses reprises la craie étendue d'un peu d'eau même après que l'effervescence est finie, à agiter chaque fois la liqueur, et à la laisser déposer un moment avant de la décanter.

La seconde, à replacer sur le feu le moût écumé et désacidifié, et quand il est près de bouillir, d'y jeter les blancs d'œufs cassés, un à un, réunis et battus avec un peu d'eau, de passer ensuite la liqueur bouillante à travers une étoffe de laine.

La troisième concerne l'évaporation du moût, il faut la brusquer en se servant de vaisseaux plats et à large ouverture, et la pousser vivement jusqu'à ce que le liquide file comme l'huile.

Il s'agit, dans la quatrième, de faire refroidir promptement le sirop, de le verser ensuite dans des vaisseaux plus étroits que larges, de ne les décanter que quinze jours après, pour en séparer le dépôt et le distribuer dans des bouteilles de médiocre capacité qu'on place au frais.

Sirop acide de raisin. On prend la quantité de moût qu'on veut consacrer à ce sirop et on le chauffe jusqu'à l'ébullition; il se rassemble bientôt à la surface du liquide une grande quantité de matière féculente, albumineuse, que l'on sépare avec l'écumoire; quand la liqueur est réduite à-peu-près à la moitié on la verse dans une terrine évasée, qu'on laisse déposer dans un lieu frais pendant trois jours.

Au bout de ce temps, on décante la liqueur et on la remet sur un feu vif; on fait évaporer jusqu'à la consistance d'un sirop clair, que l'on verse dans un vaisseau de terre non vernissé; la liqueur dépose encore une certaine quantité de tartrite acidule de potasse; étant décantée de nouveau et mise à évaporer, elle acquiert la consistance d'un sirop bien cuit.

Sirop doux de raisins secs. On égrappe les raisins secs de bonne qualité, qu'on fait macérer pendant trois ou quatre heures dans suffisante quantité d'eau, ils se gonflent considérablement : alors on les écrase entre les mains, puis on en exprime le jus à travers une toile serrée ; on délaie le marc avec de nouvelle eau, on exprime et on réunit les deux liqueurs.

On met le mélange dans une bassine que l'on place sur le feu, et lorsque la liqueur est chaude on la sature avec un excès de craie ; on retire la bassine de dessus le feu et on passe la liqueur à travers un drap de laine ; on la remet ensuite dans la bassine, l'on y ajoute quelques blancs d'œufs et l'on procède à l'évaporation du sirop, en ayant soin d'écumer. Quand le sirop est arrivé au degré de cuisson convenable, on le repasse à travers un blanchet et on le porte dans un endroit frais ; au bout de quelques jours, il se rassemble au fond du sirop un dépôt floconneux, que l'on en sépare en le passant de nouveau à travers un blanchet ; on le distribue dans des bouteilles pour l'usage.

Sirop acide de raisins secs. Après quatre heures de macération dans l'eau, les raisins étant suffisamment gonflés, on les écrase dans les mains et on les exprime fortement à travers une toile serrée ; on traite de nouveau le marc avec de l'eau et on réunit les liqueurs, que l'on évapore dans une bassine à un feu vif ; quand la liqueur est rapprochée à moitié, on fouette dans deux pintes quelques blancs d'œufs, on ajoute cette liqueur par portions dans le sirop, et on enlève l'écume au fur et à mesure qu'elle vient nager à la surface.

On continue l'évaporation jusqu'à ce que le sirop soit porté au degré de cuisson convenable, alors on le passe à travers un blanchet et on le laisse refroidir ; au bout de quelques jours, il se rassemble au fond du sirop un dépôt floconneux, et il s'attache aux parois du vase une matière cristalline acide, que l'on sépare en passant de nouveau à travers un blanchet ; on le met en bouteilles pour l'usage.

Ces sirops doux et acides de raisins secs assez agréables n'ont cependant pas l'avantage de ceux tirés des raisins frais.

Sirop de raisin rapproché sous forme de conserve. Quand le moût est près de bouillir on l'écume et on continue l'évaporation jusqu'à la réduction des trois quarts, on diminue alors la chaleur, on agite sans cesse la masse à mesure qu'elle s'épaissit, afin d'empêcher qu'elle ne s'attache aux parois et au fond de la bassine ; ce qui lui donnerait une saveur âcre de caramel qu'elle communiquerait à tous les objets auxquels on pourrait l'associer.

On est assuré que la conserve a acquis le degré de cuisson

convenable quand elle est devenue d'un brun médiocrement foncé, et qu'en laissant tomber une petite masse sur une assiette de faïence elle ne s'affaisse pas, qu'elle garde la consistance d'un miel fort épais : on la verse toute chaude dans des pots de terre non vernissés bien propres, qu'on recouvre le lendemain dès qu'elle est parfaitement refroidie.

Ce sirop, réduit à l'état de conserve, n'est, à proprement parler, que la réunion des principes du moût sous un petit volume, qu'on peut garder facilement et transporter au loin pour être employé à faire des sirops doux et aigrelets, ou à raccommoder à la cuve les vins verts et plats.

Il n'est pas douteux que si, dans les cantons vignobles, les maîtresses de maison voulaient se procurer un pot de 5 à 6 livres de cette conserve, elles pourraient se ménager une ressource lorsque leur provision annuelle de sirop serait consommée. *Voyez* RAISINÉ.

Sirop de pommes. Le suc de ce fruit, comme le moût de raisin, réduit aux trois quarts de son volume, donne un liquide plus acide que sucré, difficile à clarifier par les blancs d'œufs. Il reste opaque, susceptible de fermenter, ayant le goût de pommes cuites.

On préparait autrefois des sirops pour les usages de la médecine, avec des sucs de fruits à pepins et à noyaux, mais ils avaient le miel pour base ; nos plus anciennes pharmacopées en font mention comme d'un purgatif fort doux : il faut donc les laisser dans la classe où ils avaient eu, pendant des siècles, la réputation de médicamens, et ne jamais espérer qu'ils puissent servir d'assaisonnement à nos alimens et à nos boissons. Ils ne sont sucrés précisément que pour assaisonner leur propre pulpe, aussi tous les efforts pour en faire admettre l'usage comme supplément du sucre ont-ils échoué, depuis sur-tout qu'on a apprécié les avantages incontestables du sirop de raisins.

Le nom de sirop donné aux sucs de pommes et de poires ne leur convient pas davantage, puisqu'ils ne doivent réellement leur consistance qu'à la matière parenchymateuse extractive dont ils abondent : or, ce n'est que quand ces sucs sont employés comme véhicule ou excipient du sucre, du miel ou du moût de raisin concentré, qu'ils en sont saturés jusqu'à un certain point, que la liqueur filante visqueuse qui en résulte mérite d'être décorée du nom de sirop ; elle n'en réunit pas les conditions les plus essentielles.

Sirop de carottes. Après avoir râpé ces racines, nous en avons exprimé le suc au moyen d'une presse ; nous l'avons clarifié avec des blancs d'œufs et fait évaporer jusqu'à consistance de sirop; nous en avons obtenu une once environ par livre de racine mondée et écorcée.

On conçoit que s'il est aisé de faire un sirop avec les fruits et baies, tels que les raisins, les racines potagères les plus abondantes en sucre ne peuvent pas, à cause de leur contexture parenchymateuse et muqueuse, subir aussi facilement cette préparation : de quelque manière qu'on s'y prenne, les patates douces, les betteraves offriront toujours plus de ressources en substance comme assaisonnement ou comme nourriture; on peut en dire autant des fruits à pepins et à noyaux, auxquels il ne faut pas songer de donner la forme de sirop et de conserve.

Les plantes qui contiennent du sucre ont été indiquées, il y a trente ans, dans mes Recherches sur les végétaux nourrissans. Je vais rappeler ici les principales, comme je l'ai fait au mot Fécule pour les plantes dont on peut extraire de l'amidon : la canne, la houque-sorgho, l'érable, le maïs, le froment, l'orge, la betterave, la carotte, le panais, la châtaigne, le chervi, le raisin, la châtaigne d'eau, la gesse tubéreuse, les pois, les fèves, les orobles et la réglisse. (Par.)

Depuis la rédaction de cet article, M. Kirchoff a trouvé le moyen de transformer toutes les fécules et principalement celle de la pomme de terre en sirop, en la faisant bouillir dans de l'eau chargée d'un centième d'acide sulfurique. Cette découverte, qui met le sirop à un prix extrêmement bas, peut avoir une grande influence, dans l'avenir, sur l'agriculture et l'économie rurale de l'Europe. Ne fît-on qu'employer ce sirop à l'amélioration de nos mauvais vins, ce serait déjà un grand avantage : son emploi le plus étendu en ce moment paraît être la fabrication de l'eau-de-vie, fabrication qui doit nécessairement nuire à celle de l'eau-de-vie de vin, et par conséquent aux produits de nos vignobles.

Le beurre se conserve plus long-temps dans le sirop que d'aucune autre manière, sur-tout lorsqu'on le dispose en boules de 2 ou 3 pouces seulement de diamètre. (B.)

SISON, *Sison*. Genre de plantes de la pentandrie digynie et de la famille des corymbifères, qui renferme une douzaine d'espèces, parmi lesquelles deux doivent être mentionnées ici comme s'employant en médecine. Ses caractères ne diffèrent de ceux des berles que parce que sa collerette universelle n'est que de quatre folioles. *Voyez* au mot Berle.

Le Sison amome est une plante bisannuelle, dont les feuilles sont pinnées et les ombelles droites. Il croît dans l'Europe méridionale aux lieux humides. Ses semences ont une odeur aromatique approchant de l'amome, et sont connues dans les pharmacies, où on en fait fréquemment usage, sous le nom de *faux amome.*

Le Sison ammi est annuel, a les feuilles trois fois pinnées et leurs divisions linéaires. Il est originaire des mêmes contrées que le précédent. Ses fruits ont les mêmes vertus; on les connaît dans les pharmacies sous la dénomination d'*ammi de Candie.*

Ces deux plantes se cultivent dans quelques jardins pour l'usage de la médecine. Leur culture ne consiste qu'à semer leurs graines dans un lieu bien abrité, et à les arroser copieusement dans les chaleurs, ainsi que les plants qui en proviennent. (B.)

SISPET. On donne ce nom dans les Pyrénées à une fétuque dont les feuilles sont piquantes. (B.)

SISYMBRE, *Sisymbrium.* Genre de plantes de la tétradynamie siliqueuse et de la famille des crucifères, qui rassemble plus de cinquante espèces, la plupart d'Europe, et dont plusieurs sont employées en médecine, ou si communes qu'on ne peut se dispenser de les connaître quand on habite la campagne.

Les sisymbres ont toutes les feuilles alternes et les fleurs disposées en épis ou en corymbes. Les plus importans sont,

Le Sisymbre-Cresson, qui a les racines vivaces; les tiges couchées par leur base; les feuilles pinnées, à folioles arrondies ou presque en cœur; les siliques courtes. Il se trouve dans les eaux pures et se mange. On le cultive aussi. *Voyez* au mot Cresson.

Le Sisymbre sylvestre et le Sisymbre des marais, espèces extrêmement voisines, qui ont les siliques courtes et déclinées et les folioles dentées, mais dont la première est vivace et la seconde annuelle. Elles croissent dans les bois marécageux, sur le bord des rivières et des étangs. Les rivages de la Seine en sont couverts dans quelques endroits, et paraissent l'être en juin, époque de leur floraison, d'un tapis jaune. Les bestiaux les repoussent. On mange leurs feuilles en salade dans quelques endroits.

Le Sisymbre amphibie. Il a les siliques déclinées, ovales, oblongues; les feuilles inférieures lancéolées et les supérieures ternées; les pétales de la longueur du calice. Il est vivace et commun dans toute l'Europe autour des étangs, dans les fossés, les mares, sur le bord des rivières, tantôt dans l'eau, tantôt dehors; sa grandeur et la forme de ses feuilles varient beaucoup, selon les circonstances où il se trouve. Il n'est pas rare d'en voir, à peu de distance les uns des autres, de 3 pieds et de 3 pouces de haut. Les bestiaux n'y touchent pas. Son abondance, dans certains cantons, doit engager à le couper peudant qu'il est en fleur, pour l'apporter sur le fumier et augmenter la masse des engrais. On pourrait aussi peut-être en tirer parti pour faire de la potasse, car il est très-âcre, et Braconnot a observé que plus les plantes l'étaient et plus elles en fournissaient.

Le Sisymbre a petites feuilles est extrêmement mal nommé, car ses feuilles ont souvent un pouce et plus de large, sur 5 à 6 de long. Il est vivace et croît abondamment, dans les pays tempérés, autour des villes, parmi les décombres et dans les sols sablonneux et arides. Les environs de Paris en sont infestés. Le meilleur usage qu'on en puisse faire, c'est de l'enterrer pour améliorer les terrains où il croît, comme on le fait dans les plaines des Sablons, du Point-du-Jour, etc. Il fleurit pendant tout l'été, et répand, dans la chaleur, une odeur qui n'est pas désagréable. Il passe pour exciter puissamment aux plaisirs de l'amour lorsqu'on le mange en salade, et c'est ce que savent fort bien les nymphes qui habitent les bords de la Seine. C'est lui qu'on emploie souvent en médecine sous le nom de Roquette sauvage. (*Voyez* ce mot.) Les bestiaux n'y touchent pas.

Le Sisymbre-Sophie a les feuilles extrêmement découpées et les pétales plus petits que le calice. Il est annuel, s'élève à 2 ou 3 pieds, et croît très-abondamment autour des villes et des villages, parmi les décombres, sur les murs, au bord des haies. Son élégance doit engager à l'introduire dans les jardins paysagers, et son abondance à l'arracher pour augmenter la masse des fumiers.

Le Sisymbre a siliques grêles a les feuilles entières, lancéolées, dentées, pubescentes. Il est vivace, s'élève de 2 ou 3 pieds, et est originaire des montagnes arides des parties méridionales de l'Europe. Les grosses touffes qu'il forme doivent engager à le placer dans les jardins paysagers, et à le cultiver en grand pour en tirer de la potasse. Je ne doute pas qu'il ne procure de gros revenus sous ce dernier rapport, si on voulait l'y employer sur les terres presque sans valeur qui lui conviennent. On pourrait probablement le couper trois ou quatre fois par an. *Voyez* Potasse. (B.)

SITE. Expression qui ne s'emploie que dans la langue des arts, et dont la signification diffère peu de celle de situation. Voilà un beau site : Ce site doit être salubre, se disent fréquemment.

Un cultivateur qui achète une propriété doit toujours, sous le rapport de l'utilité et de l'agrément, faire attention au site de la maison d'habitation de cette propriété.

On embellit et on assainit le site de sa demeure par des plantations d'arbres bien combinées, par des desséchemens, par courantes ou stagnantes. *Voyez* Constructions rurales et Jardin paysager. (B.)

SIVADE. Nom de l'avoine dans le département du Var.

SMILACÉES. Famille de plantes qui renferme cinq genres, et qui a pour type celui des Salsepareilles (*smilax* en latin). Les autres genres sont ceux appelés Taminier, Rajane, Fragon et Igname. *Voyez* ces mots. (B.)

SOBOLE. Petit bulbe qui naît quelquefois en place des graines dans le calice des fleurs, et qu'il suffit de mettre en terre pour en obtenir une plante semblable à la mère.

Certaines plantes donnent fréquemment des soboles, d'autres en donnent rarement; parmi les premières se distinguent la crinole d'Asie, l'ail des vignes, une variété de l'oignon, la furcrée, etc. (B.)

SOC. Partie de la Charrue. *Voyez* ce mot.

Les socs s'usent souvent avec beaucoup de rapidité, et le moyen de les faire durer plus long-temps, en les recouvrant d'une légère couche de fonte, moyen que j'ai indiqué au mot Charrue, doit être employé toutes les fois que cela est possible. (B.)

SOCHET. Sorte de charrue sans roues, usitée aux environs de Lyon. *Voyez* Charrue.

SOEUR. On donne ce nom aux poids carrés dans le Gatinois. (B.)

SOGNES. Un des noms des tourbiers dans le département du Cantal. (B.)

SOIE. *Voyez* Ver a soie et Bombice. (B.)

SOIE Maladie du cochon. Cette maladie, particulière au cochon, et connue encore sous les dénominations suivantes: le *soyon*, la *maladie piquante*, le *poil piqué*, les *soies piquées*, la *pique*, le *piquet*, se déclare sur un des côtés du cou, sur les amygdales, à la jugulaire et à la trachée-artère.

La partie de l'animal qui est affectée de cette maladie a les soies qui la recouvrent hérissées, très-dures et différentes des autres, tant par leur force que par leur couleur beaucoup plus terne. La douleur qu'elles lui font ressentir au moindre attouchement est vive, la peau se décolore à l'endroit malade, qui toujours est concave, et les muscles, ainsi que toutes les parties nerveuses sur lesquelles cette maladie a coutume de se fixer, sont desséchés et retirés. La soif la précède; la tristesse, le dégoût et l'inertie l'accompagnent; les forces abandonnent l'animal, et les coups ne peuvent vaincre son insensibilité. La fièvre augmente avec le mal, et l'agitation des flancs, la bave qui sort avec abondance de sa bouche brûlante, sont des indices certains de la gravité du mal; la mâchoire inférieure est continuellement agitée et les yeux sont enflammés. La diarrhée et la constipation, qui ont coutume d'accompagner cette maladie, ne peuvent en rien calmer les inquiétudes du cultivateur : l'une, en soulageant momentanément le malade, ne doit point le guérir, et si elle prolonge sa vie, ce n'est qu'au milieu des souffrances les plus cruelles, qui finissent toujours par l'enlever ; mais l'autre, au contraire, absorbe l'animal, qui meurt au bout de quelques heures. Cette maladie qui se communiquerait très-rapidement aux autres animaux de la même espèce, si l'on ne se hâtait pas d'éloigner ceux qui en sont atteints, rend la chair pestilentielle. Il suffit de dire que la mort serait inévitable à ceux qui en mangeraient, pour détourner tout le monde d'en faire le moindre usage.

L'animal étant mort, il nous sera facile d'apercevoir les différens effets de chacun de ces deux extrêmes. Celui qui aura subi la mort la plus prompte aura la trachée-artère et tous les conduits membraneux de l'estomac gangrenés, tandis que la gangrène ne se sera principalement attachée que sur les intestins de celui qui aura été sujet à la diarrhée.

Maintenant que nous connaissons toute la gravité de cette maladie, nous allons indiquer ses principales causes, telles que les grandes chaleurs, la sécheresse, la malpropreté des toits, l'air corrompu qui s'y renferme, un repos trop absolu ou un exercice forcé, le manque de boisson convenable, enfin les alimens putréfiés.

Quoique cette maladie ne présente pas moins de danger que le Charbon (*voyez* ce mot), avec lequel elle a beaucoup de ressemblance, il ne faut cependant pas croire que la guérison soit impossible ; la négligence est souvent la principale cause de ses désastres.

Dès que vous verrez la maladie parvenue à son dernier période, c'est-à-dire lorsque les animaux, entièrement dégoutés et abattus par une tristesse continuelle, semblent n'attendre que la mort, séparez-les avec la plus grande diligence possible de ceux qui seront en pleine santé, ou qui n'auront que les premiers symptômes de la maladie ; pratiquez une fosse assez profonde en terre, précipitez-les au milieu, et après avoir fait brûler sur eux de la paille, recouvrez-les de la terre que vous aurez ôtée du trou et battez-la avec force ; mettez ensuite sous des toits séparés et nouvellement construits les animaux malingres et ceux qui se portent bien ; pour ces derniers appliquez-leur un bouton de feu à l'endroit où la soie a coutume de se montrer, mettez du beurre sur la plaie, mêlez 3 ou 4 gros d'antimoine cru en poudre très-fine et autant de sel marin avec leurs alimens journaliers, et ajoutez du vinaigre à l'eau que vous devez leur donner pour boisson.

Quant aux autres où la *soie* commence à se déclarer, il ne

faut pas perdre de temps pour en enlever la place au moyen d'un petit crochet en fer, qui, passé dans l'épaisseur de la peau, vous aidera à la soulever et à couper le tour avec un bistouri ou une lame bien tranchante; il faut aller jusqu'au fond de la tumeur.

Cette opération faite, si l'intérieur de la plaie est noir, ayez recours au bouton de feu, que vous y appliquerez à plusieurs reprises, pendant l'intervalle desquelles on place un petit morceau de soufre sur la partie malade : l'animal ainsi opéré, donnez-lui pour breuvage une infusion de plantes aromatiques, auxquelles vous joindrez un peu de vinaigre. Le genre de nourriture ci-devant prescrit ne pourra lui être donné que trois jours après; faites aussi dissoudre un peu de sel de nitre dans de l'eau blanche vinaigrée : vous aurez soin de présenter souvent cette boisson à l'animal malade.

La plaie une fois cicatrisée, vous délayerez dans de l'eau tiède 2 gros d'aloës en poudre que vous lui donnerez pour purgation.

Tels sont les moyens les plus simples et en même temps les plus efficaces pour la guérison de la soie, qui, en détruisant ceux sur lesquels elle se jette, peut en un très-court espace de temps causer la ruine des maîtres auxquels ils appartiennent. (Desp.)

SOISETTE. Variété de froment qu'on cultive dans la ci-devant Provence.

SOL. Le sol est la terre considérée comme base de la végétation. Il varie donc autant que la composition de la terre, que le climat, que l'exposition. Le plus ou moins d'abondance des eaux influe également sur lui. Parlant rigoureusement, on peut dire qu'il n'y a pas deux champs dans le monde dont le sol soit parfaitement semblable. De là vient la difficulté de donner des préceptes généraux en agriculture, ou la nécessité de subordonner toute théorie aux circonstances locales qui doivent nécessairement entrer dans ses élémens, et qui ne peuvent cependant être connues pour tous les sols de l'univers.

On distingue communément en France cinq principales sortes de sols. L'argileux ou glaiseux, le crayeux ou calcaire, le sablonneux ou graveleux, le ferrugineux, le marécageux. *Voyez* Argile, Craie, Calcaire, Sable, Fer et Marais.

Il est encore une sorte de sol peu cité dans les livres, mais qui est fort connu dans certains pays de montagnes, c'est le sol granitique. La magnésie, terre simple, infertile, y domine souvent, aussi est-il de sa nature de ne donner que des récoltes chétives. *Voyez* Granit, Gneiss, Schiste et Magnésie.

Dans tous ces sols il se trouve plus ou moins d'humus ou de

terreau provenant de la décomposition des plantes et qui est le véritable élément de la végétation, c'est la terre végétale proprement dite. Ceux de ces sols qui en possèdent le plus et qui ne sont ni trop secs ni trop humides, sont ce qu'on appelle les bons sols, les sols fertiles.

Un sol profond est celui qui offre une épaisseur de 2 à 3 pieds et plus de terre mélangée de terreau.

Un mauvais sol est celui qui ne contient pas ou presque pas de terreau, et qui est trop sec ou trop humide.

Lorsque l'argile domine dans un champ elle y retient longtemps les eaux des pluies, et elle empêche les racines des plantes d'y pénétrer facilement, on dit alors que le sol de ce champ est compacte, est froid.

Lorsqu'au contraire le sable domine dans ce champ, l'eau traverse la terre avec la plus grande facilité : on dit que le sol est léger, est chaud. (B.)

SOL. Lieu où l'on bat les grains et qu'on prépare chaque année dans les parties méridionales de la France. *Voyez* AIRE. (B.)

SOLADE. On donne ce nom, aux environs de Toulouse, à la masse des gerbes que foulent les pieds des chevaux dans le DÉPIQUAGE des grains. *Voyez* ce mot. (B.)

SOLANDRE. Maladie du pli du jarret du cheval, qui ne diffère pas de la MALANDRE par ses caractères et sa cure. *Voy.* ce mot. (B.)

SOLARD, SOLET : bœuf qui a perdu son compagnon d'attelage.

Il est souvent difficile de trouver à acheter un autre bœuf pour remplacer celui qn'on a perdu, et il est souvent difficile d'accoutumer à un travail commun deux bœufs qui ne se connaissent pas. *Voyez* BOEUF. (B.)

SOLANÉE, Famille de plantes qui a pour type le genre des MORELLES (*Solanum* en latin), dans lequel se trouve la POMME DE TERRE.

Les autres genres de cette famille sont au nombre de seize, presque tous contenant des espèces cultivées ou dans le cas d'intéresser les cultivateurs. Ces genres sont :

Ceux qui ont pour fruit une capsule: CELSIE, MOLÈNE, JUSQUIAME, TABAC, STRAMOINE.

Ceux qui ont pour fruit une baie : MANDRAGORE, CESTRAU, BELLADONE, NICANDRE, COQUERET, MORELLE, PIMENT, LYCIET.

Ceux qui n'ont pas tous les caractères de la famille : NOLANE, BONTIE, BRUNSFELS, CALEBASSIER, JABOROSE. (B.)

SOLANUM. Nom latin du genre morelle où se trouvent la POMME DE TERRE et la TOMATE.

SOLDANELLE. Nom d'une jolie petite plante des Alpes qu'on ne peut cultiver dans les jardins, et d'une espèce de Liseron, qui croît sur le bord de la mer. *Voyez* ce dernier mot. (B.)

SOLE. Étendue de terre labourable destinée à une certaine culture de céréales pendant telle année. On dit la sole des blés, la sole des avoines, diviser ses champs par soles. La plupart des anciens baux de fermages défendent de changer la sole établie sur la ferme.

Ce mot, très-employé dans les pays où la culture avec jachère est encore en faveur, tombe en désuétude dans ceux où celle par assolement a pris sa place, parce que, loin de chercher à ramener régulièrement les mêmes cultures sur le même champ, on cherche à en éloigner le plus possible le retour. *Voyez* aux mots Assolement et Succession de culture. (B.)

SOLE. Médecine vétérinaire. La sole est, dans le cheval, l'âne, le mulet et le bœuf, la portion de corne qui recouvre la face inférieure du sabot, enfin la partie du pied qui pose immédiatement à terre lorsqu'il n'a pas de fer.

La sole est exposée à une multitude d'accidens et de maladies.

Elle peut être contuse par le fer lorsqu'il porte dessus, et elle peut aussi être brûlée lorsqu'on y applique un fer trop chaud, ou que, moins chaud, on l'y laisse par trop long-temps; elle se dessèche lorsqu'en ferrant, le maréchal l'a trop parée, à moins qu'on n'y porte remède en la garnissant d'un cataplasme émollient, d'onguent de pied, de suif ou d'un corps onctueux quelconque.

Lorsqu'un cheval a marché sans fer sur du pavé, des graviers, du sable, des cailloux, ou enfin sur un terrain dur, la sole se meurtrit, c'est ce qu'on appelle sole battue; les pieds plats et les pieds combles sont bien plus incommodés de cet accident que les pieds creux. Celui de l'âne et du mulet est de nature à ne pas l'éprouver, la paroi ou muraille étant toujours plus élevée que la sole, qui, dans ces animaux, est concave (ce qu'on peut appeler pied creux).

La sole peut être percée par des clous et blessée par des chicots, des débris d'os ou de bouteilles cassées, enfin par toutes sortes de corps contondans, piquans ou coupans, sur lesquels les animaux mettent les pieds en marchant. Cet accident n'a aucune suite lorsque la blessure que ces corps forment ne va pas jusqu'au vif; cependant si la sole était percée, et qu'il y eût un trou, il faudrait le boucher avec du cambouis ou du suif, pour empêcher qu'il ne s'y introduisît quelque corps étranger, ou, ce qui est encore mieux, y mettre un peu d'étoupes trempées dans de l'eau-de-vie, et les y maintenir au moyen d'une petite attelle ou éclisse , soit de bois , soit de fer.

La sole est aussi exposée à une maladie chronique qu'on appelle crapaud : cet ulcère, qui d'abord se manifeste à la fourchette, gagne peu à peu la sole et la détruit avec le temps.

On sent bien que la cure de tous ces accidens nécessite l'emploi de différens moyens.

Lorsque le fer porte sur la sole et qu'il fait boiter l'animal, il faut le faire déferrer, donner un peu plus d'ajusture au fer, qu'on attache avec des clous dont les lames sont minces : ces clous seront brochés bas et peu serrés ; en les rivant, on garnira le dedans et le pourtour du pied d'un cataplasme fait avec des plantes émollientes, ou du son cuit dans un peu d'eau et dans lequel on aura fait fondre de l'onguent de pied , du suif ou autre corps gras. Ce cataplasme peut encore être de la bouse de vache.

Lorsque le fer a été appliqué trop chaud ; la maladie est plus grave : quelques précautions qu'on prenne, les suites en sont quelquefois fâcheuses, sur-tout si la chaleur a pénétré sous la paroi jusqu'à la chair qui entoure l'os du pied ; la chair se dessèche, se dévie et le pied devient comble ; si au contraire la brûlure s'est bornée à la sole, le mal est moins grand ; dans l'un et l'autre cas il faut déferrer, donner plus d'ajusture au fer, puis parer légèrement la sole avec la *cornière* du *boutoir* tout autour du pied , à l'endroit où la sole s'unit à la paroi, afin d'en faire sortir la sérosité que la brûlure produit ordinairement, faire comme pour le cas précédent, mettre ces cataplasmes émolliens : si la paroi se détache des feuillets, quoi qu'on fasse, le pied deviendra comble , c'est-à-dire que la sole excédera la paroi.

Pour la sole battue on emploiera les mêmes moyens.

La sole piquée par le clou de rue nécessite le traitement du *clou de rue ;* il en est de même pour tous les autres accidens dont nous avons parlé , ils doivent être traités comme les plaies faites par contusion ou déchirement. (Desp.)

SOLE BATTUE. Sole blessée par un fer mal fixé, ou par une pierre engagée entre le fer et la corne.

Faire cesser la cause et mettre un cataplasme émollient guérit le mal en peu de temps. (B.)

SOLE BAVEUSE. Division irrégulière des bords de dessous de la sole, qui annonce de la faiblesse dans le pied , et donne lieu aux BLEIMES et aux OIGNONS. Un fer léger et presque fermé remédie à cet accident. (B.)

SOLE BRULÉE. Accident qui a lieu lorsque le maréchal laisse trop long-temps sur la sole le fer rouge, qu'il ne doit qu'y présenter pour savoir s'il lui convient. Il donne souvent lieu à une SUPPURATION qui peut nécessiter la DESSOLURE et même causer la mort.

Les pieds plats sont principalement exposés à cet accident, parce que leur corne est peu épaisse. (B.)

SOLE ÉCHAUFFÉE. Cette maladie ne diffère de la précédente que par moins d'intensité. Elle se guérit toujours d'elle-même par le repos.

SOLE FOULÉE. Cette maladie diffère peu de la SOLE BATTUE. Elle se développe principalement aux talons. On la guérit également par des cataplasmes émolliens et le repos. (B.)

SOLEIL. Centre du système planétaire dont la terre fait partie, dispensateur de la lumière et de la chaleur dont nous jouissons.

Rien de ce qui a vie sur notre globe ne pourrait se conserver sans le soleil; il est donc véritablement notre planète tutélaire : c'est à raison de son influence sur la nature qu'il a été si généralement adoré par les premiers peuples agricoles.

En tournant autour d'elle-même et offrant alternativement au soleil tous les points de sa surface, la terre forme les jours et les nuits; en tournant autour du soleil, elle forme les années. On parle donc dans le sens de nos illusions lorsqu'on dit que le soleil est entré dans tel signe du zodiaque, que le soleil est dans l'autre hémisphère, que le soleil est élevé sur l'horizon, que le soleil se lève, se couche, qu'il tourne enfin.

La LUNE (*voyez* ce mot) tourne autour d'elle-même ainsi qu'autour de la terre, et entraînée par cette dernière, elle tourne avec elle autour du soleil; c'est par lui qu'elle est éclairée.

On suppose que le soleil est éloigné de la terre de 33 millions de lieues, que sa lumière parvient à la terre en 7 minutes, qu'il est formé par une matière fondue et ignescente, au moins à sa surface, sur laquelle se montrent de temps en temps des taches obscures, qui ont fait voir qu'il tournait sur lui-même en vingt-sept jours. Herschell, qui a fait, avec son grand télescope, des observations très-intéressantes sur le disque du soleil, assure qu'il y a des temps où il rend moins de lumière, et où par conséquent il communique moins de chaleur à la terre.

Ayant fait connaître aux mots LUMIÈRE et OMBRE, CHALEUR et FROID les effets de la présence et de l'absence du soleil sur la terre, je me dispense de m'étendre plus longuement sur sa nature, sur laquelle nous avons d'ailleurs plutôt des hypothèses que des certitudes. Je renvoie donc le lecteur à ces mots et à ceux SAISON, HIVER, PRINTEMPS, ÉTÉ et AUTOMNE. (B.)

SOLEIL. Nom vulgaire de l'HÉLIANTHE ANNUEL.

SOLITAIRE (FLEUR). C'est celle qui est unique sur une tige. *Voyez* PLANTE.

SOLITAIRE (VER). *Voyez* TÉNIA.

SOLIVE. Ancienne mesure de solidité, en usage pour les bois de charpente. *Voyez* MESURE.

SOMANDER. C'est, dans les environs de Lyon, donner le premier labour aux terres à blé. (B.)

SOMART. Un CHAMP en JACHÈRE porte ce nom dans quelques cantons des Vosges. (B.)

SOMBRAGE. Nom du premier labour de la vigne dans le département de la Haute-Saône. (B.)

SOMBRER. C'est LABOURER dans beaucoup de cantons. On sombre les champs et les vignes, mais je n'ai jamais entendu dire qu'on sombre les jardins. (B.)

SOMBRE. Nom de la JACHÈRE dans la ci-devant Bourgogne.

SOMMEIL DES PLANTES. Il est beaucoup de plantes dont les fleurs se ferment le soir et se rouvrent le matin. Il en est beaucoup d'autres, à feuilles simples ou composées, et presque toutes celles de la famille des légumineuses en font partie, dont les folioles se replient aux approches de la nuit ou au moment de la pluie, et semblent véritablement sommeiller pendant l'absence du soleil ou la durée de la pluie. La SENSITIVE, qui ferme ses folioles au plus petit attouchement, doit être placée à la tête de la série de ces plantes. Chaque plante qui jouit de la faculté de se contracter ainsi, prend une forme ou une position particulière, que Linnæus a rangée sous dix séries dans une dissertation qui se trouve imprimée parmi ses Aménités académiques.

Il n'y a pas de doute que cette faculté des feuilles de certaines plantes a quelque influence sur leur végétation ; mais on manque d'observations sur la nature et les effets de cette influence. Les cultivateurs, si souvent dans le cas d'admirer la promptitude ou la régularité du mouvement des plantes soumises à cette loi, ne sont jamais, à ma connaissance, dans le cas d'en tirer parti pour leur avantage. (B.)

SON. L'écorce des graines des céréales lorsqu'elle en a été séparée par la mouture, s'appelle ainsi. *Voyez* FARINE, MOUTURE, MOULIN.

La grosseur du son est toujours proportionnelle à l'écartement des meules du moulin.

L'avantage de la mouture économique, c'est de séparer d'abord le son : aussi ne fournit-elle que de la fine FLEUR, des GRUAUX et du son.

Le principal inconvénient de la mouture à la grosse est de tellement diviser le son qu'il est impossible de l'ôter entièrement de la farine, aussi le pain produit par la farine qu'elle donne n'est-il jamais très-blanc.

On calcule, dans les moulins des environs de Paris, que cent sacs de bon froment doivent rendre soixante-dix sacs de farine pure, par conséquent que le déchet des sons est de trente sacs. Cette proportion, pour servir de terme moyen, doit être prise sur une certaine quantité, parce que les variétés de froment et les années y apportent de la différence.

Le son pur est complétement indigestible : ainsi ce n'est que par la farine qui lui est restée unie qu'il peut être utilement donné aux chevaux, aux vaches, aux cochons, aux poules, etc. Celui de la mouture économique est bien plus dépourvu de farine que celui de la mouture à la grosse, aussi faut-il y faire attention lorsqu'on en achète.

En toute circónstance, il faut plutôt faire boire de l'Eau blanche (*voyez* ce mot) aux chevaux malades, que de leur donner du son en nature.

Autrefois c'était du son qu'on tirait tout l'amidon mis dans le commerce ; mais aujourd'hui on ne pourrait plus en obtenir assez pour payer les frais, par la cause ci-dessus.

On emploie le son à quelques petits usages domestiques, mais qui ne peuvent en consommer la cent millième partie : le reste sera donc toujours donné aux bestiaux, car il est toujours pénible de voir perdre un produit ; on peut cependant l'utiliser comme engrais, en le jetant sur le fumier ou en l'employant directement. (B.)

SONDE. Instrument destiné à faire connaître la nature des couches de la terre, et à indiquer s'il y a de l'eau à une certaine profondeur. On l'appelle aussi Tariau ou Tarière. *Voyez* ce mot. (B.)

SOPHORE, *Sophora*. Genre de plantes de la décandrie monogynie et de la famille des légumineuses, qui réunit neuf à dix espèces, dont une se cultive depuis quelque temps en pleine terre dans les jardins des environs de Paris, et peut devenir un jour très-importante comme arbre utile.

Le Sophore du Japon s'élève à plus de 40 pieds. Il a l'écorce de son tronc grise, et celle de ses rameaux verte. Ses feuilles sont alternes, ailées avec impaire, à folioles nombreuses, ovales oblongues, d'un vert foncé en dessus, glauque en dessous ; ses fleurs sont blanches, faiblement odorantes, et disposées en grappes à l'extrémité des rameaux. Ces dernières s'épanouissent à la fin de l'été, et alors ses feuilles disparaissent souvent sous leur nombre. C'est un superbe arbre, dont le feuillage sombre contraste fortement avec celui de la plupart des autres. Sa tête s'arrondit naturellement, et forme une masse réellement imposante. On le place, soit isolément au milieu des gazons, ou à quelque distance des massifs dans les jardins paysagers, soit au bord des massifs. On en fera certainement de superbes avenues ; mais jusqu'à présent il a été trop rare pour être employé à cet usage. Il croît rapidement, surtout dans sa jeunesse. On le multiplie de semences, qu'il commence à fournir assez abondamment dans les jardins de Paris, mais qui, mûrissant tard, sont sujettes à la gelée dans les années où les froids sont précoces. On les sème au printemps, ou sur couche dans des terrines remplies de terre de bruyère, ou dans des planches au levant, composées de cette même terre. Les arrosemens ne doivent pas leur être épargnés. Le plant qui en provient acquiert ordinairement près d'un pied dans le cours de la première année. On le rentre dans l'orangerie, ou on le couvre de fougère, pour le garantir de la gelée pendant l'hiver, car il y est fort sensible. Le printemps suivant, on le relève pour le repiquer à 15 ou 20 pouces de distance. Là, on le conduit comme les autres arbres des pépinières, c'est-à-dire qu'on le taille en crochet ; on l'ébourgeonne, on l'arrête, on le recèpe, si cela devient nécessaire, et on lui donne trois ou quatre labours ou binages par an. Je lui ai vu pousser cette seconde année des jets de 8 à 10 pieds dans une terre légère et fraîche. A mesure qu'il avance en âge, il se fortifie contre l'effet des gelées, ou si elles l'atteignent, ce n'est que par l'extrémité de ses branches, qui poussent tard, s'aoûtent de même, et restent par conséquent plus long-temps attaquables. C'est à cette époque qu'il faut le transplanter à demeure, sans le mutiler en aucune manière. Lorsqu'on coupe une de ses branches il faut toujours le faire à un pouce du tronc, parce qu'il est sujet à laisser couler son cambium, et que par conséquent en la coupant rez on risque de faire périr l'arbre. En général, il ne paraît pas aimer la serpette, et un jardinier sage la lui fera d'autant moins sentir que ses branches prennent naturellement une très-belle forme. J'en connais des pieds à toutes les expositions, et ils réussissent ; mais j'ai lieu de croire que celle du levant et celle du nord lui sont le plus favorables.

On multiplie aussi le sophore du Japon par marcottes, qui s'enracinent fort difficilement, par section de ses racines, et par boutures ; mais ces trois moyens ne fournissent pas des arbres qu'on puisse comparer à ceux venus de graines, de sorte qu'on doit n'y avoir recours qu'à la dernière extrémité.

Lorsqu'on arrache un pied de sophore, il faut réserver toutes les racines de la grosseur d'une plume à écrire et au-dessous, coupées par la pioche ou la bêche, les greffer en fente avec une branche de même grosseur et les remettre ensuite en terre.

On obtiendra des pieds qui pousseront d'une demi-toise la même année.

Le bois du sophore du Japon paraît être d'une excellente qualité d'après les jeunes pieds ou les branches qui ont été observées. Il faut encore attendre pour pouvoir l'apprécier d'une manière convenable, car les plus vieux pieds qui existent en France ont au plus soixante ans de plantation, et on sait que le bois de certains arbres n'arrive que fort tard à sa perfection. Il faut donc encourager la multiplication de cet arbre pour l'avantage de la société encore plus que pour son agrément.

Des renseignemens venus de la Chine font croire que c'est de cet arbre qu'on tire la couleur jaune avec laquelle on teint les étoffes exclusivement réservées à la famille impériale.

La couleur foncée des feuilles du sophore semble faire croire qu'il donnerait de l'indigo, et M. Sageret a remarqué que les pucerons qui vivent à ses dépens coloraient en bleu les étoffes sur lesquelles on les écrasait. J'ai cherché à en obtenir par la décoction, mais je n'ai pas réussi.

Il y a encore le Sophore tétraptère et le Sophore microphylle, deux arbres à superbes fleurs jaunes venant de la Nouvelle-Zélande, qu'on cultive dans quelques jardins; mais comme ils demandent l'orangerie pendant l'hiver, je ne parlerai pas ici de leur culture.

Une partie des sophores de Linnæus font aujourd'hui partie du genre virgile. (B.)

SORBÉ (RAISIN). C'est celui dont la surface est sphacélée par excès de maturité. Les raisins blancs sont plus dans le cas de parvenir à cet état que les rouges, et la couleur brune qu'ils prennent alors fait dire que le *renard a pissé dessus*. On fait les plus excellens vins sirupeux avec les raisins sorbés. *Voyez* Vin, Vigne et Sirop. (B.)

SORBIER, *Sorbus*. Genre de plantes de l'icosandrie trigynie et de la famille des rosacées, qui renferme quatre arbres, tous intéressans sous les rapports de l'utilité et de l'agrément, et dont la culture est très-répandue dans les pays où l'on met quelque importance aux jouissances que donnent les jardins.

Les espèces de ce genre ont toutes les feuilles alternes, pétiolées, ailées ou demi-ailées, et accompagnées de stipules; les fleurs blanches, disposées en corymbes terminaux, et les fruits gris ou rouges dans leur maturité.

Le Sorbier domestique, ou *cultivé*, ou *cornier*, a l'écorce grise, rude, crevassée; les branches très-nombreuses; les feuilles ailées avec impaire, à folioles sessiles, presque rondes, dentées, velues sur-tout en dessous; les fruits d'un pouce de diamètre, tantôt ronds et rougeâtres, tantôt pyriformes et grisâtres. Il est originaire des parties méridionales de l'Europe, s'élève à plus de 5o pieds, fleurit au milieu du printemps, et se cultive fréquemment, même dans le nord, pour son bois et ses fruits.

Cet arbre croît très-lentement, ne commence à porter des fruits que dans un âge fort avancé, et sa culture est difficile dans ses premières années; c'est pourquoi il n'est pas aussi commun que la beauté de son aspect, le parti qu'on tire de ses fruits, et sur-tout l'excellente qualité de son bois doivent le faire désirer. On le multiplie par ses graines, qu'on sème aussitôt qu'elles sont mûres (ou qu'on conserve en jauge pendant l'hiver) dans une planche bien préparée à l'exposition du levant. Le plant qui en provient a à peine 3 pouces de haut la seconde année, époque où il faut le repiquer dans un autre endroit à 6 à 8 pouces de distance. Il en périt toujours beaucoup dans cette transplantation, quelques précautions qu'on y apporte. A quatre ans, il faut encore relever ce plant, qui alors a plus d'un pied de haut, pour le mettre dans un autre lieu et l'espacer davantage. Il en périt aussi dans cette seconde transplantation. C'est alors qu'on le taille en crochet, qu'on l'ébourgeonne et qu'on lui fait subir toutes les opérations de l'art. (*Voyez* Pépinière.) Enfin, à huit ou dix ans, ce plant, ayant acquis 8 à 10 pieds de haut et un pouce de diamètre, peut être définitivement mis en place, ce qui en fait encore périr. Mais pourquoi, dira-t-on, lui faire subir ainsi quatre crises lorsqu'on pourrait lui en éviter deux? C'est qu'un pied qu'on transporterait du lieu du semis, à dix ou douze ans, dans celui où il doit être placé à demeure, périrait sûrement à raison de son long pivot et de son peu de chevelu : aussi, en tout état de cause, le sorbier domestique demande-t-il à être semé en place pour venir sûrement et bien; mais il est si lent dans sa croissance, que les accidens qu'il est dans le cas d'éprouver compensent l'incertitude de sa reprise dans les trois transplantations des pépinières. La vraie manière de multiplier cet arbre est de le semer dans une haie, et de l'abandonner à lui-même. Le mieux encore serait de le semer dans les places vides des forêts, sur les lisières des bois, etc. Le prix actuel de l'argent, l'augmentation des impôts, etc., ne permettent plus de faire des plantations particulières de sorbiers, il faut que la dépense annuelle de ces arbres soit compensée par le produit de ceux qui croissent plus rapidement, et cependant il est à désirer qu'ils se multiplient, car le besoin s'en fait souvent sentir, sur-tout dans le nord. A Paris, par exemple, les échantillons un peu gros de leur bois se paient extrêmement cher.

Toute terre est propre au sorbier cultivé, cependant il vient mieux dans celle qui est substantielle et profonde. J'en ai vu sur des rochers où il n'y avait pas plus d'un pied de terre, mais leurs racines gagnaient les joints des couches ou des fissures, et s'y nourrissaient mieux que dans un lieu en apparence plus favorable. Il parvient souvent à plus d'un pied de diamètre, mais il lui faut pour cela deux cents ans. Sa croissance, au reste, est d'autant plus accélérée, qu'il est dans un meilleur fonds et dans un pays plus chaud. Varennes de Fenille a trouvé que son bois pesait, vert, 72 livres une once 7 gros, et sec, 63 livres 11 onces 5 gros par pied cube. Ce bois est d'un brun rougeâtre, d'un grain fin, d'une dureté et d'une homogénéité extrèmes. Il est recherché avec empressement par les menuisiers, les ébénistes, les tourneurs et les machinistes. Les meilleures vis, les fuseaux et les alluchons les plus durables en sont faits. Il demande à être travaillé très-sec, car il éprouve une retraite de plus d'un douzième par suite de son dessèchement.

On multiplie aussi le sorbier cultivé par la greffe sur le poirier, sur l'aubépine et autres arbres de la même famille. Dans ce cas, il croît plus vite, mais les arbres qui en proviennent sont moins beaux et sur-tout moins durables que ceux provenant de graines : on doit, en conséquence, ne les employer qu'à la décoration des jardins paysagers, où ils produisent de bons effets par leur forme et la couleur de leur feuillage ; des greffes doivent être faites rez terre et même en terre, si elles sont en fente. Elles ne réussissent qn'autant qu'on fait attention à l'état réciproque de la sève ; car il y a entre ces arbres une petite différence d'époque à cet égard.

Toutes les parties du sorbier cultivé sont astringentes ; on les emploie quelquefois en médecine.

Le fruit du sorbier cultivé, qu'on appelle *sorbe*, ou *corme*, est très-acerbe avant sa maturité. Arrivé à ce point, il est mou et fade. Il nourrit médiocrement, produit souvent des coliques et ne convient par conséquent qu'aux estomacs robustes. Il est des pays où les habitans des campagnes, et sur-tout leurs enfans, en font une grande consommation. On le cueille ordinairement avant sa complète maturité, qui s'achève sur la paille. Ecrasé dans de l'eau, livré à la fermentation vineuse, il forme une boisson peu différente du poiré pour le goût, mais bien plus enivrante ; boisson que, dans beaucoup de lieux, on regarde comme meilleure que le poiré et le cidre. Cette opération se conduit positivement comme celle par laquelle on fabrique le cidre. Lorsqu'on n'a pas assez de fruits pour faire la quantité de liqueur requise pour remplir un tonneau, on se contente de mettre ce qu'on a, après l'avoir écrasé, dans ce tonneau qu'on remplit d'eau. Au bout d'un mois, on peut boire cette eau, qui est légèrement vineuse et très-rafraîchis-

sante. C'est la boisson ordinaire des domestiques dans beaucoup d'endroits. On mêle souvent aux sorbes des pommes, des
poires, des nèfles, des prunelles, etc. ; ce qui, selon moi qui
en ai goûté souvent, ne contribue pas à améliorer cette boisson. Il m'a paru que la *sorbe-pomme* était préférable sous ce
dernier point de vue, mais que la *sorbe-poire* était plus agréable
pour être mangée. Au reste, la bonté de ces fruits tient beaucoup au sol et au climat. Ceux que j'ai mangés à Paris étaient
de beaucoup inférieurs à ceux que j'ai mangés dans les parties
méridionales de l'Europe.

Le SORBIER DES OISEAUX, ou *sorbier sauvage*, vulgairement
le *cochène*, a l'écorce brunâtre, les rameaux longs, peu nombreux ; les feuilles pétiolées, ailées avec impaire, à folioles
ovales oblongues, dentées, très-glabres en dessus, un peu velues en dessous ; les fruits de la grosseur d'un pois et d'un beau
rouge. Il croît naturellement dans les bois montagneux de
l'Europe, et se cultive fréquemment dans les jardins d'agrément, qu'il orne par ses fleurs au printemps et par ses fruits
en automne. Il ne s'élève qu'à 20 à 25 pieds. Son bois ressemble beaucoup à celui du précédent, mais il lui est inférieur
sous tous les rapports, principalement celui de la grosseur. On
l'emploie positivement aux mêmes usages. Il pèse, sec, 42 livres
2 onces 2 gros par pied cube.

Cet arbre croît bien moins lentement que le sorbier domestique ; il est d'ailleurs beaucoup moins délicat à la transplantation. Tous les terrains lui sont bons, pourvu qu'ils ne soient
ni arides ni aquatiques à l'excès. Il ne craint ni le chaud ni
le froid. Pour le multiplier, on sème ses graines dans une terre
douce et substantielle aussitôt après leur maturité, et on les
arrose dans le besoin. On relève le plant dès le printemps de
la seconde année pour le repiquer à 6 à 8 pouces, et deux ans
après on le change de place, en l'espaçant de 15 à 20 pouces.
À six ans il a 10 à 12 pieds de haut, et peut être déjà mis en
place ; cependant il vaut mieux attendre la huitième année. Il
donne déjà des fleurs à cet âge.

On multiplie aussi le sorbier des oiseaux par greffe, rez
terre, soit en fente, soit en écusson, sur le sorbier domestique,
pour le faire durer long-temps et lui faire acquérir plus de
grandeur, et sur l'épine pour le faire croître plus promptement.
Cette dernière est la plus employée dans les pépinières mar-
chandes. M. Dourches a observé qu'elle réussissait mieux en
écusson qu'en fente. On le greffe encore quelquefois sur le néflier, sur le coignassier, sur le poirier, sur l'alizier, etc.

Le sorbier des oiseaux se plante ou isolément ou en petits
groupes au milieu des gazons des jardins paysagers, ou sur les
bords des massifs. On en forme des allées, des salles, des quin-

conces, etc. De quelque manière qu'il soit placé, il produit de charmans effets, sur-tout lorsqu'au commencement de l'hiver ses larges corymbes de fruits font courber avec grâce ses rameaux sous leur poids et charment l'œil par l'éclat de leur couleur de feu : aussi le voit-on souvent, et même peut-être trop souvent, dans ces sortes de jardins.

Les grives, les merles, les poules et même les bestiaux aiment beaucoup les fruits du sorbier des oiseaux. Dans le nord, on en fait de la boisson, sans doute peu différente de celle fabriquée avec celui du sorbier domestique, boisson dont on tire de l'eau-de-vie. On dit encore qu'après les avoir fait sécher on les garde pour les manger en guise de pain.

Le Sorbier d'Amérique, qui a été jusqu'à présent regardé comme une variété de ce dernier, est une véritable espèce. Sa hauteur ne surpasse pas 8 à 10 pieds, ses feuilles sont plus aiguës, ses fruits sont de moitié plus petits. On le multiplie, dans les pépinières de Versailles, par marcottes ou par greffe sur l'épine, le néflier, etc. Il produit moins d'effet dans les jardins.

Le Sorbier hybride, ou *sorbier de Suède*, ou *sorbier de Laponie*, a l'écorce d'un brun cendré ; les rameaux nombreux ; les feuilles grandes, pétiolées, ovales, aiguës, cotonneuses en dessous, à moitié pinnées, c'est-à-dire profondément sinuées à leur base, et simplement divisées à leur sommet ; les fleurs blanches et les fruits d'un rouge jaunâtre. Il est originaire des pays septentrionaux, s'élève à 30 ou 40 pieds, et fleurit au printemps. On le cultive fréquemment dans les jardins paysagers, où il tient sa place avec avantage, même à côté de ses congénères. Son aspect, quand il est franc de pied, se rapproche infiniment de celui de l'alizier blanc. Lorsqu'il est greffé sur l'aubépine, il prend naturellement la forme d'un saule-têtard, c'est-à-dire la forme globuleuse ou ovoïde. Ce singulier effet s'explique en ce que cet arbre devenant fort grand, et l'aubépine restant toujours plus petite, les racines de cette dernière ne peuvent lui fournir la quantité de sève nécessaire à sa croissance : en conséquence, il ne pousse que des rameaux faibles, mais nombreux, la nature voulant le dédommager de son moins de racines en lui fournissant beaucoup de feuilles. On peut voir un exemple remarquable de ces effets dans le bosquet des tulipiers à Versailles, où il y a une allée de sorbiers hybrides greffés sur épine, et plusieurs de ces arbres francs de pieds ; ce qui permet la comparaison.

On multiplie ce sorbier de graines et par greffe positivement comme les précédens. Il mérite d'être cultivé sous tous les rapports ; car si son bois est inférieur à celui du sorbier domestique, il doit être supérieur à la plupart des autres, si j'en juge par les apparences, car je n'ai pas fait d'expériences sur sa nature. (B.)

SORGHO ou SORGHUM. *Voyez* au mot Houque.

SOUCHE. On donne ce nom à la partie d'un arbre coupé qui tient aux racines, par extension on l'applique quelquefois à un vieil arbre.

L'ordonnance forestière exige qu'on ne laisse point de souches dans les bois, et elle est fondée en principe, car la sève est dans le cas de perdre, dans leurs canaux, la force active qui aurait produit des bourgeons. En conséquence, en Europe, on coupe rez terre ou, mieux, entre deux terres, les arbres des forêts; mais en Amérique où on veut détruire les forêts, on les coupe à 2 ou 3 pieds de terre, ainsi que je l'ai généralement observé dans le pays même. *Voyez* Coupe entre deux terres et Exploitation des bois.

Il est des arbres dont les souches ne repoussent jamais, telles sont celles des arbres résineux. La plupart des autres ne repoussent pas, ou ne nourrissent pas long-temps leurs bourgeons lorsqu'ils sont arrivés à un grand âge. Un chêne de moins de cinquante ans repousse toujours, celui de plus de cent ans repousse rarement, s'il n'est dans un bon sol, et celui de deux cents ans ne repousse jamais.

L'extraction des souches, même en état de destruction, est généralement défendue dans les forêts nationales. Si on n'a en vue que la possibilité de l'abus dans cette défense, je n'ai rien à objecter; mais si on a prétendu conserver les faibles espérances de reproduction qu'elles offrent quelquefois, on a eu tort. Ces rejets ne donnent jamais des arbres de futaie, parce que le terrain est épuisé des sucs propres à les nourrir. Il vaut beaucoup mieux, à mon avis, supprimer totalement les souches, sur-tout celles de chêne, pour donner moyen aux hêtres, aux charmes, aux frênes ou aux autres arbres de croître plus à l'aise. Au bout d'un à deux siècles, ces derniers arbres périront à leur tour par la même cause, et les chênes reviendront s'emparer de leur ancienne place. Cette rotation est dans la nature, et l'homme ne trouve jamais son intérêt à la contrarier.

Quant aux souches des peupliers, des merisiers, des pommiers, des poiriers, des bouleaux et autres arbres qui poussent des rejetons de leurs racines, il est toujours bon de les enlever, parce que cet enlèvement donne lieu à une forêt de jeunes pieds écartés, et dont quelques-uns doivent fournir de beaux troncs.

Voyez un excellent mémoire de M. Sageret, sur les moyens

d'empêcher les souches de se dessécher, en les couvrant de terre, inséré dans le 42ᵉ vol. des *Annales d'agriculture*. (B.)

SOUCHÉRÉE. Ancienne mesure de capacité. *Voyez* MESURE.

SOUCHET, *Cyperus*. Genre de plantes de la triandrie monogynie et de la famille des cypéroïdes, qui rassemble près de cent espèces, dont deux doivent trouver place dans cet ouvrage, à raison de l'utilité dont ils sont ou peuvent être.

Le Souchet LONG ou *odorant*, *Cyperus longus*, Lin., a les racines longues, charnues, vivaces; les tiges triangulaires, feuillées, hautes d'un à 2 pieds; les feuilles longues, raides, terminées en pointe; les épillets bruns, allongés, sessiles, réunis plusieurs ensemble sur des pédoncules communs inégaux, qui forment une espèce de panicule feuillée à l'extrémité de la tige. Il croît dans les marais et fleurit au milieu de l'été. Tous les bestiaux le mangent. Les cochons sur-tout recherchent beaucoup sa racine, qui a une odeur aromatique agréable, qui est employée en médecine comme restaurante et fortifiante, et qui entre dans plusieurs sortes de parfums.

On ne cultive pas, que je sache, cette plante hors des jardins de botanique.

Le Souchet COMESTIBLE a les racines vivaces, fibreuses, accompagnées de tubérosités jaunâtres, de la grosseur et de la forme d'une noisette, imbriquées de zones écailleuses; les tiges triangulaires, feuillées, hautes d'un à 2 pieds; les feuilles aiguës et fort longues; les épillets sessiles et disposés plusieurs ensemble au sommet des pédoncules communs, inégaux et feuillés, formant une espèce de panicule à l'extrémité des tiges. Il croît naturellement dans les parties méridionales de l'Europe. Ses tubérosités sont agréables au goût, soit crues, soit cuites, et se mangent habituellement dans quelques cantons de l'Allemagne et de l'Orient. On le cultive dans les terrains légers et humides, en plantant en mai ses tubérosités à 6 ou 8 pouces de distance sur un seul labour. Il craint les gelées du climat de Paris. La récolte des tubérosités a lieu deux mois après leur plantation, et ces tubérosités se conservent tout l'hiver et pendant une partie du printemps, comme les pommes de terre. Elles sont, je dois le dire, un très-médiocre manger; mais il ne faut négliger aucun des moyens de subsistance accordés à l'homme. Elles peuvent, dit-on, fournir, par expression, une huile très-bonne. On en fabrique une boisson analogue au café en les faisant griller, concasser et infuser dans l'eau bouillante. Un seul pied en a fourni deux cent quatre-vingt-cinq à M. Moreau de Montfort.

J'ai mangé en Amérique des tubérosités de même nature fournies aussi par un souchet, qui m'ont paru supérieures à celles-ci et en grosseur et en goût. J'ignore à quelle espèce elles appartenaient, les ayant achetées au marché et n'ayant pas été à portée de les planter.

Il y a aussi le Souchet jaunatre et le Souchet brun, deux petites espèces annuelles, qui forment des trochées souvent fort grosses dans certains marais de France, et que les bestiaux recherchent beaucoup; mais elles ne sont pas communes par-tout.

Je dois encore citer le Souchet-Papyrier, plus connu sous le nom de *papyrus*, plante de 6 à 8 pieds de haut, avec l'écorce de la tige de laquelle les anciens faisaient leur papier. Cette plante, propre aux rivages du Nil et autres rivières d'Afrique, n'est plus utile sous ce rapport et ne se cultive nulle part en grand. On en voit quelques pieds au Jardin du Muséum d'histoire naturelle. (B.)

SOUCI, *Calendula*. Genre de plantes de la syngénésie nécessaire et de la famille des corymbifères, qui réunit plus de vingt espèces, dont une est souvent fort abondante dans les champs et les vignes, et deux ou trois autres se cultivent fréquemment dans les jardins d'agrément.

Le Souci des champs a la racine annuelle; la tige rameuse, haute de 8 à 10 pouces, les feuilles alternes, amplexicaules, lancéolées, dentées, velues; les fleurs jaunes, petites et solitaires sur des pédoncules axillaires ou terminaux; les fruits en partie recourbés et en partie droits.

On le trouve souvent en très-grande abondance dans les champs et les vignes, sur-tout dans les terrains argileux. Il fleurit pendant toute l'année, même pendant les gelées. Tous les bestiaux le mangent. Il donne aux vaches un lait d'une saveur agréable. Il passe pour résolutif, dépuratif, céphalique, antipasmodique, antiscorbutique et antiscrophuleux. On emploie ses fleurs à colorer le beurre en jaune, et ses feuilles se confisent pour être mises dans les sauces et les salades.

Cette plante a une odeur forte et désagréable, qu'on croit, sans raison, qu'elle peut communiquer au vin. Elle est souvent le fléau du cultivateur, qui ne peut la détruire, parce que fleurissant toute l'année, et ses graines se conservant en terre pendant long-temps sans germer lorsqu'elles sont trop enfoncées, elle semble naître d'autant plus abondamment qu'on fait plus d'efforts pour la détruire. Ce n'est que par des binages bien exacts qu'on peut y parvenir dans les vignes. Il pourrait devenir utile de la semer pour fourrage du premier printemps, car à cette époque elle est déjà en pleine végétation. Je ne sache pas qu'on l'ait considérée sous ce point de vue, mais dans beaucoup de lieux on ramasse exactement les pieds qui croissent naturellement pour la nourriture des vaches. Comme la plupart des plantes annuelles, on peut prolonger son existence pendant deux ans en l'empêchant de monter en graines.

Le Souci des jardins, *Calendula officinalis*, Lin., a les racines fusiformes, annuelles ou bisannuelles ; les tiges rameuses, les feuilles alternes, amplexicaules, glabres, ovales, lancéolées, très-grandes ; les fleurs très-larges, jaunes et solitaires sur des pédoncules terminaux ou axillaires ; les fruits tous recourbés. Il est originaire des parties méridionales de l'Europe et se cultive depuis long-temps dans les parterres des parties septentrionales, où il brille pendant la plus grande partie de l'année. C'est mal à propos qu'on l'a regardé comme une variété du précédent, produite par la culture. Il en est spécifiquement distinct, quoiqu'il partage toutes ses propriétés médicales et économiques. Ses fleurs ont toujours plus d'un pouce de diamètre et varient beaucoup dans la nuance de leur couleur. Il en est de parfaitement doubles, de semi-doubles, de prolifères et d'inodores. L'effet que produisent ses fleurs dans les grands parterres est d'autant plus saillant qu'elles tranchent avec presque toutes les autres et se succèdent pendant neuf mois de l'année ; aussi l'y multiplie-t-on beaucoup, même trop en général ; car on s'accoutume bientôt à leur éclat, et c'est sur la variété qu'on doit baser la composition des jardins et la plantation des parterres, pour qu'on y trouve des plaisirs toujours nouveaux.

On doit semer le souci des jardins aussitôt que sa graine est mûre, et préférer celle de la première fleur qui s'est épanouie, comme plus grosse et devant donner des productions plus vigoureuses. Elle lève en peu de temps. Le plant, dans le climat de Paris, doit être couvert pendant les fortes gelées de l'hiver, parce qu'il y est sensible. Au printemps, on le transplante dans les parterres, et il ne demande plus alors que les soins ordinaires.

Dans beaucoup de jardins, on se contente de réserver un certain nombre de pieds parmi les milliers qui lèvent naturellement, et ceux-là donnent ordinairement les plus belles fleurs, car, en général, les plantes annuelles et bisannuelles ne gagnent pas à être transplantées.

Dans d'autres, on ne sème les soucis qu'au printemps et sur place. On s'aperçoit facilement de l'emploi de cette méthode au peu de largeur des fleurs et à leur petit nombre ; d'ailleurs elles paraissent un mois plus tard, ce qui est un désavantage notable.

Une terre légère et substantielle est celle qui convient le mieux au souci des jardins ; mais cependant il s'accommode de toutes, pourvu qu'elles ne soient ni trop arides ni trop aquatiques. Il brave les sécheresses, quoiqu'un temps pluvieux ou des arrosemens abondans lui soient avantageux. On le conserve en état de vigueur, et même souvent deux ans, en coupant ses fleurs à mesure qu'elles passent, car c'est principalement la production de la graine qui épuise les plantes annuelles ou bisannuelles.

J'ai toujours regretté de voir perdre les pieds du souci des jardins lorsqu'on en débarrasse les plates-bandes des parterres à la fin de l'automne. Ils devraient être donnés aux vaches ou au moins jetés sur le fumier, dont ils augmenteraient utilement la quantité.

Le Souci pluvial, *souci d'Ethiopie* ou *souci hygrométrique*, a les racines annuelles; les tiges faibles, couchées, hautes de 6 à 8 pouces; les feuilles alternes, pétiolées, lancéolées, profondément dentées, un peu charnues, d'un vert glauque; les fleurs grandes, blanches en dedans, violettes en dehors et solitaires à l'extrémité de pédoncules terminaux ou axillaires. Il est originaire de l'Afrique et se cultive en pleine terre dans beaucoup de jardins, quoiqu'il soit fort sensible à la gelée. On le sème un peu plus tard que le précédent et en place. Ses tiges ont besoin d'un tuteur. Il est principalement remarquable en ce que ses fleurs ne s'épanouissent que lorsque le soleil frappe directement sur lui. Elles restent constamment fermées lorsque le temps est couvert et pendant la nuit, et encore plus quand il pleut.

M. Villoon a indiqué ce souci comme donnant une quantité de potasse supérieure à celle de toute autre plante.

Les autres espèces de soucis se cultivent rarement. (B.)

SOUCI D'EAU. *Voyez* Populage.

SOUCOUPE (FLEUR EN). Fleur monopétale fort évasée, peu divisée, et terminée par un tube très-court. *Voyez* Fleur et Plante.

SOUCO. Synonyme de souche de vigne dans le midi de la France. (B.)

SOUDE, *Salsola*. Genre de plantes de la pentandrie digynie et de la famille des chénopodées, qui renferme environ quarante espèces, toutes croissant sur les bords de la mer, dans les terres salées, et donnant de la soude par leur incinération. *Voyez* Alcali et l'article suivant.

Il y a parmi les soudes des espèces annuelles, vivaces, arborescentes. Leurs feuilles sont tantôt opposées, tantôt alternes, tantôt planes, tantôt cylindriques et charnues. Leurs fleurs naissent solitaires ou géminées dans les aisselles des feuilles supérieures.

L'importance dont est l'alcali de la soude pour plusieurs arts, et la petite quantité de ces plantes, qui croissent naturellement sur le bord de la mer, a rendu leur culture nécessaire. On y a trouvé, de plus, l'avantage d'utiliser des terrains qui ne peuvent donner d'autres productions ; mais, dois-je le dire ? malgré les profits considérables et certains qui résultent de cette culture, elle a rarement lieu en France, c'est en Espagne qu'il faut aller pour en trouver des exemples. Les tentatives qui ont été faites à différentes époques sur les côtes des environs d'Agde, de Narbonne et de Montpellier, et en dernier lieu, celles de mon collaborateur Chaptal (*voyez* Annales d'agriculture, tom. 4) n'ont pas eu de suite. On se contente toujours chez nous, presque par-tout, de couper les plantes marines, de quelque espèce qu'elles soient, de les réunir avec les VARECS (*voyez* ce mot) rejetés par les flots, et, en brûlant le tout, d'en tirer une soude d'une fort mauvaise qualité. Je dois dire cependant que je l'ai vue cultivée à l'embouchure de la Bidassoa, du côté de la France comme du côté de l'Espagne, et que là on m'a assuré qu'on en cultivait aussi au pied de quelques dunes près de Baïonne.

Ce sont les environs d'Alicante en Espagne qui fournissent la plus grande quantité et la meilleure soude connue dans le commerce. Elle est pour ce canton une source de richesse toujours renaissante. N'ayant point de données personnelles sur la culture des plantes qui la donnent, je ne puis mieux faire que de donner ici un extrait des observations faites à son occasion par M. Pictet-Malet, observations insérées dans le 11e. volume des *Annales d'agriculture*.

Je profiterai ensuite des remarques de mon collaborateur Tessier, insérées dans le même ouvrage, et je terminerai par quelques considérations qui me sont propres.

« Plusieurs plantes qui croissent naturellement au bord de la mer, peuvent fournir l'alcali de la soude en plus ou moins grande quantité, et d'une qualité plus ou moins bonne, comme les FICOÏDES NODIFLORE et CRISTALLIN, les SALICORNES HERBACÉE et FRUTESCENTE, les ANSERINES MARITIME et BLANCHE, toutes les espèces du genre soude ; mais les deux presque exclusivement cultivées sont la BARILLE et la SOUDE. La première, plus délicate que la seconde, demande un terrain beaucoup meilleur et mieux préparé, mais aussi donne une soude beaucoup plus fine et plus estimée. Leur culture et la manière de les recueillir sont au reste parfaitement les mêmes. »

La SOUDE CULTIVÉE, ou *barille*, *Salsola sativa*, Lin., est annuelle, ses tiges sont très-rameuses, hautes d'un à 2 pieds ; ses feuilles cylindriques, glabres ; ses fleurs réunies en tête.

La SOUDE ORDINAIRE, ou *kali*, ou *salicote*, *Salsola soda*, Lin., est annuelle a la tige haute de 2 à 3 pieds ; ses rameaux sont écartés ; ses feuilles sont allongées, charnues, cendrées, avec trois lignes vertes ; ses fleurs sont géminées.

Les Soudes kali et tragus, qui croissent abondamment sur les bords de la mer, dans les parties méridionales de l'Europe, et dont on tire aussi de la soude, mais qu'on ne cultive pas, ont les feuilles épineuses.

« Après avoir, dit M. Pictet-Malet, donné plusieurs labours à la terre et l'avoir fumée, on commence vers le mois d'octobre ou de novembre à répandre la semence, le plus souvent sans la couvrir. On a soin, pour cette opération, de choisir les jours où il y a apparence de pluie. Au printemps, à peine la plante a-t-elle un pouce de diamètre, qu'on commence à la sarcler, et on répète cette opération plusieurs fois, suivant la quantité d'herbe qui croît parmi elle et qui pourrait lui nuire. A la fin d'août, elle est prête à recueillir. On laisse ordinairement un mois de plus sur pied celle qu'on réserve pour graine, et cela sur les bords, pour pouvoir labourer le centre et le préparer à recevoir du blé. L'opération de l'arracher est fort simple, car cette plante ne tient que par une petite racine fort mince : pour cette opération, les ouvriers s'aident d'une petite faucille. Les pieds se mettent en différens tas pour les laisser sécher jusqu'au moment où on doit les brûler.

» Vers la fin de septembre, lorsque la soude est sèche, on fait dans la terre des trous à peu près sphériques, de la contenance d'environ 30 quintaux de la plante ; au-dessus de l'ouverture on met deux morceaux de fer pour retenir la plante, que l'on brûle en la mêlant avec un peu de paille ou de joncs secs ; on a soin de choisir un jour où il souffle un peu de vent, circonstance importante pour la bonté de la soude : car si l'air est tranquille, la plante se brûle mal, se charbonne, et la soude (sel) est d'une qualité inférieure ; au contraire, si le vent est trop fort, elle se brûle trop vite et son produit se réduit difficilement en une masse solide. Ces plantes ne se conduisent pas comme les autres en brûlant, car elles ne se réduisent pas en charbon et en cendres ; mais elles éprouvent une espèce de fusion ou demi-vitrification : on les voit couler et former ensuite une matière rouge ressemblant à du métal coulant, que l'on a soin d'agiter une ou deux fois avec un bâton garni de fer au bout pour rendre la fusion plus parfaite : le creux une fois plein, ce qui exige ordinairement une nuit entière, on recouvre le tout de terre, et on le laisse refroidir pendant dix à douze jours ; on découvre ensuite le pain qui s'est formé, et on le rompt à grands coups de massue, pour l'emporter et le mettre dans le commerce. »

On lit dans le mémoire de mon collaborateur Tessier, mémoire rédigé sur des documens fournis par Jussieu et autres savans respectables, qui sont aussi allés sur les lieux, que la soude se sème à Alicante en janvier, se récolte en juin, et qu'elle fleurit vers la fin de septembre ; ce qui est fort différent de ce que rapporte M. Pictet-Malet. Y aurait-il deux manières de cultiver la soude à Alicante ? Je n'en vois pas l'impossibilité. Depuis long-temps on sait que les plantes annuelles, lorsqu'elles sont semées en automne, fournissent des produits plus abondans que lorsqu'elles sont semées au printemps.

Un point important et que M. Pictet-Malet n'a pas aussi exactement précisé que M. Tessier, c'est l'époque de la récolte de la plante destinée à être brûlée. Il résulte des expériences de Th. de Saussure que plus les plantes sont jeunes et plus elles donnent de potasse. Cette loi ne s'applique-t-elle pas aux soudes ? Si elle s'y applique, comme je le crois, il semble qu'il faudrait arracher la soude aussitôt qu'elle serait arrivée à toute sa hauteur.

Il m'a paru aussi que l'opération de la combustion de la soude, telle que l'a décrite M. Pictet-Malet, ne doit pas donner le résultat qu'il annonce. Il faut une grande intensité de feu pour vitrifier la cendre de la soude, et il y a toujours une certaine distance entre la soude brûlante et cette cendre. Ce n'est pas ainsi qu'on opère sur les côtes de France dans la combustion des VARECS. *Voyez* ce mot.

Aussitôt que la graine de soude est bien formée, dit M. Tessier, on arrache les plantes, et on les met sécher dans un endroit propre sans les amonceler. Quand elles sont bien sèches, on les bat avec des baguettes, on nettoie bien la graine, qui est très-petite, et on la conserve.

Je prends dans un Mémoire de M. Paris, l'un des correspondans de la Société d'agriculture du département de la Seine, ce que je vais dire de la culture de la soude qui a lieu pendant quelques années dans les marais salés de l'embouchure du Rhône.

Quoique, dans ces marais, on puisse retirer de la soude par la combustion de plusieurs plantes, on n'y cultive que la soude commune, ou barille, ou salicot (*salsola soda*).

La semence de barille, semée dans les terres non salées, y dégénère à chaque reproduction, de sorte que si on ne veut voir diminuer les produits, il faut la renouveler au bout de quelques années, c'est-à-dire semer de nouveau de la graine de plantes venues sans culture dans les marais, plantes qu'on appelle soude de barille, ou soude des baines, aux environs d'Arles.

Or, pour avoir de cette dernière en suffisante quantité, on

est obligé de semer dans les marais de la graine de soude cultivée, qui, après trois reproductions spontanées, y donne de
la graine propre à être de nouveau semée avec avantage dans
les terres arables, et qui se vend en conséquence un tiers plus
cher que celle récoltée dans ces terres arables.

Cette pratique est fondée sur l'observation encore inexpli-
quée, mais certaine, qu'au bout de quelques années la soude
cultivée dans un sol non salé et loin de la mer ne donne plus,
par sa combustion, que de la Potasse. (*Voyez ce mot.*) Les
engrais, sur-tout ceux des bergeries, ne doivent pas être épargnés quand on en a beaucoup à sa disposition ; mais pour peu
que le sol soit naturellement bon, vingt charretées à trois
chevaux, par hectare, suffisent. Ils doivent être bien consommés.

Si les terres sont fortes, plusieurs labours sont indispensables pour assurer le succès de la culture de la soude.

On sème en février ou en mars, dans les terres qui ne sont
pas surchargées de mauvaises herbes ; dans les autres, on retarde jusqu'en avril, pour faire périr ces mauvaises herbes par
un dernier labour. Plus tôt cette opération est faite, et plus on
doit compter sur une abondante récolte.

Les cultivateurs ne sont pas d'accord sur la quantité de semence qu'il convient d'employer et ils ne peuvent pas l'être,
car il est rare qu'elle soit entièrement bonne ; 5 hectolitres
paraissent cependant, terme moyen, la mesure exigible pour
chaque hectare.

La semence se répand à la volée et se recouvre avec une
herse très-légère. Il est bon de rouler pour conserver l'humidité du sol, humidité très-favorable à la germination, et qu'on
empêche souvent de se perdre au moyen d'herbes de marais.

Le superflu de la graine de soude se donne, aux environs de
Narbonne, au rapport de Décandolle, en guise d'avoine, aux
bœufs de labour, qui l'aiment beaucoup, et dont elle conserve
la force et l'embonpoint. La soude redoute excessivement le
voisinage des mauvaises herbes, et exige des sarclages répétés, principalement pendant les mois d'avril, mai et juin.

La récolte de la soude a lieu à la fin de juillet ou au commencement d'août, quelques jours plus tôt, quelques jours
plus tard, selon que la température du printemps et de l'été a
été chaude ou froide, selon l'époque des semailles, la nature
du sol, etc. Cette récolte est indiquée par le changement de
couleur des tiges et la maturité de la moitié des graines. Si on
attendait plus tard, les produits en sel seraient moindres.
Les pieds s'arrachent à la main.

Après avoir arraché la soude, on la dépose sur le sol en

petits tas, et on l'y laisse pendant quatre à cinq jours, puis on la met en meules oblongues, qu'on recouvre, en cas de pluie, de paillassons ou de nattes pour empêcher l'eau d'y pénétrer. Ainsi déposée, elle fermente et sèche. Ordinairement elle est dans le cas d'être brûlée au bout de huit à dix jours.

Si on voulait brûler la soude trop verte ou trop sèche, on aurait moins de produit; ainsi il faut choisir le terme moyen convenable : or, la pratique l'indique mieux que tous les raisonnemens.

Pour brûler la soude, on creuse, à quelque distance de la meule, un trou, dont la profondeur est à-peu-près égale aux deux cinquièmes du diamètre, et dont la capacité se calcule à raison d'un mètre cube par 80 quintaux d'herbes. Cette fosse est au moins aussi large à son fond qu'à son orifice. Pour empêcher les eaux d'y entrer et pour en consolider les bords, on les revêt d'un bourrelet d'argile mêlée de paille hachée, de 15 à 20 centimètres de hauteur.

On garnit aussi d'une couche d'argile, mais sans paille, le fond de la fosse, lorsque le terrain est sablonneux.

Il faut à-peu-près 3 quintaux et demi de bois de corde pour chaque mètre cube de capacité, pour chauffer la fosse. Lorsque cette quantité est consommée et que les parois sont rouges, on redouble la vivacité du feu en y jetant deux ou trois fagots de menu bois. Le brûleur, après avoir retiré de la fosse toute la braise, au moyen d'une pelle en fer, y descend chaussé en sabots humides, et se hâte de balayer et enlever les cendres.

Pendant ce dernier travail, l'aide du brûleur fait enflammer sur les charbons ardens que celui-ci a retirés de la fosse, quelques plantes de soude qu'on a eu soin de faire sécher plus que les autres, et qu'on dépose ensuite dans la fosse avec précaution, pour leur conserver l'air nécessaire à une combustion active. Le brûleur continue à alimenter le feu avec les plantes qu'on lui apporte de la meule, et qu'il prend et place avec une fourche sur l'orifice de la fosse, de manière qu'elles ne tombent au fond qu'en brûlant. Lorsqu'alors elles distillent une matière rouge semblable à du métal en fusion, c'est un indice de la réussite de l'opération.

Deux heures après qu'on a commencé à brûler, on cesse d'alimenter le feu, et dès que les dernières plantes qu'on y a jetées sont réduites en charbon, le brûleur, avec sa fourche, les étend également dans tout le fond de la fosse; ensuite deux journaliers et lui, si la capacité de la fosse n'est que d'un mètre cube, et deux hommes de plus pour chaque mètre cube dont cette capacité est augmentée, munis chacun d'une perche de saule vert, terminée en massue, pétrissent la matière en faisant lentement le tour de la fosse, l'un derrière l'autre.

Lorsque tous les charbons sont incinérés et mêlés avec la matière qui a découlé des plantes, on suspend cette manœuvre pour recommencer à brûler comme on a fait la première fois ; mais à celle-ci on continue la combustion pendant deux à trois heures, après lesquelles on pétrit encore. On répète alternativement cette double manœuvre jusqu'à ce que la matière remplisse la fosse, ou qu'on n'ait plus de plantes à brûler.

Il peut arriver qu'à la première et même à la seconde fois qu'on pétrit, des cendres forment une partie du résidu de la combustion des plantes. Cet inconvénient ne doit pas décourager, pourvu que la matière pâteuse domine ; la cendre s'y mêle et disparaît dans les pétrissages subséquens.

Lorsqu'on a achevé de brûler, on couvre ordinairement la fosse avec de la terre qu'on amoncèle en forme de cône, pour que l'eau de la pluie ne puisse pas pénétrer jusqu'à la matière, qu'elle dissoudrait.

Après avoir laissé refroidir cette matière trois jours au moins, on la divise en gros quartiers, qu'on peut livrer de suite au commerce.

Les meules des plantes à brûler étant à 4 ou 5 mètres de la fosse, le journalier qui est chargé de les rapprocher du brûleur, avant de les mettre à sa portée, en secoue et bat chaque fourchée. C'est le seul moyen qu'on emploie pour en séparer la graine, qui se détache facilement.

Cette graine, étant de différens degrés de maturité, est de beaucoup inférieure à celle qu'on se procurerait si on réservait une portion du semis pour s'en procurer, portion dont on n'arracherait les plantes que lorsque toute la graine serait mûre.

Un sol qui convient à la soude donne, année commune, par hectare, outre 90 hectolitres de graines, environ 160 quintaux de plantes vertes, qui produisent, par combustion, 22 quintaux de matière saline.

Lorsqu'on sème la soude dans un sol marécageux après une seule façon à l'araire, et qu'on ne donne plus aucune façon aux plantes, il faut, pour en obtenir la même quantité, ensemencer trois fois autant de terrain.

En 1809, un hectare de soude convenablement cultivé a produit, aux environs d'Arles, 5390 francs nets, revenu immense, mais qui n'a pu se soutenir par les raisons que j'ai indiquées plus haut.

Actuellement je passe à la culture de la soude aux environs d'Alicante : ce sont la soude commune et la soude cultivée ; la seconde est plus délicate et demande un terrain plus fertile, mais aussi donne une soude bien plus fine et plus estimée. Au reste, leur culture est absolument la même.

Il paraît que les terrains où on cultive ces soudes sont fort
peu salés, ou même ne le sont pas du tout, puisque après la
soude on leur fait porter du blé.

Après avoir fumé la terre et lui avoir donné plusieurs labours, on sème la graine à la volée. C'est en octobre ou en
novembre, qu'on fait cette opération, pour laquelle on a soin
de choisir un jour de pluie ; le plus souvent on ne recouvre
pas la graine par un hersage.

Au printemps, les pieds ont à peine un pouce de hauteur,
qu'on commence à les sarcler, et on répète cette opération tous
les vingt jours au moins, sur-tout si le temps est pluvieux.

A la fin d'août, la soude est ordinairement dans le cas d'être
cueillie ; celle destinée pour graine se laisse un mois de plus
sur pied, et en cela on agit plus dans les principes qu'aux environs d'Arles. La manière de la dessécher et de la brûler ne
diffère pas de ce qui a été dit plus haut.

La graine de soude qui n'est pas employée aux semences,
sert, aux environs de Narbonne, à la nourriture des bœufs,
auxquels on la donne en guise d'avoine, au rapport de Décandolle.

Jusqu'à M. Pictet-Malet, j'avais toujours cru qu'on ne cultivait la soude que dans les terrains salés ou susceptibles de le
devenir par l'effet des hautes marées ou des grands vents.
Chaptal, dans les essais de culture qu'il a faits aux environs de
Cette, a eu soin de la placer dans un semblable terrain : la
culture que j'ai vue sur la Bidassoa s'y trouvait. Jamais je n'ai
vu ni en France, ni en Espagne, ni en Italie, ni en Amérique, de véritables soudes croître naturellement en abondance
loin de la mer ou des marais salés.

Il a été fait à la manufacture de glaces de Saint-Gobain
des expériences dont j'ai vu les résultats, qui sont que la
graine venue d'Alicante y a donné des pieds pourvus de soude,
mais que ceux provenant de la graine de ces pieds n'ont
fourni que de la potasse. Au reste, il paraît qu'il ne faut pas
que la terre soit trop salée pour que les cultures de soude prospèrent.

Il a été remarqué que toutes les plantes herbacées ou vivaces, qui croissaient naturellement dans les terres salées, impropres à la culture des céréales, et autres plantes qui craignent
la surabondance du sel, décomposaient ce sel et rendaient par
conséquent ces terrains plus tôt susceptibles de recevoir les
articles ordinaires de la culture. La soude produit principalement cet effet, puisque M. Pictet-Malet nous a appris qu'on
sème toujours, aux environs d'Alicante, des céréales en automne, dans les terrains qui ont porté des soudes au printemps.
C'est aussi sous le rapport de l'amélioration des sols impré-

gnés des eaux de la mer qu'on devrait la cultiver ; cependant je ne sache pas qu'on le fasse nulle part en Europe. (*Voyez* au mot TAMARIS, seul arbre employé pour cet objet en France, du moins à ma connaissance.) En Caroline, où chaque année on digue une portion des immenses marais salés qui sont le long de la côte, on connaît bien cette influence de la soude et des autres plantes véritablement marines pour accélérer la mise en culture de ces marais, lorsque l'eau de la mer n'y afflue plus ; aussi a-t-on soin d'empêcher qu'elles soient coupées ou mangées avant la maturité de leurs graines, afin que ces graines fournissent de nouvelles plantes pour l'année suivante. Au moyen de ces seules précautions, on cultive en riz ou en maïs, la troisième ou la quatrième année, des localités qu'on ne pourrait cultiver autrement que la dixième ou la douzième, car les eaux des pluies sont très-lentes à entrainer le sel marin qui se trouve déposé à quelques pouces de profondeur.

On voit, par ce que je viens de rapporter, que la culture de la soude n'est pas encore aussi bien entendue ni aussi étendue qu'il serait à désirer, malgré les avantages de plusieurs sortes qui en sont la suite. Il est du devoir des amis de leur pays de la provoquer par tous les moyens possibles.

Depuis que la chimie est parvenue à décomposer économiquement le sel marin, la culture de la soude est devenue moins importante, puisque les verreries, les savonnneries, et les blanchisseries, arts qui consomment le plus de son sel, s'en approvisionnent dans les ateliers où cette décomposition s'exécute en grand ; mais Chaptal a émis l'opinion que les teinturiers ne pouvaient se passer de celle provenant des plantes : ce qui doit suffire pour écouler la petite quantité qui s'en retire aux bords de nos mers. (B.)

SOUDE. Alcali minéral qu'on retire, ou des plantes indiquées dans l'article précédent, par la combustion, ou du sel marin, par la décomposition. Certains lacs de la Hongrie, de l'Egypte et de la Perse en fournissent aussi. Ce dernier est connu sous le nom de NATRON. *Voyez* ce mot.

On distingue la soude de la potasse à sa disposition à s'effleurir à l'air, c'est-à-dire à tomber en poussière, et parce qu'elle forme des sels particuliers avec les acides, dont les plus communs sont le sel marin ou muriate de soude, le sel de Glauber ou sulfate de soude, et le borax. *Voyez* ACIDE.

Les usages de la soude sont les mêmes en général que ceux de la potasse ; cependant il en est quelques-uns auxquels elle convient davantage, à raison de ce qu'elle n'attire pas l'humidite de l'air, tels que la fabrication du savon et celle du verre. (*Voyez* SAVON) Ce que l'on vend dans le commerce sous le nom de soude est, comme on l'a vu dans l'article précédent, le résultat à demi fondu de la combustion de la plante dans un trou creusé en terre, c'est-à-dire un mélange de terre, de pierre, de charbon, de cendres, de différens sels et de véritable soude. Toujours cette véritable soude est la moindre partie du tout, souvent elle en contient moins d'un dixième. Quand on veut avoir l'alcali pur, il faut lessiver ces soudes et évaporer l'eau des lessives. On doit à Chaptal d'excellentes analyses des soudes, analyses qui sont très-propres à guider le blanchisseur ou le manufacturier, et qui portent à faire désirer de voir la combustion de la plante dirigée par de meilleurs principes, malgré l'observation du célèbre chimiste précité, quo chaque sorte de potasse est plus propre à telle opération qu'à telle autre.

La rareté et la cherté de la soude dont il vient d'être parlé, ont porté le Blanc et autres, d'isoler, par des procédés chimiques, celle qui sert de base au sel marin. Il y en a aujourd'hui beaucoup dans le commerce qui jouit de l'avantage de ne contenir ni pierres, ni terre, ni cendre, ni charbon : aussi mérite-t-elle la préférence dans le plus grand nombre des cas.

Quant à l'emploi de la soude comme amendement, *voyez* Potasse, Chaux et Humus. (B.)

SOUDE DES BAINES. C'est le type sauvage de la soude ordinaire (*Salsola soda*, Lin.), dans les marais des Bouches-du-Rhône et contrées voisines. (B.)

SOUDE BATARDE. C'est la soude-tragus. *Voy*. Soude. (B.)

SOUDE. La salicorne frutescente porte spécialement ce nom aux environs de Narbonne. (B.)

SOUFFLÉE AU POIL. Matière noirâtre qui sort de la racine du sabot du cheval à l'insertion de la peau. Cette maladie est la suite de l'inflammation occasionnée par une Enclouure. *Voyez* ce mot. (B)

SOUFFLER UN ARBRE. Expression aujourd'hui peu usitée. Elle signifie soulever par secousses les racines d'un arbre qu'on plante et sur lesquelles on a déjà jeté une certaine quantité de terre, afin de faire couler cette terre entre les différens rameaux de ces racines, et d'empêcher la formation autour d'elles de vides dans lesquels leurs fibrilles ne pourraient pas puiser la nourriture nécessaire à la reprise et à la végétation de l'arbre!

L'opération de souffler un arbre est donc d'une importance majeure; on doit l'exécuter avec le plus grand soin. *Voyez* Plantation. (B.)

**SOUFFLET POUR ENFUMER LES INSECTES ET IR-
RITER LES INTESTINS DANS LES NOYÉS.** C'est un soufflet de la forme ordinaire, mais plus gros, sur la planche inférieure duquel on a fixé une boîte, qui sert à rassembler la
fumée du tabac qu'on fait brûler sur un réchaud pour favoriser son introduction, par l'ame, dans le corps du soufflet.

Les cultivateurs devraient tous avoir un soufflet ainsi disposé;
car son emploi pour faire périr les insectes, principalement les
pucerons, est fréquent et peut être d'un grand secours pour
sauver la vie aux noyés. *Voyez* Puceron et Noyé.

On fait aussi usage du soufflet pour forcer le vin d'un tonneau à passer dans un autre, au moyen d'un boyau de communication, sans en troubler la Lie. *Voyez* ce mot.

Un appareil de ce genre est figuré dans le premier volume
des machines et instrumens usités en agriculture, publiés par
Lasteyrie. (B.)

SOUFRE. Substance inflammable qu'on trouve dans le
cratère des volcans, dans les carrières de plâtre, dans beaucoup
de mines de fer, de cuivre, de mercure, de plomb, d'antimoine,
de bismuth, de zinc, dans les anciennes voiries, etc., et
dont on fait un grand usage dans les arts et dans l'économie
domestique. Elle entre dans la poudre à canon, sert à favoriser l'inflammation des allumettes; combinée, dans sa combustion, avec un peu d'oxygène, elle se décompose en acide
sulfureux, dont l'odeur est si connue, et qu'on emploie fréquemment pour blanchir les étoffes de laine et de soie, et avec
beaucoup d'oxygène il forme l'acide sulfurique, anciennement
connu sous le nom d'huile de vitriol, d'un grand usage dans
les arts et en médecine.

Les anciens écrivains sur l'agriculture parlent souvent des
soufres de la terre, des soufres de l'air, comme influant beaucoup sur la végétation des plantes; mais ce sont des mots vides
de sens, comme beaucoup de ceux qui étaient jadis employés
pour expliquer tout ce que les théories scientifiques d'alors ne
permettaient pas d'expliquer.

Dans l'état actuel de la chimie, on regarde le soufre comme
un corps simple, et en effet l'air et l'eau n'ont aucune action
sur lui, quelque long-temps qu'il reste exposé à leur influence.
Il ne sert ni ne nuit à la végétation des plantes lorsqu'il est
pur, mais il n'en est pas de même lorsqu'il est uni à l'oxygène
ou à d'autres substances : en effet les plantes exposées à l'acide
sulfureux se décolorent bientôt, perdent leurs feuilles et finissent par mourir, et les parties des plantes touchées par l'acide
sulfurique sont désorganisées, brûlées comme si on les avait
mises dans le feu. En effet les plantes arrosées avec une très-

petite quantité d'acide sulfurique dissoute dans une grande quantité d'eau, les plantes poudrées d'une petite quantité de fleurs de soufre, qui sont composées de soufre et d'un peu d'acide sulfurique à nu, prennent plus de vigueur. Il détruit, probablement par la même raison, les germes de la Carie. *Voyez* ce mot.

Il est probable que l'effet du plâtre sur les prairies artificielles, l'effet des cendres pyriteuses sur les cultures de toute espèce, tient à la même cause; mais on manque encore de données positives à cet égard. *Voyez* Platre et Cendre.

Le soufre ne se brûle qu'en absorbant l'oxygène de l'air : or, il ne peut y avoir de combustion sans oxygène. En jetant du soufre en poudre sur le foyer d'une cheminée où le feu vient de prendre, et en fermant l'ouverture de cette cheminée, on est assuré d'éteindre subitement ce feu. J'ai cru devoir rapporter ici ce fait pour l'instruction des cultivateurs.

Le principal usage auquel on emploie le soufre dans les campagnes, c'est la fabrication des allumettes, dont tout le monde connaît l'utilité. Elles se font en faisant fondre du soufre dans un vase de terre sur un très-petit feu, et en y plongeant l'extrémité de petites buchettes de bois blanc bien sec ou de chenevottes de la longueur de 4 à 5 pouces, et réunies en petits paquets.

On se sert aussi fréquemment du soufre dans la médecine vétérinaire comme sudorifique, soit en nature, soit mêlé avec différens ingrédiens. La gale des chiens et des moutons se guérit sur-tout fréquemment par son seul moyen. Il paraît qu'il faut qu'il ait éprouvé un commencement de combinaison avec l'oxygène pour agir : ainsi on doit préférer les fleurs à la poudre lorsqu'on ne se sert que de l'intermède de l'eau. (B.)

SOUGUE ou SOUILLE. Synonyme de souche.

SOULAGE. On donne ce nom, dans l'Orléanais, à la seconde couche de la terre lorsqu'elle est d'une nature différente de la première. *Voyez* Sol, Terre et Vigne. (B.)

SOULEVER LA TERRE. On appelle ainsi, dans quelques pays, le premier labour qu'on donne à une jachère : c'est la même chose que Rompre la terre. *Voyez* ce mot.

Cette expression ne paraîtra pas impropre lorsqu'on saura que souvent ce premier labour ne consiste qu'à recouvrir la largeur d'un sillon de la terre enlevée du sillon voisin, et ce en faisant ce sillon aussi large que le comportent le soc et l'oreille de la charrue, de sorte qu'il n'y a véritablement que la moitié du champ de labouré.

On ne peut pas imaginer une pratique plus vicieuse. Le but de tout labour n'est que très-imparfaitement rempli, les chevaux, les bœufs et le conducteur fatiguent extrêmement, et on risque de briser la charrue.

Ce n'est que par une division exacte des molécules de la terre qu'on parvient à favoriser l'introduction de l'air entre leurs interstices et par suite sa décomposition. *Voyez* LABOUR et AIR. (B.)

SOUPES ÉCONOMIQUES. Ce mode alimentaire est facilement praticable et peu dispendieux dans presque toutes les saisons et généralement dans les divers climats ; son extrême utilité dans les villes populeuses et à la campagne pendant les récoltes est hors de doute.

Dans un écrit imprimé à Saintes en 1680, on trouve la composition de deux soupes économiques, l'une destinée pour les pauvres et l'autre pour les riches : l'orge, les semences légumineuses, les haricots sur-tout, en forment la base ; ce qui leur donne une grande analogie avec celles qui, dans les années précédentes, ont soulagé les familles indigentes, et semblerait faire croire que ces soupes appartiennent originairement à la nation française, dont le goût pour ce genre de nourriture est si bien connu de toute l'Europe.

Un autre fait aussi notoire, qui confirme notre opinion sur l'origine des soupes économiques, est une recette sur la manière de préparer des bouillons à peu de frais pour cinquante personnes, insérée dans le Traité des maladies les plus fréquentes et des remèdes spécifiques pour les guérir, avec la méthode de s'en servir pour l'utilité du public et le soulagement des pauvres, par *Helvétius* : l'orge mondée, les semences légumineuses, les racines potagères en sont les ingrédiens principaux.

Loin de nous cependant la pensée de chercher à affaiblir la reconnaissance que mérite M. le comte de Rumfort pour des travaux qui lui assurent une des premières places parmi les bienfaiteurs de l'humanité, en revendiquant une partie de ce qu'il a fait pour éteindre la mendicité, où ses lumières et sa philosophie laisseront un long souvenir. Ce qu'on ne pourra jamais lui ravir, c'est l'heureuse idée d'avoir établi des ateliers de subsistance, des cuisines publiques, où la classe laborieuse peut se procurer, à un prix très-modique, un aliment tout-à-la-fois substantiel et salutaire.

Si on continue l'examen de cette question, on voit dans les journaux un concours d'efforts pour stimuler le zèle des personnes charitables, et tourner leurs vues vers un système de nutrition capable de décupler le patrimoine de la misère ; mais avant de parler des soupes dites à la Rumfort, que pour mieux caractériser nous avons fait connaître sous le nom de soupes aux légumes, nous allons indiquer la composition du riz économique, de la soupe aux pommes de terre et de la soupe à l'oignon.

Riz économique. Cette composition de soupe est celle que faisaient distribuer aux indigens, avant la révolution, des pasteurs zélés et charitables, dont les noms sont consignés dans les annales de la bienfaisance.

Prenez Riz.	20 livres.
Pommes de terre.	60
Pois.	10
Carottes.	14
Potirons ou citrouilles.	10
Navets.	15
Beurre fondu.	4
Sel.	4

On lave le riz à deux eaux bouillantes, puis dans une eau froide; après quoi, on le met sur un feu modéré pendant la nuit, pour le faire crever bien doucement dans un vaisseau couvert.

Le lendemain, on fait cuire les pommes de terre, qui doivent avoir été lavées; on ne met au fond de la marmite qu'un peu d'eau et de sel pour les laisser cuire, bien couvertes, dans leur propre humidité; le potiron, les carottes et les navets seront cuits de même; en sortant ces objets de la marmite, on les réduit en bouillie le plus exactement possible, en y versant de l'eau peu à peu, broyant et passant au travers d'une passoire, comme pour la purée de pois.

On verse alors toute cette purée dans la marmite du riz, on y ajoute le sel et le beurre, et l'on fait cuire à petit feu pendant deux heures, en remuant toujours; après quoi, on y jette le pain en petits morceaux, et l'on tient encore cela sur le feu une demi-heure. Le tout est en état alors d'être servi avec une cuiller de bois qui contient une demi-bouteille ou chopine de Paris, c'est la ration ordinaire; suivant des expériences soutenues pendant trois mois, une livre de cette substance suffit, à peu de chose près, à la nourriture journalière d'un adulte, et revient à peine à 5 ou 6 centimes. On en préparera une moindre dose, si l'on veut, en diminuant chaque article dans la même proportion. Si, par exemple, on ne prend que 10 livres de riz, on ne prendra non plus que 30 livres de pommes de terre et ainsi des autres matières; si l'on n'a pas de racines fraîches, on en prendra de sèches, mais en moindre quantité, et on les réduira en poudre. On peut suppléer au beurre avec du lait et encore avec du lard.

Mais le riz économique, malgré la vogue qu'il a eue, est plutôt une bouillie épaisse qu'un véritable potage, et sous la première forme, les farineux, ainsi que nous l'avons déjà fait remarquer, rapprochés et moins délayés, présentent une masse visqueuse, que les sucs digestifs ne peuvent que difficilement pénétrer, dissoudre et changer en notre propre substance. Qu'arrive-t-il? Ils séjournent peu dans l'estomac, et sont pour ainsi dire précipités par leur propre poids dans les entrailles, ce qui fait que l'appétit renaît bientôt, souvent même avec plus d'énergie qu'auparavant; car on sait maintenant que l'espèce de préparation donnée aux différens mets en facilite plus ou moins la digestion, et que beaucoup d'alimens deviennent plus nutritifs, dès qu'on saisit le point d'apprêt et la consistance qui leur convient le mieux.

Nous ne formons aucun doute qu'un jour l'orge mondée, préparée à l'instar du riz, ne devienne également un secours habituel pour les indigens et une ressource pour toutes les classes de la société; que chacun y trouvera, à peu de frais et sans aucun embarras, une nourriture toute prête, d'où résulterait une économie de temps, de combustible et de main d'œuvre: ce seraient des potages économiques d'orge non moins utiles que les potages aux légumes.

Soupe au riz et aux pommes de terre. Sur une once de riz mettez 4 ou 5 livres de pommes de terre, une livre de pain, environ deux onces de sel, 4 pintes d'eau, mesure de Paris, et 3 demi-setiers de lait. Faites crever le riz dans deux pintes d'eau; à mesure qu'il s'épaissit, mettez-y par intervalles de de l'eau chaude, jusqu'à ce qu'il en soit entré par intervalles la quantité ci-dessus. Remuez-le toujours, afin qu'il ne s'attache pas au fond du vase. Lorsqu'il est cuit, versez-y le lait avec le sel, le pain et les pommes de terre; faites bouillir le tout un instant, ôtez-le de dessus le feu, et continuez de le remuer pendant un demi-quart d'heure: il faut environ trois heures pour l'apprêter. Avant de mettre les pommes de terre dans le riz, on les fait cuire dans l'eau, on les pèle et on les écrase comme pour en faire du pain; on coupe le pain en tranches très-minces.

On trouve ainsi dix portions de deux grandes cuillerées chacune par livre de riz préparé selon cette méthode; on pourrait même en faire davantage en ajoutant une plus grande quantité de pommes de terre. Le goût qu'elles communiquent au riz n'est point désagréable, et elles sont par elles-mêmes une fort bonne nourriture, comme l'ont éprouvé quelques familles qui, faute d'autres alimens, n'ont presque subsisté pendant des hivers entiers que de pommes de terre cuites sous la cendre, et qui se sont portées aussi bien que celles qui n'ont pas été réduites à cette extrémité.

Potage à l'oignon.

Prenez Farine d'orge . . . . 1 livre.
    Oignons rouges ou blancs. . . . . . . 2 ½.
    Beurre ou graisse . . . . 1 ½.
    Poivre concassé. . . . . 2 grains.
    Sel fondu. . . . . 2 onces.

Quand les oignons sont divisés par petits morceaux égaux entre eux, on les fait frire dans le beurre jusqu'à ce qu'ils aient acquis une couleur blonde, alors la farine dans laquelle se trouvent mêlés le sel et le poivre est ajoutée par proportion. On remue le tout vivement et fortement, et un quart d'heure après on retire la matière du feu ; elle pèse environ une livre et 8 onces, et forme dix-huit rations à une once et demie chacune, d'une matière grasse, pulvérulente et assez maniable pour être renfermée dans du papier.

Pour préparer ce potage on prend une once et demie de substance qu'on délaye dans 16 onces d'eau, qu'on expose jusqu'au moment de l'ébullition ; on y met alors une once de biscuit broyé, ou une once et demie de graisse : d'où résulte un potage consistant et savoureux.

D'après un simple aperçu, je crois pouvoir assurer que les prix actuels auxquels se vendent les objets qui constituent ce potage peuvent élever la ration au plus à 6 centimes, y compris le combustible et la main d'œuvre. Ce taux pourra même baisser quand les denrées diminueront.

A l'égard de la conservation de ce potage sec, j'ai assez de données pour prononcer qu'il pourra se garder en bon état pendant au moins un mois ; et comme il n'entre point de viande dans sa composition, je suis autorisé à croire que la moisissure et la puanteur ne peuvent l'atteindre ; qu'il servira un mois après sa préparation, et qu'en l'altérant ce ne sera qu'une véritable oxygénation qu'il subira. Or, il existe des nations qui font leurs délices du beurre fort et du lard rance.

Dans les manuscrits du maréchal Vauban on trouve la recette d'une soupe au blé, dont ce guerrier philantrope proposait l'usage pour les militaires, préférant cette nourriture à celle du pain mal pétri et mal cuit, parce qu'alors les vivres de l'armée étaient beaucoup moins bien administrés qu'aujourd'hui. Mais tout en applaudissant aux vues d'utilité dont ce guerrier philantrope était animé pour la conservation et le bonheur du soldat, je n'ai pu me dispenser de démontrer combien cette soupe était inférieure en qualité à celle de la farine.

Il a été unanimement reconnu par ceux qui ont assisté sans prévention à la confection de cette soupe et à sa dégustation, qu'elle présentait à l'œil, au goût et à l'odorat tous les caractères d'un bon potage, et qu'à raison de la facilité de trouver par-tout les ingrédiens qui la composent, de la promptitude de sa préparation et de la commodité de son transport, elle pourrait devenir, dans beaucoup de cas, d'une grande ressource, à l'armée sur-tout, où l'on manque quelquefois de viande, de temps et de combustible ; que, donnée alternativement avec celle de viande, elle était susceptible de soutenir l'estomac du soldat comme elle soutient celui des habitans des montagnes, qui en font un usage habituel en Suisse et en Allemagne, quoiqu'ils soient occupés aux travaux les plus pénibles de l'agriculture.

La soupe préparée avec la farine grillée forme, en Bavière, la nourriture des bûcherons ; ils l'emportent avec eux lorsqu'ils sont obligés de s'enfoncer dans les bois. Il y a beaucoup d'autres pays en Allemagne où les habitans qui jouissent même d'une certaine aisance font avec plaisir usage de cette soupe, qu'on peut, comme celle à l'oignon, réduire à l'état sec et portatif.

Douze onces de cette poudre, formant en tout huit rations, mises dans un pot, dans une boîte ou dans un boyau, peuvent procurer à un soldat de quoi faire la soupe pendant une semaine sans surcharger son équipage, et lui donner en même temps la certitude qu'en arrivant chez l'ennemi il trouvera, dans les endroits même les plus dénués de ressources, de l'eau et du combustible pour former, dans l'espace d'un quart d'heure, 20 onces d'un potage substantiel, savoureux, et d'un goût qui plaît à la généralité des consommateurs.

Ceux qui ont cherché à jeter de la défaveur sur la soupe à l'oignon ne semblent pas avoir saisi ses véritables avantages. Il y a tout lieu de croire qu'un examen plus approfondi les aurait bientôt convaincus qu'elle ne peut, par sa composition, donner lieu à aucune crainte sur ses effets. La recette ne demande point de farine de froment, mais celle d'orge, et encore après avoir fait subir à ce grain la torréfaction. L'oignon qui frit dans le beurre n'y laisse que les squames séchées sans aucune humidité, et dont l'odeur et la saveur ont été enlevées par la graisse. Ce potage, en un mot, est analogue et même supérieur à celui que les voyageurs, à leur arrivée dans les auberges, font préparer instantanément avec de l'oignon frit à la poêle dans un peu de saindoux, de beurre ou de lard, et auquel on ajoute une poignée de farine pour lui donner de la consistance et la propriété alimentaire. Quiconque a suivi les armées sentira aisément qu'il est impossible d'admettre à leur suite le potage aux légumes, dit *soupe à la Rumfort*, pour les troupes en campagne, vu la rapidité de leurs mouvemens, la

multiplicité des détachemens, et l'embarras qu'exigerait dans
les marches l'attirail de sa préparation. La soupe à l'oignon,
par la facilité d'en former d'avance des approvisionnemens
pour un mois, est un nouveau bienfait pour le soldat, et l'on
doit s'efforcer de lui en faire connaître les avantages sous les
rapports de la santé et de l'économie dans toutes les circonstances où les événemens de la guerre peuvent le placer.

Soupes aux légumes. En arrêtant ses regards sur les élémens
dont elles sont composées, on voit qu'ils appartiennent à des
végétaux fort communs parmi nous; végétaux qui conviennent,
comme nous l'avons déjà observé, à tous les climats, à tous
les aspects; que leur culture est facile et leur récolte plus certaine et plus abondante que celle de la plupart des productions
du même ordre.

Examinant ensuite dans la classe des semences farineuses
quelle est celle qui doit avoir ici la préférence, nous ne formons aucun doute que ce ne soit l'orge. Depuis Hippocrate
jusqu'à nous, ce grain constitue, sous différentes formes, le
régime des malades; il est présenté dans tous les ouvrages dié-
tétiques comme aliment médicamenteux. Les autres bases de
cette soupe sont les haricots, les pois, sur-tout les pommes de
terre. Tous ces ingrédiens, combinés de plusieurs manières et
dans des proportions différentes, la font varier à l'infini.

Une expérience constante a démontré qu'il n'est pas de nourriture plus propre pour la santé que celle à laquelle on est ac-
coutumé dès l'enfance. Les soupes aux légumes doivent être
regardées comme une continuité de l'usage de la bouillie ou
de la panade : si elles formaient essentiellement la base du régime des nouveau - nés, les maladies du premier âge seraient
peut-être moins communes, et les constitutions plus robustes;
mais c'est moins sur la composition des soupes aux légumes
qu'il nous paraît nécessaire d'insister, que sur la facilité et la
promptitude de leur confection, sur l'économie du combustible, du temps et de la main d'œuvre, enfin sur les avantages
précieux, dans certaines circonstances critiques, de soulager
la classe peu fortunée, et de faire subsister un grand nombre
d'individus à-la-fois.

Le beurre, l'huile, le lard, le saindoux, la graisse d'oie,
le suif de bœuf, de mouton, la graisse du pot et du rôti, peuvent être employés à la confection des soupes. Cette dernière
doit même avoir la préférence, parce qu'ayant éprouvé une
sorte de torréfaction, elle jouit dans cet état d'une sapidité infiniment plus marquée, qui relève la fadeur des autres substances; mais comme on n'est pas toujours à portée de s'en
procurer suffisamment, on peut la remplacer par de la graisse
de mouton ou de bœuf liquéfiée, et tenue sur le feu jusqu'à

ce qu'il ne s'elève plus de fumée et que la surface commence à
à noircir : alors on la coule dans un vase de grès, et dès que la
graisse commence à se refroidir on y ajoute un bouquet de thym
et de laurier, quelques clous de girofle brisés, et un peu de
poivre concassé.

L'usage a encore appris que l'orge ne doit entrer dans la
composition des soupes économiques que mondée, c'est-à-dire
dépouillée de son écorce, parce que, dans cet état, elle leur
donne beaucoup plus de corps. Pour lui faire absorber le plus
d'eau possible, il faut en employer peu d'abord, l'augmenter
insensiblement jusqu'à ce que le grain soit extrêmement renflé
et n'offre plus qu'une bouillie de même blancheur et d'une
consistance comparable à celle du riz très-épais. Si le consom-
mateur ne se souciait pas de rencontrer sous sa dent les semences
légumineuses, on pourrait les faire moudre et les employer
en farine ; ce qui rendrait plus expéditive la préparation de la
soupe.

Chargé d'examiner toutes les propositions faites au gouvernement dans la vue de procurer une subsistance aux hommes
que les événemens de la révolution avaient réduits à un dé-
nuement absolu, j'ai consigné, dans plusieurs rapports présen-
tés au ministre de l'intérieur, les divers moyens qui pouvaient
provoquer et multiplier les établissemens de soupes économiques.

On trouvera au mot Orge, dans le nouveau Dictionnaire
d'histoire naturelle (imprimé chez Deterville), différens ta-
bleaux de compositions de soupes économiques, qui servent à
prouver, d'une part, qu'on peut varier à volonté la saveur et
la consistance des soupes ; que, de l'autre, les difficultés
locales pour se procurer les substances qui entrent dans leur
composition ne sauraient être un motif pour renoncer aux
avantages de ce genre d'aliment, en observant attentivement
les proportions de chacune. Il est facile de remplacer l'orge
par d'autres substances d'un prix inférieur, telles que le maïs,
le sarrasin, le méteil, en les augmentant ou les diminuant suivant la consistance qu'ils donnent à l'eau.

Nous terminons ces observations sur les avantages que les
soupes aux légumes doivent procurer à la société entière,
par l'exposé abrégé des principaux points sur lesquels nous
avons cru devoir particulièrement insister. Il résulte de ce qui
précède,

1°. Que les objets dont est composée la soupe aux légumes
sont bons, chacun à part, mais que, réunis par leur combinaison avec l'eau au moyen d'une cuisson lente, ils offrent
dans l'état chaud un tout plus élaboré, plus homogène, plus
économique, et plus approprié à l'effet alimentaire ;

2°. Que cette soupe, dont on peut infiniment varier la saveur et la consistance, est, dans toutes les périodes de la vie, susceptible de fournir, à peu de frais, à l'universalité des consommateurs les moins aisés et de tout âge une ressource alimentaire que nulle autre ne saurait remplir aussi avantageusement;

3°. Qu'en accréditant son usage dans tous les établissemens publics où il s'agit de nourrir complétement, à bon compte et sainement, beaucoup d'individus soumis au même régime, ce sera un moyen assuré de maintenir, d'étendre même la culture de l'orge, des semences légumineuses et des pommes de terre, d'où résultera nécessairement une augmentation dans la masse des subsistances, et de diminuer la consommation du pain, effrayante pour ce qu'elle coûte à l'agriculture;

4°. Que la nourriture principale, préparée ainsi en grand pour cinq à six cents personnes à-la-fois réunies dans la même enceinte, produira une épargne considérable sur les frais du combustible, de la main d'œuvre, et réduira l'aliment au plus bas prix;

5°. Que la soupe aux légumes, préparée ainsi en grand, en commun, et adoptée dans tous les ateliers, opérera une diminution sur la consommation du pain de froment, et que l'excédant de nos récoltes en blé sera toujours une source de richesse pour la France, par le moyen de l'exportation sagement dirigée;

6°. Que c'est principalement dans les ports de mer et auprès des bagnes que les établissemens de soupes économiques deviendraient d'une grande utilité;

7°. Qu'enfin les hommes placés à la tête des grandes administrations doivent avoir pour objet spécial de multiplier les premières ressources alimentaires, et de nourrir un plus grand nombre d'indigens sans une augmentation de dépense;

8°. Que les soupes économiques sont le seul moyen de remédier à l'abus qu'on peut faire des secours en argent, le plus funeste de tous, parce que, au lieu de soulager les besoins réels, il ne sert souvent qu'à satisfaire les passions, telles que la boisson des liqueurs fortes et les perfides espérances des jeux de hasard; ce qui contribue à l'encombrement des hôpitaux et à entretenir la fainéantise, d'où naît la mendicité, ce fléau des états.

Ceux à qui il resterait encore quelques préventions sur la valeur réelle des soupes économiques devraient bien prendre la peine, au lieu de déplorer avec un attendrissement affecté le sort des indigens forcés de s'en nourrir, se transporter dans les cantons les plus reculés des grandes cités, près des hommes qui ont à vaincre et les chaleurs excessives de la saison et la fatigué du jour, pour voir et goûter la soupe qu'ils préparent dans leur foyer; ce n'est souvent que de l'eau chaude assaisonnée avec un chétif morceau de lard, et dans laquelle nage un pain noir et compacte; il n'y en a pas un d'entre eux qui ne préférât la soupe aux légumes à un pareil potage : rendons moins indifférens les cultivateurs sur la possibilité d'obtenir d'une petite quantité de terrain une grande quantité de subsistances. Montrons-leur à tirer un meilleur parti des ressources locales, et écartons de leur humble chaumière les maux dont le manque d'alimens ou leur mauvaise qualité sont presque toujours la principale cause.

C'est principalement au zèle éclairé de M. Benjamin Delessert qu'on est redevable des plus précieux résultats à cet égard; son nom, lié nécessairement avec celui de M. le comte de Rumfort, rappellera long-temps des secours essentiels rendus à l'indigence; c'est dans sa maison et au sein d'une famille vertueuse et patriarcale que s'est formé le premier germe de la société des soupes économiques, réunion généreuse dont l'objet était de créer, dans les momens les plus difficiles, des ressources en faveur de cette classe intéressante que le défaut de travail a plongée dans la plus affreuse misère.

Tel fut l'élan de cette utile association, qu'il se communiqua rapidement à tous les ordres de l'État. J'ai vu dans des réduits qui n'offraient pas même à la vieillesse, à la fatigue, de quoi se reposer un moment, et dont l'aspect seul eût repoussé bien loin nos égoïstes et dédaigneux sibarites; j'ai vu les membres des premières autorités de la France, des ex-ministres, des généraux, d'anciens magistrats, des hommes de lettres, des savans, des négocians, se disputer à qui s'occuperait le plus constamment et le plus efficacement du principal aliment du pauvre, et se confondre avec les respectables sœurs hospitalières, pour aviser aux moyens de rendre cet aliment plus agréable et plus substantiel. Jamais la bienfaisance n'eut un caractère plus auguste et plus touchant.

Grâces soient rendues à la vénérable société des soupes économiques, devenue aujourd'hui la société philantropique ! En multipliant les ressources alimentaires avec d'aussi faibles moyens, elle a pour ainsi dire opéré le miracle de l'Évangile. (Par.)

SOUPLAM. A Orléans, ce nom est synonyme de SAULE BLANC, qui n'est pas aussi propre à lier les VIGNES que l'OSIER rouge ou jaune. (B.)

SOUQUET. Nom des morceaux des RACINES de l'OLIVIER, qu'on sépare de leur souche pour les planter en PÉPINIÈRE et multiplier cet arbre. *Voyez* ces mots.

SOURCE. Synonyme de fontaine ou, mieux, diminutif

de fontaine, car il paraît qu'on applique plus généralement ce nom aux fontaines peu abondantes en eau. *V.* Fontaine. (B.)

SOURIS. Petit quadrupède du genre des rats, qui cause de grands dommages aux cultivateurs, soit dans la campagne, soit dans le grenier, et pour la destruction duquel ils ne sauraient employer des moyens trop actifs et trop nombreux.

La souris a environ 3 pouces de long et sa queue est exactement de la longueur de son corps. Sa couleur ordinaire est un gris brillant, appelé de son nom gris de souris; mais il y en a de brunes, de tachées et de toutes blanches. Toutes sont blanchâtres sous le ventre. Elle est très-féconde, c'est-à-dire que les femelles font plusieurs fois par an des portées de cinq à six petits, qui eux-mêmes peuvent produire deux à trois mois après.

Toute l'Europe est en proie aux dévastations des souris, et il est même très-peu de pays qui ne les connaissent pas. Elles mangent presque de tout, mais elles préfèrent les substances huileuses et sur-tout les graines. La boisson ne leur est pas nécessaire, ainsi que l'a constaté M. Morel de Vindé. Il n'est personne qui n'ait à s'en plaindre, soit à la ville, soit à la campagne. Elles savent percer des trous pour pénétrer dans les greniers, les armoires les mieux closes. On doit être continuellement en garde contre elles. C'est pour les détruire que l'on nourrit cette légion de chats qui font souvent plus de tort qu'elles-mêmes dans un ménage. On leur dresse des piéges, des embûches sans nombre; on les empoisonne avec de l'arsenic, de la coque-levant, etc.; on les étouffe avec de la fumée, avec la vapeur du soufre, etc., et cependant on ne peut s'en débarrasser. Dans la campagne, les souris ont un grand nombre d'ennemis acharnés à leur destruction par le besoin de vivre : tels sont les loups, les renards, les fouines, les belettes, les serpens, les oiseaux de proie diurnes et nocturnes. (B.)

SOUS-ARBRISSEAU. C'est la même chose qu'un Arbuste. *Voyez* ce mot.

SOUSTRAGE. C'est la litière des bestiaux dans le Médoc. *Voyez* Litière.

SOUS-TRAIT. Nom qu'on donne, dans la ci-devant Picardie, à un lit de paille qu'on place sous les gerbes de blé, dans les granges et les greniers, afin d'empêcher ces gerbes de s'imprégner de l'humidité de la terre. Dans quelques fermes, le même sous-trait sert plusieurs années; mais cela est blâmable, parce qu'il se pourrit et sert de retraite aux souris et aux rats. Il vaut beaucoup mieux faire ce sous-trait avec des fagots. *Voyez* Meule. (B.)

SOUS-YEUX. Petits boutons qui poussent souvent au-dessous des véritables boutons des arbres, et qui sont destinés par la nature à les remplacer s'ils viennent à manquer. Ils ne pousse ordinairement qu'une seule feuille, qui sert à les nourrir et qui est d'une forme différente des autres. Souvent ces sous-yeux s'oblitèrent l'année même de leur naissance, souvent ils poussent de faibles bourgeons l'année suivante. Un jardinier habile en tire quelquefois un parti avantageux pour se procurer de nouvelles branches à bois. Pour cela, il suffit ou de tailler sur celui qu'on veut ainsi métamorphoser, ou enlever tous les autres, et couper ou casser l'extrémité de la branche. *Voyez* Bouton et Taille. (B).

SOUT. Toit à porc. *Voyez* Cochon.

SOUTIRAGE DES VINS. *Voyez* Vin.

SOUVENEZ-VOUS-EN. Nom vulgaire du myosote des marais. (B.)

SPAMPOULO. On appelle ainsi les bourgeons stériles qui se développent sur les ceps de vigne, principalement au-dessous de ceux qui portent du raisin. (B.)

SPARGELLE. Un des noms vulgaires du genêt a tige ailée. (B.)

SPARGET. On donne ce nom aux genêts dans quelques cantons. (B.)

SPARGULE ou SPARGOULE. *Voyez* Spergule.

SPARTE. Espèce du genre stipe avec les feuilles de laquelle on fabrique des cordes, des nattes et autres articles de ce genre. (B.)

SPARTION. *Voyez* Genêt. (B.)

SPARZIME. Nom vulgaire du genêt a tiges ailées, dans le département du Cantal. (B.)

SPATH. Nom commun à plusieurs sortes de pierres lorsqu'elles sont cristallisées et transparentes. Le spath calcaire est le Calcaire presque pur. *Voyez* ce mot. (B.)

SPATHE. C'est une enveloppe membraneuse qui tient lieu de calice dans les plantes de la famille des liliacées, des palmiers, des aroïdes, etc. Elle se déchire un peu avant l'épanouissement des fleurs. Sa substance est presque toujours sèche et coriace. *Voyez* Fleur et Plante. (B.)

SPATULE. Espèce de truelle qui sert à biner la terre. Elle diffère peu de la houlette. *Voyez* Binage.

Lasteyrie en a figuré une dans le 1er. vol de sa Collection des machines et instrumens d'agriculture. (B.)

SPÉCERIE. Nom de la spergule dans les environs de Bruxelles.

SPERGULE ou SPERGOULE, ou SPARGOULE, ou ESPARGOULE, ou SPORÉE, *Spergula.* Genre de plantes de la décandrie pentagynie, et de la famille des caryophyllées, qui renferme une dizaine d'espèces, dont une est fréquemment employée comme fourrage, et en conséquence cultivée dans quelques cantons.

La Spergule des champs a la racine annuelle, fibreuse ; les tiges en partie couchées, rameuses, hautes de 8 à 10 pouces; les feuilles linéaires et verticillées ; les fleurs blanchâtres, pédonculées et terminales. Elle croît naturellement dans les champs sablonneux de toute l'Europe, et fleurit pendant tout l'été. On la cultive dans plusieurs endroits de la France, dans la Westphalie, le pays de Hanovre et contrées voisines, et dans les parties montagneuses du nord de l'Espagne, etc. , etc. C'est un excellent fourrage pour tous les bestiaux, principalement pour les vaches, dont il augmente la quantité et la qualité du lait. Il est même reconnu que le beurre qui provient de ce lait est infiniment meilleur et se conserve plus long-temps que les autres; en conséquence, il se vend plus cher dans le Brabant hollandais, et porte même spécialement le nom de beurre de spergoule.

Les terrains secs et sablonneux sont ceux qu'il est convenable de consacrer à la spergule, car quelque avantageuse qu'elle soit, elle ne pourra jamais entrer en comparaison de produit avec la luzerne et même le trèfle. Il est plusieurs manières de la cultiver : ou on la sème au printemps sur un bon labour, pour en faire trois et quelquefois quatre coupes, et pour avoir de la graine ; ou on la sème sur les chaumes immédiatement après la récolte sur un simple hersage. Il faut 8 à 10 livres de graines par arpent.

Rarement on fait sécher la spergule pour la convertir en provision d'hiver, à raison de la difficulté de cette opération et du déchet qui en est la suite. On la coupe pour la donner en vert aux bestiaux, ou on la fait consommer sur place. Cette dernière manière est sur-tout employée sur les semis d'automne, et s'exécute ordinairement en attachant les animaux à un piquet, qui ne leur permet de manger chaque jour que ce qui se trouve dans le cercle qu'ils peuvent parcourir.

Dans quelques endroits, on enterre la spergule en fleur au moyen de la charrue, afin de donner à la terre et l'engrais et l'humidité qui résulte de sa pourriture, et favoriser par là la croissance du seigle qu'on y sème ensuite. La graine de spergule, quoique petite, est, dit-on, fort recherchée par les poules et les pigeons, qu'elle engraisse, et dont elle accélère la ponte ; cependant Rozier n'a pas pu réussir à en faire manger aux siens.

Tant d'avantages devraient bien engager les cultivateurs des pays sablonneux, qui ne connaissent pas cette culture, à l'adopter. Après l'avoir vu pratiquer avec tant de succès sur les montagnes stériles de l'Espagne, j'ai eu lieu d'être surpris de ne la pas trouver établie dans les landes de Bordeaux, dans celles de la Sologne, etc., où elle réussirait si bien. Je ne crois pas, comme je l'ai observé plus haut, qu'elle soit toujours la plus fructueuse, mais enfin elle l'est pour beaucoup de localités, et il vaut mieux avoir quelque chose que rien du tout. Jamais, par exemple, je ne conseillerai de l'entreprendre aux propriétaires de bonnes terres, à moins que ce ne soit pour les utiliser pendant l'intervalle qui s'écoule entre la coupe du blé et le labourage du chaume. Dans ce cas, on devrait la semer quinze jours avant la moisson. Pour peu qu'il plût, elle pousserait, sans nuire à la récolte, au point de donner aux vaches, quinze jours après, un pâturage abondant. Un cultivateur jaloux de ses intérêts doit toujours saisir les occasions de faire produire le plus possible à sa terre. Eh! qu'on ne craigne pas que la spergule nuise aux récoltes suivantes; elle est d'une famille dont peu d'espèces se cultivent en grand, et ce ne sont que les plantes d'une même famille qui produisent cet effet. *Voyez* au mot ASSOLEMENT.

Un des inconvéniens de la spergule, c'est que les bestiaux, en la pâturant, l'arrachent presque toujours, car elle ne tient à la terre, pour ainsi dire, que par un fil. On l'évite, cet inconvénient, en la coupant avec la faux, mais on tombe dans un autre, cet instrument laissant une partie des tiges qui, comme je l'ai observé, sont couchées sur la surface de la terre.

On doit à MM. Dubois et Bouvier de très-bonnes observations sur la spergule, insérées dans les Feuilles du Cultivateur, 18 septembre 1793, et 2 ventose an 6 de la république. (B.)

SPHAIGNE, *Sphagnum.* Genre de mousse qui renferme un petit nombre d'espèces si peu différentes, qu'il est fort difficile de les distinguer. Elles croissent toutes dans les marais tourbeux, au-dessus desquels elles s'élèvent en forme de coussins blanchâtres fort épais, d'une plus ou moins grande hauteur et sont toujours imbibées d'eau. Quelques plantes, entre autres, la MALAXIDE DES MARAIS, y croissent volontiers.

Se reproduisant avec une étonnante rapidité, c'est elle qui produit le plus abondamment la tourbe. Elle doit être enlevée tous les ans à la fin de l'automne, pour être utilisée comme litière, ou même simplement jetée sur le fumier. On en fait fréquemment usage à demi desséchée, pour emballer les objets casuels, pour conserver fraîches les racines des plantes qu'on envoie au loin. Son seul inconvénient est de se réduire facilement en poudre lorsqu'elle est sèche.

Les tiges des sphaignes, tressées ou cordelées, servent de mèches à lampe aux Irlandais et autres peuples voisins du pôle.(B.)

SPHÉRIE, *Spheria.* Genre de plantes de la famille des champignons, qui renferme un grand nombre d'espèces, dont la plupart vivent sous l'épiderme des vieux arbres ou des branches mourantes, ou des feuilles qui sont dans le même cas. Il offre des tubérosités solitaires ou agglomérées, ordinairement allongées et très-petites, de consistance ferme, de couleur noire, quelquefois rouge, qui renferment des graines noyées dans une matière mucilagineuse.

Quoique les sphéries ne se montrent en général que sur les végétaux, ou partie de végétaux malades, il n'y a pas de doute pour moi que leur présence n'accélère leur mort. Elles sont excessivement communes, et il n'y a pas de jardinier ou de bûcheron qui ne les connaisse de vue; mais ce n'est que dans ces derniers temps qu'on a su déterminer leur nature et qu'on a cherché à étudier leurs espèces.

Je n'entrerai pas ici dans le détail de ces espèces, parce que ce ne serait d'aucune utilité aux agriculteurs ; mais je les inviterai à faire de nouvelles observations sur leur mode de croissance et sur leurs effets, objets encore très-peu connus, afin de voir s'il ne serait pas possible de s'opposer à leur multiplication. Une espèce, observée par Palissot-Beauvois, nuit souvent à la récolte des OIGNONS. (B.)

SPHINX, *Sphinx*. Genre d'insectes de l'ordre des lépidoptères, qui renferme une trentaine d'espèces, dont les chenilles, quoique généralement peu communes, ne laissent pas que de se faire remarquer des cultivateurs par leur grosseur et les dégâts qu'elles causent.

Le SPHINX TÊTE DE MORT, *Sphinx atropos*, Fab. , a les ailes supérieures d'un brun foncé, avec des taches irrégulières d'un brun jaunâtre et d'un jaune clair; les inférieures jaunes, avec deux bandes transversales brunes ; le corcelet noir , avec une tache jaune et trois points noirs au milieu, représentant une tête de mort; l'abdomen d'un gris bleuâtre, avec les côtés jaunes et une bande transversale noire sur chaque anneau. Il est, à ce qu'on croit, originaire de l'Afrique, d'où il a passé en Asie et en Europe. On le trouve assez fréquemment en France. Sa longueur moyenne est de 2 pouces , sa grosseur de 6 lignes. Sa chenille, encore plus grosse, vit aux dépens de la pomme de terre, de la fève des marais , du jasmin. Elle est jaune ou brune, avec des taches d'un vert clair et d'un vert foncé. Elle a une corne grenue et contournée sur son extrémité supérieure et postérieure. Elle se change en nymphe dans la terre vers le milieu de l'été, et en insecte parfait quelquefois à la fin de l'automne, mais en général vers le milieu de mai de l'année suivante.

La forme, la grandeur, et sur-tout l'espèce de signe que porte ce sphinx sur le corcelet, l'a rendu plusieurs fois l'objet de la frayeur des habitans des campagnes. Il causa, il y a une trentaine d'années, époque où il se montra en abondance dans quelques cantons de la ci-devant Bretagne, une terreur générale. On lui attribua les malheurs qui affligeaient alors cette partie de la France. Un petit bruit funèbre qu'il produit au moyen de l'air qu'il fait sortir de deux trachées particulières qu'il a à la base de l'abdomen, contribua encore à le faire regarder comme un être de mauvais augure. Le vrai est que le seul mal qu'il cause est la suite de la grosseur et de la voracité de sa chenille, voracité telle que, lorsqu'elle est prête à se transformer, elle mange en un seul jour toutes les feuilles d'un pied de fève ou d'une ou deux tiges de pommes de terre, et que pour la trouver je n'ai jamais eu, à cette époque, qu'à examiner les places vides dans les champs de ces sortes de légumes. Il pénètre quelquefois dans les ruches mal closes.

Le Sphinx du troène, *Sphinx ligustri*, Lin., a les ailes supérieures veinées d'un brun noir, de blanc et de gris rougeâtre ; les inférieures rougeâtres, avec deux bandes noires ; le corcelet brun, avec une bande rougeâtre ; l'abdomen rougeâtre, avec une bande noire sur chaque anneau, interrompue par une ligne grise et une ligne noire dorsale. Sa longueur est d'un pouce et demi. Sa chenille, près de deux fois plus grande, est verte, avec sept bandes obliques, rouges et blanches de chaque côté, et une corne sur son extrémité supérieure. Elle vit sur le troène et sur le lilas, et se fait remarquer par la beauté et la fraîcheur de ses couleurs. Elle se transforme en nymphe au milieu de l'été, et en insecte parfait au milieu du printemps de l'année suivante.

Le Sphinx de la vigne, *Sphinx elpenor*, Fab., a la tête, le corcelet, l'abdomen et les ailes supérieures d'un vert olive, avec quelques bandes longitudinales ou transversales, d'un rouge pourpre ; les ailes inférieures noires à la base, et pourpres à l'extrémité. Sa chenille se trouve sur la vigne, sur l'épilobe et la balsamine.

Le Sphinx (petit) de la vigne, *Sphinx porcellus*, Fab., en diffère fort peu.

Je ne ferai que citer les noms du sphinx du tithymale, dont la chenille est la plus belle de toutes les chenilles d'Europe, et qui vit sur le tithymale à feuilles de cyprès ; les sphinx du liseron, de la garance, du peuplier, du chêne et du tilleul, assez communs, et tous remarquables, mais qui, par la nature des arbres qu'ils attaquent, ne sont point l'objet de l'inquiétude des cultivateurs.

Le Sphinx du caille-lait, qui est d'un brun cendré, avec des bandes transversales ondées, sur les ailes supérieures, les ailes inférieures d'un rouge couleur de rouille, et l'abdomen

latéralement taché de blanc, demande encore à être cité, en ce
qu'il est très-remarquable par sa manière de voler, et qu'il
entre très-communément dans les maisons en automne. Sa
chenille vit sur le caille-lait, et subit toutes ses transformations
la même année. *Voyez*, pour le surplus, au mot Sésie. (B.)

SPIGALS. Ce sont, dans le midi de la France, les épis
cassés, mais non dépouillés de leurs grains par l'opération du
Dépiquage. *Voyez* ce mot. (B.)

SPILANTHE, *Spilanthus*. Genre de plantes de la syngénésie
égale et de la famille des corymbifères, qui renferme une douzaine d'espèces, dont une se cultive pour l'assaisonnement
des salades, je n'en citerai que deux.

Le Spilanthe a fleurs coniques, *Spilanthus acmella*, qui
a les feuilles pétiolées, opposées, ovales, lancéolées, dentées;
les fleurs jaunes, coniques et solitaires sur de longs pédoncules axillaires. Elle est annuelle et originaire des Indes. Toutes
ses parties sont âcres et piquantes.

Le Spilanthe des potagers, *Spilanthus oleraceus*, Lin.,
le *cresson de Para*, le *cresson du Brésil* des jardiniers, a les
feuilles opposées, pétiolées, en cœur, dentées; les fleurs
jaunes, hémisphériques, portées sur des pédoncules axillaires.
Il est bisannuel et originaire d'Amérique. On le cultive, comme
je l'ai dit plus haut, dans quelques jardins, pour ses feuilles,
qui, mâchées avec la salade, augmentent beaucoup la saveur
de cette dernière, irritent la bouche et procurent une sécrétion
abondante de salive. Ses fleurs sont sur-tout excellentes pour
se nettoyer les dents. On la sème sur couche, et ensuite on
la repique à une bonne exposition et dans un terrain bien
pourvu de terreau. Au reste, sa culture est fort peu étendue.
(B.)

SPIRÉE, *Spirea*. Genre de plantes de l'icosandrie pentagynie et de la famille des rosacées, qui est composé de plus de
vingt espèces, dont la moitié se cultive en pleine terre dans le
climat de Paris, et entre comme ornement dans les jardins. Il
est donc dans le cas d'être mentionné ici.

Toutes les spirées ont les feuilles alternes, et les fleurs disposées en corymbes, ou en panicules terminales. Les unes sont
frutescentes et les autres herbacées.

Parmi les premières, il faut remarquer,

La Spirée a feuilles luisantes. C'est un arbuste de 3 à 4
pieds de haut, très-garni de rameaux raides et courts, dont les
feuilles sont sessiles, lancéolées, très-entières, glabres, un
peu épaisses, d'un vert glauque; les fleurs petites, blanches,
réunies en grappes terminales, très-denses. Il est originaire
de Sibérie, et se cultive dans beaucoup de jardins, où il forme
des buissons qui semblent toujours mal portans. Il aime les

lieux frais et ombragés, une terre légère et substantielle. On le place avec avantage sur le bord des eaux, en bouquets isolés, au second rang des massifs, etc. Ses fleurs paraissent en avril, et souvent ne s'épanouissent pas complétement. Je ne sache pas qu'elles aient encore donné de bonnes graines dans les jardins de Paris. Aussi cet arbuste, qui pousse peu de rejetons, et dont les marcottes sont rarement moins de deux ans à prendre racine, n'est-il pas très-commun.

La Spirée a feuilles de saule a des tiges de 5 à 6 pieds de haut, peu rameuses, droites, glabres, jaunâtres; des feuilles lancéolées, oblongues, dentées, glabres, d'un beau vert; des fleurs rougeâtres, disposées en grappes cylindriques et terminales. Il provient de l'Amérique septentrionale, et fleurit au commencement de l'été dans le climat de Paris. C'est un charmant arbrisseau quand il est en fleur. On le place au second ou troisième rang des massifs, au milieu des gazons, sur le bord des eaux, dans les jardins paysagers, et dans les plates-bandes des jardins d'ornement. Quoiqu'il aime l'ombre et la terre légère, il s'accommode cependant d'une exposition au soleil et d'une terre ordinaire plus facilement que plusieurs autres. On le multiplie par ses graines et par la séparation des vieux pieds, les premières mûrissant ordinairement, et les seconds poussant annuellement beaucoup de rejetons. Ses graines se sèment dans une terre bien préparée et s'enterrent fort peu.

Le plant qui en provient se repique la seconde année, à 8 à 10 pouces de distance, et se met en place à quatre ou cinq ans. Les jeunes pieds provenant de la séparation des vieux donnent des fleurs dès la même année. Ce moyen est celui qu'on met le plus fréquemment en usage.

Cette espèce fournit plusieurs variétés, dont l'une a les fleurs blanches, et les autres feuilles plus larges.

La Spirée cotonneuse, *Spirea tomentosa*, Lin., a les tiges droites, grêles, hautes de 3 à 4 pieds au plus; les feuilles pétiolées, ovales, lancéolées, dentées, d'un vert jaune en dessus, velues et blanches en dessous; les fleurs rougeâtres, disposées en grosses grappes terminales. Il croît naturellement dans l'Amérique septentrionale, et se cultive dans les jardins des environs de Paris, où il forme des touffes d'un aspect fort élégant, qui fleurissent en août. Il demande impérieusement la terre de bruyère et une exposition ombragée. On le multiplie par graines, par marcottes et par déchirement des vieux pieds, tous moyens qui réussissent très-bien quand ils sont pratiqués convenablement. Sa place dans les jardins paysagers est au second rang des massifs, derrière les rochers, les fabriques, etc.

La Spirée a feuilles de millepertuis est un arbrisseau

de 5 à 6 pieds, dont les rameaux sont faibles et longs; les feuilles sessiles, ovales, entières et d'un vert foncé; les fleurs petites, blanches, et disposées en corymbes unilatéraux et axillaires. Il est originaire de l'Amérique septentrionale, et fleurit en mai.

La **Spirée a feuilles crénelées** est un arbrisseau de 3 à 4 pieds, dont les rameaux sont raides et droits; les feuilles sessiles, cunéiformes, à trois ou quatre crénelures à leur sommet; les fleurs blanches, petites, disposées en corymbes sessiles, axillaires et terminaux. Il vient de Sibérie et fleurit à la fin d'avril.

La **Spirée a feuilles de germandrée** est un arbrisseau de 2 à 3 pieds de haut, dont les rameaux sont droits et raides; les feuilles sessiles, ovales, oblongues, crénelées à leur sommet; les fleurs blanches, disposées en corymbes sur des pédoncules axillaires et terminaux. Il vient de Sibérie.

Ces trois arbrisseaux se ressemblent infiniment, et produisent positivement le même effet dans les jardins paysagers et dans les parterres, où on les cultive beaucoup, à raison de l'élégance de leurs touffes fleuries. Tout terrain et toute exposition leur est indifférente. On les place au second ou troisième rang des massifs; on les isole au milieu des gazons, sur le bord des eaux, etc. Ils souffrent fort bien la tonte; mais, selon moi, ils perdent beaucoup de leurs agrémens par cette opération. Je crois que, dans les parterres même, il vaut mieux les régler avec la serpette qu'avec les ciseaux, parce que ce moyen conserve la plupart des rameaux entiers, et que c'est à leur extrémité que les fleurs sont les plus nombreuses.

Lorsque les pieds de ces arbustes deviennent trop vieux, il faut les couper rez terre ou, mieux, les arracher pour les replanter après les avoir déchirés et rabattus; car ils poussent prodigieusement de rejetons, qui finissent par les rendre diffus et par épuiser le sol. On peut les multiplier par graines, par marcottes et par rejetons. Ce dernier moyen est presque le seul en usage, à raison de sa facilité et de la promptitude des jouissances qu'il procure. On le pratique pendant tout l'hiver.

La **Spirée a feuilles d'obier** est un arbrisseau de 10 à 12 pieds de haut, dont les tiges sont faibles, et se dépouillent en partie presque tous les ans de leur écorce. Ses feuilles sont pétiolées, presque rondes, à trois lobes profonds, dentés et pointus. Ses fleurs sont blanches, disposées en corymbes presque globuleux et terminaux. Elle est originaire de l'Amérique septentrionale et fleurit au milieu de l'été. C'est une charmante espèce, mais qui a l'inconvénient d'étendre ses rameaux horizontalement, et de ne pouvoir être taillée à la manière ordinaire. Ce n'est qu'en coupant rez terre les branches les plus vigoureuses qu'on donne une forme régulière à ses pieds sans altérer le caractère qu'ils présentent. On doit, lorsqu'on ne veut pas les faire monter en arbre, les couper en totalité rez terre tous les cinq à six ans, pour produire du nouveau bois, qui fournira de plus larges feuilles et de plus beaux bouquets de fleurs. Elle croît dans tous les terrains et à toutes les expositions ; cependant elle réussit mieux dans ceux qui sont frais et ombragés. On la plante isolément au milieu des gazons, sur les rochers et au bord des eaux, d'où ses rameaux se courbent avec beaucoup de grâce du côté où il y a le plus de lumière. On la multiplie presque exclusivement de graines, dont elle fournit une immense quantité, qu'on sème à l'exposition du levant dans un terrain bien préparé. Le plant se repique la seconde année à 6 ou 8 pouces, et peut être mis en place la quatrième ou la cinquième. On la multiplie aussi de marcottes, mais rarement de rejetons, dont elle donne peu.

La Spirée a feuilles de sorbier est un arbuste de 3 à 4 pieds de haut, dont les tiges sont droites ; les feuilles pétiolées, ailées avec impaire, à folioles striées, dentées, d'un beau vert, longues de 2 à 3 pouces ; les fleurs blanches, disposées en grosses panicules terminales. Il est originaire de Sibérie, fleurit au commencement de l'été et se fait remarquer par son élégance. On doit regretter qu'entrant en végétation avant la fin de l'hiver, lorsque le temps est doux, ses pousses soient toujours frappées par la gelée, et que ses fleurs, se desséchant sur pied, donnent à ses panicules, la fécondation opérée, un aspect désagréable. Il est rare que ses graines parviennent à maturité, mais ses racines, traçantes avec excès, fournissent, lorsqu'elles sont dans un sol léger et frais, une si grande quantité de rejetons, qu'on n'a pas besoin de recourir aux autres moyens de multiplication. On peut aussi cependant faire des marcottes et déchirer les vieux pieds, quand elle est dans une terre compacte qui s'oppose à la production des rejetons. Ces rejetons sont souvent, dès la première année, assez forts pour être directement mis en place. Dans le cas contraire, on les plante en pépinière à un pied de distance pour y rester un ou deux ans.

C'est en petits groupes au milieu des plates-bandes des parterres, sur le premier rang des massifs, isolément au milieu des gazons ou sur le bord des eaux, etc., que cette espèce demande à être placée. Elle a besoin d'être nettoyée tous les printemps des brindilles mortes et des restes de ses panicules, et d'être tous les cinq à six ans coupée rez terre ; mais du reste il ne faut pas la tourmenter avec la serpette, car elle prend naturellement la forme la plus convenable à sa nature.

Parmi les spirées à tiges herbacées il faut citer ,

La Spirée barbe de chèvre, *Spirea aruncus*, Lin. Elle a les racines vivaces, fibreuses ; les tiges droites, de 3 ou 4 pieds de haut ; les feuilles trois fois ailées, à folioles au nombre de cinq ou de sept, ovales, pointues et dentées ; les fleurs blanches, dioïques et disposées en épis paniculés. Elle est originaire des montagnes des parties méridionales de l'Europe et fleurit au milieu de l'été. On la cultive dans quelques jardins, à raison de la grandeur de toutes ses parties et de la beauté de ses panicules de fleurs. Un terrain léger et ombragé lui est nécessaire, il lui faut en outre très-peu d'air. Je ne l'ai jamais vue plus belle que sous les rochers volcaniques des monts Euganéens. Là, lorsqu'elle était placée de manière à pousser horizontalement, ou même à laisser retomber ses panicules, à l'entrée des grottes, elle produisait les effets les plus pittoresques. C'est donc sur les rochers exposés au nord ou à leur base, sur-tout sur ceux qui servent de cascades, derrière les fabriques et les massifs, à la même exposition et dans la terre de bruyère qu'il faut la placer. Rarement elle fournit de bonnes graines dans le climat de Paris, mais ses racines tracent beaucoup quand elles sont dans un sol convenable, et on peut les déchirer tous les deux ou trois ans pour faire de nouveaux pieds. En général, il n'est pas bon que ses touffes soient trop grosses, parce qu'alors ses tiges font confusion.

La Spirée filipendule a les racines vivaces, fibreuses et tuberculeuses ; les tiges presque nues, hautes de 2 ou 3 pieds ; les feuilles pinnées, longues de 4 à 5 pouces ; à folioles interrompues, nombreuses, linéaires, lancéolées, inégalement dentées et très-glabres ; les fleurs rougeâtres en dehors, blanches en dedans, disposées en panicule corymbiforme et très-nombreuses. Elle croît en abondance dans les bois et les pâturages secs et sablonneux, et fleurit au commencement de l'été. Tous les bestiaux, excepté les chevaux, en mangent les feuilles. Les cochons aiment beaucoup les tubercules de ses racines, tubercules de la grosseur et de la forme d'une noisette, noirâtres en dehors, quoiqu'ils soient âcres et amers. On les emploie en médecine comme astringens, incisifs et diurétiques, principalement dans les maladies scrophuleuses et les fleurs blanches. Elles contiennent, d'après l'observation de Parmentier, une grande quantité d'amidon analogue à celui de la pomme de terre, et qu'on peut en retirer par le même procédé.

Cette plante est d'un agréable aspect et fait naturellement décoration. On ne doit pas négliger de l'introduire sur le bord des massifs, autour des bouquets de bois, dans les jardins paysagers. On la voit même quelquefois dans les grands parterres, où, en touffes, elle produit de bons effets. Il y a une variété à fleurs doubles et une autre à fleurs entièrement rougeâtres. On la multiplie par graine, mais plus communément par le déchirement des vieux pieds.

La Spirée ulmaire, plus connue sous les noms de *reine des prés*, de *petite barbe de chèvre*, *ormière* ou *vignette*, a les racines vivaces, épaisses; les tiges presque nues, droites, hautes de 3 à 4 pieds; les feuilles ailées, à folioles inégales, lobées, doublement dentées, blanchâtres en dessous; les fleurs blanches, disposées en grappe paniculée et très-dense à l'extrémité des tiges. Elle croît abondamment dans les marais, les prés, les bois humides, le long des ruisseaux, des rivières, et fleurit au milieu de l'été. Ses feuilles et ses fleurs ont une odeur agréable. Ces dernières, mises dans du vin doux, lui donnent une saveur analogue à celle du vin muscat de Frontignan. Elles passent pour sudorifiques et fébrifuges. Ses racines, que les cochons recherchent beaucoup, sont regardées comme astringentes et détersives.

Cette plante est d'un port majestueux et d'une forme élégante. Elle embellit tous les lieux où elle se trouve. On doit en conséquence la placer dans les parterres, sur le bord des eaux et autres lieux humides des jardins paysagers. Elle double aisément par la culture et acquiert alors des dimensions bien plus considérables. On la multiplie de graine, ou plus communément par le déchirement de ses racines.

Les bestiaux ne mangent pas la spirée ulmaire : un cultivateur jaloux de l'amélioration de ses prés, doit l'en extirper avec soin, car elle y tient beaucoup de place et s'y propage avec la plus grande rapidité. J'en ai vu qui en étaient si peuplés, que le foin qu'ils donnaient n'était plus bon qu'à faire de la litière, ou même à être jeté sur le fumier. De tels prés doivent être profondément labourés et semés en céréales ou autres productions pendant deux ou trois ans. Lorsqu'elle est moins abondante on peut l'arracher à la pioche, en mettant quelques graines de bonnes plantes fourrageuses dans la place qu'on a été obligé de dégarnir d'herbes pour y parvenir.

Il y a encore la Spirée digitée, lobée, palmée, trifoliée des Alpes et du Kamtchatka ; mais elles ne sont pas très-répandues dans les jardins. La dernière est une plante potagère pour les habitans des pays où elle se trouve. Ils mangent ses jeunes pousses, ses feuilles et ses racines. (B.)

SPONGIOLE. On a donné ce nom à l'extrémité des fibrilles, autrement du chevelu des racines, extrémité qui est un peu gonflée et blanchâtre, et qui s'allonge tous les ans ou s'oblitère; c'est l'organe de l'absorption des sucs nutritifs fournis par la terre, soit dissous dans l'eau, soit transformés en gaz. *Voyez* Racine. (B.)

SPORÉE. *Voyez* SPERGULE.

SPURIC. C'est encore la SPERGULE.

SQUILLE. *Voyez* SCILLE.

SQUIRRE ou SKIRRHE. Le squirre est une tumeur dure, indolente, circonscrite et sans douleur ; elle a ordinairement son siége dans les glandes, et plus particulièrement dans celles qui sont destinées à séparer la lymphe.

L'extrême finesse des vaisseaux des glandes, l'épaississement de l'humeur qu'ils charrient, donnent lieu à l'engorgement de ces organes et par suite au squirre.

Les glandes qui prennent le plus ordinairement ce caractère sont celles des *aines* ou *inguinales* ; les testicules dans les mâles, les mamelles dans les femelles, et les glandes qui sont situées sous la ganache de chaque côté de l'os de la mâchoire ; c'est principalement dans la morve que ces dernières deviennent squirreuses.

Le squirre est presque toujours le produit d'une autre maladie ; il peut cependant n'être que local s'il est dû à des coups ou à des heurts : alors l'amputation est le moyen à employer comme le plus prompt et le plus sûr, si le squirre est situé sur une partie sur laquelle l'opération ne présente pas de danger, comme dans les chiennes, par exemple, le squirre des glandes des mammelles est très-facile à opérer, attendu que la peau du ventre chez ces animaux est pendante et isole la tumeur.

Cette opération est plus difficile dans la jument, et elle présente plus de dangers. Il n'est pas toujours prudent de la tenter. L'animal qui en est atteint peut travailler long-temps sans que cela nuise d'une manière bien sensible aax services qu'on est dans le cas d'en exiger. (DESP.)

STACHIDE, *Stachis.* Genre de plantes de la didynamie gymnospermie, et de la famille des labiées, qui renferme une trentaine d'espèces, parmi lesquelles il en est quatre à cinq assez communes en France pour devoir être mentionnées ici.

Toutes les espèces de stachides ont les tiges carrées, les feuilles opposées et les fleurs axillaires, souvent verticillées ; elles répandent, lorsqu'on les froisse, une odeur forte et peu agréable.

La STACHIDE DES BOIS a les racines annuelles ; les tiges rameuses, hautes d'un à 2 pieds ; les feuilles pétiolées, en cœur, dentées, assez larges, velues ; les fleurs d'un rouge foncé et réunies six par six autour de la partie supérieure de la tige. Elle croît dans les bois humides et fleurit au milieu de l'été.

La STACHIDE DES MARAIS a les racines vivaces ; les tiges

simples, hautes d'un à 2 pieds ; les feuilles sessiles, linéaires, lancéolées, dentées, d'un vert noir ; les fleurs purpurines, réunies six par six autour de la partie supérieure de la tige. Elle se trouve dans les marais, sur le bord des ruisseaux, et fleurit à la fin de l'été.

Ces deux plantes, souvent très-abondantes dans certaines contrées, sont repoussées par les bestiaux et ne peuvent être employées qu'à faire de la litière ou à augmenter la masse des fumiers. Elles ont quelque élégance, mais se sèment rarement, même dans les jardins paysagers.

La Stachide germanique a les racines vivaces ; les tiges droites, cotonneuses ; les feuilles sessiles, ovales, aiguës, dentées, épaisses, cotonneuses, les fleurs rougeâtres, formant des verticilles également cotonneux. Elle croît naturellement le long des chemins, dans les pâturages, fleurit en juillet, et est généralement connue sous le nom d'*épi fleuri*. Sa grandeur est de 2 ou 3 pieds ; la blancheur de toutes ses parties la rend remarquable pour tous les yeux. L'effet qu'elle produit, surtout lorsqu'on la regarde de loin, doit la faire placer dans les jardins paysagers, dans les lieux secs et exposés au soleil, au bord ou à quelque distance des massifs. On la multiplie de graine ou par séparation des vieux pieds. La médecine l'emploie comme apéritive et hystérique.

Les Stachides laineuse, de Crète et orientale, qui se rapprochent, par la couleur, de cette dernière, peuvent également être cultivées sous les mêmes rapports.

La Stachide droite a les racines vivaces ; les tiges couchées, hautes d'un pied ; les feuilles à peine pétiolées, en cœur, ovales, crénelées, rudes au toucher ; les fleurs jaunâtres, disposées en verticilles spiciformes. Elle se trouve le long des chemins, dans les champs incultes, etc., et fleurit au milieu de l'été.

La Stachide annuelle a les racines annuelles ; les tiges droites, hautes d'un pied ; les feuilles pétiolées, ovales lancéolées, unies, les fleurs blanches, tachées de rouge, disposées en verticilles à l'extrémité des tiges. Elle croît dans les champs incultes, sur le revers des fossés, et fleurit au milieu de l'été.

Ces deux plantes ont beaucoup de rapports entre elles. Leur abondance est souvent telle qu'il peut être avantageux de les ramasser pour faire de la litière et augmenter la masse des fumiers.

La Stachide des champs a les racines annuelles ; les tiges faibles, rameuses, hautes d'un pied ; les feuilles pétiolées, cordiformes, obtuses, crénelées, presque glabres ; les fleurs blanches ou rougeâtres, disposées en verticilles d'une demi-douzaine. Elle croît dans les champs argileux et un peu humides, et fleurit au milieu de l'été. Je l'ai vue quelquefois si abondante qu'elle était une peste pour les moissons. C'est par les semis de plantes fourrageuses telles que la luzerne, ou de plantes qui exigent des binages d'été, telles que les fèves de marais, les pommes de terre, qu'on peut s'en débarrasser ; car les sarclages sont toujours insuffisans. (B.)

STAEKAS. *Voyez* au mot Lavande.

STAPHISAIGRE. Espèce de DAUPHINELLE OU PIED-D'ALOUETTE.

STAPHYLIER, *Staphylea*. Genre de plantes de la pentandrie trigynie et de la famille des rhamnoïdes, qui réunit quatre espèces d'arbrisseaux, dont deux se cultivent fréquemment dans les jardins paysagers.

Le STAPHYLIER PINNÉ est un petit arbre de 20 à 30 pieds de haut, qui reste plus communément en buisson. Son écorce est cendrée et rayée ; ses rameaux nombreux et opposés ; ses feuilles sont opposées, longuement pétiolées, ailées par cinq ou sept folioles oblongues, pointues, finement dentelées ; ses fleurs sont blanches, disposées en grappes pendantes, et se développent en avril en même temps que les feuilles. Il est originaire des Alpes et autres montagnes élevées de l'Europe. On le cultive fréquemment dans les jardins sous le nom de *nez coupé* ou *faux pistachier*. L'effet qu'il produit est peu marqué ; mais il vient dans toute espèce de terrain et dans toutes les expositions, et il se multiplie avec la plus grande facilité de graines ou de rejetons ; de sorte qu'on trouve toujours beaucoup de lieux où il sert de remplissage et où par conséquent il devient avantageux de le placer. Il croît mieux en buisson qu'en haute tige, en conséquence on doit le couper tous les six à huit ans pour renouveler son bois. Ses fleurs fournissent beaucoup de miel aux abeilles, mais ce miel est nauséabonde comme toutes ses parties. Ses fruits ont d'abord un peu le goût de la pistache, ensuite ils développent toute leur âcreté propre. On en fait des colliers.

C'est en automne qu'il faut relever les rejetons du staphylier pinné, soit pour les mettre directement en place, soit pour les déposer pendant un ou deux ans en pépinière, pour leur donner le temps de se fortifier. Ses graines, lorsqu'on veut le multiplier par cette voie, ce qui est rare, doivent être mises en terre aussitôt qu'elles sont mûres ; car elles rancissent facilement et perdent par conséquent bientôt leur faculté germinative.

Le STAPHYLIER A TROIS FEUILLES s'élève autant que le précédent dans son pays natal, la Caroline et la Virginie où je l'ai observé ; mais dans le climat de Paris il reste constamment plus bas. Ses feuilles n'ont que trois folioles ovales, pointues et dentées. Ses fleurs sont plus blanches et plus nombreuses; ses fruits plus gros que sur le précédent On le cultive plus rarement dans les jardins, parce qu'il pousse moins de rejetons et que ses fleurs avortent le plus souvent. Du reste il n'y produit pas plus d'effet.

J'ignore si les bestiaux mangent les feuilles de ces arbustes, qui en sont abondamment garnis, sur-tout dans leur jeunesse. (B.)

STATICE, *Statice*. Genre de plantes de la pentandrie pentagynie et de la famille des plombaginées, qui renferme plus de quarante espèces, dont deux sont communes dans les campagnes et une autre est cultivée dans les jardins.

Le Statice des sables, *Statice arenaria*, Persoon, a les racines vivaces; les feuilles toutes radicales, peu nombreuses, linéaires, courtes, glabres; les tiges nues, glabres, hautes de 10 à 12 pouces; les fleurs d'un rouge pâle et disposées en tête terminale. Il se trouve dans les lieux sablonneux les plus arides et fleurit en mai. Il a été mal à propos confondu avec le suivant. Les moutons, les chèvres et les chevaux le mangent sans le rechercher. On l'emploie en médecine comme astringent, mais on en fait peu d'usage.

Le Statice a gazon, *Statice armeria*, Lin. a les racines vivaces; les feuilles toutes radicales, très-nombreuses, linéaires, assez longues, légèrement velues; les tiges striées, légèrement velues, hautes de 6 à 8 pouces; les fleurs d'un rouge foncé, et disposées en tête terminale. Il se trouve sur les bords de la mer dans les lieux sablonneux du midi de l'Europe, et fleurit en juin. On le cultive sous le nom de *petit gazon*, de *gazon d'olympe*, parce qu'il forme naturellement des touffes très-denses qui ont l'aspect du gazon. C'est principalement en bordures qu'on l'emploie; mais il fait également bien en masses d'un pied de diamètre, sur les côtés des plates-bandes ou dans les gazons des jardins paysagers. On le multiplie par le semis de ses graines, ou par déchirement des vieux pieds lorsqu'ils ont des rejetons enracinés; ce qui est commun. Le plant peut se mettre en place la seconde année, en automne, à 5 à 6 pouces de distance. Sa reprise est assurée, pour peu que cette opéraration ait été faite avec soin et suivie de quelques arrosemens. L'année suivante, la totalité de la ligne est garnie. Il vaut mieux relever les bordures la troisième ou quatrième année, que de les rogner avec la bêche comme on le fait ordinairement, parce que la forme de dos d'âne qu'elle prend naturellement est plus agréable que la forme carrée qu'on lui donne par suite de cette dernière opération. D'ailleurs l'intervalle des pieds se dégarnit, s'embarrasse d'herbes vivaces qu'il est difficile de détruire autrement. On renouvelle la terre, on retranche toutes les pousses superflues, et enfin on rajeunit tous les pieds. Lorsqu'on veut prolonger la floraison, il suffit de couper les fleurs à mesure qu'elles paraissent. On peut ainsi en avoir de nouvelles jusqu'aux gelées. Ces fleurs varient quelquefois en blanc.

Les racines de cette plante sont extrêmement du goût des larves du HANNETON (*voyez* ce mot), aussi avais-je trouvé sa plantation plus avantageuse, que celle de la laitue, pour les attirer et les tuer, dans les pépinières de Versailles, lorsqu'elles étaient sous mon autorité.

Le STATICE NAIN, *Statice cespitosa*, Cavanilles, a les racines vivaces; les feuilles toutes radicales, linéaires, très-velues; les tiges très-velues, hautes de 2 à 3 pouces; les fleurs d'un rouge pâle, disposées en grosses têtes terminales. Il croît en Espagne sur les rochers des bords de la mer, où je l'ai abondamment observé. Il fleurit en avril. On le regarde comme une variété des précédens, qu'il surpasse en beauté; mais c'est une véritable espèce qui perd une partie de ses poils dans nos jardins. Sa culture ne diffère pas de celle qui vient d'être indiquée.

Le STATICE MARITIME a les racines vivaces; les tiges très-rameuses, hautes d'un à 2 pieds; les feuilles toutes radicales, oblongues, élargies, épaisses, lisses, et étalées sur la terre; les fleurs petites, violettes et placées d'un seul côté tout le long des rameaux. Il croît naturellement sur les bords de la mer, et on le cultive dans quelques jardins paysagers, à raison de son aspect singulier; mais il mérite peu cet honneur. On le multiplie de graines qui mûrissent fort bien dans le climat de Paris.

Les autres espèces ont encore moins d'intérêt que cette dernière pour toutes autres personnes que pour les botanistes. (B.)

STELLAIRE, *Stellaria*. Genre de plantes de la décandrie trigynie, et de la famille des caryophyllées, qui renferme une vingtaine d'espèces, dont deux sont trop communes et trop dans le cas d'être remarquées par les cultivateurs pour ne pas être mentionnées ici.

La STELLAIRE HOLOSTÉE a les racines vivaces; les tiges grêles, rameuses, hautes d'un à 2 pieds, couchées sur la terre ou se soutenant sur les buissons; les feuilles opposées, sessiles, lancéolées, finement dentelées, glabres; les fleurs grandes, blanches, solitaires ou géminées sur de longs pédoncules, dans les aisselles des feuilles supérieures. Elle se trouve dans toute la France aux lieux secs et cependant fertiles, et fleurit dès les premiers jours d'avril. Tous les bestiaux la mangent, et les vaches sur-tout l'aiment beaucoup. Dans un grand nombre de lieux, les ménagères la ramassent pour la leur donner. La précocité de sa végétation et l'abondance de ses fanes me font demander pourquoi on ne la sème pas pour cet usage. Je crois que les cultivateurs trouveraient de l'avantage à le faire, surtout dans les vergers et autres lieux plantés d'arbres qui ne donnent, en été, qu'un fourrage médiocre en quantité et en qualité, parce que, poussant avant les feuilles de ces arbres, elle ne serait pas gênée par leur ombre. On ne doit pas manquer d'en placer beaucoup autour des bosquets, dans les buissons isolés des jardins paysagers, où elle plaira par la fraîcheur et la délicatesse de ses feuilles, par l'éclat de ses fleurs, à une époque où il n'y a pas encore une grande quantité d'objets de comparaison. Sa culture ne consiste qu'à jeter ses graines sur le gazon avant les pluies de l'automne.

La Stellaire graminée a les racines vivaces, les tiges encore plus grêles que celles de la précédente; les feuilles opposées, linéaires, très-entières; les fleurs blanches, petites, et disposées en panicules sur des pédoncules axillaires. Elle croît dans les taillis, sur le bord des haies, dans les terrains frais et même un peu aquatiques. Elle fleurit en même temps que la précédente, et est, comme elle, recherchée par les bestiaux; mais elle est moins belle et fournit moins de fourrage. Il est des lieux où elle est extrêmement abondante. (B.)

STÉRILE. Un terrain est appelé stérile lorsqu'il ne peut être avantageusement semé ou planté avec les articles qui forment l'objet de la culture ordinaire.

Il résulte de cette définition que tel terrain peut être stérile aux yeux des cultivateurs et ne l'être cependant pas réellement. Il n'en est point, d'une certaine étendue, qui ne donne naissance à quelques plantes qui lui sont propres.

Les natures de terres qui sont le plus généralement regardées comme stériles peuvent se diviser en quatre classes, 1°. celles qui manquent de Fond; 2°. celles qui manquent d'Humus; 3°. celles qui manquent d'Eau; 4°. celles qui ont trop d'eau (les Marais). *Voyez* tous ces mots et le mot Terre.

Les terres stériles par manque de profondeur sont ou sur des roches, ou sur des tufs, ou sur des argiles.

Celles qui le sont par manque d'humus sont les sablonneuses, les crayeuses, les granitiques, les argileuses, celles qui sont retirées des profondeurs du sol, etc.

Ces dernières sont encore celles qui sont le plus souvent dans le cas de manquer d'eau : or on sait que l'eau, la chaleur, la lumière et l'humus sont les principes de toute végétation.

Presque toutes les terres stériles peuvent être rendues fertiles en leur donnant ce qui leur manque; mais souvent les moyens en sont si coûteux, que les produits non-seulement ne remboursent jamais des avances, mais même quelquefois n'en paient pas l'intérêt. C'est cette considération qui arrête le plus souvent les cultivateurs, et ce avec raison, car la plupart font une spéculation de l'agriculture, et les spéculations qui ne sont pas suivies de la rentrée des fonds et d'un bénéfice, amènent nécessairement tôt ou tard, selon leur fortune, la ruine des spéculateurs.

Il est donc une infinité de terres stériles qui ne seront améliorées que lorsqu'un homme très-riche voudra y sacrifier des capitaux, ou lorsqu'un homme pauvre y mettra beaucoup de son travail; et beaucoup d'entre elles deviennent de nouveau stériles dès qu'on cesse de les travailler.

L'état actuel des sociétés politiques, qui met une grande quantité de propriétaires de terres dans le cas de ne pas cultiver par eux-mêmes, qui répartit fort inégalement les richesses, qui nécessite l'établissement d'impôts directs ou indirects, très-onéreux aux cultivateurs, qui enlève annuellement à l'agriculture une quantité de bras qui deviennent improductifs, etc., etc., rend impossible la culture de beaucoup de terres stériles, qui, sans ces circonstances, pourraient être facilement fertilisées.

C'est en portant des terres sur les sols qui manquent de profondeur qu'on les rend susceptibles de productions. C'est en portant des engrais sur celles qui manquent d'humus qu'on les fertilise. (*Voyez* Engrais.) Des Arrosemens ou des Irrigations (*voyez* ces mots) amènent l'abondance dans celles qui manquent d'eau. On dessèche les marais par des fossés d'écoulement et autres travaux, pour les rendre susceptibles de productions utiles. (*Voyez* Desséchement.) Au moyen d'amendemens tels que des labours, des marnages, des mélanges de sables, de pierres, de pailles, etc., on parvient ordinairement à beaucoup améliorer les terrains trop argileux.

Un terrain stérile peut souvent être rendu productif sans, pour cela, qu'il change de nature, c'est-à-dire en lui faisant porter des plantes qui lui conviennent, soit directement, soit au moyen de quelques travaux préparatoires. Ainsi les craies de la ci-devant Champagne pouilleuse s'améliorent beaucoup en ce moment, parce qu'on y sème le pin sylvestre, arbre qui y était complétement inconnu, et qui y prospère au point que des arpens de terrains achetés 6 francs, il y a vingt ans, rapportent aujourd'hui de 50 à 100 francs par an. Ainsi les dunes des environs de Bordeaux, qui jadis ne donnaient naissance qu'à quelques raves, et qui menaçaient d'engloutir une étendue considérable de pays, ont été fixées par M. Bremontier, et portent aujourd'hui des forêts de pins maritimes d'un produit annuel fort considérable.

Un des objets de cet ouvrage étant de faire connaître les moyens de rendre meilleurs les terrains stériles, beaucoup des articles qui le composent servent de complément à celui-ci. Ce serait donc faire un double emploi que de l'étendre davantage. *Voyez* Fertilité et Stérilité. (B.)

STÉRILITÉ. Résultat pour l'agriculture, ou de la mauvaise nature du sol, ou du défaut d'intelligence et de travail du cultivateur, ou suite de l'action des météores.

La production, et même la production la plus abondante possible de chacun des objets sur lesquels l'agriculture s'exerce, étant le but de la culture, la stérilité est ce que les cultivateurs doivent le plus redouter en définitif.

J'ai parlé, à l'article précédent, des causes de stérilité qui tiennent au sol, je vais jeter ici un coup d'œil sur celles qui dépendent des hommes et des circonstances atmosphériques.

On sent bien, sans qu'il soit nécessaire de le prouver par des raisonnemens, que ces deux dernières causes de stérilité ne sont pas aussi puissantes ou aussi durables que la première ; que souvent même leurs effets ne doivent être que relatifs, c'est-à-dire qu'on les calcule sur les espérances de fertilité qu'on avait précédemment.

Uu terrain fertile le devient d'abord moins, et ensuite devient presque stérile lorsqu'on cesse de le labourer, de le fumer, lorsqu'on lui fait porter plusieurs années de suite des productions cultivées pour la graine, telles que du froment, du chanvre, etc. *Voyez* Assolement.

Un terrain que des irrigations, que des abris, que des plantations d'arbres, que l'écoulement d'une eau surabondante avaient rendu fertile retourne à son infertilité première lorsqu'on ne le fait plus profiter de ces irrigations, qu'on détruit les abris, qu'on coupe les arbres, qu'on laisse combler les fossés d'écoulement.

Des semis trop tardifs ou trop hâtifs, mal enterrés, un choix de culture impropre à la nature du sol, sont encore des causes d'infertilité.

Les météores qui amènent le plus souvent la stérilité sont les fortes Gelées de l'hiver et tardives du printemps ; les Inondations à toutes les époques où les productions de la culture sont sur pied ; les Alluvions de sable ou de gravier amenées par les Torrens ou les Rivières ; les Pluies froides au moment de la Fécondation ; les pluies continuelles pendant le printemps et l'été ; les pluies d'Orage, pendant cette dernière saison ; la Sécheresse au printemps, qui empêche également la fécondation et de plus la croissance des plantes ; la sécheresse en été, qui s'oppose au grossissement des graines ; une température constamment trop Froide ; quelquefois même une température trop Chaude ; des Vents violens ; l'abondance des Insectes, etc. *Voyez* tous ces mots.

Je pourrais sans doute encore augmenter cette liste , mais ce que j'en ai dit suffit pour mettre sur la voie ceux qui voudraient la compléter.

L'introduction d'un bon système d'assolement, et sur-tout des prairies artificielles qui en font partie, a singulièrement diminué en France le nombre des terres stériles, et les diminuera encore à mesure que les cultivateurs en sentiront mieux les avantages , et s'éclaireront sur les moyens de la pratiquer. (B.)

STIGMATE. Organe féminin , extérieur, de la génération des plantes , qu'on peut comparer aux lèvres du vagin des animaux. Il varie beaucoup dans sa forme : tantôt il est porté immédiatement sur le germe , tantôt il en est séparé par un tube ; presque toujours il est enduit d'une matière muqueuse, qui n'est autre que du miel, et qui est destinée à retenir la poussière fécondante, ou pollen des étamines , et à faciliter son introduction dans l'ovaire par le trou qui est à son sommet. *Voy.* FLEUR, PISTIL, STYLE, OVAIRE, GERME, ÉTAMINE, ANTHÈRE, POLLEN, POUSSIÈRE FÉCONDANTE, FÉCONDATION, et FRUIT. (B.)

STILE. Tube qui est intermédiaire entre le STIGMATE et l'OVAIRE. *Voyez* ces deux mots et PISTIL.

STIMULANS. On donne ce nom à tout ce qui active l'action des organes.

Ainsi les cantharides , les frictions d'eau-de-vie, etc. , sont des stimulans de la peau ; le vin, les épices, etc. , sont des stimulans de l'estomac.

Ainsi la chaleur, ainsi l'eau, ainsi le sel marin, ainsi le plâtre , etc. , sont des stimulans de la végétation.

L'action des stimulans est généralement peu connue ; probablement on range souvent parmi eux des matières qui ne doivent pas leur être adjointes ; probablement beaucoup de matières qui stimulent ne sont pas reconnues comme telles.

Vouloir disserter sur les stimulans pourrait conduire à de fausses indications et ne menerait à rien d'utile pour la pratique de l'agriculture : en conséquence je me borne à engager les cultivateurs à étudier leurs effets et à publier les résultats de leurs observations. (B.)

STIPULES. Petites feuilles, souvent d'une forme différente de celle des autres , qui se trouvent à la base du pétiole des feuilles de beaucoup de plantes. Les stipules sont importantes à considérer pour la détermination des espèces , mais elles n'ont aucune influence particulière sur la végétation , leur manière d'être ne différant pas de celle des FEUILLES. *Voyez* ce mot et le mot PLANTE. (B.)

STOECAS. *Voyez* LAVANDE.

STOLONES. Ce sont des tiges rampantes que poussent certaines plantes, et au moyen desquelles elles se multiplient. On les appelle vulgairement *fouets* ou *coulans.*

Les stolones se distinguent toujours des véritables tiges, en ce qu'elles ne portent jamais de fleurs, sont susceptibles de pousser naturellement des racines de leurs nœuds ou bifurcations, et deviennent ainsi un supplément à la multiplication par graines.

Il est remarquable que la plupart des plantes stolonifères ont des fruits ou des tiges très-recherchées par les animaux, de sorte que si elles n'avaient pas ce moyen de reproduction, l'espèce serait exposée à périr.

Les cultivateurs emploient fréquemment les stolones pour multiplier les espèces qui en sont pourvues, telles que les fraisiers, quelques potentilles, quelques saxifrages.

On a observé cependant que la multiplication par stolones avait l'inconvénient de celle par marcottes et boutures, c'est-à-dire affaiblissait le principal vital, diminuait la quantité du fruit. Ce fait est très-sensible dans le fraisier, qui devient presque stérile lorsqu'il a été multiplié huit ou dix fois de suite par ce moyen. *Voyez* au mot FRAISIER.

Les plantes à stolones se conservent beaucoup plus long-temps que les autres dans le même terrain, parce que leurs pieds peuvent changer chaque année de place : aussi chassent-elles toutes les autres, comme on le voit dans l'agrostide stolonifère, dont les nœuds sont sur terre, dans le chiendent, dont les nœuds sont en terre. (B.)

STOMOXE, *Stomoxys.* Genre d'insectes de l'ordre des diptères, qui renferme une douzaine d'espèces, dont deux sont très-communes en France, et tourmentent extrêmement les hommes et les animaux par leurs piqûres pendant tout l'été et l'automne.

On confond généralement dans les campagnes les stomoxes avec les mouches, dont ils ont toute l'apparence générale ; cependant, dans quelques lieux, je les ai vus distinguer sous le nom de *mouches piquantes.* Une trompe saillante, non rétractile, est ce qui les en distingue le plus. On peut être sûr que, sur dix fois qu'on croit être piqué par une mouche, on l'est neuf par un de ces insectes. Souvent ils couvrent les chevaux et les bœufs, et les tourmentent au point de les forcer de déserter les pâturages, et les font maigrir considérablement. Les douleurs que causent leurs piqûres sont moins aiguës que celles des ASILES et des TAONS; mais comme elles sont bien plus nombreuses, elles produisent des effets plus marqués : ils s'acharnent d'ailleurs avec beaucoup plus d'ardeur à leurs victimes; les secousses de la tête, les trépignemens des pieds des animaux, qui suffisent ordinairement pour faire fuir les insectes des genres précités, n'inquiètent en aucune manière les stomoxes, il faut ou un coup de queue, ou un frottement contre un arbre, pour les déterminer à lâcher prise avant d'être complétement rassasiés ; cependant ils semblent reconnaître la puissance de l'homme, car ils s'envolent lorsqu'il approche du cheval ou du bœuf sur lequel ils se trouvent, et il ne lui est pas toujours facile de les tuer quand ils l'attaquent lui-même.

Les moyens de garantir les bestiaux des piqûres des stomoxes ne sont pas faciles à indiquer. Dans quelques endroits, on couvre les chevaux et les bœufs en service de filets ou de toiles ; dans d'autres, on enduit la tête, le cou et les pieds des vaches d'une couche de leur bouse. Le mieux est peut-être de ne conduire ces animaux que le matin dans les pâturages voisins des bois, ou même, pendant les jours les plus chauds du mois d'août et de septembre, de les nourrir à l'étable. Un gardien zélé pour la prospérité de son troupeau s'approchera, pendant le fort de la saison des stomoxes, successivement de toutes les bêtes qui le composent, et avec une branche d'arbre, un mouchoir ou un fouet garni de beaucoup de lanières de drap, écartera ou même tuera les stomoxes qui seront fixés sur eux ; il peut aussi en tuer beaucoup avec la main. Les bestiaux s'accoutument bientôt au manége qu'amène ce but, et vont même au-devant du secours qu'on leur offre contre leurs ennemis, ainsi que je l'ai vu une ou deux fois.

Le Stomoxe sibérite a la tête d'un blanc argenté ; les yeux d'un rouge brun ; la trompe brune, trois fois plus longue que la tête ; le corcelet et l'abdomen d'un gris rougeâtre, avec l'extrémité et le milieu noirs ; les ailes blanches ; les pattes pâles et les tarses noirs. Sa longueur est de 4 lignes : c'est le plus grand et le plus rare des environs de Paris ; il est plus commun dans les pays chauds.

Le Stomoxe piquant, *Stomoxys calcitrans*, Fab., a la tête d'un blanc argenté ; la trompe noire, plus longue que la tête ; le corcelet gris, avec des lignes et des taches brunâtres ; l'abdomen gris, avec six taches rondes, brunes, les ailes blanches ; les pattes noires. Il ressemble presque entièrement à la mouche commune ; sa longueur est de 3 lignes : c'est le plus commun et le plus tourmentant.

Le Stomoxe irritant se trouve rarement dans le climat de Paris, mais il est très-commun en Suède. Il en est de même du Stomoxe aiguillonnant, *Stomoxys pungens*, Fab., qui a à peine une ligne de long, et dont j'ai vu les vaches couvertes sur les montagnes de la Suisse.

Les stomoxes disparaissent aux premiers froids. (B.)

STRABISME. Tension spasmodique du globe de l'œil du cheval, qui est produite par les mêmes causes que le Mal de cerf (*voyez* ce mot), où les moyens curatifs de cette maladie sont indiqués.

Quelquefois cependant le strabisme est dû à des fractures du crâne, ou est la suite des maladies aiguës : dans ces derniers cas, la cause cessant, il disparaît. (B.)

STRAMOINE, *Datura.* Genre de plantes de la pentandrie monogynie et de la famille des solanées, qui renferme une dizaine de plantes, dont la plupart sont de dangereux poisons, et dont une offre une fleur très-odorante, qui lui mérite une place distinguée dans les jardins des pays chauds.

Les espèces de ce genre sont de grandes plantes à rameaux dichotomes ; à feuilles alternes, sinuées ; à fleurs solitaires dans la dichotomie des rameaux. Toutes sont originairement étrangères à l'Europe, mais une s'y est naturalisée.

La Stramoine commune, *Datura stramonium*, Lin., qui a les racines fusiformes, annuelles ; les tiges hautes de 2 à 4 et 5 pieds ; les feuilles ovales, anguleuses et glabres, se prolongeant le long du pétiole ; les fleurs d'un blanc sale, très-grandes ; les capsules couvertes d'épines droites. Elle croît naturellement au Pérou, et est devenue propre à presque toute l'Europe, où elle se multiplie dans les lieux secs et arides, où elle fleurit à la fin du printemps, et où elle est connue sous le nom de *pomme épineuse.* Elle répand, lorsqu'il fait chaud et encore plus lorsqu'on la froisse, une odeur nauséabonde, qui porte à la tête et donne des vertiges à ceux qui s'endorment dans son voisinage. C'est un dangereux poison, dont les effets commencent toujours par un assoupissement léthargique, et dont le remède est le vinaigre et autres acides végétaux. On l'emploie quelquefois en médecine contre la folie, et à l'extérieur comme résolutive ou émolliente, ou comme propre à faciliter l'opération de la cataracte. Un cultivateur ami de son pays ne doit pas laisser subsister un seul pied de cette plante dans ses propriétés, car elle peut produire de grands maux entre les mains de l'ignorance et de la malveillance ; au reste elle n'est pas sans élégance.

La Stramoine fastueuse a les racines annuelles ; les tiges peu rameuses ; les feuilles ovales et anguleuses ; les fleurs grandes, rouges à l'extérieur et blanchâtres à l'intérieur ; les capsules couvertes de tubercules irréguliers. Elle croît naturellement en Egypte, et se cultive dans quelques jardins, à cause de sa fleur, d'une grandeur remarquable et qui double aisément, c'est-à-dire qui montre deux ou trois corolles les unes dans les autres ; cependant elle jouit, jusqu'à un certain point, des propriétés malfaisantes de la précédente. On la place au milieu des parterres, le long des massifs; il lui faut une terre substantielle et légèrement humide. Elle se multiplie par ses graines, qu'on sème en place lorsque les gelées ne sont plus à craindre. Elle fleurit au mois de juillet.

La Stramoine en arbre, que les jardiniers appellent proprement *datura*. Ses tiges sont arborescentes, hautes de 10 à 12 pieds; ses feuilles oblongues et entières; ses fleurs grandes, pendantes, d'un blanc éclatant et très-odorantes; ses fruits glabres, recourbés et à deux lobes seulement. Elle est originaire du Pérou et se cultive dans nos orangeries, où elle fleurit ordinairement deux fois par an, au mois de mars et au mois d'août. C'est une superbe plante, qui n'a qu'à un très-faible degré les qualités délétères des autres, et qu'on ne saurait en conséquence trop multiplier. Rarement elle porte des graines dans le climat de Paris, mais elle se reproduit avec la plus grande facilité de boutures faites avec du bois d'un ou deux ans, et placées, au printemps ou en automne, dans des pots sur couche à châssis. Ces boutures demandent à être fortement arrosées lorsqu'elles sont encore sur la couche, mais ensuite il faut leur ménager l'eau. Elles fleurissent souvent l'année même de leur reprise.

Cet arbrisseau doit être retiré de l'orangerie aussitôt que l'on ne craint plus les gelées, et il faut enterrer les pots où il se trouve dans une bonne exposition, sur-tout à l'abri des vents, qui déchirent très-promptement ses fleurs. Il devient indispensable de le rempoter tous les ans et de le pourvoir de nouvelle terre; car, poussant rapidement, il épuise beaucoup celle qu'il a : celle qui est légère et fort substantielle lui convient mieux que toute autre. Comme c'est sur les pousses de l'année que se développent les fleurs, il est avantageux de pincer ou couper l'extrémité des anciennes, pour déterminer le développement d'une plus grande quantité de nouvelles. Avec très-peu d'art, c'est-à-dire en plaçant successivement des pieds de cette espèce dans des serres chaudes, on peut se procurer des fleurs pendant toute l'année. Rien n'embellit plus un appartement qu'un de ces jeunes pieds bien garni de fleurs : aussi est-elle fort à la mode en ce moment à Paris. (B.)

STRATIFICATION DES GRAINES. On appelle ainsi le moyen employé dans les pépinières pour conserver la faculté de germer à certaines graines d'arbres ou de plantes qui la perdent promptement à l'air, soit parce que leur périsperme est corné et se durcit au point de n'être plus susceptible d'être ramolli par l'eau, soit parce que l'huile qu'elles contiennent rancit, et que l'acide qui en résulte anéantit le principe de vie de leur embryon.

Ce moyen consiste à mettre dans un trou fait en plein air,

ou dans un vase ensuite déposé dans une cave, sous une remise, alternativement, ou une couche de terre, ou une couche de sable, ou une couche de bois pourri, ou une couche de mousse, le tout peu imprégné d'humidité, avec une couche de ces graines. Il est fondé sur ce que, lorsque les graines n'ont pas le contact de l'air, et qu'elles ne perdent pas leur eau de végétation, elles s'altèrent bien plus lentement. Il est conforme à la nature, qui conserve certaines graines dans la terre pendant des suites considérables d'années, lorsqu'elles sont assez profondément placées pour n'être pas soumises aux influences de la chaleur solaire et de l'air renouvelé, conditions sans lesquelles il n'y a pas de germination. *Voyez* au mot GRAINE.

En général, toutes les graines qu'on ne sème pas peu de temps après leur chute de l'arbre, conformément au vœu de la nature, gagnent à être stratifiées; mais l'embarras de l'opération fait qu'on n'y assujettit que celles pour qui elle est indispensable. Voici la liste des plus communes de ces dernières.

Arbres indigènes.

Cornouiller.	Pommier.	Lauréole.	Groseillier.
Noisetier.	Poirier.	Lyciet.	Sorbier.
Châtaignier.	Néflier.	Genevrier.	Sureau.
Hêtre.	Micocoulier.	Laurier.	If.
Chêne.	Aubépine.	Phyllirea.	Tilleul.
Prunier.	Bois joli.	Bourgène.	

Je n'ai point indiqué les graines des plantes herbacées indigènes qui sont dans le cas d'être stratifiées, parce qu'en général on les sème avant l'hiver ou, mieux, qu'on n'en cultive aucune hors des écoles de botanique.

Arbres exotiques acclimatés.

Marronnier d'Inde.	Magnolier.
Pêcher.	Azédarac.
Abricotier.	Épines d'Amérique.
Amandier.	Mûrier.
Noyer.	Olivier.
Genevrier de Virginie.	Pistachier.

Il serait superflu d'insérer ici la liste des arbres exotiques nouvellement introduits dans nos jardins, et qui y sont encore rares, puisqu'on stratifie peu leurs graines, on préfère les semer sur-le-champ sur couche. On peut voir assez facilement, à l'inspection d'une graine, par analogie, lorsqu'on a de l'expérience, si elle est du nombre de celles qui ont besoin d'être stratifiées. Ainsi un voyageur peut agir en conséquence dans la disposition de ses envois de graines inconnues. En général, il serait encore plus utile de stratifier toutes les graines provenant de pays lointains; mais la dépense des transports s'y oppose le plus souvent. Alors c'est le bois pourri, c'est la mousse qu'on doit préférer pour cette opération, comme moins pesans.

Beaucoup de graines germent pendant leur stratification lorsqu'elle n'a pas été faite assez profondément, et il est rarement nécessaire de l'empêcher pour les graines indigènes qui ne restent que quatre à cinq mois au plus en stratification avant d'être semées : dans ce cas, lorsqu'elles sont trop pressées, leurs radicules et leurs plantules s'entrelacent; ce qui occasionne la perte de beaucoup de pieds sur lesquels on aurait dû compter. Cet inconvénient se fait sur-tout gravement sentir à l'occasion des glands envoyés d'Amérique, stratifiés dans de la mousse, dont les longs filamens ajoutent encore à l'embarras. Je préfère donc toujours mettre moins que plus de graines dans la même quantité de terre.

Les graines qui peuvent rester plusieurs années en stratification, sont celles qui se conservent saines dans la terre pendant le même temps. Les données qu'on possède à cet égard sont trop incertaines pour que je les indique ici, et leur résultat serait d'une bien petite utilité pour l'agriculture pratique. *Voyez*, pour le surplus, aux mots JAUGE et GERMOIR. (B.)

STRATON. On donne ce nom, aux environs de Bordeaux, aux ATTELABES qui attaquent la vigne. (B.)

STROMBLE. CROCHET attaché à un long manche, dont se servent les laboureurs du Médoc pour tirer les herbes qui embarrassent le soc de la charrue. (B.)

STRONGLE, *Strongylus*. Genre de vers intestins, qui ne renferme qu'une espèce, laquelle se trouve dans tous les animaux domestiques. Chabert en a vu dans l'estomac d'un chien en paquets de la grosseur d'une noix, qui en contenaient chacun plus de deux cents. Ils sont rarement réunis ainsi dans le cheval, on les y trouve répandus dans la totalité du canal intestinal. Les vaches, les ânes, les moutons, les chèvres et les cochons en nourrissent également. Leur longueur est d'environ une ligne, leur forme cylindrique; leur bouche est une ouverture circulaire ciliée, située à leur bout antérieur; leur corps, dans les mâles, est terminé par une épine qui sort entre trois feuillets membraneux : dans les femelles, il est terminé en pointe; ils sont ovipares.

Chabert appelle strongles les vers que les naturalistes avaient nommés ASCARIDES long-temps auparavant. *Voyez* ce mot.

Lorsque les véritables strongles sont en grande quantité dans l'estomac ou les intestins des animaux domestiques, ces derniers en souffrent beaucoup, ils perdent l'appétit, maigrissent et meurent quelquefois. Ils sont souvent implantés avec tant de force dans la tunique veloutée, qu'on les casse plutôt que de les en détacher; cependant ils sortent naturellement avec les matières fécales. Les remèdes à employer contre eux sont l'huile empyreumatique et les purgatifs drastiques. (B.)

STYLE. Prolongement du germe des plantes, au-dessus duquel se trouve le stigmate. Il ne se voit pas dans toutes les plantes. Les botanistes font fréquemment usage des considérations que leur présente le style; mais les agriculteurs n'en ont jamais besoin, puisqu'il n'est que le canal de communication entre le Stigmate et l'Ovaire. *Voyez* ces deux mots et les mots Plante, Fleur, Fécondation. (B.)

SUBDIVISION DES TERRES. Il serait sans doute désirable pour leur bonheur, que tous les hommes fussent propriétaires; mais dans l'état actuel de l'organisation sociale en Europe, cela est devenu impossible, parce que d'un côté les uns perdent leur fortune, et que de l'autre il est des moyens de s'enrichir plus rapides que par l'agriculture.

La loi qui règle aujourd'hui les successions en France, c'est-à-dire qui ordonne le partage égal des successions entre tous les héritiers, est trop en concordance avec les principes de la justice, pour que je désire son abrogation; mais je ne puis m'empêcher de reconnaître qu'elle peut avoir des effets désastreux sur l'agriculture, si quelques mesures ne sont pas prises pour atténuer ces effets.

Je ne parlerai pas ici des inconvéniens de la subdivision indéfinie des terres, ni relativement à l'ordre politique actuel: c'est-à-dire, par exemple, à son influence sur la diminution progressive du nombre des électeurs et des éligibles, ni relativement à l'économie politique. Mon intention est de me borner à considérer un de ses résultats, la subdivision des terres en parcelles au-dessous d'un dixième d'hectare, par exemple, encore en exceptant l'intérieur des villes et des villages et leurs alentours, à une distance proportionnelle à leur population.

C'est avec connaissance de cause que je traite ce sujet; car j'ai séjourné et voyagé avant la révolution dans les pays de petite culture, et j'y ai voyagé dans ces dernières années.

Dans la ci-devant Lorraine principalement, j'ai vu, et en grand nombre, des champs qui n'avaient qu'un mètre de large sur deux de long, et ceux du double de cette superficie étaient extrêmement communs, parce que par-tout les cohéritiers veulent partager toutes les pièces, quelque petites qu'elles soient; parce que leur qualité, leur exposition, offrent quelques avantages réels ou supposés, au lieu de les faire estimer et de les prendre les uns dans un canton, les autres dans un autre.

Beaucoup d'inconvéniens sont la suite de ce morcellement des propriétés.

Voici les principaux :

1°. Une perte de terrain, devant y avoir une démarcation visible entre les propriétés.

2°. Une perte de temps, car il faut aller chercher des pièces qui ne demandent que quelques heures de travail aux deux extrémités opposées du territoire.

3°. Ces petites pièces, incluses parmi tant d'autres, sont exposées à être traversées par les voisins, par les bestiaux ; leurs récoltes sont volées, mangées : de là les querelles, les procès, les haines héréditaires.

4°. L'impossibilité de les clore de murs et de haies, qui occuperaient la majeure partie de leur surface, et y projetteraient une ombre qui ne permettrait pas d'y établir de bonnes cultures. *Voyez* CLÔTURE.

5°. L'impossibilité de les labourer à la charrue, sans doute le moins bon, mais certainement le plus économique des labours : or, toute économie de main d'œuvre est une source de richesse.

6°. La difficulté de suivre un cours régulier de récoltes approprié à la nature du sol et aux besoins du moment, et de faire certaines cultures qui ne peuvent prospérer qu'en grand, telles que celles du pavot, de la garance, de la cardère, etc.; de pratiquer des irrigations, à raison de la dépense d'un côté, et de l'opposition des voisins de l'autre ; d'élever des bestiaux autres que des vaches, et par conséquent d'avoir des auxiliaires pour le travail, des moyens secondaires de revenu, et des engrais.

Comme, dans les pays de petite culture, la plus grande partie des cultivateurs sont toujours à court d'argent, ce sont les chevaux et les bœufs du prix le plus bas qu'ils sont forcés d'acheter : or, quels services obtient-on de ces animaux lorsqu'ils sont faibles par leur constitution et incomplétement nourris?

7°. De faire croire aux pères de famille qu'ils peuvent vivre et établir leurs enfans sans travailler pour les autres : de sorte que quand une mauvaise année ou un accident arrive, ils n'ont d'autre ressource que d'emprunter à dix ou douze pour cent, en hypothéquant leur bien, qui finit par devenir, quelques années après, la propriété des prêteurs.

C'est dans les pays de petite culture qu'on trouve le plus d'enfans qui ne savent pas lire, et qui par conséquent sont dans l'impossibilité d'améliorer leur intelligence et de sortir de la classe dans laquelle ils sont nés.

Le législateur des Juifs avait bien senti les inconvéniens de la subdivision à l'infini des terres, puisqu'il avait ordonné que tous les cent ans les biens seraient remis en commun et partagés de nouveau.

Deux exemples analogues ont, à ma connaissance, été donnés depuis peu d'années en France ; savoir , dans la commune de Rouvre, près de Dijon (1), et dans celle de Roville, près de Nancy. La première a été visitée par François (de Neufchâteau), et la seconde par moi. Les habitans de ces deux communes ont considérablement amélioré leur bien-être, en réunissant en un seul lot leurs champs jusqu'alors extrêmement subdivisés.

Je ne proposerai pas d'employer, comme en Danemarck, des moyens coërcitifs, pour arriver par-tout au même résultat ; mais je ferai des vœux pour que le gouvernement, persuadé qu'une meilleure agriculture doit être la suite de la réunion des propriétés trop subdivisées, facilite les échanges par la suppression des droits de mutation, lorsque ces échanges auront lieu dans la même commune. Il pourrait aussi, sans injustice, provoquer ou une loi qui ordonnerait qu'on ne pourrait à une certaine distance des villes et des villages, et proportionnellement à leur population, diviser les pièces de terre de moins d'un arpent, mais les vendre ou les louer au compte de la succession.

Ces réflexions, suggérées par les faits et par leurs conséquences actuelles et futures, ne m'empêchent pas de reconnaître les avantages de la petite culture, tels qu'ils ont été développés au mot CULTURE par mon collaborateur de Perthuis, et de faire des vœux pour qu'elle s'étende : c'est uniquement de l'excès de la subdivision que je me plains.

Je pourrais, sans doute, envisager cette même question sous des rapports de législation et d'économie politique ; mais ce serait sortir des bornes de ce dictionnaire, qui ne doit traiter que de l'agriculture proprement dite. (B.)

SUBSTITUTION DES SEMENCES. Lorsqu'on met en terre un gros et un petit gland à peu de distance l'un de l'autre, le premier donne naissance à un jeune chêne beaucoup plus fort et plus vigoureux que l'autre. Si le petit est placé dans une terre fertile et bien labourée, et que le gros le soit dans une terre stérile et qui n'ait pas été labourée, le petit, au contraire, fournira un plus bel arbre que le second.

Toutes les graines de plantes offrent les mêmes résultats, le peu de différence de grosseur qui existe entre les petites est la seule cause qui fait qu'on ne peut pas toujours les reconnaître.

En effet, c'est du premier moment de l'action vitale dans le germe que dépend la force de la plante dans toute la durée de son existence. Il n'est point de cultivateur qui n'en ait eu

---

(1) *Voyez* tome IX, *Mémoires de la Société royale et centrale d'agriculture.*

mille et mille fois la preuve. Je me contenterai de citer ici l'expérience de Bonnet, qui enleva les cotylédons à un haricot nouvellement germé, et qui, quelques soins qu'il prît pour donner à la plantule et les engrais et les arrosemens nécessaires pour la faire végéter avec force, ne put jamais le faire arriver à plus de 2 pouces de haut. Cette expérience a été répétée à Paris par Thouin.

Lorsqu'on semera de la belle graine dans un mauvais terrain, ou dans un terrain mal cultivé, on n'en obtiendra que des productions médiocres. Le même effet aura lieu pour celle qui aura été semée dans un sol ou sous un climat contraire à sa nature.

On dit, dans ces deux cas, que les graines ou les semences sont dégénérées.

La plupart des graines dégénérées peuvent être ramenées à leur état premier, en les plaçant une ou plusieurs années de suite dans une terre ou un climat plus favorable, ou au moins aussi favorable à la végétation des plantes qu'elles fournissent, que celui dont on les avait primitivement apportées.

On ne peut contester l'exactitude de ce petit nombre de faits, et ils suffisent pour résoudre la question qui divise les cultivateurs, dont les uns veulent qu'il soit utile de changer de loin en loin les semences des céréales et autres plantes annuelles, objets de leur culture; et les autres soutiennent que ce changement est indifférent.

Je conclus donc que la complète maturité, la bonne conformation et la grosseur des graines, sont les circonstances qui ont le plus d'influence sur la beauté des récoltes, toutes autres circonstances égales.

Des grains crus dans un sol trop maigre ou trop humide, étant moins nourris que les autres, ne doivent pas être employés à l'ensemencement, il faut donc dans ce cas leur en substituer d'autres. *Voyez* Semence, Engrais et Feuille.

Les terres médiocres, les terres mauvaises étant plus communes que les bonnes, l'expérience doit être généralement en faveur de ceux qui soutiennent qu'il faut changer de temps en temps les semences des céréales et sur-tout du Froment (*voyez* ce mot), la plus précieuse d'entre elles, pour obtenir de belles récoltes; mais quand on questionne les cultivateurs sur les motifs de leur pratique, on juge bientôt qu'ils n'en ont que de vagues. Les uns soutiennent qu'il faut tirer les semences du midi, les autres du nord; les uns, de la montagne, les autres, de la plaine, etc. Enfin, en observant, on ne tarde pas à remarquer que par-tout on les tire du pays voisin le plus fertile, qu'on achète les meilleures, et qu'on peut toujours éviter ce changement, en choisissant les plus belles de sa propre récolte.

Dans le cas où un cultivateur aurait négligé de choisir, les années précédentes, sa plus belle semence, et que son blé serait devenu de qualité inférieure, il deviendrait beaucoup plus expéditif d'en acheter ailleurs, que de chercher à le relever par un choix dans la sienne, et cela d'autant plus que son sol serait de plus mauvaise nature.

C'est toujours la faute du cultivateur lorsqu'il est forcé d'acheter ailleurs sa semence, parce que la sienne contient trop d'ivraie, de nielle ou autres graines; car il est des moyens faciles de débarrasser ses champs des mauvaises herbes (ce à quoi il doit tendre), ou les produits de sa récolte des mauvaises graines.

Il est d'observation dans les jardins, que les semences fraîches produisent des plantes dont la force végétative se porte principalement sur la production des femelles, et que les semences vieilles en produisent dont la force végétative se porte principalement sur la production du fruit : donc on doit semer des graines de tabac de l'année, des graines de froment de deux ans, des graines de melon de trois ans, etc.

L'influence du climat agit sur beaucoup d'autres plantes qui font l'objet de nos cultures bien plus que sur les céréales : aussi ce motif vient se joindre à ceux énoncés ci-dessus pour obliger de changer plus fréquemment leurs semences.

On a remarqué, par exemple, que la garance, qui est une plante des pays chauds, donne en France des racines d'autant moins chargées de principes colorans, qu'il y a plus long-temps qu'on l'y cultive : il est donc bon de faire venir de loin en loin de la graine de Smyrne.

Le fait que présente le lin est fort remarquable, en ce qu'il a lieu par une double cause. Cette précieuse plante, ainsi que personne ne l'ignore, est, comme la garance, originaire des pays chauds, où elle reste courte et fournit une filasse assez grossière; mais elle se cultive facilement dans les pays froids, s'y élève bien davantage, et y donne une filasse très-fine. Ce n'est qu'en tirant tous les ans leur graine de Riga, que les industrieux cultivateurs de la partie de la Flandre où se fabriquent les batistes et les dentelles si renommées, peuvent avoir du lin aussi élevé que possible. Aussi appellent-ils *lin de fin* celui provenant de la graine venue de Riga, et *lin de gros* celui qui est le résultat du semis de la graine récoltée chez eux. C'est donc ici une dégénérescence par régénérescence, si je puis employer cette expression, puisque ce lin n'a diminué de valeur que parce qu'il s'est rapproché de son pays natal, qu'il a cru dans un climat plus doux.

La rave, plante qui aime les terres fraîches et légères, et qui dégénère promptement dans les terres chaudes et argileuses, doit encore être citée *ici*. Parmi les objets ordinaires de la culture, c'est un de ceux dont les variétés sont les moins durables lorsqu'on les change de localité, ainsi qu'en ont fait l'expérience ceux qui, séduits par la bonté des navets de Freneuse, ont fait venir de la graine de ce village pour la semer dans leurs jardins.

Je crois en avoir assez dit pour prouver que la substitution des semences prises au loin n'est utile que lorsque les plantes auxquelles elles appartiennent ont dégénéré par une cause quelconque, et qu'on peut presque toujours l'éviter, même dans les plus mauvais sols. (B.)

SUC. L'application de ce mot est très-peu précise : ainsi on dit que *le suc de la bourrache est rafraîchissant*, et ce suc est sa sève mêlée avec une petite quantité de sels ; ainsi on dit que le *raisin*, que la *betterave ont beaucoup de suc*, lorsque leur pulpe est abondante en eau de végétation ; ainsi on dit qu'une pièce de bœuf rôti a un *bon suc*, lorsqu'elle est cuite à point et très-savoureuse. Je pourrais beaucoup multiplier ces exemples, mais il n'y aurait nulle utilité à le faire.

Les anciens auteurs agronomiques ont souvent parlé des *sucs de la terre* sans trop savoir ce qu'ils entendaient par là, puisqu'ils ne les ont jamais caractérisés. Aujourd'hui on ne fait plus usage de cette expression.

Voyez, pour le surplus, les mots Humus, Engrais, Végétation, Pulpe, Jus et Suc propre. (B.)

SUC PROPRE DES PLANTES. Ce suc est distinct de la sève ; on le trouve dans la plupart des plantes. Il est souvent coloré ; quelquefois il devient solide à l'air. C'est en lui que réside la vertu des plantes.

En général les sucs propres sont renfermés dans les vaisseaux de l'écorce ou de l'aubier ; mais il est des cas où ils se trouvent dans d'autres parties. Tantôt ils existent exclusivement ou plus abondamment dans les racines, dans les tiges, dans les feuilles, dans les fruits, etc. La même plante en offre quelquefois de différens dans ses différentes parties.

Nous sommes et nous serons sans doute toujours dans l'ignorance des moyens par lesquels les plantes sécrètent les sucs propres. Les recherches de la plus savante anatomie ne font voir dans les vaisseaux où ils se trouvent que ce qu'on voit dans ceux qui servent de conduits à la sève. *Voyez* aux mots Plante et Physiologie végétale.

Les sucs propres sont mucilagineux dans le prunier, le cerisier, l'amandier, le pêcher, l'abricotier, etc. (*Voy.* Gomme.) Ils sont émulsifs dans la laitue et autres chicoracées ; gommo-résineux dans l'euphorbe, le pavot, etc. (*Voyez* Gomme-Résine.) Résineux dans les pins, les sapins, les genevriers. (*Voy.* Résine.) Leur couleur est rouge dans le millepertuis élégant ; jaune dans la chélidoine ; blanche dans un très-grand nombre de plantes, dans celles connues sous la dénomination de *laiteuses*. Cette couleur change ordinairement par suite de leur exposition à l'air, où elle devient ordinairement brune, quelquefois noire, comme dans le SUMAC RADICANT. Leur saveur n'est pas moins variable; tantôt elle est douce, tantôt elle est âcre, tantôt elle est piquante, tantôt elle est amère, etc. Le suc du jalap est purgatif; celui du pavot, narcotique; celui du quinquina, fébrifuge; celui de l'ipécacuanha, émétique.

La circulation des sucs propres est prouvée par un grand nombre d'observations; mais cette circulation ne suit pas rigoureusement la même marche que celle de la sève.

Il est des cas où la production des sucs propres est plus considérable. Les pins ne fournissent abondance de résine que lorsqu'ils sont arrivés à un certain âge, et lorsqu'ils sont près de mourir ils en sécrètent une immense quantité.

On peut croire, par suite des diverses analyses des sucs propres, que tantôt ils sont produits par l'accumulation de l'oxygène, tantôt par celle de l'hydrogène, tantôt par celle de l'un et l'autre à-la-fois.

Comme les sucs propres sont quelquefois des poisons, il faut apprendre à les connaître; mais ce n'est que par l'habitude qu'on y parvient, parce qu'ils varient infiniment, que les plantes qui les fournissent appartiennent à toutes les familles, et que souvent, dans la même famille, dans le même genre, il se trouve de ces plantes dont les sucs propres sont agréables, et d'autres qui les ont délétères : la laitue en fournit un exemple.

Plusieurs plantes perdent leurs sucs propres dès que leurs graines sont arrivées à maturité; ce qui peut faire croire qu'ils jouent souvent un rôle important dans la formation du fruit. Il paraît que, dans un grand nombre de cas, ils se changent en HUILE (*voyez* ce mot), matière qu'on n'est pas dans l'usage de ranger parmi eux, quoiqu'il n'y ait pas de motifs pour s'y refuser, puisqu'on voit le plus souvent ces sucs disparaître dans les pédoncules. *Voyez* FIGUIER, PRUNIER, CERISIER.

J'ai dit plus haut qu'une extravasation surabondante des sucs propres était l'indice de l'affaiblissement et même de la mort prochaine de l'arbre; cependant beaucoup de cultivateurs pensent qu'ils sont dans ce cas cause et non pas effet. Comme j'ai discuté cette question au mot GOMME, j'y renvoie le lecteur.

Les vaisseaux qui contiennent des sucs propres sont susceptibles de contraction, comme le prouvent et la sortie de ces sucs lorsqu'on blesse les tiges des plantes où il s'en trouve, et les expériences par lesquelles on détruit l'irritabilité organique de ces tiges. *Voyez* au mot IRRITABILITÉ. (B.)

SUCCESSION DE CULTURES (1).

On a désigné sous la dénomination de Cours ou Succession de Cultures, l'ordre de rotation dans lequel les végétaux soumis à nos cultures ordinaires peuvent se suivre avantageusement sur le même champ, pendant une suite d'années plus ou moins prolongée, conformément aux principes d'assolemens.

Nous avons établi et développé ces principes en traitant le mot Assolement. (*Voyez* ce mot et les mots Alternat, Jachère et Rotation.) Nous allons examiner, sous celui-ci, les principaux avantages et inconvéniens que nous présentent, sous ce rapport, la plupart des végétaux soumis parmi nous à une culture régulière en plein champ, et entrer dans tous les détails relatifs à cet objet.

Examen des principaux avantages ou inconvéniens que les plantes le plus généralement introduites en France dans les assolemens, présentent, considérées sous ce rapport, et de l'ordre de succession le plus avantageux à leur culture.

Avant d'entrer dans les détails nécessaires relativement à chaque plante, considérée isolément, il convient, afin de pouvoir les classer toutes dans un ordre méthodique approprié à notre objet, d'examiner préalablement la composition des terres destinées à être soumises à des assolemens réguliers.

Les principales parties constituantes des terres cultivables consistent essentiellement dans les substances siliceuse, calcaire, argileuse et végétale.

Quoique ses principaux ingrédiens, qu'on pourrait rigoureusement réduire aux trois premiers, soient peu nombreux, les variétés de forme et de structure dont ils sont susceptibles, les diverses proportions des mélanges qu'ils peuvent former, soit entre eux, soit avec quelques autres substances acces-

---

(1) Cet article, extrêmement important et entièrement neuf, riche de faits et de principes solides, a été originairement composé pour un ouvrage particulier sur les Assolemens. La multiplicité des objets qu'il renferme, et les détails de culture qu'il a exigés l'ont nécessairement rendu volumineux ; cependant nous avons cru ne devoir rien retrancher, parce que toutes les parties sont étroitement liées entre elles, et forment un ensemble nécessaire au développement de tout ce qui concerne l'assolement, que l'auteur y traite spécialement ; mais l'on trouvera à la fin de ce travail une table des diverses cultures qui y sont traitées, avec l'ordre dans lequel elles se suivent, ce qui facilitera les recherches du lecteur.

(*Note de l'éditeur.*)

soires, la situation plus ou moins basse ou élevée des terrains, leur disposition horizontale ou diversement inclinée, plane ou inégale, l'épaisseur plus ou moins grande de la couche supérieure, la nature plus ou moins spongieuse ou compacte, sèche ou humide des couches inférieures, la différence des climats et des expositions, l'influence variée des abris, des eaux, des bois et d'un grand nombre d'autres causes prochaines ou éloignées ; toutes ces circonstances diversement combinées établissent, dans la composition et dans les qualités des terres cultivables, des nuances tellement multipliées, qu'il est réellement impossible de diviser et subdiviser ces terres sous le rapport du genre de culture qui leur convient le mieux, en classes et espèces fixes et régulières : l'analyse chimique même est un moyen trompeur et insuffisant pour cet objet.

Il faut donc nécessairement se borner à un très-petit nombre de divisions générales et approximatives ; et puisque la nature même de la composition des terres cultivables, établie sur les différentes proportions respectives des principales parties constituantes, ne fournit pas un guide certain pour établir ces divisions, il nous paraît bien plus convenable de les asseoir sur la nature des productions auxquelles ces terres paraissent être le mieux appropriées, quoique ce moyen offre encore de grandes variations.

Ainsi, afin de moins compliquer cet objet, nous n'établirons que trois grandes classes ou divisions principales de terres, sous lesquelles chaque cultivateur pourra placer toutes les nuances intermédiaires qui les séparent, en rapportant à chacune de ces divisions toutes celles qui s'en rapprochent le plus, tant par la nature générale de leur composition que par celle des productions auxquelles elles sont le plus propres, et par toutes les autres circonstances qui peuvent influer sur leurs qualités.

La première division comprendra toutes les terres siliceuses, calcaires ou crétacées, plutôt sèches qu'humides, meubles que compactes, élevées que basses, essentiellement propres à la production du seigle, de l'épeautre et de l'orge, parmi les graminées annuelles ; du sainfoin, de la lupine, du mélilot, du fénugrec, de la lentille, de l'ers, du lupin, du pois chiche et du haricot, parmi les légumineuses, de la rave ou du navet, de la navette et de la cameline, parmi les crucifères ; et du sarrasin, de la gaude, de la spergule, de la pomme de terre, de la patate, du topinambour et du soleil parmi les autres familles naturelles, indépendamment de plusieurs autres plantes vivaces, propres à l'établissement des prairies permanentes, et que nous ferons connaître particulièrement dans notre seconde division, en nous occupant de cet objet important.

La seconde division renfermera toutes les terres argileuses naturellement tenaces, plutôt humides que sèches, basses qu'élevées, compactes que meubles, particulièrement convenables à la culture du froment, de l'avoine et des graminées vivaces propres aux prairies, dans la première famille ; des trèfles, des fèves, des pois, des vesces, des gesses, et aussi de quelques autres plantes légumineuses, vivaces, propres aux prairies permanentes, telles que les lotiers orobes, etc. , dans la seconde ; des choux proprement dits, et des choux-raves, choux-navets, rutabagas, colzas ou autres variétés, dans la troisième ; et de la chicorée sauvage, dans la famille des chicoracées.

Enfin, la troisième division sera consacrée à toutes les terres, qui, douées de cet heureux état mitoyen, si convenable en toutes choses, s'éloignent des deux extrêmes compris dans les deux premières divisions; à toutes celles qui, jouissant des proportions convenables de consistance, d'ameublissement, de profondeur et de fraîcheur, qui constituent ce qu'on désigne souvent sous le nom de *terres franches*, sont également propres à toutes les productions que le climat comporte, et peuvent admettre avec avantage dans leur sein la plupart des plantes précédemment indiquées, mais réclament plus particulièrement l'escourgeon, le millet, le panis, l'alpiste, le sorgho, le maïs et le riz, dans la première famille ; la luzerne, l'arachide, la réglisse et l'indigotier, dans la seconde ; le pastel, la buniade orientale et la moutarde, dans la troisième ; et dans d'autres familles, le chanvre, le lin, la garance, le tabac, le cotonnier, la courge, le safran, le pavot, la bette, la carotte, le panais, le houblon, la cardère, l'asclépiade de Syrie, la rhubarbe et la soude.

Il convient d'observer ici que les plantes que nous venons d'énumérer, ainsi que toutes celles qui exigent des terres de première qualité pour prospérer, peuvent être, aussi, plus ou moins admissibles sur celles des deux premières divisions, dont les plantes qui leur sont plus particulièrement affectées peuvent également passer de l'une dans l'autre, suivant les modifications accidentelles que la terre est susceptible de recevoir par l'effet de la culture, des amendemens et d'autres circonstances déterminantes qu'il est impossible de préciser, mais que le cultivateur intelligent, qui connaît bien *la portée* de son terrain, et qui sait d'ailleurs qu'il ne peut y avoir en agriculture de règle fixe et invariable, saisit aisément.

Observons aussi que la majeure partie des plantes propres à la nourriture de l'homme et à celle de ses bestiaux, se trouvent comprises dans les trois grandes familles des graminées, des légumineuses et des crucifères.

PREMIÈRE DIVISION.

PREMIÈRE SECTION.

Des Graminées.

Les plantes principales les plus applicables à cette division, parmi nos graminées annuelles, sont le seigle, l'épeautre et l'orge.

DU SEIGLE. Le seigle, *secale cereale*, Lin , est recommandable dans les assolemens de nos terres les plus ingrates, par trois avantages essentiels, 1°. par sa propriété bien reconnue de parvenir à maturité dans des situations qui s'opposent à la prospérité des autres plantes annuelles cultivées dans cette famille ; 2°. par la précieuse faculté, non moins constatée, de résister à un degré d'intensité de froid qu'elles ne peuvent supporter ; et 3°. par la précocité de sa végétation, qui le rend très-propre, d'une part, à être remplacé par une seconde récolte dans la même année, et, de l'autre, à fournir, le premier, au printemps, une nourriture verte, saine, abondante, et si nécessaire, à cette époque, pour les bestiaux, ou au moins un engrais végétal très-abondant et très-avantageux, comme nous en verrons plus loin des exemples bien remarquables.

Examinons-le sous ces trois rapports importans.

Premier avantage. Sans doute , le seigle est encore cultivé aujourd'hui en France, comme ailleurs, sur un très-grand nombre de terres, sur lesquelles, avec de bons assolemens, qui produiraient nécessairement plus d'engrais et une culture plus soignée et plus profitable, il devrait céder la place, qu'il y occupe souvent presque exclusivement, au froment ou à d'autres plantes préférables pour la qualité des produits : mais il est certain qu'il existe des terres sur lesquelles il a des droits incontestables à la préférence qu'on lui accorde , quoique Arthur Young ait prétendu le contraire, dans son *Voyage en France.* La plupart de celles qui sont essentiellement trèsmeubles ou crétacées, siliceuses et arides, et qui, redoutant les chaleurs fortes et prolongées, sont d'ailleurs naturellement peu fertiles et peu susceptibles de le devenir, à cause des circonstances locales dans lesquelles elles se trouvent, le réclament impérieusement. Sa maturité étant plus précoce, il a moins à y redouter l'effet désastreux des plus fortes chaleurs ordinaires, et des orages de la canicule, avant lesquels il a généralement parcouru le cercle entier de sa végétation ; et, comme l'observe très-judicieusement Rozier, *ses feuilles étant plus larges et formant une touffe plus considérable que celles du froment , ses tiges étant aussi comparativement plus grêles et moins fortes,* et, l'on pourrait ajouter, occupant moins long-temps le sol , et résistant mieux à la sécheresse, son grain étant d'ailleurs spécifiquement moins pesant et moins substantiel , il exige généralement une terre moins fertile pour prospérer.

C'est ce que l'expérience démontre chaque année, et sur-tout lorsque, dans un des assolemens les plus vicieux, trop fréquent dans quelques-uns de nos départemens, les cultivateurs qui savent bien que les champs sur lesquels ils viennent de récolter du froment, ne peuvent plus leur en fournir immédiatement une nouvelle récolte abondante, et qu'ils conservent néanmoins assez de nourriture pour suffire à une récolte ordinaire en seigle , les ensemencent avec ce dernier grain. Dans ce cas, il donne généralement, à la vérité, des produits plus avantageux que n'aurait fait une seconde récolte de froment, qui eût exigé une terre plus fertile ; mais il achève aussi de la souiller et de l'épuiser, et force les cultivateurs plus avides qu'éclairés sur leurs véritables intérêts, à recourir l'année suivante à l'improductive et insuffisante jachère, qui devient le triste et ordinaire résultat de leur conduite mal raisonnée.

Le seigle est sur-tout très-propre à être alterné, sur les terres peu fertiles, avec le sainfoin, qui les rend quelquefois en état de produire du froment, comme nous en citerons plusieurs preuves, en traitant particulièrement de cette plante fourrageuse.

Il en existe une variété printanière , désignée sous les dénominations de *seigle-trémois, marsais,* ou de *mars ,* qui peut encore devenir utile pour remplacer une récolte tardive de navets, ou toute autre, et qui est plus particulièrement convenable aux montagnes élevées sur lesquelles l'on ne peut semer de grains hivernaux ; mais elle produit généralement, comme toutes nos variétés printanières, des grains d'hiver, des récoltes beaucoup moins abondantes que ces mêmes grains non *désaisonés.*

Quant au mélange de seigle et de froment, connu sous le nom de *méteil,* il peut quelquefois être utile sous le rapport du produit ; mais il a généralement des inconvéniens , à raison de la maturité et de la mouture inégales de ces grains. Il paraît cependant, d'après un travail de M. Girard Jandrieu, cultivateur distingué des environs du Puy, que ce mélange a lieu dans le département de la Haute-Loire, avec d'assez grands avantages et sans qu'il en résulte d'inconvéniens.

Second avantage. Si la culture du seigle mérite d'être conservée sur un grand nombre de terres ingrates dont nous venons de parler, elle n'est pas moins avantageuse sur celles de nos montagnes dont la froide température ne peut admettre ni le froment, ni l'orge, ni le maïs, et sur lesquelles l'avoine seule, parmi nos graminées annuelles cultivées, peut quelquefois partager avec le seigle le droit de procurer aux cultivateurs alpicoles des récoltes passables dans ce rigoureux domaine des neiges et des frimats prolongés.

La moyenne région de nos Alpes, des Vosges, ainsi que celle des Cévennes, et de plusieurs autres de nos montagnes subalpines, offrent un très-grand nombre de preuves de cette vérité. Non-seulement la chaleur qui y règne l'été, n'y est ni assez forte, ni assez constante, ni sur-tout assez prolongée pour procurer aux autres grains une maturité convenable, que le seigle y obtient ordinairement ; mais ce qui rend celui - ci très-précieux, dans ces froides contrées, c'est qu'il résiste à une intensité de froid qu'aucun d'eux ne peut supporter. Il y résiste également, pendant très-long-temps, aux amas considérables de neige, produits par les avalanches, comme le prouve un fait remarquable observé par Villars, et consigné dans son intéressante *Histoire des plantes du Dauphiné*. Plusieurs champs ensemencés en seigle s'étant trouvés ensevelis sous un amas considérable de neige qu'une avalanche y avait accumulée, la végétation se conserva sous cette couche glaciale et épaisse, que la chaleur de l'année suivante ne suffit pas pour faire disparaître, et le seigle y parvint à maturité, l'année d'ensuite, après un ensemencement qui datait de deux années.

La variété la plus recommandable sous cet important rapport est celle dite de la Saint-Jean ou du nord, dont nous parlerons plus loin.

Troisième avantage. Quelque importans que puissent être les deux avantages précédens dans un très-grand nombre de cas, le seigle est peut-être plus recommandable encore par ceux qui résultent de la précocité de sa végétation, ainsi que de l'abondance et de la qualité de son fourrage vert au printemps.

D'abord, en couvrant de bonne heure, en automne, d'un épais tapis de verdure, la terre naturellement aride sur laquelle il est semé, il la garantit très-efficacement dans cette saison, et plus encore au printemps, des fâcheuses impressions du hâle, de la sécheresse et de la chaleur.

Ensuite, sa récolte ayant ordinairement lieu de très-bonne heure, il permet par là d'obtenir, la même année, avec des assolemens convenables, une seconde récolte sur le même champ, même dans nos départemens les plus septentrionaux, où nous voyons la rave, le navet, et la spergule le remplacer immédiatement après la sienne ; et à plus forte raison dans nos contrées plus méridionales, où il peut être et où il est en

effet remplacé par un bien plus grand nombre de plantes, qui
se récoltent également la même année, et parmi lesquelles on
remarque le maïs pour fourrage, le millet, le panis, le lupin,
le pois chiche, la vesce, la gesse, le haricot, le pavot, la cameline, la navette, le sarrasin, et même la pomme de terre.

A la vérité, cette précocité, généralement si avantageuse,
lui devient quelquefois funeste, en exposant ses épis en fleurs
aux fâcheuses impressions des gelées intempestives qui détruisent plus ou moins les germes de sa fructification ; mais il se
trouve aussi, par la même circonstance, moins exposé aux
dégâts plus redoutables de la grêle, qui ne commence souvent,
dans le même climat, ses terribles ravages qu'après l'époque
ordinaire de la récolte du seigle.

Enfin, par la précocité, l'abondance et la qualité de son
fourrage vert, le seigle devient utile dans plusieurs cas, dont
nous allons examiner les principaux.

§ 1. Il est sans contredit la principale, sinon l'unique nourriture verte, à-la-fois abondante et économique que l'on puisse
donner aux bestiaux, qui en ont le plus grand besoin, dans les
premiers jours du printemps, après l'entière consommation des
racines dont le cultivateur prévoyant doit toujours faire une
ample provision. Non-seulement il devient une ressource très-
précieuse à cette époque, généralement si critique, sur-tout
pour les insoucians et trop confians routiniers *jachéristes*, mais
il peut encore partager avec les racines l'avantage de nourrir
les bestiaux pendant l'hiver, comme nous le prouverons tout-
à-l'heure. Il doit être considéré alors comme formant une
prairie momentanée, destination à laquelle les grains soumis
à nos cultures ordinaires paraissent avoir été appropriés depuis long-temps. Ce genre de prairie, désigné généralement
dans le midi de la France sous le nom de *fourragère*, était souvent et toujours très-utilement employé par les Romains, d'a-
près le rapport unanime de leurs auteurs géoponiques, *dont
tous les procédés*, comme l'atteste Gilbert, *semblent annoncer
une connaissance mieux sentie du mérite des bestiaux*, et ils
y consacraient sur-tout l'escourgeon et l'avoine, d'après Co-
lumelle (1).

§ 2. Ces *fourragères*, ou *prairies momentanées*, que nous
avons encore trouvées établies sur divers points de l'Italie, ne

____

(1) Le mot français *fourrage* ne serait-il pas dérivé du mot latin *fur-
rago*, qui a lui-même pour racine le mot *far*, expression générique qui
correspond à notre mot *blé*, et qui indiquerait très-bien l'usage ancien
de convertir en fourrage l'herbe de nos grains, quoique nous ayons appliqué ce mot à toute espèce de foin, que les Romains distinguaient par
les mot particuliers *fœnum*, *ocymum*, etc. ?

produisent pas ordinairement une quantité de fourrage égale à celle qu'on obtient, dans les terrains convenables, de la réunion des diverses coupes de luzerne, de trèfle et de quelques autres prairies artificielles, comme l'observe judicieusement notre savant cultivateur méridional M. de Villèle; mais indépendamment des avantages si précieux que procure le seigle ainsi traité sur des sols ingrats qui ne comportent pas ces cultures, par la précocité d'une excellente nourriture verte, dont on peut, même dans les cas urgens, jouir au milieu de l'hiver, le terrain sur lequel on a recueilli ces avantages peut être assez tôt dépouillé de ce produit pour être en état de recevoir deux nouveaux ensemencemens la même année, comme nous le démontrerons à la fin de cet article.

§ 3. Il est aussi des circonstances heureuses, dans lesquelles le même champ, avec un seul et même ensemencement en graminée annuelle, peut fournir dans la même année, un ou même plusieurs produits en fourrages, et ensuite une récolte en grain.

Cette multiplicité de récoltes résultantes du même ensemencement, et dont l'escourgeon et le froment fournissent plusieurs exemples, que nous rapporterons à leur article, est plus particulièrement encore applicable au seigle qu'à toute autre graminée.

Ce grain, semé de très-bonne heure, sur des terres, ou naturellement fertiles, ou rendues telles par une judicieuse distribution d'amendemens et d'engrais, peut, avec des circonstances atmosphériques favorables, fournir avant, pendant, et après l'hiver, plusieurs produits avantageux en fourrages, indépendamment d'une abondante récolte en grain.

La variété connue sous le nom de *seigle de la Saint-Jean*, probablement parce qu'on la seme à cette époque, ou sous celui de *seigle du Nord*, parce qu'elle y est plus connue et cultivée qu'ailleurs, et dont une nouvelle variété qui nous est parvenue dernièrement de Russie, est moins hâtive que celle qui est ordinairement cultivée en France, moins productive en grains, mais plus rustique et d'un vert plus intense, paraît essentiellement convenable pour obtenir ces divers produits, comme le prouvent les exemples suivans.

M. Le Breton fit, avec ce seigle, à Saint-Germain, en 1785, une expérience de laquelle il résulta qu'ayant été semé le 28 juin, il fut en état d'être fauché pour la première fois, le premier septembre, ayant atteint alors environ 20 pouces; qu'il fut fauché une seconde fois, le 28 du même mois, et qu'il fournit, l'été suivant, une récolte plus abondante qu'un champ de seigle ordinaire, qui avait été semé en automne à côté.

Gilbert fit une expérience semblable avec ce seigle, et l'ayant

semé le 9 juillet, il en obtint, le 10 septembre suivant, une
première coupe d'environ 18 pouces de haut (48 centimètres)
le 14 octobre, une seconde, d'environ un pied (32 centimètres)
et une rééolte en grain l'année suivante.

M. de Champagneux a cultivé avec le même succès, dans le
département de l'Isère, cette précieuse variété, qui avait été
envoyée d'Allemagne à notre collègue Thouin, dont le zèle
pour la propagation des végétaux utiles est généralement connu.

Le seigle ordinaire d'automne, traité de la même manière,
peut, d'après quelques essais que nous avons faits sur cet objet, fournir aussi, dans des circonstances favorables, des résultats très-avantageux en fourrage et en grain, quoique moindres que ceux que procure le seigle de la Saint-Jean.

Confirmons par quelques nouveaux exemples l'utilité de la
culture du seigle, judicieusement intercalée dans les assolemens et considérée comme récolte-fourrage.

Duhamel, après avoir fortement recommandé cette culture,
cite l'exemple remarquable de M. Delu, *qui en avait obtenu
cinq coupes de fourrage excellent, en deux ans, sur le même
champ.*

L'un des premiers cultivateurs du département des Landes,
M. Poyféré de Cère, qui est à la tête d'une de nos bergeries
nationales, nous informe que « le seigle en vert est le seul fourrage dont l'usage soit généralement adopté dans les Landes
pour les troupeaux en hiver ; on l'y sème en septembre et en
octobre, on le fait pacager par les brebis et agneaux, et il y est
d'une ressource infinie. »

Un cultivateur non moins instruit, du département de la
Gironde, M. Le Gris Lasalle, qui, sur son domaine de Tustal, a établi un excellent assolement, y sème souvent en septembre le seigle avec un mélange de vesce, et le coupe en mars.
Il nous informe aussi qu'il a reconnu que c'est le *plus hâtif* des
fourrages ; qu'il repousse ordinairement après cette première récolte, et il ajoute : « Dans l'automne de 1805, j'en fis semer
sur un champ de 6 hectares ; en mars 1806, la terre fut retournée après la récolte, et l'on planta des pommes de terre ;
celles-ci, arrachées en octobre, furent remplacées immédiatement par du froment, recueilli en 1807 : de sorte que dans
l'espace de moins de deux ans j'ai obtenu trois récoltes, *fourrage, pommes de terre et froment.* »

Nous ne pouvons encore nous refuser au plaisir d'annoncer
que M. Mallet n'a réussi à entretenir d'une manière aussi recommandable d'aussi beaux et d'aussi nombreux troupeaux de
mérinos, sur l'ingrate *varenne* dont ses soins sont parvenus à
fixer le sable mobile, qu'en en couvrant une grande partie,
tous les ans, en seigle, qui, indépendamment d'une très-grande

10 *

quantité de sainfoins, avec lesquels il a consolidé et fertilisé ce sol aride, servait de nourriture à ses brebis et à leurs agneaux, pendant l'hiver et le printemps ; et il a également reconnu que dans la position critique dans laquelle il se trouvait, c'était la nourriture la meilleure, la plus économique, la plus précoce et la plus abondante qu'il pût procurer à ses troupeaux, à cette époque.

Enfin, nous avons aussi recommandé, *par notre propre pratique*, l'usage de cette précieuse ressource, que nous nous sommes plusieurs fois procurée de la manière suivante. Immédiatement après la récolte de tous nos champs disponibles, nous y semions environ un hectolitre par hectare de criblures de seigle, que nous enfouissions très-expéditivement avec une forte herse de fer que nous avions fait construire à cet effet, et qui est représentée sur la *planche qui se trouve à la fin de ce traité*. Cet instrument supplée assez bien à la charrue, sur les terres meubles, à une époque où les travaux sont si urgens. Il remue suffisamment la terre, qui ne tarde pas à se couvrir de la verdure des semences qu'on lui a confiées, et d'une grande partie de celles qu'elle recelait dans son sein ; ce qui est de la plus grande importance pour son nettoiement. Un simple hersage suffit d'autant mieux, en général, pour enfouir les criblures de seigle, que ce grain a peu besoin d'être enfoui, et qu'il germe souvent même à la surface du sol.

Cet ensemencement expéditif et très-peu coûteux fournissait à nos troupeaux, pendant l'hiver et le printemps, une excellente nourriture verte, avec le topinambour et quelques pièces de sainfoin ; afin de prolonger cette précieuse ressource, nous semions simultanément sur le même champ, par planches séparées, d'autres criblures d'escourgeon, de froment et d'avoine d'hiver, qui, croissant à des époques différentes, fournissaient alternativement des pâtures nouvelles, dont les dernières laissent aux premières employées le temps de repousser. Quelques planches admettaient aussi parfois un mélange de navets, qui, lorsqu'ils résistaient à l'hiver, fournissaient, au printemps, une nouvelle variété de nourriture. Ces pâtures se trouvaient souvent remplacées en été par d'autres, formées de la même manière avec des grains printaniers, qui non-seulement procuraient alors une nouvelle nourriture aux troupeaux, avec celle de nos prairies naturelles et artificielles, mais qui ameublissaient et fertilisaient encore, par leurs débris et par les déjections animales, ceux de nos champs qui y étaient soumis, et qui n'en devenaient que plus propres à donner, la même année, une nouvelle récolte en sarrasin, en navets, en maïs-fourrage, ou en tout autre produit, qui ne préjudiciait en aucune manière à la récolte en grain de l'année suivante.

Nous avons eu souvent occasion de reconnaître que cette variété de nourriture contribuait puissamment à la prospérité de tous nos animaux domestiques, pour lesquels elle était aussi agréable et aussi profitable que la variété des produits était utile au sol qui les fournissait.

Nous avons aussi reconnu que les débris du fourrage vert, qu'on peut encore faner, en le fauchant au moment où l'épi paraît, étaient en outre un engrais végétal très-convenable au terrain qui en profitait. Pline nous informe que les Gaulois des Alpes taurines, aujourd'hui les Piémontais, semaient quelquefois, de son temps, le seigle pour cet objet ; et M. Giobert de Turin a renouvelé dernièrement avec beaucoup de succès sur son exploitation rurale cet antique usage de ses ancêtres, que plusieurs agriculteurs français ont adopté depuis, comme nous, avec de grands avantages.

Ce que le seigle redoute le plus, c'est une humidité surabondante, à laquelle il résiste moins bien que les autres graminées. Nous avons remarqué en 1806, après un débordement de la Seine qui avait inondé toutes nos emblaves, que le seigle avait succombé à l'inondation, au bout de huit jours ; l'escourgeon et l'avoine d'hiver, après douze jours, tandis que le froment avait résisté à trente-deux jours de submersion. Cette dernière observation nous a été confirmée par une semblable, faite par MM. Chassiron et Brémontier.

Le seigle est sujet à une maladie connue sous le nom d'*ergot*, ainsi nommée parce que les grains qui en sont affectés ont une forme allongée et recourbée qui leur donne l'apparence d'un ergot, et lorsque ces grains sont réduits en farine avec ceux qui sont sains, le pain qui en provient donne lieu à une maladie appelée *gangrène sèche*, qui fait quelquefois de terribles ravages. On a remarqué que l'*ergot* était généralement plus abondant sur les terres humides ou nouvellement défrichées, ainsi que dans les années pluvieuses, et cette observation peut fournir des renseignemens utiles pour les assolemens. Au reste, on n'a trouvé jusqu'à présent aucun préservatif assuré contre cette maladie, quoique le chaulage nous paraisse, comme à M. Tessier, propre à la prévenir dans quelques circonstances.

Le seigle est aussi exposé aux ravages de quelques insectes, sur-tout sur les terres où il paraît plusieurs fois consécutivement.

Le grain du seigle est inférieur en qualité à celui du froment. Il fournit une farine moins blanche et moins sèche, qui s'allie avantageusement en diverses proportions avec celle de ce dernier grain et fournit un pain qui se conserve long-temps frais. Sa paille est également moins bonne pour la nourriture des bestiaux, étant coriace et moins appétissante; mais elle est, à cause de sa solidité, la plus convenable de toutes pour les liens, les couvertures, la litière et pour un grand nombre d'ouvrages de *natterie* pour lesquels elle est très-employée (1).

DE L'ÉPEAUTRE. L'épeautre, épaute, ampeutre ou espiote, blé locar ou locular, ou blé rouge, *triticum spelta*, Lin., est une espèce de froment à écorce pailleuse, épaisse comme celle de l'orge ordinaire, dont l'épi est court et un peu comprimé, et dont les fleurs, tronquées obliquement et ordinairement pourvues de courtes barbes, sont au nombre de quatre dans le même calice.

Il en existe une autre espèce connue sous le nom de petite épeautre à une seule loge, *triticum monococcum*, L., à laquelle on applique plus particulièrement le nom de blé *locar*, *locular* ou distique, et une variété printanière qui est généralement peu productive en paille et en grain, mais très-rustique et peu délicate sur la nature du sol. C'est cette espèce qui a été introduite en divers cantons de la France, il y a quelques années, sous le nom de *riz sec* ou *de montagne*.

L'épeautre, très-estimé des anciens, qui le désignaient sous le nom de *zea* ou *semen*, *semence par excellence*, est généralement peu cultivé en France aujourd'hui, si ce n'est dans quelques cantons de nos département de l'est, dans les Vosges sur-tout, et sur les frontières de l'Allemagne et de la Suisse, pays où sa culture est beaucoup plus étendue. Nous ne l'avons guère trouvé cultivé non plus en Italie, que sur quelques portions des Alpes et des Apennins.

On le trouve aussi dans quelques endroits du département de l'Indre, où le grain de la petite variété, désignée sous le nom d'*ingrain*, sert quelquefois de nourriture aux chevaux en place d'avoine, et dans celui du Gers, où l'on emploie indistinctement les deux variétés à engraisser les oies et les porcs. On le trouve encore dans les montagnes des Cévennes, du Limousin, de l'Angoumois et du Dauphiné, ainsi qu'en quelques autres endroits montueux, mais c'est généralement en petite quantité.

L'épeautre ne paraît pas non plus avoir été très-cultivé du temps d'Olivier de Serres, qui dit que *ne rendant que fort peu de farine par l'abondance du son qu'elle fait étant moulue ou pellée, cause qu'en ce royaume maintenant telle sorte de bled n'est beaucoup prisée.*

Duhamel, qui paraissait aussi en faire peu de cas, nous in-

---

(1) *Voyez* l'article FROMENT pour tous les détails relatifs à la culture, à la récolte, à la conservation et à l'emploi du seigle, de l'épeautre, de l'avoine et de l'orge.

forme encore que de son temps *on ne le cultivait guère en Gâtinois que vers Montargis.*

Il jouit de l'avantage, qui est assez grand pour quelques localités, de moins verser que le froment commun ; et l'espèce dite locular dans le midi, où nous l'avons trouvée dans des situations ingrates, y est quelquefois employée à la confection de la bière et des gruaux.

Comme le seigle, il exige, pour prospérer, un terrain moins fertile que celui qui convient au froment ordinaire, et il croît d'ailleurs sur les sols argileux les plus compactes, comme sur les terres siliceuses les plus arides, sur-tout la petite espèce et sa variété, qui s'accommodent assez bien des terres schisteuses et granitiques les plus rebelles aux cultures ordinaires. Comme lui, il résiste également bien aux froids excessifs et aux sécheresses prolongées, et se conserve très-long-temps sous la neige ; et comme lui aussi, il redoute le séjour de l'eau qui le détruit promptement.

Il peut donc être substitué au seigle dans les mêmes assolemens, mais il demande à être semé plus tôt, et se récolte ordinairement plus tard. Au reste, sa culture est la même ; il se bat aussi plus difficilement, parce que les grains tiennent fortement aux balles qui les entourent, et celles-ci à l'axe de l'épi.

L'épaisseur et la dureté de son enveloppe le préservent très-bien des attaques des insectes qui en sont avides lorsqu'il en est dépouillé, et on l'en dépouille, pour le manger, par les mêmes procédés que ceux usités pour faire le gruau d'orge, mais on le sème toujours avec ses enveloppes ; c'est ce qu'on appelle semer *en bourre*, et l'émondage le réduit de moitié au moins.

Le grain de l'épeautre, privé de ses enveloppes, est plus petit que ceux du froment ordinaire et du seigle ; il est aussi spécifiquement plus léger et contient peu de farine ; mais elle est très-savoureuse, délicate, légère, et avide d'eau, et elle l'emporte beaucoup pour la qualité, sur celle du seigle et même sur celle du froment commun.

On en fait du pain, de la pâtisserie et de la bouillie qui ont autant de légèreté que de saveur ; et les farines de Strasbourg, Francfort et Nuremberg si renommées pour leur blancheur et leur légèreté, sont faites avec l'épeautre. On convertit aussi le grain en gruau qui remplace souvent le riz dans les potages. On en fait encore quelquefois de la bière et de l'eau-de-vie ; enfin on en engraisse, avec beaucoup d'avantage, les animaux. La paille hachée, ainsi que les balles, sont données aux chevaux en plusieurs endroits, mélangées avec d'autres substances alimentaires (1).

DE L'ORGE. On distingue au moins quatre principales espèces annuelles d'orge cultivées en France; savoir, l'orge distique ou à deux rangs, qui renferme la précieuse variété, ou plutôt espèce d'orge nue; l'orge éventail ou faux riz, l'escourgeon, orge hexastique, sucrion ou soucrion, et l'orge hexastique ou carrée, qui comprend aussi l'orge hexastique nue, que nous regardons encore comme une espèce distincte.

Nous ne nous occuperons ici que des espèces distiques, l'escourgeon et toutes les espèces ou variétés hexastiques appartenant plus particulièrement à notre troisième division, parce qu'elles exigent une terre très-fertile pour donner des produits avantageux.

DE L'ORGE DISTIQUE. L'orge distique, *hordeum distichum*, L. connue en différens endroits sous les noms de *baillard* ou *baillarge*, *pamèle* ou *pamoule* et *marsèche*, parce qu'on la sème ordinairement en mars dans les cantons où on la désigne ainsi, est plus délicate sur le sol et l'exposition que le seigle et l'épeautre.

Elle préfère à toute autre les terres meubles légèrement humides et les expositions chaudes, et réussit généralement assez bien sur celles de cette division qui réunissent ces qualités; mais à quelque époque qu'on la sème, elle exige, pour prospérer, que le sol ait été préalablement bien engraissé, défoncé et ameubli par de profonds labours et autres opérations aratoires.

Sa végétation accélérée, dont elle atteint ordinairement le terme en trois mois, laisse, avant et après, le temps nécessaire pour faire d'autres cultures de fourrages ou de pâtures la même année, *lorsqu'elle est semée seule au printemps;* ce qui n'est pas, en général, la pratique la plus profitable ni la plus conforme aux principes que nous avons établis.

Elle réussit ordinairement très-bien après la culture des carottes, des raves et des navets, ou de toute autre récolte, sarclée et sur-tout *consommée sur place,* ce qui est particulièrement avantageux aux terres de cette division; il est aussi très-avantageux de la semer avec le trèfle, ou la lupuline, ou le sainfoin, qui admettant après, le froment, l'épeautre, ou le seigle, fournissent une série de récoltes très-productives, sans exiger beaucoup de labours et d'engrais. Nous l'avons vue également plusieurs fois donner une seconde récolte avantageuse

---

(1) *Voyez* l'article FROMENT pour les détails généraux relatifs à la culture.

dans la même année, après une première de pois hâtifs, faite de bonne heure.

Lorsqu'une récolte de sarrasin ou de pommes de terre est faite trop tardivement en automne pour pouvoir espérer une récolte successive de seigle ou d'autre grain d'hiver, ou lorsqu'on désire obtenir, après ces récoltes, un pâturage au printemps, ou enfin se réserver le temps nécessaire pour fumer la terre, l'orge dont l'ensemencement peut être différé souvent sans inconvénient jusqu'en avril et même en mai, est encore très-propre à remplacer ces cultures; son ensemencement devient aussi plus convenable à cette époque qu'à toute autre, pour servir d'ombrage et d'abri aux prairies artificielles naissantes.

Sa culture au reste épuise beaucoup le sol, comme celle de toutes les orges qui, présentant peu de surface à l'atmosphère, sont munies de longues et nombreuses racines fibreuses très-épuisantes. Elle convient en général au voisinage des grandes villes, où les engrais sont plus abondans et la vente plus avantageuse et plus assurée; mais elle est sur-tout particulièrement applicable à ceux de nos départemens où la bière est la boisson habituelle, ainsi qu'au petit nombre de ceux où, comme en Espagne et en plusieurs autres contrées, l'orge remplace l'avoine pour les chevaux. Outre ces usages principaux, ce grain est encore souvent employé à l'engrais des bœufs, des porcs et de la volaille, quelquefois même à la nourriture de l'homme, soit sous la forme panaire, soit mondé, perlé, en gruau, ou assaisonné à la manière du riz.

DE L'ORGE-ÉVENTAIL. Cette espèce d'orge, *hordeum zeocriton*, L. est appelée — *orge-éventail* ou *pyramidal*, parce que ses grains, placés sur un épi pyramidal court, sont garnis de longues barbes disposées en éventail. — *Orge-riz*, improprement, ou *faux riz*, parce que ses grains, plus petits que ceux de l'espèce précédente, recouverts d'une écorce pailleuse extrèmement adhérente à la partie farineuse, et qui ne peut guère se monder, ont quelque ressemblance au riz; — ou *orge de montagne*, parce qu'elle y est plus souvent cultivée que les autres espèces. Elle peut remplacer la précédente, quoique étant moins productive, et paraît convenir davantage aux terrains élevés, ordinairement arides. Elle n'est guère cultivée que dans quelques cantons de nos départemens réunis, voisins de l'Allemagne, ce qui fait qu'on la désigne aussi quelquefois sous le nom d'*orge-riz d'Allemagne*. Elle est moins précoce que l'orge distique ordinaire.

DE L'ORGE NUE. L'orge nue, ainsi appelée parce que son grain, qui se sépare aisément de sa balle florale, au lieu d'être enveloppé dans une écorce épaisse dure et pailleuse comme les autres orges, est recouvert d'une pellicule légère comme le froment et le seigle, avec lequel il a quelque ressemblance, est aussi appelée par Linné *orge céleste, hordeum cœleste*, probablement à cause de ses bonnes qualités.

Cette variété ou plutôt cette espèce, car elle a des caractères constans assez distincts pour lui mériter cette qualification, peut être très-utile comme seconde récolte dans la même année, sur-tout dans nos départemens méridionaux et en Italie, où elle mûrit très-promptement, et où nous l'avons vu cultiver avec beaucoup de succès dans plusieurs cantons. Elle est sur-tout précieuse dans les années de disette, comme fournissant un bon pain, et mûrissant même avant le seigle; et, dans ces momens d'urgence, où le premier devoir est de se soustraire, avant tout, aux horreurs de la famine, on pourrait rigoureusement en obtenir deux récoltes consécutives sur le même champ, dans la même année, comme nous l'avons fait par essai en 1817, sauf à réparer ensuite cette infraction forcée aux principes d'assolement.

Nous l'avons cultivée avec succès dans un assolement dont nous avons déjà rendu compte, et quelques essais faits dans le département du nord nous font présumer qu'elle pourrait également être introduite dans le nord de la France. Il paraît même, d'après Mitterpacher, que les Norwégiens en font le plus grand cas pour la fabrication de leur bière : *Hordeum cœleste Norvegis gratissimum, quoniam cerevisiam generosam præbet. Mitterpacher.* Elem. rei rust. 312.

Cependant plusieurs brasseurs de la capitale, à qui nous l'avons offerte, n'ont pas paru la rechercher, et nous devons ajouter que, quoique très-productive, elle est sujette à deux inconvéniens que nous avons eu occasion de remarquer et qui contribuent à diminuer son produit, l'un que ses épis très-cassans se séparent aisément de la tige lors de la moisson, l'autre que son grain noircit promptement lorsqu'il est mouillé à cette époque par les intempéries de la saison. Nous devons dire cependant qu'elle est maintenant cultivée très en grand, avec succès, par un des premiers cultivateurs des environs de la capitale, M. Darblai, qui en fait le plus grand cas, et qu'elle se propage aussi dans plusieurs de nos départemens.

Nous ajouterons que nous en avons obtenu un pain très-blanc et très-savoureux, mais un peu sec, qu'à mesure égale elle en produit beaucoup plus que l'orge distique ordinaire et qu'il est d'une bien meilleure qualité.

On l'a introduite dans quelques cantons sous le nom impropre de *blé de Moscovie.*

C'est à tort qu'on a prétendu qu'elle dégénérait aisément et reprenait une balle adhérente. Nous n'avons jamais rien aperçu de semblable, depuis plus de vingt ans que nous la cultivons, et cette erreur provient d'un mélange accidentel de plusieurs espèces, auquel on n'aura pas fait attention en la cultivant.

Il existe aussi une autre espèce ou variété d'orge nue à six rangs, que nous avons également cultivée, et dont nous parlerons à l'article ESCOURGEON, parce qu'elle peut être substituée avantageusement à ce dernier grain d'hiver. Nous en connaissons encore une variété à grains d'un bleu tirant sur le noir, dont nous parlerons également à cet article.

On peut tirer un parti avantageux des différentes espèces d'orge, sous le rapport des pâtures et des fourrages ou prairies momentanées, comme nous l'avons déjà indiqué en considérant le mérite du seigle pour cet objet. Nous en parlerons également, en traitant de l'escourgeon, qui est plus particulièrement applicable à cette destination.

Toutes les orges, comme les avoines, sont très-sujettes à la maladie du charbon, et nous avons constamment remarqué que cette maladie se manifestait d'autant plus sur toutes nos graminées, que le terrain était plus humide, le temps plus pluvieux et plus froid à l'époque de la semaille, et que la germination était plus lente. Nous avons aussi reconnu que le chaulage en était un excellent préservatif.

L'orge est de tous nos grains celui qui se bat le plus aisément, parce qu'il est peu adhérent à l'axe de l'épi, c'est pour cela que sa paille, qui en est ordinairement dépourvue entièrement après le battage bien fait, est si peu nourrissante. Son grain est aussi un de ceux qui redoutent le moins les ravages des animaux nuisibles et se conservent le mieux, à cause de sa dureté et de l'épaisseur de son écorce pailleuse; mais l'orge nue n'a pas cet avantage (1).

SECONDE SECTION.

Des Légumineuses.

Les plantes principales les plus applicables à cette division parmi nos légumineuses sont, pour les pérennes et bisannuelles, le sainfoin, la lupuline et le mélilot, et pour les annuelles, le lupin, la lentille, l'ers, le pois chiche et le haricot.

DU SAINFOIN. Le sainfoin commun, *hedisarum onobrychis*, Lin., désigné quelquefois sous les noms d'*esparcet* ou *esparcette*, *bourgogne* et *pelagra*, et quelquefois aussi sous celui de luzerne, sur-tout dans le Midi, étant originaire de nos

____

(1) *Voyez* l'article FROMENT pour les principaux détails relatifs à la culture.

montagnes et coteaux arides et crétacés, où il croît spontanément, et d'où il est descendu dans nos plaines depuis environ deux siècles, est très-propre à fertiliser la plupart de nos terres naturellement peu fertiles, et sur-tout celles qui sont calcaires, nues, élevées et arides.

Il convient particulièrement pour lier et retenir, par l'entrelacement de ses racines pivotantes qui se bifurquent assez souvent, les terres meubles et en pente des coteaux crayeux, sur lesquels il jouit de la précieuse faculté de résister au froid et à la sécheresse plus qu'aucune autre de nos plantes ordinairement cultivées en prairies artificielles, et où, à défaut d'arbres, arbrisseaux et arbustes, il prévient très-efficacement les éboulemens qu'occasionnent si souvent les cultures annuelles.

Il y fournit généralement, à la vérité, un fourrage peu abondant, mais dont l'excellente qualité, dans de semblables positions, dédommage amplement de sa faible quantité; il procure en outre, presqu'en tout temps, un pâturage très-sain et singulièrement approprié à la nourriture d'été et d'hiver de nos bêtes à laine superfine, qu'il n'a jamais l'inconvénient si redoutable de météoriser, comme le font le trèfle, la luzerne et toutes les plantes très-aqueuses; et cet avantage est de la plus haute importance pour l'entretien de ces précieux animaux.

Dans ces positions ingrates, il ne produit ordinairement qu'une seule coupe, indépendamment du pâturage; mais, dans les terres calcaires, moins exposées au froid et à la sécheresse, qui sont meubles et profondes tout-à-la-fois, et qui conviennent essentiellement à la luzerne, il en fournit ordinairement plusieurs. De l'usage dans lequel on est, dans quelques cantons, de l'admettre sur de semblables terres, il est résulté une variété qui, transportée ensuite sur des terres moins fertiles, y donne, pendant long-temps, des produits plus abondans que ceux qu'on obtient de la variété qui y était originairement cultivée. Nous avons eu occasion de nous en convaincre, sur notre exploitation, en cultivant comparativement et alternativement sur de bonnes et de mauvaises terres, cette précieuse variété à côté de la variété commune. Nous avons bien constaté cette influence du sol et du climat, dont l'effet se perpétue plus ou moins long-temps sur des sols de qualité opposée.

Cette variété est très-commune dans les environs de Péronne, d'où nous l'avons tirée, ainsi que dans les départemens du Nord et du Pas-de-Calais, où on l'appelle *sainfoin chaud*. Elle est moins précoce, mais elle fournit ordinairement deux coupes abondantes, et quelquefois plus. Le foin qu'elle produit est souvent aussi plus dur que celui de la variété ordinaire ; mais cela provient de ce qu'il est fauché trop tard ou de ce que la graine de ce sainfoin est semée trop clair.

Au reste, il en est de cette variété, produite par la culture, comme des variétés printanières de froment, du seigle-trémois ou marsais, et du maïs quarantain, qui ne sont également que des variétés accidentelles, produites par la différence long-temps prolongée du sol, du climat et de la saison, adoptés pour leur culture. Nous nous sommes bien assurés de cette vérité, qui n'est pas encore assez connue des cultivateurs.

Le sainfoin, naturellement très-vivace, a, comme toutes les plantes pérennes, une longévité relative aux circonstances avantageuses ou désavantageuses dans lesquelles il se trouve. Les graminées agrestes, et sur-tout les bromes mol et stérile, *bromus mollis, sterilis*, sont ses plus redoutables ennemis, et lorsqu'on parvient à l'en débarrasser par des hersages profonds, il peut se soutenir très-long-temps ; mais sa durée est généralement moindre que sur les coteaux calcaires, sur les terres fertiles et en plaine, sur-tout si elles sont exposées à l'humidité, qu'il redoute par-dessous tout. Quoiqu'il résiste généralement assez bien à la dent des moutons, auxquels il fournit un pâturage si précieux, il est des circonstances cependant dans lesquelles cette dépaissance lui devient nuisible, et nous avons remarqué que c'était sur-tout pendant les fortes chaleurs, comme aussi lorsque la terre était imprégnée d'une grande humidité.

Il est, d'ailleurs, bien plus essentiel de prolonger sa durée sur les terres ingrates par leur nature et par leur situation que sur toute autre, parce qu'elles ne sont propres qu'à un très-petit nombre de cultures avantageuses ; et son retour, sur le même champ, doit généralement être différé jusque après un laps de temps égal à sa précédente existence, comme l'amélioration du sol, produite par sa culture, est toujours en raison directe de la durée de cette existence.

On ne doit généralement en tirer de la graine, pour semer ou pour donner aux chevaux, qui en sont avides, que lorsqu'on est sur le point de le détruire, et l'on doit toujours aussi réserver pour cet objet les champs les plus fertiles, parce que, conformément aux principes que nous avons établis et développés, la production de toutes les semences épuise le sol et la plante, plus que ne le font tous les autres produits. Cette règle est, par conséquent, applicable à toutes nos prairies artificielles. Nous observerons que cette semence qui conserve assez long-temps sa faculté germinative, à cause de la gousse dans laquelle elle est renfermée, et qui s'échauffe aussi très-aisément lorsqu'elle est fraîchement récoltée, à cause de la même enveloppe qui s'oppose à l'évaporation de son eau de végétation, doit être étendue mince et retournée souvent pour se conserver en bon état.

Le sainfoin peut être alterné très-avantageusement, sur les sols ingrats, avec le seigle, ou l'épeautre, ou l'orge, comme aussi avec le sarrasin, la pomme de terre, le topinambour, et toutes les plantes qui appartiennent à notre première division.

L'amélioration qu'il opère sur quelques-uns de ces sols est si prononcée, qu'il met souvent des terres qui, avant sa culture, n'étaient propres, malgré la jachère et toutes les préparations dispendieuses ordinaires, qu'à la production du seigle, en état de produire du froment, comme nous avons eu l'avantage de l'éprouver sur une très-grande étendue de terres médiocres.

Il peut servir, suivant les circonstances, aux assolemens à long et à court terme, et, comme dans toutes les plantes légumineuses, sa végétation est fortement activée par les engrais pulvérulens, principalement par ceux qui sont de nature calcaire.

Confirmons ces vérités en consignant ici quelques-uns des exemples les plus frappans que nous présente l'agriculture française sur le mérite du sainfoin pour nos assolemens.

Olivier de Serres, qui parlait d'après son expérience, nous dit que *l'esparcet vient gaiement en terre maigre et y laisse certaine vertu engraissante, à l'utilité des bleds qui ensuite y sont semés.*

Duhamel, qui avait également une expérience éclairée à l'appui de ses assertions, affirme que *le sainfoin s'accommode de toute sorte de terrain, à l'exception des terres marécageuses, et qu'un des avantages qu'on en retire est qu'il met la terre en état de produire ensuite du froment ou du seigle.*

Rozier nous dit avoir observé que *dans la Champagne pouilleuse, par-tout où le sainfoin couvre la craie, au lieu de l'abandonner à une triste et déplorable nudité, elle coûte beaucoup moins à cultiver et produit plus de grains qu'après la ruineuse et improductive jachère.* Beaucoup d'autres cultivateurs ont été à portée de faire la même observation en diverses parties de la France.

Tessier nous apprend, dans ses *Annales*, que « la Beauce, presque tout entière, n'a de prairies artificielles que le sainfoin ; que les cultivateurs de ce pays en ont tellement senti les avantages, que depuis vingt ans ils en sèment deux tiers de plus, et qu'ils ont, par ce moyen, beaucoup réduit leurs jachères. On peut prévoir, ajoute cet agronome, qu'en en semant encore davantage, *ils n'auront plus de jachères.* »

M. de Père nous informe *qu'il en a fait semer et vu prospérer sur des coteaux pierreux tellement amaigris, qu'on jugeait nécessaire d'en abandonner la culture.*

Nous avons déjà eu occasion de faire remarquer que M. Mallet n'était parvenu à entretenir, sur *l'ingrate varenne* qu'il cultivait d'une manière si recommandable, d'aussi beaux et d'aussi nombreux troupeaux, qu'en y multipliant le sainfoin, qui consolidait et fertilisait tout-à-la-fois le sable mobile, dont il obtenait ensuite d'abondantes récoltes de seigle et quelquefois même de froment, dans les portions qui sont naturellement les moins infertiles.

M. Bagot, son voisin, obtenait, par le même moyen, des résultats non moins avantageux sur un sol tout aussi ingrat. Nous avons également déjà eu occasion de faire connaître l'excellente méthode suivie en plusieurs endroits de l'ancienne Bourgogne, de le substituer aux vignes arrachées sur les coteaux, dont il prévient d'une manière bien efficace les éboulemens et la dégradation ; et le nom de *bourgogne,* sous lequel on le désigne fréquemment, indique l'ancienneté de son usage dans cette province.

M. Fera de Rouville qui, sur les terres ingrates et très-morcelées qu'il cultivait dans le canton si justement célèbre de Malesherbes, a aussi substitué un assolement raisonné à la jachère qu'on y observait encore avant lui, obtenait constamment des produits avantageux, en intercalant judicieusement avec la culture des grains celle du sainfoin et d'autres plantes améliorantes.

M. Huillier, maître de poste et cultivateur à Ancy-le-Franc, département de l'Yonne, est parvenu non-seulement à supprimer la jachère sur son exploitation à l'aide du sainfoin, mais aussi à y *substituer le froment au seigle.* Il vient de communiquer à la Société royale et centrale d'agriculture un assolement, dont la durée de neuf années coïncide avec la durée ordinaire des baux, et dans lequel le sainfoin n'étant récolté que pendant une seule année, comme cela a lieu ordinairement pour le trèfle, et revenant deux fois sur le même terrain dans cet espace de temps, le retour du froment est aussi fréquent que dans l'assolement triennal avec jachère.

M. Poulain-Grandpré a obtenu des récoltes annuelles décuples de la valeur du fonds, en couvrant de sainfoin des terres si ingrates qu'elles rendaient à peine le double de la semence, avant son introduction dans la partie du département des Vosges, où il cultive.

M. Turck, l'un de nos élèves les plus distingués, a tiré également le parti le plus avantageux des terres caillouteuses de son exploitation rurale, près de Nanci, à l'aide du sainfoin intercalé judicieusement avec les céréales.

La Société d'agriculture d'Indre-et-Loire a publié qu'*il est le grand améliorateur des terres ingrates du département, qu'il en change la nature et les rend fromentales en peu d'années.*

C'est aussi cette plante précieuse qui a fait disparaître la jachère sur une grande partie des terres les plus ingrates de la Beauce.

Notre pratique confirme encore ces exemples frappans des avantages nombreux que le sainfoin procure sur les sols les plus ingrats. Sur plus des trois quarts de notre exploitation consistant en terres essentiellement siliceuses et arides, *sur lesquelles on n'avait jamais conçu avant nous l'idée d'essayer la culture du froment,* nous sommes parvenus, il y a long-temps, à obtenir des récoltes nettes et abondantes de ce grain, *avec le secours du sainfoin.* Nous en entretenions constamment un grand nombre d'hectares, qui, par une rotation avantageusement combinée, produisaient, alternativement et successivement, d'utiles productions de céréales et d'autres plantes précieuses, adaptées à la nature du sol, et qui en ont banni, depuis très-long-temps, l'antique jachère.

Sans cette précieuse ressource, il nous eût été impossible d'entretenir, en aussi bon état, des troupeaux nombreux, sur une exploitation aussi ingrate par la nature de la terre, par son morcellement et par les sécheresses et les débordemens auxquels elle est alternativement et si souvent exposée.

C'est sur-tout par l'excellente qualité du pâturage qu'il nous fournissait pendant une grande partie de l'année, que le sainfoin nous devenait essentiellement avantageux; et si cette manière d'en tirer tout le parti possible abrège sa durée, il se trouve remplacé sur d'autres terres qui, après un intervalle réglé sur le terme de son existence antérieure, reproduit les mêmes avantages. Nous l'intercalions souvent, 1°. avec le froment, et très-rarement avec le seigle; 2°. avec des prairies momentanées suivies immédiatement de sarrasin, ou de lentillons ou de navets, ou d'autres cultures améliorantes, dans la même année; 3°. avec une autre céréale, ou hivernale ou printanière, suivant les circonstances; 4°. avec une ou plusieurs autres cultures améliorantes, ou analogues à celles de la seconde année; et 5°. avec le froment ou le seigle, et quelquefois avec l'orge printanière ou l'avoine, accompagnés ordinairement d'un nouvel ensemencement en sainfoin, qui reparaît, sans inconvénient, à la sixième année, sur les terres qui ne l'ont conservé qu'un espace de temps égal à cet intervalle.

Sur nos terres les plus ingrates, nous prolongions quelquefois sa durée au-delà de ce terme; son défrichement, ainsi que son réensemencement, étaient quelquefois aussi précédés du parcage que le nombre de nos troupeaux, et l'abondance d'engrais qui devenait le résultat nécessaire de cet assolement, nous permettaient d'ajouter au plâtre qu'il recevait pendant sa végétation, et l'amélioration du sol n'en devenait que plus sensible et plus durable.

Nous le semions ordinairement de bonne heure en automne, et nous remarquions qu'il résistait beaucoup mieux aux sécheresses du printemps, et qu'il était plus productif; lorsque la semence était nette et bien mûre, nous ne remarquions pas qu'il fût nécessaire de la semer très-dru, comme on l'a recommandé; mais cette semence ne peut jamais être trop bien purgée de celles des graminées nuisibles qui détruisent très-promptement le sainfoin.

Nous ne pouvons mieux terminer cet article qu'en rapportant ici une preuve, que nous fournit encore la culture du sainfoin, de la nécessité d'adapter à la nature du sol les végétaux qui lui conviennent. Il démontre de la manière la plus frappante les graves inconvéniens qui résultent, pour l'amélioration générale de notre agriculture, de l'oubli de ce principe essentiel, sans l'exacte observation duquel on s'expose inévitablement à des non succès, qui ont toujours l'influence la plus fâcheuse sur l'introduction et l'extension des nouvelles cultures.

C'est M. Lezay de Marnezia, ancien préfet du département de Rhin-et-Moselle, qui nous fournit la connaissance de cet exemple très-remarquable, qu'il accompagne des réflexions les plus judicieuses, auxquelles on ne saurait donner trop de publicité.

Le zèle de cet administrateur éclairé, pour les progrès de l'agriculture du département confié à ses soins, détermina les cultivateurs à essayer la culture du sainfoin *sur plus de quinze cents points différens dans un pays où les sécheresses font de grands ravages.* Mais malheureusement, malgré ses instructions, plusieurs semèrent sur les terres humides d'un vaste canton généralement couvert de landes, connu sous le nom d'*Eiffel.* Cette plante y périt, comme on devait s'y attendre, et cette fâcheuse circonstance inspira à M. de Marnezia, qui nous la fit connaître, les réflexions suivantes. « *Vis-à-vis des hommes qui raisonnent*, dit-il, une expérience mal faite ne prouve que contre le jugement de celui qui l'a faite, ou contre des circonstances qui ne dépendent pas de lui; mais vis-à-vis de la multitude, c'est la chose elle-même qui est condamnée, et non celui qui, par un essai fait à faux, l'a compromise; et de ce que le sainfoin n'a pas réussi dans quelques endroits mal choisis de l'Eiffel, on conclura qu'il ne peut réussir dans l'Eiffel, et on ne dira pas qu'il n'a pas réussi, parce qu'il a été mal essayé. »

Tirons de cet exemple, dont chacun de nos départemens pourrait fournir plusieurs analogues aussi concluans, l'utile leçon qu'une exacte connaissance du sol, comme du climat les plus convenables aux plantes nouvellement introduites dans nos champs, relativement à leur origine et sur-tout à leur constitution, doit toujours présider à l'introduction de ces plantes, si l'on ne veut s'exposer à éprouver, par la suite, d'insurmontables obstacles à l'admission de leur culture sur les sols et dans les situations qui leur conviennent le mieux. Cette vérité, trop souvent méconnue, est également applicable au trèfle, à la luzerne et à nos végétaux les plus précieux, dont le peu de progrès et quelquefois même l'abandon total de la culture, reconnaît sur-tout cette cause, à laquelle viennent se joindre souvent des fautes graves dans le mode de consommation, dans les opérations aratoires et les autres préparations du sol, ainsi que dans l'ordre de succession et le retour plus ou moins mal combiné de ces plantes sur le même champ.

Nous devons maintenant dire un mot de quelques autres espèces de sainfoin dont nous avons essayé la culture.

Il en existe un très-grand nombre d'espèces annuelles, bisannuelles et vivaces, dont plusieurs paraissent susceptibles d'être cultivées avec succès parmi nous. Nous en mentionnerons ici particulièrement quatre espèces vivaces, qui sont le *sainfoin d'Espagne*, le *sainfoin des rochers*, le *sainfoin alhagi*, et celui du *Canada*.

Le sainfoin à bouquets, *hedysarum coronarium*, Lin., ou d'Espagne, ainsi désigné parce que sa culture est commune dans ce royaume, ainsi qu'à Malte, en Calabre et en plusieurs autres endroits d'Italie, et qu'on connaît aussi sous le nom de *sulla* ou *scilla*, est une fort belle plante, dont les tiges nombreuses et presque simples, qui s'élèvent quelquefois à un mètre, à une exposition et dans un terrain convenable, sont garnies de feuilles composées, à folioles assez grandes, variables pour le nombre, et d'épis de fleurs d'un rouge très-vif, qui sont remplacées par des gousses articulées, droites et hérissées.

Cette espèce, qui plaît également à tous les bestiaux, en vert ou en sec, pourrait peut-être, avec des soins convenables, s'acclimater dans nos départemens les plus méridionaux, et se rapprocher successivement ensuite du centre et du nord. Comme elle est très-productive, et que son fourrage est aussi recommandable par sa qualité que par sa quantité, nous croyons devoir entrer dans quelques détails sur sa culture.

Quoiqu'elle vienne assez bien dans tous les terrains qui conviennent au sainfoin ordinaire, elle paraît préférer cependant ceux qui, à une exposition méridionale, réunissent un fonds meuble et substantiel, et sa culture peut d'ailleurs être la même. Sa graine conserve aussi assez long-temps sa faculté germinative, ce qui est dû à son enveloppe, qui prévient l'évaporation.

On la sème ordinairement à Malte sur les chaumes ; lorsqu'elle est recouverte, ce n'est que par le trépignement des bestiaux, ou par celui des moissonneurs, si elle est semée avant la récolte, et on la recueille au printemps suivant.

Dans la Calabre, où on lui consacre ordinairement les terres *fortes, blanches et crétacées*, on la sème également sur les chaumes, auxquels on met ensuite le feu, pour la couvrir ; on n'y apporte aucun autre soin ni culture, et il en résulte au printemps la prairie la plus épaisse et la plus agréable tout-à-la-fois, qui s'élève quelquefois à environ un mètre et demi. On la fauche ordinairement en vert, et, en cet état, elle nourrit et engraisse promptement tous les bestiaux. Après cette récolte, qui se prolonge depuis mai jusqu'en août, on laboure la terre pour l'ensemencer en grains l'automne suivant, et on y obtient ordinairement une riche récolte, à la suite de laquelle la terre se couvre naturellement de *sulla*, immédiatement après l'incinération du chaume, sans qu'il soit besoin de lui confier une nouvelle semence, parce que le sulla se conserve dans le sein de la terre, pendant la culture et la récolte du blé, sans que ces plantes se nuisent réciproquement. C'est ainsi, dit Grimaldi, que des champs une fois *sullés* donnent pendant l'espace de quarante années successives et au-delà, régulièrement et alternativement de deux années l'une, une récolte abondante de *sulla*, et l'autre une moisson du plus beau blé, sans que, pour conserver une prairie si singulière, il faille d'autre soin que de répandre la graine dans la première année, et de la manière indiquée ci-dessus.

Quelque extraordinaire que nous puisse paraître ce fait, il nous semble d'autant plus facile à expliquer, que nous l'avons vu se confirmer par des faits analogues, sur notre exploitation, avec le sainfoin et la luzerne. Toutes les fois que des circonstances particulières nous ont engagés à détruire, dans les premières années de leur établissement, pour y cultiver les céréales, les prairies que nous avions établies avec ces deux plantes, nous avons remarqué qu'après la récolte de grains la terre se couvrait de nouveau de ces plantes vivaces, dont les racines, jeunes encore, avaient conservé, quoique renversées, une grande force de végétation ; et nous en avons même plusieurs fois conservé avec succès, en cet état, qui nous ont donné des produits très-avantageux.

11 *

Le sainfoin des rochers, *hedysarum saxatile*, a beaucoup de ressemblance avec le sainfoin commun, quoique plus faible dans toutes ses parties, ce qui tient probablement à son manque de culture. Nous en avons sous les yeux plusieurs pieds qui nous paraissent mériter d'être cultivés par leur élévation et leur faculté de résister aux sécheresses prolongées sur un terrain très-médiocre, et nous nous proposons de les soumettre à quelques essais ultérieurs.

Le sainfoin alhagi, *hedysarum alhagi*, quoique originaire du Levant, où il sert de nourriture aux chameaux et aux chevaux, comme l'ajonc est souvent consacré en France au même usage, par rapport à ces derniers, paraît néanmoins supporter très-bien le climat de Paris; il s'y élève en effet jusqu'à un mètre dans un terrain médiocre, et s'y multiplie beaucoup par ses rejetons; il pourrait donc y avoir de l'avantage à l'introduire dans quelques situations analogues, et il pourrait être traité comme l'ajonc dont nous aurons occasion de parler plus loin.

Le sainfoin du Canada, *hedysarum canadense*, que nous avons aussi essayé depuis peu, a les tiges et les feuilles beaucoup plus fortes que les espèces précédentes, mais il nous paraît être plus délicat sur la nature du sol et demande à être étudié encore sous les rapports économiques (1).

Il existe encore dans le genre sainfoin quelques espèces indigènes qui enrichissent nos prairies montueuses.

DE LA LUPULINE. La lupuline, *medicago lupulina*, L., désignée tantôt sous les noms de *trèfle jaune*, à cause de la couleur de ses fleurs; et de *trèfle noir*, à cause de la couleur de la gousse, ou légume qui enveloppe sa graine; tantôt sous ceux de *lotier*, de *minette dorée*, ou simplement *minette*, et de *luzerne houblonnée*, d'où lui vient aussi le nom de *lupuline*, parce que ses fleurs ramassées en épis courts, ont quelque ressemblance avec la disposition de celles du houblon et du trèfle agraire, *trifolium agrarium*, appelée aussi *trèfle houblonné*, est réellement une espèce de luzerne bisannuelle, improprement appelée trèfle, ou lotier.

Originaire, comme le sainfoin, des coteaux crayeux et arides, où la nature a indiqué au cultivateur l'espèce de terrain qu'elle est essentiellement propre à enrichir, en l'y faisant croître spontanément, la lupuline redoute comme lui l'excès d'humidité qui affecte aussi désagréablement sa racine pivo-

---

(1) Consultez, pour la culture des diverses espèces et variétés de sainfoin, ainsi que pour celle des luzernes, des trèfles et des mélilots, les règles générales que nous avons établies, en traitant, dans notre seconde division, *de la préparation du terrain destiné à être mis en prairie.*

tante. Comme lui également, elle dédommage de la faible quantité de ses produits ordinaires, par leur excellente qualité, elle n'a point non plus l'inconvénient si fâcheux de météoriser les animaux, qui en sont très-avides, et auxquels elle procure un aliment aussi sain que nourrissant. Plus que lui, elle paraît douée de la précieuse qualité de résister à la sécheresse dans les positions les plus ingrates; plus que lui encore, elle est propre à servir de pâturage aux bêtes à laine, soit par sa précocité, soit parce que ses tiges, menues, très-rameuses, qui ne s'élèvent guère qu'à 32 centimètres, et qui couvrent la terre d'une verdure très-épaisse, sont toujours tendres et d'une facile dépaissance; plus que lui, enfin, elle convient aux assolemens à court terme, à cause de sa faible durée.

Quoiqu'elle redoute l'excès d'humidité, elle paraît se plaire aussi dans les terrains frais, substantiels et profonds, où on la voit quelquefois croître spontanément, et où son mélange avec un choix convenable de graminées vivaces, peut former une excellente prairie permanente, cette plante se multipliant aisément d'elle-même. Son produit se trouve même accru par ces circonstances favorables, dont le résultat ordinaire est la réunion de la quantité à la qualité.

La meilleure manière d'intercaler la lupuline dans les assolemens à court terme des terres médiocres, nous paraît consister à la semer au printemps avec de l'orge ou de l'avoine, sur des terres, qui, l'année précédente, auront été ensemencées, ou en plantes légumineuses, ou en sarrasin, en navets, en pommes de terre ou autres plantes convenables à cette nature de terres; de s'en servir pour la pâture des bêtes à laine, à la fin de la première et pendant une partie de la seconde année de son ensemencement; d'y faire parquer, à la fin de la seconde année, les animaux qui en auront été nourris, et d'ensemencer la terre en seigle, ou en tout autre grain applicable aux circonstances, immédiatement après l'enfouissement de cette prairie bisannuelle, qui, sur les terres arides, peut rendre le même service que le trèfle sur les terres humides. On pourrait aussi la semer de bonne heure en automne avec du seigle, ou avec tout autre grain d'hiver convenable aux localités.

Suivons maintenant cette plante dans l'introduction récente de sa culture en grand parmi nous, et dans son extension, qui paraît s'accroître en différens cantons.

En 1785, M. le duc de Charost, dont le zèle ardent pour les progrès de notre agriculture inspire le sentiment de la plus vive reconnaissance, nous fit connaître un cultivateur du département du Pas-de-Calais, sur les confins duquel la culture en grand de la lupuline paraît avoir pris naissance, qui, en ayant découvert des prairies artificielles, près de Gravelines, introduisit cette précieuse plante sur son exploitation, et en reconnut bientôt tout le mérite, sous les rapports intéressans de son utilité pour la nourriture des animaux, ainsi que pour les assolemens dans les terres médiocres et arides.

Ce cultivateur intelligent, M. Bernet Degrez, nous informe, dans les renseignemens qu'il a bien voulu nous donner sur la lupuline, 1°. que, «*pendant dix années, il étendit sa culture sur son domaine* jusqu'à ce qu'il en eût couvert la dixième partie de son exploitation; 2°. que malgré l'extrême sécheresse de l'année 1785, elle lui fournit les moyens d'entretenir une grande quantité de bétail, dont un troupeau considérable de moutons; 3°. que ce succès toujours soutenu depuis l'a déterminé à lui accorder la préférence sur toutes les autres plantes pour former des prairies artificielles sur ses terres; et 4°. enfin, qu'il a reconnu que le produit des céréales qui lui succédaient immédiatement devenait plus considérable qu'auparavant, qu'il en récoltait deux tiers de plus qu'avant l'introduction de cette plante, tant en paille qu'en grains, et qu'ils étaient d'une qualité supérieure. »

MM. Delporte, frères, cultivateurs non moins intelligens du même département, et dont nous avons déjà eu occasion de faire connaître l'excellente méthode d'assolement, recommandent aussi la lupuline, qu'ils désignent sous le nom de *minette,* dans la description qu'ils nous ont donnée de l'agriculture du Boulonnais, avec les moyens de l'améliorer. Ils proposent, d'après leur pratique éclairée, de substituer à l'assolement triennal, qui admet la jachère suivie de deux récoltes consécutives de graminées, l'assolement quadriennal suivant pour les terres médiocres. 1°. Plantes légumineuses, ou crucifères annuelles. 2°. Orge, ou avoine, avec minette. 3°. Minette. Et 4°. seigle, ou froment, si la terre le permet.

M. Dumont de Courset, autre cultivateur de ce département, dont le nom s'allie si honorablement avec la botanique et l'agriculture, placé près des coteaux crayeux et arides du haut Boulonnais, reconnaît aussi dans son excellent *Botaniste cultivateur,* que *le produit de la lupuline qui couvre les jachères est très-bon pour les bestiaux, et particulièrement pour les moutons,* et il ajoute, «*il n'y a pas bien long-temps qu'on fait usage de cette plante, et l'on a d'autant mieux fait de l'employer qu'elle vient très-bien dans les mauvaises terres, et dans les sols secs et crétacés. »*

M. Duhamel, héritier d'un nom bien cher aux agriculteurs, et qui nous a donné un Mémoire si instructif sur le sol et les principales productions de l'arrondissement très-intéressant de Coutances, où il propage les meilleurs principes par *son exemple, nous informe que la lupuline, qu'il désigne sous le nom de lotier, ou de trèfle jaune, commence à être cultivée au nord et au midi de cet arrondissement; que son fanage est facile, sa dessiccation étant rapide, et plusieurs jours de mauvais temps ne la détériorant pas. Il observe qu'elle se fauche rarement; mais que son extrême fécondité, l'étonnante promptitude avec laquelle elle répare les pertes que lui fait éprouver la dent des animaux, la rendent précieuse, et que son pâturage est très-recherché des moutons.*

Cette culture commence à se propager dans quelques autres départemens, où l'on a été à portée de faire les mêmes observations sur les avantages qu'elle présente pour l'entretien des bêtes à laine, et pour les assolemens des terres médiocres. Elle couvrait naturellement plusieurs pièces de terre très-ingrates de notre exploitation; mais les semences des plantes cultivées avec soin fournissant ordinairement des produits plus abondans que celles des mêmes plantes abandonnées à leur état de nature, et une culture prolongée dénaturant, pour ainsi dire, ces plantes, et les rendant souvent méconnaissables, comme le sainfoin, le trèfle, la plupart de nos graminées annuelles, et un très-grand nombre d'autres plantes qui ressemblent bien peu à leur type originaire, nous en offrent des preuves frappantes, nous avons tiré de la graine de la lupuline des cantons où sa culture est ancienne et bien suivie. Nos essais ont pleinement confirmé l'opinion avantageuse que nous avions conçue de l'utilité de cette plante sur des terres de peu de valeur, qu'elle est très-propre à fertiliser; et nous en avons eu plusieurs hectares ensemencés avec la graine que nous a procurée notre neveu, M. Dumetz, qui cultivait avec beaucoup de succès cette plante précieuse sur ses propriétés, près de Montreuil-sur-Mer.

On peut mêler avec avantage, en diverses proportions, suivant la nature du sol, la lupuline avec le sainfoin, la luzerne commune et le trèfle des prés. Ces mélanges donnent des produits abondans, d'après nos essais. Nous avons en ce moment deux pièces de terre ingrate, sur lesquelles cette plante se trouve associée avec le trèfle, dans la proportion de trois quarts de lupuline sur un quart de trèfle; ce mélange résiste très-bien à la sécheresse, qui dure depuis près de trois mois, et promet une récolte fort avantageuse sous le double rapport de la quantité et de la qualité du fourrage.

DU MÉLILOT. Le mélilot commun, *trifolium melilotus officinalis*. L., appelé aussi *mirlirot, trèfle des mouches*, et *lotier jaune*, est une espèce très-voisine du genre trèfle, laquelle est bisannuelle, à racines pivotantes et fibreuses, et qui, comme le sainfoin et la lupuline, se rencontre fréquemment sur les terres médiocres, crétacées et arides.

Son peu de durée le rend aussi convenable que la lupuline dans les assolemens à court terme, et il peut y être intercalé avec les mêmes plantes. (*Voyez* LUPULINE.) Il fournit ordinairement un produit plus abondant ; mais cet avantage est plus que compensé par l'inconvénient qu'il a d'être ligneux, de ramper souvent au lieu de s'élever, et sur-tout de météoriser les animaux qui le mangent en vert, comme font le trèfle commun et la luzerne ordinaire.

Nous devons observer cependant que deux variétés, ou peut-être deux espèces de ce genre, dont la graine nous a été donnée par M. Vilmorin, et que nous essayons depuis peu, n'ont pas l'inconvénient de ramper et s'élèvent beaucoup.

En 1788, Gilbert et moi, pressentant que le mélilot, que plusieurs passages des auteurs géoponiques anciens nous faisaient présumer avoir été cultivé par les Grecs et par les Romains, pouvait l'être avantageusement aussi par nous, avions cru devoir insérer dans les trimestres de la Société royale d'Agriculture de Paris, quelques observations tendantes à encourager des essais sur sa culture. Les motifs que nous faisions le plus valoir pour y engager les cultivateurs étaient, qu'il croissait souvent spontanément sur les plus mauvaises terres ; que tous nos animaux domestiques mangeaient avec plaisir son fourrage vert ou sec, qui conservait une odeur aromatique très-agréable, qu'il communiquait aux autres plantes ; qu'il était garni presque toute l'année d'un grand nombre de feuilles, de fleurs et de fruits ; que la volaille était avide de sa graine ; et enfin, qu'on le trouvait souvent dans les jeunes luzernes, qu'il étouffait quelquefois par la vigueur de sa végétation, ainsi que dans les grains.

Depuis cette époque, désirant confirmer ou détruire, par notre propre expérience, les présomptions favorables que nous avions conçues sur cette plante, nous l'avons cultivée en grand, pendant plusieurs années consécutives, sur une grande partie de nos terres siliceuses.

Les avantages que nous avions reconnus d'abord au mélilot se sont trouvés confirmés ; mais ayant remarqué qu'il avait l'inconvénient de météoriser les bêtes à laine qui le broutaient ; que son fourrage, quelque aromatique qu'il fût, était ordinairement ligneux, lorsqu'on attendait la floraison pour le faucher, et qu'avant cette époque, il perdait beaucoup à la dessiccation ; qu'il conservait toujours d'ailleurs sa disposition naturelle à ramper, ce qui en rendait le fauchage plus difficile ; par toutes ces causes, nous l'avons trouvé inférieur, pour nos troupeaux, au sainfoin et à la lupuline, et nous lui avons préféré ces derniers. Nous n'entendons pas cependant porter sur cette plante un jugement absolu et sans appel, pour tous les cas; et il est possible que dans d'autres circonstances que celles dans lesquelles nous nous trouvons, elle puisse devenir avantageuse, sur-tout les deux nouvelles variétés, si ce ne sont pas des espèces, que nous avons indiquées.

Il est généralement dangereux, en agriculture, de conclure du particulier au général, et chacun doit, pour ainsi dire, essayer et prononcer pour soi, suivant les circonstances. Une conduite opposée à celle que nous recommandons, d'après notre propre expérience, a occasionné souvent bien des erreurs et des mécomptes.

Avant de quitter cet article, nous devons dire un mot de deux autres espèces de mélilot, qui peuvent mériter de fixer l'attention de nos cultivateurs; ce sont le mélilot blanc et le mélilot bleu.

DU MÉLILOT BLANC. Le mélilot blanc, *melilotus alba*, Cat. Hort. Par., appelé aussi mélilot de Sibérie, parce qu'il est originaire de ce pays, est une plante bisannuelle, ou trisannuelle, à fleurs constamment blanches, en grapes allongées, et qui s'élève souvent au-delà de 2 mètres dans une position convenable, et sur-tout dans un terrain meuble et frais.

On doit au savant professeur Thouin d'avoir fait connaître, en 1788, cette espèce, que Linné avait confondue avec le mélilot commun, qui a aussi quelquefois une variété à fleurs blanches. Il a cru devoir la recommander aux agriculteurs, d'après des essais multipliés; il a reconnu que tous les bestiaux étaient avides de son fourrage vert ou sec, et qu'elle était aussi recommandable par sa qualité que par sa quantité, pouvant fournir plusieurs coupes abondantes dans une année. Elle produit aussi une très-grande quantité de semences que les volailles et tous les bestiaux mangent avec plaisir.

Cette plante, cultivée en prairie artificielle, dans des situations moins convenables à d'autres, peut, en augmentant nos richesses en ce genre, ajouter encore à cette variété de cultures qui convient à la terre comme aux animaux qui en consomment les produits. Il est utile de la faucher de bonne heure, afin d'en prolonger la durée, d'empêcher ses tiges élevées de devenir ligneuses; mélangée avec la vesce bisannuelle dont nous parlerons plus loin, elle peut lui servir de soutien, et en augmenter et améliorer les produits en améliorant aussi les siens, qui deviennent plus tendres et plus succulens, ces deux plantes ayant beaucoup d'analogie dans leur mode de végétation, d'après l'observation de M. Thouin.

DU MÉLILOT BLEU. Le mélilot bleu, *melilotus cærulea*, Lin., appelé aussi *mélilot d'Allemagne*, parce qu'il paraît être cultivé dans ce pays, *baumier,* où *faux baume du Pérou, lotier odorant* et *trèfle musqué,* à cause de son odeur fortement aromatique, est une plante annuelle, rameuse et très-garnie de feuilles, qui s'élève à 2 pieds environ. Cette plante, que nous avons essayée en petit, en ayant reçu de la graine de notre ami M. Mégelé, président de l'école de médecine de Mayence, qui nous a assuré qu'elle était cultivée en Allemagne, nous paraît, ainsi qu'une autre espèce annuelle de mélilot, *trifolium melilotus italica,* Lin., qui croît spontanément dans le midi de la France comme en Italie, pouvoir être utile dans quelques cas, sur des sols peu fertiles, comme plante intercalaire, fourrageuse, entre les cultures de graminées.

Les abeilles recherchent beaucoup les fleurs du mélilot bleu, qu'on dit être employées en Suisse pour colorer et aromatiser les fromages.

DU FÉNUGREC. Nous devons dire un mot d'une autre plante annuelle de cette famille, que nous avons également cru devoir soumettre à quelques essais, parce qu'elle était cultivée en grand par les anciens, qui en faisaient beaucoup de cas et qui lui donnaient le nom de *foin grec,* d'où est dérivée la dénomination de fenugrec, et par corruption celle de *senegré, trigonella fœnum græcum.* Lin.

Sa tige simple, qui s'élève peu, est garnie de feuilles d'un vert clair et de fleurs d'un jaune pâle, remplacées par des gousses étroites et recourbées en faucilles. Quoiqu'elle s'élève moins que les deux précédentes, comme elle croît spontanément en France sur des sols médiocres, que les anciens lui consacraient; qu'elle n'exige que peu de frais de culture; qu'elle fournit un bon fourrage recherché des bestiaux, surtout des bœufs, et qu'elle n'occupe le sol qu'une seule année, avantage précieux dans certains assolemens, elle pourrait aussi mériter de fixer l'attention des cultivateurs, convaincus, comme nous, que la terre se plaît dans la variété de ses productions, comme les animaux dans la variété de leurs alimens. Nous observerons aussi qu'en quelques endroits on emploie ses feuilles et ses semences à la nourriture de l'homme.

Cette plante se cultive en petite quantité à Aubervillers, près Paris, pour sa graine mucilagineuse, d'un brun jaunâtre et d'une odeur fortement aromatique, qu'on regarde aussi comme très-propre à engraisser les animaux et à les médicamenter, et nous sommes informés qu'elle a été introduite, depuis peu, dans le département de la Haute-Saône, et qu'elle est cultivée assez abondamment dans plusieurs cantons de l'Alsace.

Nous l'avons trouvée, aussi, cultivée en grand dans les

environs de Macerata et de Tolentino, en Italie, où elle est employée avec succès à l'engrais des bœufs; mais cet engrais s'achève avec une autre nourriture, sans laquelle la chair de ces animaux aurait un goût désagréable, que lui communique le fenugrec.

DE LA LENTILLE. La lentille, *ervum lens,* doit se diviser, pour notre objet, en deux variétés; la grosse, qui a ordinairement une couleur d'un gris jaunâtre, et la petite, ou le lentillon, qui est généralement une fois moins grosse, et qui se distingue encore par une couleur rougeâtre.

De la grosse lentille ou *lentille ordinaire.* Cette variété, plus souvent cultivée pour la nourriture des hommes que pour celle des bestiaux, est admise dans la culture en grand, en plusieurs parties de la France, et particulièrement sur le territoire de la commune de Gallardon, département d'Eure-et-Loir, sur celui du Puy en Velay, département de la Haute-Loire, et dans les environs de Soissons, où elle se trouve avantageusement intercalée avec la culture des céréales, sur des terres meubles, plutôt sèches qu'humides, qui lui conviennent essentiellement, parce qu'elle redoute les terrains froids, humides et argileux, où elle acquiert d'ailleurs peu de qualité.

Ses tiges, dépouillées de leurs grains par le fléau, fournissent aux bestiaux une nourriture assez bonne; mais lorsqu'elles sont fauchées en fleurs, seules ou mélangées avec quelques graminées, ce qui s'observe en un petit nombre d'endroits, elles produisent un fourrage de première qualité, et les récoltes qui suivent immédiatement ce mode de culture sont ordinairement très-nettes et abondantes.

La culture de la lentille ordinaire se pratique souvent, comme celle des haricots et de quelques variétés de pois, en faisant dans la terre, de distance en distance, avec un instrument à main, tel qu'une binette, un hoyau, etc., des trous dans lesquels on place plusieurs grains, qu'on recouvre de terre avec le même instrument. Cette culture manuelle a non-seulement l'inconvénient d'être lente, et par conséquent peu praticable en grand, mais encore celui de rendre également lent et peu facile le nettoiement de la terre, dans les intervalles, et au pied des touffes qui résultent de la réunion d'un nombre de semences plus ou moins considérable, sur un seul point, et par-dessus tout d'accumuler, contre tous les principes de la végétation, un nombre souvent considérable de plantes, qui s'affament et se privent réciproquement des influences atmosphériques indispensables à leur prospérité.

Frappés des inconvéniens de cette méthode, beaucoup trop commune encore, quoique nous ayons remarqué avec plaisir qu'on lui en avait substitué, en plusieurs endroits, une plus conforme aux bons principes, nous avons essayé comparativement avec cette vieille routine, un ensemencement fait en rayons derrière la charrue, dans le fond du sillon qu'elle venait de tracer, en laissant entre chaque sillon ainsi ensemencé un sillon sans semence.

Cette méthode, qui nous paraît mériter d'être généralement adoptée, sur-tout dans les cultures en grand des plantes que nous venons de mentionner, et d'un grand nombre d'autres, réunit les précieux avantages d'être expéditive, économique et très-productive; trois objets de la plus haute importance dans toutes les cultures. Un seul homme, qui peut être remplacé par une femme, ou même par un enfant intelligent, répand également la semence dans le fond d'un sillon droit d'une terre meuble bien labourée et convenablement préparée d'ailleurs. Un autre suit et la recouvre avec la main, ou avec un léger râteau. Cette simple et facile opération peut même se faire quelquefois avec la herse ordinaire, comme nous l'avons pratiquée plusieurs fois avec succès. Le sillon non ensemencé laisse un intervalle suffisant pour y faire passer, au besoin, *la petite herse triangulaire* et *le cultivateur* (*voyez les fig. à la fin de ce traité*), qui nettoient la terre et chaussent les plantes d'une manière très-régulière et très-prompte; celles-ci se trouvent ainsi suffisamment espacées pour jouir de toutes les influences atmosphériques.

Le résultat des expériences comparatives que nous avons faites de la méthode ordinaire avec celle que nous venons de décrire, a été, en faveur de celle-ci, économie de semence, célérité et régularité dans les travaux, diminution de frais, augmentation de produit, et la terre laissée dans un état de netteté et d'ameublissement très-favorable aux cultures subséquentes; nous ne saurions en conséquence trop la recommander.

Nous pensons aussi que le semis à la volée ne convient pas à la culture de la lentille, qui exige, pour prospérer, de fréquens sarclages et houages, toujours longs, difficiles et dispendieux, d'après cette méthode; et par cela même, elle prépare moins bien la terre pour les cultures subséquentes, que ne le fait celle du semis en rayons, convenable plus que toute autre à cette plante.

De la petite lentille ou du lentillon. Cette variété, qu'on désigne aussi quelquefois sous le nom de *lentille à la reine* et d'*entillon*, est beaucoup plus cultivée en grand que la précédente, et elle l'est ordinairement pour la nourriture des bestiaux, à laquelle elle est très-propre.

Elle se sème à la volée, au printemps, seule, ou, le

plus souvent, mélangée avec une graminée, qui doit entrer pour un quart environ dans le mélange; elle se fauche ordinairement en grains dans le premier cas, et quelquefois en fleurs dans le second; ce qui devrait toujours se faire, afin d'empêcher la graminée de souiller et d'épuiser la terre en mûrissant. On peut aussi, sans inconvénient, la faire consommer sur place, et elle est également très-propre à améliorer la terre, y étant enfouie en fleurs.

Il en existe une autre variété, habituée à supporter les rigueurs des hivers ordinaires de nos départemens septentrionaux, et qu'on y sème souvent avec un mélange de seigle, sur des terres médiocres, comme culture intercalaire, fourrageuse et améliorante.

Celle de printemps est ordinairement mélangée avec l'avoine; cette plante étant munie de petites vrilles, placées au sommet du pétiole, et ayant d'ailleurs une tige grêle et très-flexible, se trouve fort bien de ce mélange, qui lui sert de rames.

Toutes les variétés de lentilles redoutent les terres humides et compactes, et donnent des produits avantageux sur les terres meubles et sèches. Ces produits sont généralement peu abondans; mais ils sont de la première qualité, *et bien rarement en agriculture, comme en toute autre chose, grandes quantités et grandes qualités se trouvent réunies.*

Quoique la culture des lentilles, convenablement faite, prépare bien la terre pour les cultures subséquentes de graminées ou autres, on observe cependant assez généralement qu'elles l'épuisent davantage, lorsqu'elles sont récoltées en état complet de maturité, que les autres légumineuses annuelles traitées de la même manière.

Cette observation que nous avons été à portée de vérifier, a été confirmée par un très-grand nombre de cultivateurs, à Gilbert, qui reconnaît qu'*il est facile d'en rendre raison*, et elle nous paraît être une nouvelle preuve de la solidité du second principe d'assolement que nous avons établi, d'après lequel il est évident que les lentilles s'élevant peu, présentant par conséquent peu de surface à l'atmosphère par leurs tiges grêles, et produisant ordinairement un poids assez considérable de semences nombreuses, doivent plus épuiser le sol que les plantes de la même famille qui soutirent proportionnellement plus de nourriture de l'atmosphère et moins de la terre.

Cet inconvénient, qui est le résultat nécessaire de leur constitution, se trouve peut-être compensé par l'excellente qualité de leurs graines et de leurs fourrages, reconnus pour être très-nourrissans, fortifians et engraissans, comme aussi pour procurer beaucoup de lait.

Nous avons trouvé le lentillon cultivé avec succès sur les terres médiocres d'un grand nombre de nos départemens du nord, du centre et de l'est, et plus particulièrement sur les craies, dans l'ancienne Champagne, dans les Ardennes, et dans les départemens du Pas-de-Calais, de la Somme, de la Seine, de Seine-et-Marne, de Seine-et-Oise, et du Nord, dans les arrondissemens de Cambrai et d'Avesnes, où on le désigne quelquefois sous le nom d'*entillon*.

Nous en avons vu également un assez grand nombre de champs couverts, pendant l'année de jachère, dans les départemens de la Haute-Marne, de la Haute-Saône, de la Meurthe et de la Moselle, mais nous devons déclarer que ces champs nous ont rarement paru suffisamment purgés de plantes nuisibles.

M. de Chaucey nous informe aussi, que dans le canton si bien cultivé de Virieu, le seigle est remplacé par des lentilles semées avant l'hiver.

M. Chevalier d'Argenteuil, cultivateur distingué, en fait le plus grand cas.

Notre collègue Fremin, cultivateur à Bondy, avantageusement connu par les résultats remarquables qu'il a obtenus en substituant un assolement quadriennal à l'ancienne routine triennale, cultive aussi très en grand le lentillon, qu'il a reconnu pour être une des plantes les plus nourrissantes.

Nous l'avons aussi admis plusieurs fois dans nos cultures, et nous l'avons fait quelquefois consommer sur place par nos nombreux troupeaux de mérinos. Dans ce cas il améliore beaucoup le sol auquel il est confié, en le purgeant des plantes nuisibles, qui se trouvent ainsi détruites, et en laissant en outre un intervalle suffisant pour le préparer convenablement à recevoir un nouvel ensemencement.

Ces deux variétés de lentilles, qu'on ne doit confier à la terre, au printemps, qu'à l'époque où l'on n'a plus à redouter les gelées tardives, sont encore très-propres à remplacer les récoltes détruites par quelque intempérie.

Il convient de les récolter de bonne heure, afin de prévenir les dégâts d'un grand nombre d'animaux qui en sont avides, et de les battre de bonne heure, par la même raison. Elles fournissent une nourriture très-substantielle, très-savoureuse et de facile digestion, employées de diverses manières, soit en purée, soit même en pain, dans la composition duquel elles peuvent entrer.

Il ne faut pas les confondre avec une variété de vesce à grain blanc, qu'on appelle improprement quelquefois *lentille du Canada*, ni avec la gesse qu'on appelle quelquefois, aussi improprement, *lentille d'Espagne*.

DE L'ERS. L'ers, *ervum ervilia*, Lin., connu aussi sous les dénominations d'*ers ervillier*, *éros*, *goirils*, *orobe* improprement, ou *arobe*, *lentille bâtarde*, *pois de pigeons*, *pesette et pois moresque*, est une petite plante annuelle, originaire du midi, où elle est cultivée sur les jachères, principalement pour la nourriture de la volaille, et sur-tout des pigeons, qui en sont avides.

L'ers est de difficile digestion ; en temps de disette on le convertit quelquefois, mélangé avec d'autres grains, en un pain lourd et grossier ; mais que ne convertit-on pas en aliment pour l'homme, dans ces momens de détresse qui sont souvent le résultat de l'imperfection de la culture, et d'une aveugle imprévoyance, plus encore que de l'inclémence des saisons ?

L'ers ne s'élève guère qu'à un pied ; mais il est très-rameux et couvre exactement le sol médiocre auquel on le confie. Fauché en fleurs, il fournit, comme le lentillon, un fourrage dont la faible quantité est rachetée par la qualité. Comme lui aussi il peut s'intercaler avantageusement avec les graminées ; mais il supporte plus difficilement le froid.

Il est cultivé dans quelques cantons de nos départemens méridionaux et dans les environs de Nice. Nous l'avons aussi trouvé dans quelques parties de l'ancien département du Mont-Blanc.

Il croît spontanément en France, dans les moissons, deux autres espèces d'ers ; l'ers à quatre semences, *ervum tetraspermum*, Lin., et l'ers hérissé, *ervum hirsutum*, que les bestiaux mangent, mais qui fournissent peu de fourrage et nuisent aux récoltes, en mêlant leurs semences noires et luisantes au bon grain.

Le nom d'orobe, qu'on donne quelquefois improprement à l'ers, nous rappelle cette plante que les anciens cultivaient en grand, et dont nous ne paraissons pas avoir adopté la culture, quoiqu'on désigne aussi quelquefois d'autres plantes sous ce nom.

Il en existe plusieurs espèces vivaces, la plupart indigènes, qui, d'après Dumont de Courset, *sont toutes rustiques et viennent dans la plupart des terrains et des situations*. Il serait possible que quelqu'une des espèces les plus élevées et vigoureuses, et particulièrement l'orobe jaune, *orobus luteus*, qui s'élève à un mètre environ, et qui croît spontanément dans nos départemens méridionaux, convînt à quelques localités, comme prairie artificielle.

Au reste, nous nous occuperons plus particulièrement de ces plantes et de toutes celles qui nous paraissent propres à entrer dans la composition des prairies, en traitant spécialement de cet objet important dans notre seconde division, à laquelle nous renvoyons.

Du LUPIN. Parmi plusieurs espèces de lupin, toutes originaires des pays chauds, et acclimatées en France, le lupin blanc, *lupinus albus*, Lin., plante annuelle, qui s'élève ordinairement à 64 centimètres, et qu'on appelle quelquefois *fève-de-loup*, ou *pois-loup*, paraît être la seule qui soit cultivée en grand pour la nourriture des hommes, pour celle des bestiaux, et pour l'engrais des terres.

Les anciens faisaient le plus grand cas du lupin, et l'employaient bien plus que nous à ces différens usages. Ils avaient reconnu qu'il avait par excellence la précieuse propriété de croître sur les terrains de médiocre qualité, et nous avons également reconnu qu'il croît très-bien sur les terres siliceuses, ocreuses et graveleuses qu'il est très-propre à améliorer, et qu'il redoute toutes celles qui sont compactes, limoneuses et aquatiques.

Il craint aussi le froid, et quoiqu'on puisse quelquefois le semer de bonne heure en automne avec succès, comme nous l'avons vu pratiquer dans la haute Italie, parce qu'il peut acquérir alors assez de force pour résister aux hivers ordinaires, il convient généralement de le semer tard au printemps, afin de le soustraire aux fâcheuses influences des gelées tardives, et de l'humidité surabondante.

Le lupin étant chargé, ainsi que l'observe judicieusement Rozier, d'un grand nombre de feuilles, qui garnissent jusqu'au moment de la maturité, des tiges épaisses, rameuses, et d'un tissu lâche et spongieux, absorbe de l'atmosphère la plus grande partie de sa nouriture, ce qui explique très-naturellement, d'après nos principes, cette précieuse faculté dont il jouit, de croître sur les sols maigres et de les engraisser.

Rozier remarque aussi, qu'*après les prairies artificielles, c'est la meilleure plante pour alterner les champs ;* et Gilbert, qui, d'après ses observations, ne peut se lasser d'en recommander la culture, dit, « qu'*on ne peut lire les éloges que les anciens lui donnent, sans regretter qu'elle ne soit pas plus cultivée parmi nous ;* qu'elle procure à nos provinces méridionales de très-grands avantages ; que ses rameaux épais et touffus se couvrent de beaucoup de feuilles, et tapissent si exactement la terre, que les herbes étrangères, privées d'air et de lumière, périssent sous son ombre ; qu'elle paraît soutirer de l'atmosphère tout l'engrais qui la fait végéter, en sorte qu'elle rend à la terre qui la porte beaucoup plus qu'elle n'en reçoit ; que c'est peut-être la seule plante qui possède la propriété, si gratuitement accordée à tant d'autres, de croître sur de très-mauvaises terres, les sables, les graviers, les terres rouges ; enfin, qu'il a vu de si excellens effets de la culture du lupin par-tout où il l'a trouvée établie, et qu'il l'a vu réussir sur des terrains et sur des climats si différens, qu'il ne lui est pas possible de douter qu'il ne devînt une source de jouissances très-précieuses pour les cantons de Compiègne, Senlis, Melun, Montreau, etc.: cet agronome ajoute à ces vérités cette dernière observation, « qu'il n'est point de plante qui, par sa constitution, soit plus propre à alterner les productions. »

La culture du lupin peut s'intercaler très-avantageusement avec celle de la plupart des plantes de notre première division, et sur-tout avec celle du seigle, de l'orge, et des autres plantes épuisantes. Il peut être semé immédiatement après la consommation des fourrages ou pâturages précoces, soit qu'on le destine à la nourriture des hommes, ou à celle des animaux, ou à l'engrais de la terre.

Dans le premier cas, on fait macérer la graine qu'on en obtient, dans l'eau, qu'on change plusieurs fois pour la dépouiller de l'amertume qui réside dans l'écorce; on la réduit quelquefois en pâte, à laquelle on mêle une substance grasse pour en faire une sorte de pâtisserie. *Cette méthode se pratique dans le Piémont, dans la Corse, et dans plusieurs autres parties méridionales de la France, où l'on substitue quelquefois à l'eau douce l'eau de mer, qu'on pourrait aussi remplacer par une eau alcalisée.*

Dans le second cas, on peut également donner aux bestiaux cette graine macérée, ou cuite, ou moulue; ils la mangent tous avec plaisir, ainsi préparée; elle leur donne de l'embonpoint, et elle est aussi très-propre à les engraisser promptement.

Dans l'un et l'autre cas, la plante fournissant sa graine épuise plus la terre et ne la nettoie pas aussi bien. Les tiges desséchées et ligneuses qui en proviennent, procurent une faible ressource pour la nourriture des animaux, et ne sont appétées que par les bêtes à laine. Souvent même elles ne sont bonnes qu'à faire de la litière, ou à chauffer le four. La maturité, assez tardive du lupin, présente pour la récolte un avantage qui peut devenir très-précieux dans certains cas. Cette graine, fortement adhérente aux gousses qui la renferment, n'est pas répandue, comme celles de la plupart des légumineuses, par les pluies et par les vents, qui jonchent très-souvent la terre de ces dernières.

Une observation faite par Gilbert confirme cet avantage. « J'ai vu, il y a quelques années, nous dit-il, près de Pompart, en Bretagne, quelques champs de lupins, dont les pluies continuelles avaient retardé la récolte de plus d'un mois; les cosses étaient entières dans les premiers jours de novembre ; ils avaient été semés en juillet. »

Dans le troisième cas, le lupin, qui doit être semé plus épais, afin d'ombrager complétement la terre, et d'étouffer les plantes nuisibles aux récoltes, peut succéder, ou à un pâturage printanier, ou à une récolte de graminées, faite de bonne heure. Il suffit d'enfouir le chaume immédiatement après, par un seul labour, et d'enterrer ensuite cette plante en fleurs par un second, sur lequel on peut de nouveau obtenir une récolte céréale ou toute autre, sans perte de temps, en nettoyant la terre, et en lui procurant ainsi un engrais végétal abondant, très-actif, très-économique et très-approprié à la nature du sol que réclame particulièrement le lupin. Cet engrais est sur-tout précieux pour les champs éloignés. Plus le sol est siliceux et plus il faut l'enfouir de bonne heure. Dans les sols argileux, au contraire, il convient de l'enfouir tard et dans un état ligneux, parce qu'il agit alors sur ces sortes de terrains, à-la-fois comme amendement et comme engrais.

On peut encore, en faire consommer sur le champ une partie en pâturage, qui convient aux bêtes à laine comme aux bœufs ; ainsi traité il améliore également la terre.

Quelquefois on sème du trèfle incarnat avec le lupin, comme cela se pratique dans les Pyrénées-Orientales, et l'un et l'autre fournissent aux bestiaux un fourrage sain et abondant. On a aussi essayé de convertir ses fibres corticales en une filasse grossière ; mais elle nous a paru avoir peu de qualité, étant trop ligneuse.

Nous avons déjà vu que dans la vallée de Niévole on obtient, sans inconvénient, plusieurs récoltes successives de froment sur le même champ, en y enfouissant en automne une récolte intercalaire de lupin, qui nettoie et fertilise le champ tout-à-la-fois : *On y reconnaît*, d'après M. Simonde, *qu'il a plus qu'aucune autre plante la propriété d'engraisser la terre par ses débris ;* et il ajoute : *Aucune ne pourrit si bien et si vite que le lupin, et ne possède à un si haut degré la vertu de fertiliser.* « Il semble, continue-t-il, que cette vertu se retrouve concentrée dans sa graine. Lorsqu'on la fait chauffer au four ou dans la chaudière, de manière à en détruire le germe, elle devient le plus puissant de tous les engrais enterrée au pied des arbres languissans et malades, et on en obtient des effets surprenans au pied des orangers. »

Nous avons vu aussi le lupin employé avec un grand succès comme engrais végétal pour le même objet, dans le canton si bien cultivé de Castel-Sarrasins.

M. de Chancey nous informe encore qu'il a obtenu consécutivement, sur le même champ, plusieurs récoltes abondantes et nettes de la variété de froment qu'il désigne sous le nom de *godelle*, en ne donnant à la terre d'autre engrais que des lupins enfouis entre chaque récolte.

Nous avons eu plusieurs fois la satisfaction de le voir employer au même usage dans les départemens du Rhône, de l'Isère et de l'Ain, et nous nous en sommes également servis sur nos plus mauvaises terres, quoique nous lui ayons préféré depuis, pour cet objet, le sarrasin, par des motifs que nous ferons connaître en nous occupant de cette dernière plante.

M. Menuret nous assure *être parvenu à transformer en bonnes terres à blé, avec le lupin, des champs qui n'admettaient que du seigle avant lui.*

Enfin, le lupin, par la rapidité de sa végétation dans nos départemens méridionaux, nous paraît être une des plantes les plus propres à utiliser l'année de jachère sur les terres les plus mauvaises, et à fournir les moyens d'obtenir plusieurs récoltes dans une même année.

Il existe plusieurs autres espèces et variétés de lupin qu'on pourrait employer de la même manière, et une espèce vivace qui pourrait peut-être aussi être introduite avantageusement dans la culture en grand.

DU POIS CHICHE. Le pois chiche, *cicer arietinum*, Lin., désigné souvent dans le midi sous les noms de pois *cornu* ou *bécu*, *garvanche*, *céseron* et *pesette*, est une petite plante annuelle, à racines pivotantes, qui a quelque ressemblance avec les pois, et dont les tiges droites, diffuses et anguleuses, qui ne s'élèvent guère ordinairement qu'à 32 centimètres, sont garnies de petites feuilles ailées, velues et dentées, et de petites fleurs blanchâtres ou rougeâtres, auxquelles succèdent des gousses en vessies. Il en existe un grand nombre de variétés.

On a cru apercevoir dans ses semences arrondies et un peu pointues d'un côté, quelque ressemblance avec la tête d'un belier, ce qui lui a fait donner aussi le nom de *pois de belier*, qu'exprime le mot *arietinum*. Nous ne faisons ici cette observation que pour remarquer que cette dénomination l'a fait confondre avec une variété du pois ordinaire, qu'on appelle pois de belier, d'agneau, de mouton ou de brebis, parce que ces animaux en sont très-avides. Il est évident que le traducteur de l'ouvrage de Hall, ainsi que Rozier lui-même, qui suppose le pois chiche cultivé en grand en Angleterre, où nous nous sommes assurés que sa culture n'existait nulle part dans les champs, ont faussement appliqué, avec quelques autres, au pois chiche proprement dit, ce qui concerne l'utile variété dont nous venons de parler, à cause du rapport trompeur qui existe entre leurs dénominations.

Ce pois très-délicat, qu'on ne trouve guère cultivé en grand que dans nos départemens méridionaux, voisins de l'Espagne et de l'Italie, pays où sa culture est plus répandue, peut cependant supporter assez bien, comme nous nous en sommes assurés, la température plus rigoureuse du centre et du nord de la France. Il résiste aussi assez bien aux pluies abondantes, quoiqu'il aime plutôt un terrain sec et meuble qu'humide et compacte; mais les irrigations lui sont fort utiles à l'époque des fortes chaleurs du midi.

On le sème ordinairement de bonne heure, en automne, sur un seul labour, immédiatement après les récoltes de céréales, et il tient lieu de jachère l'année suivante. Il sert aussi quelquefois de pâturage l'hiver pour les bêtes à laine.

Lorsque sa semaille est différée jusqu'au printemps, il est généralement moins productif, comme toutes les variétés printanières, et résiste beaucoup moins à la sécheresse. On remarque qu'il transsude de ses tiges et de ses feuilles, pendant la floraison, une liqueur acide, très-corrosive, sur-tout dans le midi.

Le pois chiche confirme encore l'observation que nous avons eu occasion de faire à l'égard de la lentille et de l'ers ervillier, d'après les principes que nous avons établis. Présentant peu de surface à l'atmosphère par ses tiges grêles, peu élevées, et garnies de feuilles rares; fournissant d'ailleurs des semences très-grosses, comparativement à ses autres parties extérieures; et étant ordinairement arraché, il doit plus épuiser la terre, lorsqu'on en exige la semence, que les plantes légumineuses d'une organisation plus avantageuse; et c'est en effet ce qu'on a constamment observé depuis les anciens jusqu'à nos jours. Pline, d'après les auteurs géoponiques latins, Olivier de Serres et Rozier, d'après leurs propres observations, confirment ce fait, dont nous nous sommes également assurés en cultivant le pois chiche comparativement avec les autres plantes économiques de la même famille.

La culture en rayons, telle que nous l'avons prescrite pour la lentille, nous paraît être aussi la plus facile, la plus économique et la plus profitable pour le pois chiche.

On doit le récolter dès que ses gousses vésiculeuses prennent une teinte jaunâtre, et le battre au fléau lorsqu'il est bien sec. Il fournit un aliment agréable, mais de difficile digestion : on l'emploie aussi quelquefois en café, après l'avoir torréfié et moulu.

DU HARICOT. Le haricot, *phaseolus*, est un genre de plantes légumineuses qui renferme un très-grand nombre d'espèces et de variétés, plus ou moins admises dans les cultures en grand en diverses parties de la France.

Les tiges de ces plantes, la plupart annuelles, sont généralement volubiles, et s'entortillent en montant en spirale le long des végétaux élevés, ou d'autres supports qui se trouvent à leur portée, et leur servent de rames. Les espèces ou variétés naines s'élevant très-peu, n'ont pas ordinairement besoin d'appui.

Les plus estimées parmi ces dernières, qui produisent moins que les autres, et qu'on désigne sous le nom commun de *phaseolus nanus*, sont, 1°. le nain blanc hâtif, de Laon, ou le flageolet, très-productif;

2°. Le *suisse*, de diverses couleurs, et sur-tout celui de Bagnolet, gris, très-hâtif, productif, et peu sujet à filer;

3°. Le nain blanc hâtif, et à grains plats, de Soissons, appelé quelquefois *mongette*;

4°. Le *schwert*, ou haricot-sabre, ainsi nommé parce que ses gousses, très-longues, ont quelque ressemblance avec cette arme;

5°. Le nain de Hollande, très-hâtif, dont celui d'Argenson est une sous-variété plus hâtive encore.

Les principales espèces ou variétés parmi celles qui exigent des tuteurs pour donner tout le produit dont elles sont susceptibles, sont, 1°. le haricot commun, *phaseolus vulgaris*, un des plus communs en Europe, et qui se subdivise en un très-grand nombre de variétés, dont les principales sont,

2°. Le gros blanc de Soissons, ou de Noyon, ou de Picardie, à écorce très-fine, et un des plus délicats et des plus larges;

3°. Le rouge de Chartres ou d'Orléans, très-productif, mais petit;

4°. Le blanc commun, à grains courts, aplatis, et d'un blanc sale, qu'on désigne aussi en plusieurs endroits sous le nom de mongette;

5°. Le haricot rond, le plus petit de tous ceux cultivés en plein champ, et un des plus convenables pour cet objet, et des plus productifs;

6°. Le *mange-tout*, ou sans parchemin, ou sans fil, de diverses couleurs, cultivé dans les environs de Lyon et ailleurs, ainsi nommé parce qu'on mange avec le fruit la gousse, qui se conserve très-long-temps tendre;

7°. Le *rognon-de-coq*, désigné sous cette dénomination, à cause de la ressemblance de ses grains avec cet objet;

8°. Enfin l'espèce multiflore, connue sous le nom de haricot d'Espagne, haricot-fève à fleur écarlate, *phaseolus coccineus*, Lam., dont il existe une variété à fleurs et fruits blancs; c'est la plus forte et la plus élevée de toutes; nous l'avons vue plusieurs fois cultivée en plein champ, où l'abondance de ses produits, peu délicats à la vérité, pourrait souvent la faire paraître avec avantage.

Au reste, toutes ces espèces ou variétés, et un très-grand nombre d'autres non moins utiles pour notre objet, sont susceptibles de varier, par la culture, à l'infini, pour la forme, la hauteur et la couleur. Leurs caractères distinctifs ne sont pas constans, ils sont soumis aux influences du sol, du climat, et à un grand nombre d'autres circonstances qui les modifient d'une manière plus ou moins sensible, et les rendent souvent méconnaissables.

Ce qu'il est essentiel d'observer ici, c'est qu'il est indispensable de procurer des appuis convenables aux variétés qui ont une tendance bien prononcée à s'élever, si l'on veut en obtenir le plus grand produit possible; et plusieurs végétaux, parmi lesquels on remarque le maïs, les fèves, le chanvre dans le département de l'Isère, et le topinambour, remplissent quelquefois cet objet avec avantage.

Nous observerons aussi que les haricots grimpans exigent un terrain plus fertile que les nains.

Le haricot étant originaire des pays chauds, toutes ses espèces ou variétés redoutent le froid, et on ne doit les confier à la terre, dans les cultures en plein champ sur-tout, que lorsque les gelées tardives ordinaires ne sont plus à craindre : elles redoutent également, avant leur germination, l'humidité, qui les fait promptement pourrir, sur-tout si la terre n'est pas suffisamment échauffée par l'influence des rayons solaires. Autant la chaleur est indispensable alors, autant une humidité surabondante est pernicieuse; et, plus tard, il devient très-utile qu'une légère humidité tempère l'action de la chaleur. Les variétés les plus hâtives sont généralement à préférer en France, sur-tout dans le nord.

Les terres meubles et substantielles, rendues telles sur-tout par l'action si puissante des labours et des engrais, et par les expositions méridionales et découvertes, sont généralement à préférer aussi pour cette culture, en ayant l'attention rigoureuse de ne la commencer qu'à l'époque déterminée par une chaleur suffisante, comme de ne plus l'entreprendre lorsqu'on doit craindre que le degré de la maturité des fruits qu'on désire obtenir, ne puisse avoir lieu avant que les premières gelées de l'automne se fassent sentir.

D'après l'expérience des parties de la France où cette culture se fait en plein champ, et dont les principales sont les environs de Soissons, de Chauni, de Chartres, d'Orléans, de Paris, de Saintes, de Bordeaux, de Mont-Lhéri, de Lyon, de Laon, de Noyon, de Liancourt, de Montfort-l'Amaury; de Warnhem et de Péquencourt, dans le département du Nord, ainsi que dans quelques autres cantons de nos départemens de l'ouest et du midi, elle peut être intercalée avantageusement avec celle des grains, et devenir même très-productive, lorsque la terre qui y est propre est convenablement préparée et qu'elle reçoit, pendant la végétation, toutes les opérations nécessaires.

Ces opérations, très-propres à ameublir, nettoyer et améliorer la terre, consistent dans trois sarclages et buttages qui doivent se faire, le premier, quelque temps après que la plante est sortie de terre; le second, lorsqu'elle est près de fleurir, et le troisième, lorsqu'elle est défleurie. Pour qu'elles puissent avoir lieu d'une manière expéditive et économique, il convient que les semences soient placées en rayons alignés, de la même manière et pour les mêmes raisons que nous avons cru devoir faire connaître à l'article LENTILLE, auquel nous renvoyons, afin que, dans l'intervalle laissé entre chaque rangée, on puisse aisément employer la petite herse et la houe à cheval. *Voyez les figures à la fin du traité.*

Les semis faits à la volée nous paraissent généralement blâmables pour les motifs que nous avons déjà déduits.

Les rames pour lesquelles les branchages élevés sont à préférer à tout autre moyen se placent ordinairement après la seconde façon.

On ne doit faire la récolte des haricots mûrs que lorsqu'ils sont bien secs, afin qu'ils puissent se conserver, et on est quelquefois obligé de les récolter à plusieurs reprises On peut les battre au fléau : alors les tiges desséchées sont peu du goût des bestiaux, ainsi que les fruits, mais elles fournissent d'excellentes cendres. Enfin ce légume, qu'aucun insecte n'attaque, est un des plus employés pour la subsistance du peuple, qu'il nourrit bien, quoiqu'il soit très-venteux, et on peut en mêler dans le pain et le convertir en bouillie; cependant la meilleure manière d'en tirer parti consiste à le manger tel que la nature nous le présente, après l'avoir fait cuire et l'avoir assaisonné.

Cette culture peut encore, dans certains cas, procurer une seconde récolte dans la même année, sans nuire aux ensemencemens d'automne, sur les terres naturellement très-meubles et bien engraissées, soit après un pâturage ou une récolte-fourrage précoce, soit après une récolte en grains, faite de bonne heure; mais on ne doit jamais l'exiger que lorsque la terre se trouve dans le meilleur état possible d'ameublissement et de fertilisation, naturel ou artificiel.

Rozier atteste « que la culture des haricots se fait communément dans l'année de jachère, et que le blé réussit très-bien après, sur-tout si l'on a fumé en février ou en mars; et il ajoute

« que plusieurs particuliers cèdent leurs champs dans l'année
de jachère à des journaliers, à condition qu'ils les travailleront,
les fumeront largement et y semeront des haricots, de manière que la récolte des blés de l'année suivante y est toujours
belle. » Il observe aussi ailleurs « que lorsque l'année seconde les soins du cultivateur, la récolte des haricots rend
beaucoup plus que celle du plus beau blé ; » vérité que nous
avons trouvée confirmée en plusieurs endroits.

M. le comte de Père recommande aussi fortement cette
culture pour le même objet, en s'étonnant, comme Rozier,
qu'elle ne soit pas plus commune ; et il observe « qu'elle
peut être l'objet tout-à-la-fois d'une seconde ou d'une double
récolte ; que l'époque de la semaille est heureusement placée
depuis la cessation des gelées jusqu'à la fin de juin ; de manière que, les haricots étant semés à diverses reprises, leur
récolte peut s'intercaler entre deux autres récoltes différentes ;
qu'on peut les semer ensemble avec le maïs, ou sur le terrain
destiné au maïs, dont la semaille serait retardée par quelque
accident, ou sur le terrain où l'on aura dépouillé les fourrages
précoces, ou sur engrais végétal ; qu'en semant alternativement
un sillon de haricots et un sillon de maïs, les tiges du maïs
feront l'office de rames, etc. »

Nous avons déjà vu le maïs servir de rames aux haricots,
dans le canton exemplaire de Castel-Sarrasins.

M. Simonde nous informe encore que dans la partie de la
Toscane réunie autrefois à la France, « le blé est alterné avec les
haricots, ou avec le maïs ou les fèves, dans les métairies qui ne
sont pas assez fertiles pour être propres au chanvre ; qu'on les
entremêle de quelques grains de blé de Turquie pour les soutenir et leur tenir lieu de rames ; et qu'ils réussissent assez
bien, même pour alterner avec le blé le terrain des montagnes où l'on peut les arroser, comme on le fait fréquemment
dans les Apennins, où les sources sont communes.

Nous avons vu cultiver très en grand, avec beaucoup de
succès, le haricot blanc, dit rognon-de-coq, sur le territoire
de la commune de Bazoche, près de Montfort-l'Amaury, entre
deux cultures de grains. Elle y rapporte souvent 150 fr. net par
hectare année commune, et ce bénéfice peut quelquefois même
aller au-delà. Les cultivateurs qui ne connaissent pas de meilleur moyen de détruire le chiendent et toutes les autres plantes
nuisibles aux récoltes, louent quelquefois leurs terres jusqu'à
80 francs l'hectare pour cette culture, à des particuliers qui en
retirent un grand bénéfice et les rendent très-nettes et très-
améliorées pour les récoltes subséquentes. *On y reconnaît
qu'elle est la meilleure préparation que la terre puisse recevoir
pour la culture de la luzerne, qui suit avec une graminée ; et*

*an second binage que les haricots reçoivent, on sème quelque-
fois, entre les rayons, des navets dont la récolte dédommage
en partie des frais de culture des plantes auxquelles on les associe.*

Dans les champs fertiles ou amplement engraissés, on peut
réitérer sans inconvénient la culture des haricots ; la seconde
récolte est même généralement préférable à la première pour
la qualité, et le champ fortement amélioré par les sarclages,
houages et buttages, et par les engrais, est très-propre à fournir ensuite d'abondantes récoltes d'un autre genre.

Nous avons aussi admis plusieurs fois, avec beaucoup de bénéfice, sur nos terres les plus meubles, la culture du flageolet,
intercalée avec succès avec celle des grains ; et dans les essais
comparatifs que nous avons faits de la culture en rayons et de
celle en touffes, nous nous sommes assurés, comme pour la lentille, que la première était plus expéditive, plus économique,
plus productive et plus admissible dans les champs.

Nous ne pouvons mieux terminer cet article que par les judicieuses réflexions que fait M. le comte de Père sur l'influence
de cette culture sur la terre.

« On se plaint, dit-il, que les haricots effritent le terrain,
cela doit toujours arriver quand on les sème sur le terrain qui
n'est pas convenablement préparé; quand ils lèvent mal; si
l'on néglige de les sarcler, de les purger de toutes mauvaises
herbes : dans ce cas il en sera de même de tous les autres légumes, des vesces même. Pour que toutes les récoltes secondaires disposent bien le terrain pour une récolte de froment
dont on voudrait les faire suivre, il faut qu'elles soient belles
aussi, et que leurs fanes ombragent bien la terre. »

Il est impossible de rien ajouter à la justesse de ces observations, qui décèlent un cultivateur complétement versé dans
la théorie et dans la pratique de son art.

TROISIÈME SECTION.

Des Crucifères.

Les plantes principales les plus applicables à cette division
parmi les crucifères soumises à la culture en plein champ, sont
la rave ou le navet, la navette et la cameline.

DE LA RAVE ET DU NAVET. La rave, *brassica rapa*,
Lin., et le navet, *brassica napus*, sont deux espèces ou variétés du genre *brassica*, dont le type originaire croît spontanément sur les terrains sablonneux des bords de la mer, et
qu'on confond très-souvent sous ces deux dénominations et
sous celles de *rapes, radis, raiforts, rabioules, navettes*, *ra-*

bettes, *rabioles* et même *turneps*, nom que l'anglomanie a cherché introduire sans nécessité dans le vocabulaire, déjà trop étendu et très-confus, des cultivateurs, puisqu'il n'est réellement que le mot spécifique anglais correspondant au mot français *rave*.

Afin d'éviter toute espèce d'équivoque, toujours si embarrassante et si nuisible en agriculture, nous désignerons sous le nom de *rave* toutes les variétés dont les racines orbiculaires, souvent tronquées et aplaties, sont ordinairement autant, sinon plus, hors de terre qu'en terre, à laquelle elles ne tiennent quelquefois que par un petit filet ou pivot radical ; et sous celui de *navet*, toutes celles à racines fusiformes ou coniques, plus longues que sphériques, qui sont ordinairement plus enfoncées en terre que hors de terre.

L'influence du sol, du climat, des saisons et de toutes les circonstances favorables ou défavorables sous lesquelles ces racines se trouvent, modifie plus ou moins leur couleur, leur grosseur, leur forme et leurs différentes manières d'être très-variables ; mais il sera toujours facile au cultivateur de ranger sous l'une ou l'autre des deux dénominations et définitions que nous adoptons, et qui sont simples et suffisantes pour les cultures en grand, toutes les variétés accidentelles très-multipliées, dont les caractères extérieurs conserveront plus de rapports avec l'une ou avec l'autre.

Quoiqu'il soit essentiel que nous considérions ici isolément la rave et le navet, relativement à quelques-unes de leurs propriétés particulières, comme elles en ont beaucoup qui leur sont communes, nous les examinerons d'abord sous le point de vue général.

Les terrains découverts, siliceux, schisteux et granitiques, meubles et profonds, défoncés, bien engraissés, sous les climats humides et brumeux, sont ceux qui conviennent le mieux à la culture des raves et des navets ; et les terres compactes, tenaces, crétacées, argileuses et superficielles, non marnées ou chaulées, s'y refusent généralement, ou en produisent de fort petits, ainsi que les climats dont la chaleur ne se trouve pas tempérée par une suffisante humidité.

Les hivers rigoureux leur sont également nuisibles parmi nous, et ils n'y résistent pas généralement, si l'on en excepte le navet jaune de Hollande, qui vient assez bien sur quelques terres argileuses, celui de Berlin, et le navet de Suède, ou *rutabaga*, que nous considérerons particulièrement, sous le rapport des assolemens, dans notre seconde division.

Il convient cependant d'excepter de cette règle générale le voisinage des bords de la mer, et nos départemens les plus méridionaux, où ils sont beaucoup moins exposés à l'intensité du froid, et où ils passent ordinairement l'hiver en terre, sans inconvénient, sur-tout lorsqu'ils ont été semés tard, et sur des terres plus sèches qu'humides.

Sur les terres de cette nature, ils acquièrent, à la vérité, moins de volume que sur celles qui conservent plus de fraîcheur; mais à volume égal, ils y sont beaucoup plus substantiels et nourrissans, et dans ce cas, comme dans beaucoup d'autres, la qualité dédommage amplement du défaut de la quantité, circonstance importante à laquelle on ne fait pas généralement assez d'attention à l'égard des productions végétales.

La rave et le navet présentent trois manières avantageuses d'entrer dans nos assolemens. La première consiste à les intercaler, dans une année de jachère, entre deux cultures de céréales, après un nombre plus ou moins considérable de labours, et avec des engrais abondans et bien consommés : la seconde à leur faire suivre immédiatement, dans la même année, et sur un seul labour, ou même quelquefois sans labour et sans engrais, une première récolte principale, faite à diverses époques : et la troisième, à les semer de bonne heure au printemps, avec ou sans engrais, pour fourrage, ou pour engrais végétal, après une récolte épuisante faite l'année précédente.

Examinons particulièrement les avantages et les inconvéniens de chacun de ces trois modes.

Premier mode d'assolement. Ce mode, qui a lieu ordinairement après une récolte de froment ou toute autre aussi épuisante, et qui paraît avoir été pratiqué par les anciens, comme nous aurons occasion de le remarquer plus loin ; ce mode, qui est usité en Flandre et en Angleterre, est beaucoup moins commun en France et en Italie que les deux autres, pour des raisons que nous examinerons à la fin de cet article.

Il exige de nombreux et profonds labours, avant et après l'hiver, jusqu'à l'époque de la semaille, qui se fait ordinairement vers le milieu de l'année, en se réglant, pour cela, sur le climat, l'état de la terre, et la disposition de l'atmosphère, qui doit être plus humide que sèche.

Le principal objet de cette culture étant de nettoyer et d'ameublir la terre le plus complétement possible, la multiplicité des labours y devient une condition de rigueur, pour pouvoir en espérer tout le succès désiré. Aussi voyons-nous les Anglais, à l'imitation des cultivateurs de nos départemens septentrionaux qui s'y livrent, et des anciens qui la pratiquaient, faire précéder la semaille par quatre ou cinq labours au moins. Ces labours doivent aussi être profonds, afin que les racines pivotantes puissent s'enfoncer suffisamment en terre.

Il exige également des engrais abondans, parce que cette

récolte doit influer sur le succès des trois récoltes suivantes, qui, avec celle-là, forment un des assolemens quadriennaux dont nous avons déjà eu occasion de parler (1).

Ces engrais doivent être le plus exempts qu'il est possible de semences nuisibles, afin de ne pas contrarier l'objet principal qu'on a en vue, et de diminuer aussi les frais des hourages qui deviennent indispensables pour obtenir un succès complet de cette culture.

L'engrais produit par le parcage procure cet avantage : celui de vache est également très-convenable, sur-tout à cause de la nature du sol; mais quel que soit celui que l'on emploie, on observe que sa surabondance développe fortement les feuilles; et cet effet a lieu quelquefois au détriment des racines, qui grossissent moins alors.

On remarque aussi que les engrais ordinaires, frais, et imparfaitement fermentés, indépendamment de la saveur désagréable qu'ils communiquent aux racines, attirent sur la récolte l'insecte destructeur qui est son plus grand ennemi, et qu'on désigne sous les noms triviaux de *tiquet, lisette, puceron, puce de terre*, etc. C'est l'altise bleue, *altica oleracea*. Il est généralement avantageux, pour cette raison et pour la précédente, que les fumiers soient incorporés au sol à une époque assez éloignée de celle de la semaille.

On peut les remplacer avantageusement par les engrais végétaux qui sont exempts de ces inconvéniens, et qui conservent au sol une fraîcheur salutaire très-favorable à la germination et au développement de la plante, fraîcheur qu'on augmente encore en semant immédiatement après le dernier labour suivi de hersages suffisans pour bien égaliser le terrain, ainsi qu'en hersant très-légèrement, ou avec des épines fixées à un châssis, ou avec des herses placées à contre-sens, et en roulant immédiatement après l'ensemencement.

Il est sur-tout essentiel que la terre soit bien divisée avant l'ensemencement, à cause de la petitesse de la graine, et qu'elle soit fort peu enterrée, parce qu'elle ne pourrait germer en totalité sans ces conditions de rigueur. Il est aussi d'observation que la graine la plus vieille donne généralement les racines les plus grosses, et qu'elle peut se conserver très-long-temps quand elle est placée sèchement, ou soustraite aux influences de l'atmosphère.

---

(1) Le passage suivant, de Pline, prouve que les anciens ne négligeaient pas plus les engrais que les labours pour cette culture : *Diligentiores quinto sulco napum seri jubent, rapam quarto, utroque stercorato.* PLINII, Hist. nat.

En ne perdant jamais de vue l'objet principal de cette culture améliorante, qui est le nettoiement de la terre, on doit
achever ce que les labours préparatoires ont déjà opéré, sous
ce rapport, en houant, dès qu'on s'aperçoit que les plantes
suffisamment développées couvrent bien la terre.

Si le champ a été semé à la volée, ce qui paraît être l'usage
le plus général, il faut nécessairement se servir de houes à main.
(Voyez *les figures à la fin de ce traité.*) Si l'on a semé en
rayons, ce qui nous paraît être la méthode la plus économique,
et pour la semence et pour les frais, le nettoiement devient
plus facile. Ce mode d'ensemencement pourrait être pratiqué
à l'aide du semoir, si, indépendamment de sa cherté, cet instrument n'était trop compliqué et trop délicat pour être confié
aux mains trop souvent maladroites des ouvriers. On peut l'o-
pérer d'une manière assez expéditive et régulière, avec une
bouteille ordinaire remplie de semence et au bouchon de laquelle est adapté un tuyau de plume, par lequel un homme
suivant la charrue peut aisément répandre la graine nécessaire
dans le fond du dernier sillon, en en laissant alternativement
un sans semence, pour servir d'intervalle nécessaire au passage
de la houe à cheval. (Voyez *la figure à la fin de ce traité.*)

En formant, avec la houe, des rayons dans les champs semés
à la volée, comme nous l'avons fait quelquefois avec succès, on
épargne les frais de main d'œuvre, d'autant plus dispendieux
que le houage doit être réitéré lorsque les plantes, d'abord
éclaircies, commencent à former la tubérosité de leurs racines,
et à recouvrir entièrement la terre de leurs feuilles étalées.
Lors de ce second et ordinairement dernier houage, il est utile
de retrancher toutes les plantes surnuméraires trop rapprochées,
et d'observer une distance telle que, par la suite, elles se trouvent suffisamment espacées, pour pouvoir développer complétement leurs feuilles, qui doivent couvrir et ombrager la
terre le plus exactement possible.

Nous ne prescrivons pas ici de distance fixe, comme trop
d'auteurs l'ont fait ; la distance à observer devant toujours être
subordonnée à l'état plus ou moins fertile de la terre, à la vigueur des plantes, à l'époque à laquelle l'opération se pratique,
et à d'autres circonstances que le discernement du cultivateur
doit toujours prendre en considération. Rien ne nous paraît
plus dangereux et plus ridicule en agriculture, que de vouloir
déterminer des objets qui, par leur nature, sont indéterminables,
et de chercher à préciser et à fixer invariablement des quantités,
des mesures, des distances, des modes et des époques, qui
sont nécessairement très-variables. C'est ainsi qu'en voulant
prouver son instruction, on décèle son ignorance sur des objets de détails qu'il faut toujours laisser déterminer par le cul-

tivateur, d'après les circonstances particulières dans lesquelles il se trouve placé.

Nous nous bornerons à observer que, lors du second houage, il n'y a généralement aucun inconvénient à rechausser un peu les racines des plantes avec la terre meuble, sur-tout sur les sols plus secs qu'humides, et que la houe à cheval, convenablement dirigée, remplit très-bien cette indication, comme le fait aussi la petite herse triangulaire. La terre d'ailleurs se trouve beaucoup mieux et plus facilement ameublie, avec ces instrumens aussi simples qu'expéditifs. L'alignement des plantes rend aussi très-facile et très-expéditif l'éclaircissement de celles qui sont trop rapprochées, et cet éclaircissement doit toujours se faire avec la houe à main. Nous ajouterons que par l'opération bien faite du houage réitéré, on double et triple même souvent les produits.

Lorsqu'on redoute l'effet destructeur de l'hiver, on récolte en automne; dans le cas contraire, on diffère jusqu'au printemps.

Il existe plusieurs manières de faire cette récolte, qu'il est utile d'examiner, à cause de leur influence sur le sol relativement aux assolemens.

La première consiste à enlever les racines du champ, ou à la charrue, ou avec une espèce de houlette à manche court, ou avec tout autre instrument équivalent, à les charrier, lorsqu'elles sont un peu ressuyées, près des habitations, où elles sont mises à l'abri des gelées, étant rangées en tas au fond d'une tranchée, en forme de prisme, comme les boulets dans les arsenaux, après les avoir dépouillées de leurs feuilles, qu'on donne aussi quelquefois aux animaux, et qu'il est toujours désavantageux d'arracher ou de couper trop tôt, et ensuite recouvertes d'environ un pied de terre, en pratiquant par intervalles, des soupiraux formés avec des tuiles creuses, ou avec quelque autre objet équivalent, pour empêcher qu'elles ne s'échauffent et se moisissent. Ce moyen simple, usité dans le département de l'Ain, et dans quelques autres, conserve ces racines en bon état jusqu'au milieu du printemps. Mais il vaut toujours mieux en faire plusieurs petits tas que des grands où elles se conservent moins bien.

La seconde manière consiste à faire faire la récolte par les animaux eux-mêmes auxquels elle est destinée, soit en les conduisant momentanément sur le champ, à l'époque et par un temps convenables, soit en les y faisant parquer, soit enfin en en enlevant seulement une partie qu'on peut aussi faire consommer sur un champ voisin, ou à l'étable, et en faisant consommer le reste sur la place.

Cette manière, plus praticable avec les raves qui sortent en grande partie hors de terre, qu'avec les navets qui y sont plus enfoncés, et seulement admissible sur les terres très-meubles, plus sèches qu'humides, et par un temps sec, a l'avantage d'être économique, expéditive, et très-avantageuse aux sols qui ont peu de consistance, qu'elle resserre et fertilise fortement, par les nombreux débris végétaux joints aux déjections animales qu'elle y laisse, circonstances qui influent très-avantageusement sur la prospérité des récoltes suivantes.

A quelque époque et de quelque manière que la récolte soit faite, l'expérience a démontré qu'il était généralement peu avantageux de la remplacer immédiatement par un ensemencement en grain d'automne, et sur-tout en froment, parce qu'il est difficile que la terre puisse être convenablement préparée pour admettre cet ensemencement; la méthode reconnue pour être généralement la plus avantageuse, avec ce mode d'assolement, consiste à ensemencer la terre au printemps, soit en blé de mars, soit en avoine, soit en orge, avec une prairie artificielle, dont le succès est ordinairement assuré après une semblable préparation du terrain, et qui peut se trouver remplacée à son tour par une nouvelle culture céréale.

Plusieurs causes concourent à rendre cet assolement peu suivi parmi nous, quoiqu'il y ait pris naissance, comme nous l'avons annoncé. La nécessité des nombreux labours et d'engrais abondans, bien préparés, et sur-tout la crainte si fondée de voir les plantes dévorées, en levant, par l'altise, ce qui force quelquefois à ressemer plusieurs fois sans succès, et ce qui arrive même fréquemment en Hollande et en Angleterre, dont le climat bien plus humide est généralement plus favorable à cette culture, où elle est cependant quelquefois abandonnée pour la même cause, ont déterminé un grand nombre de nos cultivateurs qui l'ont essayée, et nous ont déterminés nous-mêmes, à lui préférer des cultures améliorantes moins dispendieuses, sur-tout moins casuelles, et qui n'ont pas besoin comme celle-là, lorsqu'elle manque, d'être remplacées par la vesce, la gesse, le maïs-fourrage, ou toute autre récolte, afin de ne pas exposer la terre à rester nue, après une préparation aussi longue et aussi dispendieuse.

Il est peu de fléaux du cultivateur contre lesquels on ait proposé un aussi grand nombre de préservatifs que contre les ravages de l'altise; malheureusement leur efficacité est aussi douteuse que leur nombre est étendu, ce qu'annonce en quelque sorte cette multiplicité même. Cependant, comme il en est quelques-uns qui, d'après notre expérience, nous paraissent pouvoir être utiles dans certains cas, nous croyons devoir indiquer les principaux aux partisans de la culture des raves et des navets. Chacun pourra choisir celui que les circonstances lui permettront d'adopter.

Le premier et le plus sûr de tous nous a paru consister à écarter les fumiers frais, à semer sur des labours nouvellement faits, à accélérer la germination et diminuer l'évaporation, d'abord en faisant tremper la semence dans une eau qu'on peut imprégner de suie, de chaux, de cendre, de soufre, ou de toute autre substance équivalente, qui, dans tous les cas, ne peut pas nuire; et en roulant ensuite la terre immédiatement après l'ensemencement.

Le second consiste à couvrir les plantes lors de la levée d'une épaisse fumée produite par des herbes allumées au bord du champ, du côté du vent, comme cela se pratique avec succès pour soustraire la vigne aux influences désastreuses des gelées tardives, ou à les couvrir de chaux, de suie, de cendres de bois ou de tourbe, ou même de plâtre calciné et pulvérisé, ce qui est également très-propre à activer la végétation.

Le troisième consiste dans un mélange de graines de différens âges, qui, levant à différentes époques, offrent plusieurs chances de succès.

On a également recommandé le mélange de la graine de raifort, qui, levant plus tôt que celle des raves et des navets, leur donne le temps de se développer, tandis que les plantes de raifort sont dévorées par l'altise : nous n'avons pas essayé ce dernier moyen.

Nous avons reconnu que le mélange qu'on a aussi recommandé du sarrasin avec la rave et le navet ne les préservait pas toujours.

Les limaces, les hélices et les chenilles sont aussi d'autres ennemis redoutables aux raves et aux navets, et contre lesquels on emploie quelquefois avec succès les moyens qui réussissent contre l'altise, ainsi que le roulage réitéré matin et soir, et les canards qui en détruisent beaucoup, sans nuire d'une manière bien sensible à ces plantes.

Second mode d'assolement. Ce mode, beaucoup plus simple et moins dispendieux que le précédent, est aussi beaucoup plus usité parmi nous, et procure une seconde récolte, dans la même année, après la récolte principale, avantage précieux pour tous les champs qui en sont susceptibles.

Il consiste à semer ces plantes sur un labour qui enfouit le chaume de la récolte précédente, et à suivre tous les procédés de culture que nous avons exposés au premier mode. On se dispense même quelquefois des houages, ou au moins de l'un des deux, ce qui est sans inconvénient, toutes les fois que l'on n'a pas à craindre que les plantes nuisibles aux récoltes ne mûrissent leurs graines, et sur-tout lorsqu'on n'a en vue que d'obtenir un pâturage dont l'abondance se trouve augmentée par la germination des grains disséminés sur le sol à l'époque de la première récolte, et qui, lorsque les jeunes plantes sont dévorées en totalité ou en partie par l'altise, fournissent encore une ressource à laquelle il faut ajouter l'avantage de nettoyer et d'ameublir la terre, par l'effet du labour qu'elle reçoit.

Ce labour n'est même pas toujours indispensable pour obtenir le résultat désiré. On sème quelquefois les raves et les navets, pendant que les plantes destinées à fournir la première et principale récolte sont encore sur pied ; ce qui se fait avec succès, dans plusieurs cantons, ou à l'égard des grains , ou du sarrasin, ou avec le lin, le chanvre, la gaude, ou d'autres plantes dont l'arrachage donne à la terre un remuement suffisant pour l'objet qu'on se propose.

Quelquefois aussi un simple hersage profond avec une herse de fer (*voyez les figures à la fin de ce traité*) supplée efficacement au labour après la récolte, et il est plus expéditif ; car on n'a pas ordinairement à cette époque le temps de labourer une grande étendue des terres récoltées, en supposant qu'on veuille les destiner à cette production ou à quelque autre équivalente.

Enfin , on peut encore semer les raves et les navets dans les intervalles des plantes cultivées en rayons, telles que les maïs, les fèves, etc. , pendant leur végétation , et les houer, après l'enlèvement de ces plantes, avec la houe à cheval. Cette méthode, adoptée par quelques-uns de nos cultivateurs, est une des plus recommandables.

Dans tous les cas, le produit de ce nouvel ensemencement peut être consommé avantageusement sur le champ même , à la fin de l'automne, lorsque la terre n'est pas naturellement compacte et le temps trop humide ; et il laisse pendant l'hiver le temps nécessaire pour la préparer à donner de nouveaux produits l'année suivante.

Lorsqu'on peut se passer à cette époque de ce supplément de nourriture fraîche , et que la terre a besoin d'ailleurs d'engrais qu'on ne peut lui donner, il se présente encore un moyen très-avantageux de tirer parti de ce produit : c'est d'enfouir, par un nouveau labour, les plantes qui , en restituant au sol la substance qu'elles en ont empruntée, avec celle beaucoup plus abondante, qu'elles ont puisée dans l'atmosphère, lui fournissent un engrais végétal précieux , très-approprié à la nature du terrain qui convient le plus à ces plantes, et dont l'efficacité influe puissamment sur la prospérité de la récolte suivante. C'est toujours ainsi que la destruction devient une source abondante de reproduction.

Cette culture peut encore se faire après les récoltes de pois, pommes de terre et haricots précoces, qui laissent le temps suffisant pour obtenir un second produit, sans nuire aux suivans, et elle devient alors très-avantageuse.

Troisième mode d'assolement. Ce dernier mode, peu usité, parce qu'à l'époque où il a lieu, un grand nombre d'autres plantes peuvent remplir le même objet, consiste à semer les raves et les navets au printemps, ou sur une terre en jachère, qui vient déjà de fournir un pâturage précoce, ou, de très-bonne heure, sur celle qui n'a encore rien produit. Ces plantes ne sont alors destinées qu'à fournir par leurs feuilles ou un pâturage ou un fourrage vert, lorsqu'on peut les faucher, ou enfin un engrais végétal, lorsqu'on veut les enfouir. Les racines grossissent très-peu à cette époque ; elles se cordent ordinairement, sont attaquées par les insectes, et fournissent une très-faible ressource.

Après cette récolte, la terre peut recevoir toutes les préparations nécessaires pour un nouvel ensemencement, qui est ordinairement en grain, et qu'on diffère jusqu'à l'automne, ce qui laisse quelquefois le temps suffisant pour obtenir une autre récolte intercalaire.

Il existe encore un autre mode de culture des raves et des navets, généralement peu suivi, et que nous indiquerons cependant, parce qu'il peut trouver son application à certains cas. Il consiste à les semer, pendant plusieurs années consécutives, sur une vieille prairie dont on veut détruire le gazon, ou sur un terrain tourbeux, chaulé, qu'on veut préparer, par cette culture répétée qui exige de nombreux labours et houages, à la production des grains et à l'ensemencement d'une prairie artificielle, objets pour lesquels elle peut devenir utile, en purgeant la terre de semences et de racines nuisibles, et en l'améliorant d'ailleurs ; mais elle peut être remplacée, dans un grand nombre de cas, parmi nous, par d'autres cultures moins dispendieuses, moins casuelles, et tout aussi productives.

Après avoir considéré les raves et les navets sous le point de vue général, disons un mot de leurs qualités distinctives, relativement aux assolemens.

Nous avons déjà observé que ces plantes exigeaient pour prospérer un terrain meuble, abondamment engraissé, et qu'elles redoutaient tous ceux qui étaient compactes, crétacés, ou argileux. Cette vérité est plus applicable encore aux navets, dont la racine plus longue et enfoncée en terre a plus particulièrement besoin de cet ameublissement, sans lequel elle ne peut s'enfoncer et grossir convenablement, qu'aux raves dont la racine sphércïde, ordinairement plus à la surface de la terre

qu'en terre, exige rigoureusement moins d'ameublissement
pour se développer, et vient assez bien sur les terrains argileux, sur-tout s'ils sont marnés ou chaulés, la substance calcaire les rendant beaucoup moins tenaces.

Les raves sont aussi, à raison de cette manière d'être, les
seules dont les racines puissent être avantageusement consommées sur le champ même qui les a produites, sans avoir besoin
d'être arrachées; et cette circonstance, ainsi que la précédente,
sont très-déterminantes pour leur accorder la préférence sur
les navets, dans un grand nombre de cas.

Il existe plusieurs variétés de raves ou navets très-estimées
pour la délicatesse de leur goût, et dont les principales sont
celles de Freneuse, dans le Vexin français; de Saulieu, dans
la Côte-d'Or; de Chéroube, dans le Beaujolais; de Mende ou
des Cévennes; de Pardaillan près Saint-Pons, en Languedoc;
du Gâtinais et de Colleret, près d'Avesnes, département du
Nord, ainsi que la variété dite de Berlin ou de campagne, qui
est très-répandue dans les départemens du Haut et du Bas-
Rhin, et dont la racine très-longue et en partie hors de terre
devient énorme dans les terrains profonds qui lui conviennent,
et où elle est d'un très-grand produit.

La délicatesse de ces variétés et la finesse de leur saveur doivent être entièrement attribuées, comme l'observent avec raison Rozier et Vilmorin, à la qualité sablonneuse, souvent fer-
rugineuse et rougeâtre du sol qui les produit; et ce qui le démontre, c'est que lorsqu'elles sont semées dans des terres
fortes, très-humides et compactes, moins convenables à cette
production, elles y dégénèrent au point de n'être pas recon-
naissables.

D'après le témoignage d'Olivier de Serres, il est constant
que de son temps, et probablement long-temps auparavant,
les raves et les navets étaient cultivés en France en grand et en
plein champ, pour la nourriture des bestiaux, et particulièrement pour l'engrais des bœufs et des vaches, dans le Limosin,
l'Auvergne et la Savoie. Le second mode de culture que nous
avons indiqué, et qui procure souvent une seconde récolte dans
la même année, est répandu aujourd'hui dans la plupart de
nos départemens, du midi au nord, où il se pratique avec
succès.

Ceux de nos départemens dans lesquels cette culture est le
plus usitée, sont ceux du Mont-Blanc, où on sème assez souvent les raves et les navets avec le sarrasin, qui fournit une
deuxième récolte, suivie d'une troisième dans la même année;
de la Haute-Saône, où on les admet souvent sur les bruyères
défrichées; de l'Isère, de l'Ain, du Rhône, de l'Ille-et-Vi-
laine, de l'Eure, de l'Orne, du Calvados, du Nord, du

Haut et du Bas-Rhin, de la Seine, de Seine-et-Marne, de la Dordogne et de la Corrèze, de la Gironde et des Landes; comme encore près des bords de la Lys, de la Dyle, des Deux-Nèthes et de l'Escaut. On emploie souvent à l'engrais des bœufs ces racines, qui sont plus ou moins sucrées et aqueuses, entières ou coupées avec le coupe-racine (*Pl. I,* tome 12, p. 204), selon leur grosseur et l'espèce d'animaux, seules ou mélangées, crues ou cuites, aux champs ou à l'étable, toutes choses qui varient suivant les circonstances et les usages; mais on observe généralement que cette nourriture, qui imprime quelquefois une saveur désagréable au lait des vaches qui y sont soumises, donne également quelquefois à la chair un mauvais goût qui force à avoir recours, pour achever l'engraissement, à quelque substance huileuse ou farineuse qui n'ait pas le même inconvénient, et il est ordinairement peu avantageux de l'employer seule et long-temps. Lorsqu'elle est cuite, elle devient moins aqueuse et plus substantielle, mais plus coûteuse, et le calcul doit toujours déterminer le choix.

Parmi les diverses méthodes de culture de la rave et du navet, nous recommandons comme une des plus économiques et des plus productives celle en rayons, qui épargne beaucoup les frais de main d'œuvre, qui se fait très-expéditivement, au moyen de la houe à cheval, et qui peut très-avantageusement s'intercaler avec des rangées alternatives de maïs, de fèves et de plusieurs autres plantes. Cette excellente méthode, que MM. de Père et Lullin recommandent également, d'après leur expérience, et que nous avons plusieurs fois pratiquée avec un plein succès, n'exige aucun labour additionnel à ceux nécessités pour les plantes de la récolte principale, après laquelle on obtient, à très-peu de frais, une seconde récolte précieuse, qui nettoie et ameublit le terrain, et le laisse dans un état très-favorable au succès des récoltes suivantes.

On laisse quelquefois la rave et le navet monter en graine, soit pour la semence, soit pour en faire de l'huile, comme dans le département des Deux-Nèthes, où on la préfère à celle du colza : dans ce cas, il faut la garantir des ravages des oiseaux qui en sont avides, et elle épuise beaucoup plus la terre; mais on emploie plus particulièrement à cet objet la navette, dont nous allons parler.

DE LA NAVETTE. La navette ou rabette, *brassica napus, sylvestris,* qu'on désigne quelquefois sous le nom de *ravonaille* et *rabiole,* n'est que le type originaire des nombreuses variétés de raves et de navets, qui existent aujourd'hui parmi nous : elle croît encore spontanément en plusieurs endroits, sur les terrains sablonneux maritimes, et paraît plus rustique que toutes ses variétés, dont elle diffère essentiellement, parce

que sa racine légèrement fusiforme est presque entièrement dépourvue de cette tubérosité de diverses formes, couleurs et
grosseurs, qui appartient à celle-là et qui est due à la culture.

On la sème souvent avant l'hiver, auquel elle résiste généralement assez bien, sur-tout lorsqu'il n'est pas très-pluvieux,
et elle y résiste probablement mieux que ses variétés, qui sont
améliorées par l'abondance des engrais et la culture, parce
qu'elle est d'une constitution moins aqueuse par ses feuilles,
ordinairement plus rudes, plus étalées, moins volumineuses,
moins entières et d'un vert moins foncé, et sur-tout par sa
racine, qui, au lieu d'être pulpeuse et d'un tissu spongieux
comme les leurs, est plutôt ligneuse, menue et fibreuse, que
succulente, large et pivotante.

Ses fleurs, ordinairement jaunes, quelquefois blanchâtres
ou violettes, sont très-odorantes et fort recherchées des abeilles.

Il en existe plusieurs variétés, et entre autres une qui se
sème après l'hiver, et qu'on distingue sous le nom de navette
de printemps ou d'été. Elle mûrit souvent au bout de deux
mois d'ensemencement ; mais elle est généralement beaucoup
moins productive que celle d'automne.

Dans plusieurs endroits de l'Eiffel, canton remarquable de
l'ancien département de Rhin-et-Moselle, on cultive, d'après
M. Lezay Marnezia, une *navette d'été* dite *quarantaine*, parce
qu'elle mûrit souvent en quarante jours. Il en a vu des champs
semés vers la Saint-Jean entrer en graine un mois après, et
être récoltés le mois suivant. *Cette culture*, dit-il, *qui n'occupe le sol que dix semaines, et qui peut remplacer celles qui
sont détruites, est bien précieuse.*

Nous connaissons trois manières principales d'introduire
avantageusement la navette dans les assolemens, sur les terres
meubles, calcaires, sablonneuses et fraîches, qui lui conviennent plus que toute autre.

La première consiste à la semer, uniquement pour la nourriture des bestiaux ou pour engrais végétal, immédiatement
après une récolte principale, faite en été. Un seul labour ou
un profond hersage à la herse de fer (*voyez les fig. à la fin de
ce traité*) suffit ordinairement pour cet objet, et la semence,
sujette d'ailleurs, comme celles de toutes les plantes de la famille des crucifères, à être détruite par l'altise lors de ses premiers développemens, doit être légèrement recouverte, le terrain
étant préalablement égalisé par un hersage suffisant, comme
nous l'avons prescrit pour la rave et le navet.

Le produit de cette culture améliorante et préparatoire, lorsqu'il n'est pas destiné à l'engraissement de la terre, est consacré à fournir, en automne, en hiver et au printemps, un pâturage fort agréable aux bestiaux, et sur-tout aux bêtes à

laine, et plus particulièrement aux brebis nourrices et à leurs agneaux. Par une dépaissance alternative et prudemment réglée, on peut en profiter long-temps, et elle finit assez tôt pour laisser le temps de disposer le terrain à une seconde culture dans la même année.

Ce produit est, cependant, moins abondant ordinairement que celui du colza, qu'on emploie aussi quelquefois au même usage, mais qui exige une terre plus fertile.

La seconde manière consiste à semer la navette comme précédemment, avant ou après l'hiver, mais ordinairement sur plusieurs labours, et quelquefois avec de l'engrais, dans l'intention d'en obtenir la graine pour en extraire l'huile ; elle peut être suivie immédiatement du seigle, du froment ou de toute autre culture céréale.

On la sème le plus souvent à la volée, quelquefois aussi en rayons, ce qui nous paraît généralement plus commode pour pouvoir sarcler, houer et éclaircir convenablement les plantes; quelquefois encore, mais rarement, on sème la navette en pépinière, comme le colza, et on la transplante, ce qui laisse plus de temps pour préparer le terrain à cette culture épuisante; on lui donne, dans ce cas, tous les houages nécessaires, avec la houe à cheval.

Après les ensemencemens à la volée, on fait quelquefois brouter les feuilles par les bestiaux pendant l'automne et une partie de l'hiver, ce qui n'empêche pas qu'on en obtienne ensuite ordinairement une bonne récolte de graine, lorsque ce retranchement a été fait avec les précautions convenables, et on en retire ainsi deux produits avantageux ; mais la terre s'en trouve plus épuisée.

Il existe encore une troisième manière que nous avons déjà eu occasion de faire connaître, en développant notre huitième principe d'assolement. Elle consiste à semer la navette dans les grains, quelque temps avant leur maturité; on se procure ainsi, sans frais de culture additionnels, une nouvelle récolte après celle des grains. Nous avons vu dans l'arrondissement de Clermont, département de l'Oise, la navette semée de cette manière dans l'avoine, y donner des produits considérables sur presque toutes les terres, comme le colza et la cameline, semés dans le blé, dans les environs de Coutances, y fournissent également des récoltes très-productives, et nous retrouvons cette pratique en usage dans plusieurs parties du département des Ardennes.

La variété qu'on ne sème qu'au printemps ou en été, pour être récoltée dans la même année en graine, ne peut procurer la ressource du pâturage, et, comme toutes les variétés printanières, elle produit encore, généralement, beaucoup moins de semences, qui sont aussi moins huileuses.

La maturité des semences s'annonce par la couleur brune qu'elles contractent et par le desséchement des feuilles et de la tige, qui blanchit ainsi que les cosses ou siliques ; il est essentiel d'observer qu'il y a ordinairement de l'inconvénient, relativement aux récoltes suivantes, à attendre que cette maturité soit complète, parce que les oiseaux qui sont très-avides de ces semences huileuses, dont on nourrit souvent ceux qu'on élève, joints au vent, à la pluie, à la grêle et à d'autres circonstances défavorables, peuvent en répandre sur la terre une grande quantité, qui devient nécessairement très-nuisible, à moins qu'on n'ait la facilité de les faire germer et de les enfouir, avant un nouvel ensemencement, en se procurant ainsi, ce qu'on appelle *une récolte morte.*

Il est constant, d'ailleurs, que les semences formées les dernières fournissent beaucoup moins d'huile que les premières.

L'inconvénient de la dissémination des semences sur le sol exige aussi qu'on prenne beaucoup de précautions en arrachant les plantes, en les plaçant en javelles, en les ramassant et les portant sur des toiles, pour les battre sur une aire établie sur le champ ou mieux hors du champ.

La culture de la navette récoltée en graine épuise la terre comme celles de toutes les plantes oléifères, et si les cultures de graminées ou de toute autre plante aussi épuisante prospèrent après, cet avantage ne peut être attribué qu'aux engrais et aux nettoiemens que la terre a pu recevoir, s'il n'est dû à sa fertilité naturelle.

Cette culture est très-ancienne en France, comme l'atteste Olivier de Serres, qui nous informe que, de son temps, *elle était pratiquée heureusement en plusieurs provinces du royaume et en Flandre,* où elle est encore très-commune aujourd'hui, ainsi que celle du colza, plus productive, et dont l'huile qu'on emploie quelquefois comme assaisonnement, fait ordinairement la base du savon noir ou vert, et sert à préparer les draps et les cuirs.

Les marcs, gâteaux ou tourteaux, c'est-à-dire, les résidus, après l'expression de la majeure partie de la substance oléagineuse de la navette et du colza y sont employés à l'engrais des bestiaux, et quelquefois aussi à celui des terres.

Dans quelques cantons du Mont-Blanc, et dans plusieurs de nos départemens, où on sème ordinairement la navette sur un seul labour, immédiatement après une récolte de seigle ou de froment. Ce mode d'assolement épuise beaucoup la terre et la salit même, lorsque les sarclages n'ont pas été faits rigoureusement, comme cela arrive souvent, et les engrais aboudans, ainsi que les cultures améliorantes et nettes, deviennent indispensables après cette culture extraordinaire, qui annonce plus l'avidité que le raisonnement du cultivateur.

On observe généralement que toutes les variétés de raves et de navets réussissent fort mal, après la culture de la navette, comme après celle du colza, ce qui confirme notre cinquième principe d'assolement.

Les terres qui conviennent le mieux à cette culture, après celles qui sont calcaires et meubles, sont toutes celles dont la surface gazonneuse ou tourbeuse a été écobuée et incinérée. Elle y est ordinairement très-productive, et peut être suivie immédiatement d'une seconde culture en graminée, qu'il convient d'accompagner d'un ensemencement en prairie artificielle. On épargne ainsi les labours, les engrais et la terre elle-même, qui au lieu de se détériorer, comme cela arrive fréquemment après les défrichemens, se trouve au contraire améliorée à peu de frais.

DE LA CAMELINE. La cameline cultivée, ou *myagre, myagrum sativum,* appelée quelquefois improprement *camomille* ou *camomène,* et *sésame d'Allemagne,* pays où sa culture est répandue, est une plante annuelle peu délicate sur le choix du sol, pourvu qu'il soit meuble ; elle croît spontanément sur les champs peu fertiles ; on la rencontre fréquemment dans les grains aux environs de Paris, et ailleurs, et sa tige, rameuse à son sommet, et garnie de feuilles velues, alternes, amplexicaules supérieurement, se couvre de nombreuses fleurs jaunâtres en grappes terminales, qui sont remplacées par des silicules ovales, renfermant des semences huileuses.

Le grand mérite de cette plante, qu'on a appelée oléifère et filamenteuse, tout-à-la-fois, comme le chanvre et le lin, parmi lesquels elle se trouve assez souvent mêlée, mais qui fournit une filasse ligneuse, bien moins bonne que ces dernières plantes, est, indépendamment de sa précieuse propriété de donner des produits avantageux sur des sols médiocres, remarquable par la faculté qu'elle a de parcourir en trois mois le cercle de sa végétation ordinaire, ce qui la rend très-utile dans les assolemens, soit comme récolte secondaire, soit comme récolte supplétive de celles qui ont été accidentellement détruites, soit enfin comme engrais végétal, auquel elle est très-propre étant enfouie en fleurs lorsque le sol lui a fourni peu de substance.

On la sème ordinairement à la volée, en mai et juin, pour la récolter en août et septembre, sur les terres qui ont déjà fourni un pâturage printanier ou toute autre récolte précoce, et elle remplace le plus souvent celles qui ont été détruites par la gelée, la grêle, les inondations ou par tout autre fléau. Elle exige des sarclages, à moins qu'elle ne se trouve semée assez dru pour pouvoir étouffer les plantes nuisibles; l'exiguïté de sa semence exige aussi beaucoup d'attention et d'adresse de la part du semeur.

On l'arrache ordinairement lorsque les silicules commencent à jaunir; on la fauche quelquefois, ce qui est beaucoup plus expéditif, mais ce qui expose les semences qui sont bien mûres à tomber, et il convient ici de prendre les précautions que nous avons indiquées, à l'égard de la navette, pour prévenir cet inconvénient ou pour y remédier.

On exprime de ses semences jaunâtres ou rougeâtres, qui ne conservent leur faculté germinative que pendant une seule année, et dont plusieurs oiseaux sont avides, une huile qu'on préfère généralement pour la lampe à celles de navette et de colza, parce qu'elle donne moins d'odeur et de fumée, et qu'on l'emploie également pour les laines, les cuirs et autres usages économiques. Ses tiges sont employées ainsi que celles de ces plantes, ou comme combustible, ou comme litière, et elles remplacent quelquefois le chaume pour les couvertures.

Quelque précieuse que puisse être sa culture dans un grand nombre de cas où les récoltes supplémentaires deviennent une ressource si nécessaire, nous la croyons peu cultivée en France, et nous ne l'avons trouvée établie en grand que dans quelques-uns de nos départemens septentrionaux, où on paraît l'apprécier davantage d'année en année, quoiqu'on l'ait introduite avec succès dans ceux de la Haute-Saône, de la Côte-d'Or, et dans quelques autres.

Nous l'avons vue introduite avantageusement sur les bords de la Somme, près d'Abbeville, avant et après les céréales.

Dans les environs de Mont-Didier, M. Parmentier, qui s'est occupé de cette culture, nous apprend *qu'elle remplace avantageusement le froment dans les parties des pièces de terre où il a manqué.*

M. Duhamel, cultivateur distingué de l'arrondissement de Coutances, nous informe que sur les côtes du département de la Manche, *la cameline se sème presque toujours dans un dernier blé, et que le cultivateur voit en le récoltant l'espérance d'un nouveau bienfait.*

Dans les environs de Béthune, de Saint-Omer, et dans plusieurs cantons du département du Nord, elle remplace également les colzas, les pavots, les lins, et toutes les récoltes que la gelée ou quelque autre intempérie a détruites.

Enfin, Dieudonné nous annonce que cette culture, *introduite seulement, depuis environ trente ans, dans le département du Nord, s'est considérablement accrue depuis la révolution, dans les arrondissemens de Lille et de Douay, et qu'elle gagne ceux du sud de ce département.* Elle nous paraît mériter d'être plus étendue qu'elle ne l'est en France, sur les terres médiocres du centre et du midi, que la nature couvre souvent de cameline.

Nous avons vu avec plaisir qu'elle avait été admise avec beaucoup de succès dans le département de l'Ain, l'un de ceux qui se distinguent le plus par ses améliorations agricoles.

Une autre plante de cette famille, le radis oléifère, *raphanus sativus oleifer*, appelée *raifort de la Chine*, parce qu'on la cultive dans ce pays pour tirer de sa graine douce une huile mangeable, mérite encore d'être essayé pour cet objet. Nous avons vu sa culture établie en Italie sur plusieurs points avec succès. Elle ressemble par le port à nos radis cultivés pour leur racine, et elle pourrait être semée à la même époque que la cameline et être traitée de même.

Nous indiquerons également le cresson-alenois ou *nasitord*, *lepidium sativum*, que quelques cultivateurs paraissent aussi avoir cultivé avec avantage comme plante oléifère.

QUATRIÈME SECTION.

Des Plantes fournies par diverses autres familles.

Les principales plantes les plus applicables à notre première division, parmi celles qui ne peuvent être comprises dans les trois grandes et si utiles familles précédentes, sont le sarrasin, parmi les polygonées; la gaude, parmi les résédas; la spergule, parmi les caryophyllées; la pomme de terre, parmi les solanées; la patate, parmi les liserons; le topinambour et le tournesol ou soleil, dans le genre hélianthe, parmi les corymbifères.

DU SARRASIN. Le sarrasin, *polygonum fagopyrum*, Lin., appelé aussi *blé noir*, *bouquet*, *bouquette*, *bucaille*, et improprement *millet noir*, *millet cornu*, ou *millet-sarrasin*, est une plante annuelle, originaire de la haute Asie, où le savant voyageur Olivier l'a trouvée croissant spontanément, et qui est naturalisée depuis environ deux siècles en France, où il paraît qu'elle a été introduite par les Maures ou Sarrasins d'Espagne, dont elle a retenu le nom.

Cette plante, dont la tige cylindrique, rougeâtre et très-rameuse, s'élève ordinairement à 64 centimètres, et se couvre de larges feuilles et de nombreuses fleurs en bouquets, d'un rouge incarnat plus ou moins intense, qui sont remplacées par des semences noirâtres et triangulaires, est sans contredit une des plus précieuses pour les assolemens des terres sèches, siliceuses, caillouteuses et crétacées.

Elle prospère dans toutes les terres convenablement préparées, si l'on en excepte celles qui sont tenaces et humides, et donne les produits les plus abondans sur celles qui sont meubles, fraîches et engraissées.

Par ses nombreux rameaux, qui se conservent long-temps herbacés, et par ses larges feuilles, elle soutire beaucoup de nourriture de l'atmosphère, et épuise peu la terre qu'elle ombrage de manière à prévenir toute évaporation inutile et à étouffer toutes les plantes nuisibles qui germent avec ou après elle.

Elle parcourt ordinairement en trois mois tous les périodes de sa végétation; mais il est de la plus haute importance de ne la confier à la terre qu'aux époques où elle n'a ni à craindre les gelées tardives, auxquelles elle est très-sensible, ni les premières gelées de l'automne, qui détruisent sa récolte, laquelle n'est plus propre alors qu'à être enfouie.

Le sarrasin peut entrer avantageusement dans les assolemens, soit comme récolte seule, dans une année, intercalée entre deux récoltes de graminées ou autres; soit comme récolte secondaire, très-propre à remplacer celles qui ont été détruites par quelque accident, ou les fourrages et pâtures printaniers, ou bien enfin les récoltes en grains, faites de bonne heure.

Dans le premier cas, la terre peut et doit recevoir tous les labours et engrais nécessaires pour qu'elle se trouve suffisamment nettoyée, ameublie et engraissée à l'époque de la semaille, qu'on peut différer sans inconvénient et ordinairement même avec beaucoup d'avantage jusqu'à ce que ces trois conditions soient remplies. Nous ne prescrirons pas plus ici la quantité de semence nécessaire, que nous n'avons cru devoir prescrire, dans aucun cas, celle des engrais et le nombre des labours, parce que, comme nous avons déjà eu occasion de l'observer, rien ne nous paraît plus absurde et moins exécutable, d'après notre pratique, que ces déterminations banales, fixes et invariables de quantités et de mesures, qui doivent toujours se régler d'après des circonstances très-variables, que tout cultivateur doit savoir apprécier, et dont la fixation, tout au moins inutile, décèle un zèle outré et peu éclairé.

Nous nous bornerons à dire qu'une faible quantité de semence suffit généralement, parce que cette plante se ramifie beaucoup et demande beaucoup de place pour étendre convenablement ses rameaux; la quantité que nous employons le plus ordinairement approche d'un hectolitre par hectare, quantité que nous augmentons un peu lorsque nous destinons le sarrasin à être enfoui comme engrais végétal, dont nous parlerons plus loin; l'époque de la semaille doit toujours être, dans ce cas, celle où les gelées tardives ordinaires ne sont plus à redouter. Quant à la quantité d'engrais et au nombre de labours nécessaires, nous ne suivons jamais, et il nous semble qu'on ne doit jamais suivre d'autre règle pour ces objets, que l'état relatif, très-variable, dans lequel la terre se trouve, sous les rapports si importans du besoin d'ameublissement, de nettoiement et de fertilisation convenables.

La semence étant bien recouverte, et la terre bien ameublie par les opérations successives de la herse et du rouleau, le sarrasin ne demande généralement aucun soin jusqu'à la récolte; il fait lui-même l'office du sarclage en étouffant, par son ombrage épais, les plantes qui pourraient être nuisibles à sa prospérité et à celle des récoltes subséquentes.

Aussitôt qu'on s'aperçoit que la majeure partie de ses semences, qui ont l'inconvénient de ne pas mûrir toutes à-la-fois, se colorent d'une teinte noirâtre qui indique leur maturité, il faut sans hésiter, sacrifier les dernières, qui sont toujours les moins grosses et les moins farineuses, à la nécessité de conserver les premières, qui sont toujours mieux nourries, et qui ne tarderaient pas à tomber ou à devenir la proie des oiseaux et sur-tout des pigeons, qui en sont très-avides, si l'on différait alors la récolte, qui doit être faite d'ailleurs avec toutes les précautions recommandées pour celles de la navette et de la cameline. Immédiatement après cette récolte, la terre se trouve ordinairement dans le meilleur état pour recevoir de bonne heure, sur un ou plusieurs labours, un ensemencement d'automne, qui a les chances les plus favorables pour prospérer.

Dans le second cas relatif au mode d'assolement, il est essentiel de saisir, sans perdre de temps, le moment favorable pour donner à la terre, immédiatement après la première récolte ou de fourrages ou de grains, un labour suffisant pour qu'elle se trouve remuée par-tout à la profondeur nécessaire, et de l'ensemencer, la herser et la rouler sans délai ; car le succès de cette récolte supplémentaire dépend en très-grande partie de ces attentions, sans lesquelles elle se trouve souvent compromise.

Comme elle a lieu ordinairement assez tard, elle n'admet que rarement un nouvel ensemencement en automne, à moins qu'il ne soit destiné à un fourrage ou pâturage printanier ; et comme à l'époque où elle a lieu, l'humidité est souvent autant à redouter que les premières gelées qui la détruisent trop souvent, au lieu de placer le sarrasin en javelles sur le sol, il est généralement avantageux, pour accélérer sa dessiccation et prévenir sa germination, d'en former des espèces de petites gerbes provisoires, serrées avec les tiges mêmes de sarrasin, qu'on dresse en en écartant la base. Nous nous sommes bien trouvés de cette méthode, usitée en plusieurs endroits, et qui mérite d'être généralement adoptée, et lorsque les contrariétés de la saison s'opposent au desséchement complet, et font craindre une germination prochaine ou la pourriture, le plus sûr, en pareil cas, nous a paru toujours être d'enlever le sarrasin tel qu'il était, de le battre sans perdre de temps, de l'étaler mince et de le remuer souvent dans le grenier, et de le cribler le plus tôt possible, afin de prévenir son échauffement qui, sans ces précautions, serait inévitable.

Lorsqu'on prévoit que la maturité du sarrasin ne peut avoir lieu, ou lorsqu'une gelée intempestive est venue le frapper, il présente encore une ressource bien précieuse dont il faut s'empresser de profiter, c'est de le convertir en engrais en enfouissant la récolte, qu'il convient en général de rouler préalablement : son enfouissement en devient plus facile et plus complet, sur-tout si elle a été affaissée contre terre par un temps humide qui le charge et le couche davantage.

Le sarrasin nous paraît être une des plantes les plus précieuses pour remplir cet objet, pour lequel nous lui avons accordé la préférence depuis long-temps sur toutes celles que nous avons essayées comparativement ; il peut même être cultivé exprès avec beaucoup d'avantage comme engrais végétal, et empruntant comparativement beaucoup moins de nourriture de la terre que de l'atmosphère, il est très-propre à la fertiliser, à la nettoyer, et même à ameublir celle qui est compacte et argileuse, comme plusieurs faits l'attestent, et notamment l'essai de M. de la Chalotais, consigné dans les observations de la société d'agriculture de Bretagne.

Le sarrasin peut encore remplacer avec beaucoup d'avantage l'avoine ou l'orge dont l'ensemencement n'aurait pu être fait en temps convenable, et il peut aussi admettre un ensemencement simultané en prairie artificielle, ou en raves et navets, comme nous en avons déjà vu quelques exemples. Il suffit dans ce cas de le semer plus clair, afin qu'il puisse protéger de son ombrage et non étouffer les plantes auxquelles il est associé.

Ce qui rend sur-tout recommandable l'introduction du sarrasin dans les assolemens des terres de notre première division, c'est qu'indépendamment de sa faculté améliorante, considérée comme engrais, et de celle de pouvoir fournir une seconde récolte dans la même année, avec les précautions convenables, ses tiges vertes, son grain et ses tiges, lorsqu'elles sont battues, sont propres à un grand nombre d'usages économiques, dont nous croyons devoir faire connaître ici les principaux.

Lorsque le sarrasin n'est pas semé dans l'intention d'être récolté en grain, et que la terre peut se passer de son engrais, et qu'on a besoin d'ailleurs d'une nourriture verte, il peut en servir étant fauché ou consommé sur place. Cette destination a cependant quelquefois un inconvénient que nous avons reconnu, et que nous ferons connaître plus loin.

Les nombreuses fleurs dont le sarrasin se pare fournissent aussi une abondante provision de miel et de cire aux abeilles, et on le cultive en plusieurs endroits pour cet objet, qu'il remplit très-bien.

Son grain, dont la volaille et les pigeons sur-tout sont avides, et qui est très-propre à les échauffer, à les faire pondre, ou à les engraisser promptement, est également très-convenable à l'engrais des porcs, et peut remplacer avantageusement l'avoine des chevaux, en tout ou en partie, comme nous nous en sommes assurés.

On convertit aussi quelquefois son grain, seul ou mélangé avec d'autres grains, en pain à la confection duquel il est du reste peu convenable, étant dépourvu de cette substance végéto-animale, connue sous le nom de *gluten*, que le froment possède plus que tout autre grain, et qui communique à la pâte la ductilité et le liant nécessaires à la bonté, à la fraîcheur et à la conservation de cet aliment; mais sa farine blanche et légère est très-propre à être convertie en bouillie ou en pâtisserie de diverses sortes auxquelles elle est particulièrement convenable, étant très-savoureuse, délicate et de facile digestion.

Enfin ses tiges, dépouillées de leur grain, sont très-propres à être converties en engrais après avoir servi de litière, et elles contiennent en très-grande proportion, d'après l'analyse à laquelle Vauquelin les a soumises, du carbonate de potasse, qu'on peut en extraire pour d'autres objets.

Ce savant chimiste, qui a rendu plusieurs services importans à l'art agricole par ses précieuses recherches, ayant analysé le résidu de ces tiges après l'incinération, a découvert qu'elles contenaient sur cent parties,

$$29 - 5 \text{ carbonate de potasse,}$$
$$3 - 8 \text{ sulfate, } idem.$$
$$17 - 5 \text{ carbonate de chaux,}$$
$$13 - 5 \text{ magnésie,}$$
$$16 - 2 \text{ silice,}$$
$$10 - 5 \text{ alumine,}$$
$$et \quad 8 - 5 \text{ eau.}$$

Total, 100 — 0.

Ces proportions, susceptibles de varier suivant les circonstances, démontrent de quel avantage le sarrasin peut être entore, considéré sous ces deux nouveaux rapports, sous lesquels sa culture nous paraît très-recommandable.

Examinons maintenant quelques inconvéniens, réels ou supposés, que présente la culture du sarrasin.

Quoique la très-grande majorité des auteurs qui ont recommandé sa culture, et des cultivatenrs qui l'ont adoptée, reconnaisse que cette plante, très-convenable aux sols siliceux et crétacés de médiocre qualité, ce qui n'empêche pas que ses produits soient bien plus avantageux sur des terrains plus fertiles (comme cela doit toujours être pour le sarrasin et pour toute autre plante, malgré qu'on ait souvent affirmé le contraire), épuise généralement très-peu le sol sur lequel elle croît, parce qu'elle tire, à cause de son organisation et de son mode de végétation, une grande partie de sa nourriture de l'atmosphère, comme nous avons déjà eu occasion de l'observer ; il en est quelques-uns cependant qui ont cru devoir lui reprocher de l'épuiser beaucoup, ce qui tient ou au mode vicieux d'assolement auquel il a été soumis, ou à quelque inexactitude d'observation, ou enfin à un esprit de système.

Il n'est aucune plante qui n'épuise plus ou moins la terre sur laquelle elle croît, et indépendamment du mode d'organisation et de végétation particulier à chacune d'elles, elles en empruntent toutes d'autant plus de substance qu'elles y séjournent plus long-temps pour y fructifier, et qu'elles y fructifient davantage, Or, il est évident que si, après une récolte très-épuisante de froment, de seigle, ou de toute autre plante qui emprunte beaucoup de la terre, on y introduit immédiatement le sarrasin sans aucune réparation préalable, et sans une préparation convenable du sol, comme cela arrive fréquemment, et qu'après l'avoir laissé fructifier, on veuille encore exiger du même champ une autre récolte, toujours sans réparer ses pertes, on doit le trouver généralement peu en état d'y suffire, s'il n'est naturellement très-fertile, ce qui n'est pas le cas le plus ordinaire ; mais cela ne peut prouver que le sarrasin soit une plante très-épuisante. On fait souvent le même reproche à l'avoine sans beaucoup plus de fondement, parce que la culture de cette plante dans les assolemens vicieux trop communs, suit aussi, immédiatement, celle très-épuisante d'une autre graminée, et qu'on lui attribue à tort la totalité du mal opéré en très-grande partie par la plante qui l'a précédée.

La conséquence que l'on a cherchée à tirer de la disposition fibreuse des racines du sarrasin, pour prouver qu'il devait effriter la terre, ne nous paraît pas mieux fondée. Il nous semble qu'on a porté beaucoup trop loin la comparaison des plantes à racines pivotantes, et de celles à racines fibreuses ou traçantes, sous le rapport de l'épuisement du sol, et que la vérité se borne réellement à ceci. Les racines qui s'enfoncent plus en terre que celles qui les ont précédées peuvent bien soutirer des couches inférieures la substance alimentaire qu'elles renferment, et que les premières avaient dû laisser intacte ; mais en traversant, pour y arriver, la couche supérieure, elles doivent nécessairement y puiser aussi une portion plus ou moins considérable de leur nourriture. Ainsi, s'il est vrai que les racines pivotantes très-longues, profitent, en s'enfonçant au-dessous de la couche labourable, de la substance qu'elles seules peuvent atteindre, il ne l'est pas également qu'elles n'empruntent rien de cette couche, qu'elles traversent nécessairement. Il ne suffit donc pas, pour assurer la prospérité d'une plante quelconque, que la forme de sa racine soit différente de celle qui l'aura précédée sur le même sol, et la disposition fibreuse ou pivotante de cette même racine ne suffit pas davantage pour déterminer le plus ou le moins d'épuisement que ce sol devra en éprouver. Il est, comme nous croyons l'avoir suffisamment démontré dans le développement de nos principes, un grand nombre d'autres circonstances qui concourent puissamment à produire cet effet, qu'on a cru devoir n'attribuer qu'à cette seule cause ; et nous ne saurions trop souvent répéter aux partisans de ce système, ainsi qu'à ceux qui prétendent que chaque plante soutire de la terre une nourriture particulière, que nous n'avons jamais vu, et que beaucoup d'autres observateurs n'ont sans doute pas plus vu que nous, aucune plante cultivée prospérer dans un sol réellement épuisé par les cultures précédentes, quelle qu'ait été la différence de forme des racines, à moins que l'épuisement de la couche supérieure n'ait été préalablement réparé par tous les moyens que l'art fournit pour y parvenir. Cependant le contraire devrait arriver, en admettant les deux hypothèses dont nous cherchons à prouver le peu de solidité.

Si l'on ne peut réellement reprocher au sarrasin d'être une plante très-épuisante, la dépaissance de ses tiges, lorsqu'elles sont en pleine fleur, paraît présenter un inconvénient plus avéré, que nous avons eu nous-mêmes occasion de remarquer.

Un de nos bergers ayant conduit son troupeau de bêtes à laine sur un champ de sarrasin, dont la majeure partie des fleurs était développée, elles en sortirent toutes dans un état d'ivresse qui les faisait tomber et rester quelque temps sur la place. Leur tête devint très-enflée, et la rougeur et la fixité de leurs yeux les réduisit promptement à un état assez inquiétant. Heureusement il ne fut pas de longue durée, et quoiqu'on n'eût cherché à appliquer aucun remède à un mal dont on ne connaissait pas bien alors ni la cause ni la nature, il n'en résulta aucun inconvénient. Nous avons appris depuis, en communiquant ce fait à **M. Huzard**, inspecteur des écoles royales vétérinaires, que cet effet du sarrasin en fleurs avait aussi été remarqué sur d'autres animaux, et que les abeilles qui butinaient ses fleurs, tombaient quelquefois dans un état d'ébriation qui les affectait plus ou moins long-temps.

Confirmons par quelques autorités les nombreux avantages que présente l'admission du sarrasin dans nos assolemens.

Quoique sa culture ne fût pas très-ancienne du temps d'Olivier de Serres, ses principaux avantages étaient déjà constatés, et il nous dit positivement « qu'*il profite en toute terre, mesme en maigre, où communément aussi on le loge, laquelle il emméliore.* »

Duhamel, après avoir reconnu que cette plante « *s'accommode assez bien des terres maigres, légères, sableuses et caillouteuses, et qu'on la sème ordinairement dans les terres à seigle,* ajoute, *on est engagé* à cultiver le sarrasin, parce qu'il réussit assez bien dans de mauvais terrains, qu'il fournit beaucoup de grain, et qu'il ne fatigue pas beaucoup les terres : outre cela les bestiaux s'accommodent bien de son fourrage. »

Rozier nous dit que « *toute espèce de terrain lui convient, excepté celui qui est trop humide ou aqueux ;* qu'il ne connaît aucune plante qui fournisse un meilleur engrais et qui se réduise plus tôt en terreau. De quelle ressource ne serait-elle pas, dit-il, dans les climats approchans de ceux du bas Languedoc et de la basse Provence, où l'on est presque forcé à laisser les terres à grains en jachère pendant une année, faute d'engrais, qui y sont très-rares, à cause de la disette des fourrages, et le sarrasin en tiendrait lieu ! Après en avoir démontré la possibilité, il ajoute que dans plusieurs cantons où les fourrages sont rares, on sème le sarrasin dans la seule vue de nourrir le bétail. On le coupe jour par jour, et selon le besoin, à mesure qu'il fleurit, et on le donne aux vaches, dont il augmente la quantité et la bonté du lait. Son grain, uni à l'avoine par portions égales, donné aux chevaux et au bétail qui travaille, les entretient en chair ferme, etc., etc. »

M. d'Herbouville nous a déjà informés que le sarrasin fait, avec le seigle, la principale richesse de la Campine, et sert, autant que ce dernier, à la nourriture des habitans; *qu'il convient sur-tout à leur sol, en ce qu'il en tire peu de substance, et que par sa croissance rapide et serrée, il étouffe toutes les herbes parasites ; enfin, que dans la rotation des récoltes, l'année qui le produit est pour ainsi dire regardée comme une année de jachère dans les cantons où le terrain est meilleur.*

Ajoutons à ces autorités respectables quelques détails sur le parti très-avantageux que nous obtenions nous-mêmes du sarrasin dans nos assolemens.

Qu'il nous soit permis de retracer ici ce que nous écrivions, en 1804, dans une note de la nouvelle édition du Théâtre d'agriculture d'Olivier de Serres. *« Nous ne saurions trop recommander, d'après notre pratique constante et ancienne,* l'emploi de cette précieuse plante comme engrais : c'est le plus économique et le plus commode que nous ayons trouvé. Quinze à vingt kilogrammes de semence, qui ne coûtent ordinairement que 2 francs au plus, suffisent en général pour un demi-hectare. On peut enfouir le sarrasin deux mois après l'ensemencement ; il étouffe par son ombre les plantes nuisibles pendant sa végétation, et il est promptement réduit en terreau, lorsqu'il est enfoui. »

Nous sommes de plus en plus confirmés dans l'opinion avantageuse que nous avons énoncée sur le sarrasin. Nous l'employons très-souvent comme engrais végétal après une récolte tardive, et comme récolte intercalaire très-productive, après une récolte précoce d'un autre genre. Nos chevaux ont souvent été nourris avec ce grain mêlé par moitié avec l'avoine ; ils s'en trouvaient très-bien ; et nos brebis nourrices les plus fatiguées en recevaient de temps en temps une ration qui leur faisait aussi le plus grand bien. Nous connaissons un grand nombre de cultivateurs qui l'emploient également avec avantage comme engrais végétal et comme un supplément fort utile à l'avoine.

Terminons par une réflexion qui se présente naturellement sur les avantages de l'introduction de nouveaux végétaux dans nos cultures, et de leur intercalation avec nos céréales ordinaires. Par-tout où le sarrasin, par-tout où le maïs, par-tout où la pomme de terre, par-tout enfin où un très-grand nombre d'autres plantes, introduites depuis peu de siècles dans nos cultures, partagent le sol avec nos anciennes graminées, il en résulte des avantages incontestables et pour le cultivateur et pour la terre. Que doit-on penser après cela des entêtés routiniers, qui croient que le *nec plus ultrà* de leur art consiste exclusivement dans la rotation triennale de l'improductive jachère suivie de deux récoltes consécutives de grain, ou dans quelque assolement équivalent ? Nous pensons que, s'il est généralement dangereux d'admettre indistinctement et sans réflexion toute espèce d'innovation proposée, il n'est pas moins désavantageux de se prononcer ouvertement contre toutes, sans examen, et de condamner toutes les cultures qu'on ne connaît pas, par la seule raison qu'elles sont nouvelles.

Nous devons faire ici mention d'un nouvel avantage que présente pour nos assolemens le sarrasin considéré comme plante fourrageuse propre aux terrains maigres. C'est à M. Passerat de la Chapelle, agriculteur distingué du département du Rhône, que nous sommes redevables de l'emploi en grand de cette plante, seule ou mélangée avec d'autres, comme fourrage vert ou sec, qui devient très-précieux dans des circonstances difficiles. Nous ne pouvons mieux faire que de le laisser lui-même rendre compte de ses intéressantes expériences à cet égard.

« Les terrains maigres, dit-il, ne convenant point à la vesce, il m'a paru nécessaire de trouver quelques plantes moins difficiles sur le sol, et sur-tout moins dispendieuses pour l'ensemencement. Le blé noir ou sarrasin réunit les qualités que je désirais.

» Je fis couper, en 1819, une petite partie d'un champ, au moment où la fleur se changeait en graine. Les feuilles et la tige avaient encore leur verdeur, quelques grains avaient déjà acquis un peu de consistance.

» Mes cultivateurs commencèrent, selon l'usage, à censurer mon essai ; les uns disaient que le bétail n'y toucherait pas, d'autres, qu'il le mangerait dans son état de verdeur, mais qu'il le refuserait quand il serait desséché : tous prétendaient que le fourrage ne se garderait point, et tomberait en poussière lorsqu'il aurait été conservé quelques mois.

» Je persistai néanmoins, et, à leur étonnement, tous les animaux auxquels je le présentai, le mangeaient avec avidité, soit vert, soit sec ; les moutons seuls le refusèrent la seule fois que j'eus l'idée de le leur présenter sec : je n'ai pas fait de nouvelles épreuves sur eux. Quelques bottes furent conservées ; et, après l'hiver, je réitérai mon épreuve devant différentes personnes, et je restai convaincu que le bétail n'a aucune répugnance pour ce fourrage. J'observe qu'il était alors sans mélange d'autres plantes. Satisfait de ce résultat, j'ordonnai à l'un de mes métayers de semer, en 1820, une terre de cinq bicherées de Bresse (soit 30 ares), avec un mélange de sarrasin, de maïs, d'avoine et de pesette. Le sarrasin faisait la base de cette dragée.

» Le sol était maigre et calcaire, de la nature de ceux que nous nommons dans notre canton terre de plaine. Il ne reçut que deux façons sans engrais ; la semaille se fit en deux reprises, à la fin de mai et au commencement de juin.

» Le dragée poussa à merveille. La fane du sarrasin dominait ; néanmoins les pesettes grimpaient le long de ses tiges, et garnissaient le dessous. L'avoine et le maïs montraient leur tête de distance en distance. L'apparence du champ était superbe.

» J'ordonnai, à la fin de juillet, de commencer la coupe, pour nourrir du bétail à l'écurie : les fleurs s'épanouissaient alors sur les plantes du sarrasin.

» Cette opération fut continuée pendant un mois et demi que dura la pièce, et servait à nourrir abondamment dix chevaux, et une vache, qui fut engraissée en six semaines.

14 *

» Si nous calculons maintenant le produit de ce champ, nous aurons le tableau suivant :

NOMBRE DE TÊTES.	NOMBRE de Jours.	PRIX de nourriture par jour.	PRODUIT argent des cinq bicherées.
Dix chevaux tenus à la dragée de sarrasin, pour toute nourriture, pendant un mois et demi.	450	1 fr.	450 fr.
Une vache à l'engrais, avec un supplément de pommes de terre cuites.	. . . .	1	48
Six quintaux de foin pour essai, à 3 fr. le quintal.	48	. . . .	18
	498		516

DÉPENSES POUR CULTURE ET SEMENCES.	PRIX.		DÉBOURSÉS pour les cinq bicherées.	
Quatre journées pour le labour, hersage.	6 f.	» c.	24 f.	» c.
Deux doubles boisseaux de sarrasin.	1	»	2	»
Un double boisseau pesette.	5	»	5	»
Un double boisseau avoine.	1	25	1	25
Deux doubles boisseaux maïs.	3	»	6	»
Fauchage et transport.	. . . .		15	»
			53	25

Le produit de ces cinq bicherées a donc été de. . . 516

La dépense de. . . . . 53　25

Le produit net de. . . . . 462　75

» Ce tableau paraît exagéré ; cependant j'ai porté en ligne de compte, à l'article des dépenses, des main d'œuvre faites par le cultivateur lui-même, et qui font partie des travaux ordinaires d'un domaine ; car si le bétail était nourri au champ, il faudrait un gardien pour une grande partie du jour, et même de la nuit. L'affenage à l'écurie l'occupe beaucoup moins long-temps.

» Si la terre restait en jachère, il faudrait également des labours et des hersages.

» Néanmoins j'ai dû faire mention de ces articles de dépenses, pour présenter un produit net.

» Je pense que la nourriture d'un cheval à l'écurie ne peut être évaluée à moins d'un franc par jour.

» Les bénéfices du fumier qui se perdrait au pâturage, celui du travail qui s'augmente de tout le temps que l'animal met de moins à prendre son repas; l'abondance de la nourriture, qui permet de l'entretenir dans un état d'embonpoint qui augmente sa valeur, sont autant de considérations majeures dans une exploitation considérable.

» Mais nous ne porterions le prix de cette nourriture qu'à la moitié de notre estimation, que ce produit serait encore surprenant.

» Dans cette dernière hypothèse, chaque bicherée de terre aurait encore rendu 46 francs 27 centimes, produit énorme si nous le comparons à la faible rente de 3 francs, qui est la plus élevée de ce genre de terre.

» Ce calcul a été fourni par le métayer qui riait de mon essai de l'année précédente. J'ai préféré le lui faire poser par lui-même, afin de n'avoir pas son incrédulité à combattre.

» Il a de plus ajouté qu'il avait donné de cette dragée à d'autres bestiaux dont nous n'avons pas tenu note, et que des veaux en avaient foulé aux pieds une assez forte partie dans le champ même.

» Le fourrage sec que je présentai devant lui, à divers animaux, fut dévoré de préférence à celui qui se trouvait au râtelier.

» Cet essai m'a paru si décisif, que j'ai conçu le projet de supprimer, dans la plupart de mes domaines, l'usage du pâturage, dont tous les inconvéniens sont signalés depuis longtemps. J'ai déjà donné les ordres pour que l'on sème, cette année, dans chacun de mes domaines, de la dragée de sarrasin, dès le mois de mars, sur deux bicherées bien fumées.

» Deux nouvelles bicherées seront semées de même quinze jours après, et ainsi de suite jusqu'au mois de septembre.

» Je ne suis point encore certain que la première semaille réussisse; mais la dépense est peu forte, et celles qui succéderont offriront dans tous les cas un dédommagement suffisant.

» Un coup de charrue suivra immédiatement la faux, afin d'enterrer les *éteules*, et de pouvoir préparer les terres pour la semaille d'automne. Les dernières pièces recevront du froment de printemps, du seigle-trémois ou de l'orge.

» La terre se trouve en bon état après cette dragée; son ombre a l'avantage d'étouffer toutes les mauvaises plantes qui infestent toujours les terres consacrées au pâturage, et les éteules servent d'engrais.

» En supposant même (ce que je ne pense pas) que la récolte du blé dût éprouver par ce système quelque diminution,
n'en serait-on pas amplement payé par tous les avantages que
nous avons détaillés? L'expérience seule nous instruira sur les
effets que nous devons en attendre; mais la théorie nous ras-
sure, et nous apprend qu'il n'y a de récolte épuisante que celle
que l'on laisse venir à graines.

» Enfin, je puis mettre à exécution le projet que j'ai conçu
depuis long-temps, de faire disparaître la race chétive de nos
cantons, pour élever du bétail d'une plus grande valeur. La
nourriture abondante et économique que je lui fournirai, per-
mettra de faire sur les ventes des profits inconnus à nos fermiers
jusqu'à ce jour. Les fumiers seront doublés, et les travaux
meilleurs. Les terres qui restaient sans culture une partie de
l'année, pour servir de maigre pâturage à un bétail affamé,
recevront une culture préparatoire pour les blés d'hiver, ou
produiront des récoltes jachères.

» Tous les fourrages des prairies artificielles seront mis en
réserve pour l'hiver. Le succès d'une pareille opération ne me
paraissant plus douteux, je puis espérer qu'une ressource aussi
simple que facile à introduire par-tout, changera en peu de
temps la face de nos domaines. »

Nous ajouterons à ces détails fort intéressans, qu'en répé-
tant les expériences de M. de la Chapelle, nous nous sommes
assurés que les bêtes à laine mangeaient bien aussi le fourrage
sec du sarrasin.

Il existe une espèce de sarrasin, originaire d'un pays beaucoup plus froid que celui dont nous venons de parler, et qui
peut, dans un grand nombre de cas, lui être substituée avec
avantage. Cette espèce est le *polygonum tataricum*, Lin., ordinairement désignée sous la dénomination de *sarrasin de
Tartarie* ou *de Sibérie*, où il croît spontanément. Sa tige droite
et ferme est plus jaune, plus solide et plus rustique que celle
du sarrasin ordinaire; elle se garnit de fleurs en grappes ou
espèces de guirlandes, qui se changent en grains un peu plus
petits, plus durs, plus amers, moins adhérens et légèrement
dentés.

Son grand mérite pour les assolemens est de pouvoir se semer plus tôt et plus tard que le précédent, attendu qu'il résiste
beaucoup mieux aux gelées du printemps et de l'automne. Il
produit aussi beaucoup plus; mais ces avantages sont contre-
balancés par l'amertume de son grain, laquelle réside dans
l'écorce, et dont il est essentiel de le dépouiller entièrement
pour que sa farine soit agréable. Il est aussi beaucoup plus
sujet à s'égrener, sa floraison persistant très-long-temps, et
les grains ayant différens degrés de maturité.

M. **Duhamel**, de Coutances, nous confirme que *dans les fonds médiocres de cet arrondissement on sème avec succès le sarrasin de Sibérie, dont la fleur est moins délicate.*

M. **Martin**, cultivateur du département de l'Isère, *lui accorde la préférence sur le sarrasin ordinaire, à cause de sa rusticité, de l'abondance de son produit et de la dureté de son grain, qui,* dit-il, « *ne s'écrase point comme l'autre sous les pieds du batteur, ni sous le fléau, étant aussi dur que le grain du froment; il est aussi plus pesant, et sa farine meilleure, lorsqu'elle est convenablement préparée.* » Il nous informe encore « *qu'en ayant semé* 15 *mesures, il en a récolté* 1296, *malgré l'excessive sécheresse de l'année, et une forte gelée essuyée le* 6 *octobre, qui avait gâté les trois quarts du sarrasin ordinaire.* » Enfin il nous apprend qu'il répare l'inconvénient de l'égrenage avec un troupeau de poules d'Inde, qui parcourent le champ et s'en nourrissent très-bien.

M. **de Turmelin**, cultivateur des environs de Saint-Brieu, département des Côtes-du-Nord, en fait également l'éloge d'après son expérience, et nous dit qu'en donnant à sa terre plusieurs labours et des engrais, « *il en obtient ordinairement quatre-vingt pour un, et que le froment qu'il lui fait succéder l'année suivante est abondant et beau.* »

Enfin, M. **Curaut**, cultivateur de la Sologne, *pays où la nature semble se refuser aux travaux du cultivateur; où la terre n'ouvre son sein qu'à regret, et dont les habitans et les bestiaux de toutes espèces qui l'exploitent se ressentent de la mauvaise nourriture que fournissent les maigres productions que le colon arrache avec tant de peine de cette terre ingrate,* confirme ces assertions par son expérience ; et après avoir reconnu que le sarrasin de Sibérie exigeait un tiers moins de semence, qu'il produisait beaucoup plus, et que sa farine pouvait, avec les précautions convenables dans la mouture, être exempte d'amertume, il conclut que, malgré sa disposition à s'égrener aisément, *il y a un grand avantage à substituer sa culture à celle du sarrasin commun.*

Nous devons dire ici que cette espèce de sarrasin est la même que celle qui a été annoncée, il y a peu de temps, sous la fausse dénomination de *sarrasin frutescent.*

DE LA GAUDE. *La gaude,* ou *vaude,* ou *herbe à jaunir, reseda luteola,* est une plante annuelle, tinctoriale, à racine pivotante, et dont la tige quelquefois rameuse et quelquefois simple, garnie d'un long épi terminal et d'un grand nombre de feuilles tendres, étroites et allongées, placées circulairement, s'élève de 64 centimètres à un mètre environ du milieu de ces mêmes feuilles étalées contre terre, avant l'apparition de cette tige.

Cette plante croit spontanément sur les terres siliceuses, crétacées et arides, le long des chemins, et même assez souvent sur le chaperon des vieux murs, et indique assez par là la nature du sol qui lui convient, et la faculté dont elle jouit de résister également à la sécheresse et au froid, ce qui la rend précieuse pour les assolemens des terres de notre première division. Quoiqu'on la voie souvent prospérer sur les terres compactes, argileuses et humides, comme sur les terres franches de première qualité, elle y est cependant beaucoup plus sensible à la gelée et donne des produits bien moins abondans en principe colorant, et par conséquent moins précieux que ceux qu'on en obtient sur des terres plus sèches et non engraissées.

Elle peut y être introduite avant ou après l'hiver, seule ou associée à d'autres plantes. Quelquefois on la sème dans le second cas avec le sarrasin, qu'on a soin alors de semer fort clair; d'autres fois on la sème entre les rayons de haricots ou d'autres plantes à l'époque où on leur donne la dernière façon. Dans le premier cas, il est des cantons où on la mêle avec le trèfle, ou toute autre prairie artificielle, ou une autre plante quelconque qui ne doit être récoltée que l'année suivante. En général, celle qui est semée avant l'hiver est plus vigoureuse, et fournit plus de parties colorantes que celle qui ne l'est qu'après.

Sa graine, d'une extrême ténuité, et qui est également très-propre à la teinture, demande beaucoup de précaution de la part du semeur pour être répandue également. Elle en exige aussi beaucoup pour être légèrement recouverte de terre avec des épines ou des râteaux, et il faut avoir bien soin de ne la semer que fraîchement récoltée, attendu qu'elle perd promptement sa faculté germinative. Elle doit l'être assez dru pour que chaque pied ne produise qu'un seul brin et ne devienne pas branchu, parce que la gaude est moins estimée en ce dernier état, et que la plus fine et la plus sèche est préférée.

Il est essentiel que cette récolte soit rigoureusement sarclée, pour qu'elle puisse servir efficacement de préparation à la récolte suivante, et que les engrais, si elle en reçoit, soient bien faits et exempts le plus possible de semences nuisibles.

Il n'est pas moins essentiel qu'elle se fasse avec toutes les précautions que nous avons indiquées à l'article NAVETTE, dès qu'on s'aperçoit que la tige perd sa teinte verte pour se colorer en jaune. Non-seulement elle a alors plus de qualité que si on la laissait se dessécher entièrement sur pied, mais on est, aussi, moins exposé à la dissémination de la semence qui nuirait aux récoltes suivantes, et pour la prévenir encore plus, il est utile de ne toucher aux tiges que lorsque la terre et l'atmosphère sont chargées d'une humidité suffisante pour amortir d'une part l'effet des secousses, et de l'autre pour empêcher l'ouverture des capsules qui renferment la semence. Le matin et le soir sont les époques les plus convenables à cette opération.

La terre se trouve d'ailleurs encore moins épuisée par cette récolte faite ainsi prématurément, et cet objet n'est pas un des moins essentiels dans les assolemens.

On moissonne la gaude, ou avec la faux, ou avec la faucille, ou mieux en l'arrachant.

Il résulte des deux premières opérations un avantage, c'est que les tiges ainsi coupées avant leur desséchement complet, produisent ordinairement par le pied quelques nouvelles feuilles qui peuvent servir de pâture aux moutons; mais ce faible avantage est plus que compensé par la dissémination de la semence à laquelle on est plus exposé, et par la perte d'une portion plus ou moins considérable de la tige qui reste au-dessous de l'instrument, et l'arrachage vaut généralement mieux, sous ces deux rapports.

Rozier observe, en parlant de la gaude, que *cette plante ne nuit point à la récolte du blé des années suivantes*, ce qu'on remarque généralement lorsqu'elle est bien cultivée; mais il ajoute que c'est *parce que sa racine pivotante n'épuise pas les sucs de la superficie de la terre*, ce qui ne nous paraît pas probable; car si l'on examine cette racine qui s'enfonce généralement à peu de profondeur, qui est d'ailleurs divisée presque toujours en radicules latérales qui partent de son pivot et qui s'enfoncent encore moins, on se convaincra qu'elle doit puiser une grande partie de sa nourriture dans la couche labourable; il nous paraît bien plus naturel d'attribuer les bons effets de sa culture aux soins, aux sarclages et aux préparations qu'elle exige, aux nombreuses feuilles tendres dont cette plante est pourvue, au non desséchement complet de ses tiges à l'époque critique et si épuisante de la maturité, et aussi à la variété dans les produits dont la terre se trouve toujours très-bien, *mutatis requiescunt fœtibus arva*. Nous renvoyons au reste à ce que nous avons dit, en parlant du sarrasin relativement à la comparaison des racines pivotantes et fibreuses, et-au plus ou moins d'épuisement de la terre par chacune d'elles.

Nous avons trouvé la culture de la gaude, qui convient surtout près des fabriques d'étoffes qui exigent la teinture en jaune, établie sur plusieurs points de la France, sur des terres plus ou moins approchant de la nature de celles que nous avons indiquées. Nous ne noterons ici que les cultures qui présentent quelques particularités dignes de remarque.

Dans le canton si bien cultivé de **Waës**, dans l'ancien département de l'Escaut, on sème communément le trèfle sur la gaude, et il fournit un bon pâturage la même année qu'on la récolte.

Dans quelques autres cantons, on la sème au printemps sur l'avoine ou l'orge. Elle pousse peu alors la première année, sa tige ne s'élève pas ordinairement : la récolte ne s'en fait que l'année suivante, et elle devient ainsi bisannuelle.

Dans la plaine de Lery et à Oissel, près de Rouen, on cultive la gaude de la manière suivante, sur les champs déjà ensemencés en haricots : au mois de juillet, lorsqu'ils sont en fleur, on leur donne le dernier binage, on les rechausse, et en profitant d'un temps humide, on sème la gaude dans les intervalles observés entre les rangées de ces plantes. On la recouvre légèrement avec de petits faisceaux d'épines. Tandis qu'elle lève et se développe, les haricots mûrissent et on les arrache ; vers la fin de septembre on donne un premier houage à la gaude, et on lui en donne un second en mai, lorsque le nettoiement du champ et la prospérité de la plante l'exigent. On l'arrache vers la fin de juin, et on donne immédiatement à la terre un premier labour, suivi ordinairement d'un second en octobre, sur lequel on sème du seigle ou du froment.

On se procure ainsi successivement, avec peu de frais, trois récoltes très-productives, et dont deux nettoient, ameublissent et préparent très-bien le sol pour la récolte principale.

On a aussi proposé de cultiver la gaude dans les taillis, la première année de leur coupe, pour utiliser les places vides ; c'est à l'expérience seule à prouver jusqu'à quel point cette culture peut y être praticable et profitable.

Nous terminerons ces renseignemens par ceux qu'a bien voulu nous communiquer un propriétaire-cultivateur des environs d'Elbeuf, département de la Seine-Inférieure. Il nous informe, 1°. que « dans ce département la culture de la gaude existe principalement dans les endroits où l'usage des jachères est aboli ; dans les cantons de propriétés divisées où les cultivateurs-propriétaires ne sont point assujettis à des baux qui leur imposent l'aveugle obligation de ne point *décompoter* (dessoler) leur terre, c'est-à-dire de parcourir le cercle vicieux des plantes céréales et du repos ; 2°. qu'on la sème depuis la fin de juin jusqu'au 15 d'août, en profitant des pluies qui surviennent, en semant plus tôt dans les terrains froids, et plus tard dans les terrains chauds ; qu'on la sème sans labour dans les terres couvertes de haricots, immédiatement avant leur seconde façon, ainsi que dans celles couvertes de chardon à foulon, dès qu'il est fleuri, et sur un labour, après la récolte du seigle, du blé, du lin, des fèves, etc., en observant qu'on l'in-

tercale aussi avec beaucoup de succès avec les plantes légumineuses ; 3°. que lorsqu'elle est bien levée et couvre déjà la terre
de plusieurs feuilles, on la sarcle ; qu'on réitère 40 jours après,
et qu'on lui donne deux autres sarclages après l'hiver, en espaçant les plantes à 8 centimètres dans les terres légères, et à
16 dans les terres fortes où elles deviennent branchues ; 4°. que
quelques cultivateurs ont essayé de la semer en mars pour la
récolter en août ; que plusieurs ont réussi, mais que ce procédé est bien moins sûr, dans les années de sécheresse sur-
tout ; 5°. que lorsque l'hiver a été doux et que sa tige est
élevée de 32 centimètres environ au mois de mars, la sommité
est quelquefois endommagée par les dernières gelées ; que la
plante s'étiole et perd beaucoup de son volume, et sur-tout de
sa qualité tinctoriale ; et que les débordemens lui sont également très-nuisibles et la détruisent souvent dans les vallées ;
6°. enfin, qu'on l'arrache verte encore lorsque la graine commence à noircir, pour la faire sécher hors du champ ; que celle
des terres sableuses est préférée à celle des terres fortes, et qu'a-
près sa récolte, la terre étant labourée, est propre à recevoir de
suite du sarrasin, des navets, des rutabagas, ou du froment
dans la saison convenable. » Ces détails très-instructifs nous
ont paru mériter d'être publiés.

DE LA SPERGULE. La spergule, *spergula arvensis,* Lin.,
dont nous trouvons la culture restreinte à un très-petit nombre
de cantons, en France, et qui y porte cependant les diverses
dénominations de *spurie, sporée, spargoute* et *espargoule,* est
une petite plante annuelle qui croît spontanément dans un
grand nombre de nos départemens, et souvent dans les endroits
siliceux, montueux et arides ; dont la tige herbacée, faible,
souvent couchée, articulée et rameuse, qui ne s'élève guère
qu'à 32 centimètres au plus, se couvre de nombreuses fleurs
blanches qui se changent en petites graines noirâtres, et dont
les racines, chevelues et très-déliées, exigent, pour prospérer, une terre meuble, siliceuse et fraîche tout-à-la-fois, et
redoutent toutes celles qui sont argileuses, compactes et aquatiques.

Son principal mérite, pour les assolemens, consiste à procurer une seconde récolte, dans la même année, sur les terres
de la nature de celle que nous venons d'indiquer, et sur-tout
dans les climats humides, où elle peut être semée avec beaucoup d'avantage en automne, après un seul labour qui enfouit le chaume de la récolte précédente, et où elle fournit
avant, et à l'époque de sa floraison, un aliment aqueux qui,
malgré son odeur désagréable, plaît beaucoup aux vaches, et
leur procure un lait abondant, très-butireux et d'une qualité
recherchée.

La ténuité de sa graine exige les précautions que nous avons indiquées pour la gaude, avant et après l'ensemencement.

On observe généralement qu'elle épuise peu le sol, ce qu'il faut sans doute attribuer à sa nature herbacée, à l'époque à laquelle elle est consommée, et au mode de consommation qui se fait ordinairement sur le sol même qui lui a fourni une portion de sa substance.

Quelquefois aussi, mais rarement, on en fait plusieurs récoltes consécutives sur le même champ, dans une année; et lorsqu'on veut en obtenir de la graine, on la sème au printemps sur les jachères qu'elle utilise, après l'époque ordinaire des dernières gelées. Son fourrage sec se réduit à fort peu de chose, et a généralement peu de qualité, ce qui fait qu'on ne la convertit ordinairement ainsi que lorsqu'on veut en obtenir de la graine.

Sa nature aqueuse la rend très-susceptible d'être endommagée par les premières gelées de l'automne, et lorsque cela arrive, il reste encore la ressource d'enfouir ses débris, comme engrais végétal. Quelquefois même on la sème uniquement pour cet objet.

La culture de la spergule nous paraît jusqu'à présent presque exclusivement confinée à quelques cantons de nos départemens septentrionaux, et elle est plus particulièrement en usage dans l'ancien Brabant, dont le climat humide lui est très-favorable, et sur-tout sur les sables de la Campine, où on en fait un très-grand cas. Elle a cependant été introduite avec succès dans le Gâtinais, par le comte Dourches.

M. Poederlé, cultivateur très-distingué de l'ancien département de la Dyle, nous informe que dans la partie de la Campine où il est propriétaire rural, et où l'on s'attache spécialement à la culture de la spergule, « on la seme sur les terres qui ont porté du blé, après leur avoir donné un léger labour; on y mène paître les vaches en octobre, et chacune est attachée à un pieu; on leur donne ainsi un espace proportionné à la nourriture qu'on juge leur être nécessaire : ce pâturage y dure jusqu'aux gelées. Il observe qu'à Bruxelles, où il se fait une grande consommation de beurre fourni par la Campine, on reconnaît que celui provenant du lait des vaches nourries de spergule est plus profitable, de meilleure qualité, et plus facile à conserver que tout autre, et qu'il est généralement connu sous le nom de *beurre de spergule*. »

Il est aussi à remarquer que le beurre si renommé de Dixmude doit pareillement son excellente qualité à la spergule dont les vaches sont nourries, et qu'on y désigne sous le nom de *spurie*.

M. de Respani, autre propriétaire-cultivateur de la Cam-

pine, confirme entièrement ces détails, et y ajoute que « *la
spergule sert aussi d'engrais pour les terres légères,* par sa nature succulente et huileuse, qui est propre à la fermentation ;
à cet effet, on l'enfouit dans le champ, avant les gelées, tandis
qu'elle est encore verte ; et, en cet état, elle peut servir de
plus qu'un demi-amendement pour y semer du blé. »

M. Lullin, cultivateur des environs de Genève, descendant
de Lullin de Châteauvieux, dont le nom est célèbre dans les
fastes de l'agriculture française, recommande, d'après son
expérience, l'introduction de la culture de la spergule dans
les assolemens de son canton, «comme récolte de secours,
très-intéressante à se procurer dans un pays dont le climat rend
les récoltes de fourrages si variables ; il exhorte les cultivateurs
des environs de Genève à s'y livrer, en ayant reconnu l'utilité.
— C'est certainement, dit-il, une prairie utile, prompte dans
sa végétation, et si elle n'est pas très-abondante, elle n'en est
pas moins précieuse par la ressource qu'elle procure. »

Rozier nous dit que « lorsque les pâturages sont peu abondans dans une métairie, on sacrifie un champ ou deux à cette
culture seule, et qu'elle fournit dans l'année jusqu'à trois
bonnes récoltes. »

Gilbert reconnaît que « *la spergule ne dérange point l'ordre
de la culture, et qu'elle porte jachère* (ce sont ses expressions),
en ayant fait avec nous, en 1787, dans le clos de l'Ecole d'économie rurale et vétérinaire d'Alfort, un essai à contre-temps
(en mars) sur deux terrains différens, mais l'un et l'autre naturellement maigres et secs, sur lesquels elle n'avait pas réussi,
*il n'en conseille la culture que dans les lieux ombragés, sur
les terrains frais, sans pourtant être trop humides, et dans les
vergers.* Il regardait alors à tort *le printemps comme la véritable et la seule saison de semer cette plante.*

L'ayant essayée depuis sur une pièce de terre siliceuse de
4 hectares environ, qui nous avait donné une récolte abondante en froment, et l'ayant semée en août, sur un seul labour, immédiatement après cette première récolte, elle nous
fournit un pâturage assez épais, quoique peu élevé, que nous
fîmes consommer en octobre par nos vaches, qui en étaient très-
avides. Nous en avons cependant discontinué la culture, depuis
que nos troupeaux de bêtes à laine superfine, pour lesquels
cette nourriture aqueuse et relâchante ne nous paraît pas très-
convenable, ont expulsé les vaches de notre exploitation rurale.

Nous n'en pensons pas moins que la culture de cette plante,
très-peu épuisante, pourrait être introduite avec avantage
dans plusieurs cantons de la France où elle est ignorée, et

y devenir, dans plusieurs circonstances, une ressource précieuse.

DE LA POMME DE TERRE, MORELLE ou SOLANÉE PARMENTIÈRE. La pomme de terre, *solanum tuberosum*, Lin., improprement désignée dans quelques cantons, sous le nom de *patate*, qui appartient à un *convolvulus*, ou liseron, dont nous parlerons à la fin de cet article; dans d'autres, sous celui de *truffe blanche, truffe rouge*, ou simplement *truffe*, nom qui convient exclusivement à une espèce de champignon ou fongosité souterraine, compacte et charnue, dont l'écorce est grise ou noirâtre, et que les botanistes désignent sous le nom de *tuber*, a été aussi surnommée *polype végétal*, à cause de la faculté qu'on lui a reconnue de se multiplier par un très-grand nombre de moyens.

La dénomination sous laquelle la reconnaissance des cultivateurs français devrait aujourd'hui désigner cette précieuse plante, dont les tubercules ne ressemblent pas plus à une pomme que ceux du topinambour ne ressemblent à une poire, est celle de *morelle* ou *solanée parmentière*, que lui ont déjà donnée quelques amis zélés de notre agriculture, parmi lesquels nous remarquons avec plaisir MM. le comte François (de Neufchâteau), Dutour et Mustel.

Les soins infatigables que M. Parmentier a pris pendant long-temps pour en étendre parmi nous la culture, l'ont rendu bien digne de cet hommage public.

Ce riche présent que le nouveau monde a fait à l'ancien est aujourd'hui trop universellement connu pour avoir besoin d'être décrit, mais nous ne pouvons renoncer au plaisir de remarquer que c'est à un Français, Charles de l'Escluse, natif d'Arras, botaniste célèbre, connu sous le nom de *Clusius*, qu'est due l'introduction de la pomme de terre sur le continent d'Europe, et que c'est aussi à Olivier de Serres, contemporain de ce savant, qu'on est redevable de la première description qui en ait été faite (1).

Cette plante, à laquelle les laborieux habitans des Cévennes, des Vosges, des Ardennes, des Alpes, des Pyrénées, du Jura et de la plupart de nos montagnes élevées, sont redevables de la disparition des famines qui les désolaient si souvent avant son introduction dans leurs cultures; cette plante qui, redoutant bien moins que nos graminées annuelles les intempéries des saisons, si fréquentes et si redoutables dans ces climats rigoureux, et bravant les effets de la grêle qui anéantit les autres récoltes, y devient un préservatif assuré contre la di-

---

(1) Voyez l'article *Topinambour*, où nous croyons avoir démontré cette vérité.

sette; cette plante enfin, qui, sur une égale étendue de terrain, produit une quantité de substance alimentaire beaucoup
plus considérable qu'aucune céréale, substance qui présente
aux habitans des campagnes un aliment sain, abondant, de
facile digestion et singulièrement adapté à leur constitution,
une sorte de pain préparé par la nature, qui apaise promptetement la faim et favorise la population d'une manière remarquable; cette plante *est encore une des plus précieuses pour
les assolemens des terres siliceuses, naturellement peu fertiles,
qu'elle est très-propre à améliorer.*

Il existe un très-grand nombre d'espèces ou variétés de
pommes de terre, dont plusieurs sont constantes, et d'autres
sont dues à la culture et aux semis, qui sont très-propres à
les multiplier. Elles diffèrent essentiellement entre elles par
la couleur, le volume, la forme et la précocité de leurs tubercules.

Parmentier en a reconnu douze bien marquées, qui se reproduisent ainsi : la grosse blanche tachée de rouge, dite
pomme de terre à vache, à cochons, sauvage, rustique, etc.;
la blanche longue ou irlandaise; la blanche ronde de New-
Yorck; la petite blanche ou chinoise; la petite jaunâtre aplatie
ou espagnole, qui se rapproche beaucoup de la pelure d'oignon; la pelure d'oignon ou langue de bœuf, la plus précoce;
la violette, un peu hâtive, mais peu productive; la rouge
longue, forme d'un rognon; la rouge souris ou corne de vache; la rouge oblongue, de l'Isle-Longue; la rouge ronde, un
peu plus précoce que la précédente, à laquelle elle ressemble
d'ailleurs beaucoup; et la longue, rouge en dehors et en dedans.

Il suffit, pour notre objet, d'observer, 1°. que les blanches
ainsi que les jaunes, sont généralement les plus volumineuses,
les moins délicates sur la nature du terrain, les plus convenables pour la nourriture des bestiaux et les plus hâtives;
2°. que les rouges, qui sont ordinairement plus délicates, exigent aussi un terrain plus substantiel, et y mûrissent plus
tard; mais il convient d'ajouter que cette règle admet plusieurs
exceptions.

Il existe aussi un très-grand nombre de méthodes diverses
de cultiver cette plante, dont il est complétement inutile de
faire ici l'énumération et la description, parce que toutes celles
qui sont bonnes se ressemblent, d'après la vérification que
nous en avons faite, par des procédés et des résultats qui leur
sont communs, et ne varient que dans le mode plus ou moins
expéditif et économique. Il nous suffira donc encore d'indiquer
ici celle qui, d'après notre expérience, nous paraît devoir
mériter généralement la préférence, sous le triple rapport de

la célérité, de l'économie et du produit, qui sont incontestablement les trois points principaux à observer dans toutes les cultures.

De la nature du terrain convenable à la culture de la pomme de terre. Nos auteurs agronomiques les plus célèbres s'accordent à reconnaître que la pomme de terre *s'accommode assez bien de toutes sortes de terres*, si l'on en excepte celles qui sont compactes et humides ou crayeuses, qu'elle préfère les plus meubles, comme toutes les plantes dont la racine fait le principal produit ; que ce produit est toujours proportionné à la qualité, à la préparation et au bon état du sol, et qu'elle a d'autant plus de saveur, que le sol est moins compacte et humide.

De la préparation du sol. Quoiqu'il s'agisse ici plus particulièrement des terres comprises dans notre première division, qui, lorsqu'elles sont convenablement préparées, sont ordinairement plus propres à la culture de la pomme de terre que celles de la seconde, ces dernières, cependant, lorsqu'elles se trouvent amendées par la marne, la chaux, la craie, et toute autre substance calcaire, qui les divise et les dessèche suffisamment, et engraissées d'ailleurs par des fumiers ou autres engrais convenables, peuvent aussi y être appropriées, et les variétés rouges, sur-tout la rouge oblongue, recommandable pour les bestiaux, parce qu'elle est une des plus productives, sont généralement les plus convenables en ce cas. Au reste, comme l'observe avec sa sagacité ordinaire M. Parmentier, « la culture de la pomme de terre n'est fondée que sur un seul principe, quelles que soient l'espèce et la nature du sol ; il consiste à rendre la terre aussi meuble qu'il est possible, avant la plantation et pendant toute la durée de l'accroissement du végétal », et s'il est une vérité bien démontrée en agriculture, c'est que le produit de cette précieuse plante, qui s'élève quelquefois à un taux surprenant, est, toutes choses égales d'ailleurs, toujours en raison directe des soins apportés avant et pendant sa culture. On peut réduire ces soins aux labours, aux engrais, à la plantation, aux sarclages et aux buttages.

Des labours. Il est complétement inutile et souvent nuisible, de vouloir prescrire, comme on ne le fait que trop souvent, le nombre, l'époque et la forme des labours nécessaires à chaque culture. C'est, comme nous ne saurions trop le répéter, vouloir établir des règles fixes et invariables sur un objet susceptible, par sa nature, de grandes variations. Nous nous bornerons encore ici à ce simple précepte qui est le résultat de notre pratique constante : *Donnez à votre terre, relativement à son état, tous les labours nécessaires pour la nettoyer et l'ameublir suffisamment, et suivez en cela les indica-*

tions de la nature, toujours faciles à saisir pour l'observateur, plutôt que celles des hommes, qui ne peuvent prévoir tous les cas.

Il est des terres qui, avec un seul labour bien fait et surtout en temps convenable, se trouvent beaucoup mieux préparées que d'autres avec des labours très-multipliés, qui, dans certains cas, produisent même un effet diamétralement opposé à celui qu'on se proposait ; ainsi, la seule règle consiste ici dans l'observation rigoureuse des circonstances locales et accidentelles dans lesquelles on se trouve ; et la profondeur qui, dans les terres dont la couche végétale est épaisse, ne saurait être trop grande, avec les moyens ordinaires, doit toujours être relative à la qualité de la couche inférieure.

Des engrais. Dans tout assolement raisonné, on doit avoir, incontestablement en vue non-seulement le succès des récoltes présentes, mais encore, et sur-tout, celui des récoltes futures. S'il ne s'agissait ici que d'une récolte de pommes de terre, considérée isolément, il pourrait suffire, comme on l'a recommandé, de déposer dessus ou dessous le tubercule (car ce mode varie encore) une faible portion d'engrais, pour obtenir des résultats avantageux ; mais cela ne doit pas suffire au cultivateur fidèle au principe qui veut *qu'une récolte abondante et nette prépare le succès des récoltes suivantes, et que ce succès soit toujours assuré, sauf les intempéries des saisons.* Il faut qu'une récolte céréale puisse s'obtenir à peu de frais, immédiatement après celle de la pomme de terre ; et en considérant cette culture comme préparatoire de celle qui doit la suivre, il est essentiel, indispensable même, pour obtenir le double résultat désiré, de donner à la terre soumise à cette culture, tout l'engrais disponible, engrais qui doit avoir une influence prononcée sur les cultures subséquentes. C'est au moins ce que nous avons toujours fait, avec le plus grand succès.

Si cet engrais consiste en fumiers, ce qui est le cas le plus ordinaire, il doit être, par l'effet de sa préparation, le plus exempt possible de germes nuisibles, et il doit être d'autant plus long et moins consommé, que la terre est plus tenace et plus humide, et d'autant plus court et plus réduit, qu'elle est plus meuble et plus aride.

On peut suppléer avantageusement aux fumiers par les engrais végétaux, essentiellement convenables aux terrains siliceux, et par les *composts* ou mélanges, qui y sont également très-appropriés.

Il convient généralement d'appliquer l'engrais immédiatement avant le dernier labour qui est suivi de la plantation, afin qu'il se trouve en contact immédiat avec les tubercules.

La culture de la pomme de terre devant nécessairement recevoir, pour être complète, plusieurs sarclages et buttages, comme nous le verrons ci-après, elle devient très-convenable par cette raison, pour commencer la rotation des cultures, sur les terres nouvellement défrichées, comme nous en avons rapporté plusieurs exemples remarquables, dans la première partie de notre travail, en établissant nos principes d'assolement. Elle est très-propre à remplacer les bruyères, les terres vaines et vagues, les friches, les landes, les tourbières sèches et improductives, les prairies naturelles usées, les prairies artificielles rompues ; dans ce cas, elle peut généralement se passer des engrais ordinaires, les débris des végétaux lui en tenant lieu, et en réduisant le gazon et autres substances végétales en *humus*, elle nettoie, ameublit et prépare très-bien la terre pour les cultures subséquentes.

De la plantation. Considérons d'abord l'époque et ensuite le mode les plus convenables de cette opération.

Epoque. La tige herbacée de la pomme de terre redoutant les dernières gelées printanières, il convient d'attendre, partout, pour la planter, qu'on n'ait plus à craindre l'effet de ce fléau, qui détruit ou endommage plus ou moins fortement ses premières pousses, ce qui ralentit sa végétation, et diminue ordinairement ses produits.

Sur les terrains siliceux, crétacés, naturellement arides, et plus exposés que d'autres aux effets désastreux des ardeurs de la canicule, il convient également d'en reculer la plantation de manière que l'époque critique de la formation de ses tubercules ne coïncide pas avec celle des chaleurs dévorantes qui lui seraient funestes ; on peut, dans ce cas, différer cette plantation jusqu'à la fin du printemps, et même au-delà, sans inconvénient ; et nous avons reconnu l'utilité de cette méthode, adoptée autrefois par M. Chanorier, et suivie depuis avec le plus grand succès, par M. Mallet, sur le sable brûlant de son ingrate *varenne*. Nous l'avons vue également pratiquée avec succès dans quelques-uns de nos cantons méridionaux ; elle procure ainsi le précieux avantage de fournir une seconde récolte, dans la même année, en laissant le temps nécessaire pour bien préparer la terre par les labours et les engrais ; *elle se plante alors après toutes les semailles, et se récolte après toutes les moissons,* deux considérations importantes dans les assolemens.

Mode. Avant de passer à cet objet, il convient de nous arrêter un instant sur un point très-essentiel, et auquel il nous semble qu'on n'apporte pas généralement toute l'attention qu'il exige. Nous voulons parler du volume des tubercules qu'on doit choisir pour la reproduction.

Il est incontestable que, toutes choses égales d'ailleurs, la
semence la plus saine, la plus mûre et la mieux nourrie,
donne généralement les produits les plus abondans. Appliquons
maintenant cette vérité aux diverses routines suivies ordinairement pour la plantation de la pomme de terre, et nous verrons qu'on s'y conforme bien rarement. On choisit ordinairement les tubercules moyens, quelquefois même les plus petits,
et souvent on en accumule plusieurs sur un seul point. Souvent, encore, on divise en plusieurs morceaux les tubercules
les plus gros, et on les réunit ensuite de la même manière.
Quelquefois, enfin, on se borne à confier à la terre les simples
germes ou yeux, dépouillés de la pulpe et du parenchyme
dont la nature les avait entourés. Qu'en arrive-t-il et qu'en
doit-il arriver en effet? Plusieurs graves inconvéniens, dont
nous allons rappeler les principaux. La substance pulpeuse,
qui contient la fécule proprement dite, ou la partie alimentaire, est évidemment destinée par la nature prévoyante, à
servir d'aliment aux germes, lors de leur premier développement, en attendant que les racines et les feuilles puissent y
suppléer et y suffire. Plus cette substance est abondante, saine
et intacte, plus le développement des germes est prompt et
vigoureux, et plus le succès de la végétation et l'abondance du
produit qui en est la suite sont assurés. Or, nous voyons ici
que le vœu de la nature est bien certainement contrarié, circonstance qui produit des résultats opposés à ceux qu'on a en
vue. D'abord, les petits ou moyens tubercules renfermant
moins que les gros de cette pulpe nourricière, si utile à la
prospérité de la plantation, la plante qui s'en trouve alimentée
est nécessairement dans une chance moins favorable à son développement, et cette pulpe étant, aussi, moins élaborée et
perfectionnée dans ces tubercules qui, le plus souvent, n'ont
pas atteint le degré de maturité suffisant pour donner naissance à des produits sains et vigoureux, il en résulte des productions imparfaites, avortées et souvent maladives, comme
nous aurons occasion de le remarquer plus loin. Cet effet est
bien plus sensible encore, lorsqu'on dépouille presque entièrement les germes de cette précieuse substance. Nous n'ignorons
pas qu'on a souvent recommandé, cependant, ce dernier moyen,
et d'autres analogues, en annonçant que la soustraction de la
pulpe ne nuisait point à l'abondance des produits; mais il y a
long-temps que notre propre expérience nous a appris à apprécier ce moyen et d'autres semblables à leur juste valeur, et
nous pensons bien fermement qu'ils sont tout au plus applicables aux époques calamiteuses des disettes réelles, pendant
lesquelles le premier de tous les principes consiste à se soustraire le moins mal possible aux horreurs de la famine. En-

suite, cette réunion de plusieurs tubercules sur un seul point ne peut servir à autre chose qu'à opérer, comme elle opère réellement, un épuisement réciproque toujours très-nuisible. Enfin, cette division des gros tubercules, en produisant l'inconvénient que nous avons déjà signalé, en occasionne un autre souvent assez grave. Elle expose la pulpe mise ainsi à nu, à pourrir très-souvent dans les temps pluvieux et les terrains humides, et elle l'expose également aux ravages des animaux nuisibles qui ne rencontrent plus d'obstacle pour y parvenir; ainsi, tout concourt ici à nous prouver qu'il faut, 1°. choisir, pour planter, les tubercules les plus beaux, les plus sains et les plus mûrs; 2°. ne les jamais diviser; et, 3°. les planter isolément à des distances convenables, et nous observerons qu'indépendamment de l'augmentation certaine du produit, on n'emploie guère plus de plant de cette manière qu'en réunissant sur un seul point plusieurs tubercules ou morceaux moyens.

Voyons maintenant si la pratique confirmera notre théorie.

Frappés depuis long-temps des inconvéniens qui nous paraissaient devoir résulter des routines que nous venons d'exposer, nous avons cru devoir les soumettre à l'expérience, qui est la véritable pierre de touche en agriculture, et nous avons fait à diverses reprises des essais comparatifs des méthodes indiquées, et de celle que nous conseillons d'y substituer. Nous avons constamment reconnu que, toute autre circonstance égale d'ailleurs, les tubercules les plus gros, les plus sains et les mieux nourris, donnaient les productions les plus belles et les plus abondantes, lorsqu'ils étaient isolés et convenablement espacés, comme nous l'expliquerons tout-à-l'heure, et plusieurs cultivateurs ont obtenu les mêmes résultats. Voyez, au reste, à ce sujet, un fait décisif que nous rapportons à l'article *topinambour*. Revenons maintenant à la plantation proprement dite.

Nous supposons le terrain convenablement ameubli par les labours, et l'engrais, s'il est nécessaire, déposé sur le sol et également répandu. Nous supposons aussi l'époque la plus convenable pour la plantation arrivée.

Voici comment nous procédons pour aller vite et bien. Un dernier labour enterre tout-à-la-fois, et l'engrais et les tubercules, à une profondeur et à des distances convenables. La première raie se trouvant ouverte, des femmes ou des enfans placent, derrière la charrue, et au bas du sillon, sur la droite, les tubercules isolés à 48 centimètres environ de distance, et le plus alignés qu'il est possible.

Observons que cette distance peut et doit même varier, 1°. suivant l'espèce des pommes de terre, les rouges occupant

généralement moins de place que les blanches ; 2°. d'après la
nature plus ou moins fertile de la terre, qui doit être d'autant
plus ombragée par le rapprochement des tiges, qu'elle est naturellement plus siliceuse et plus aride, *et vice versâ*. La profondeur du labour doit également être relative à l'épaisseur
de la couche végétale, d'une part, et à sa nature plus ou moins
meuble, ou compacte, de l'autre, un enfoncement moins considérable étant plus utile dans le second cas que dans le premier.

Cette première raie se trouvant ainsi plantée, la charrue, en
revenant, recouvre les tubercules.

La seconde raie n'est pas plantée ; ce n'est que la troisième,
et ainsi de suite, en laissant alternativement une raie vide et
une raie pleine. Lorsque nous n'avons pas à craindre que le
hâle durcisse trop la terre ainsi labourée, nous laissons les
sillons en cet état jusqu'à ce que nous nous apercevions qu'ils
commencent à se couvrir de plantes nuisibles, dont la terre
recélait les germes, et plusieurs hersages, en différens sens,
suivis du roulage, purgent la terre de ces ennemis. Dans le
cas contraire, la terre est hersée et roulée immédiatement
après la plantation.

Observons ici qu'on laisse quelquefois plusieurs raies vides
entre une raie pleine, ce qui dépend de la nature et de l'état
du sol, et ce qui donne aussi à chaque plante plus d'air et de
lumière.

Du sarclage. Lorsque les premières pousses des pommes de
terre commencent à paraître, la terre est hersée de nouveau
légèrement, afin de détruire les plantes nuisibles qui se développent en même temps, et cette opération ne nuit pas à ces
premières pousses en les cassant, comme on pourrait le supposer. Le faible dommage qui peut en résulter n'est rien en
comparaison des grands avantages résultans de ce premier nettoiement et de l'ameublissement de la terre, lesquels facilitent
et abrègent beaucoup les opérations subséquentes.

Lorsque toutes les plantes sont levées à quelques centimètres
au-dessus du sol, de manière à marquer complétement les
lignes, et que nous nous apercevons d'ailleurs que la terre
commence à se couvrir aussi de nouvelles plantes nuisibles,
alors l'emploi de la petite herse triangulaire, tirée par un cheval et dirigée par un homme (*voyez les fig. à la fin de ce traité*),
devient utile pour extirper toutes les plantes qui se trouvent
dans les intervalles du sillon, ameublir de plus en plus la terre
et faciliter l'extension des racines fibreuses qui doivent produire les tubercules. Cette opération simple, facile et très-
expéditive, doit se renouveler aussi souvent que l'on s'aperçoit
que la terre a besoin d'être nettoyée et ameublie, et on en
sera toujours amplement récompensé par la beauté, la netteté

et l'abondance des produits , car aucune récolte ne paie mieux les frais additionnels qu'elle peut occasionner.

Du buttage. Lorsque les plantes sont élevées à environ 32 à 48 centimètres, et prêtes à fleurir , il faut substituer à la houe à cheval *le buttoir (voyez les fig. à la fin de ce traité)*, également tiré par un cheval et dirigé par un homme , qui , jetant sur les côtés des intervalles et au pied des rayons marqués par les plantes , la terre remuée et ameublie par les opérations précédentes, les chausse d'une manière très-expéditive, économique et régulière. Cette importante opération doit être encore réitérée jusqu'à ce que toutes les plantes soient suffisamment buttées , et que la force des tiges intercepte le passage dans les intervalles, car l'abondance et la beauté des tubercules en dépendent essentiellement, quoiqu'on ait prétendu le contraire ; et nous ne saurions trop répéter qu'on est toujours amplement récompensé de ces frais, d'ailleurs peu considérables , non-seulement par le produit de la récolte à laquelle on les applique, mais encore par le succès des récoltes suivantes, qui en devient plus assuré, et cette dernière considération est de la plus haute importance.

L'opération du buttage, ou au moins celle du parfait ameublissement de la terre, est très-essentielle sur les terres les plus exposées aux dangereux effets de la sécheresse ; sans elle , la plante se dessèche souvent et périt au milieu des fortes chaleurs ; sans elle, encore, les tubercules sont rares , petits , verdissent à leur surface , donnent des produits faibles et de peu de valeur, et quelquefois même ils poussent de nouveaux jets qui anéantissent promptement la récolte. Dans ce cas, il convient de la sacrifier entièrement pour la remplacer par une autre.

Nous n'avons pas parlé de l'alignement, en tous sens , des tubercules, au moyen d'un cordeau garni de nœuds, à des distances égales , et qu'on place en travers, sur le champ, lors de la plantation. Ce moyen qu'on peut employer lorsque les circonstances le permettent , donne la facilité de sarcler et de butter les plantes en long et en travers. La dificulté de s'en servir, dans tous les cas, jointe à l'observation que nous avons faite, que nos plantes se trouvaient suffisamment sarclées et buttées par les procédés simples, faciles, expéditifs et économiques que nous avons indiqués, sans l'addition de ce nouveau moyen , nous a engagés à l'abandonner après l'avoir essayé comparativement, quoiqu'il puisse y avoir des cas où son emploi deviendrait avantageux.

Il nous suffira d'observer ici que par l'emploi de ces procédés , nous avons obtenu sur un hectare de terre de moyenne qualité , mais largement engraissée et suffisamment ameublie et nettoyée, jusqu'à 450 hectolitres de la grosse blanche commune, ce qui nous paraît justifier assez la bonté de notre méthode, et nous ajouterons que cette récolte, très-productive, a été suivie immédiatement d'une récolte en froment de la plus grande beauté.

Les plantes se trouvant convenablement buttées, et dégagées de toute autre plante nuisible, n'exigent aucun autre soin jusqu'à l'époque de la maturité des tubercules, qui s'annonce par l'affaiblissement de la couleur verte des tiges. Lorsque ce signe indicateur commence à paraître, il n'y a aucun inconvénient à retrancher ces tiges, toutes les fois qu'on peut en avoir besoin pour la nourriture des bestiaux, qui les mangent, quoiqu'ils n'en soient généralement pas très-avides; mais nous nous sommes assurés que cette soustraction ne pouvait pas se faire impunément avant cette époque, et l'on ne doit jamais s'y livrer avant que la nature elle-même en ait donné le signal, sous peine de nuire au perfectionnement des tubercules qui fournissent une ressource bien plus précieuse.

De la récolte. La récolte, qu'il est toujours dangereux de retarder, peut se faire, suivant les circonstances, à la charrue, ce qui est plus expéditif, ou à la fourche et au crochet, ou à la houe à deux dents, ou avec tous autres instrumens équivalens, ce qui les expose moins à être coupées ou froissées, ou enfouies; ou enfin, en parquant, sur le champ même, des porcs qui en font la récolte, ce qui est sans contredit le mode d'extraction et de consommation le plus simple, le plus naturel et le plus économique, et qui ajoute au parfait remuement de la terre en tous sens et à une grande profondeur, son engraissement par l'excellent mélange des déjections animales avec les débris végétaux. Il est essentiel de ne pas différer cette récolte lorsque l'époque est indiquée par la nature; d'abord, parce que les tubercules ne peuvent alors que se détériorer, et ensuite parce qu'il est important de ne pas perdre un temps précieux pour la remplacer par un nouvel ensemencement.

De la conservation. La conservation des tubercules enlevés peut se faire, pour les grandes provisions qui seules doivent ici nous occuper, et qui, d'ailleurs, présentent le plus de difficultés, ou dans des caves ou celliers secs et frais; ou dans des fosses ouvertes dans le champ même, sur la partie la plus sèche et la plus élevée, et entourées et recouvertes de paille et de terre, ou dans les granges, au milieu des tas de gerbes et de paille, ou enfin dans les étables, en les couvrant suffisamment.

Dans l'adoption de l'un ou de l'autre de ces moyens, ou d'autres équivalens, dont les circonstances locales doivent toujours déterminer le choix, il est essentiel, 1°. de nettoyer le plus possible les tubercules de tout corps étranger, et de retrancher sur - tout ceux qui sont endommagés d'une manière quelconque, et qui gâteraient promptement les autres ; 2°. de diviser aussi, le plus possible, les tas, pour la facilité de la consommation et la sûreté de la conservation ; 3°. enfin, d'augmenter l'épaisseur des couvertures à proportion de l'intensité de la gelée, dont le plus faible degré suffit pour les désorganiser.

Il est peut-être inutile d'observer ici qu'indépendamment de la très-grande utilité dont sont les pommes de terre pour la nourriture des hommes, sous leur forme naturelle, qui est sans doute la meilleure, simplement cuites à l'eau ou sous la cendre, et diversement assaisonnées, ou sous la forme panaire, en mélangeant leur farine en différentes proportions avec celle des grains, ou sous celle de fécule ou amidon, en les lavant, les broyant complétement, et extrayant cette fécule par des lotions répétées, qui en séparent les parties parenchymateuses et corticales, et en la desséchant ensuite, ou, enfin, sous celle d'une liqueur spiritueuse, par le mélange de leur farine avec les grains le plus souvent employés à cet usage, tels que le seigle et l'orge, ces précieuses racines sont encore de la plus grande utilité pour la nourriture d'hiver de tous nos animaux domestiques, crues ou cuites à la vapeur de l'eau bouillante qui, en combinant la partie aqueuse avec les autres principes, les rend plus nourrissantes à quantité égale et d'une digestion plus prompte et plus facile ; mais il est au moins nécessaire de remarquer qu'on ne doit rien conclure de défavorable de l'espèce de répugnance que quelques-uns de ces animaux manifestent quelquefois pour cette nourriture, comme pour beaucoup d'autres qu'ils appètent ensuite lorsqu'ils y sont habitués, et qu'il est essentiel de la leur administrer d'abord en petite quantité, et de l'alterner ensuite judicieusement avec d'autres, cet alternat de nourriture étant aussi utile à tous les animaux que celui des productions l'est à la terre.

Ce mélange, fait convenablement, non-seulement nourrit très-bien les animaux, mais il les engraisse ; et on a remarqué que, sous le seul rapport de l'aliment, 5 à 6 kilogrammes de pommes de terre équivalaient à 50 kilogrammes de navets. On a également constaté que le produit d'un hectare de pommes de terre fournit beaucoup plus de substance alimentaire, toutes choses égales d'ailleurs, que le même espace ensemencé en grains.

Distinguons cependant ici les animaux soumis à un travail journalier de ceux qu'on n'entretient que pour les nourrir et les engraisser. Quoique la plupart de nos ouvrages d'agriculture, et plusieurs ouvrages étrangers très - renommés soient remplis d'attestations qui énoncent bien positivement que la pomme de terre, la rave, le navet, la carotte, le panais et un assez grand nombre d'autres *nourritures vertes*, peuvent très-bien suppléer aux grains pour la nourriture des animaux de labour et de trait, *et même les remplacer complétement*, notre expérience nous porte à croire qu'en cela, comme à l'égard de beaucoup d'autres assertions équivalentes, la vérité est outre-passée ; et si, toute prévention à part, l'on veut bien examiner les effets de la nourriture verte sur les animaux de travail proprement dits, il sera facile de se convaincre que ces animaux sont réellement plus mous, moins robustes et moins alertes, transpirent davantage, fientent plus souvent, et font, par conséquent, plus de déperdition lorsqu'ils sont soumis à cette nourriture relâchante, que lorsqu'ils reçoivent leur ration ordinaire de grains et de fourrage sec de bonne qualité. Un mélange raisonné du premier aliment avec le dernier, peut et doit, si l'on veut, produire de bons effets; mais une substitution complète de l'un à l'autre, dans le cas dont il est ici question, peut souvent avoir les plus graves inconvéniens, comme nous nous en sommes assurés.

Après les détails dans lesquels nous avons cru devoir entrer pour l'intelligence de ceux qui vont suivre, examinons plus particulièrement la pomme de terre sous le rapport important des assolemens, et appuyons, selon notre usage, nos principes et nos observations de faits authentiques et concluans.

Nous avons reconnu qu'il résultait souvent des productions faibles, imparfaites, avortées ou maladives, de la négligence apportée dans le choix des tubercules destinés à la plantation. Une maladie connue sous le nom de *pivre*, *frisure* ou *frisolée*, parce que les feuilles des pieds qui en sont atteints paraissent frisées, étant repliées sur elles-mêmes et recoquillées, est souvent la suite de cette négligence, et diminue la quantité et la qualité des tubercules qui sont, dans ce cas, ordinairement squirreux. Mais, comme l'observe avec raison M. Parmentier, « la pomme de terre diminue aussi de production et de qualité à mesure que la même espèce vient à occuper un même terrain pendant plusieurs années consécutives. » Et c'est un nouvel avertissement donné par la nature de la nécessité d'alterner les productions.

Le moyen de prévenir ces fâcheux résultats consiste à éviter les causes reconnues pour y donner lieu le plus souvent ; et un moyen reconnu aussi comme très-efficace, c'est de renouveler le plant, en le tirant préférablement des terres meubles et siliceuses non fumées, qui fournissent les produits de meilleure qualité, l'expérience ayant également démontré l'utilite de ce changement.

Enfin le moyen d'y remédier lorsqu'on n'a pu le prévenir,

consiste dans la régénération de l'espèce, par la voie du semis des graines nombreuses renfermées dans les baies ou fruits proprement dits, qui succèdent aux fleurs, et dont les porcs se nourrissent volontiers. Il suffit de choisir les plus beaux et les plus mûrs sur les tiges les plus saines, dont les tubercules ne soient ni squirreux ni tachetés, de les conserver pendant l'hiver, de séparer au printemps les graines du gluten pulpeux qui les enveloppe, en les écrasant et les délayant à grande eau, et de confier ces graines à un terrain bien préparé par les labours et d'abondans engrais réduits en terreau, dans des rigoles peu profondes et séparées par des intervalles suffisans pour butter les jeunes plants à mesure qu'ils s'élèvent. En les replantant ainsi, pendant plusieurs années, dans un terrain changé et convenablement préparé, et en leur donnant tous les soins nécessaires, on en retire le double avantage de régénérer complétement l'espèce pour long-temps, et de se procurer des variétés plus ou moins précieuses sous le triple rapport de la précocité, de l'abondance des produits et de leur qualité.

Nous avons aussi reconnu que la plantation de la pomme de terre étant différée jusqu'à la fin du printemps, elle pouvait fournir une seconde récolte sur le même champ dans la même année; et nous en avons déjà cité quelques exemples en développant nos principes d'assolement.

Il est encore quelques autres moyens d'obtenir le même résultat, que nous allons faire connaître.

Les espèces hâtives, et sur-tout celle désignée ordinairement sous la dénomination de *pelure d'oignon*, à cause de la couleur de sa peau, qui a quelque ressemblance avec la pelure de cette plante potagère, et qui paraît être une des plus précoces, pouvant se récolter souvent en juillet, dans un terrain siliceux et à une exposition méridionale qui leur conviennent, laissent le terrain libre assez tôt pour pouvoir suffire encore à une seconde récolte de raves, de navets, de spergule, de sarrasin ou de toute autre plante équivalente, lorsque le sol est suffisamment amélioré pour répondre à ce nouvel appel. On peut encore accélérer la végétation de cette première récolte en faisant développer les germes par une chaleur artificielle, avant de les confier à la terre. Ce moyen, que quelques agronomes ont recommandé, ne peut guère cependant être pratiqué en grand.

Quelquefois le besoin ou l'amour des primeurs peut engager à en faire deux récoltes par an, par un procédé assez singulier que nous avons vu employer avec succès dans une année de disette. Il consiste à enlever les plus gros tubercules, en été, en écartant doucement la terre qui les recouvre, et en la rapprochant ensuite des tiges, que nous avons vu également provigner; et la seconde récolte se fait à l'époque ordinaire.

Enfin, d'après les expériences de M. Parmentier, « dans les cantons où la pomme de terre se récolte de bonne heure, l'espèce hâtive peut être plantée deux fois dans la même année. On peut encore, après la récolte ordinaire, faire succéder aussitôt du seigle pour le couper en vert au printemps, et s'en servir comme fourrage; planter ensuite des pommes de terre, et obtenir par ce moyen deux récoltes du même champ. Les expériences que j'ai faites, ajoute cet agronome, ne me permettent pas de douter de cette possibilité, comme aussi de penser que les pommes de terre réussissant à l'ombrage des arbres qui ne sont pas trop touffus, elles ne puissent être plantées dans les châtaigneraies, et servir de ressource lorsque la châtaigne a manqué, etc. »

Cette idée nous rappelle qu'un autre agronome, M. Lullin, recommande aussi, d'après son expérience, leur culture dans les clairières des bois dans l'année qui suit la coupe. « Elles y réussiront, dit-il, merveilleusement sans engrais, et les repousses du bois seront d'autant plus fortes que la culture préparatoire pour les pommes de terre aura été mieux faite et les sarclages plus multipliés. On sèmera dans la ligne et parmi elles des glands ou de la faîne, qui, protégés la première année par l'ombre des pommes de terre, et secondés dans leur végétation par les sarclages, réussiront parfaitement. »

Nous avons déjà eu occasion de rapporter que M. le comte Louis de Villeneuve employait avec beaucoup de succès cet excellent moyen dans ses bois.

L'expérience de M. Parmentier et celle de M. de Chancey nous fournissent encore un nouveau moyen d'obtenir, dans la même année, deux récoltes différentes du même champ par la culture de la pomme de terre. Écoutons le premier sur cet intéressant objet.

« Le succès que j'ai obtenu, dit-il, en semant du maïs dans des planches de pommes de terre, a déterminé M. de Chancey à essayer de son côté la concurrence de ces deux productions, et l'arpent a produit 753 boisseaux de pommes de terre, indépendamment de la récolte du maïs, dont les pieds sont devenus aussi forts et aussi vigoureux que s'ils avaient été plantés seuls. » Il ajoute qu'on peut, « après la récolte du colza, du lin et d'autres productions hâtives, planter encore des pommes de terre et obtenir de doubles récoltes, et que M. de Chancey a fait cette expérience pendant trois années consécutives. » Et il continue ainsi : « Immédiatement après qu'on a donné aux pommes de terre la dernière façon, on peut semer des raves sur une ligne droite tracée entre les rangées vides. Cette plante,

en sortant de terre, est fort délicate : le hâle et la sécheresse
la détruisent fort souvent ; sa première feuille est la plupart
du temps la proie des insectes ; les rameaux de la pomme de
terre couvrant la jeune plante la préserveraient de cet accident,
entretiendraient la fraîcheur et l'humidité de la terre. Les raves
ainsi plantées n'entraînent aucun embarras. Mais, de toutes
les plantes qu'on peut faire venir ainsi dans les entre-deux des
pommes de terre, après qu'elles sont buttées, celle qui semble
réussir le mieux est le chou tardif, principalement le chou-cavalier ; il monte fort haut, et est d'une bonne ressource pour
les vaches et les brebis ; mais il faut que ces entre-deux, devenus sillons, soient fumés et labourés à la bêche. La terre,
renversée par la récolte des pommes de terre, rechausse la
plante, et les racines une fois enlevées il ne reste plus que le
plant de choux ou de raves en pleine vigueur. »

M. le comte de Père confirme encore la possibilité de ces
secondes récoltes par son expérience.

« En plantant, dit-il, les germes des pommes de terre en
juin, on peut en faire l'objet d'une seconde récolte, après une
récolte morte, après celle des choux d'hiver, du *farouch*, des
divers fourrages de primeur, dépouillés depuis la fin de l'hiver
jusqu'en juin ; ou bien l'objet d'une double récolte, en les
plantant ou entre les pieds de maïs destinés à porter du grain,
ou dans les intervalles qui séparent deux rangées de fèves, de
choux ou de haricots nains. »

Nous avons plusieurs fois nous-mêmes essayé avec succès
ces secondes et doubles récoltes, et nous les croyons praticables
dans un grand nombre de cas, sur des terrains et avec des circonstances atmosphériques favorables à cette augmentation de
produits.

Il est, aussi, prouvé que la pomme de terre peut devenir une
ressource infiniment précieuse, après une sécheresse extraordinaire du printemps qui aurait rendu les fourrages et toutes
les productions céréales fort rares ; et celui dont toute la vie,
consacrée aux objets de première utilité, a été plus particuliè-
ment dévouée aux recherches relatives au mérite de cette précieuse plante, nous en rappelle un exemple bien mémorable.

« L'année rurale 1785, si remarquable par l'extrême sécheresse du printemps qui a occasionné la perte d'une partie des
bestiaux, a prouvé que parmi les supplémens indiqués pour
leur nourriture, la pomme de terre, spécialement recommandée, a rempli le plus complétement les espérances, puisque
ces racines, plantées bien après la saison, n'en ont pas moins
prospéré dans des terrains où les menus grains avaient entièrement manqué. Cette plante peut donc être employée avec
grand profit, après l'ensemencement des mars, et occuper en-

core les charrues et les bras dans un temps où les travaux de
la campagne sont suspendus ou moins actifs. »

Nous trouvons encore une preuve frappante de cette vérité
et de la possibilité d'obtenir une seconde récolte avec le secours
de la pomme de terre dans la pratique de M. Menuret-Cham-
baud, dont le mémoire sur la culture des jachères, couronné
en 1789 par la Société d'agriculture de Paris, nous informe
« qu'il a planté et récolté, avec le plus grand avantage, des
pommes de terre dans l'intervalle qui s'est écoulé entre la récolte des blés et la semaille d'automne. »

Enfin, nous sommes instruits que M. Faujas de Saint-Fond
en a aussi obtenu une seconde récolte, dans la même année,
immédiatement après une première en froment, et nous avons
été également informés que plusieurs autres agriculteurs avaient
obtenu ce résultat dans des circonstances favorables.

Examinons maintenant quelles sont les méthodes les plus
avantageuses d'intercaler la culture des pommes de terre avec
les céréales.

Un agronome justement célèbre, a fait passer dans notre
langue l'exposé d'expériences entreprises par Arthur Young,
dont le résultat paraît démontrer que « sur un terrain un peu
sablonneux, mais froid, naturellement humide, desséché par
des coulisses, et dont le sol inférieur est une glaise marneuse,
les pommes de terre épuisent plus qu'aucune autre récolte intermédiaire, même plus que l'orge, et dans certains assolemens
plus que le blé. »

Cela peut être pour la nature du terrain dont il est ici question, et qui nous paraît peu convenable à cette production ;
mais comme on pourrait tirer de ce fait isolé des inductions générales, défavorables à la culture des pommes de terre, l'a-
gronome qui le rapporte ajoutant d'ailleurs qu'*on doit croire,
d'après les faits que l'on a pu constater jusqu'ici, que la pomme
de terre épuise au lieu d'améliorer, et que cette production paraît plutôt nuisible qu'utile au blé qui la suit*, la réputation
dont jouissent ces deux cultivateurs étant bien propre à fortifier cette opinion, que d'autres peuvent aussi partager avec
eux, nous croyons qu'il peut être utile de l'examiner ici et de
rapporter d'autres opinions, et sur-tout des faits qui nous pa-
roissent l'infirmer.

Nous déclarerons d'abord que notre expérience et nos observations nous autorisent à penser fermement qu'aucune espèce de végétaux dont le produit n'est pas entièrement, ou au
moins en très-grande partie restitué au sol qui a contribué à sa
nourriture, n'améliore réellement jamais par elle-même la
terre qui lui a servi de support, mais seulement par l'effet des
engrais naturels ou artificiels qu'elle a pu recevoir, et sur-tout

par l'ameublissement et le nettoiement qu'elle a exigés pour sa prospérité. Ainsi il y a, d'une part, soustraction réelle, dans toutes les végétations, d'une portion plus ou moins considérable de la substance alimentaire que recelait le sein de la terre sur laquelle elles ont eu lieu ; mais il peut aussi y avoir, de l'autre, amélioration réelle par l'effet des opérations et de l'engrais dont elles ont nécessité l'application pour réussir.

Ce ne peut être que dans ce sens, selon nous, qu'une récolte quelconque peut et doit être regardée comme améliorante, à moins, comme nous l'avons dit, qu'elle ne soit restituée au sol qui l'a produite, ou consommée sur le champ même ; et cette vérité n'est pas seulement applicable à la culture des pommes de terre, mais à toutes les autres cultures préparatoires.

Ainsi, il est facile de concevoir, d'après ces principes simples et à la portée de tout le monde, que l'épuisement occasionné ou l'amélioration produite par la culture dont nous nous occupons ici, comme par toutes les autres, ne peut être jamais que relatif et nécessairement subordonné au mode adopté pour elle ; que toutes les fois qu'elle aura été faite avec les précautions nécessaires pour assurer son succès, et sur-tout sur un sol convenable, celui de la récolte suivante et du froment même, s'il est semé à temps et avec les préparations préliminaires, toujours indispensables en pareil cas, sera aussi probable qu'après toute autre culture préparatoire ; et que lorsque ce succès n'a pas lieu, le défaut ne doit pas en être attribué exclusivement à la nature épuisante de la pomme de terre, mais aussi et sur-tout à quelque vice de culture et à d'autres circonstances défavorables, entièrement indépendantes de la nature de ces racines, qui ne nous paraissent pas mériter le reproche d'être plus épuisantes que d'autres productions analogues.

Nous trouvons cette assertion confirmée par l'opinion de nos principaux agronomes, et sur-tout par un très-grand nombre de faits authentiques et décisifs, dont nous croyons devoir rappeler ici les principaux.

Duhamel qui, à de profondes connaissances théoriques, joignait une longue pratique, toujours si utile en agriculture, déclare formellement que « cette plante n'effrite point la terre destinée au froment ; qu'au contraire, les labours qu'exige sa culture et les engrais dont elle a peine à se passer disposent admirablement un champ à donner une bonne récolte. »

Ecoutons sur ce point l'homme qui, par son expérience et par les recherches multipliées auxq elles il s'est livré constamment sur tout ce qui peut avoir rapport à la pomme de terre, mérite sans doute d'être considéré comme l'autorité la plus respectable sur l'objet qui nous occupe. Ainsi s'explique M. Parmentier. « On a dit et on a répété que la pomme de terre exigeait beaucoup du sol ; que bientôt elle épuisait le meilleur terrain et le rendait incapable de produire des grains. Il est bien certain que si le champ sur lequel on cultive les pommes de terre est bien travaillé et bien fumé, le froment qu'on y sème ensuite réussira constamment ; mais si au contraire ces tubercules sont plantés sur un sol très-léger, et qu'on leur fasse succéder ce grain, on doit peu compter sur le produit ; tandis que si c'est du seigle qu'on emploie de préférence, il viendra de la plus grande beauté....

« L'épuisement prétendu du sol opéré par la pomme de terre dépend sans doute de sa végétation vigoureuse, plutôt que d'expériences et d'observations particulières ; il n'est pas étonnant en effet que, voyant rassemblé au pied de la plante une quantité énorme de grosses racines charnues, remplies de sucs nourrissans, on en ait conclu que cette croissance vigoureuse ne pouvait s'obtenir qu'aux dépens du terrain, qu'elle devait nécessairement appauvrir ; mais les recherches des modernes ont trop bien démontré la fausseté de cette hypothèse pour qu'il soit nécessaire d'y insister de nouveau.....

» Il est démontré, par une expérience non interrompue de beaucoup d'années, que toutes les productions prospèrent dans un champ planté en pommes de terre l'année d'auparavant, et que la fertilité de ce champ y est même assurée pour quelque temps. Ce n'est pas certainement que ces racines ajoutent au sol quelque engrais qui le fertilise ; mais les profonds labours que la terre reçoit en automne et au printemps, l'engrais qu'on y emploie, l'obligation dans laquelle on est d'émietter, de briser les mottes, de sarcler, de butter, de ramener la terre à la surface ; enfin, tous les soins que demande cette culture jusqu'à la récolte, divisent la terre, la fertilisent, sans que le laboureur soit nécessité à des avances trop longues, puisqu'elles sont payées immédiatement par l'emploi local du produit.

» La pomme de terre a donc cet avantage qu'elle prépare le terrain à recevoir les végétaux qu'on voudra lui faire succéder, soit froment, soit orge, chanvre, lin, etc. Il est même encore prouvé qu'il faut moins de semences dans un fonds ainsi amélioré, qu'il n'y a point de meilleur moyen de nettoyer la terre des mauvaises herbes, et que les pièces d'avoine couvertes précédemment de pommes de terre sont remarquables par le peu de ces plantes parasites qui les infestent. Loin donc de détériorer le sol, la pomme de terre concourt à sa fécondité, et par les travaux qu'il a reçus, et par le fumier qui, étant enfoui et mieux consommé, se trouve plus uniformément répandu. »

A ces autorités du plus grand poids, qu'il serait au moins superflu de multiplier, ajoutons quelques exemples remarquables des avantages bien réels de l'intercalation de la culture des pommes de terre avec celle des grains.

Nous avons déjà vu, dans les développemens de nos principes d'assolement, cette culture précéder avec succès celle du froment dans l'arrondissement de Lille et dans plusieurs autres parties du département du Nord.

Nous l'avons vue également intercalée avantageusement avec les grains de différentes espèces dans les environs de la Lys, de la Dyle et de l'Escaut.

Dans l'ancien département des Deux-Nèthes, où elle précède très-souvent le seigle, et quelquefois le froment, elle commence ordinairement les rotations, et sur-tout après les défrichemens des bruyères et des pins, et elle y prépare merveilleusement la terre pour les cultures subséquentes.

Nous avons vu encore M. Le Gris-Lasalle, dans le département de la Gironde, obtenir en 1805, sur son domaine de Tustal, une récolte de froment sur un terrain qui lui avait rapporté une récolte de pommes de terre, après une autre de seigle et de vesce, dans la même année.

M. Mallet, qui cultivait annuellement une assez grande quantité de pommes de terre jaunes, dites *blanches*, *longues* et *rondes* par M. Parmentier, et qui a reconnu, comme nous, que si elles produisent moins que la grosse blanche commune, elles contiennent proportionnellement beaucoup moins de parties aqueuses, ce qui les rend très-avantageuses pour la nourriture des bestiaux, a fait long-temps succéder à cette plante des grains, avec un grand succès, sur des terres naturellement très-peu fertiles, mais fortement améliorées par tous les moyens que l'art fournit, lorsqu'on le connaît et le pratique d'une manière aussi distinguée que l'a fait cet excellent cultivateur.

Enfin, nous avons vu nous-mêmes plusieurs pièces de terre d'une nature très-siliceuse et peu fertile, qui ne fournissaient autrefois que de médiocres récoltes de seigle, après l'année de jachère, produire une très-abondante récolte de pommes de terre de diverses espèces, après une culture convenable, et donner, l'année suivante une excellente récolte de froment.

Quelquefois, à la vérité, l'époque tardive à laquelle la récolte des pommes de terre se fait, dans certaines circonstances, reculant celle de l'ensemencement du froment, lui donne une chance peu favorable à son succès; et peut-être a-t-on souvent attribué la médiocrité du produit de cette graminée au prétendu épuisement extraordinaire, occasionné par des pommes de terre, au lieu de rapporter cet effet à sa véritable cause. La prudence doit conseiller, dans le cas où cette récolte se trouve retardée par une cause quelconque au-delà du terme convenable pour préparer la terre et faire l'ensemencement d'automne à propos, de différer cette opération jusqu'au printemps; et alors en accompagnant le grain de printemps d'un ensemencement en prairie artificielle, soit en trèfle, soit en lupuline, ou en toute autre plante adaptée aux localités, on se prépare les moyens d'obtenir ensuite, sans addition d'engrais et avec un seul labour, une nouvelle récolte abondante en grains.

Au reste, l'agriculture anglaise elle-même fournit, ainsi que celle de plusieurs autres contrées, un très-grand nombre de preuves des avantages incontestables de l'intercalation de la culture des pommes de terre avec celle des grains, *lorsqu'elle est convenablement traitée sur les terres qui lui conviennent*, et en réunissant ces deux conditions, indispensables pour assurer le succès de toutes les récoltes présentes et futures, elle nous paraît entièrement exempte du reproche qu'on lui a imputé; nous nous croyons donc suffisamment autorisés à répéter ici ce que nous avons avancé, au commencement de cet article, qu'indépendamment des nombreuses et importantes qualités que les pommes de terres réunissent, sous le rapport alimentaire et sous plusieurs autres, elles doivent encore être considérées comme très-précieuses pour les assolemens des terres siliceuses, naturellement peu fertiles, qu'elles sont très-propres à améliorer avec une culture convenable, et à disposer à la production du froment ou de toute autre céréale, qui peut, à la vérité, souvent mériter la préférence sur celui-ci, dans les terres naturellement peu fertiles ou légèrement engraissées.

DE LA PATATE. La *patate* ou *batate, convolvulus batatas,* Lin., est une plante de la famille des liserons, originaire de l'Inde, à tiges faibles, volubiles, traçantes, s'enracinant à chaque nœud, et produisant des racines fusiformes, ou tubercules allongés, de diverses couleurs, et dont les principales variétés sont la blanche, la jaune et la rouge.

La première, dit M. Bosc, est la plus grosse, la seconde la plus farineuse, et la troisième la plus précoce; mais peu de plantes, ajoute-t-il, sont plus soumises, relativement à leur saveur, aux influences extérieures. Un terrain fumé lui donne un mauvais goût; une année pluvieuse lui ôte toute espèce de goût, et un printemps froid la rend grasse, etc.

Cette plante, dont les tubercules sont très-nourrissans et de facile digestion, et dont les tiges et les feuilles, qui sont aussi quelquefois mangées par les hommes, fournissent aux bestiaux un fourrage agréable et abondant, pour lequel on la cultive quelquefois uniquement, est naturalisée depuis long-temps sur les côtes maritimes d'Espagne, et n'a plus qu'un pas à faire, dit Parmentier, pour l'être parmi nous.

Elle paraît susceptible d'être cultivée également en plein champ dans nos départemens méridionaax, et d'ajouter encore un nouveau bienfait à nos ressources alimentaires. MM. Broussonnet, Puymaurin, Ferrière et Picot La Peyrouse en ont fait plusieurs essais en plein champ dans les environs de Montpellier et de Toulouse ; on l'a également essayée près de Toulon et de Bordeaux, et dans les landes de Bordeaux, aux environs de Dax, où le climat et le sol paraissent lui être convenables. Nous croyons donc devoir dire ici un mot sur sa culture.

La patate redoute l'excès d'humidité, plus encore que la pomme de terre et le topinambour, et demande, pour prospérer, un terrain essentiellement siliceux, sec et chaud.

Il convient de la planter peu espacée sur des butes préparées d'avance, afin de la garantir de l'humidité qui la ferait promptement pourrir, ou mieux encore sur des ados suffisamment élevés et écartés pour remplir cet objet, et pour permettre à ses racines et à ses tiges rampantes de s'étendre.

On pourrait peut-être tirer parti des intervalles pour d'autres cultures intercalaires peu exigeantes, et c'est ce que l'expérience nous apprendra.

Dans tous les cas, cette plante qui, pour les assolemens, pourrait être assimilée à la pomme de terre à laquelle on donne souvent improprement son nom, a besoin, comme elle, de rigoureux sarclages et buttages, et comme elle aussi, elle peut supporter sans inconvénient, quelque temps avant son arrachage, le retranchement de ses tiges fourrageuses pour les bestiaux.

Ses tubercules étant hors de terre, ne peuvent se conserver qu'en les soustrayant aux influences de la gelée, et sur-tout de l'humidité que cette plante redoute par-dessus tout.

DU TOPINAMBOUR. Qu'il nous soit permis de nous étendre ici, avec une sorte de complaisance bien naturelle, sur tout ce qui peut être relatif à une plante dont nous avons si souvent occasion de nous applaudir d'avoir, depuis long-temps, recommandé les premiers, *par notre exemple*, la culture en grand, en plein champ, pour la nourriture de nos animaux domestiques, à laquelle elle est si convenable, ainsi qu'à quelques autres usages économiques non moins précieux. Nous devons d'autant plus le faire que les renseignemens qui ont été publiés jusqu'ici sur cette plante, ne nous paraissent pas tous porter le cachet de l'exactitude, et que quelques personnes en ont blâmé la culture, faute d'avoir pu en bien apprécier tous les avantages.

Le topinambour, ou hélianthe tubéreux, *helianthus tubero-*

sus, Lin., autre présent bien précieux que le nouveau monde a fait encore à l'ancien, et qu'on désigne quelquefois sous les noms de *poire de terre*, sans doute à cause de la figure souvent allongée et pyriforme de ses tubercules qu'on appelle aussi *taratouf*, *Canada*, et *crompire*, est une espèce de soleil, ou tournesol, originaire, selon les uns, du Canada, et selon les autres, du Brésil, ce qui nous paraît plus probable ; car, si la rusticité du topinambour, et le surnom de Canada qu'on donne quelquefois à cette plante, dont l'origne réelle ne paraît pas plus exactement connue que l'époque de son introduction en Europe, ont pu faire présumer qu'elle était originaire du Canada, le nom de *Topinambour* que portent les habitans d'une partie du Brésil, joint à l'imperfection habituelle des semences de cette plante dans nos climats, probablement à cause du défaut d'intensité de chaleur convenable ; et à la précieuse faculté dont elle est douée de résister aux plus longues sécheresses, nous autorise peut-être à penser que le climat brûlant du Brésil est son pays natal. Quoi qu'il en soit, la substance extracto-résineuse qu'elle renferme paraît lui donner aussi la précieuse faculté de supporter les froids les plus rigoureux de nos climats sans en être désorganisée.

Cette plante, recommandable à tant de titres lorsqu'elle est cultivée convenablement, ne fournit ordinairement qu'une seule tige, rarement rameuse et le plus souvent simple, droite, ferme et ligneuse, que nous avons vue s'élever jusqu'à 4 mètres et demi, et qui atteint communément la hauteur de 2 mètres au moins, dans les terrains qui lui conviennent, et où elle est bien traitée. Cette tige, qui s'élève du tubercule qui lui a donné naissance, est garnie dans toute sa longueur de feuilles larges et nombreuses, ovales, pointues, dentées, rugueuses et décurrentes sur leur pétiole. Elle se termine en automne par un bouquet de fleurs jaunes, radiées, en corymbe, qui ressemblent à autant de petits soleils, et qui ne fournissent pas ordinairement, parmi nous, de semences fécondes, mais qui en fournissent dans la haute Italie, comme nous avons eu occasion de nous en convaincre, et qui en ont fourni à Toulon, par les soins de M. Robert, cultivateur très-distingué, qui en a envoyé à M. Vilmorin. Cet agriculteur, également zélé pour les progrès de l'art et de la science agricoles, a obtenu de cette semence un assez grand nombre de tubercules, dont nous avons cultivé comparativement plusieurs qu'il a bien voulu nous confier, et qui nous ont donné des résultats tout aussi avantageux que ceux qu'on obtient des semis de graines de pomme de terre.

A la base de la tige du topinambour se forment, au milieu de ses racines proprement dites, des tubercules rougeâtres, qui y adhèrent par une espèce de pétiole, ou prolongement radical, et qui ont quelque ressemblance pour la forme, assez irrégulière d'ailleurs, avec nos pommes de terre rouges, mais qui sont communément plus allongées, et qui n'en ont, du reste, aucune pour le goût et la contexture intérieure, ayant une saveur douce et sucrée, sur-tout lorsqu'elles sont cuites. Cette saveur se développe d'une manière très-sensible, lorsque étant anciennement cueillies elles ont perdu par l'évaporation une partie de leur eau de végétation ; elles sont alors beaucoup moins aqueuses, et renferment, ainsi que la base de la tige, une substance concrète qui paraît être d'une nature résineuse.

On a pu croire que sous le nom de *cartouffle*, Olivier de Serres avait voulu désigner le topinambour ; mais il ne nous paraît pas que cette plante fût introduite en Europe de son temps, et nous pensons que par la description, un peu inexacte à la vérité, qu'il nous a laissée de la *cartouffle*, il voulait réellement indiquer la pomme de terre, que nous savons d'ailleurs avoir été apportée de son temps sur le continent d'Europe par Charles de l'Escluse (1). Le nom trivial de *kartoffel*, sous lequel les Allemands désignent communément la pomme de terre, celui, très-ressemblant, de *tarteuffel*, qu'on lui donne encore aujourd'hui en Suisse, d'où Olivier nous dit bien positivement que cette plante était venue en Dauphiné ; le nom de *truffe*, sous lequel il nous dit aussi qu'on la désignait quelquefois, et que nous lui avons entendu souvent donner en Dauphiné, où nous nous sommes également assurés que le *topinambour* était à peine connu ; *la durée d'une année*, qu'il assigne à la *cartouffle*, et qui nous paraît bien plus applicable à la pomme de terre qu'au topinambour, lequel se reproduit perpétuellement sur le même terrain, de ses nombreux tubercules, non susceptibles d'être désorganisés par la gelée, comme le sont ceux de la pomme de terre, ce qui a fait regarder le topinambour comme pérenne par plusieurs auteurs ; la nécessité dont il parle de la planter *après les grandes froidures*, ce qui n'est pas nécessaire pour le topinambour, mais indispensable pour la pomme de terre ; le provignement et le reprovignement dont il parle encore, bien plus applicable à la dernière plante, qui y est quelquefois soumise, qu'à la première, dont la tige ferme et ligneuse se prêterait difficilement à cette opération, *les fleurs blanches paraissant au mois d'août*, qu'il désigne très-positivement, et qui, sous ces deux rapports frappans, conviennent

---

(1) On peut consulter sur ce point une note très-instructive de M. Huzard, insérée page 474 du second volume de la nouvelle édition d'Olivier de Serres.

parfaitement à la variété de pomme de terre, que Tournefort nomme *solanum..... flore albo.* Toutes ces circonstances nous paraissent indiquer suffisamment qu'il a voulu décrire cette plante, et non le topinambour, dont les fleurs, qui ne se montrent qu'en automne, sont constamment jaunes et ressemblantes à celles du soleil, *helianthus annuus,* qu'Olivier connaissait bien, dont il parle, auquel il n'aurait pas manqué de le comparer s'il l'avait eu en vue, et dont le fruit d'ailleurs n'est pas *en parfaite maturité sur la fin de septembre,* comme il le dit expressément, mais bien celui de la pomme de terre, qui donne aussi quelquefois des *tubercules à la fourchure des nœuds,* c'est-à-dire aux aisselles des rameaux, ainsi que nous l'avons remarqué avec d'autres.

A la vérité, il qualifie la cartouffle *d'arbuste faisant plusieurs branches, s'élevant jusqu'à 5 ou 6 pieds, si elles ne sont retenues par provigner;* mais cette inexactitude, au milieu de tant de traits de ressemblance bien caractéristiques, paraîtra peut-être peu surprenante, si l'on se reporte à l'époque à laquelle il écrivait, où la cartouffle, à peine introduite en France, (*depuis peu de temps en ça,* dit Olivier), était encore très-peu connue, et confinée dans les jardins. Au reste, nous avons soumis ces réflexions à M. Parmentier lui-même, dont l'opinion sur ce point, contradictoire avec celle de Haller, et de plusieurs autres bibliographes géorgiques, nous avait paru susceptible d'être examinée, pour l'intérêt de la chronologie agricole, et il s'est empressé d'en reconnaître toute la solidité.

Duhamel nous paraît être le premier, parmi nos agronomes, qui ait recommandé, en 1762, la culture du topinambour pour la nourriture des bestiaux, pendant l'hiver, en observant avec raison que « *les porcs, sur-tout, s'en accommodent très-bien.* »

Après lui, Daubenton, notre illustre prédécesseur dans la chaire d'économie rurale que nous occupons; Daubenton, dont le nom justement célèbre doit inspirer la plus juste reconnaissance, en rappelant au gouvernement le créateur d'une nouvelle source féconde de richesses nationales, et aux cultivateurs l'infatigable améliorateur des laines de nos troupeaux, indiqua, en 1782, dans son *Instruction pour les bergers et les propriétaires de troupeaux,* le topinambour comme « *nourriture fraîche en hiver, préférable au colza et aux choux pour les bêtes à laine,* » dont il avait tant à cœur l'amélioration.

Quelques années après, Flandrin, s'occupant du même objet, avec un succès bien digne de son zèle pour la propagation des mérinos, recommanda également cette plante pour le même usage.

Enfin, en 1786, Quesnay de Beauvoir essaya de la tirer de l'espèce d'oubli auquel elle était encore si injustement condamnée, malgré d'aussi imposantes recommandations, et après en avoir fait sous nos yeux, à Conflans, près des carrières de Charenton, un essai en petit très-satisfaisant, dans un jardin formé des débris de ces carrières, et en avoir obtenu 3 *boisseaux*, sur un espace de 50 pieds, il adressa à la Société d'agriculture de Paris quelques *observations sur la culture et l'utilité des topinambours*, qui furent publiées dans le trimestre d'automne des Mémoires de cette société, en 1786.

Il paraît que ces observations ne déterminèrent alors aucun cultivateur à entreprendre cette culture *en grand, en plein champ*; tant est lente et difficile, sur-tout dans les campagnes, la propagation des vérités et des procédés les plus utiles. Persuadés de l'importance dont elle pouvait être, sous plusieurs rapports essentiels que nous allons faire connaître, nous répétâmes et étendîmes, l'année suivante, cet essai dans un clos du parc de l'Ecole d'économie rurale et vétérinaire d'Alfort, qui servait de champ à toutes les expériences agricoles, auxquelles nous nous livrions à cette époque, sous les yeux et aidés des conseils de notre respectable maître, M. Chabert, directeur de cet utile établissement. Les résultats les plus satisfaisans ayant pleinement justifié l'opinion que nous avions conçue des avantages du topinambour, nous résolûmes, dès ce moment, de consacrer à une culture en grand tous les tubercules que nous pourrions recueillir, et de transporter enfin cette précieuse plante, de nos jardins où elle avait été jusqu'alors injustement reléguée, dans nos champs où elle était si digne de figurer. Nous en portâmes successivement la culture à 5 hectares, chaque année, quantité que nous avons constamment entretenue, et souvent même augmentée pendant très-long-temps. Nous n'avons négligé aucun des moyens qui étaient en notre pouvoir pour en propager la culture, par nos conseils, par notre exemple et par des distributions gratuites; et déjà, peu d'années après, nous avions la satisfaction de voir plusieurs cultivateurs distingués en adopter la culture à notre sollicitation, et confirmer nos observations sur son utilité.

Avant de passer à l'exposé de ses principaux avantages, et aux détails relatifs à sa culture et à ses usages économiques, nous devons dire qu'en 1789, M. Parmentier réunissait ses efforts aux nôtres pour en encourager la culture, dans son *Traité sur la culture et les usages des pommes de terre, des patates et des topinambours*; et nous devons ajouter que Rozier ne paraissait pas cependant avoir pris, en 1796, une opinion assez avantageuse du mérite de cette plante, n'en ayant dit, à cette époque, que fort peu de chose, et n'en ayant parlé en quelque sorte qu'accidentellement, sous le titre de tournesol ou soleil.

Un de ses collaborateurs, M. de la Lause, écrivait aussi en 1801, que la culture de cette plante n'était encore qu'un objet de curiosité. Il ajoutait cependant que *ses tiges de 7 à 8 pieds de hauteur pouvaient servir de litière dans les cours des fermes et procurer un engrais abondant, et que sous ce rapport elle était préférable à celle des pommes de terre.*

Nous ajouterons encore que d'après les renseignemens nombreux que nous prîmes en diverses parties de l'Angleterre, au dernier séjour que nous y fîmes en 1803, nous nous croyons autorisés à penser que le topinambour n'était encore, à cette époque, soumis, dans aucune partie de cette île, à une culture en grand pour l'usage des bestiaux, *pas même sur l'exploitation d'Arthur Young,* que nous visitâmes alors, quoiqu'il nous eût informés lui-même, dans le compte imprimé de ses expériences d'agriculture, « qu'*ayant entrepris, à une époque bien reculée, de le cultiver en petit, sur un terrain plat et naturellement humide mais amélioré, par pure curiosité et non dans l'intention d'en retirer du bénéfice,* idée qui lui était venue après avoir observé que ses porcs en mangeaient fort avidement quelques boisseaux de rebut qui avaient été jetés sur un tas de fumier, il avait reconnu, 1°. que son produit était sans contredit au-dessus de celui des pommes de terre ; 2°. que son chaume pouvait être employé fort utilement à servir de litière au bétail qui l'avait bientôt transformé en fumier, et que, cultivé en grand, il pourrait fournir à lui seul toute la litière nécessaire pour l'entretien d'une cour de ferme ; 3°. que le bénéfice d'un seul acre équivalait à-peu-près à ce qu'auraient rapporté quatre récoltes de froment, même après une extrême sécheresse, ce qui rendait ce fait bien plus important ; 4°. qu'on pouvait dire que ce végétal était, sous le rapport du produit, un excellent améliorant, parce qu'avec la quantité d'alimens qu'il pouvait fournir au bétail, sur un seul acre, on avait aisément les moyens d'en fertiliser deux par de copieux engrais ; 5°. que bouilli et mêlé avec du son il était propre à l'engraissement des porcs. » Enfin il ajoute cette réflexion bien remarquable, après avoir rapporté le résultat très-satisfaisant d'une expérience *qui lui paraît décisive :* « une récolte qui sur un terrain froid rapporte, à l'aide d'un bon engrais, *seize livres sterling de profit net par acre* (324 francs par hectare environ), *surpasse indubitablement toutes les récoltes de la commune agriculture ; et d'après ces notions j'invite tous les cultivateurs à planter des topinambours, sur-tout lorsqu'ayant beaucoup de porcs, ils sont embarrassés pour les nourrir pendant l'hiver.* On voit, continue-t-il, qu'ils viennent bien sur des sols argileux, qui conviennent peu aux pommes de terre, et encore moins aux carottes ; et j'adresse spécialement cette remarque à ceux qui possèdent de semblables sols , et ne savent que les cultiver à la manière ordinaire. Il y a de grands bénéfices à faire sur la culture des topinambours ; on remarquera que cette plante réussit sur tous les sols , et les porcs pourraient donner beaucoup de profit, si l'on avait la prudence d'en avoir l'hiver pour leur usage. »

On sera sans doute très-surpris d'apprendre que , *malgré des faits aussi décisifs et des assertions aussi positives et aussi encourageantes* , la culture du topinambour , de cette plante , dont *le profit net surpasse indubitablement toutes les récoltes de la commune agriculture* , soit restée, si long-temps après leur publication, confinée en Angleterre dans son ancien domaine , borné à quelques coins de jardin ; mais l'agriculture anglaise présente un assez grand nombre de ces bizarreries difficiles à expliquer.

La culture du topinambour n'était pas alors plus étendue en Allemagne, quoiqu'elle y ait été également reconnue digne d'un meilleur sort par Mitterpacher, qui, en parlant très-brièvement de cette plante, dans ses Élémens d'économie rurale , déclare cependant qu'*elle mérite d'être cultivée plus qu'elle ne l'est* (1).

Nous nous empressons de déclarer que, d'après les nombreux renseignemens qui nous sont parvenus de divers points de la France et des parties de l'Europe les mieux cultivées, cette culture se propage de plus en plus, chaque année, et qu'elle donne partout où elle est introduite dans un assolement convenable, des résultats avantageux qui répondent victorieusement aux fâcheuses impressions qu'on a essayé inutilement de répandre contre elle.

Quatre avantages bien essentiels, que nous reconnûmes dans le topinambour, lors de nos essais, nous déterminèrent à en entreprendre et à en propager la culture en plein champ. Ces avantages sont, 1°. de résister aux plus fortes sécheresses, même sur des sols naturellement arides; 2°. de résister également aux froids les plus rigoureux de nos hivers; 3°. de donner, dans des circonstances favorables, lorsqu'il est bien cultivé, les produits les plus abondans en tubercules; et 4°. de fournir encore un nouveau produit très-avantageux par ses fortes tiges ligneuses, propres à différens usages économiques.

Entrons dans quelques détails sur chacun de ces avantages.

____

(1) *Helianthus tuberosus , è Brasiliâ licet ad nos translatus , cælum nostrum sustinet et frequentius coli meretur.*

Elem. rei rust. , pag. 331.

Faculté de résister aux plus grandes sécheresses. Depuis plus de trente ans que nous avons entrepris la culture du topinambour sur un sol essentiellement siliceux et naturellement peu fertile, mais très-amélioré par la culture, nous avons constamment remarqué qu'il résistait aux plus fortes sécheresses, auxquelles la pomme de terre et plusieurs autres plantes succombaient. Nous l'avons vu à Conflans, résister à celle très-mémorable de 1785, sur un terrain extrêmement aride, formé des débris des carrières de Charenton. En l'an 11, nous l'avons vu également triompher, sur notre exploitation, d'une sécheresse très-prolongée, qui fit périr diverses espèces de pommes de terre rouges, plantées à côté. Plusieurs cultivateurs distingués, dont nous aurons occasion de faire connaître l'opinion et les expériences sur cette plante, ont fait des observations confirmatives des nôtres, sur des sols de médiocre qualité. La pratique d'ailleurs ne semble ici que confirmer la théorie. Une plante probablement originaire du Brésil, garnie d'une tige très-élevée et de feuilles larges et nombreuses, qui lui rendent le double service d'ombrager fortement le sol et de soutirer de l'atmosphère une grande partie des principes utiles à sa prospérité, doit nécessairement résister avec force à la sécheresse, et c'est en effet ce que nous voyons arriver.

Il ne faudrait pas en conclure cependant que le topinambour qui, comme tous les hélianthes, fait de très-grandes déperditions de fluide aqueux, dans les fortes chaleurs, ainsi que nous le remarquerons plus particulièrement à l'égard de l'hélianthe annuel, connu sous le nom de *tournesol* ou soleil, ne reçoit aucune atteinte des chaleurs excessives et des sécheresses prolongées, sur-tout sur les sols réverbérans, crétacés, siliceux et naturellement très-arides. Loin de nous ces assertions mensongères, malheureusement si communes dans un grand nombre d'ouvrages d'agriculture, dont nous avons été si souvent les victimes, et que les faits démentent tôt ou tard. Loin de nous cet enthousiasme exagérateur, qui porte les auteurs, d'un côté, à donner si gratuitement toutes les qualités désirables aux végétaux qu'ils adoptent et qu'ils voudraient qu'on adoptât d'une manière absolue et exclusive, de l'autre, à modifier ou même à taire tout ce qui pourrait affaiblir l'enthousiasme qu'ils cherchent à communiquer.

Nous nous sommes imposé le devoir de dire sur ce point, comme sur tout autre, ce que nous croyons être l'exacte vérité ; ainsi nous déclarerons avec franchise que quoique nous ayons vu constamment le topinambour ne point succomber aux atteintes réitérées que lui portaient les sécheresses prolongées et les chaleurs excessives sur des terrains médiocres, sa végétation, cependant, restait en quelque sorte stationnaire tant qu'elles régnaient, le flétrissement de ses feuilles, le rembrunissement de ses tiges, et la tristesse de son port, annonçaient fortement le besoin d'une salutaire humidité, et quoiqu'il reprît promptement sa vigueur à la première pluie, ses produits, qui n'avaient pu être annulés, étaient ordinairement plus ou moins diminués.

Faculté de résister aux froids les plus rigoureux de nos hivers. Il n'est pas exact de dire que les tubercules du topinambour ne gèlent pas, soit hors de terre, soit même sous terre, à la profondeur à laquelle ils se forment ordinairement. La vérité est que toutes les fois que l'intensité du froid est assez considérable pour déterminer la congélation de l'eau commune, l'eau qu'ils recèlent dans l'état de combinaison avec les autres parties constituantes, ou dans l'état d'absorption seulement, gèle aussi. En cet état, le tubercule devient un corps dur, dans lequel l'eau se trouve évidemment sous la forme d'une cristallisation; mais ce qui le distingue de la pomme de terre, c'est qu'au dégel, on n'aperçoit aucune espèce de désorganisation; le tubercule a conservé toute sa faculté végétative, l'eau y est toujours dans l'état de combinaison ou de réunion avec les autres substances qui le composent, et il est rendu à son état précédent, sauf, cependant, la soustraction d'une faible portion de cette eau non combinée, que l'évaporation, occasionnée par le dégel, a opérée, et qui, en diminuant un peu son poids et ridant légèrement son écorce, rapproche davantage ses parties solides.

Depuis que nous cultivons le topinambour, nous avons vu en 1788, le froid descendre à 18 degrés au-dessous du point de congélation du thermomètre de Réaumur, sans qu'il en ait souffert, soit en terre, soit hors de terre, ce qu'il faut probablement attribuer à la substance extracto-résineuse qu'il recèle : ainsi, nous ne devons pas craindre d'avancer qu'il résiste à nos froids les plus rigoureux.

Abondance des produits en tubercules. Tout le monde convient que le produit ordinaire de la grosse pomme de terre blanche commune est considérable, toutes les fois qu'elle est bien cultivée, dans des circonstances favorables. Nous pouvons assurer que le résultat des essais comparatifs que nous avons répétés, toutes circonstances égales, avec cette espèce de pomme de terre et le topinambour, a été constamment à l'avantage du dernier; cette supériorité de produit s'est quelquefois élevée au tiers en sus, et souvent au quart. Nous avons encore eu la satisfaction de trouver nos résultats confirmés par les expériences de plusieurs cultivateurs que nous ferons connaître plus loin ; mais quoiqu'on ait annoncé un produit comparatif beaucoup plus élevé, nous ne l'avons jamais remarqué, depuis que nous observons cette plante.

Abondance et utilité du produit en tiges. La rareté et la cherté du combustible qui se fait sentir de plus en plus sur presque toute la France, et plus particulièrement près des grandes villes, doit donner, sans doute, quelque importance à une plante qui, à un produit considérable en tubercules, ajoute une tige élevée, propre à remplacer, dans un grand nombre de cas, le menu bois de chauffage, et à être employée à d'autres usages économiques, comme nous le démontrerons par des faits, après nous être occupés de sa culture.

Tels sont les divers avantages qui, joints à quelques autres que nous aurons occasion de faire connaître, nous ont engagés, depuis long-temps, à donner à la culture du topinambour, sur notre exploitation, la préférence sur la plupart des autres cultures ayant pour objet principal une nourriture verte pour les bestiaux pendant l'hiver.

De la culture du topinambour. Afin d'éviter ici plusieurs répétitions inutiles, nous commencerons par déclarer que la culture convenable au topinambour est analogue à celle de la pomme de terre, sous tous les rapports sous lesquels nous avons cru devoir considérer cette plante. Nous renvoyons donc à l'article de celle-ci, qu'il est indispensable de consulter pour la parfaite intelligence des détails particuliers dans lesquels nous allons entrer, relativement à la nature du terrain, à sa préparation, aux labours, aux engrais, à la plantation, au sarclage, au buttage, à la récolte, à la conservation, aux divers emplois économiques, et aux assolemens.

De la nature du terrain convenable à la culture du topinambour. Nous avons déjà rapporté quelques exemples assez remarquables du succès de cette culture, malgré la sécheresse, sur des débris de carrières, et sur des terrains essentiellement siliceux, arides, et naturellement peu fertiles; nous devons y ajouter que M. Allaire, l'un des anciens administrateurs des eaux et forêts, et l'un de nos cultivateurs les plus zélés et les plus instruits, nous a informés qu'il l'avait aussi admise avec succès sur le sol crayeux de la ci-devant Champagne, dont on connaît assez l'ingratitude; que MM. Mallet et Bagot l'ont introduite avec beaucoup de succès, sur l'ingrate varenne de Saint-Maur, et sur le sable mobile de Champigny; et que M. Poyferé de Cère l'a également introduite avec un grand avantage, sur les landes sablonneuses du département auxquelles elles ont donné leur nom.

M. Parmentier confirme que « cette plante a prospéré sur des fonds où la pomme de terre n'a eu que peu de succès, après avoir déclaré, en 1805, que «*jusqu'alors nous étions les seuls qui en eussions couvert une certaine étendue de terrain*, et qu'il en avait vu sur plusieurs hectares du plus mauvais terrain de notre ferme, à Maisons, qui annonçaient la récolte la plus abondante. »

M. de Chancey a observé « qu'un pied avait donné 14 livres de tubercules, dans un endroit où une pomme de terre n'en avait rendu que 3 livres; » et M. Mustel dit encore en *avoir vu réussir* dans un sol où les pommes de terre qu'il avait plantées périrent toutes. Ainsi, nous pouvons affirmer que cette culture peut réussir au moins sur les terres de notre première division. Nous n'en conclurons pas cependant avec Arthur Young, *qu'elle réussit sur tous les sols*, quoiqu'il nous informe qu'il ne l'a essayée que sur *un sol froid, humide et argileux.* Nous pensons même d'après quelques essais comparatifs, que cette nature de sol lui convient généralement peu, *si elle n'est préalablement amendée avec une substance calcaire*, ainsi qu'à toutes les plantes à racines charnues, ou pulpeuses et tubéreuses, qui demandent, pour se développer convenablement, un terrain essentiellement meuble. D'ailleurs, l'extraction et le nettoiement des tubercules seraient beaucoup plus difficiles sur les sols argileux, et, d'un autre côté, l'excès d'humidité pourrait les y faire pourrir pendant l'hiver. Nous regardons encore comme une vérité que, quoique le topinambour puisse donner des produits très-avantageux lorsqu'il est bien cultivé, même sur des terres peu fertiles par elles-mêmes, ses produits, comme ceux de la pomme de terre et de bien d'autres plantes, sont toujours proportionnés et à la qualité de la terre et aux soins apportés à sa culture. Enfin, nous pensons, quoi qu'on ait pu dire et écrire de contraire à cette vérité, qu'elle est très-susceptible d'une application rigoureuse à tous les végétaux soumis à nos cultures ordinaires; enfin, nous dirons avec M. de Courset, « quoique le topinambour croisse dans les plus mauvais terrains, ses tubercules sont plus gros et mieux nourris dans un bon; » il paraît aussi que les champs un peu ombragés ne lui sont pas contraires, car nous l'avons vu prospérer dans un verger médiocrement couvert.

De la préparation du sol. Après les amendemens proprement dits suffisans pour modifier le sol d'une manière durable, sa préparation consiste dans l'emploi judicieux des labours et des engrais.

Des labours. Labourez le plus profondément possible, dans toutes les terres qui permettent d'enfoncer le soc au-delà de la couche arable ordinaire, et répétez les labours jusqu'à ce que la terre soit suffisamment ameublie et nettoyée : voilà, ce nous semble, le seul conseil raisonnable qu'on puisse donner sur un objet qui n'est pas susceptible d'être fixé invariablement pour tous les cas, et dont il faut nécessairement abandonner les modifications à la sagacité du cultivateur, qui doit savoir que le succès de la récolte dépend en grande partie du perfectionnement de cette opération.

Des engrais. Si vous avez en vue, comme tout bon cultivateur doit l'avoir, non-seulement le succès de la récolte actuelle, mais encore celui des récoltes subséquentes, déposez sur votre champ tout l'engrais disponible, jusqu'à ce qu'il en soit suffisamment couvert, et faites en sorte qu'il renferme le moins possible de semences nuisibles, si vous voulez diminuer le nombre des sarclages nécessaires, et maintenir ce champ dans l'état d'ameublissement, de netteté et de fertilisation convenables. Appliquez cet engrais, autant que faire se pourra, de manière qu'il se trouve enterré par le labour qui est immédiatement suivi de la plantation; voilà encore, selon nous, ce à quoi peut se réduire tout ce qu'il y a de réellement utile à dire sur ce point important, en laissant le chapitre des détails minutieux et très-variables à la prudence du cultivateur.

De la plantation. Distinguons encore ici l'époque et le mode.

De l'époque. Relativement à la pomme de terre, nous avons dit, quant à l'époque, qu'il convenait d'attendre la fin des dernières gelées ordinaires du printemps, parce que sa tige herbacée pouvait en être endommagée. Ici nous n'avons rien à redouter de ce fléau. Non-seulement il n'est pas nécessaire de différer la plantation jusqu'à cette époque, mais elle peut sans inconvénient être commencée immédiatement après l'hiver, et même avant lorsque les circonstances le permettent. Nous l'avons plusieurs fois entreprise en janvier, février et mars, sans qu'il en soit jamais résulté le moindre dommage; et ce n'est pas sans doute un léger avantage que de pouvoir ainsi avancer ou reculer à sa commodité l'époque d'une plantation.

Du mode. C'est ici sur-tout que les observations que nous avons faites à l'égard de la pomme de terre, relativement au choix, au traitement et au placement des tubercules, doivent rigoureusement avoir leur application, et nous engageons fortement à les consulter.

Le topinambour, doué comme la pomme de terre de la faculté de se reproduire d'un très-grand nombre de manières, le principe de sa reproduction résidant dans toutes ses parties et étant susceptible d'un développement facile, peut aussi, comme elle, dans des circonstances extraordinaires, être multiplié par œilletons, germes, marcottes et boutures, indépendamment de la semence proprement dite, dont nous parlerons plus loin. Mais, nous ne saurions trop le répéter, *la voie des tubercules entiers, les plus mûrs et les mieux nourris, est incon-*

*testablement la plus sûre pour obtenir les produits les plus
abondans ;* et s'il est quelquefois dangereux pour la pomme
de terre de diviser en plusieurs morceaux ces tubercules, parce
que chaque section se trouve exposée à pourrir avant la germination, ce procédé est bien plus dangereux encore pour le
topinambour, qui redoute plus qu'elle l'excès d'humidité, et
qui est plus sujet à la pourriture, comme nous le prouverons
plus loin. Nous devons aussi observer qu'il est encore indispensable pour sa prospérité d'isoler chaque tubercule au lieu
d'en réunir plusieurs sur un seul point; cette réunion irréflé-
chie ne manquant jamais d'occasionner une interception des
rayons lumineux et un épuisement réciproques, toujours très-
nuisibles à la reproduction. Nous avons fait sur ces divers points
tant d'essais comparatifs dont le résultat constant a confirmé
l'utilité des conseils que nous donnons, que nous ne saurions trop
insister sur la nécessité de leur adoption toutes les fois que des
circonstances impérieuses ne s'y opposent pas, et sur-tout sur
le choix des plus beaux tubercules.

Nous nous bornerons à noter ici un fait bien concluant, qui
confirme pleinement notre opinion à cet égard. Nous avons
planté, par forme d'essai, des tubercules récoltés sur une terre
fertilisée par les engrais, et plus gros par conséquent que ceux
qui avaient été récoltés sur une terre moins fertile, et que nous
avions placés à côté. La différence entre le produit de ces
divers tubercules fut frappante : les premiers eurent des tiges
de la plus grande vigueur, et produisirent la plus abondante
récolte ; tandis que celles des seconds, beaucoup moins vigoureuses, donnèrent des produits bien moins avantageux. Il est
impossible de ne pas se rendre ici à l'évidence d'un fait aussi
décisif.

Quant à la distance à observer entre chaque tubercule, elle
doit nécessairement varier suivant la qualité plus ou moins
fertile du terrain ; et nous nous bornerons à dire ici que celle
que nous observons le plus souvent sur un sol naturellement
peu fertile, mais bien préparé, est d'environ 48 centimètres dans
la ligne, en laissant toujours une raie vide entre chaque raie
plantée, comme pour la POMME DE TERRE, à l'article de laquelle nous renvoyons pour tous les autres objets de détails.

Du sarclage. Lorsque la plantation du topinambour a été
faite assez tôt pour que l'on puisse s'attendre à la voir suivie
de quelque gelée, il est avantageux de laisser les sillons sans
les herser. La gelée, qui est le meilleur de tous les laboureurs,
ameublit la terre, et en ne la hersant ensuite que lorsque après
avoir été bien divisée par son action, elle s'est couverte au printemps de la végétation des semences nuisibles, nouvellement développées, elle se trouve tout-à-la-fois très-meuble et très-nette,

deux objets principaux qui contribuent beaucoup au succès de
la recolte.

Si la plantation a été faite assez tard pour que l'on doive
craindre que le hâle du printemps ne dessèche trop la terre et
en durcisse les mottes, le hersage et le roulage doivent suivre
immédiatement la plantation.

Au moment où l'on s'aperçoit que les jeunes pousses sortent
de terre, accompagnées de plantes nuisibles qui se sont développées en même temps, un hersage léger devient très-efficace
pour détruire les dernières, lorsqu'elles sont faibles encore;
et il fait ordinairement à peine aucun tort sensible aux premières, toutes les fois qu'il est exécuté avec soin : ce tort,
d'ailleurs, en supposant son existence, se trouve toujours très-
amplement compensé par l'avantage qui résulte de cette opération, lorsqu'elle est bien faite, pour l'ameublissement et le
nettoiement de la terre, et l'on gagne toujours beaucoup à la
faire, sur-tout par un temps convenable, c'est-à-dire plus
sec qu'humide.

Lorsque toutes les pousses sont assez élevées pour dessiner
entièrement les lignes, et que de nouvelles végétations nuisibles se manifestent, le temps est venu de faire passer le *sarcloir à cheval* (*voyez les figures à la fin de ce traité*), entre
ces lignes pour détruire ces dangereux ennemis, en donnant à la
terre un remuement toujours très-favorable aux plantes utiles.

Cette importante opération, toujours facile, expéditive et
économique, doit être réitérée aussi souvent que l'état de la
terre pourra l'exiger.

Du buttage. Dès qu'on s'apperçoit que la terre commence
à être suffisamment ameublie et nettoyée par l'effet améliorant
du sarcloir à cheval, et que les plantes s'élèvent d'ailleurs assez
pour commencer aussi à ombrager le sol, on peut substituer à cet
instrument l'emploi de la *houe à cheval*, ou *buttoir* (*voyez les
fig. à la fin de ce traité*), qui, écartant à droite et à gauche la
terre soulevée et divisée par les opérations précédentes,
chausse et butte très-bien toutes les plantes, en passant entre
chaque rayon; la solidité des tiges et leur direction verticale,
permettant de renouveler cette importante opération jusqu'à
une époque très-avancée de leur végétation, il y a de l'avantage à la réitérer tant qu'elle est praticable, toutes les fois
qu'on s'aperçoit qu'on peut accumuler au pied des tiges de
nouvelle terre dans laquelle se développent ordinairement les
plus beaux tubercules.

Bientôt après ces opérations, si le temps et le terrain sont
favorables, les tiges s'élèvent à une grande hauteur, ombragent complétement le sol, dont elles conservent ainsi l'humidité, et forment une espèce de taillis épais, vigoureux et ré-

gulier, qui récrée la vue du cultivateur autant par sa beauté que par l'espoir qu'il y attache nécessairement d'une abondante et précieuse récolte d'hiver.

Le topinambour n'exige alors aucun soin jusqu'à l'époque de sa récolte. Il se pare ordinairement en automne du bouquet de fleurs jaunes radiées, qui couronnent ses tiges; mais ces fleurs ne fructifient pas toujours dans nos climats, ce qu'il faut peut-être attribuer à l'arrivée des frimats, qui se manifestent presqu'en même temps qu'elles dans les environs de Paris, et qui s'opposent à la fécondation. Ces frimats ne tardent pas non plus à occasionner la décoloration et le flétrissement des feuilles, lesquelles se détachent alors successivement en grande partie de la tige, qu'ils laissent souvent nue avant l'hiver. Dès que l'on s'aperçoit que cet effet est sur le point de se manifester sur les feuilles, on peut, si l'on a besoin de nourriture verte, les retrancher alors sans inconvénient pour les tubercules, et avec beaucoup d'avantage pour la nourriture des bestiaux, qui les mangent avec plaisir, ainsi que les sommités herbacées des tiges. Nous ne nous sommes jamais aperçus que cette soustraction, faite ainsi graduellement à cette époque, ait été au détriment des tubercules; et le cultivateur ne fait alors que ce que la nature ferait elle-même quelques jours plus tard.

Nous observerons qu'il est encore possible de les convertir en fourrage sec pour l'hiver, comme on fait de la feuillée des arbres lorsque le temps permet de les dessécher convenablement pour cet objet, et « que M. Bourgeois, ancien directeur de l'établissement rural de Rambouillet, qui, d'après M. Huzard, nous doit l'idée de cette culture, en a employé avec avantage la fane pour la nourriture du beau troupeau de bêtes à laine fine d'Espagne qu'il a conservé à la France, et la racine pour celle des bestiaux nombreux élevés dans cet établissement. » Notes sur Olivier de Serres, v. 2, p. 467.

De la récolte. On pourrait rigoureusement procéder à l'extirpation des tubercules aussitôt que la nature ou l'art a dépouillé les tiges des feuilles qui les ornaient, sur-tout si on était dans l'intention de remplacer cette récolte par un nouvel ensemencement; mais outre que cela ne nous paraît pas le plus convenable pour établir l'assolement le plus facile, comme nous le prouverons à cet article, il n'y a pas non plus d'avantage à le faire sous le rapport du produit; et il ne peut d'ailleurs y avoir, en général, aucune nécessité de procéder prématurément à cette opération, qu'on ne peut que gagner à différer pour les raisons suivantes.

Les tiges, quoique dépouillées de leurs feuilles, restent assez long-temps vertes et chargées d'eau de végétation, pour qu'on puisse les récolter et les serrer de manière qu'elles soient proprès aux principaux usages économiques auxquels elles sont applicables, il convient de les laisser sécher sur pied.

Nous avons remarqué, en parlant des pommes de terre, qu'au moment où leurs feuilles et leurs tiges se flétrissaient, il était avantageux de procéder sans délai à l'enlèvement des tubercules, dans la crainte, d'une part, qu'ils ne fussent endommagés par les premières gelées, ou qu'ils ne germassent, et de l'autre, afin de pouvoir les remplacer par un nouvel ensemencement avant l'hiver.

Ici nous n'avons ni le premier inconvénient à redouter, ni la seconde indication à remplir. Non-seulement les tubercules du topinambour supportent impunément en terre comme hors de terre les plus grands froids de nos hivers, lorsqu'on n'y touche pas au moment de la congélation ; mais ce qui est bien remarquable, et dont nous nous sommes assurés à diverses reprises, ces tubercules augmentent réellement encore de volume en terre dans les automnes humides, lorsque la partie extérieure de la tige cesse de donner aucun signe apparent de végétation. Il y a donc de l'avantage pour le produit à les laisser en place à cette époque.

Une nouvelle considération très-importante vient encore se joindre à celle-ci pour déterminer le cultivateur à différer cette récolte jusqu'au moment précis de ses besoins, ou jusqu'à ce qu'il prévoie qu'une forte et longue gelée va l'empêcher pour long-temps de la faire.

La difficulté de loger convenablement, en automne et en hiver, les racines destinées à nourrir les bestiaux dans ces saisons rigoureuses, lorsque la provision en est considérable, est souvent le prétexte fondé ou spécieux qu'allèguent les cultivateurs pour ne se pas livrer à ces cultures. Ce motif ne peut prévaloir ici. Le topinambour n'exige ni un local spacieux et commode, ni des dépenses quelquefois considérables, ni des attentions constantes, pour être serré convenablement et conservé intact jusqu'à son emploi. Il peut, sans nécessiter aucune dépense et sans exiger aucune attention, rester sans inconvénient sur le sol qui l'a produit, jusqu'au moment même où son emploi devient nécessaire, et il n'en est que plus sain et plus appétissant. Ainsi, il pourrait, à la rigueur, être récolté, pour ainsi dire journellement, à mesure des besoins, et éviter tous frais et les embarras additionnels.

Cependant, la crainte des pluies prolongées, des neiges, et des gelées de longue durée, doit engager à en faire, vers la fin de l'automne, une provision suffisante pour parer à ces inconvéniens ; il suffit qu'elle soit mise à couvert et à l'abri, autant que possible, de toute espèce d'humidité, car c'est la seule chose que le topinambour redoute réellement, et cette circonstance doit déterminer à lui laisser passer l'hiver, le moins possible, sur les terrains qui y sont ordinairement exposés. Nous nous sommes assurés sur notre ancienne exploitation, qui n'est que trop sujette à ce fléau, que douze ou quinze jours d'immersion dans l'eau suffisaient pour faire pourrir les tubercules et leur faire exhaler l'odeur la plus nauséabonde; une forte humidité, lorsqu'ils sont hors de terre, suffit également pour les noircir et les moisir, comme une grande sécheresse les ride et les rapetisse considérablement; enfin leur amoncèlement et leur mélange avec de la paille ou d'autres corps étrangers les fait quelquefois germer et même se gâter, comme cela arrive à toutes les racines entassées pour la nourriture des bestiaux.

On peut en faire la récolte de diverses manières, ou à la charrue, ce qui est plus expéditif, à la vérité, mais moins exact, et ce qui a en outre l'inconvénient de couper ou de mutiler une partie des tubercules qui, en cet état, sont très-sujets à pourrir; ou à la fourche, ou avec tout autre instrument équivalent, qui les endommage beaucoup moins et les met mieux hors de terre. C'est à ce dernier moyen que nous avons donné la préférence.

Préalablement à l'extirpation, il faut faucher, le plus près de terre possible, les tiges, par un temps sec, les lier en bottes ou fagots, et les mettre à couvert. Ces tiges renferment intérieurement une moelle spongieuse abondante, brûlent fort bien lorsqu'elles sont sèches, et sont très-propres à chauffer le four et à servir de menu bois de chauffage. Nous les avons employées constamment à cet usage, ainsi que tous nos voisins, et dans trois fermes assez considérables, sous notre direction, les fours n'ont jamais été alimentés, pendant toute l'année, ni les domestiques chauffés, pendant l'hiver, avec d'autre combustible, ce qui, dans le voisinage d'une grande ville, procure, sans contredit, une très-grande économie. Nous connaissons plusieurs personnes qui en retirent aujourd'hui les mêmes avantages. Nous ajouterons que ces tiges fournissent abondamment des cendres très-alcalines, et qu'on peut les comparer, sous ce rapport, à celles de l'hélianthe annuel à grandes fleurs, qui sont bien connues pour fournir beaucoup de nitrate de potasse.

L'usage que nous en faisons, et que nous conseillons d'en faire, nous paraît généralement préférable à celui de les convertir en fumier, en les faisant servir de litière aux bestiaux, comme on l'a recommandé.

Notre correspondance avec M. l'Eschevin, l'un de nos anciens cultivateurs les plus distingués de la Côte-d'Or, nous informe aussi qu'il a employé avec succès les plus fortes de ces

tiges comme échalas, usage auquel on destine aussi quelquefois celles de l'hélianthe annuel.

Elles pourraient également servir de rames et de palissades,
ou de haies mortes, comme celles qui sont sur pied, encore
vertes et garnies de leurs feuilles, servent quelquefois d'abri
dans les environs de Paris et ailleurs.

Revenons à l'emploi des tubercules.

Lorsqu'on veut s'en servir pour la nourriture des bestiaux,
à laquelle ils sont très-convenables, il convient de les laver
d'abord à grande eau, afin de les débarrasser de la terre qui y
reste encore, ce qu'on peut faire expéditivement, soit en les
mettant dans une manne à claire-voie, que l'on plonge dans
un baquet rempli d'eau à moitié, et en les y remuant avec un
bâton ou avec tout autre outil équivalent ; soit en les versant
dans une auge garnie d'un double fond en planches percées de
trous suffisans pour faire couler, en ouvrant la bonde, l'eau et
la terre qu'elle entraîne, en les y remuant également avec une
pelle ; ensuite, il faut les moudre grossièrement ou concasser
à l'aide d'un cylindre garni de lames, représenté *Pl. I* du
12e. vol., que nous employons, et qui nous a paru être un des
meilleurs et des plus expéditifs pour cet objet. La trémie qui
se trouve au-dessous de la porte à échappement de ce cylindre
les dépose dans une manne qu'il faut placer dessous, et on
peut alors les donner en cet état aux divers animaux domestiques auxquels on les destine, dans les mêmes proportions que
les pommes de terre. Nous ne prescrirons ici rien de positif sur
ces proportions, qui doivent nécessairement varier suivant les
circonstances, que chacun doit étudier, et d'après lesquelles
il doit les modifier ; toute règle fixe ne pouvant encore ici,
comme en beaucoup d'autres cas, servir qu'à induire en erreur
les commençans, et étant complétement inutile pour les experts.
Nous nous bornerons à dire que la ration ordinaire de nos
brebis-nourrices était d'environ un kilogramme de topinambours par jour, lorsqu'elles n'avaient pas d'autre nourriture
verte ; nous y ajoutions aussi environ le même poids en fourrage sec ; et nous observerons que, dans les temps humides,
nous mettions quelquefois dans la trémie qui recevait les tubercules pour y être moulus, une légère quantité de sel et de
son de froment, dont ils se trouvaient ainsi saupoudrés ; ce
qui les rendait encore plus appétissans, plus sains et plus nourrissans.

Examinons maintenant la qualité alimentaire du topinambour.

Long-temps avant qu'il fût reconnu propre à procurer, pendant la saison rigoureuse, un aliment sain et très-abondant à
nos animaux domestiques, il servait de nourriture aux hommes.

17 *

Cuit dans l'eau ou sous la cendre, et quelquefois même cru, sans ou avec assaisonnement, il fournissait un mets très-recherché des uns et peu goûté des autres, comme c'est assez l'usage à l'égard de plusieurs végétaux. On s'accordait généralement à lui trouver un goût ressemblant à celui du cul d'artichaut, et souvent même on lui en donnait le nom. M. de Père, après nous avoir appris qu'il a vu des personnes préférer les topinambours aux pommes de terre pour le service de la table, ajoute : « les paysans qui en ont quelques pieds dans leurs jardins, sans jamais les replanter ou changer de place, les mangent au sel, sans cuisson, sans autre préparation que de les peler, et leur donnent le nom d'*artichauts du Canada*. »

Nous ajouterons qu'en Angleterre nous les avons trouvés sous le nom d'artichauts de Jérusalem, *Jerusalem artichoke*, et qu'ils y sont aussi employés depuis long-temps, comme en France, aux usages culinaires avec divers apprêts.

M. de Père nous déclare encore « qu'il les a employés à la nourriture des bestiaux avec le même succès que les pommes de terre. »

M. Poyferé de Cère, après nous avoir informés qu'il cherchait à remplacer sur son exploitation la pomme de terre par d'autres racines, pourvues, comme elle, de qualités analogues au goût et aux besoins des bêtes à laine, ajoute : « le topinambour indiqué depuis plusieurs années par Daubenton, mais cultivé depuis, et observé avec soin, paraît devoir remplir cet objet. J'avais lu que les moutons ne font aucune différence entre ces deux espèces de végétaux, et des autorités respectables suffisaient à ma conviction. Aussi n'est-ce que par curiosité que j'ai voulu renouveler devant moi l'expérience. On a servi alternativement des pommes de terre et des topinambours coupés en tranches à mon troupeau. J'ai observé avec attention ses mouvemens, et loin de découvrir dans aucun des individus qui le composent des signes d'aversion ou de dégoût, j'oserais aujourd'hui soupçonner dans les moutons un goût de prédilection pour cette dernière espèce d'aliment. »

M. Bagot, qui a aussi écrit sur le topinambour, dont il s'est empressé d'adopter la culture, après avoir été témoin de nos succès, nous dit positivement « qu'il vaut mieux que la pomme de terre pour alimenter les animaux. »

M. Mallet, qui a également adopté sa culture, après avoir été encouragé par nos succès, et qui l'a étendue sur diverses exploitations qu'il a dirigées, nous a aussi confirmé la même observation, ainsi que M. Carrier Saint-Marc, son digne collaborateur.

Enfin, M. Parmentier, dont on connaît les travaux importans et multipliés sur la pomme de terre, ainsi que la véracité, avoue que « le topinambour, aliment dont il faut faire usage en substance, au lieu de chercher à le convertir en pain, comme on l'a fait, ayant plus de saveur que la pomme de terre, convient mieux aux bestiaux sous ce rapport.

Nous ne dépouillerons pas ici une correspondance très-étendue et très-honorable relativement à cette plante, pour chercher à corroborer ces assertions, qui se soutiennent assez d'elles-mêmes. Nous nous bornerons à consigner quelques observations assez importantes que nous a fournies une ancienne expérience de plus de vingt années à cet égard.

Nous nous sommes assurés, il y a long-temps, que tous les bestiaux qui meublent les exploitations rurales aimaient le topinambour, et nous en avons donné avec succès aux vaches, aux porcs, aux bêtes à laine, et même aux chevaux et aux volailles; mais nous devons ajouter que la première fois qu'on leur en présente, tous ne l'appètent pas; ce qui a lieu, du reste, à l'égard d'un assez grand nombre de végétaux, comme nous l'avons remarqué en parlant de la pomme de terre; cela ne prouve rien de défavorable au topinambour, car lorsqu'ils y sont accoutumés, ils en deviennent très-avides, qu'il soit cru ou cuit, et s'en gorgeraient, si on leur en donnait à satiété. Nous ajouterons que lorsqu'ils en sont privés, ils le cherchent encore pendant long-temps dans l'endroit où on l'avait déposé, ce que nous avons souvent observé dans nos troupeaux; et c'est sur-tout à cette plante qu'on peut appliquer avec avantage le parcage pour en faire déterrer les tubercules, et les faire consommer sur le champ même par les porcs. Cette circonstance nous rappelle que M. Parmentier indique sa culture dans un cas particulier pour cet objet. « Dans les taillis qu'on vient de couper, dit-il, et où il se trouve nécessairement beaucoup de terre végétale, le topinambour y réussirait à merveille. A mesure que le taillis grandirait, la plante végéterait mal; mais il resterait toujours assez de tubercules pour servir de nourriture aux cochons que l'on y enverrait pâturer. »

Cependant, nous devons faire connaître deux faits qui prouvent que les meilleures choses peuvent être nuisibles dans certains cas, et que le topinambour peut même devenir dangereux dans quelques circonstances contre lesquelles nous désirons prémunir les cultivateurs. Ces aveux, nous le savons, sont bien rares de la part des auteurs qui désirent faire passer dans l'esprit des autres la bonne opinion qu'ils ont conçue de la plante qu'ils préconisent; ce qui les empêche souvent de placer les inconvéniens à côté des avantages; mais ce devoir, que tout écrivain de bonne foi devrait toujours s'imposer, n'en devient que plus rigoureux pour nous, qui regardons comme un délit public d'exagérer, d'atténuer ou de taire la vérité sur ce point.

Ayant essayé, à la fin d'un hiver doux, qui avait beaucoup ménagé nos provisions d'hiver, d'augmenter graduellement la ration ordinaire de nos bêtes à laine en tubercules de topinambours, et étant parvenus ainsi à la tripler au moins, en leur en donnant deux et même trois fois par jour, et en diminuant proportionnellement la nourriture sèche, nous nous aperçûmes, au bout de quelques jours, que plusieurs de ces animaux chancelaient, tombaient, et avaient de la peine à se relever. Cet état, qui annonçait le mauvais effet de l'augmentation, même progressive, de cet aliment aqueux, et que nous supposions sans inconvénient, n'eut cependant aucune suite fâcheuse, quoique nous n'eussions administré aucun médicament, et se termina promptement par une diarrhée copieuse, qui confirmait nos soupçons : ayant réitéré ce fait sur quelques individus, par forme d'essai, nous obtînmes le même résultat, avec quelques modifications, mais toujours sans inconvénient fâcheux. Nous ignorons si l'administration de quelque autre substance verte, dans les mêmes proportions, eût produit le même effet, et nous n'avions pas alors les moyens de nous en assurer.

Le second fait eut des conséquences beaucoup plus graves. Nos bergers ayant laissé par mégarde des topinambours dans l'eau, au fond d'une auge, pendant plusieurs jours, pendant lesquels on n'en donnait pas aux troupeaux, s'avisèrent de les passer au coupe-racine et de les donner en cet état à nos bêtes à laine, ne soupçonnant pas qu'il pût en résulter le moindre inconvénient. Cette ration leur fut donnée à quatre heures du soir environ. A huit heures, ayant été faire la visite ordinaire dans les bergeries, nous trouvâmes à l'entrée de celle dont les animaux avaient reçu cette dangereuse provende, une brebis étendue morte et ballonnée, et plus loin quatre autres dans le même état, ayant toutes des signes très-évidens de la plus forte météorisation. L'ouverture de la panse exhala l'odeur la plus fétide provenant des topinambours, et donna lieu à une abondante émission de gaz, tous signes indicateurs de la cause réelle de la mort. Après beaucoup de recherches pour en découvrir l'origine, nous la reconnûmes enfin dans l'état de fermentation dans lequel se trouvaient les topinambours après avoir été macérés dans l'eau, qui exhalait aussi une odeur ressemblante à celle qui nous avait déjà frappés.

Cet accident nous servit de leçon fort utile pour la suite ; car on n'est jamais mieux instruit que par les accidens et les non succès, et nous désirons que celui-ci serve d'avertissement aux autres cultivateurs. Nous y ajouterons que nous avons aussi observé que toutes les fois que les tubercules du topinambour avaient éprouvé un commencement de fermentation et de décomposition par une cause quelconque, ils produisaient toujours des effets à-peu-près semblables.

Passons maintenant à l'admission de cette plante dans les assolemens.

Nous avons de fortes raisons de supposer que la vitalité même du topinambour, c'est-à-dire la rare faculté dont ses tubercules sont doués de résister aux froids les plus rigoureux de nos hivers, a été la cause principale, sinon l'unique, qui a retardé si long-temps la sortie de cette plante de nos jardins pour aller orner et enrichir tout-à-la-fois nos guérets. En effet, se trouvant ordinairement reléguée dans quelque coin de jardin, n'y recevant aucune espèce de culture, d'engrais ni de soins quelconques, se suffisant, pour ainsi dire, à elle-même et restant perpétuellement sur le même local, où elle se reproduit sans cesse, quelque précaution qu'on prenne pour son extirpation, parce que la plus petite radicule suffit à sa reproduction, et qu'une entière éradication devient, sinon impossible, au moins très-difficile, on a dû nécessairement en concevoir une idée peu avantageuse. En cet état, on peut la comparer à un très-grand nombre de nos plantes indigènes, qui, tant qu'elles sont abandonnées à la nature, n'annoncent que bien imparfaitement ce qu'elles sont susceptibles de devenir par l'effet salutaire des soins constans et long-temps prolongés des hommes, lesquels finissent par rendre les plantes qu'ils ont soumises à une culture judicieuse et régulière, si différentes de leur type originaire. Témoin la plupart de celles qui sont aujourd'hui introduites dans nos cultures, parmi lesquelles nous nous bornerons à citer le chou, la rave, le sainfoin, le trèfle, la carotte, la lupuline, la spergule et la chicorée sauvage, qui ressemblent bien peu à leurs analogues abandonnées à la nature.

Quelle est et quelle doit être en effet l'apparence du topinambour ainsi relégué, et pour ainsi dire oublié au fond d'un jardin? Celle d'une plante fournissant une forêt de tiges grêles et peu élevées, parce qu'elles s'affament et se nuisent réciproquement, et une fourmilière de petits tubercules qui s'entre-nuisent aussi. La terre qui les reproduit peut-être depuis des siècles, sans recevoir aucun secours étranger, ne peut leur fournir qu'une bien chétive pitance d'aliment; elles n'en reçoivent guère plus de l'atmosphère, à cause de l'encombrement de leurs tiges, soustraites en grande partie aux bienfaisantes influences de l'air, de la lumière et à toutes les utiles impressions atmosphériques; elles ne peuvent aussi que très-imparfaitement se parer de leurs feuilles, ou racines aériennes, qui suppléeraient en partie au défaut de l'opération si essentielle du buttage, ainsi qu'à toutes les imperfections de cet état réel d'inculture.

Il faut en convenir, sous cette apparence peu séduisante, le topinambour n'annonce guère qu'étant alternativement transporté sur les terrains convenables de nos champs, d'ailleurs suffisamment améliorés par de profonds labours multipliés, et par des engrais riches et abondans, il puisse, à l'aide des sarclages et des buttages nécessaires et des circonstances atmosphériques favorables, former un taillis épais de tiges vigoureusement élevées jusqu'au-delà de 4 mètres, comme nous l'avons vu, et fournir une quantité réellement étonnante de tubercules énormes, propres à fournir à nos bestiaux, pendant toute la saison rigoureuse et même au-delà, une ample provision assurée de nourriture fraîche si nécessaire à cette époque.

Il faut convenir également que cette vitalité même qui rend ces tubercules si précieux comme nourriture d'hiver, a dû nécessairement aussi occasionner quelque embarras à ceux qui ont pu essayer de soumettre le topinambour à une culture alternative et régulière; car il ne suffit pas sans doute de retirer d'une plante, pendant une ou deux années consécutives, des produits avantageux; il faut encore que lorsqu'on s'aperçoit que ces produits s'affaiblissent, et qu'on a un motif quelconque pour remplacer sa culture par celle de toute autre plante, on puisse aisément s'en débarrasser; et ce point, il faut l'avouer, n'est pas sans quelque difficulté, d'après l'impossibilité que nous avons déjà fait connaître d'une entière et complète éradication.

Il existe cependant plusieurs bons moyens d'éteindre ce principe de végétation perpétuelle, et nous allons faire connaître ici ceux que nous avons constamment employés avec succès sur notre exploitation, et auxquels nous avons enfin accordé la préférence après en avoir essayé comparativement quelques autres.

Nous dirons d'abord que la difficulté du charroi de toutes les racines quelconques, et sur-tout de celles qui se récoltent à une époque reculée, à laquelle les chemins sont alors peu praticables, doit engager le cultivateur à établir leur culture le plus près possible du manoir des bestiaux auxquels elles sont destinées, et c'est ce que nous avons fait constamment, en consacrant à cet objet un petit nombre de pièces rapprochées, qui les recevaient alternativement avec d'autres cultures intercalaires.

Maintenant, en partant d'une dernière récolte en grain à laquelle on désire substituer l'année suivante la culture du topinambour, voici les rotations qui nous paraissent les plus convenables pour atteindre le but désiré.

1°. Topinambour; 2°. prairie artificielle avec grain de printemps; 3°. prairie; 4°. céréale d'hiver, et 5°. topinambour.

Ou bien,

1°. Topinambour pour tubercules; 2°. *idem* pour pâture seulement, puis la même année sarrasin, maïs-fourrage, etc., pour revenir ensuite au topinambour la troisième année.

Développons un peu ces assolemens.

Premier assolement. Première année. Après avoir enfoui le chaume de la dernière récolte en grain, on donne au champ tous les labours et les engrais nécessaires; on plante les tubercules le plus tôt possible, après ces opérations préliminaires; on leur donne toutes les cultures que nous avons indiquées, et on enlève la récolte à mesure des besoins, pendant l'hiver, et le plus exactement possible.

Seconde année. Au printemps, la terre reçoit un ou plusieurs labours, suivant l'exigence des cas, et on ramasse soigneusement, derrière la charrue, les tubercules qu'elle déterre et qui avaient échappé aux premières recherches. On l'ensemence en grains de mars, suivis d'un second ensemencement en prairie artificielle, telle que trèfle, lupuline, etc., suivant la nature de la terre et les besoins. On herse et on ramasse encore derrière la herse les tubercules qu'elle découvre; mais quelques précautions que l'on ait prises pour les enlever, il en reste toujours un nombre plus ou moins considérable, qui germent et mêlent leurs pousses à celles des grains et de la prairie. Il est indispensable de les détruire avec l'échardonnette ou avec tout autre instrument équivalent dont on se sert pour extirper les chardons et autres plantes nuisibles, ou même avec la main, et la vigueur du grain et de la prairie arrête ensuite les pousses nouvelles, lorsqu'elle ne les détruit pas complétement. Immédiatement après la récolte des grains, on abandonne la prairie à elle-même, et on en tire en automne et dans l'hiver tout le parti qu'elle permet.

Troisième année. Lorsque l'on peut se procurer du plâtre, de la cendre de tourbe, des cendres végétales ordinaires, de la suie ou tout autre engrais équivalent et pulvérulent ou liquide, qui convient sur-tout aux prairies, on en répand de bonne heure, au printemps et même avant, si l'on peut, sur la prairie artificielle, et l'augmentation de vigueur qu'elle en reçoit contribue très-efficacement à étouffer les nouvelles pousses des topinambours qui ont pu résister jusque-là. Si l'on a substitué au trèfle ou à la lupuline une prairie artificielle pérenne, telle que la luzerne, le sainfoin, l'ivraie vivace, etc., l'assolement devient alors à long terme, et la culture du topinambour ne reparaît qu'après la destruction de cette prairie. Dans le cas contraire, après avoir récolté le trèfle ou la lupuline, on enfouit leurs débris à la fin de cette année, pour les remplacer immédiatement par du froment, du seigle, de l'épeautre, ou tout autre ensemencement d'hiver, applicable aux circonstances.

Quatrième année. On récolte la céréale qu'on a semée.

Cinquième année. On revient à la culture du topinambour, qu'il convient de traiter comme on l'a fait précédemment, et l'on continue, aussi long-temps que les besoins l'exigent, cette rotation quadriennale, qu'on peut d'ailleurs varier, en en conservant la base principale qui est la prairie artificielle, accompagnée d'un second ensemencement dans l'année même de son établissement.

Second assolement. La difficulté d'étouffer complétement les germes du topinambour, même avec toutes les précautions indiquées dans le premier assolement, jointe à la nécessité de faire revenir plus souvent la culture de cette plante sur le même champ, relativement à notre position locale qui nous laissait peu de champs commodes disponibles pour cet objet, nous a déterminés à l'adoption de ce nouvel assolement, qui avait en outre l'avantage de nous fournir trois récoltes en deux ans.

Après la culture ordinaire du topinambour et la récolte de ses tubercules, pendant l'hiver de *la première année*, laquelle récolte n'a pas besoin d'être faite aussi exactement que pour l'assolement précédent, *la seconde année*, on donne de bonne heure, au printemps, un profond labour, sur lequel on sème des grenailles destinées à être consommées en vert sur le champ même. On peut encore, comme nous le faisions fréquemment avec succès, semer avant l'hiver, immédiatement après la récolte des tubercules, des criblures de seigle pour le même objet. La verdure qui en provient, jointe à celle fournie assez abondamment par les pousses des tubercules restés en terre, procure un pâturage printanier, dont il ne faut laisser profiter les bestiaux que lorsque ces pousses ont atteint à peu près la hauteur de 16 centimètres, et toujours avec prudence et réserve, afin d'éviter les météorisations qui auraient lieu sans les précautions convenables.

Lorsque ce pâturage est consommé, on enfouit ses débris avec les déjections animales, par un profond labour qui ramène à la surface du champ tous les tubercules creusés par la végétation à laquelle ils ont fourni; et les bestiaux ainsi que le hâle, la chaleur, joints aux hersages et aux nouveaux labours qu'on peut donner à la terre par un temps sec et chaud, jusqu'à la fin de juin au plus tard, achèvent de les désorganiser. A cette époque ; on peut semer sur le terrain ainsi préparé, du sarrasin, qui fournit généralement une récolte abondante, et détruit complétement, par son ombrage épais, les germes qui peuvent encore avoir résisté aux atteintes précédentes ; après la récolte, on renouvelle les travaux préparatoires pour la culture du topinambour, en continuant cet assolement biennal aussi long-temps que les circonstances le permettent.

Il est inutile d'observer qu'on peut substituer à la culture du sarrasin toute autre culture également tardive, telle que celle du maïs pour fourrage, des raves et des navets, de la spergule, des haricots, etc.

Quelquefois, dans l'année qui suit la culture du topinambour, on peut admettre au printemps celle des pois et des haricots, auxquels les tiges des tubercules restans peuvent servir de rames, et l'on obtient encore ainsi deux récoltes diverses dans une seule année ; sauf à revenir l'année suivante aux cultures que nous adoptons généralement pour la seconde.

Quelquefois aussi, on peut intercaler dans la même année, par rayons alternatifs, le topinambour, le maïs, les haricots, les lentilles ou toute autre plante, comme nous l'avons quelquefois pratiqué avec succès, et ces divers végétaux se favorisent réciproquement par leur ombrage. M. Parmentier nous apprend que *cette double culture lui a très-bien réussi*.

Un reproche fait dernièrement au topinambour d'*effriter singulièrement la terre*, par un agronome dont l'opinion en matière d'économie rurale peut avoir une grande influence, nous oblige d'entrer dans quelques détails sur cet important objet que nous avons également examiné à l'égard de la pomme de terre.

Ainsi s'exprime M. le comte de Père, dans sa *Vie agricole* :

« Comme M. Yvart, j'ai eu le projet, en 1794, de transporter dans les champs la culture des topinambours, après les avoir cultivés avec succès plusieurs années de suite dans mon jardin ; mais j'ai éprouvé que cette plante effrite singulièrement la terre ; à cet inconvénient, se joint celui de n'en pouvoir purger que difficilement le terrain, en faisant la récolte, pour peu qu'il soit argileux. Cette observation et celle de la durée de la plante dans la même place où elle fut mise pour la première fois, peut-être à l'époque même de la découverte du Canada, d'où elle semble venue, me fit naître l'idée d'en faire une grande plantation à demeure ; je pensai qu'elle pourrait se perpétuer dans la même place, avec le secours du fumier et d'un bon labour à la charrue, donné au terrain en faisant la récolte, et d'un labour plus léger avec le sarcloir, pour détruire les mauvaises herbes au printemps, lorsque les topinambours s'élèveraient sur terre ; mais le terrain ayant été mal choisi et la culture négligée, l'expérience n'a pas eu le succès que j'attendais. Comme tout cela s'est passé dans mon absence, on n'a pas donné de suite à cette idée ; cependant je n'y ai pas renoncé, et j'espère renouveler mon essai quand je pourrai le diriger moi-même. »

La franchise avec laquelle M. de Père expose son opinion sur plusieurs points qui tiennent essentiellement à la prospérité de la culture du topinambour ; la haute idée que nous avons conçue de lui, comme cultivateur, et les résultats fâcheux que pourrait avoir son *opinion*, si elle n'était pas fondée *sur la culture* de cette plante, nous imposent le devoir de la soumettre ici à un examen particulier et de lui opposer celle d'un autre cultivateur distingué, ainsi que quelques faits contradictoires que nous avons eus sous les yeux.

Nous ne répéterons pas ce que nous avons dit en différens endroits de cet ouvrage, ainsi que dans le développement de nos principes, sur le plus ou le moins d'épuisement de la terre par les plantes. Nous ne répéterons pas non plus ce que nous venons d'exposer, relativement à l'assolement du topinambour, et qui nous paraît répondre suffisamment à ce qui concerne la difficulté d'en purger la terre, et à l'inconvénient de perpétuer sa culture dans la même place, méthode qui, même avec le secours des fumiers, des labours et des sarclages, ne nous paraît pas exempte d'inconvéniens graves, sur-tout en terrain argileux, que nous ne regardons pas comme le plus convenable à cette culture, les plantations à demeure ne pouvant convenir, en général, aux plantes an-nuelles, qui étendent constamment leurs racines à la même profondeur, mais bien à celles qui, étant réellement pérennes, enfoncent chaque année leurs racines en terre en différens sens, pour y chercher une nouvelle partie de leur nourriture. Nous nous arrêterons au reproche d'*effriter singulièrement la terre*, que nous croyons devoir attribuer à quelque vice réel de culture analogue à ceux que présente celle qui est très défectueuse, pour ne pas dire entièrement nulle, à laquelle cette plante est ordinairement soumise dans les jardins.

Nous pensons au moins que ce reproche n'est pas appuyé sur des essais comparatifs faits en grand et assez anciens pour pouvoir prononcer en toute assurance, car nous remarquons que M. de Père ne nous parle en aucune manière de sa culture du topinambour dans le Manuel d'agriculture pratique qu'il a publié, et que cette plante n'entre pas dans le plan raisonné de culture continue, ou sans jachère, qui y est exposé dans le plus grand détail.

Sans doute, le topinambour, comme la pomme de terre, et

un très-grand nombre d'autres plantes soumises à nos cultures, ne peut fournir à des produits abondans, sans que la terre qui, en lui servant de support, a contribué à une portion de ces produits, s'en ressente plus ou moins; mais nous pouvons assurer que nous n'avons jamais rien remarqué d'extraordinaire à cet égard depuis plus de trente ans. Nous présumons, au contraire, que lorsque le topinambour est convenablement cultivé, il puise dans l'atmosphère une assez forte partie de sa nourriture par les feuilles larges, nombreuses et très-poreuses dont il est pourvu; et comme l'observe très-judicieusement M. de Père lui-même à l'égard d'autres plantes, il doit d'autant moins épuiser la terre qu'il est mieux cultivé.

Quoi qu'il en soit, nous devons dire ici, après avoir essayé de laver la pomme de terre de l'imputation dont elle était chargée aussi d'*épuiser considérablement la terre*, que le topinambour ne nous a jamais paru épuiser autant la terre que cette dernière plante. Enfin, quoique nous ne cherchions pas à décider ici si cette différence existe bien réellement, nous devons encore ajouter que nous avons semé plusieurs fois du froment sur des terres d'une nature siliceuse, en suivant le premier assolement que nous avons indiqué et qui a été adopté depuis avec succès par M. Bertier de Roville et par plusieurs autres cultivateurs aussi distingués, et que nous en avons obtenu des récoltes aussi nettes qu'abondantes, quoique le froment eût été précédé de la culture du topinambour à une époque peu reculée.

D'après ces faits, nous sommes autorisés à penser que le topinambour, convenablement cultivé, n'épuise pas réellement la terre d'une manière extraordinaire; et si notre opinion est fondée à cet égard, nous devons espérer que la culture de cette plante, *mise en honneur dans les landes et classée parmi les utiles végétaux qui peuvent le mieux s'y acclimater*, d'après l'assertion de M. Poyferé de Cère, et considérée par d'autres cultivateurs comme *une des plus importantes améliorations introduites dans l'agriculture française*, continuera de s'étendre rapidement, comme notre correspondance nous informe qu'elle l'est déjà sur un très-grand nombre de points de la France et des contrées voisines, et qu'elle s'y maintiendra, *si elle y est constamment pratiquée conformément aux bons principes, sans lesquels aucune culture ne peut prospérer*.

Nous voyons, avec le plus grand plaisir, la culture du topinambour faire de rapides progrès, depuis quelques années, et un très-grand nombre de cultivateurs distingués, parmi lesquels nous remarquons, indépendamment de ceux que nous avons déjà indiqués, MM. Legris-Lasalle et Pictet, la reconnaissent comme très-importante pour l'entretien des *mérinos* en hiver.

Nous terminerons ce que nous avions à faire connaître sur la culture du topinambour, en observant qu'en entrant dans tous les détails que nous avons crus convenables sur cette plante, nous avons cherché à répondre à l'appel honorable que nous en ont fait MM. Parmentier et Tessier, dont le premier, voulut bien annoncer, en traitant cet article dans le douzième volume du Cours d'agriculture de Rozier, « *qu'il attendait les plus heureux résultats de la continuation de nos essais sur cette plante* », et le second crut également devoir annoncer, dans une de ses notes sur Olivier de Serres, « *qu'il attendait de nous un travail sur les topinambours que nous cultivions depuis plusieurs années avec un grand succès ; travail qui mettrait à portée de juger, d'après des faits exacts et des expériences certaines, combien allait devenir précieuse pour l'accroissement de nos troupeaux, la multiplication facile d'une plante qui avait été reléguée jusqu'alors, comme peu importante, dans les endroits les moins estimés de nos potagers.* » Il ne nous reste plus qu'à desirer d'avoir répondu d'une manière satisfaisante sur cet important objet à l'attente de ces savans estimables.

DU TOURNESOL. L'hélianthe annuel, *helianthus annuus*, Lin., est désigné fréquemment sous le nom de *soleil*, parce qu'on a cru remarquer quelque ressemblance entre le disque de ses fleurs radiées, d'un jaune très-vif et celui de cet astre ; il est encore appelé *tournesol*, parce qu'on a également remarqué que ses fleurs, les plus grandes que l'on connaisse et qui ont quelquefois jusqu'à 32 centimètres de diamètre, suivent ordinairement le cours du soleil, ce qui d'ailleurs ne leur est pas particulier, et tient, d'une part, à cette propension naturelle de toutes les plantes vers la lumière, si essentielle à leur prospérité, et, de l'autre, à la dilatation des fibres occasionnée par la chaleur et la flexibilité, et à la direction qui en est le résultat nécessaire.

Au reste, il ne faut pas confondre cette plante avec une autre bien différente, qui porte aussi le nom de *tournesol ;* savoir, le *croton tinctorium*, Lin., plante de la famille des euphorbes, plante qui croît spontanément en plusieurs endroits de nos départemens méridionaux, où elle est devenue l'objet d'un produit intéressant, qui devrait encourager à essayer sa culture, et dont le suc des feuilles, exprimé sur des linges qu'on appelle, dans le commerce, *drapeaux de tournesol,* fournit une teinture bleue assez employée dans les arts.

La plante dont il s'agit ici est originaire du Pérou, et presque entièrement confinée jusqu'à présent dans nos jardins, quoiqu'un essai qui en a été fait en plein champ par un cultivateur célèbre, et l'introduction en Espagne de cette culture, dont nous avons vu aussi quelques essais en Allemagne et en Italie, permettent de présumer qu'elle pourrait contribuer à orner et à enrichir quelques-unes de nos campagnes méridionales.

Elle s'élève ordinairement sur une tige unique, cylindrique, simple ou branchue à son extrémité, rude au toucher comme celle du topinambour, mais communément plus grosse; remplie également d'une moelle blanche et spongieuse très-abondante; terminée par une, ou, ce qui est le plus ordinaire avec une bonne culture, par plusieurs fleurs en corymbe, qui sont remplacées par des semences noirâtres, oblongues, anguleuses, dont une seule fleur en peut produire jusqu'à plus de deux mille, comme nous nous en sommes assurés, renfermant une amande blanche, émulsive, d'un goût approchant de celui de la noisette, et qui fournit abondamment de l'huile douce bonne à brûler. Cette tige est d'ailleurs garnie de feuilles très-larges, cordiformes, rudes et crénelées, et est munie de nombreuses racines fibreuses et chevelues.

Cette espèce de tournesol, essentiellement oléifère, est recommandable pour la culture en grand, 1°. par l'abondance et la qualité de ses semences, dont on peut tirer un parti très-avantageux, soit pour la fabrication de l'huile, soit pour la nourriture de nos animaux domestiques auxquels elle convient, et sur-tout à la volaille qui en est avide, comme tous les oiseaux granivores; 2°. par la grosseur et la hauteur de ses tiges, propres à servir de rames, de palissades, et même d'échalas, en cas de nécessité. Employées à remplacer le menu bois de chauffage, objet auquel elles sont très-propres, elles fournissent abondamment une cendre de la première qualité, contenant un cinquième d'alcali, et étant destinées à pourrir dans les nitrières artificielles, elles peuvent produire une grande quantité de nitrate de potasse; 3°. par ses larges feuilles, qui, dépouillées en temps convenable, peuvent servir avec avantage à la nourriture des bestiaux et sur-tout des vaches.

Rozier, après avoir dit que les feuilles sont recherchées par les vaches, objet dont nous avons eu occasion de nous assurer, ajoute que « les tiges desséchées peuvent servir à ramer des pois et des haricots; qu'elles brûlent très-bien; que la moelle contient beaucoup de nitre; que lorsqu'on y met le feu par un bout, il se propage jusqu'à l'autre extrémité, et qu'on voit très-clairement le nitre décrépiter; que ceux qui s'occupent des nitrières artificielles feront très-bien de faire pourrir les tiges, et que les lessives détacheront ensuite une assez grande quantité de nitre. »

Cretté de Palluel, dont le nom est si avantageusement connu

des cultivateurs à qui sa pratique éclairée et son zèle ardent pour reculer les limites de son art ont rendu de si grands services, persuadé que l'introduction de la culture en grand de cette plante pouvait encore ajouter à nos richesses agricoles, et *devenir,* comme il le dit lui-même, *très-avantageuse,* nous paraît être le premier, et peut-être le seul jusqu'à présent, qui ait essayé de la transporter dans nos champs, « sur une terre médiocre et sablonneuse, préparée par un labour avant l'hiver, fumée ensuite et disposée par un second labour au printemps, par rangées à deux pieds l'une de l'autre, dans lesquelles il avait placé les semences dans de petits trous à un pied de distance les uns des autres. »

Examinons le résultat de cet essai.

Après nous avoir avoué avec cette ingénuité qui caractérise le véritable cultivateur, et qu'on ne remarque pas toujours dans les ouvrages des auteurs agronomiques, nationaux ou étrangers, « qu'on tomberait dans une grande erreur si on calculait le produit de cette culture, faite en grand, d'après celui qu'on peut obtenir et qu'il a obtenu d'un seul grain, qui, sur la fleur principale, a produit deux mille cinq cents grains, et sur les branches adjacentes, sept mille cinq cents : total dix mille pour un; et que ce calcul, fait sur une des plantes les plus apparentes, ne mérite pas qu'on s'y arrête », il ajoute « qu'on peut calculer avec certitude, d'après une culture qu'il a faite sur un espace de 6 perches (environ 2 ares), sur lequel il a récolté 22 boisseaux (environ 3 hectolitres) de graines, bien vannées et bien sèches, plus, quarante bottes, composées chacune de trente brins, qui font en tout douze cents tiges.

» Il en résulte qu'un arpent (33 ares environ) peut rendre plus de 30 setiers (45 hectolitres) de grains, et six cent soixante fagots, qui donneraient au moins dix-huit à dix-neuf mille d'échalas ou rames. »

« Cette plante, continue-t-il, a des propriétés particulières qui la rendent préférable à un grand nombre d'autres. Dans la Virginie, ses semences servent à faire du pain et de la bouillie; on mange aussi les sommités de la plante encore jeune, après les avoir fait cuire et les avoir trempées dans de l'huile et du sel. Les sauvages de l'Amérique en mangent les graines et en tirent une huile propre à différens usages. J'en ai extrait également de l'huile..... Les graines sont très-bonnes pour nourrir la volaille; elles conviennent ausssi aux moutons et aux autres bestiaux. Les tiges, dont la plupart ont 7 à 8 pieds de haut, peuvent très-bien servir à ramer les haricots ou remplacer le menu bois. Leur cendre est excellente; les feuilles sont très-bonnes pour nourrir les vaches, et *elles leur donnent beaucoup de lait.* »

Cretté n'entrant dans aucun détail sur la manière la plus avantageuse dont cette plante peut être intercalée dans nos assolemens, nous allons tâcher d'y suppléer.

Nous voyons d'abord que le produit énorme qu'il en obtint *sur une terre médiocre et sablonneuse* rend sa culture très-admissible sur les terres de notre première divison ; mais nous sommes loin d'en conclure qu'elle exige des terres de cette nature pour prospérer ; nous pensons qu'une exposition méridionale, jointe à une terre meuble, fraîche et substantielle, doit généralement la placer dans les circonstances les plus favorables à son développement ; mais, comme cette plante doit nécessairement, par ses nombreuses racines fibreuses et chevelues, emprunter beaucoup de la terre, quoique d'ailleurs elle doive aussi, par ses feuilles larges et très-poreuses, soutirer une grande quantité d'aliment de l'atmosphère, nous croyons que pour obtenir, après elle, de la terre où elle a été cultivée, des produits nets et abondans en grains, ou en toute autre plante, il faut la semer amplement avant cette culture (qu'on doit regarder comme préparatoire) et qu'elle doit être aussi, pendant sa durée, soigneusement remuée et nettoyée par la houe à cheval.

En conséquence, nous conseillons, après avoir convenablement engraissé et ameubli le champ qu'on destinera à cette culture, d'y placer derrière la charrue, par un temps humide, et à des distances convenables, qui, suivant la nature plus ou moins fertile ou l'état plus ou moins amélioré de la terre, peuvent varier depuis 64 jusqu'à 96 centimètres, un seul plant d'environ 16 centimètres de haut, et élevé sur couche, ce qui nous paraît généralement préférable à un ensemencement sur place d'abord, afin d'avoir plus de temps pour préparer convenablement la terre et attendre la fin des dernières gelées, qui pourraient nuire au jeune plant, et ensuite parce que le nettoiement de la terre en deviendra plus facile et moins dispendieux.

Dans tous les cas, il faut laisser un sillon vide au moins pour chaque sillon planté ou semé, comme aux topinambours, et, lorsqu'on s'aperçoit que la terre commence à se couvrir de plantes nuisibles nouvellement germées, il convient de passer, dans les intervalles qui séparent chaque sillon garni, la petite herse triangulaire ou sarcloir à cheval (voyez *les fig. à la fin de ce traité*), et de répéter cette opération, ainsi que celle du buttage également utile, en employant le cultivateur et le sarcloir (*figurés à la fin de ce traité*) tout aussi souvent que la terre aura besoin d'être ameublie, nettoyée et amoncelée. La solidité et la direction verticale de la tige permettent de renouveler long-temps sans inconvénient ces utiles opérations.

On pourrait encore semer, au pied de chaque plant, des haricots grimpans, auxquels les tiges serviraient de rames naturelles et d'abri contre les fortes chaleurs.

Nous avons essayé cette culture, d'après ce plan, et nous l'avons trouvée facile et économique.

Immédiatement après la récolte, jusqu'à laquelle la plante n'a besoin d'aucun autre soin que d'être garantie le plus possible des ravages des oiseaux qui en sont avides, elle peut être suivie d'un nouvel ensemencement sur un ou plusieurs labours suivant l'exigence des cas.

Si cette récolte peut être faite assez tôt pour recevoir un ensemencement d'automne, on ne doit pas perdre de temps pour s'y livrer. Dans le cas contraire, et qui doit souvent arriver, parce qu'il faut attendre, pour la faire, que les semences et les tiges soient suffisamment sèches et le temps sec et chaud, s'il est possible, il convient de différer l'ensemencement jusqu'au printemps, et dans l'un et l'autre cas, il doit être généralement avantageux d'accompagner le grain semé, ou toute autre plante équivalente, d'une semence propre à former, après cette seconde récolte, une prairie artificielle, après laquelle on pourra encore, si on le juge convenable, revenir au tournesol.

Les calices des fleurs, avec les semences qu'ils contiennent, séparés des tiges et séchés au four, s'il est nécessaire, peuvent être battus au fléau, et il faut avoir soin de ne pas entasser les grains, de crainte qu'ils ne s'échauffent avant d'être portés au moulin pour y être triturés et pressurés; enfin, les tiges doivent être séparées des racines, liées lorsqu'elles sont suffisamment sèches, et amoncelées pour servir ensuite aux usages que nous avons indiqués.

Nous recommandons fortement la culture en grand de cette plante à de nouveaux essais, auxquels nous nous proposons nous-mêmes de la soumettre. Nous observerons qu'il a été reconnu que, par un beau temps, sa transpiration ordinaire était dix fois plus considérable que celle de l'homme dans un même espace de temps; cette circonstance doit engager à lui consacrer un terrain frais, lorsqu'on le peut, et à ne la priver de ses feuilles que lorsque leur mort prochaine s'annonce par un commencement d'altération dans leur couleur.

Il existe une variété à fleurs doubles, de cette espèce d'hélianthe dont les fleurons tubulés du centre se changent en demi-fleurons, semblables à ceux de la circonférence, sans altérer les organes de la reproduction, et qui fournit aussi abondamment des graines fécondes et très-huileuses, comme nous nous en sommes assurés; il existe aussi plusieurs autres espèces du même genre, toutes originaires d'Amérique, très-rustiques, la plupart vivaces, et qu'il serait peut-être avantageux d'utiliser dans certains cas.

La famille des corymbifères nous offre encore, comme un objet intéressant de culture en grand, la CAMOMILLE ROMAINE, *anthemis nobilis*, cultivée avec succès, dans les environs de Dieppe, par M. Decroisilles, pour ses fleurs semi-doubles, blanches et jaunes, amères et très-aromatiques, dont la médecine fait un grand usage comme stomachiques, carminatives et fébrifuges.

Cette plante vivace, qu'on peut multiplier aisément par le déchirement des vieux pieds, et qui est très-rustique, demande une terre plus sèche qu'humide et une exposition méridionale. Il est avantageux de la cultiver en rayons et de sarcler et houer soigneusement les intervalles. On recueille ses fleurs lorsqu'elles sont presque entièrement épanouies, et on les fait sécher promptement, en leur conservant, le plus possible, leur couleur et leur arome. Elle pourrait encore former une utile variation dans quelques assolemens de cette division.

Nota. Nous nous réservons d'indiquer, à l'article *prairie* de notre seconde division, les principales plantes vivaces les plus convenables, après celles que nous avons déjà fait connaître, aux prairies ou pâturages de cette première division.

SECONDE DIVISION.

PREMIÈRE SECTION.

Des Graminées.

Les plantes principales les plus applicables à cette division, parmi nos graminées annuelles, sont le froment et l'avoine ; et, parmi les graminées vivaces propres à former des prairies, différentes espèces ou variétés d'avoine, d'ivraie, de vulpin, de fléole, d'orge, de fétuque, de pâturin, d'agrostide, de canche, de mélique, de phalaride, de roseau, de froment, de flouve, de millet, de houque, de dactyle, de cretelle, de brize, de stype, d'élyme et de brome.

Des graminées annuelles.

DU FROMENT. Le froment est la graminée par excellence, qui, chez la plupart des nations civilisées de l'Europe, fait la base de la nourriture habituelle de l'homme, sous la forme panaire, le pain qu'on obtient de sa farine très-nourrissante étant le meilleur que l'on connaisse.

18*

Malheureusement, le désir irréfléchi d'obtenir souvent d'abondantes récoltes de ce premier de tous nos grains, et les moyens peu judicieux qu'on emploie, en un grand nombre d'endroits, pour y parvenir, donnent ordinairement des résultats diamétralement opposés à ceux qu'on en espère. Nous avons déjà rapporté plusieurs preuves frappantes de cette triste vérité, et nous aurons occasion d'en faire connaître quelques autres non moins convaincantes.

La Providence semble avoir voulu exiger du cultivateur, pour la réussite de ce grain de première nécessité, l'emploi de toutes les ressources de son art, et n'accorder qu'à la réunion de tous ses efforts la plus belle des récompenses dont elle paie ses utiles travaux; mais, par une conséquence inévitable, on récolte souvent peu de froment, parce qu'on en ensemence une trop grande étendue de terrain à-la-fois : cette assertion, qui pourrait être prise pour un paradoxe, n'est que trop rigoureusement vraie, et se justifie par le défaut d'une préparation convenable que cette culture ne peut recevoir lorsqu'elle est trop étendue.

Quoique nous ne devions nous occuper ici particulièrement que de l'espèce de froment le plus généralement cultivée, nous nous arrêterons cependant un instant sur les diverses espèces et variétés, avant de passer aux principaux détails de culture et d'assolement du froment ordinaire.

Observons d'abord qu'on donne assez communément aux diverses espèces de froment le nom générique de blé ou bled, que reçoivent aussi quelquefois les autres graminées annuelles, et que l'origine de ce grain est encore inconnue, les uns l'attribuant à la Perse, d'autres à la Sicile, et quelques-uns à la Sibérie : assertions qui toutes pourraient bien être vraies pour quelques espèces ou variétés particulières. Quoi qu'il en soit, il est certain que si les produits du froment ordinaire, qui ne supporte guère mieux l'excès du chauf que l'excès du froid, sont souvent plus abondans au nord qu'au midi de l'Europe, la qualité est généralement meilleure au midi qu'au nord, en grain comme en paille. Au reste, ce grain, tel qu'il est aujourd'hui, paraît être tellement amélioré par la culture à laquelle il est soumis depuis un temps immémorial, qu'il a totalement perdu son type originaire; et si le grain que des voyageurs ont trouvé croissant spontanément en Californie et chez les Illinois est réellement une souche naturelle du froment, comme ils l'ont supposé, sa grosseur, qui ne surpasse guère celle du millet ordinaire, serait une nouvelle preuve à l'appui de l'effet améliorant d'une culture soignée et prolongée.

Des espèces de froment. Les espèces de froment annuelles

et cultivées, devant seules nous occuper ici, peuvent se réduire à cinq principales bien distinctes; savoir, le froment épeautre, *triticum spelta*, le froment locular, ou petite épeautre, *triticum monococcum*, dont nous avons parlé dans notre première division; le froment à épi rameux, *triticum compositum;* le froment de Pologne, *triticum polonicum ;* et le froment commun, *triticum sativum, œstivum,* vel *hibernum,* vel *turgidum* de Linné, qui nous intéresse plus particulièrement.

Du froment à épi rameux. Cette espèce, qui paraît originaire du midi, et qui supporte le froid moins bien que les autres, comme nous nous en sommes convaincus, est souvent désignée sous la dénomination de *blé de miracle, d'abondance* ou *de providence,* à cause de l'abondance de son produit en grain, et quelquefois aussi appelée *blé de Smyrne* ou *de Barbarie,* probablement à cause de son origine.

Elle se distingue des autres par son épi rameux, c'est-à-dire ayant à sa base plusieurs petits épis latéraux, courts et serrés, au milieu desquels s'élève l'épi principal, généralement fort gros, de manière que l'ensemble a la forme d'une touffe ou bouquet. Sa tige, grosse et ferme, est remplie de moelle, et son port et ses feuilles ont une apparence plus vigoureuse que celles du froment commum.

Jaloux, comme tous les jeunes adeptes en agriculture, de voir se réaliser, sur notre exploitation rurale, les espérances bien flatteuses que nous avait fait concevoir l'apparence très-séduisante de cette espèce de froment, jointe aux éloges pompeux que nous avions lus et entendus sur son produit *miraculeux,* nous nous empressâmes, au commencement de notre établissement, de nous en procurer et de le multiplier de manière à pouvoir le cultiver en grand. Nous parvînmes ainsi, en peu d'années, à en avoir une quantité de semence suffisante pour en couvrir une pièce de 3 hectares environ, et nous reconnûmes que ce grain, cultivé dans une terre très-fertile, y donnait réellement des produits très-abondans, mais qu'il épuisait proportionnellement la terre, et que ces produits extraordinaires disparaissaient sur les terres médiocres ou médiocrement engraissées, au point que son épi cessait, en quelque sorte, d'être rameux, et ne produisait que peu de grain ; que ce grain, assez pesant, qui, par son volume peu considérable, a quelque ressemblance avec le blé de mars ordinaire, produisait une farine bise, ce qui le faisait rejeter par les boulangers, quoique le pain en fût cependant assez savoureux, mais peu blanc; que sa paille, dure et grossière, était peu recherchée des bestiaux, et n'était guère propre qu'à servir de litière ou à couvrir les chaumières, objet pour lequel sa consistance la rendait très-

convenable ; enfin, qu'il était plus délicat que les autres fromens sur le climat comme sur le sol ; mais qu'on pouvait le
semer avec succès après les grands froids ; qu'il se battait difficilement, le grain étant très-adhérent à la balle qui l'enveloppe, et qu'il s'écrasait aisément sous le fléau. La plupart de
ces observations, qui furent confirmées, ne contribuèrent pas
peu à ralentir notre premier zèle pour cette culture, et nous
avons même fini par l'abandonner totalement depuis long-
temps. Nous avons cru utile de faire connaître ces détails sur
cette espèce de froment, beaucoup trop préconisée, quoique
pouvant être avantageuse dans certains cas, parce qu'elle est
très-propre à séduire les commençans, ordinairement fort empressés d'adopter les cultures extraordinaires qui ne répondent
pas toujours aux promesses enchanteresses de leurs apôtres.

Rozier nous assure cependant que *cette espèce de froment
est mise en culture réglée près de Pesenas*, et Olivier de Serres
nous dit *qu'elle lui a rendu quarante pour un dans un jardin,
et douze à quinze en terre commune*, ce qui nous donne, en
passant, une excellente leçon sur les produits comparatifs, relativement à l'état de la terre.

Du FROMENT DE POLOGNE. Cette espèce de froment, probablement plus répandue en Pologne, d'après le nom spécifique
que Linné lui a donné, qu'elle ne l'est en France, où elle est
à peine connue, se distingue fort aisément des autres espèces
par la longueur de son épi terminal, qui s'allonge ordinairement jusqu'à 16 centimètres environ ; par sa couleur glauque,
tirant plus sur celle du seigle que sur celle du froment ; par
la longueur de ses épillets, qui ont souvent 3 centimètres, et
qui sont terminés par de très-longues barbes dentées ; enfin
par la grosseur et la longueur de son grain, qui a aussi plus
de ressemblance avec le seigle qu'avec le froment.

L'essai que nous avons cru aussi devoir en faire en grand,
et auquel la vigoureuse apparence de la plante, et sur-tout le
volume de son grain nous avaient fortement engagés, nous
porte à présumer que nous ne devons pas envier cette production à son pays natal. Quoiqu'elle nous ait paru venir assez
bien sur une terre à seigle, convenablement préparée, et résister aux froids rigoureux aussi bien que le seigle, nous avons
remarqué constamment que chaque épi ne produisait qu'un
petit nombre de ces grains volumineux ; qu'ils étaient glacés
et fournissaient une farine très-bise et un pain de peu de qualité. La paille dure et grossière n'est pas non plus appétée des
bestiaux ; mais il convient d'ajouter que la longueur des enveloppes du grain et celle des barbes qui les terminent le défendent très-bien des attaques des oiseaux aux ravages desquels il est beaucoup moins exposé que tout autre grain, ce

qui ne nous a pas empêchés de discontinuer la culture de cette
espèce, lorsque nous avons cru la bien connaître.

Nous avons rapporté d'Italie une variété hybride résultant
du mélange des poussières séminales du blé de Pologne et du
blé renflé, et nous l'avons soumise pendant, un grand nombre
d'années, à des expériences comparatives, qui ne nous ont
présenté rien de bien intéressant sous le rapport du produit,
dans cette nouvelle production artificielle, dont nous étions
redevables au professeur d'économie rurale Filippo Re, de Bo-
logne.

Du FROMENT COMMUN. Il existe de ce froment un très-grand
nombre de variétés et de races, que plusieurs auteurs ont dis-
tinguées comme espèces botaniques, ce qui nous paraît bien
peu propre à en faciliter la connaissance ; la plupart sont dues
au sol, au climat, à la culture et aux mélanges des poussières
séminales. Les principales sont,

Le froment garni de barbes.
Le froment sans barbes.
Le froment à tiges pleines de moelle.
Le froment à épi carré.
Le froment à épi cylindrique et arrondi.
Le froment à grains jaunes, dorés ou roux.
Le froment à grains blancs ou d'un jaune pâle.
Le froment renflé ou à gros grains, de diverses couleurs.
Le froment à épi blanc, doré, roux, velouté, grisâtre,
bleuâtre, violet, etc.

Enfin la variété dite blé de mars ou trémois, à barbes ou
sans barbes, et de grains et d'épis de diverses couleurs et grosseurs, dont on a aussi mal à propos fait une espèce.

Au reste, ces variétés principales, dont on pourrait encore
augmenter le nombre, ce qui ne servirait qu'à embrouiller davantage la nomenclature du genre froment, devenue incer-
taine, parce que chaque auteur ou cultivateur a cherché et
cherche encore aujourd'hui à consacrer comme espèces constantes de simples variétés accidentelles, sont presque toutes
dues, comme nous devons le répéter, à l'influence du sol, du
climat, de la culture et du mélange des poussières séminales;
et ce qui nous paraît le prouver, c'est que l'absence ou la présence des barbes, leur plus ou moins de longueur, de poli ou
d'aspérité, la plénitude des tiges, la longueur, la brièveté et
la forme plus ou moins carrée et renflée ou aplatie des épis, la
variété de leurs couleurs, celle même des grains plus ou moins
blancs, pâles, jaunes, dorés, durs, renflés, pesans, glacés,
violets, etc., sont autant de caractères souvent inconstans, et
qui sont plus ou moins modifiés suivant les années et les lo-

calités, d'après nos observations, jointes à celles d'autres cultivateurs.

La plupart de ces variétés se trouvent aussi très-souvent mêlées et réunies dans le même champ, et il en existe sans doute plusieurs qui s'annoncent comme supérieures aux autres sous plusieurs rapports importans, et qu'un cultivateur attentif peut trier et multiplier. C'est ainsi qu'on est parvenu à propager et à améliorer même, par une culture soignée, plusieurs variétés précieuses.

Il existe une de ces variétés à épi ordinairement court et carré, garni de barbes, de diverses couleurs, le plus souvent blanc, quelquefois roux ou violet, à grains communément blanchâtres et un peu voûtés, qui produit généralement beaucoup, et qui nous a paru, après une culture faite en grand pendant plusieurs années, supporter assez bien la sécheresse et les terres médiocres ; mais son grain n'ayant pas plus de qualité que celui du froment à épi rameux, et sa paille, pleine comme celle de ce grain, ne convenant pas davantage aux bestiaux, nous avons encore renoncé à sa culture, malgré les éloges pompeux qu'il avait reçus sous les noms de *pétanielle, gros blé*, ou *blé poulard*. Nous présumons que c'est le *triticum turgidum* de Linnée, qui pourrait bien d'ailleurs être une véritable espèce, comme il l'a indiqué.

Une des variétés qui paraît être la moins changeante, est celle à épis blancs et à grains blancs, qu'on croit être le *siligo* des anciens, qui n'est certainement pas notre seigle, et qu'on cultive beaucoup dans nos départemens du nord, où on la désigne fréquemment sous les noms de *blanzé*, ou *blanc blé*, pour la distinguer du *blé roux* ordinaire. Cette variété, comme toutes celles qui tirent sur la couleur blafarde, est plus tendre et s'écrase davantage sous le fléau que le froment roux ou doré, généralement plus dur et plus pesant, elle donne une farine très-blanche, mais le pain en est moins savoureux ; on observe qu'elle réussit assez bien sur les sols peu fertiles, et supporte assez bien aussi le retard des semailles, mais elle nous a paru s'égrener davantage que le blé roux ordinaire.

Les noms de *touzelle* et de *seisette*, dont on se sert ordinairement dans le midi, pour désigner le froment ras ou sans barbe, et le froment barbu, n'indiquent encore que des variétés susceptibles aussi de modifications qui les rapprochent, puisqu'on trouve quelquefois de la touzelle plus ou moins garnie de barbes, et de la seisette qui en est dépourvue. Au reste, les fromens barbus sont généralement plus abondans, mais de moindre qualité que ceux qui sont ras.

Parmi les nombreuses variétés de froment d'automne et de printemps que nous essayons comparativement depuis long-

temps, nous ne saurions trop recommander, dans le nombre
des premières , celle qu'on désigne généralement sous le nom
de *lammas,* qui commence heureusement à se propager, et
que sa précocité, la bonne qualité de sa farine et son peu de
disposition à s'égrener rendent très-recommandable , et au
nombre des dernières, la variété dite de *Russie* ou de *Fellem-
berg,* que nous avons trouvée la plus vigoureuse, nous paraît
également mériter d'être propagée.

Nous dirons aussi que les variétés de froment rouge nous ont
toujours paru plus rustiques que les blanches, dans les nombreux essais comparatifs que nous en avons faits depuis très-
long-temps.

Entrons maintenant dans quelques détails sur la culture du
froment commun, qui nous aideront à fixer notre opinion sur
l'ordre de rotation qui lui convient le plus dans les assolemens.

De la qualité du sol et de sa préparation. La terre la plus
fertile et la mieux préparée par les labours et les engrais, n'est
pas toujours celle sur laquelle le froment donne les produits
les plus avantageux en grains, et l'on peut très-bien appliquer à cette culture la sentence de Caton , que nous avons
déjà eu occasion de citer pour prouver les inconvéniens d'une
culture trop minutieuse. Souvent l'exubérance qu'on remarque dans la végétation des tiges et des feuilles, que l'état
de la terre a rendues excessivement épaisses et vigoureuses ,
est au détriment du grain. En général cette graminée préfère
à toutes autres les terres substantielles et consistantes tout-à-
la-fois, et redoute autant celles qui sont très-meubles que celles
qui sont très-compactes; elle craint sur-tout celles dont la
couche supérieure est susceptible d'être soulevée par une cause
quelconque qui déchire les racines, ou les met à nu; et quoiqu'on la voie quelquefois réussir sur les terres de notre première division , désignées souvent sous le nom de *grouettes,*
sur lesquelles le grain et la paille acquièrent même beaucoup
de qualité, lorsqu'à l'aide d'un bon assolement on parvient
à la substituer efficacement au seigle, elle se plaît généralement
davantage sur celles de la seconde et de la troisième divisions
convenablement préparées.

Quant à la préparation du sol, nous nous bornerons à observer ici, en attendant que nous nous occupions de l'assolement, que la première condition étant son nettoiement, et la
seconde son engraissement, il est essentiel de ne négliger aucun moyen d'arriver à ce premier but par les labours et les
houages faits à propos, ainsi que par le choix des cultures préparatoires, et qu'en s'occupant du second, il faut sur-tout
s'attacher à ne pas détruire le premier par l'application d'engrais frais et mal préparés, contenant des semences nuisibles,
et qu'il convient généralement d'appliquer aux cultures pré-

paratoires, afin d'éviter le salissement et une surabondance de végétation toujours nuisible.

Nous ajouterons que l'application de l'engrais du parc, avant ou après l'ensemencement, est aussi très-recommandable pour les terres fort meubles naturellement, et pour celles qui sont sujettes à être soulevées pendant l'hiver; et que le nombre et la profondeur des labours doivent nécessairement être subordonnés à la nature et à l'état du sol, qui sont les meilleurs indicateurs à cet égard, et qui donnent toujours, à l'aide de quelques essais comparatifs, les documens les plus certains.

De l'époque de la semaille. «Le froment, comme plante annuelle, dit Dumont de Courset, devrait être semé au printemps; mais on a reconnu qu'en le semant en automne son pied tallait davantage et produisait plus d'épis (ajoutons et des grains mieux nourris, comme cela arrive à toutes les plantes annuelles qui peuvent résister à l'hiver). On a donc depuis long-temps fixé sa semaille dans cette saison. Cependant dans plusieurs pays on en sème des variétés au printemps, qu'on récolte dans l'été.»

On ne doit sans doute pas plus assigner d'époque fixe et invariable pour la semaille du froment que pour celle de toute autre plante, quoique la plupart de nos ouvrages d'agriculture et d'horticulture soient remplis de ces indications banales et trompeuses, qu'une foule de circonstances peut démentir; mais notre expérience nous autorise à penser qu'on peut établir en règle générale, susceptible comme toutes les autres, de quelques exceptions particulières qui ne la détruisent pas, *que les semailles précoces sont généralement les meilleures et les plus conformes au vœu de la nature.*

Nous avons constamment remarqué que les semailles faites de bonne heure, en automne, sur une terre bien préparée et par un temps convenable, donnaient les produits les plus avantageux; que la germination étant plus prompte et plus régulière, il y avait beaucoup moins de grains détruits par les insectes et autres animaux, ou par toute autre cause nuisible; et que le développement étant aussi plus complet, les feuilles ombrageaient plus tôt la terre, les pousses latérales, ou *talles,* se multipliaient davantage, et les racines s'étendaient considérablement en tous sens. Toutes ces circonstances, en autorisant et en commandant même une grande économie dans la semence, prémunissaient très-efficacement la végétation contre les atteintes meurtrières de l'excès du froid, de la sécheresse, des animaux destructeurs, des plantes nuisibles, et même de la carie, comme nous le verrons tout-à-l'heure, et assuraient généralement l'abondance, la netteté et la qualité des produits, ainsi qu'une récolte avancée, nouvel avantage de quelque importance pour l'ensemencement subséquent, et relativement à la grêle et aux autres fléaux qui précèdent ou accompagnent les récoltes. *Plus tôt en terre, plus tôt hors de terre*, dit avec raison le proverbe consacré par l'expérience.

D'ailleurs, comme dans les exploitations rurales étendues, les semailles exigent quelquefois beaucoup de temps, et qu'elles peuvent se trouver suspendues par plusieurs causes, il vaut encore mieux généralement devancer que reculer l'époque ordinaire, et par cette précaution, l'on n'a pas à redouter l'effet des pluies abondantes qui se prolongent assez souvent, à la fin de l'automne, de manière à rendre les semailles très-pénibles, coûteuses et hasardées, et à forcer quelquefois à les remettre au printemps, en ayant recours aux variétés qui se sèment ordinairement dans cette saison.

Ainsi, quoiqu'on obtienne quelquefois d'abondantes récoltes des semailles tardives, et que nous ayons nous-mêmes semé par essais, vers la fin de l'hiver, du froment d'automne qui a passablement réussi, on doit regarder ces exemples et quelques autres semblables, comme des exceptions qui n'infirment pas la règle générale, qui prescrit les semailles précoces, surtout sur les terres les moins fertiles.

A la vérité, lorsque la saison de l'automne se trouve tempérée et humide, une végétation surabondante peut quelquefois rouiller ou verser les premières feuilles et précipiter la sortie des tuyaux, ce qui ne serait pas sans inconvéniens si l'on n'y parait; mais outre que ce cas n'est pas ordinaire, il existe plusieurs moyens faciles d'y remédier, en arrêtant et retranchant ce luxe de végétation qui se fait principalement remarquer sur les terres naturellement ou artificiellement très-fertiles, soit avec la faux ou la faucille, soit avec la dent des bestiaux, qu'on peut, avec les précautions convenables, faire profiter de cette surabondance qui alors ne préjudicie en aucune manière au succès de la récolte. Le froment peut ainsi devenir une prairie momentanée, indépendamment de son produit en grain, et nous verrons par la suite qu'il a quelquefois rempli avec succès ce double objet.

Un sarclage avant l'hiver devient également fort utile, lorsqu'on s'aperçoit que les herbes nuisibles ont pris beaucoup d'accroissement.

Il est généralement avantageux de commencer par ensemencer les terres naturellement fort humides en hiver et de médiocre qualité, et de réserver pour les dernières, les plus sèches et les plus fertiles.

Du choix et de la préparation de la semence. L'examen de la nécessité du choix de la semence amène nécessairement celui de la question de son renouvellement, si souvent agitée, et qui ne nous paraît pas encore suffisamment éclaircie.

Rien ne contribue davantage, après la préparation du sol, non-seulement au succès de la récolte actuelle, mais encore à la prospérité de celles qui la suivent, que le choix de la semence qui doit lui être confiée; mais ce choix en nécessite-t-il le renouvellement à certaines époques?

Si nous ne pouvons le regarder comme indispensable, d'après un assez grand nombre de faits indubitables, dont plusieurs nous sont personnels, et qui démontrent que des semences bien choisies et bien traitées, sous tous les rapports essentiels de la culture, sont susceptibles de se conserver très-long-temps saines, vigoureuses, et en état de fournir d'abondantes productions, nous n'en pensons pas moins que ce renouvellement peut être utile dans un grand nombre de cas; d'abord, d'après le principe que nous avons reconnu que la terre se plaît généralement dans le changement des choses qu'on lui confie, et ensuite, parce qu'en s'occupant de renouveler ses semences, il est naturel de supposer qu'on cherche toujours à en substituer de supérieures à celles qu'on possède déjà, relativement au poids, au volume, à la netteté, et aux autres qualités, et que la question, considérée sous ce seul point de vue, doit nécessairement se décider en faveur du renouvellement; celui-ci peut d'ailleurs aussi entraîner avec lui d'autres avantages, tels que l'introduction de nouvelles espèces ou variétés précieuses, une plus grande analogie entre la semence et la nature du sol, une plus grande acclimatation, plus d'aptitude à supporter diverses intempéries, et beaucoup d'autres circonstances plus ou moins favorables.

Nous nous sommes toujours très-bien trouvés de semer sur nos terres compactes et argileuses les plus beaux grains récoltés sur nos terres meubles et siliceuses, *et vice versâ*, et cet alternat nous paraît généralement recommandable.

Ainsi, nous le répétons, sans vouloir affirmer que le renouvellement de semence soit généralement de nécessité absolue, nous pensons qu'il entraîne ordinairement avec lui de grands avantages, et que pour y suppléer, autant que possible, il est essentiel d'apporter constamment la plus grande attention au choix de ses propres semences.

Divers moyens concourent puissamment à remplir cet important objet.

On doit, avant tout, choisir pour la semence le grain bien mûr du champ qui donne la plus belle production sous tous les rapports, et sur-tout les épis les plus beaux, les plus sains et les mieux garnis. Il faut ensuite le récolter, le battre, le vanner et le cribler de manière à le conserver le plus possible exempt de semences étrangères et de grains petits, retraits et avortés. En le moissonnant, il faut sur-tout éviter de le mélanger avec les semences qui ont pu croître au pied ; à cet effet, la faucille est préférable à la faux, et il y a de l'avantage à moissonner haut. Le battage sur une planche, sur un banc, ou sur un tonneau sur lequel on applique, par poignées, une portion de gerbe qui ne se trouve battue qu'à son extrémité, et dans les plus beaux épis, est préférable au fléau, qui bat indistinctement et entièrement tous les épis. Le vannage *à la roue*, c'est-à-dire à la pelle, qui, jetant les grains circulairement en l'air, les fait tomber sur l'aire de la grange en couches ou zones régulières, relatives à leur poids spécifique, est aussi préférable à l'emploi du van ordinaire ou du tarare ; le criblage au cylindre, qui sépare très-exactement le gros grain du petit et des semences nuisibles, est encore préférable aux cribles ordinaires qui remplissent plus imparfaitement le même objet. Il est même quelques cantons en France où, indépendamment de ces précautions, qui ne peuvent paraître minutieuses qu'à ceux qui ne connaissent pas toute l'importance du choix du grain destiné à la semence, on trie encore à la main tous les grains qui y sont destinés, et on se procure ainsi la plus belle semence possible, qui dédommage toujours amplement des frais que son choix a occasionnés.

Vient ensuite la préparation de la semence.

La meilleure consiste dans l'immersion du grain qu'on soupçonne infecté de *carie*, dans l'eau pure d'abord, et courante, s'il est possible, au moyen de mannes ou paniers à anses, dans lesquels on le remue, puis dans une lessive de cendres ordinaires, blanchie par un lait de chaux, et à leur défaut dans une forte saumure, ou l'eau de mer. Cette utile opération a l'avantage de faire surnager la plupart des semences étrangères qui pourraient encore s'y trouver mêlées, et qu'on peut enlever alors très-facilement, ainsi que tous les grains légers, retraits et viciés par une cause quelconque, et d'être en outre le meilleur préservatif que l'on connaisse contre les effets si redoutables de la *carie*, et même contre ceux du *charbon* proprement dit, qu'il ne faut pas confondre avec cette maladie, contre le *rachitisme*, et contre les insectes, dont elle détache ou détruit les germes.

Toute espèce de préparation doit se borner là. Loin de nous toutes ces recettes prétendues merveilleuses, qui séduisent si souvent les prosélytes agricoles ; toutes ces *liqueurs prolifiques*, ces *poudres fécondantes*, ces *préparations fertilisantes*, ces *terres végétatives*, ces *pierres philosophales*, et tant d'autres inventions plus ou moins compliquées, c'est-à-dire plus ou moins ridicules, *et quelquefois même dangereuses*, dont la saine physique a démontré l'absurdité, et qui nous promettent cependant depuis des siècles, des prodiges de végétation qui sont encore à se réaliser, et qui n'ont jamais existé que dans l'imagination exaltée et délirante de leurs auteurs. Malheureusement ces prétendus prodiges, publiés avec tant d'emphase et attribués à la puissance magique des recettes, se trouvant soumis avec impartialité au creuset de l'expérience, n'ont jamais laissé apercevoir à la lueur de son flambeau, au lieu des phénomènes si vantés, que la folle et inutile dépense des ingrédiens plus ou moins bizarres qui y entraient avec l'ignorance ou l'impudence de leurs auteurs.

Au reste, nous devons aussi prévenir qu'un excellent préservatif contre la carie, et peut-être contre plusieurs autres maladies des grains, se trouve encore dans *l'avancement des semailles* ; car il est constant que ce terrible fléau ne se manifeste jamais plus fréquemment qu'après les semailles faites tardivement, à contre-temps et à contre-sens, par un temps excessivement humide et froid. Cette observation trop peu connue, que nous avons été plusieurs fois à portée de faire, s'est trouvée confirmée en France et ailleurs ; et *le blé de mars*, semé ordinairement à la fin de l'hiver, et qui est très-sujet à cette maladie étant long-temps à germer et à lever, nous fournit une nouvelle preuve de sa justesse. La carie nous paraît être essentiellement le résultat de l'état de souffrance du grain avant et pendant sa germination, et nous avons constamment remarqué que celui qui était sain en était exempt lorsqu'il germait et levait promptement.

Enfin, quoique les grains petits, retraits, percés, vidés en partie et mutilés par une cause quelconque, soient souvent susceptibles de germer encore, et de donner même quelquefois de beaux et de bons produits, comme nous nous en sommes assurés, il n'en est pas moins vrai qu'en général ils sont beaucoup moins propres à servir de semence que les grains les plus gros, les mieux nourris et les plus entiers, sur-tout sur les terres peu fertiles ; et, en rappelant ici l'observation que nous avons faite à l'égard des tubercules des pommes de terre et des topinambours, nous dirons que la nature n'a pas, sans objet, pourvu abondamment les grains de cette substance farineuse et laiteuse, qui devient le premier aliment du germe qui se développe (comme le lait pour les mammifères, et le jaune de l'œuf pour les oiseaux), en attendant que la terre puisse y suppléer, et qu'aucune préparation artificielle ne peut rien ajouter à la qualité ni à l'abondance de cette nourriture, appropriée par la nature elle-même à l'enfance de la plante.

Observons encore que quoique le grain suranné soit susceptible de germer, et même de donner des produits abondans, et qu'on ait encore remarqué qu'il était moins infecté de carie, cependant celui qui est le plus nouvellement récolté est généralement préférable pour la semence : il lève plus tôt, et donne des productions plus vigoureuses, comme plusieurs expériences comparatives nous en ont convaincus, sur-tout lorsque les grains anciens sont battus depuis long-temps, remués et exposés aux impressions de l'atmosphère.

De la quantité de semence la plus convenable. Nous ne saurions trop souvent le répéter, il n'existe rien de plus absurde et de plus propre à induire en erreur les commençans que ces fixations de quantité de semences qu'on rencontre si souvent dans les livres, et dont la pratique ne tarde pas à faire reconnaître l'insuffisance et l'erreur. Comment pouvoir en effet fixer, d'une manière constante et invariable, un objet nécessairement aussi changeant par sa nature ? Quand il serait aussi vrai qu'il est complétement faux qu'une terre ressemble souvent parfaitement à une autre par sa composition, son exposition, sa préparation, et par toutes les autres circonstances locales, essentielles à considérer, il resterait encore, pour pouvoir régler la quantité de semence la plus convenable, plusieurs objets bien variables à déterminer ; savoir, l'époque plus ou moins avancée ou reculée de la semaille ; le mode d'ensemencement adopté, la grosseur relative du grain, et quelques autres circonstances très-importantes et très-déterminantes.

Il est facile de concevoir, d'après ce simple exposé d'une partie des difficultés, que la fixation de cette quantité ne peut jamais être qu'approximative, et qu'elle est nécessairement soumise à de très-grandes variations.

On doit donc ici se borner à poser quelques règles générales, en admettant toutes les exceptions nécessitées par les circonstances ; mais avant de nous occuper de ces règles, il convient d'entrer dans quelques détails sur les inconvéniens comparés d'une quantité de semence trop forte ou trop faible.

Sans doute, si l'on était assuré, d'une part, que tous les grains supposés sains pussent toujours germer, lever et se développer complétement, et que, de l'autre, il fût aussi possible de les espacer tous convenablement et sans double emploi, il ne suffirait plus alors que de bien connaître la nature plus ou moins fertile du sol, et son état de préparation plus ou moins soigné, pour déterminer la quantité de semence nécessaire sur un espace donné, en comparant le nombre des grains avec les distances les plus convenables à observer entre chacun d'eux ; mais il s'en faut de beaucoup que les choses soient ainsi *dans la pratique en grand*, et l'incertitude dans laquelle le cultivateur doit se trouver généralement sur ces divers points, le place nécessairement assez souvent entre la crainte de semer trop dru et celle de semer trop clair, qui doit encore s'accroître par l'incertitude non moins réelle de la nature, plus ou moins sèche ou humide , chaude ou froide , de la constitution atmosphérique qui peut suivre les semailles , et des divers accidens qu'il est impossible , ou au moins très-difficile , de prévoir et de prévenir.

Essayons maintenant de comparer entre eux ces deux inconvéniens.

Dans le premier cas , il y a d'abord perte de semence superflue , et ensuite diminution de produit par l'effet de l'étiolement qu'éprouvent les plantes trop rapprochées entre elles , si l'on n'y remédie par quelque opération subséquente.

Dans le second cas , il y a également diminution de produit , parce que tout le terrain ne se trouve pas utilement employé , et en outre salissement de la terre , parce que les semences nuisibles qu'elle recèle toujours plus ou moins abondamment dans son sein , ou qu'elle reçoit par diverses causes , quelque bien préparée qu'elle puisse être d'ailleurs , ayant plus d'air pour germer et plus d'espace pour se développer , peuvent s'y multiplier considérablement.

Ainsi, en résumant ces inconvéniens , nous trouvons d'abord qu'il y a soustraction de produit des deux côtés , et ensuite perte de semence dans le premier cas , et salissement de la terre dans le second.

Examinons-les à présent par l'influence qu'ils peuvent exercer sur la récolte actuelle et sur les récoltes suivantes.

Lorsqu'on s'aperçoit que l'on a semé trop dru , il reste encore , dans un grand nombre de cas , la ressource de pouvoir diminuer , au moins en grande partie , l'excédant du plant nécessaire , par quelques hersages répétés en divers sens et faits à propos , et nous avons quelquefois employé avec succès ce moyen fort simple , très-expéditif et peu dispendieux , quoiqu'il ne soit pas sans quelque difficulté , et , en chaussant légèrement les plants qui y résistent , il leur donne une nouvelle vigueur.

Lorsqu'on s'aperçoit, au contraire , que le plant se trouve trop clair , par l'effet d'une ou de plusieurs des causes nombreuses qui peuvent y contribuer , le remplissage des lacunes n'est pas , à beaucoup près , aussi facile que l'éclaircissement du plant surabondant , et on peut même le regarder comme présentant trop de difficultés pour pouvoir être adopté généralement *dans la pratique en grand.*

Supposons maintenant qu'on n'ait pu remédier , dans aucun des deux cas , aux inconvéniens du trop ou du trop peu de semence.

En admettant un résultat égal quant à la diminution du produit , il nous reste à comparer la perte de la semence superflue , qui assez souvent est un objet modique en valeur nu-

méraire, et qui ne s'étend pas d'ailleurs au-delà de la récolte
actuelle, avec la multiplication des plantes nuisibles, qui non-
seulement préjudicie essentiellement à cette récolte, mais com-
promet sur-tout le succès des récoltes futures; le résultat de
cette comparaison ne peut être, d'après cela, en faveur du
dernier inconvénient.

Ainsi, tout bien comparé, quoique nous sachions très-per-
tinemment qu'en général les cultivateurs routiniers sont plus
disposés à pécher par excès que par défaut de semence, ce
qu'il faut sans doute éviter autant que possible, en se rapelant
le proverbe qui dit : *Qui sème dru récolte menu, et qui sème
menu récolte dru*, nous pensons qu'en considérant cet important
objet sous le point de vue général d'abord, et en analysant ensuite ses conséquences, comme nous l'avons fait, il y a en général moins de perte réelle à semer trop dru qu'à semer trop
clair, parce que le premier inconvénient, qu'on peut souvent
réparer, a des suites ordinairement moins fâcheuses que le dernier, pour l'intérêt présent et futur.

Nous nous croyons donc autorisés à conclure, des observations qui précèdent, que, dans l'incertitude où le cultivateur peut se trouver relativement à la quantité de semence nécessaire à chaque cas particulier, il doit plutôt pencher vers
une plus forte que vers une plus faible quantité, et ne jamais
oublier que, dans toute espèce d'ensemencement, il doit faire
la part aux accidens, c'est-à-dire pourvoir à tout ce qui peut
être détruit ou affaibli par trop ou trop peu d'enterrement; par
le piétinement des chevaux; par les insectes et autres animaux
destructeurs; par les plantes nuisibles aux récoltes; par le rapprochement inévitable d'un nombre plus ou moins considérable de semences qui s'affament et se nuisent réciproquement; par l'action défavorable des météores, jointe à la nature du sol et à son état de préparation; par l'époque reculée
de la semaille; par les vicissitudes des saisons; et enfin par
un vice quelconque dans le mode d'assolement adopté.

Ajoutons à ces observations quelques réflexions que nous
eûmes occasion de soumettre à la Société d'agriculture de Paris,
dans un rapport qu'elle nous avait chargés de lui présenter sur
des *expériences* relatives à l'économie de la semence, et qui
est imprimé dans la collection de ses Mémoires, vol. I, p. 104
et suivantes.

« Pour obtenir des résultats bien concluans sur l'important
objet de la quantité de semence la plus convenable à chaque
position (car il serait absurde de supposer qu'elle doit être
invariablement la même pour toutes), il nous paraît indispensable de partir d'un extrême et d'arriver à l'extrême opposé,
par des gradations combinées de manière qu'on parvienne à

trouver la proportion convenable, et qu'on puisse observer de combien chaque extrême en était éloigné. Mais ces résultats étant subordonnés en grande partie à la constitution des saisons, et devant nécessairement varier, selon que l'automne aura été plus ou moins humide, l'hiver plus ou moins rude, le printemps plus ou moins doux, et l'été plus ou moins sec, il n'est pas moins indispensable de répéter les expériences dans chaque localité (et c'est ce que nous avons fait pour la nôtre) pendant plusieurs années consécutives, pour qu'elles acquièrent ce degré d'authenticité, d'exactitude et de précision capables d'inspirer et même de commander la confiance.

» Nous ne pouvons nous dispenser d'observer qu'une erreur bien dangereuse, et dans laquelle cependant nous avons vu tomber plusieurs de ceux qui ont cru devoir nous donner des leçons sur l'économie tant préconisée de la semence, c'est de croire qu'il faille calculer seulement le produit isolé de chaque grain, abstraction faite de l'espace qu'il occupait. On ne peut s'abstenir de combiner le produit avec l'espace, en n'oubliant jamais la perte éventuelle. Supposons, par exemple, que, sur une surface déterminée, dix grains en rendent chacun vingt, on aura deux cents grains ; supposons maintenant, sur la même surface, quinze grains qui n'en produisent que chacun seize, on aura cependant un résultat de deux cent quarante grains, quoique chaque grain ait produit réellement moins ; ce qui prouve évidemment que ce n'est que par une juste combinaison du produit avec l'espace qu'on peut arriver au *nec plus ultrà*. Il est aussi nécessaire de calculer approximativement la perte présumable ; car pour avoir quinze grains qui produisent, il est de rigueur, généralement parlant, d'en confier à la terre un plus grand nombre ; nouvelle preuve que la considération de la perte et de l'espace doit toujours accompagner celle du produit. »

Après ces préliminaires indispensables pour la parfaite intelligence de ce qui va suivre, essayons de poser quelques règles générales qui doivent présider à la fixation relative de la quantité de semence la plus convenable.

I. Il est impossible d'établir une quantité de semence fixe et invariable pour tous les cas.

II. La quantité doit toujours être relative aux circonstances favorables ou défavorables qui accompagnent la semaille.

III. Elle ne peut être déterminée approximativement pour chaque localité, qu'après une série d'essais comparatifs, prolongés pendant plusieurs années.

IV. Plus on sème de bonne heure ; plus la terre est naturellement fertile ; mieux elle est préparée par les labours, les engrais et les cultures améliorantes ; plus le temps est favorable à l'époque de la semaille; plus le grain est petit, relativement à son volume ordinaire; plus il est net et sain; plus l'ensemencement est fait également et sans emploi superflu; et plus le sarclage doit être observé rigoureusement et la terre remuée, pendant la végétation; moins il faut de semence, *et vice versâ*.

V. Dans le cas d'incertitude sur la quantité précise de semence à employer, il y a généralement moins d'inconvénient à pencher vers une plus forte que vers une plus faible quantité.

VI. On doit toujours ajouter à la quantité rigoureusement nécessaire pour couvrir la terre à des distances convenables, la part des accidens, c'est-à-dire celle qui peut se trouver détruite ou endommagée par le piétinement des chevaux, par le trop ou le trop peu d'enfoncement, par les insectes et autres animaux ou plantes nuisibles, par le rapprochement des grains, et par d'autres causes semblables.

VII. Indépendamment de la perte éventuelle, on doit toujours combiner le produit avec l'espace occupé.

Du mode de la semaille. On a proposé sur ce point plusieurs méthodes dont les principales sont, l'emploi du *semoir*, instrument mû le plus souvent par un cheval, qui place les grains à des distances à peu près égales, et qui les recouvre ordinairement; celui du *plantoir*, autre instrument manuel plus simple, mais moins expéditif, et qui remplit à peu près le même objet que le semoir; le *plantage* proprement dit, ou *repiquage*; et enfin *l'ensemencement à la volée, sur ou sous raie*, avec ou sans hersage ou roulage.

Examinons un peu chacune de ces diverses méthodes, également applicables aux autres grains et à d'autres productions, et voyons quelles sont celles qui paraissent généralement les plus convenables dans les cultures faites en grand.

De l'emploi du semoir. Cet instrument bien antérieur à Tull, dont il a occasionné la ruine et non la fortune, comme on l'a prétendu; cet instrument dont les Anglais, et après eux d'autres nations, lui ont faussement attribué l'invention, puisqu'il avait été précédemment essayé en Espagne et en Italie, et que nous le retrouvons même employé par quelques castes indiennes, depuis un temps immémorial, pour la plantation du riz; cet instrument qui a séduit Duhamel, Châteauvieux et tant d'autres qui ont cherché à le rendre plus simple, plus solide, moins cher, et d'un usage plus général, et pour ou contre lequel on a publié tant d'écrits oubliés, a sans doute l'avantage d'économiser la semence, en l'isolant, en même temps qu'il la place à une égale profondeur et à des distances convenables pour faciliter les opérations nécessaires au nettoiement et au remuement de la terre, au moyen des intervalles égaux qui admettent la houe ou tout autre instrument équivalent. Mais cet instrument est-il réellement économique, tel que nous le trouvons encore? Est-il d'ailleurs susceptible d'un emploi général, ou même très-étendu? et ne peut-il être suppléé par quelque autre moyen équivalent et plus simple?

Les bornes de cet essai ne nous permettent pas d'examiner ces questions avec tout le développement dont elles sont susceptibles; mais nous ne pouvons cependant nous dispenser de les soumettre à quelques courtes observations.

Il faut bien distinguer ici l'économie de la semence, sans doute très-précieuse, dans tous les cas, et d'une importance majeure dans quelques-uns, de l'économie de l'argent, qui est toujours l'objet important. S'il est prouvé que cet instrument, qui a été jusqu'à présent presque par-tout coûteux, compliqué et peu solide, occasionne en général des dépenses d'achat, d'entretien et de réparations considérables, et l'emploi des chevaux pour être mis en mouvement; si l'on ajoute qu'il est beaucoup moins expéditif qu'un bon semeur ordinaire, on trouvera peut-être qu'il n'est pas toujours réellement économique. Quant à son emploi général, ou même très-étendu, il sera toujours impraticable dans un assez grand nombre de terres, qui n'auront ni la nature, ni la situation, ni l'état, ni les préparations indispensables pour l'admettre ; et il sera aussi très-difficile dans toutes les autres, d'abord à cause de la complication ordinaire de l'instrument et de son peu de solidité, mais sur-tout à cause de l'insouciance, de l'ignorance et de la mauvaise volonté que peuvent avoir et n'ont que trop souvent les agens ordinaires de nos cultures, ennemis irréconciliables de toute espèce d'innovation dont l'exécution leur est confiée, et qui, s'ils cassent et brisent souvent ou font mal aller les instrumens les plus utiles, les plus simples et les plus solides, détérioreront encore bien plus celui-ci, et en tireront un plus mauvais parti.

Ainsi, sans prétendre avancer que son emploi ne puisse être utile et même facile dans aucun cas, et tout en convenant même qu'il peut être appliqué avec avantage à certaines cultures, comme nous le verrons ci-après, nous nous croyons autorisés à penser qu'il ne peut jamais devenir général, et qu'il sera toujours très-restreint tant que cet instrument restera dans son état actuel d'imperfection. Nous pensons encore qu'il est possible d'y suppléer, au moins en grande partie, pour les grains ordinaires, par un procédé simple, expéditif et économique que nous employons souvent, et que nous aurons occasion de faire connaître plus loin. Nous ajouterons enfin qu'il y a même en Angleterre, depuis très-long-temps, de grandes contestations relativement à la supériorité des produits du grain semé avec cet instrument, ou à la manière ordinaire;

qu'il est constant que la paille qui en provient est généralement plus dure et moins agréable aux bestiaux, que nous avons vu Ducket lui-même, ce *prince des fermiers anglais*, cherchant continuellemet à simplifier cet instrument et à le rendre manuel, plus expéditif et plus économique; et qu'il nous a avoué à nous-mêmes que tel qu'il était encore, il le regardait comme très-imparfait et bien insuffisant, quoiqu'on se soit occupé depuis long-temps de le perfectionner, et qu'on en ait imaginé en France, comme en Angleterre et ailleurs, un nombre très-considérable de diverses formes.

Nous regardons cependant les semoirs que nous avons indiqués en développant notre second principe d'assolement, comme pouvant devenir utiles dans un assez grand nombre de cas, et nous croyons devoir observer d'ailleurs, que le nettoiement et le remuement de la terre devenant plus faciles à l'aide de cet instrument, qui place les grains en rayons droits et réguliers, ce qui nous parait constituer son principal mérite, il y a moins d'inconvénient à exiger successivement de la terre les mêmes productions, qui deviennent moins épuisantes et moins salissantes, ce qui rend l'emploi des engrais moins nécessaire; c'est sur cette observation, comme nous l'avons déjà remarqué, que Tull avait fondé son système de culture.

De l'emploi du plantoir. Après avoir reconnu l'insuffisance et les inconvéniens du *semoir* dans un grand nombre de cas, on s'est avisé de recourir à l'emploi d'un *plantoir*, non simple, comme celui des jardiniers, mais composé d'un nombre plus ou moins considérable de fiches retenues par une traverse supérieure qui, en les fixant à des distances convenables, sert d'appui pour les enfoncer dans la terre, préalablement bien préparée et égalisée par la herse. Ce nouvel instrument procure aussi le double avantage d'économiser la semence et de la placer à des distances égales; mais ces avantages compensent-ils toujours l'accroissement de dépense occasionné par la main d'œuvre nécessitée par cette opération, ainsi que le ralentissement inévitable dans l'ensemencement? Nous ne le pensons pas; et si la célérité et l'économie du temps et des bras sont des qualités essentielles à toutes les opérations agricoles, nous craignons qu'on ne les trouve pas réunies dans l'emploi de cet instrument, qui nous parait généralement plus applicable aux petites qu'aux grandes cultures, et qui n'est, par conséquent, susceptible non plus d'un emploi général, ni toujours réellement économique et avantageux.

Du plantage ou repiquage. Le *plantage* proprement dit, ou *repiquage*, consiste à placer à des distances convenables, dans un champ bien préparé, du plant élevé sur une couche, comme cela se pratique pour le colza, le tabac et plusieurs autres plantes. Cette opération économise encore plus la semence que les deux précédentes. On peut ainsi, avec une petite quantité, suffire à une assez grande étendue de terre; aucun grain n'est pour ainsi dire perdu ou mal placé, et tous peuvent fournir des produits très-abondans dans un terrain convenablement préparé pour recevoir le plant. Plusieurs expériences qui nous paraissent plus curieuses que réellement utiles pour la pratique générale, démontrent même qu'un seul grain de blé peut se multiplier pour ainsi dire à l'infini, au moyen des *talles* continuellement séparées les unes des autres, et qui, pourvues de racines et replantées dans des circonstances favorables, en reproduisent bientôt de nouvelles, dont on peut tirer le même parti. Mais, outre que le produit éventuel d'un seul grain ne suffit pas pour établir le rapport général, comme on le fait quelquefois, cette grande économie de semence, très-précieuse dans les années de disette, et applicable à quelques cas particuliers, dans lesquels on a sur-tout en vue une prompte multiplication d'espèces ou de variétés rares et recommandables, est-elle encore en proportion, dans la pratique en grand, avec les soins, les difficultés, les précautions, et sur-tout les frais de main d'œuvre et la lenteur que le plantage exige? Nous n'osons non plus l'affirmer, et nous pensons que cette grande économie de semence, qui n'est pas, en général, l'objet le plus important, lorsqu'il n'en résulte pas économie de temps, de travaux et d'argent, ne suffit pas pour que cette méthode puisse devenir d'un usage très-répandu, et qu'elle doit par sa nature rester circonscrite dans quelques localités peu importantes, où l'on s'occupe plus de jardinage que d'agriculture.

De l'ensemencement à la volée. Cette méthode d'ensemencement, la plus commune et la plus expéditive que l'on connaisse, consiste à jeter à la volée, sur le champ, le grain que le semeur prend, ou dans une espèce de panier, ou, ce qui vaut beaucoup mieux, dans une pièce de toile, longue d'environ 3 mètres sur un de largeur, et fixée par un bout autour du cou et des bras, au moyen de trois ouvertures, et, par l'autre, entortillée autour d'un bras, de manière que le milieu forme une espèce de corbeille dans laquelle se trouve le grain. Le semeur, en se plaçant à une extrémité du champ et le plus possible sous le vent, le parcourt ainsi dans sa longueur ordinairement, et quelquefois dans sa largeur, et répand le grain dont il emplit plus ou moins sa main, à des distances plus ou rapprochées, relativement à la force du vent, et sur-tout à la quantité plus ou moins forte qu'il désire semer sur un espace donné. Il le répand le plus également possible, en ouvrant la main, tandis que le bras décrit à-peu-près un demi-cercle, depuis le semoir jusque vers l'épaule, portant simultanément en

avant le pied opposé au bras qui lance en même temps la semence, et marchant d'autant plus lentement qu'il veut semer
plus épais.

Cette méthode est susceptible de plusieurs modifications dont
il convient d'examiner ici les principales.

On sème à la volée, ou au fond de chaque raie, derrière la
charrue, ou sur le champ labouré, puis hersé avant le dernier labour qui doit recouvrir la semence, ou dans les sillons d'un champ qui a reçu le dernier labour, et qu'on ne
herse qu'après l'ensemencement, ou enfin sur un champ qui,
après avoir reçu le dernier labour, est hersé avant l'ensemencement, puis hersé de nouveau après.

Premier procédé. Le semeur, en suivant le laboureur, jette
sa semence derrière lui, dans le fond de la raie que la charrue
vient d'ouvrir, la raie suivante la recouvre, et on continue
ainsi successivement.

Ce procédé a l'avantage de bien recouvrir toute la semence
à la profondeur désirée, et de l'éparpiller assez également, et
il est recommandable dans quelques cas; mais il a l'inconvénient d'être moins expéditif que les suivans, le semeur ne pouvant ensemencer dans une journée que l'étendue de terre labourée par la charrue qu'il suit. Il exige d'ailleurs une terre
mise préalablement en très-bon état de culture, afin que les
mottes ne couvrent pas trop les grains, et il emploie généralement aussi beaucoup de semence. Il est assez souvent pratiqué
dans les terres humides, dressées en *billons* ou en planches
étroites et bombées.

Second procédé. Dans toutes les terres où l'on craint que les
eaux ou les gelées ne déchaussent le grain et ne l'exposent à
périr en mettant ses racines à nu, on le sème fréquemment sur
le champ hersé après l'avant-dernier labour, en se réglant sur
des jalons, lorsqu'ils sont nécessaires, et on l'enterre ensuite
par un dernier labour plus ou moins profond, suivant l'état
et la nature de la terre, afin de le prémunir ainsi contre les atteintes auxquelles il est exposé.

Ce procédé, souvent très-utile, et quelquefois indispensable, plus expéditif que le précédent, l'est moins que le suivant, en ce qu'il ne permet d'ensemencer que l'étendue de terre
que les charrues qu'on a à sa disposition peuvent recouvrir en
un seul jour, à moins qu'on ne veuille s'exposer, ce qui n'est
pas ordinairement prudent, aux dégâts que peuvent y faire les
pigeons, les corneilles et autres oiseaux granivores. Il a aussi
l'inconvénient de ramasser une forte partie du grain sur une
ligne, tandis que les intervalles en sont ordinairement peu
garnis.

On désigne fréquemment ce procédé, ainsi que le précédent,

par ces mots, *semer sous raies*, en opposition au suivant, qui consiste à *semer sur raies*.

Troisième procédé. Dans la plupart des terres sur lesquelles on ne redoute pas l'excès d'humidité, et sur presque toutes celles qui sont par cette raison labourées en *planches larges*, au lieu de l'être en *billons étroits*, il est d'usage de répandre la semence sur le dernier labour. Elle entre ainsi dans les sillons, et la herse vient ensuite la recouvrir.

Ce procédé est sans contredit le plus expéditif de tous, parce qu'un semeur habile peut ensemencer en un jour une très-grande étendue de terre, et que l'opération très-expéditive du hersage a bientôt recouvert toute la semence, mais il a l'inconvénient d'accumuler au fond des sillons, plus que le précédent encore, la majeure partie des grains, tandis qu'il en reste à peine quelques-uns sur la crête, et il a en outre celui de placer à des profondeurs inégales la semence, qui n'est aussi qu'imparfaitement enterrée.

On diminue cependant ces inconvéniens en faisant les sillons le plus serrés, égaux et étroits qu'il est possible.

Quatrième procédé. Les inconvéniens qui contre-balancent plus ou moins les avantages propres à chacun des procédés précédens, et sur-tout l'irrégularité de la dissémination du grain, d'où résulte souvent son amoncèlement sur un point, tandis que les points environnans en sont peu garnis, et quelquefois même entièrement dépourvus, ont sans doute fait naître la première idée des instrumens connus sous les dénominations de plantoirs, de semoirs à tambour, à cylindres, à ressorts, à trémie, à palettes, etc., etc. ; mais les inconvéniens de ces divers instrumens malheureusement plus ou moins compliqués et difficiles à gouverner en général, étant souvent plus considérables que ceux qu'on désirait faire disparaître, et leur emploi ne convenant qu'à quelques cultures particulières et sur des terres meubles, non pierreuses, d'une surface uniforme, d'ailleurs en très-bon état de culture, il faut nécessairement revenir à ces divers procédés, et diminuer autant que possible leurs inconvéniens, en conservant les principaux avantages qui les distinguent, *célérité et économie*.

Nous avons adopté depuis long-temps, sur notre exploitation, un procédé qui nous paraît réunir à ces deux avantages une plus grande égalité dans la dissémination, et dont nous faisons usage avec succès toutes les fois que les circonstances le permettent. Nous croyons utile de l'exposer ici d'une manière abrégée.

Lorsque les circonstances nous paraissent exiger que le grain soit enterré *sous raies*, pour les motifs que nous avons déjà fait connaître ; après l'avoir semé à la volée, à la manière ordinaire, sur le champ hersé après l'avant-dernier labour, nous hersons de nouveau la terre immédiatement après cet ensemencement, et préalablement au dernier labour qui doit suivre. Cette opération expéditive d'un nouvel hersage a l'avantage de fixer en terre la plupart des grains en les y enfonçant légèrement, et le labour qui vient ensuite n'a plus l'inconvénient de les accumuler, en les faisant rouler vers un seul point. De nouveaux hersages en travers achèvent de compléter la dissémination, en écartant plus ou moins la plupart des grains trop rapprochés, et leur enfoncement en terre, ainsi que la levée, se trouvent ordinairement assez réguliers.

Lorsqu'au contraire nous n'avons pas le déchaussement du grain à redouter, nous le semons après le dernier labour, mais non sur *raies* à la manière ordinaire ; c'est-à-dire que nous faisons précéder notre ensemencement par un simple hersage en long, ou mieux encore en travers, quand la chose est possible. Il en résulte l'oblitération des sillons, et la formation de raies nouvelles beaucoup plus petites, qui reçoivent la semence d'une manière plus égale et à des distances plus rapprochées. Aussitôt après cet ensemencement, de nouveaux hersages en différens sens achèvent d'éparpiller la semence en l'enterrant à une profondeur à-peu-près égale, et la levée, au lieu de montrer des raies droites et régulières, formées par l'accumulation des grains au fond de chaque sillon, présente l'aspect agréable d'une prairie verdoyante, chaque grain se trouvant disséminé d'une manière beaucoup plus uniforme.

Ce procédé a aussi l'avantage d'économiser la semence, parce qu'un seul grain suffisant dans l'endroit où un nombre quelquefois très-considérable se trouve rassemblé par les méthodes ordinaires, on peut en semer moins, et il a encore celui de rendre moins sensible et moins désavantageux l'excès de semence dans lequel on tombe si souvent, parce qu'il en résulte toujours une moindre accumulation de grains sur un même point, la surface du terrain se trouvant beaucoup moins inégale. Il permet moins aussi aux plantes nuisibles de s'étendre, parce que le champ présente beaucoup moins de ces lacunes qui favorisent leur développement; et nous pensons, d'après une longue expérience, que toutes les fois qu'il est admissible, il offre de grands avantages sous le rapport de l'égalité de la dissémination, sans nuire à la célérité et à l'économie qu'il ne faut jamais oublier dans toutes les opérations rurales.

Les grains, à la vérité, se trouvent généralement peu enfoncés par le dernier mode d'exécution de ce procédé ; mais, outre que cela nous paraît plus conforme au vœu de la nature et beaucoup plus convenable, lorsqu'on ne redoute ni le déchaussement ni l'aridité, nous observerons que le premier

-mode qui pare à cet inconvénient, offre le moyen d'opter en
faveur de celui que les circonstances locales font présumer devoir être le plus convenable ; et tous deux nous paraissent
réunir, suivant les circonstances, des avantages qui méritent
qu'on les essaye comparativement avec les méthodes accrédi-
tées depuis long-temps, méthodes dont on ne peut se dissimuler
les imperfections, toutes les fois qu'on les considère avec un
œil observateur et impartial.

Des opérations généralement nécessaires depuis l'ensemen-
cement jusqu'à la récolte. Ces opérations peuvent rigoureusement se borner à trois principales ; le hersage, le roulage et
le sarclage.

Du hersage. Le hersage, fait de la manière et avec les précautions convenables, doit être regardé comme le complément
des ensemencemens ordinaires.

En effet, quelques précautions que le semeur ait prises pour
arriver à une égale dissémination du grain, l'irrégularité de
sa marche et de ses poignées, la force du vent et l'inégalité
du terrain, jointes à quelques autres circonstances accidentelles, peuvent encore la rendre plus ou moins inégale ; et
l'action de la herse, qui ouvre, remue en tous sens et égalise le sol, doit nécessairement remédier en grande partie à
cet inconvénient, lorsque cette action est convenablement
exercée.

C'est sur-tout le hersage en travers, c'est-à-dire, dans une
direction opposée à celle des sillons, qui produit cet effet, et
il doit toujours être employé immédiatement après l'ensemencement, lorsqu'il est praticable et facile. En oblitérant les sillons, il en déplace une partie des grains surnuméraires qui s'y
trouvaient accumulés, et les reporte sur l'espace occupé par la
crête qui n'avait pu en retenir qu'une bien faible partie, lors
de l'ensemencement ; il est généralement préférable au hersage
en long, sous ce rapport essentiel, et aussi parce qu'il égalise
mieux le terrain, et qu'il remplit mieux les *dérayures.*

Il n'est pas plus possible de prescrire le nombre des hersages
et la forme des herses, qu'il ne l'est de régler invariablement
le nombre des labours et la forme des charrues.

Les principes généraux sur ce point doivent, selon nous, se
borner à ceci :

I. Les hersages doivent être d'autant plus multipliés que la
terre a plus besoin d'être ameublie et purgée de racines nuisibles, et la semence plus éparpillée ; et les herses doivent
être d'autant plus pesantes, et les dents plus allongées et plus
affilées, qu'on désire enfoncer davantage la semence en terre.

II. La nature, enfonçant généralement très-peu les semences en terre, nous indique que, lorsqu'elles sont semées

en temps convenable, elles doivent n'être que suffisamment
enterrées pour se trouver à l'abri des atteintes des animaux et
de la sécheresse.

III. Plus le terrain est froid, humide, compacte et mot-
teux, moins la herse doit les enterrer, de crainte qu'elles ne
pourrissent; et plus il est sec, chaud, meuble et en pente,
plus elles doivent y être enfoncées, pour les soustraire aux ravages des chaleurs excessives et des averses.

IV. Dans les terres très-exposées aux effets destructeurs des
eaux et des gelées, il y a généralement moins d'inconvénient
à conserver, avant l'hiver, les mottes d'une grosseur moyenne,
qui quelquefois les en préservent, et le hersage doit y être
moins multiplié.

V. L'établissement de *sangsues* ou *saignées*, ou rigoles
transversales ou diagonales, établies de distance en distance,
en modérant le cours des eaux, prévient également ou diminue
au moins leurs ravages, et l'on doit pratiquer ces rigoles lorsque la terre se trouve suffisamment hersée.

Du roulage. Toutes les fois que la nature du sol, ou son
état, fait redouter le déchaussement du grain pendant l'hiver,
par l'effet du soulèvement de la terre, il est prudent d'y passer
le rouleau ou cylindre en bois ou en pierre, immédiatement
après le dernier hersage, afin de prévenir, au moins en partie,
cet inconvénient; quelquefois même, on fait parquer, pour
le même objet, les moutons sur le champ ensemencé, ainsi
que pour lui donner plus de consistance et de fertilité; et nous
avons souvent employé ce moyen avec le plus grand succès; nous
nous servons aussi avec beaucoup d'avantage du fort rouleau
à pointes (*voyez les fig. à la fin de l'ouvrage*) pour écraser
les mottes durcies par la sécheresse, avant ou après l'ensemencement.

Lorsqu'on n'a pas cru devoir rouler le champ avant l'hiver,
il est généralement avantageux de le faire après, afin d'écraser
les mottes les plus fortes, de chausser le plant, et de rendre la
récolte plus facile en rendant la surface plus unie.

Quand on craint de trop resserrer la terre, on peut substituer avantageusement au rouleau, un *ploutre* ou châssis ayant
la forme d'un carré long, ou simplement une herse renversée
qui, sans comprimer la terre, brise les mottes et égalise le
champ, en chaussant le plant. (*Voyez les mêmes figures.*)

Sur les terres labourées en billons étroits, on remplace souvent le hersage et le roulage par l'emploi des *brise-mottes* à
main, et ce travail devient long, pénible et coûteux.

On emploie encore, pour le même objet, une espèce de *binette*, qui ameublit la terre et chausse légèrement les plantes
utiles, en détruisant celles qui leur nuisent.

Du sarclage. L'opération du sarclage est essentielle, non-seulement pour le succès de la récolte actuelle, mais sur-tout pour la prospérité des récoltes suivantes.

Un des grands inconvéniens de la culture ordinaire des graminées annuelles, c'est de souiller la terre, indépendamment de l'épuisement qu'elle occasione; et si l'on ne peut empêcher le dernier inconvénient, il faut tâcher, au moins, de diminuer le premier autant que possible.

Le sarclage devient beaucoup plus facile, lorsque le grain se trouve semé en lignes ou en rayons équidistans et réguliers, parce qu'il suffit de passer, dans les intervalles, de petites houes à main, telles que celle figurée à la fin de l'ouvrage, ce qui est tout-à-la-fois facile et expéditif, et ameublit la terre en la nettoyant; mais cette circonstance se rencontrant rarement dans la pratique ordinaire en grand, il n'en devient pas moins utile de pourvoir au sarclage de toute autre manière, soit en arrachant à la main les plantes nuisibles, ce qui est fort long et généralement peu praticable en grand, soit avec un instrument approchant, pour la forme, de la seconde houe figurée, ou avec tout autre instrument équivalent.

On emploie aussi une échardonnette pour cet objet, et sur-tout pour couper les chardons et autres plantes semblables ou aussi nuisibles, telles que le COQUELICOT (*papaver rheas*), le BLUET (*centaurea cyanus*), la NIELLE (*agrostemma githago*), la SANVE (*sinapis arvensis*), la JACINTHE CHEVELUE (*hyacinthus comosus*), l'EUFRAISE TARDIVE (*euphrasia odontites*), etc. (*voyez les mêmes figures*), et on les arrache quelquefois aussi avec une espèce de tenailles en bois à long manche, connues sous le nom de *moëttes* en différens cantons des départemens de l'Orne, de l'Eure et du Calvados, où l'on s'en sert souvent. (*Voyez les mêmes figures.*)

On peut réduire aux règles suivantes les précautions à prendre relativement à l'opération si utile et si négligée du sarclage.

I. Les grains les plus clair-semés sont ceux qui ont le plus besoin de sarclage.

II. Plus tôt le sarclage a lieu, plus cette opération est bienfaisante. Elle fait taller la plante, en l'exposant, de toutes parts, aux bénignes influences de l'atmosphère, et en procurant aux racines les moyens de s'étendre davantage.

III. Il est avantageux de le réitérer, jusqu'à ce que le grain couvre entièrement toute la surface du champ, ou commence à s'élever, et il est sur-tout essentiel d'enlever toutes les plantes légumineuses dont les vrilles s'accrochent aux tiges, et dont les grains noirs se mêlent à la semence. Il est encore très-utile d'arracher les touffes de grains étrangers, seigle, orge ou avoine, qu'on distingue à une teinte de verdure différente, et qui gâteraient aussi la récolte principale, ainsi que l'ivraie, autre graminée à feuilles beaucoup plus petites, et dont le grain mélangé avec celui du froment, cause des accidens plus ou moins funestes aux personnes qui se nourrissent du pain qui en provient, sur-tout lorsqu'il est chaud, et que le grain est nouvellement récolté.

IV. Le temps le plus convenable pour le sarclage, est celui où la terre n'est ni trop sèche ni trop humide, afin d'éviter que les plantes nuisibles ne se cassent au lieu de s'arracher, dans le premier cas, et que la terre ne se trouve foulée et la récolte endommagée, dans le second.

V. Lorsque le temps est favorable à cette opération, il est toujours très-avantageux de concilier la célérité avec l'économie.

VI. Lorsqu'elle est terminée, les plantes n'exigent, en général, aucun autre soin jusqu'à la récolte, à moins que leur excès de vigueur ne nécessite le retranchement d'une partie de leurs feuilles, ou par la dent des bestiaux, ou par la faucille, ou par la faux, afin de prévenir le versement, la rouille et autres accidens de cette nature. Ce retranchement, aussi utile aux jeunes animaux qui sont nourris de son produit, qu'aux plantes qui l'éprouvent, se désigne fréquemment sous la dénomination d'*effanage*.

De la récolte. La manière dont la récolte du froment est faite est encore importante à considérer, sous le point de vue de l'assolement. Celle qui doit obtenir la préférence, pour cet objet, est, sans contredit, celle qui souille le moins la terre de semences nuisibles, et qui la laisse couverte de chaume le moins possible.

Sous ces rapports, ainsi que sous ceux de la célérité et de l'économie, qui ne sont jamais plus importantes qu'à l'époque critique de la récolte, la faux, armée de *crochets* ou *pleyons*, présente de grands avantages sur la faucille, et doit être employée toutes les fois qu'elle est admissible.

Quand il serait vrai que cet instrument égrène davantage que la faucille, ce qui est bien plus attribuable à la maladresse de l'ouvrier qu'à l'action de la faux, lorsqu'elle est bien montée et bien dirigée, comme nous nous en sommes assurés par des essais comparatifs répétés, il faudrait seulement devancer de quelques jours l'époque de la récolte; ce qui peut se faire sans inconvénient, et ce qu'il est souvent si funeste de retarder.

Par l'emploi de cet instrument, joint à la précaution que nous recommandons, la terre sera plus nette, plus tôt dépouillée et en état de recevoir les cultures et ensemencemens auxquels on pourra la destiner.

On emploie encore, avec beaucoup de succès, la *sape*, ou petite faux à crochet, usitée dans nos départemens septentrionaux, sur-tout pour les blés versés, et l'on y met souvent, aussi, les gerbes à couvert, dans le champ, en petits *meulons*, avant de les enlever, tandis qu'ailleurs on les entasse ordinairement en croix, en *dizeaux*, ou de toute autre manière qui les garantit bien moins de la pluie.

Après être entrés dans ces divers détails, qui ont un rapport plus ou moins direct avec l'objet particulier que nous avons en vue, et dont les principes sont d'ailleurs applicables à la culture des autres grains, passons à l'objet de l'assolement proprement dit.

De l'assolement. La culture ordinaire du froment étant très-épuisante et salissante, il est nécessaire qu'elle soit immédiatement précédée et suivie de cultures améliorantes et préparatoires.

Rien n'est plus contraire aux bons principes, et rien n'épuise et ne souille autant la terre, que de faire précéder une récolte de froment par une autre de graminées annuelles cultivées à la manière ordinaire, telles que l'orge, l'avoine et le seigle.

On peut quelquefois, à la vérité, après les défrichemens, ou lorsque la terre se trouve très-féconde par une cause quelconque, obtenir ainsi plusieurs récoltes successives abondantes; mais on finit toujours par la souiller et l'épuiser d'une manière plus ou moins sensible, et un bon cultivateur doit avoir en vue non-seulement le succès des récoltes actuelles, mais sur-tout la prospérité des récoltes futures; il ne doit jamais s'exposer à compromettre, par l'effet des premières, la réussite des dernières, son principal objet devant être, généralement, de maintenir la terre dans un état constant de vigueur, de netteté et de fécondité.

Il est également contraire aux mêmes principes, de faire suivre immédiatement une récolte de froment par une autre d'orge, de seigle ou d'avoine, qui, indépendamment du mélange toujours très-nuisible, de grains de diverses espèces, achève d'épuiser et de souiller la terre, et force le cultivateur à avoir recours à la jachère pour réparer en partie le tort qui lui est fait par cette conduite plus intéressée que réellement avantageuse, qui, négligeant les besoins de l'avenir, ne vise qu'à ceux du moment, qu'elle remplit encore bien rarement.

On ne doit rigoureusement se permettre d'enfreindre ces principes, que dans le cas où le second ensemencement eu grain est accompagné d'un ensemencement en prairie artificielle. Le mal porte en quelque sorte ici son correctif avec lui : le séjour de la prairie répare, au moins en grande partie, et sans frais additionnels, l'épuisement et le salissement de la terre; ce moyen est sur-tout admissible lorsqu'elle se trouve dans un état d'amélioration tel, qu'on n'a pu établir la prairie avec la première récolte, par la crainte que la vigueur du grain ne la privât des influences atmosphériques indispensables à sa prospérité.

Pour le même motif, la culture du froment ne doit jamais suivre immédiatement un défrichement de bois ou tout autre qui peut laisser la terre dans un état d'ameublissement et de fécondité considérables, lequel, en donnant aux plantes une vigueur extrordinaire, leur ôte le degré de consistance nécessaire, les rend faibles, élancées, sujettes à verser et à pourrir, et leur donne, au moins, un luxe de végétation en feuilles, qui tourne ordinairement au détriment de la qualité et de l'abondance du grain.

Il est prudent de faire précéder la culture du froment, dans le cas d'excès d'ameublissement et de fécondité, par une culture qui épuise la fertilité surabondante de la terre, sans la souiller, telle que celles du CHANVRE, du LIN, du COLZA, du TABAC, de la GARANCE, du PASTEL, de la BETTERAVE, de la POMME DE TERRE, et autres de cette nature, qui exigent de fréquens sarclages, et après lesquels la terre se trouve encore dans un état convenable pour recevoir le froment. *Voyez* ces articles.

Cette culture ne doit pas non plus, en général, avoir lieu immédiatement après une luzerne vieille, qui laisse la terre plus ou moins gazonneuse, et dont les fortes racines ajoutent encore à l'inconvénient du soulèvement de la terre que le gazon occasionne, et qui déchausse et fait souvent périr le grain. *Voyez* LUZERNE.

Elle est ordinairement accompagnée d'un grand succès, après la destruction d'un trèfle net et vigoureux, qu'on n'a laissé subsister qu'une seule année après celle qui a suivi son ensemencement; la terre, dans ce cas, n'exige ordinairement qu'un seul labour pour recevoir le froment, comme notre expérience nous en a souvent convaincus, et cela n'en vaut généralement que mieux. *Voyez* TRÈFLE.

Cette culture réussit encore très-souvent, sur les terres convenables, après un défrichement de sainfoin ou de lupuline, lorsqu'elles sont préalablement bien préparées, et c'est ainsi que nous sommes parvenus, depuis long-temps, à convertir, avec le plus grand succès, en terres propres à la culture du froment une très-grande partie des terres médiocres de notre exploitation, qui, de temps immémorial, n'avaient donné que des récoltes en seigle peu productives en suivant la routine triennale, *jachère, seigle* et *avoine. Voyez* SAINFOIN.

Nous l'avons également vue souvent donner des produits nets et abondans après les récoltes convenablement préparées et soignés de pommes de terres, et de plantes légumineuses et crucifères soumises à nos cultures ordinaires. *Voyez* ces articles.

Enfin, elle a communément le plus grand succès immédiatement après toutes les cultures préparatoires, suffisamment engraissées et sarclées, lorsque les récoltes peuvent être enlevées du champ assez tôt pour que la terre puisse recevoir la culture nécessaire, et permettre de faire l'ensemencement de bonne heure.

Toutes les fois que l'enlèvement de la récolte précédente se trouve reculé par une cause quelconque, qui s'oppose à ce que l'ensemencement puisse se faire en temps opportun, il est prudent de substituer au froment commun ordinaire une de ses variétés dites de mars.

Ces variétés, désignées sous les dénominations de *blés de mars, marsais, trémois, primaves, printaniers* et *trimestres*, qui se subdivisent encore en autant de variétés secondaires qu'il en existe dans les fromens d'automne, sous le rapport de l'absence ou de la présence des barbes, du vide ou du plein des tiges, de la forme et de la couleur des épis et des grains, se font ordinairement remarquer par un grain plus petit, plus arrondi et généralement assez pesant ; par une tige principale moins élevée et qui talle peu, et par un épi plus court, dont les grains s'échappent plus aisément à l'époque de la maturité, et qui est aussi plus sujet à la carie, comme nous l'avons déjà observé.

Plus tôt on les sème, vers la fin de l'hiver, et plus le produit en est abondant. Comme elles poussent moins en tiges et en feuilles que les fromens d'automne, elles ne présentent point les mêmes inconvéniens qu'eux sur les terres très-meubles et très-fertiles qui leur conviennent essentiellement.

Elles sont sur-tout précieuses pour les terres qui étaient destinées aux fromens d'automne et qui n'ont pu être préparées assez à temps pour les recevoir ; et quoique leur produit soit moindre, en général, il a ordinairement assez de qualité, mais la farine en est souvent sèche. Elles ne sont pas moins utiles dans quelques situations trop élevées pour pouvoir être ensemencées avant l'hiver, à cause de l'âpreté du climat ; sur les terrains où l'on doit redouter l'excès d'humidité pendant cette saison ; sur ceux où l'on veut conserver, pendant l'hiver, le pâturage d'une prairie artificielle ; ou enfin pour réparer les pertes occasionnées par tous les accidens qui peuvent endommager les semailles d'automne.

En nous occupant de la culture du seigle sous le rapport de l'assolement, et en rapportant plusieurs exemples remarquables qui démontrent que cette graminée pouvait fournir, dans la même année, une prairie momentanée et une récolte en grains, nous avons observé que cet avantage pouvait s'obtenir aussi avec d'autres de nos graminées annuelles. Le froment fournit plusieurs exemples de la possibilité de cette double récolte, résultante du même ensemencement, et qui est sur-tout praticable sur les terrains ou naturellement très-fertiles, ou fortement améliorés. Nous nous bornerons à en consigner ici quelques-uns assez frappans.

On peut citer comme un fait très-remarquable en ce genre celui rapporté par Gilbert et éprouvé par M. Bazile, régisseur de M. d'Artois, qui «*sur onze arpens* ensemencés en froment, à la mi-juin, a obtenu trente-six chariots à trois chevaux de bon foin, et ensuite une récolte meilleure qu'un douzième d'arpent de la même terre qui n'avait point été fauchée. »

« J'ai semé, nous dit M. Dumont de Courset, du froment au mois de juillet, pour en faire une prairie artificielle en automne ; je l'ai fait paître en septembre par les chevaux, qui se sont très-bien trouvés de cette nouvelle prairie, qui avait alors 8 à 10 pouces de hauteur : ce même blé m'a fourni une assez bonne récolte l'année d'après ; mais les herbes qui y sont venues trop abondantes ont un peu influé sur le produit. J'avais fait, continue-t-il, cet essai pour donner une nourriture verte automnale aux chevaux ; si l'on pouvait en sarcler ensuite les mauvaises herbes, on aurait ainsi une prairie excellente la première année, et une récolte ordinaire l'année suivante. »

Il existe aussi plusieurs exemples qui prouvent que du froment fauché, après avoir été endommagé par la grêle, au moment où il allait épier, a fourni encore de bonnes récoltes, indépendamment d'une abondante provision de fourrage, et ce moyen de réparer en partie les dégâts occasionnés par ce terrible fléau, si fréquent dans plusieurs de nos cantons méridionaux, doit être mis en usage, sans perte de temps, toutes les fois qu'il est encore praticable. Il doit toujours, au moins, en résulter une seconde coupe de fourrage bien précieux.

Nous avons fait plusieurs fois, sur cet objet, des essais qui n'ont pas toujours réussi, mais qui nous ont convaincus cependant que, sur des terrains fertiles et frais, et avec des circonstances atmosphériques favorables, on pouvait quelquefois obtenir ainsi une première récolte en fourrage, et une seconde en grain ; il est même des circonstances où la première récolte devient indispensable, comme nous l'avons remarqué, au succès de la seconde et principale récolte.

Le petit blé qui sort dessous le crible est aussi très-propre à faire des pâtures ou prairies momentanées, et chaque année nous en semons, pour cet objet, une étendue de terrain assez considérable, dont la consommation faite alternativement au printemps, avec celle du seigle, de l'escourgeon et de l'avoine d'hiver, devient une ressource très-précieuse pour nos brebis nourrisses et nos agneaux, sans nuire aux ensemencemens subséquens.

La valeur vénale de ces petits grains, ainsi que leur valeur réelle pour la consommation, étant généralement très-faible, il y a d'autant plus d'avantage à les semer, qu'il en faut beaucoup moins que de bons grains pour cet objet qu'ils remplissent assez bien ; il est seulement essentiel qu'ils se trouvent le plus exempts possible de semences étrangères, nuisibles aux récoltes. Nous renvoyons, pour le mode d'ensemencement, à ce que nous avons dit en nous occupant du seigle.

Nous renvoyons également à cet article pour ce qui concerne les divers mélanges de froment et d'autres grains connus sous le nom de méteil, etc.

DE L'AVOINE. L'aveine, avène ou avoine commune, Lin., *avena sativa*, est une graminée annuelle dont les tiges, qui s'élèvent ordinairement à un mètre environ, dans un terrain et avec une culture et un temps convenables, sont terminées par un panicule très-lâche, garni d'épillets pendans, qui renferment des grains de diverses grosseurs et couleurs.

L'origine de cette graminée nous paraît encore réellement inconnue, quoique, d'après Adanson, qui rapporte l'avoir vue croître spontanément dans l'île d'Ivan Fernandès, plusieurs auteurs l'aient supposée originaire des environs du Chili. Tout nous porte à croire que l'avoine, connue d'ailleurs des anciens, beaucoup plus cultivée au nord de l'Europe qu'au midi, dont le climat lui convient généralement moins, et que nous voyons constamment résister beaucoup mieux au froid et à l'humidité qu'à la chaleur et à la sécheresse, est originaire de quelque contrée septentrionale.

Quoi qu'il en soit, cette plante croît ordinairement assez bien, comme le froment, sur les terres de notre seconde division, plus argileuses que siliceuses, et plus humides que sèches, plus compactes que meubles, sur lesquelles l'orge et le seigle viennent moins bien ; et, dans les âpres régions de nos montagnes élevées, où la culture du froment, de l'orge et du maïs est interdite, on trouve encore quelquefois l'avoine qui partage avec le seigle le mérite de fournir à la frugale subsistance des Alpicoles.

Ajoutons que cette plante, robuste et peu délicate, est une de celles qui souffrent le moins de la négligence du cultivateur, qui prend souvent peu de soins pour assurer son succès. Toute sa culture se borne communément à un simple labour, et s'il suffit quelquefois, comme nous en citerons quelques exemples, il ne faut pas en conclure cependant, comme on ne le fait que trop souvent, qu'il soit le seul, dans tous les cas, rigoureusement indispensable. Un assez grand nombre de faits démontrent que deux et même trois labours sont très-souvent amplement payés par un accroissement proportionnel de produit, indépendamment du nettoiement de la terre, objet qui est toujours de la plus haute importance; et parce que, dans la routine ordinaire, la terre destinée à cette culture ne reçoit point immédiatement d'engrais, il est aussi absurde d'en conclure qu'elle peut et doit toujours s'en passer, qu'il le serait d'avancer que, quoiqu'elle n'exige pas toujours, pour prospérer, le terrain le plus fertile et le mieux préparé, ses produits ne sont pas généralement proportionnés à la qualité et à l'état de la terre.

Notre expérience, jointe à celle de plusieurs observateurs, nous démontre que l'avoine redoute sur-tout la sécheresse.

« Les avoines, fèves et pois, dit Olivier de Serres, sont les grains qui plus désirent l'eau. »

« Cette plante, observe Tessier, craint tellement la chaleur, qu'il y a des pays où on est obligé de ne la semer qu'avec de la vesce, à la faveur de laquelle elle peut avoir le pied frais. »

« Elle se refuse, dit Dumont Courset, aux sols crétacés ou trop secs. »

Avant d'entrer dans les détails sur sa culture, qui sont nécessaires à notre objet, examinons ses espèces et ses variétés sous le rapport de leur mérite respectif pour la culture en grand.

Il en est de l'avoine comme du froment; en érigeant de simples variétés en espèces, plusieurs auteurs ont embrouillé la matière au lieu de l'éclaircir. Ils ont établi ces prétendues espèces sur les différences de la couleur du grain, et sur l'époque automnale ou printanière de la semaille, comme si des couleurs accidentelles, ainsi que des époques de semailles trèsvariables, pouvaient réellement constituer des espèces proprement dites.

Il existe un assez grand nombre de variétés de l'avoine ordinaire, dont les principales, sont, 1º. l'avoine blanche; 2º. l'avoine jaune; 3º. l'avoine grise; 4º. l'avoine noire; 5º. l'avoine brune, et 6º. l'avoine rousse, qui se subdivisent encore en avoine automnale et en avoine printanière, plus ou moins hâtive ou tardive.

Les variétés blanche et noire sont les plus tranchantes par la couleur, et les moins changeantes d'après notre expérience ; mais quoique nous n'ayons jamais vu l'une de ces deux variétés de couleur changée totalement en l'autre, nous avons cependant souvent remarqué que la différence du sol et de la constitution atmosphérique y apportait des variations très-notables ; que, par exemple, la première devenait d'autant plus grise ou jaune que le sol et la saison étaient plus humides, et que la seconde devenait aussi d'autant plus brune ou rousse que le sol ou le climat étaient plus secs. On pourrait donc rigoureusement réduire toutes ces variétés à deux principales, plus ou moins susceptibles de modifications accidentelles, et nous n'avons cru devoir les faire connaître toutes que parce que nous avons vu souvent leur attribuer des qualités distinctes qui les faisaient plus ou moins rechercher.

En ne nous arrêtant ici qu'aux deux variétés blanche et noire, nous trouvons que chaque auteur qui a cru devoir préconiser l'une en la comparant à l'autre, l'a annoncée comme moins délicate sur le sol et la culture ; plus productive, moins dure, plus hâtive, plus pesante et par conséquent plus farineuse ; or, comme ces qualités se trouvent alternativement attribuées à l'une et à l'autre, cette dissidence, ou plutôt ce rapport d'opinion diversement appliqué, nous paraît démontrer bien évidemment que toutes deux sont susceptibles de posséder à différens degrés ces qualités, qui proviennent ordinairement de l'influence plus ou moins prolongée du sol, du climat, de la culture et d'autres circonstances très-agissantes et purement accidentelles, et les observations qui nous sont personnelles, sur ce point, nous autorisent encore à le penser.

Nous croyons donc qu'en général, sans s'attacher exclusivement à telle ou telle autre variété, on doit toujours accorder la préférence, sans distinction de couleur, à celles qui, ayant été reconnues, par des essais comparatifs, les plus convenables au sol, au climat et aux autres circonstances locales importantes à considérer, sont encore les plus productives en poids réel de grain, ce qui nous paraît être la qualité essentielle, et qui réunissent ensuite à un plus haut degré les autres qualités désirables.

Lorsqu'on destine à la vente une partie de l'avoine qu'on doit récolter annuellement, il convient, toutes circonstances égales d'ailleurs, de se conformer à la couleur la plus recherchée par les acquéreurs, et la noire étant généralement préférée dans les départemens environnant Paris, et ailleurs, comme la blanche l'est à son tour dans plusieurs autres départemens, le cultivateur doit en ce cas prendre cette circonstance en considération. Nous observerons que la couleur noire, dont l'intensité est souvent due au javelage dont nous parlerons plus loin, et à d'autres pratiques nuisibles, rend plus difficiles à reconnaître les altérations que l'avoine a reçues par la pluie, par un commencement de fermentation, ou par quelque manipulation préjudiciable et trop commune.

Lorsqu'on croît devoir cultiver l'avoine sur des terres sur lesquelles la substance siliceuse domine, sur celles qui sont crétacées et arides, et sur toutes celles enfin où l'on a à redouter les effets funestes de la sécheresse du printemps, on doit préférer, quand le climat le permet, la variété automnale, plus habituée que la variété printanière à supporter les hivers ordinaires, parce que couvrant plutôt la terre de ses feuilles, ses racines se trouvant plus enfoncées à l'époque où la sécheresse règne ordinairement, et sa maturité ayant lieu quinze jours environ plus tôt, d'après notre expérience, elle se trouve dans des chances plus favorables à son succès. Son grain est aussi plus pesant, mieux élaboré, et plus farineux que celui de la variété printanière.

Lorsque le climat ne permet pas de semer avant l'hiver sur les terres dont nous venons de parler, on doit alors s'attacher aux variétés qui, habituées depuis long-temps à être semées sur des terrains et dans des circonstances qui accélèrent la maturité sont généralement plus précoces que d'autres.

Ces variétés sont encore précieuses sur les terres où l'on redoute l'excès d'humidité, parce que la semaille peut en être différée avec moins d'inconvénient, ainsi que sur celles extraordinairement fécondes, parce qu'elles poussent ordinairement moins en feuilles, et sont par conséquent moins sujettes à y pourrir en herbe ou à verser.

En général l'avoine semée pendant l'hiver ayant plus de temps pour se développer, fournit une paille plus ferme et des grains plus pesans, plus farineux et plus nourissans ; elle est par conséquent plus propre aux usages économiques ordinaires, et particulièrement à la fabrication des gruaux.

Passons maintenant aux espèces proprement dites d'avoine qui sont annuelles et cultivées, nous réservant de nous occuper plus loin des espèces vivaces, propres à la formation des prairies.

Indépendamment de l'espèce commune dont nous venons de nous occuper, on remarque l'avoine nue, l'avoine de Pensylvanie, l'avoine de Læffling, et l'avoine de Hongrie, qui pourrait bien n'être qu'une variété unilatérale de l'avoine commune.

DE L'AVOINE NUE. L'avoine nue, *avena nuda*, ainsi appelée parce que ses semences tombantes sont dégarnies de leurs balles, se distingue encore par ses calices triflores, ses épillets courts, et par la petitesse de son grain, qui est généralement moins productif que l'avoine commune, mais qui paraît avoir plus de qualité pour la fabrication des gruaux, pour laquelle Duhamel, qui observe *qu'il ne rend presque point de son*, le recommande avec quelques autres agronomes.

Cette espèce d'avoine paraît encore recommandable par sa faculté de résister au froid ; elle est cultivée sous ce rapport et sous celui de la quantité de ses gruaux dans quelques parties de la Suisse, de la Russie, et de quelques autres contrées septentrionales ; elle l'est aussi dans plusieurs provinces d'Angleterre qui sont septentrionales, montueuses et d'un climat rigoureux, et sur-tout en Ecosse, où elle obtient la préférence pour ce dernier objet et pour la fabrication du pain, usage auquel on l'y destine fréquemment ; ce qui a probablement engagé Johnson à définir l'avoine, dans son Dictionnaire anglais : *Grain qui sert à nourrir les chevaux en Angleterre et les hommes en Ecosse.*

Nous cultivons depuis plusieurs années une nouvelle variété de cette espèce, qui nous a été donnée par M. Ardent, maître des requêtes, et qui est bien supérieure et plus propre à la confection des gruaux que celle que nous cultivions précédemment. Sa tige est plus élevée et son grain plus gros.

C'est cette espèce d'avoine que Linné a regardée comme donnant un grain bien préférable à celui du froment. *Avena nuda fructum dat tritico longè præstantiorem, quare apud Scotos, teste Bauhino, multò pluris constat. Amœn. acad., v. 7, p. 21.*

DE L'AVOINE DE PENSYLVANIE. L'avoine de Pensylvanie, *avena pensylvanica*, ainsi appelée parce que le botaniste suédois Kalm l'a rapportée de cette contrée d'Amérique, où il l'a trouvée croissant spontanément, et dont les principaux caractères spécifiques sont d'avoir son panicule aminci vers son sommet, ses calices biflores, ses semences petites et velues, et garnies de longues barbes, n'a pas été jusqu'à présent, que nous sachions, essayée comparativement assez en grand pour pouvoir apprécier ses qualités relativement à l'avoine commune (1).

DE L'AVOINE DE LAEFFLING. L'avoine de Lœffling, *avena lœfflingiana*, ainsi nommée par Linné, parce que, Lœffling, autre botaniste suédois, l'a rapportée d'Afrique, où elle croît spontanément, ainsi qu'en Espagne, se distingue

____

(1) Nous avons été informés que M. Sonnini a cultivé cette espèce d'avoine, et que sa tige s'élève davantage que celle de toute autre espèce, mais que son grain petit, à balle noirâtre, ne mérite pas d'être préféré à celui de l'avoine commune.

essentiellement par le resserrement de son panicule en épi pyramidal, par la petitesse de ses épillets sessiles, biflores ou triflores, et par deux barbes de longueur inégale.

Nous ne connaissons non plus aucune expérience comparative faite avec le grain de cette espèce, qui est aussi fort petit, qui paraît plus sensible au froid, et qui pourrait peut-être convenir plus que l'avoine ordinaire à quelques cantons de nos départemens les plus méridionaux (1).

DE L'AVOINE DE HONGRIE. L'avoine de Hongrie, qui paraît avoir été inconnue à Linné, et que Schreber appelle avoine orientale, *avena orientalis*, qu'on désigne aussi quelquefois en France sous les noms d'avoine de Pologne, de Sibérie et d'Allemagne, a pour principal caractère distinctif son panicule unilatéral au lieu d'être circulaire et pyramidal comme dans les autres espèces, et ses grains, placés à l'extrémité de pédoncules fort courts et en étages les uns au-dessus des autres près de la tige.

Nous avons cultivé en grand, pendant plusieurs années, cette avoine, dont le grain nous a paru constamment blanc et très-pesant, les feuilles plus larges, plus vigoureuses, et la tige plus grosse et plus élevée que celle de l'avoine commune que nous cultivions comparativement sur une terre plus compacte que meuble et plus humide que sèche. Elle s'y est élevée jusqu'à un mètre et demi environ, et a fourni plus de grain que la dernière. Malgré ces avantages, nous en avons discontinué la culture, parce que nous avons remarqué qu'elle s'égrenait beaucoup lors de la récolte, après de grands vents et de fortes pluies, que les chevaux mâchaient difficilement son grain dur et enveloppé d'une écorce épaisse et coriace, et que sa paille, fort dure aussi, était peu agréable à nos bestiaux. Nous pensons qu'elle exige encore un terrain plus substantiel que l'avoine commune; mais son grain, gros et farineux, pourrait peut-être convenir à la fabrication des gruaux ou à quelque autre emploi économique équivalent, et nous avons trouvé sa culture répandue dans un assez grand nombre de nos départemens, où elle est souvent mélangée en diverses proportions avec l'avoine commune.

Nous avons aussi cultivé comparativement une variété unilatérale à grain noir, qui nous a paru n'avoir aucune supériorité bien prononcée sur celle-ci.

---

(1) M. Sonnini dit encore l'avoir cultivée, et avoir observé qu'on ne doit la confier à la terre que quand elle commence à être échauffée par la douce influence du soleil printanier; qu'elle mûrit de bonne heure, et que cet avantage peut engager à en admettre la culture.

Nous avons également soumis à nos essais comparatifs un grand nombre d'autres variétés d'avoine, parmi lesquelles nous distinguons les suivantes.

L'avoine courte, dite *pied-de-mouche, avena brevis* des botanistes. Son chaume est grêle et son grain petit; mais cette espèce est très-rustique, et la paille et le grain sont appétés par tous les bestiaux. Elle convient sur-tout aux terres ingrates des pays montueux, où nous l'avons souvent trouvée.

L'avoine dite *patate*, ou anglaise. Son grain court et arrondi est très-pesant; mais elle exige un bon sol, elle mûrit tard, et elle est souvent charbonnée.

L'avoine *de Lucques*, que nous avons rapportée de ce pays. Elle est remarquable par sa précocité et par la finesse de son chaume.

L'avoine *de Georgie*. C'est sans contredit la plus vigoureuse de toutes, et une des plus précoces; elle est très-remarquable par sa couleur glauque, la force de son chaume, la grosseur et le poids de son grain. Elle commence à se propager, et plusieurs personnes à qui nous en avons donné de la semence, la cultivent déjà très en grand et en font le plus grand cas.

Passons aux détails de culture relatifs à notre objet.

De la préparation du sol. Nous avons déjà observé que dans la routine de l'assolement triennal, on semait de l'avoine presque par-tout avec la seule préparation d'un simple labour, souvent très-superficiel et sans engrais immédiatement après une première récolte d'une graminée, pour le moins tout aussi épuisante. Aussi, le chétif produit qui résulte ordinairement de cet usage beaucoup trop commun, suffit-il pour en démontrer l'abus; et après avoir vu ces tristes moissons, on peut s'écrier avec Ovide : *Chétive avoine sur terre épuisée* (1).

Quoique la rusticité de l'avoine la fasse assez souvent résister au mauvais traitement qu'elle reçoit, sur-tout lorsque ses racines conservent la fraîcheur qu'elles demandent essentiellement, ses produits sont généralement proportionnés à la qualité du sol et aux soins apportés à sa préparation, avant et pendant la culture; et, si l'on excepte celle qui a lieu immédiatement après les défrichemens de bois ou de prairies naturelles et artificielles, et les desséchemens d'étangs ou de marais, plusieurs labours et l'application d'engrais bien préparés lui sont ordinairement utiles.

Lorsque le champ qu'on lui destine est libre de bonne heure en automne, il est toujours avantageux de lui donner, à cette

______

(1) *Et levis obsesso stabat avena solo.*

époque, un premier et léger labour; ensuite un second, et même un troisième vers la fin de l'hiver, pour bien nettoyer la terre. Quelquefois cependant, dans les terres tenaces, argileuses et sujettes à se gâcher, il suffit d'un seul labour profond et bien fait au commencement de l'hiver, et la terre se trouve très-bien divisée par l'effet de la gelée, qui est le meilleur de tous les agens pour en écarter convenablement les molécules, les exposer aux influences atmosphériques favorables, et y faciliter l'insertion des racines. Lorsqu'on peut se procurer de l'engrais, il ne peut encore devenir que très-avantageux d'en consacrer à cette culture, quoiqu'on le fasse bien rarement.

On objectera peut-être que sur un terrain aussi bien préparé il y a de l'avantage à substituer l'orge ou le blé de mars à l'avoine. On a même prétendu que l'orge produisait plus de bénéfice net que l'avoine. Nous nous bornerons à observer que ce résultat ne peut jamais être que relatif, et qu'il est nécessairement subordonné à la qualité du sol, à l'influence du climat, aux besoins, aux usages, aux débouchés et à plusieurs autres circonstances locales auxquelles nous devons supposer la culture de l'avoine appropriée, et dans ce cas, elle nécessite, pour réussir, les précautions que nous avons indiquées et celles qui vont suivre.

De la préparation de la semence. Nous ne répéterons pas ici ce que nous avons dit sur le renouvellement et les diverses préparations de la semence à l'article FROMENT, qu'on peut consulter. Nous observerons seulement que l'influence du sol et du climat pouvant changer la couleur, le poids et les autres qualités de l'avoine, essentielles aux localités dans lesquelles on la cultive, il est utile de la renouveler toutes les fois qu'on s'aperçoit d'une altération bien sensible dans ces qualités, ou d'un mélange de semences nuisibles. Nous ajouterons que c'est une économie très-malentendue, de choisir, comme nous l'avons vu faire plusieurs fois, la petite avoine pour semence, parce qu'il en faut moins, en réservant la plus grosse pour les chevaux ou pour la vente. Une conduite opposée donne ordinairement les résultats les plus avantageux, comme nous nous en sommes convaincus par des essais comparatifs, dont le résultat est facile à concevoir. Enfin nous remarquerons qu'il est de la plus grande importance, lorsqu'on fait cribler l'avoine pour la semence, d'en extraire la sanve, l'ivraie, et sur-tout, le plus possible, l'*avron*, dont les grains plus légers se rassemblent ordinairement au-dessus du crible, et sur les inconvéniens duquel nous devons entrer dans quelques détails.

L'avron ou avoine sauvage, *avena fatua*, est nommé aussi

folle avoine, avoine stérile, ou avoine follette, parce que les grains très-peu adhérens au pédoncule qui termine son panicule, tombent aussitôt qu'ils sont mûrs, et que les autres ne tardent pas à les suivre successivement, de manière que la tige non entièrement encore desséchée paraît *stérile*.

C'est une espèce d'avoine annuelle, indigène, très-rustique et très-vigoureuse, dont nous nous sommes assurés que le grain noir et petit pouvait se conserver plusieurs années en terre sans perdre sa faculté germinative, ce qui a sans doute fait regarder la plante comme vivace par quelques auteurs. Ses principaux caractères distinctifs sont d'avoir les balles florales garnies à leur base de petits poils roux qui recouvrent cette partie ; des barbes très-longues, un peu contournées à leur base, et douées d'une propriété hygrométrique ; un panicule très-lâche ; et une tige généralement plus grosse et plus élevée que celle de l'avoine commune.

Nous avons remarqué qu'elle se multiplie sur-tout dans les terrains frais, les plus convenables à l'avoine commune, et que sa maturité est plus avancée que la sienne.

L'indigénéité, la rusticité, la vigueur et la précocité de l'avron, jointes à la dissémination naturelle, ordinaire et très-facile de ses semences, et à la propriété dont elles sont douées de se conserver fort long-temps en terre sans perdre leur faculté germinative, la rendent très-nuisible aux céréales, sur-tout à celles qui sont semées consécutivement plusieurs années de suite sur le même champ, et elles ont donné lieu à l'erreur populaire plus ou moins accréditée sur plusieurs points de la France et ailleurs, que l'avoine, le froment, l'orge et le seigle, dégénéraient en avron.

Lorsqu'à une récolte de graminées annuelles succède immédiatement une nouvelle récolte de la même nature, le petit nombre de plantes d'avron à peine aperçues lors de la première récolte, ayant laissé presque toutes ses semences sur le champ, des plantes beaucoup plus nombreuses, auxquelles ont pu s'en joindre d'autres, provenues de grains conservés intacts en terre depuis plusieurs années, et d'autres encore, dues à ceux qui sont mêlés avec le grain semé, infestent la seconde récolte. Au lieu de croire à la prétendue dégénération de la bonne semence, et d'ajouter foi à ces ridicules transmutations d'une espèce en une autre, qui ont donné lieu à tant de dissertations plus ou moins absurdes, le cultivateur doit reconnaître la véritable cause du mal qui occasionne sa surprise et sa perte, et l'attribuer en grande partie au vice de son assolement, et à sa négligence à séparer d'abord l'avron du bon grain, ensuite à le détruire par tous les moyens qui sont en son pouvoir, lorsqu'il n'a pu l'empêcher de se développer (1).

Il est donc bien essentiel, nous le répétons, de séparer l'avron de l'avoine, ce qui s'opère soit en jetant *à la roue*, dans la grange, le grain battu, comme nous l'avons prescrit pour le froment, soit en le criblant; et dans l'un et l'autre moyen qu'il est utile de réunir, le poids spécifique de l'avron, moindre que celui de la bonne avoine facilite cette séparation, qui est presque complète lorsque ces deux opérations sont bien faites, et qui est assez facile lorsque l'avron n'est pas très-abondant; car lorsqu'il l'est il faut de toute nécessité renouveler la semence.

Lorsque, par vice d'assolement, par négligence, ou par toute autre cause, on s'aperçoit qu'un champ est garni abondamment de plantes d'avron, qui se remarquent aisément, comme nous l'avons dit, à la vigueur extraordinaire de leurs tiges, et que l'habitude apprend bientôt à distinguer, le parti le plus court, le plus expéditif, et le plus économique pour en purger complétement le champ, consiste à convertir la récolte de grain qu'on se proposait de faire en une récolte de fourrage, en fauchant toutes les plantes aussitôt qu'on s'aperçoit qu'elles commencent à fleurir, et à donner successivement à la terre plusieurs labours qui, faits par un temps convenable et à diverses profondeurs, achèvent de déterminer la germination et la destruction des grains qui peuvent encore exister. L'enfouissement de l'herbe qui en résulte procure le double avantage de nettoyer et de fertiliser le champ. Lorsqu'on est assuré que, malgré ces opérations, la terre recèle encore beaucoup de semences d'avron, une culture préparatoire et rigoureusement faite devient indispensable pour l'en purger complétement.

Observons, avant de passer à un autre objet, que les semences du PEIGNE DE VÉNUS, *scandix pecten Veneris*, renfermées dans de longues gaînes pointues qui leur font souvent donner le nom d'aiguilles, et qui sont également très-nuisibles, peuvent et doivent se séparer des bonnes semences, ou se détruire par les mêmes moyens que nous indiquons pour l'avron.

Il ne suffit pas que la semence d'avoine soit nette pour la

______

(1) Virgile a probablement voulu désigner cette espèce nuisible, dans ce vers qui peint si bien les récoltes souillées d'ivraie et d'avron:

Infelix lolium, sterilesque dominantur avenœ.

Ce que ses nombreux commentateurs et traducteurs ne paraissent pas avoir soupçonné, et ce qu'indiquent fortement les mots *steriles* et *dominantur*.

confier à la terre. Ce grain, ainsi que le froment et l'orge, est sujet à être charbonné ; or le préservatif contre cette maladie, qui diminue plus ou moins la récolte en grain, et rend la paille moins bonne, se trouve dans le chaulage que nous avons prescrit pour le froment, et dont on ne doit jamais se dispenser lorsqu'on s'est aperçu qu'il y avait un grand nombre d'épis charbonnés dans l'avoine destinée à la semence, ou lorsqu'on sème à une époque froide et humide, et dans des terres compactes et aquatiques, toutes circonstances qui, en retardant la germination du grain, l'exposent davantage aux ravages de cette maladie.

De l'époque de la semaille. Un vieux proverbe dit : *Avoine de février emplit le grenier.* Cet adage populaire, pris dans son sens littéral, serait faux, appliqué à plusieurs de nos départemens méridionaux, où, sur un grand nombre de terrains, ce grain doit être semé plus tôt, pour résister à la chaleur du printemps ; mais il signifie qu'en général les semailles hâtives sont les meilleures, c'est-à-dire que, résistant mieux à la sécheresse, elles donnent des produits plus abondans et un grain mieux nourri et plus pesant. On doit cependant différer la semaille toutes les fois qu'on redoute l'effet de l'excès d'humidité et de la gelée, qui détruiraient ou endommageraient fortement les plantes, tout en se rappelant que les semailles précoces peuvent débarrasser plus tôt le champ, et sont moins exposées à la grêle, etc.

De la quantité de semence nécessaire. Il est indispensable de consulter sur cet important objet ce que nous avons dit à l'article FROMENT ; nous nous bornerons à observer ici que lorsqu'on craint que la gelée ne détruise une partie de l'avoine semée avant l'hiver, ou lorsque ce grain doit éprouver, sur les terres compactes et battues, une opération qui peut aussi en détruire, et dont nous parlerons plus loin, il faut y pourvoir en semant plus dru ; nous devons répéter encore qu'il y a généralement moins d'inconvénient à pécher par excès que par défaut de semence.

Des diverses manières de semer l'avoine. En confirmant ce que nous avons dit à l'article FROMENT, nous observerons, 1°. que l'emploi de l'instrument connu sous le nom de semoir a été reconnu, *même en Angleterre, impraticable pour l'avoine*, et 2°. que le plantage, qu'on nous a dit avoir été pratiqué avec succès dans les environs de Compiègne, nous paraît aussi une opération trop longue et trop minutieuse pour être susceptible d'une adoption générale en grand.

En renvoyant, pour les autres méthodes, à l'article déjà cité, nous entrerons dans quelques détails sur un procédé trop peu connu que nous avons vu pratiquer, et que nous avons pratiqué nous-mêmes, avec beaucoup de succès, sur des terres en bon état de culture.

Il consiste à semer de bonne heure l'avoine sur un labour dont les sillons ont été préalablement oblitérés par un hersage fait en travers, tel que nous l'avons décrit, et qui forme de nouveaux sillons plus petits et plus rapprochés. Immédiatement après l'ensemencement, la semence est légèrement enterrée et recouverte par de nouveaux hersages en tous sens, suivis du rouleau. Dès qu'on s'aperçoit, en déterrant quelques grains, que la germination de l'avoine se manifeste par l'apparition de la radicule et de la plantule en terre, et que la surface du champ se couvre d'ailleurs d'herbes nuisibles, un nouveau labour fait sans perdre de temps, renverse et enfouit sous raie l'avoine, qui ne souffre point de ce déplacement lorsqu'il est fait à temps et suivi d'un hersage. Il en résulte deux grands avantages : le grain suffisamment enterré pour que ses racines puissent plonger et s'étendre dans la terre fraîche se trouve plus à l'abri de la sécheresse qu'il redoute, et la destruction des plantes nuisibles déjà hors de terre, opérée par l'enfouissement résultant du dernier labour, rendant la terre très-nette lorsque l'avoine lève, la place dans une nouvelle chance très-favorable à sa prospérité.

Des opérations nécessaires entre l'ensemencement et la récolte. Nous renvoyons encore pour le hersage, le roulage et le sarclage, aux détails dans lesquels nous sommes entrés à l'article FROMENT, sur ces trois opérations essentielles, et nous y ajoutons que plus la nature du sol, son exposition, l'influence du climat et l'époque de la semaille font craindre les effets de la sécheresse, plus il faut s'attacher à enfoncer et à recouvrir l'avoine par la charrue, la herse et le rouleau.

Il existe une opération souvent pratiquée sur les terres compactes de la Brie, de la Beauce, et d'autres cantons, qui sont sujettes à se resserrer et à être battues par la pluie, et qui nous a toujours paru être suivie de grands avantages, lorsqu'elle a été faite à propos. Elle consiste *à herser, à la seconde feuille*, par un temps sec, les avoines semées sur les terres de cette nature, et dont le collet se trouve comprimé et pour ainsi dire étranglé par le resserrement de la terre. Cette opération est, en quelque sorte, un houage ou binage très-expéditif, qui dégage les plantes et détruit les obstacles qui ralentissaient leur végétation, en rendant les influences atmosphériques plus faciles. Elle a encore le mérite de détruire la plupart des plantes nuisibles qui couvrent la terre. A la vérité, elle détruit aussi quelques plantes d'avoine dont les racines sont peu enfoncées; mais outre que celles qui résistent, tallant davantage, regarnissant en grande partie les lacunes, il est toujours facile de prévenir un trop grand éclaircissement, en combinant bien cette opération avec les circonstances accidentelles, en semant d'ailleurs un peu plus dru, en se rappelant qu'une fausse économie de semence n'est pas réellement une économie de dépenses, et qu'elle amène très-souvent une diminution de récolte, indépendamment de la malpropreté du champ, qui entraîne toujours avec elle les conséquences les plus fâcheuses.

Nous avons plusieurs fois pratiqué cette opération avec succès sur les terres de la nature de celles dont nous parlons, et nous l'avons même quelquefois transportée avec avantage sur d'autres terres moins compactes, où la semence avait été bien enterrée, et où les plantes avaient besoin d'être dégagées, d'une manière prompte et économique, de la sanve qui paraissait.

Cette plante, *sinapis arvensis*, et ses consœurs le RAIFORT SAUVAGE, *raphanus raphanistrum*, la MOUTARDE BLANCHE, *sinapis alba*, et autres plantes à graines huileuses, qui épuisent beaucoup la terre, sont les plus redoutables ennemis de l'avoine, avec le CHARDON HÉMORROÏDAL, *serratula arvensis*, le PEIGNE DE VÉNUS, *scandix pecten Veneris*, diverses espèces de caucalide, et quelques autres qu'il est essentiel de détruire par les moyens indiqués, avant le moment où le panicule de l'avoine va paraître.

Observons ici que cette époque est critique pour elle, mais que lorsqu'elle n'épie qu'imparfaitement, à cause de la sécheresse, il reste la ressource de la convertir en fourrage comme cela se pratique fréquemment dans le midi, et de la remplacer immédiatement par un nouvel ensemencement d'une autre nature de plantes propres à donner une seconde récolte dans la même année, dont nous avons indiqué les principales, en développant nos principes d'assolement, ce qui vaut souvent mieux que de s'exposer à avoir une récolte très-médiocre en grain, qui souille ordinairement la terre de semences nuisibles.

De la récolte. L'époque et le mode les plus convenables pour procéder à la récolte de l'avoine sont deux objets de la plus haute importance, qui sont étroitement liés, et qu'il est essentiel pour notre objet d'examiner.

Les grains qui terminent le panicule de l'avoine, qui sont les premiers mûrs, et généralement les plus gros et les plus pesans, se détachent aisément lors de la récolte, pour peu que la maturité soit outre-passée. Ce motif, ainsi que celui de la coïncidence assez ordinaire de la maturité de l'avoine avec celle du froment, joints à la crainte de manquer d'ouvriers, et à celle de voir sa récolte ravagée par la grêle ou par des pluies abondantes, ou par quelque ouragan, fléau trop fréquent, qui, en couchant ou en entremêlant les panicules, rend la moisson pénible et peu avantageuse ; toutes ces circonstances doivent nécessairement porter le cultivateur à ne point perdre un temps précieux pour commencer une récolte sujette à tant d'accidens.

Mais si la réunion de ces motifs très-déterminans peut l'autoriser à devancer un peu l'époque précise de la maturité générale d'autant plus difficile quelquefois à fixer que la tige principale et les tiges latérales épient assez souvent et mûrissent par conséquent à des époques différentes plus ou moins éloignées, lors des printemps secs, elle ne peut sous aucun rapport légitimer la routine absurde et trop commune de *faucher*, comme on dit, *les avoines en lait*, c'est-à-dire lorsque les tiges sont encore vertes en grande partie, et les grains sans aucune consistance. A la vérité, on prétend remédier à ce premier mal par une autre routine qui l'aggrave encore, et qu'on désigne sous le nom de *javelage*, dont nous allons examiner les résultats.

Le javelage consiste à laisser les javelles déposées sur le champ jusqu'à ce que la pluie les ait pénétrées.

Si cette pratique, qui s'observe fréquemment à l'égard de l'avoine, et qu'on applique aussi quelquefois aux autres grains, n'avait pour objet que d'opérer l'entière dessiccation des tiges, des grains et des plantes qui peuvent s'y trouver mêlées, de faciliter le battage, et de rendre la paille plus douce et plus appétissante pour les bestiaux, ou d'avancer la moisson et la rentrée de grains plus précieux, elle serait très-recommandable sans doute ; mais qui ne sait pas que le but ordinaire qu'on se propose en faisant subir à l'avoine le javelage dans toute la rigueur du sens qu'on attache à ce mot, but qu'on avoue très-ouvertement, c'est de donner au grain plus de volume, de poids et de qualité? Voyons si ce triple objet est rempli.

On part d'abord de la supposition gratuite que la faux égrène plus que la faucille, pour établir qu'il est indispensable de faucher l'avoine verte encore, si l'on veut prévenir l'égrenage. Nous observerons cependant que le javelage s'observe également pour l'avoine faucillée, et nous avons très-souvent remarqué que la perte du grain provenait bien plus de la maladresse ou de la négligence de l'ouvrier que de l'imperfection de l'outil, qui, lorsqu'il est bien monté et bien conduit, n'égrène réellement pas plus que celui auquel la célérité, l'économie et la netteté du champ doivent souvent engager à le substituer. Mais quoi qu'il en puisse être, admettons qu'on se trouve dans la dure nécessité de devancer de beaucoup l'époque de la maturité de l'avoine pour diminuer la perte du grain, pense-t-on que cet avantage, en le supposant bien réel, compense le défaut de maturité convenable pour que toute espèce de grain acquière le maximum de sa qualité alimentaire? ou pense-t-on plutôt qu'il puisse l'acquérir encore après le retranchement de la racine? Assurément s'il est possible que, dans les premiers momens de ce retranchement, un peu de sève parvienne encore jusqu'au grain, cela ne peut suffire pour achever de le nourrir, et encore moins pour élaborer les sucs que l'interruption de la végétation laisse dans un état laiteux et imparfait. Il n'existe là aucun moyen efficace d'augmenter le volume, le poids et la qualité du grain. Où donc faut-il le chercher? Dans l'eau dont la pluie va bientôt le pénétrer? Mais cette eau appliquée à un corps mort peut-elle se combiner avec lui? Peut-il se l'assimiler? Pour connaître la vérité sur ce point, il suffit de s'assurer, comme nous l'avons fait, du poids réel d'une quantité déterminée d'avoine sèche, de la saturer d'eau ensuite, et l'on découvrira ce que le bon sens rend très-facile à comprendre, que non-seulement il n'y a pas augmentation réelle de poids, lorsque l'avoine est revenue à son premier point de siccité, mais encore qu'il y a diminution; car l'eau en s'évaporant, a entraîné avec elle une portion de la substance la plus déliée et la plus fugace du grain, et a en outre détérioré sa qualité primitive, par un commencement de fermentation plus ou moins avancée. A la vérité, la couleur devient ordinairement plus intense, ce qui manifeste l'altération du grain et de la paille, et le volume est aussi augmenté quelquefois par l'écartement que le gonflement momentané du grain opère sur les balles qui lui servent d'enveloppe; mais ces deux prétendues qualités qu'on cherche d'ailleurs à donner quelquefois à l'avoine par d'autres moyens insidieux et équivalens, ne peuvent servir qu'à séduire et à tromper les autres ou à se tromper soi-même.

Ainsi, si le javelage, tel que nous l'avons entendu d'abord, est recommandable et quelquefois même forcé, le javelage tel qu'on le pratique communément, n'a aucun avantage réel, et il en résulte ordinairement perte de poids et de qualité; altération de couleur et renflement trompeur; commencement de fermentation, que nous avons vue plusieurs fois poussée jusqu'à la germination, après des pluies abondantes long-temps attendues; et, par une conséquence nécessaire, des maladies funestes qu'on attribue souvent à tout autre cause, quelquefois même des incendies dans les granges et dans les meules qu'on attribue encore à la malveillance; et des semailles faites avec des grains avariés qui lèvent mal ou ne lèvent pas, ce dont nous avons été plusieurs fois témoin.

Ajoutons à ce tableau fidèle des inconvéniens graves attachés à cette routine, qui a pris naissance d'une aveugle cupidité, deux autres inconvéniens qui ont un rapport très-direct avec les assolemens. Le premier consiste dans le séjour des javelles sur le champ, que nous avons vu se prolonger au-delà d'un mois, et qui devient un obstacle insurmontable à toute espèce de culture, en même temps qu'il occasionne une perte assez considérable, par les dégâts que les oiseaux et autres animaux y occasionnent; le second existe dans la destruction de la portion des prairies artificielles qu'on sème souvent avec l'avoine, et qui se trouve privée d'air. Or, quand en moissonnant plus tôt sans javeler, on perdrait au battage une partie de grain qui se trouve toujours dans la paille et profite aux bestiaux, et par suite au cultivateur, et quand, en moissonnant plus tard, on en perdrait une autre partie qu'on pourrait encore utiliser de différentes manières, il n'y aurait là aucun motif plausible pour s'exposer aux inconvéniens qui doivent faire proscrire cette pernicieuse routine.

Observons encore que lorsqu'on se sert de la faux, qui doit toujours être armée de crochets, ou au moins de *pleyons*, on égrène bien moins en fauchant l'avoine comme le froment, c'est-à-dire en poussant doucement vers le grain debout celui qui est fauché et qu'on ramasse et met en javelle sur le champ, qu'en fauchant *à la volée*, c'est-à-dire en formant des ondins comme avec le foin, ce qui fait perdre plus de grain, non-seulement par la secousse résultant du mouvement imprimé à la faux, mais sur-tout en divisant ensuite les ondins pour former les javelles.

Il n'est pas moins essentiel d'observer que la consommation du grain d'avoine récemment récolté, dangereuse comme celle de tous les grains nouveaux, qui occasionnent des météorisations et des coliques pernicieuses, jusqu'à ce qu'ils soient entièrement dépourvus de toute leur eau de végétation non combinée, le devient d'autant plus, que ce grain a été plus long-temps et plus fortement javelé, ce qui fournit un nouvel argument contre cette pratique.

Des usages économiques de l'avoine et de son introduction dans les assolemens. Le principal emploi de l'avoine en grain consiste dans la nourriture dont elle est la base pour les chevaux et les mulets, en France, indépendamment de celle qu'emploient les autres animaux domestiques, ce qui en nécessite une consommation considérable, et par conséquent une culture très-étendue presque par-tout.

Ce grain est aussi employé quelquefois, sur-tout dans les montagnes froides et élevées, dont le climat se refuse à la production d'autres céréales, à la confection d'un pain mat, noir, peu lié et peu agréable à la vue et au goût; il est encore destiné à la fabrication de gruaux qui ont un goût de vanille assez délicat, et dont on fait un assez grand usage dans quelques-uns de nos départemens de l'ouest et ailleurs, où sa farine est aussi quelquefois employée en pâtisserie : enfin, on le convertit encore, dans quelques endroits de nos départemens septentrionaux, en une bière délicate et légère, ou en eau-de-vie connue sous le nom d'*eau-de-vie de genièvre*, à la fabrication de laquelle le seigle est cependant plus particulièrement destiné.

Ces différens usages, auxquels il faut joindre encore celui de sa paille dépouillée du grain, dont les bœufs, les vaches et les bêtes à laine sont très-avides, ainsi que celui des balles désignées sous le nom de *menues pailles*, très-propres aussi à garnir les paillasses, ont rendu la culture de l'avoine d'une très-grande utilité, pour ne pas dire d'une nécessité indispensable, sur presque tous les points de la France.

Voyons si sa culture est intercalée avec d'autres productions, de manière à en assurer le succès, en ménageant la terre.

A quelques exceptions près, beaucoup trop rares, on peut avancer, sans craindre de se tromper, que la culture de l'avoine est généralement précédée de celle d'une autre graminée annuelle, telle que le froment, le seigle et l'orge, et qu'elle est ordinairement suivie de l'improductive jachère.

Or, s'il est reconnu, comme cela n'est que trop bien constaté, que *la culture ordinaire* de ces graminées épuise et salit en outre la terre, il doit nécessairement en résulter que la culture de l'avoine qui les suit immédiatement, avec une faible préparation et sans aucune réparation préalable de l'épuisement existant, doit être peu productive, d'une part, et achever, de l'autre, d'épuiser et de souiller la terre.

C'est ce qui arrive, en effet, avec la routine triennale qu'on voit si religieusement suivie en un très-grand nombre d'endroits, et que la teneur même de nos baux semble avoir consacrée, en interdisant au fermier, colon ou métayer, la faculté *de dessoler et de dessaisonner la terre* soumise depuis des siècles à cette fâcheuse rotation, dont le résultat ordinaire est la misère du cultivateur et le peu d'aisance du propriétaire.

C'est sans doute aussi de ce vice ordinaire d'assolement qu'est dérivé le reproche si fréquent qu'on entend faire à l'avoine, d'épuiser considérablement la terre, reproche qu'on lui impute à tort en totalité, puisqu'elle n'est réellement que la plus faible cause de l'épuisement dont on se plaint, qui eût été plus considérable encore, si on lui avait substitué, comme on le fait quelquefois, l'une des trois autres graminées que nous avons nommées, et, puisqu'elle est incontestablement celle qui épuise le moins, comme le démontrent, indépendamment de son organisation et de son mode de végétation, plusieurs récoltes consécutives abondantes qu'on en obtient souvent après des défrichemens, et que ne fourniraient pas également les autres, ce qui ne prouve pas cependant que cette culture, plus avide que raisonnée, soit conforme aux bons principes.

Nous le répétons, la culture de l'avoine immédiatement après celle du froment, du seigle et de l'orge, ne peut être tolérée que lorque cette culture est accompagnée de l'établissement d'une prairie, dont le séjour répare une partie du mal ; et quelquefois même, comme nous l'avons observé, elle devient nécessaire. Dans toute autre circonstance, il est généralement avantageux de l'intercaler avec des cultures préparatoires et améliorantes, si l'on peut prévenir l'épuisement et le salissement de la terre, qui conduisent à la jachère.

Il résulte encore, quelquefois, un très-grand inconvénient de la succession immédiate de l'avoine au froment. Cette plante se trouve attaquée, dans ses tiges, par un ver rongeur provenant des œufs d'un papillon qui s'était nourri aux dépens des fleurs du froment, et qui les avait déposés ensuite sur le chaume de cette graminée. Ce ver, commun dans certaines années, dans quelques cantons assujettis à la routine triennale que nous combattons, cause souvent des ravages considérables dans les récoltes d'avoine ainsi préparées, lorsque le chaume du froment n'a été, ni brûlé, ni arraché, ni profondément enfoui, ni fauché très-près de terre et enlevé.

La culture de l'avoine est ordinairement très-productive immédiatement après les desséchemens d'étangs ou de marais, les défrichemens de bois ou de prairies naturelles ou artificielles, et, toutes les fois qu'on redoute, pour le froment, ou l'excès d'humidité, ou le trop grand ameublissement de la terre, ou la présence du gazon non dissous, ou la surabondance de végétation en feuilles, qui est au détriment du grain. Quelquefois aussi, quoique beaucoup plus rarement, l'avoine, dans ces circonstances très-favorables, pousse trop en herbe, et elle est sujette à verser et à pourrir ; mais on peut prévenir ou réparer cet inconvénient, d'abord en économisant la semence, et ensuite en retranchant l'excès de végétation, ou avec la faux, ou avec la faucille, ou avec la dent des bestiaux, auxquels cette nourriture verte et succulente est très-agréable et salutaire, lorsqu'elle leur est donnée avec prudence.

La culture de l'avoine devient encore précieuse et très-avantageuse pour succéder, au printemps, à toutes les récoltes préparatoires faites trop tardivement pour pouvoir les remplacer par le froment ou par un autre ensemencement d'automne ; et, dans ce cas, elle convient particulièrement après celle de la pomme de terre. Elle est généralement très-avantageuse, sur un seul labour bien fait, pour détruire les prairies dont on a voulu conserver le pâturage aux bestiaux, pendant l'automne et une partie de l'hiver, ou après la culture des navets consommés aux mêmes époques sur-le-champ, et elle est quelquefois la seule admissible des cultures céréales, dans les froides régions des montagnes élevées, très-long-temps exposées à la rigueur des frimats, aux accidens des avalanches, et à d'autres intempéries qui en bannissent des plantes plus précieuses.

On sème aussi quelquefois un mélange d'avoine et d'orge : cette espèce de méteil qu'on donne aux chevaux et aux volailles, et qui se fait quelquefois naturellement par le rapprochement des champs ensemencés avec ces deux espèces de grains ou par le défaut du criblage, a les mêmes inconvéniens que nous avons reprochés au méteil de froment, de seigle et d'orge, et ne peut être recommandée que dans quelques circonstances particulières.

On sème encore, en différens cantons de la France, et plus particulièrement dans nos départemens méridionaux, un mélange d'avoine et de vesce ou de gesse, de pois ou de féverole, qu'on désigne communément sous le nom de *barjelade*, et qu'on fauche en fleurs, pour être consommé en fourrage vert ou sec. Cette excellente méthode, que nous avons vu pratiquer dans les arrondissemens d'Aix, de Nîmes, d'Alais, d'Uzès, et en plusieurs autres endroits, ainsi qu'en Italie, et que nous avons souvent adoptée nous-mêmes sur notre exploitation, réunit le triple avantage d'augmenter les produits, en fournissant des soutiens, rames ou appuis naturels, aux plantes faibles que la nature a munies de mains ou vrilles pour s'accrocher aux autres plantes à tiges moins flexibles ; de fournir aux bestiaux une nourriture de première qualité, très-convenable non-seulement pour réparer leur déperdition, mais encore pour les engraisser ; et de pouvoir servir de culture préparatoire et améliorante, en épuisant très-peu la terre qu'elle occupe peu de temps, et en la débarrassant assez tôt pour permettre de lui donner toutes les opérations de culture nécessaires. Nous ne saurions trop recommander cette excellente pratique, d'après notre expérience, et d'après les avantages qu'en retirent, sous le double rapport de l'assolement et de la nourriture des bestiaux, tous les cultivateurs qui l'observent.

DES GRAMINÉES VIVACES ET DES PRAIRIES.

Il existe en France, comme sur plusieurs autres parties de l'Europe, un assez grand nombre de terres comprises dans notre seconde division, qui, étant peu propres et quelquefois même totalement impropres à la culture du sainfoin, de la luzerne et du trèfle, réclament plus particulièrement l'introduction des graminées vivaces, regardées de temps immémorial comme la nourriture la plus naturelle des bestiaux ; et la nature elle-même en y faisant croître ordinairement, d'une manière spontanée, plusieurs espèces, plus ou moins avantageuses, de cette nombreuse et si utile famille, semble indiquer au cultivateur qu'il ne lui reste plus qu'à en faire un choix convenable, relativement à ses besoins, pour en tirer tout le parti possible.

Les terres d'une nature argileuse, compacte et humide, très-souvent ingrates, étant presque toujours d'une culture difficile, longue et dispendieuse, fatiguant excessivement les hommes et les animaux qui y tracent de pénibles sillons, n'étant d'ailleurs convenables qu'à un très-petit nombre de cultures annuelles, peuvent généralement être couvertes, avec beaucoup d'avantage, de semences choisies de graminées vivaces adaptées aux circonstances locales.

Toutes celles qui, étant naturellement aquatiques, ne peuvent être complétement desséchées d'une manière durable ; celles qui peuvent aisément être arrosées ; celles qui sont placées au fond des vallées ; celles qui se trouvent très-exposées aux avalanches, aux ravins, aux grêles, aux frimats, ou à une température brumeuse bien plus convenable aux prairies qu'aux cultures céréales ; celles qui, exposées à de fréquens débordemens, sont sujettes à une longue submersion ; toutes ces terres, quelle que soit d'ailleurs la composition de leur sol, se trouvent aussi dans le même cas, ainsi que quelques-unes de celles qui, ayant une pente très-rapide, ou une surface inégale et raboteuse, difficile à aplanir, ou une situation escarpée, sont peu accessibles aux opérations aratoires.

Toutes celles enfin qui, ne pouvant admettre avantageusement les prairies artificielles que nous avons indiquées, ou d'autres prairies équivalentes, exigent pour leur culture des avances qu'elles ne restituent pas toujours au cultivateur routinier, qui s'obstine cependant à les sillonner pendant une longue série d'années avant de les rendre à la nature, doivent être assolées avec un choix convenable de ces graminées, quel que puisse en être d'ailleurs le produit ; car il vaut bien mieux encore se restreindre, dans ces circonstances défavorables, à obtenir un modique produit net d'une prairie ou d'une pâture composée de plantes bonnes en elles-mêmes, et qui, une fois établie, n'assujettit à aucuns frais considérables d'entretien, que d'avoir un produit plus volumineux de végétaux non choisis, croissant spontanément, ou, ce qui est pis encore , de s'exposer chaque année à des travaux dispendieux de culture qui sont bien rarement couronnés par le succès qu'une ignorance aveugle et un faux calcul en font espérer.

On peut poser en principe que *l'établissement des prairies ou des pâturages, pacages, ou herbages, etc. , permanens, convient généralement à toutes ces localités désavantageuses à l'exploitation rurale ordinaire, comme les plaines unies et d'un traitement facile, réclament plus particulièrement la culture alternée des céréales et des plantes légumineuses, potagères, textiles, tinctoriales, oléifères, etc.*

L'observation démontre que lorsqu'une ou plusieurs espèces de graminées vivaces prennent complétement possession des terres argileuses et peu traitables, dont nous avons parlé , et parviennent, par la vigueur de leur végétation, à en exclure toutes les autres plantes , ou nuisibles ou inutiles, non-seulement leur permanence peut rendre ces terres très-productives et très-lucratives, mais elles finissent encore par changer leur nature rebelle, et par les rendre meubles et traitables, en donnant lieu à la formation d'une quantité plus ou moins considérable d'humus résultant des débris végétaux annuels, ce qui permet d'obtenir un grand nombre d'autres productions , lorsqu'on juge enfin convenable de les alterner, toutes les fois que les circonstances locales n'en exigent pas impérieusement la conservation.

S'il est vrai , comme nous croyons l'avoir démontré , en développant notre dernier principe d'assolement, qu'il soit extrémement avantageux aux particuliers , et à l'état en général , que la proportion des prairies avec les terres labourables soit toujours telle que d'une part, les opérations aratoires soient moins multipliées, plus faciles et par conséquent mieux exécutées ; et que , de l'autre , le besoin d'engrais soit moins urgent , et les moyens de s'en procurer beaucoup plus assurés , c'est sur-tout à la nature ingrate des terres dont il est ici question que cette importante vérité est applicable. Cette proportion doit y être comparativement plus forte que sur toute autre, d'abord à cause de la difficulté ordinaire des travaux de culture , et ensuite parce que les plantes cultivées spécialement pour leurs racines , y étant bien moins admissibles que par-tout ailleurs, la provision de la nourriture verte d'hiver est , par une conséquence nécessaire, moins assurée , et qu'il faut pouvoir y suppléer au moins par une abondante provision de fourrages secs.

On peut donc établir en principe général que *la proportion des prairies avec les terres labourables doit toujours être en raison directe de la médiocrité du sol et de la difficulté de subvenir à l'entretien des bestiaux par tout autre moyen.*

Quoiqu'il ne soit pas possible d'y déterminer cette proportion d'une manière fixe, générale et invariable, on peut avancer cependant, sans craindre de se tromper, qu'elle doit constamment y être très-forte, et que, sous ce rapport, il ne peut y avoir d'inconvénient réel à pécher par excès, et qu'il y en a toujours beaucoup à pécher par défaut. Cette règle est même rigoureusement susceptible d'une application générale, parce que, dès qu'on s'aperçoit qu'il peut résulter quelques inconvéniens d'un surcroît de proportion, ce mal du moment peut toujours être réparé promptement de la manière la plus avantageuse, tandis que, dans le cas contraire, il faut nécessairement beaucoup de temps et de dépenses pour se trouver en mesure.

Sur toute exploitation rurale en grand, bien administrée, la proportion des prairies avec les terres labourables doit constamment être telle que les premières puissent nourrir amplement un nombre de bestiaux suffisant pour engraisser largement les dernières au moins ; car les prairies elles-mêmes ont aussi souvent besoin d'engrais. Or, en réduisant les principaux bestiaux à une évaluation commune, sous le rapport de la consommation et des fumiers, admettant pour autant de têtes, un cheval, un bœuf et une vache, et pour une seule deux veaux de deux ans, ou trois d'un an, ou bien six bêtes à laine, nous estimons, d'une part, qu'il faut de 5 à 600 kilogrammes au moins, et souvent beaucoup plus, de fourrage sec, par année, pour chaque tête ; et de l'autre, qu'il faut par chaque hectare qui aura besoin d'être fumé, environ trois têtes qui fourniront à-peu-près vingt-quatre voitures ou charges de trois chevaux de fumier, quantité moyenne nécessaire pour chaque hectare. Du reste, ces évaluations ne sont pas à beaucoup près absolues ; elles sont au contraire sujettes à varier chaque année, suivant diverses circonstances, et elles sont nécessairement subordonnées à l'état et à la nature tant des prairies que des terres arables ; mais sous ce rapport, la proportion des premières aux secondes peut rarement être trop forte, et elle est souvent trop faible.

Ajoutons à ces données que l'élévation ordinaire de la valeur tant vénale que locative des prairies, parmi nous, est une preuve irrécusable de leur rareté et de leur importance par-tout, et que du vice primordial de cette rareté dérivent une foule d'inconvéniens qui en sont inséparables.

Occupons-nous donc des meilleurs moyens de les multiplier avec avantage, et de les intercaler avec nos autres cultures plus exigeantes et moins productives.

Quoique les terrains et les climats humides soient généralement les plus favorables aux prairies permanentes dont les graminées font la base, et quoiqu'elles ne soient ordinairement admissibles, dans le midi de la France, que dans un petit nombre de localités particulières, sans la ressource précieuse des irrigations qui utilisent d'une manière si avantageuse les ardeurs de la canicule; *ces pièces glorieuses du domaine,* pour nous servir de l'expressive qualification qui leur fut donnée par Olivier de Serres, peuvent devenir d'une grande utilité par-tout, avec les soins nécessaires.

C'est pourquoi, après avoir indiqué les espèces de graminées les plus convenables dans la première position, qui est ici notre principal objet, nous indiquerons également celles qui conviennent plus particulièrement aux situations élevées, plus sèches qu'humides, sur les terres siliceuses, calcaires ou végétales, afin de réunir dans un même cadre toutes celles de ces plantes qui sont généralement les plus propres à la formation des prairies ou pâturages de cette nature.

Il est utile d'observer que la plupart d'entre elles prospéreront d'autant plus sur les terres de chacune de nos deux premières divisions, pour lesquelles nous les recommandons ici, quoique dans l'état de nature elles se rencontrent quelquefois dans des situations très-opposées qui paraissent leur convenir également, que ces terres s'approcheront davantage des qualités de celles de la troisième, qui sont généralement les plus convenables aux diverses cultures.

Il en résultera des prairies hautes, des prairies moyennes et des prairies basses, dont la qualité du sol est susceptible d'un très-grand nombre de variations qui ne peuvent être déterminées d'une manière positive, mais qu'il est facile de ranger sous l'une ou l'autre de nos trois divisions générales; et les produits annuels de chacune d'elles, relatifs d'abord à la fertilité du sol, seront encore, comme tous les produits de la terre, essentiellement déterminés par les circonstances atmosphériques plus ou moins favorables.

Plantes graminées les plus propres à la formation des prairies basses et humides. Après avoir observé que les positions aquatiques réclament plus particulièrement le pâturin flottant, la canche aquatique, le vulpin et l'agrostide genouillés, le phalaride-roseau, le roseau commun, le pâturin des marais et le pâturin aquatique, nous croyons devoir placer ainsi toutes les graminées qui conviennent à l'objet dont nous nous occupons.

L'avoine élevée.........	*Avena elatior.*
L'ivraie vivace.........	*Lolium perenne.*
Le vulpin des prés.......	*Alopecurus pratensis.*
Le vulpin des champs......	*Alopecurus agrestis.*
Le vulpin genouillé........	*Alopecurus geniculatus.*

Le vulpin bulbeux............	*Alopecurus bulbosus.*
La fléole des prés...........	*Phleum pratense.*
La fléole noueuse...........	*Phleum nodosum.*
L'orge des prés............	*Hordeum secalinum.*
La fétuque élevée...........	*Festuca elatior.*
La fétuque des prés...........	*Festuca pratensis.*
La fétuque flottante..........	*Festuca fluitans.*
La fétuque des buissons........	*Festuca dumetorum.*
La fétuque élégante..........	*Festuca loliacea*, Willd.
Le pâturin des prés..........	*Poa pratensis.*
Le pâturin commun...........	*Poa trivialis.*
Le pâturin aquatique.........	*Poa aquatica.*
Le pâturin des marais.........	*Poa palustris.*
Le pâturin annuel...........	*Poa annua.*
L'agrostide genouillée.........	*Agrostis canina.*
L'agrostide blanche..........	*Agrostis alba.*
L'agrostide stolonifère........	*Agrostis stolonifera.*
La cauche aquatique..........	*Aira aquatica.*
La canche élevée...........	*Aira cespitosa.*
La mélique bleue...........	*Melica cœrulea.*
Le phalaris-roseau..........	*Phalaris arundinacea.*
Le roseau commun...........	*Arundo phragmites.*

Plantes graminées les plus propres à la formation des prairies sèches et élevées. En observant que plusieurs de ces plantes fournissent souvent plutôt un pâturage qu'une prairie dont la qualité dédommage ordinairement du défaut de quantité, surtout la fétuque ovine, ainsi que la plupart des fétuques et des pâturins, nous les placerons dans l'ordre suivant :

La flouve odorante..........	*Anthoxanthum odoratum.*
La houque laineuse..........	*Holcus lanatus.*
La houque molle...........	*Holcus mollis.*
Le dactyle pelotonné.........	*Dactylis glomerata.*
L'avoine pubescente.........	*Avena pubescens.*
L'avoine jaunâtre...........	*Avena flavescens.*
L'avoine des prés...........	*Avena pratensis.*
La fétuque ovine...........	*Festuca ovina.*
La fétuque rouge...........	*Festuca rubra.*
La fétuque duriuscule.........	*Festuca duriuscula.*
La fétuque inclinée..........	*Festuca decumbens.*
La fétuque hétérophylle........	*Festuca heterophylla.*
La fétuque glauque..........	*Festuca glauca.*
La fétuque améthyste.........	*Festuca amethystina.*
Le pâturin à feuilles étroites....	*Poa angustifolia.*
Le pâturin bleuâtre..........	*Poa cæsia.*
Le pâturin des Alpes.........	*Poa alpina.*
Le pâturin aplati...........	*Poa compressa.*
Le pâturin bulbeux..........	*Poa bulbosa.*
Le pâturin en crête..........	*Poa cristata.*
Le pâturin des bois..........	*Poa nemoralis.*
La canche flexueuse.........	*Aira flexuosa.*
La canche cendrée..........	*Aira canescens.*
La cretelle en crête..........	*Cynosurus cristatus.*
La seslérie bleue...........	*Sesleria cœrulea.*
La fléole des Alpes..........	*Fleum alpestre.*
La mélique uniflore..........	*Melica uniflora.*

La mélique penchée	*Melica nutans.*
La mélique ciliée.	*Melica ciliata.*
La mélique de montagne	*Melica montana.*
La mélique pyramidale..	*Melica pyramidalis.*
La mélique élevée	*Melica altissima.*
La brize tremblante.	*Briza media.*
La stipe empennée..	*Stipa pennata.*
La stipe joncée.	*Stipa juncea.*
Le phalaride phléoïde.	*Phalaris phleoides.*
L'élyme des sables.	*Elymus arenarius.*
L'élyme de Virginie	*Elymus virginicus.*
L'élyme de Sibérie...	*Elymus sibericus.*
L'élyme gigantesque	*Elymus giganteus.*
Le roseau des sables.	*Arundo arenaria.*
L'agrostide commune.	*Agrostis vulgaris*, Smith.
Le millet noir	*Milium paradoxum.*
Le millet étalé..	*Milium effusum.*
Le brome gigantesque	*Bromus giganteus.*
Le brome des prés	*Bromus pratensis.*
Le lagurier cylindrique	*Lagurus cylindricus.*

Entrons dans quelques détails sur les qualités particulières et distinctives de chaque espèce.

DE L'AVOINE ÉLEVÉE. L'avoine élevée, *avena elatior,* Lin. appelée improprement fromentale, faux froment, faux seigle, et plus improprement encore *ray-grass de France,* ou simplement *ray-grass,* ou ivraie vivace, ce qui ne signifie qu'une seule et même plante, est de toutes les avoines vivaces la plus élevée, comme son épithète l'indique, et elle surpasse souvent la hauteur d'un mètre sur les terrains et aux expositions convenables.

Cette plante très-productive, garnie d'un panicule très-long, lâche, étroit et pointu, dont les épillets ont deux fleurs, une fertile, à barbe courte, et une stérile, à barbe très-longue, et dont les feuilles tendres ont une saveur douce et agréable, est une des plus propres à former des prairies abondantes d'un foin très-nourrissant et très-agréable aux bestiaux.

Quoiqu'elle se plaise dans un terrain frais, bas et substantiel, elle vient cependant assez bien sur ceux qui sont élevés, et même sur les coteaux qui ne sont point arides, qu'elle préfère de beaucoup aux terrains qui sont très-humides.

M. Miroudot, cultivateur des environs de Vésoul, paraît être le premier en France qui, en 1754, ait essayé de la tirer de son état agreste, et de la soumettre à une culture soignée et régulière. Il déclare, dans ses observations sur cette plante, (qu'il désigne sous le nom impropre de *ray-grass* ou *faux seigle*) « qu'il ne connaît rien de plus propre ni de moins coûteux pour multiplier les fourrages, et conséquemment les bestiaux, et qu'il la fait faucher à la fin de mars. »

Encouragés par ses succès, plusieurs membres distingués de

la société d'agriculture de Bretagne essayèrent aussi, quelques années après, de soumettre cette plante à de nouveaux essais, et reconnurent que « quoiqu'elle donnât des produits plus avantageux, dans les bonnes terres, elle pouvait cependant être semée avec succès sur celles qui étaient argileuses et même sablonneuses; qu'il était avantageux de la semer avec de l'avoine, parce qu'étant faible la première année, elle avait besoin de ce secours pour taller et se fortifier; qu'elle soutenait trois coupes par an; qu'elle devait être fauchée dès qu'elle était parvenue à la hauteur du foin des bonnes prairies naturelles, et que son produit était considérable. »

Gilbert nous informe « qu'il en a vu de très-beaux champs sur les bords du Rhin, dans un terrain sablonneux; mais susceptible d'être arrosé, et il ajoute qu'elle est préférable sur les terrains pierreux un peu humides, à l'ivraie vivace qui languit, jaunit et meurt pour peu qu'elle cesse d'être abreuvée. »

Elle est aujourd'hui cultivée en grand, avec beaucoup de succès, sur plusieurs points du département de l'Isère et de quelques autres.

Ajoutons à ces détails, que nous possédons sur les bords de la Seine une prairie très-étendue dans laquelle il existe beaucoup d'avoine élevée; que cette prairie étant sujette à de fréquens débordemens, nous remarquons constamment que cette plante est bien plus abondante dans les endroits élevés qui y sont le moins exposés, que sur les parties long-temps submergées, lesquelles en sont souvent entièrement dégarnies. Ajoutons encore que pour en tirer tout le parti possible, en prévenant l'endurcissement de ses tiges et la chute de ses grains, qui, comme ceux de toutes les avoines, ont une grande disposition à tomber de bonne heure, ainsi que pour pouvoir se procurer, après la première coupe, un regain ou au moins un pâturage abondant, il est indispensable qu'elle soit fauchée dès qu'elle entre en fleurs; sans cette précaution de rigueur, la tige devient ligneuse et se décolore promptement, et la racine ne pousse que des rejets faibles et languissans.

N. B. Il ne faut pas confondre cette plante, comme quelques auteurs l'ont fait, avec une autre espèce qui lui ressemble assez, mais qui en diffère essentiellement par la forme de sa racine; c'est l'avoine à chapelet, *avena precatoria*, de Morison, ainsi appelée parce que ses racines sont composées de plusieurs tubercules ou bulbes blanchâtres, arrondies, légèrement aplaties sur les côtés, et situées les unes après les autres en forme de chapelet. Cette espèce commune dans quelques champs cultivés des environs de Paris, est une des plantes les plus nuisibles aux récoltes, et elle envahit promptement des champs entiers, lorsqu'ils ne sont pas soumis à des cultures améliorantes qui exigent de rigoureux sarclages, indépendamment des labours et hersages répétés par un temps sec et chaud, qui sont les moyens les plus efficaces de la détruire.

DE L'IVRAIE VIVACE. L'ivraie vivace, *lolium perenne,* Lin., que les anglomanes ont improprement appelée *ray* ou *ray-grass,* mot qui signifie peut-être *herbe-ray,* parce qu'un botaniste anglais de ce nom en a fait l'éloge un des premiers (1); ou *herbe-seigle,* parce qu'on a pu la confondre avec le brome seiglin, *bromus secalinus;* ou plutôt *herbe-ivraie,* les Anglais ayant transformé le dernier mot en celui de *rai,* ce que nous assure le botaniste anglais *Martyn,* et ce qui rend fort plaisant l'emprunt que nous avons cru devoir faire aux Anglais d'un mot qu'ils avaient altéré après nous l'avoir pris; l'ivraie vivace, bien mieux désignée par ce nom qui lui convient réellement, a aussi été souvent confondue en Angleterre comme en France, avec l'avoine élevée, à laquelle elle ne ressemble cependant en rien, comme on peut s'en convaincre aisément, en comparant les caractères distinctifs de cette dernière plante avec ceux de celle-ci.

L'ivraie vivace s'élève ordinairement beaucoup moins que l'avoine élevée, et se distingue par un épi terminal dont les épillets glabres et composés de plusieurs fleurs, sont très-comprimés, distans entre eux, fixés alternativement sur les deux côtés de l'axe qui les soutient, et dont toutes les balles florales sont imberbes.

Cette plante est encore appelée quelquefois *pain-vin,* ainsi que l'ivraie annuelle, *lolium temulentum,* dénomination qui désigne l'effet enivrant et souvent très-dangereux de la semence de cette dernière, quand elle se trouve mêlée avec la farine de froment ou de seigle.

L'ivraie vivace nous paraît au-dessous des éloges exaltés qu'elle a reçus de plusieurs écrivains étrangers et par suite des nationaux; nos essais ainsi que nos observations nous autorisent à penser que le mérite réel de cette plante, trop préconisée, *comme beaucoup d'autres,* doit se restreindre à quelques circonstances particulières que nous allons essayer de faire connaître.

Quoique Rozier déclare qu'elle est commune dans les prairies sèches, et quoique nous la voyons croître spontanément sur plusieurs de nos terres siliceuses, le peu de hauteur à laquelle elle s'y élève, et la dureté qu'elle y acquiert nous prouvent qu'elle ne s'y trouve pas dans sa situation favorite; ainsi

______

(1) Voici le passage de Ray, relatif à cette plante : *Gramen loliaceum angustiore folio et spicâ.* C. B. *ad vias et semitas inque pascuis pinguioribus frequentissimum est. Locis nonnullis jumentorum pabulo seritur; est enim pingue et ponderosum, adeòque jumentis saginandis aptissimum.* Ray, Hist. plant., t. II, p. 1263.

au lieu de déclarer, comme d'autres l'ont fait, que toute espèce de terrain lui convient également, nous nous bornerons
à affirmer, d'après un grand nombre d'observations comparatives, faites en diverses localités, qu'une constante humidité
est essentielle à sa prospérité, lorsqu'on veut la convertir en
fourrage et en faire plusieurs coupes; nous ajouterons que nous
la voyons résister annuellement à des débordemens qui la sub-
mergent assez long-temps, et que nous la croyons très-convenable aux terres compactes et argileuses, ainsi qu'aux prairies
naturellement aquatiques ou artificiellement arrosées.

Sa culture est conséquemment bien plus recommandable
dans ceux de nos départemens septentrionaux dont le climat a
plus d'analogie avec celui de l'Angleterre et de la Hollande,
que dans ceux du midi, dont la chaleur lui est contraire, lorsqu'elle n'est pas accompagnée d'une humidité suffisante pour
la tempérer et l'utiliser.

Le principal mérite de cette plante consiste essentiellement
dans la précocité de sa végétation au printemps, ce qui la rend
très-convenable pour nourrir à cette époque les brebis nourrices et leurs agneaux qui en sont très-avides, ou pour achever l'engrais des moutons et des bœufs, après la consommation de la provision de nourriture verte d'hiver. Sa tige, fort
tendre à cette époque, est très-sucrée et très-nourrissante, et
elle repousse promptement lorsqu'elle est broutée très-rase, ce
qui est nécessaire pour la rendre long-temps propre au pâturage; mais la sécheresse diminue beaucoup ses produits, en la
faisant monter en graine.

Nous observons que nos bêtes à laine la préfèrent, au printemps, à toute autre plante avec laquelle elle peut se trouver
mêlée; nous avons également remarqué que les nombreux
troupeaux transhumans qui couvrent la plaine étendue et cail-
louteuse de *la Crau*, lorsqu'ils se rendent de l'île de *la Ca-
margue* et des environs aux montagnes du département des
Hautes-Alpes, la recherchent sur les cailloux qu'ils déplacent;
et quoiqu'elle y soit généralement fort peu élevée, une petite
quantité les nourrit très-bien, ce qui fait dire aux pâtres de
ces endroits, à son égard, *bouccado vau ventrado, bouchée
fait ventrée*; manière aussi énergique que laconique d'expri-
mer sa qualité nutritive.

Pour conserver entièrement cette qualité, lorsqu'au lieu de
faire consommer la récolte sur pied par les bestiaux on croit
devoir la convertir en foin, il est indispensable de la faucher
de très-bonne heure, et aussitôt que la floraison se manifeste.
A la vérité, elle perd alors au fanage une grande partie de son
poids, par l'évaporation de son eau de végétation; mais si l'on
attend, pour se livrer à cette opération, que la graine soit
mûre, non-seulement elle épuise considérablement la terre et

la souille même pour les récoltes subséquentes qu'on voudrait en obtenir, mais on perd plus en qualité qu'on ne gagne en quantité : la tige dure, ligneuse et peu nourrissante est beaucoup moins agréable aux bestiaux, et les semences dures, très-pointues et d'une mastication difficile, leur deviennent souvent nuisibles, soit en se logeant entre leurs dents mâchelières, soit en entrant dans leurs yeux, ce qui les aveugle quelquefois, soit en se fixant au palais et sous la langue, ce qui les incommode beaucoup.

Gilbert nous assure *avoir vu dans le canton de Basle de l'ivraie vivace, qui avait près de 5 pieds de hauteur dans les premiers jours de juin*, ce qui doit être regardé comme une circonstance extraordinaire, s'il ne veut pas parler de l'avoine élevée ; car elle exige un terrain et une exposition très-favorables pour s'élever en France à un mètre environ ; nous n'avons d'ailleurs rien trouvé de semblable dans ce canton, ni dans les environs que nous avons visités, et où nous avons remarqué, comme dans d'autres parties de la Suisse, quelques champs assez beaux d'avoine élevée.

M. de Courset nous assure aussi en avoir obtenu jusqu'à trois coupes dans un seul été, ce qui suppose également les circonstances les plus favorables. Il ajoute « qu'il est nécessaire de l'amender de temps en temps pour obtenir les mêmes produits, à moins qu'on ne puisse la faire flotter, c'est-à-dire l'arroser par submersion, opération très-usitée dans le département du Pas-de-Calais. Il reconnaît, au reste, que son rapport est toujours en raison de la qualité du sol. »

Le climat brumeux et le sol souvent humide de l'Angleterre nous paraissent généralement plus convenables à cette plante que la France ; aussi l'y avons-nous trouvée assez communément cultivée, quoique les écrivains comme les cultivateurs de ce pays nous aient paru peu d'accord sur son mérite.

Nous savons que sa culture est suivie avec succès, parmi nous, dans plusieurs de nos départemens, et particulièrement à Neufchâtel en Bray, par M. de Bourbel, et près d'Orléans par M. Dupré de Saint-Maur, et par M. Payours qui la *sème avec ses mars, pour procurer une pâture abondante à ses bestiaux sur ses jachères, l'année suivante.*

On la sème quelquefois mélangée, en différentes proportions, avec le trèfle blanc et le trèfle rouge, et sa durée est plus ou moins prolongée, suivant les circonstances. Nous aurons occasion de traiter cet objet, en nous occupant de ces plantes. Nous nous bornerons à observer ici que sa durée naturelle, lorsqu'elle ne se renouvelle pas de ses semences, est ordinairement limitée à dix ou douze ans ; que lorsqu'on la laisse parvenir à maturité, elle épuise le sol au lieu de l'améliorer, comme lorsqu'on la fait pâturer long-temps par un temps sec : dans le premier cas, elle reparaît toujours, en plus ou en moins grande quantité, avec les céréales qui lui succèdent, et pour lesquelles le sol se trouve mal préparé, d'après la règle générale confirmée par Gilbert, qui remarque que les plantes de la même espèce, du même genre, de la même famille, qui se succèdent sur un terrain, se nuisent et s'affament réciproquement; la forme des racines et leur manière de s'étendre rendent aisément raison de ce phénomène, qu'il est au moins inutile de chercher à expliquer de toute autre manière.

DES VULPINS. On a donné à ce genre de graminées la dénomination de *vulpin*, ou *queue-de-renard*, qui répond au mot grec latinisé *alopecurus*, à cause de la ressemblance qu'on a cru remarquer entre la forme de leurs épis allongés, velus et cylindriques, et celle de la queue de cet animal.

Nous distinguons quatre espèces principales de vulpins vivaces, remarquables par leurs qualités et leur utilité sur les terrains frais et humides; le vulpin des prés, le vulpin des champs, le vulpin genouillé et le vulpin bulbeux.

Le VULPIN DES PRÉS, *alopecurus pratensis*, est le plus élevé, le plus vigoureux et le plus précoce de tous. Ses épis nombreux, supportés par des tiges fermes, d'environ 70 centimètres à un mètre, dans un terrain convenable, et qui sont garnies de feuilles larges, d'un vert tendre, se distinguent par leur couleur cendrée, leur grosseur et leurs balles velues. Ils paraissent de très-bonne heure au printemps.

Ce vulpin, qui se plaît particulièrement dans les endroits bas et humides de nos prairies, où nous voyons constamment ses épis paraître et fleurir des premiers, peut fournir un pâturage ou un fourrage très-précoce et très-abondant. Son foin paraît un peu grossier, à la vérité, comme celui de toutes les graminées qui en fournissent abondamment; mais il est d'ailleurs très-agréable à tous les bestiaux, lorsqu'il est fauché à temps, et sur-tout aux vaches, aux chevaux et aux moutons.

Cette espèce précieuse, qu'on rencontre fréquemment dans les meilleures prairies, réunit les trois principales qualités qui peuvent rendre les graminées vivaces recommandables : quantité, qualité et précocité. Linné la recommande particulièrement pour les terrains aquatiques desséchés, car elle redoute également l'excès d'humidité et de sécheresse. Nous observons que lorsqu'elle est fauchée de bonne heure, et placée dans des circonstances favorables, elle épie une seconde fois, et qu'elle est, comme l'avoine élevée, une des plus propres à fournir un regain abondant. Sa semence, qui se trouve quelquefois peu abondante, parce qu'elle sert de pâture à un insecte, se conserve assez long-temps dans l'épi, et peut aisément se recueillir. Nous devons encore observer que le vulpin des prés, qu'on trouve assez communément dans les contrées septentrionales, résiste très-bien aux froids rigoureux.

Nous cultivons comparativement avec ce vulpin, depuis plusieurs années, une grande variété ou espèce, sous le nom de *vulpin arondinacé*, et elle nous a paru constamment supérieure à la première pour le produit.

Le vulpin des champs, *alopecurus agrestis*, ainsi nommé parce qu'il croît souvent spontanément dans les champs cultivés un peu humides, qui ont été ensemencés de bonne heure, en automne, en froment ou en toute autre production, est généralement beaucoup moins élevé que celui des prés. Il talle ordinairement davantage, rampe aussi quelquefois sur terre, et il épie un peu plus tard. Ses tiges grêles sont surmontées d'épis plus allongés, plus minces, quelquefois penchés, et d'un vert purpurin, dont les balles sont glabres, et elles sont garnies de feuilles plus étroites et plus vertes.

Cette espèce exige moins d'humidité pour prospérer ; elle fournit un pâturage assez précoce et un foin moins abondant que la précédente, mais plus fin et très-délicat.

Le vulpin des champs dédommage du tort qu'il peut faire à la production du froment, par la qualité qu'il ajoute à sa paille et par le pâturage sain et abondant qu'il peut ensuite fournir aux troupeaux ; comme nous en avons l'expérience sur quelques-uns de nos champs, où il se reproduit ordinairement lorsqu'ils sont ensemencés en froment. Mêlé avec le trèfle et avec d'autres prairies artificielles, il en rend le fourrage très-délicat et plus abondant. Nous en avons eu un champ fort étendu, où il se trouvait ainsi mélangé, et quand il ne serait qu'annuel, comme nous le soupçonnons, les botanistes n'étant pas d'accord sur ce point qui pourrait bien varier, il y serait toujours fort utile la première année.

Le vulpin genouillé, *alopecurus geniculatus*, ainsi nommé parce que ses tiges à demi couchées sont coudées aux articulations, s'élève ordinairement moins que le précédent, et il est plus rampant. Il a aussi un épi grêle, glabre et allongé, très-rétréci à sa partie supérieure, et dont la couleur, quelquefois foncée, et noirâtre, lui fait donner en quelques endroits le surnom d'*herbe noire*.

Cette espèce a d'ailleurs assez de ressemblance avec l'espèce précédente, mais elle convient plus particulièrement qu'aucune autre aux terrains aquatiques, puisqu'elle croît spontanément aux bords des mares, des étangs et des fossés les plus humides. Elle est recherchée des bestiaux, mais elle est peu profitable en fourrage, et convient plus en pâturage tardif.

Le vulpin bulbeux, *alopecurus bulbosus*, ainsi nommé parce que sa racine est bulbeuse, se distingue encore aisément à son épi gros, serré et très-court. Il s'élève peu, a aussi de la disposition à ramper, et produit, comme tous les vulpins, un foin agréable et un bon pâturage; mais il en fournit peu, et nous paraît demander aussi une situation fraîche pour prospérer, quoique nous l'ayons rencontré quelquefois dans des endroits plus secs qu'humides.

DES FLÉOLES. Parmi les graminées connues sous cette dénomination, ou sous celles de *phléau*, *fléau*, ou *massète*, qu'on leur donne aussi quelquefois, parce que leurs épis ont quelque ressemblance avec une petite masse, nous en distinguons trois vivaces, dont deux, le fléau des prés et le fléau noueux, sont recommandables pour les prairies, en .terrains argileux et marécageux; et la troisième, le fléau des Alpes, convient sur des terres moins humides.

La FLÉOLE DES PRÉS, *phleum pratense*, appelée herbe de Thymothée, ou herbe aux troupeaux, *Thimothy grass*, ou *herd-grass*, par les Américains, qui paraissent l'avoir cultivée en grand les premiers, et qui ont été imités en cela par les Anglais, croît spontanément sur les terrains humides, et y produit des tiges droites et fortes, qui s'élèvent quelquefois à plus d'un mètre, qui sont garnies de feuilles lancéolées, pointues, rudes en dessus et le long de la nervure, et qui sont terminées par des épis cylindriques, allongés, serrés, un peu rudes, obtus à leur sommet, assez ressemblans à ceux du vulpin des prés, mais plus longs, plus rudes, à balles plus petites, ciliées et terminées par deux espèces de dents ou crochets. On désigne aussi cette plante sous le nom de *queue-de-chat*, à cause de la forme de son épi.

Cette graminée a joui autrefois, sous le nom de *Thymothy* ou *Thymothée*, d'une grande réputation en Angleterre et en France, comme étant très-productive. Son fourrage, à la vérité, est très-abondant sur les terrains d'une nature aquatique qu'elle réclame particulièrement, mais il est grossier et très-tardif; ce sont deux grands inconvéniens; et, sous ces deux rapports importans, elle est bien inférieure au vulpin des prés, avec lequel elle a quelque ressemblance. Cependant son fourrage abondant est très-recherché des chevaux, sec ou vert, et elle peut utiliser les terres basses, argileuses, tourbeuses et marécageuses, qui paraissent lui convenir essentiellement. Nous en avons semé sur une partie d'une prairie basse, modérément humide, mais exposée aux débordemens, et elle y a donné des produits assez abondans au bout de quelques années.

La FLÉOLE NOUEUSE, *phleum nodosum*, ainsi désignée à cause de ses tiges coudées aux nœuds, qui sont couchées dans leur partie inférieure, et beaucoup moins droites et élevées que celles du fléau des prés, a aussi l'épi plus court et les feuilles obliques et dentées.

Cette espèce produit moins que la précédente, n'est pas plus précoce, et paraît se plaire dans les mêmes situations ; on la trouve assez souvent au bord des étangs, quoique quelquefois aussi sur des terrains secs, et elle a des racines bulbeuses dont les porcs sont très-avides.

DES ORGES. La seule espèce d'orge vivace qui mérite notre attention, relativement à la composition des prairies, est l'ORGE DES PRÉS, *hordeum secalinum*, Willd., qu'il ne faut pas confondre, comme plusieurs auteurs l'ont fait, avec l'ORGE DES MURAILLES, *hordeum murinum* ; qu'on rencontre fréquemment le long des murs et des chemins, et quelquefois aussi dans les prairies, et à laquelle les bestiaux ne touchent que lorsqu'ils sont poussés par la faim. Cette dernière, qu'on désigne aussi quelquefois sous le nom de *queue-d'écureuil*, à cause des longues barbes dont est garni son épi quelquefois courbé, est une des graminées les plus dangereuses dans les fourrages ; ses longues barbes formées de filamens crochus qui s'arrêtent au palais, sous la langue et dans le gosier des bestiaux, les font beaucoup souffrir, les empêchent souvent de manger pendant quelque temps, et les font maigrir. C'est le vrai *rye-grass* des Anglais, bien différent du *ray-grass*.

L'orge des prés, qui a quelque ressemblance avec cette dernière, est ordinairement plus élevée, ayant jusqu'à 70 centimètres et plus, sur les terrains humides qui lui conviennent. Ses tiges sont plus grêles et plus effilées, ses feuilles plus rares sont glabres au lieu d'être velues, et son épi plus court et plus faible est garni de barbes très-fines.

Cette espèce, que nous trouvons assez abondamment dans les parties les plus basses et les plus humides de nos prairies, et que nous avons souvent vue résister assez bien aux débordemens, ce qui peut la rendre précieuse dans certaines positions, fournit un foin fin, passablement garni de feuilles, mais qu'il faut faucher de bonne heure, à cause des nombreuses barbes des épis qui, en séchant, deviennent rudes et désagréables aux bestiaux.

Nous remarquerons aussi que la touffe de ses feuilles radicales prend une teinte jaunâtre lorsqu'elle éprouve la sécheresse.

DES FÉTUQUES. Ce genre de graminées, qui paraît avoir la même étymologie que le mot français *fétu*, et qui est ainsi nommé à cause de la petitesse de plusieurs de ses espèces, est, ainsi que celui des pâturins, dont on le distingue assez difficilement, et dont il ne diffère essentiellement que par la forme oblongue, pointue et presque cylindrique de ses épillets, un de ceux qui fournissent le plus grand nombre de plantes précieuses pour la formation des prairies et des pâturages.

Indépendamment d'un nombre assez considérable d'espèces qui croissent spontanément sur les terrains secs et élevés, nous en distinguons plusieurs qui peuvent convenir aux positions basses et humides.

Ce sont la fétuque élevée, la fétuque des prés, la fétuque flottante, la fétuque élégante, et la fétuque des buissons.

La FÉTUQUE ÉLEVÉE, *festuca elatior*, ainsi désignée à cause de la hauteur de son chaume qui s'élève quelquefois à plus d'un mètre dans les positions qui lui conviennent, a ses tiges très-feuillées, et surmontées d'un panicule fort allongé, et penché, garni d'épillets quelquefois un peu barbus, presque cylindriques, allongés et portés sur deux pédoncules de longueur inégale, partant du même point.

Cette espèce fournit beaucoup de fourrage d'une bonne qualité, quoiqu'un peu gros, et elle se plaît particulièrement dans les prairies basses et humides les plus fertiles.

La FÉTUQUE DES PRÉS, *festuca loliacea*, qui s'élève ordinairement moins que la précédente, et dont les feuilles, beaucoup moins longues, paraissent un peu rudes, étant prises à rebours, a son panicule un peu unilatéral, plus court et plus étalé; elle est rameuse inférieurement et étroite vers son sommet; et ses épillets, beaucoup moins garnis de fleurs que ceux de la fétuque élevée, sont ordinairement rougeâtres supérieurement.

Cette espèce fournit un foin plus fin que la précédente, mais moins abondant : elle exige généralement moins d'humidité pour prospérer, et elle se trouve même quelquefois dans nos prairies sèches et élevées. Elle est beaucoup plus fourrageuse et moins délicate sur le terrain que l'ivraie vivace, et lui paraît préférable dans un grand nombre de cas; étant fauchée de bonne heure, et dans des circonstances favorables, elle peut, ainsi que la précédente, l'avoine élevée et le vulpin des prés, fournir un regain abondant et de bonne qualité.

La FÉTUQUE FLOTTANTE, *festuca fluitans* (que les botanistes s'accordent aujourd'hui à regarder comme un pâturin), ainsi distinguée des autres espèces, parce que ses feuilles paraissent souvent étalées et flottantes à la surface des eaux stagnantes, est une plante essentiellement aquatique, qui couvre la plupart des étangs peu profonds. Nous l'avons trouvée fréquemment dans ceux du département de l'Ain, où on la désigne généralement sous le nom de *brouille*, et où nous l'avons vue servir de nourriture, pendant l'été, à un grand nombre de vaches, et même aux chevaux qui vont la chercher sur l'eau.

On la trouve aussi quelquefois dans les marais et au bord des ruisseaux et fossés aquatiques.

Elle s'étend souvent à un mètre et plus. Sa tige assez grosse et cependant fort tendre, qui tend ordinairement à ramper, dont les articulations inférieures, plongées dans l'eau ou couchées sur terre, poussent ordinairement des racines, est garnie de feuilles courtes, assez larges, glabres, molles et flottantes. Elle se termine par un très-long panicule rameux, resserré presqu'en épi, et composé d'épillets fort allongés, cylindriques, dont quelques-uns sont sessiles.

Nous avons essayé d'en semer dans une partie d'une prairie très-basse et souvent submergée par les débordemens de la Seine, elle y est maintenant assez commune, et nous pensons qu'elle pourrait être introduite avec avantage, ainsi que les autres graminées aquatiques que nous avons indiquées, dans plusieurs prairies long-temps couvertes d'eau.

Tous les bestiaux la recherchent, sur-tout les chevaux; sa graine délicate, que nous avons trouvée quelquefois ergotée comme celle du seigle et de quelques autres graminées, et dont les poissons d'eau douce, les oies, les canards, et tous les oiseaux aquatiques sont avides, est employée dans le nord de l'Allemagne en bouillie et en pâtisserie très-estimées, ce qui a fait donner à la plante qui la produit le surnom de *manne de Pologne, de Prusse, de Hongrie*, etc. On l'appelle aussi quelquefois *chiendent aquatique.*

La FÉTUQUE ÉLÉGANTE, *festuca loliacea*, Willd., a beaucoup de rapport avec la précédente, mais ses feuilles sont plus rudes et sa tige droite est terminée par un panicule rougeâtre ou noirâtre composé de plusieurs épillets à balles colorées, ce qui lui a fait donner sa dénomination d'élégante. Elle est assez commune dans les prairies humides de Chantilly et de Saint-Gratien, près Paris.

Elle fournit un fourrage abondant et très-doux.

La FÉTUQUE DES BUISSONS, *festuca dumetorum*, qui a quelque rapport avec les fétuques élevée et des prés, a ses tiges grêles, ses feuilles étroites, et ses épillets alternes presque distiques et barbus. Elle fournit un fourrage moins abondant, mais délicat; et on la trouve ordinairement dans les endroits humides ou frais, dans les bois, les haies, les buissons, et dans quelques prairies où les bestiaux la recherchent.

DES PATURINS. Ce genre, qui fait avec celui des fétuques la base d'un grand nombre de prairies, ou de pâturages excellens, d'où il tire son nom de *pâturin*, et qu'on désigne aussi sous le nom de *poherbe*, nous fournit plusieurs espèces très-recommandables pour les positions basses et humides, indépendamment d'un assez grand nombre qui affectent plus particulièrement des localités plus sèches et plus élevées. Ce sont pour les premières, le pâturin des prés, le pâturin commun, le pâturin des marais, le pâturin aquatique et le pâturin annuel.

Le PATURIN DES PRÉS, *poa pratensis*, commun dans presque

toutes les prairies, s'élève sur une tige grêle, droite et cylindrique, depuis 35 centimètres jusqu'à un mètre environ, dans
les positions favorables. Ses feuilles radicales sont ordinairement plus étroites que celles qui couvrent sa tige, et son panicule lâche, diffus, à rameaux verticillés, est garni d'é-
pillets glabres, très-petits, composés d'un nombre de fleurs
indéterminé.

Cette espèce est une de nos graminées dont la floraison se
manifeste de meilleure heure, et elle suit celle du vulpin des
prés, à peu de distance. Quoiqu'on la trouve assez souvent
dans des situations plus sèches qu'humides, et qu'elle y résiste
assez bien à la sécheresse, et quoiqu'elle ne paraisse pas se
plaire dans les terrains naturellement aquatiques, ou exposés
aux submersions, nous croyons cependant qu'elle est particulièrement recommandable pour ceux qui conservent beaucoup
de fraîcheur, où nous la remarquons constamment plus vigoureuse qu'ailleurs. Elle fournit un foin très-fin et très-délicat,
produit beaucoup de semences, et elle est d'une prompte et
facile multiplication; mais ses racines sont traçantes et articulées, comme celles du chiendent. Leur entrelacement épuise
promptement la terre, et diminue considérablement la hauteur des tiges dans les terrains peu fertiles; elles sont d'ailleurs
d'une difficile destruction, lorsque la prairie n'est pas permanente. Cet inconvénient contre-balance, dans les assolemens
à court terme, les avantages résultant de la précocité et de
l'excellente qualité de son fourrage.

Le PATURIN COMMUN, *poa trivialis*, ainsi nommé parce
qu'on le rencontre dans un grand nombre de situations, même
très-opposées, nous paraît cependant préférer celles où il
trouve une fraîcheur constante, et il est particulièrement recommandable pour les prairies basses et humides, où nous le
voyons toujours prospérer, lorsqu'elles ne sont pas trop froides.

Il est facile de le confondre au premier aspect avec le pâturin des prés, avec lequel il a beaucoup de ressemblance pour
le port; mais il en diffère essentiellement, en ce qu'il fleurit
plus tard de quinze jours environ, dans les mêmes circonstances; en ce que sa verdure est plus douce et plus tendre; en
ce que ses feuilles sont plus larges, plus nombreuses et plus
rudes; en ce que la languette située à la base interne des
feuilles est très-allongée, tandis qu'elle est extrêmement courte
et très-obtuse dans le premier; et sur-tout en ce que sa racine,
au lieu d'être traçante, est fibreuse. Il aime les situations
abritées, et il est plus désagréablement affecté que celui des
prés par les froids rigoureux et par la sécheresse, qui diminuent beaucoup son produit; mais il est difficile de trouver
un fourrage plus délicat à-la-fois et plus abondant, lorsqu'il

se trouve placé dans une position favorable à son développement, et nous le considérons comme une des meilleurs plantes de nos prairies.

Le PATURIN DES MARAIS, *poa palustris,* qu'on trouve dans les bas prés, et qui est commun dans ceux de Gentilly, près Paris, est remarquable par son panicule étalé, garni d'épillets triflores et pubescens, et par ses feuilles rudes en dessous. Il fleurit à la même époque que le pâturin commun, et fournit, comme lui, un fourrage de première qualité.

Le PATURIN AQUATIQUE, *poa aquatica,* s'élève jusqu'à 2 mètres environ, sur une tige épaisse et droite, garnie de feuilles larges, tendres et lisses, ayant une tache brune à leur gaîne, et surmontée d'un panicule diffus formé d'épillets allongés à six fleurs.

Cette grande espèce, qu'on trouve dans les marais, les fossés, et autour des étangs et des rivières ou ruisseaux, est très-propre à utiliser les endroits long-temps couverts d'eau qu'elle affecte. Elle fournit une abondante provision de nourriture verte, très-tendre et très-succulente, et étant fauchée de bonne heure, elle peut fournir plusieurs coupes abondantes. Nous l'avons transplantée avec succès sur les bords d'un canal, où elle s'est beaucoup multipliée par ses racines traçantes, qui la rendent très-convenable pour garantir des ravages de l'eau la partie intérieure des berges.

Le PATURIN ANNUEL, *poa annua,* mérite d'être placé parmi les graminées vivaces propres aux prairies basses et humides, à cause des particularités que présente sa végétation, et qui lui donnent tout le mérite des plantes vivaces. Cette graminée peu élevée, l'une des plus communes qui couvrent la surface de la terre, remarquable par son panicule triangulaire, porté sur une tige oblique et comprimée, garni d'épillets obtus, forme sur les terrains frais un gazon perpétuel, très-fin, serré et très-agréable à tous les bestiaux. Depuis les premiers jours du printemps jusqu'à la fin de l'automne, elle végète continuellement, et on la trouve très-souvent couverte à-la-fois de nouvelles pousses très-nombreuses, de tiges en fleurs et de semences mûres, au moyen desquelles elle se perpétue dans les meilleurs pâturages et sur les prairies, où elle garnit le pied des autres plantes, et fournit encore, après leur coupe, un pâturage excellent, dont les bestiaux sont très-avides et qui ne redoute pas leur trépignement.

DES CANCHES ou FOINS. Ce genre, que quelques auteurs ont désigné sous le nom de *foin,* quoiqu'il en fournisse peu de bonne qualité, offre deux espèces principales assez communes dans les prairies basses et humides : la canche aquatique, et la canche touffue.

La **canche aquatique**, *aira aquatica*, qui n'élève guère qu'à 32 centimètres sa tige garnie de feuilles planes, et surmontée d'un panicule lâche, oblong et d'un vert tirant sur le violet, croît communément dans les endroits aquatiques, et a une saveur douce qui plaît beaucoup aux bestiaux, qui la vont souvent chercher dans l'eau. Elle pourrait couvrir avantageusement les parties les plus aquatiques des prairies basses et submergées.

La **canche touffue**, *aira cespitosa*, qui élève quelquefois jusqu'à un mètre ses tiges garnies de feuilles longues, d'un vert foncé, striées et rudes, et surmontées d'un panicule très-ample, à balles lisses, luisantes et argentées, fournit une herbe dure à laquelle les bestiaux ne touchent que lorsqu'elle est jeune ; or, comme elle forme, dans les prairies, des touffes élevées assez considérables, qui produisent des inégalités, nous croyons devoir la signaler plutôt comme une mauvaise que comme une bonne plante, et il convient de l'extirper dès qu'on l'aperçoit, car elle se multiplie promptement par ses graines qui sont très-nombreuses. Il est facile de la reconnaître, ayant plusieurs caractères tellement prononcés qu'ils ne peuvent laisser aucun doute, et elle nuit singulièrement au développement des autres graminées qu'elle avoisine. Son panicule sert quelquefois à faire des balais.

DES MÉLIQUES. Nous ne trouvons dans ce genre, dont plusieurs espèces se plaisent dans les endroits secs et élevés, que la **mélique bleue**, *meluca cœrulea*, dont on a fait un genre particulier sous le nom de *molinie*, qui convienne aux positions basses et humides, où on la trouve souvent.

Sa tige grêle s'élève quelquefois à plus d'un mètre. Elle est garnie de feuilles longues et étroites, et surmontée d'un panicule resserré, garni d'épillets cylindriques, dont les balles petites, pointues, sont panachées de vert, de violet et de bleu, qui est la teinte dominante d'où lui vient son nom.

Elle fournit un fourrage médiocre, mais abondant.

On nous assure qu'en quelques cantons de l'Italie, où elle est très-commune, on convertit en un pain grossier ses semences, dont les pigeons sont avides, et qui leur donnent un fumet délicat.

DES AGROSTIDES ou FOINS Les principales espèces de ce genre, qu'on a aussi désigné sous le nom de *foin*, qui soient convenables aux prairies basses et humides, sont l'agrostide blanche, l'agrostide genouillée et l'agrostide stolonifère.

L'**agrostide blanche**, *agrostis alba*, dont les tiges rampantes sont garnies de feuilles raides et dures au toucher, et dont les panicules lâches ont des calices égaux et lisses, se trouve assez souvent dans les prairies humides, et y fournit un fourrage tardif d'assez bonne qualité.

L'AGROSTIDE GENOUILLÉE, *agrostis canina*, appelée aussi *foin de chien*, dont la tige couchée, coudée et un peu rameuse, est terminée par un panicule resserré, d'un violet purpurin, est très-commune dans la plupart des pâturages un peu humides, et y fournit un fourrage semblable au précédent.

L'AGROSTIDE STOLONIFÈRE, *agrostis stolonifera*, dont les racines traçantes font souvent la désolation des cultivateurs sur les terres labourables, y produit ordinairement une herbe rare, peu recherchée des bestiaux, et elle doit être signalée comme une des plantes les plus nuisibles aux champs. Nous remarquerons cependant qu'elle résiste très-long-temps aux submersions, et qu'elle fournit, presque exclusivement à toute autre, un fourrage assez abondant sur une vaste prairie marécageuse. Cette plante très-vantée, depuis quelques années, par les Anglais, sous le nom de *fiorin*, ne nous paraît mériter les éloges qu'elle en a reçus, que dans les terrains bas et humides. Nous l'avons toujours vue languir ou donner de très-faibles produits sur les terrains secs, quoiqu'on ait cru devoir la recommander pour ces situations ingrates.

DES PHALARIDES ou ALPISTES. Parmi les diverses espèces vivaces de ce genre, il en est une qui convient essentiellement aux prairies basses et humides, et à celles qui peuvent être arrosées; c'est la PHALARIDE-ROSEAU, *phalaris arundinacea*, ainsi désignée parce que ses tiges ont le port de cette graminée.

Ses tiges élevées et vigoureuses, garnies de feuilles lisses, larges et longues, sont terminées par des panicules oblongs, amples et renflés. Il en existe une variété à feuilles rubanées, qui est cultivée dans les jardins comme plante d'agrément, sous le nom d'*alpiste*, ou de *chiendent panaché*, ou *ruban*.

Cette belle graminée se trouve assez souvent le long des rivières et des ruisseaux, et elle est une des plus communes dans les prairies arrosées de la Lombardie, d'après M. Zappa, qui nous a donné la nomenclature de toutes les plantes qui y croissent, ainsi que d'après nos propres observations. M. de Lasteyrie nous informe aussi qu'elle est cultivée en Suède, dans la Scanie, où elle fournit deux coupes annuelles; et nous voyons encore M. Delporte, cultivateur très-distingué près Boulogne-sur-Mer, la recommander d'après son expérience.

Elle s'élève fort haut, et elle est très-productive; il convient de la faucher de bonne heure pour empêcher ses feuilles de durcir. Nous en avons semé sur une portion d'une prairie aquatique, et elle y a donné des produits abondans, mais nous remarquerons qu'elle exige constamment beaucoup d'humidité pour prospérer.

DES ROSEAUX. De toutes les espèces de ce genre, le RO-SEAU COMMUN, *arundo phragmites*, est celui qui mérite la préférence pour les prairies aquatiques, où on le trouve fréquemment, ainsi que dans les marais, et au bord des étangs, des rivières et des ruisseaux.

Ce roseau, étant fauché de très-bonne heure, fournit une ample provision de nourriture verte, dont les vaches sont avides, et qui augmente leur lait. Comme il peut fournir plusieurs coupes, il vaut généralement mieux le consommer ainsi, que de le convertir en foin, qui se fane difficilement, et qui devient souvent dur et peu agréable aux bestiaux.

Lorsque la végétation du roseau est très-avancée, il n'est plus propre qu'à servir de litière, ou à couvrir les chaumières.

Nous croyons devoir observer que les bestiaux refusent le ROSEAU PLUMEUX, ou des BOIS, *arundo calamagrostis*, à moins qu'ils ne soient pressés par la faim, et il leur devient alors quelquefois nuisible.

Le ROSEAU-CANNE, *arundo donax*, dont les tiges, qui s'élèvent souvent à plus de 5 mètres environ dans nos départemens méridionaux, sont dures, ainsi que les feuilles, convient moins à la nourriture des bestiaux qu'à servir d'abri et de clôture dans les positions chaudes et humides. Ses tiges lisses et creuses peuvent être employées utilement à la vannerie, à la tisseranderie, au dévidage, aux claires-voies des jardins, en échalas, au faîtage des toits rustiques, et aux ouvrages en torchis. Nous l'avons trouvé soumis à une culture régulière dans les États romains et dans d'autres endroits de la haute Italie, où il donne des produits considérables, qu'on emploie pour soutenir les vignes; et dans le département des Pyrénées orientales, ainsi que dans quelques autres, nous l'avons vu employer fort utilement le long des torrens, pour prévenir ou modérer le ravage des eaux.

DES FROMENS VIVACES. Quoique nous ne puissions point recommander l'introduction de plusieurs espèces de fromens vivaces comme plantes fourrageuses, et sur-tout celle du chiendent commun, *triticum repens*, qui fait souvent la désolation du cultivateur, à cause des nombreuses racines traçantes et prolifères qui contribuent si puissamment à sa propagation sur les terrains bas et humides qu'il affecte plus particulièrement, nous devons cependant observer qu'il est quelques positions désavantageuses, comme les bords des rivières sujets aux ravages des débordemens, les endroits exposés aux ravins, aux avalanches, et aux autres dégâts des eaux, où l'entrelacement et la vitalité de leurs nombreuses racines articulées peuvent les rendre utiles. Nous les voyons en effet résister à de longues submersions, dans des endroits bas, où la nature les place souvent elle-même, et où elles fournissent un foin grossier sans doute, mais qui, dans bien des cas, remplace jusqu'à un certain point, ceux plus délicats ou plus abondans qu'on ne pourrait y obtenir.

Nous ajouterons à ces considérations que le chiendent commun entre pour beaucoup, comme nous avons eu occasion de nous en assurer sur les lieux mêmes, dans la composition des fameuses prairies de la Prévalaie, dont le beurre est si délicat et si recherché, ainsi que dans plusieurs autres prairies renommées de France et d'Angleterre, et qu'il y est regardé comme une bonne plante; que dans plusieurs cantons d'Espagne et d'Italie, on nourrit souvent les chevaux avec ses racines, qui ont un goût sucré très-agréable, et qui sont très-nourrissantes; enfin que son fourrage, fauché de bonne heure, est également agréable aux bestiaux.

Nous invitons d'ailleurs à consulter à ce sujet une excellente *Notice sur l'emploi du chiendent comme fourrage*, insérée dans le *Recueil agronomique* de la Société d'agriculture de Nancy, et publiée par M. Turck, l'un de nos élèves les plus distingués.

Graminées vivaces particulièrement convenables aux prairies ou pâturages de notre première division, sur les terres plus sèches qu'humides, et plus élevées que basses.

FLOUVES ou **ANTHOXANTHES.** Ce genre nous fournit une espèce précieuse sur les terres de cette division; c'est la FLOUVE ODORANTE, *anthoxanthum odoratum*, ainsi nommée à cause de l'apparence jaunâtre de ses épis en fleurs et de l'odeur aromatique qu'elle communique au foin avec lequel elle se trouve mêlée. Cette odeur qui est plus prononcée encore à la racine qu'aux autres parties de la plante, ressemble beaucoup à celle du mélilot ordinaire.

Cette graminée est aussi remarquable par sa précocité que par son odeur qui la distingue de toutes les autres; et sa fleur est une des premières qui paraissent au printemps. Elle est peu délicate sur la qualité du terrain et sur l'exposition, quoiqu'elle préfère généralement les situations sèches et élevées à celles qui sont basses et humides, et dans lesquelles ses feuilles se roulent souvent. Ces feuilles menues, un peu velues, et qui jaunissent promptement, forment un gazon assez épais, mais les tiges grêles s'élèvent ordinairement peu. Elle est commune sur plusieurs pâturages renommés des bêtes à laine, qui en sont avides lorsqu'elle est jeune et tendre, mais qui la laissent souvent lorsqu'elle est en fleurs et que son arome est trop fortement développé.

Elle est sur-tout recommandable par sa précocité et par l'odeur agréable qu'elle donne au foin. Son parfum ne plaît pas cependant à tout le monde, car les cultivateurs de la Bresse, qui désignent cette plante sous le nom de *flûve*, lui trouvent une odeur aussi désagréable que forte; mais tous les bestiaux mangent avec plaisir le foin dans lequel elle se trouve mêlée, et il paraît qu'on a essayé de la cultiver, avec un succès très-encourageant.

HOUQUES ou BLANCHARDS. Parmi les espèces de ce genre, on doit sur-tout distinguer la HOUQUE LAINEUSE, ou BLANCHARD VELOUTÉ, *holcus lanatus*, ainsi nommée à cause du duvet cotonneux qui la recouvre. Ses tiges assez fortes, tendres et pubescentes, sont garnies de feuilles larges et douces, remarquables par un duvet cotonneux assez apparent à leur gaîne, et terminées par un panicule ouvert d'un blanc purpurin, velu et même cotonneux.

Cette plante rustique, et très-productive lorsqu'elle se trouve dans des circonstances favorables, se montre souvent sur les pâturages arides et peu fertiles, mais on la rencontre aussi quelquefois, ainsi que la précédente, dans des prairies humides et de bonne qualité; lorsqu'elle est pâturée par les vaches ou par les bêtes à laine qui en sont avides, elle devient très-profitable, à raison de sa faculté de repousser promptement. Sa floraison est assez tardive, mais sa végétation étant peu interrompue en hiver, elle fournit une nourriture précieuse dans cette saison.

M. Lequinio paraît être le premier qui ait essayé de cultiver séparément et en grand la houque laineuse, que Haller avait recommandée pour la nourriture des bestiaux. Il en a formé de très-bonnes prairies dans les landes du département du Morbihan, et il a reconnu que sur les terres qui conservent de la fraîcheur, et qui ont été bien défoncées et préparées, elle peut s'élever jusqu'à un mètre environ, et y fournir un foin aussi abondant que de bonne qualité. Nous l'avons vue nous-mêmes s'élever à cette hauteur dans une prairie soignée où elle domine avec l'avoine élevée, dans la commune d'Yères, département de Seine-et-Oise.

Cette graminée nous fournit une nouvelle preuve frappante de l'effet améliorant d'une culture soignée sur toutes les plantes fourrageuses qu'on y soumet; lorsqu'elle croît spontanément sur les terrains élevés, maigres et sablonneux, où elle fournit un pâturage aux moutons, elle s'élève peu et produit peu; mais lorsqu'on la place dans une position moins ingrate et qu'on lui prodigue ses soins, comme l'ont fait M. Lequinio et plusieurs autres cultivateurs, elle devient pour ainsi dire méconnaissable, et dédommage amplement de la culture qu'elle reçoit.

Au reste, elle nous paraît aussi recommandable pour les prés bas et humides, où nous l'avons vue très-vigoureuse, que pour ceux qui sont plus secs et plus élevés, qu'elle est très-propre à améliorer.

On a aussi recommandé la HOUQUE MOLLE OU SOYEUSE, *holcus mollis,* qui a reçu cette dénomination à cause de la mollesse de ses feuilles (qui n'existe pas toujours, car elles sont souvent sèches et rudes), et d'un bouquet de poils soyeux qui garnit inférieurement les articulations de ses tiges. On l'a quelquefois confondue avec la houque laineuse avec laquelle elle a, à la vérité, quelque ressemblance, au premier aspect ; mais elle en diffère essentiellement en ce qu'elle est généralement moins élevée et plus petite dans toutes ses parties ; que ses gaînes n'ont pas l'aspect blanchâtre et laineux qui distingue cette dernière ; que son panicule est plus maigre ; que ses épillets n'ont pas la couleur brillante qu'on remarque dans l'autre, et sur-tout en ce que ses tiges un peu coudées, éparses et presque renversées, tracent, ainsi que ces racines ; circonstance qui, jointe à son faible produit, nous la fait considérer comme plus nuisible qu'utile.

Il existe encore une HOUQUE ODORANTE, *holcus odoratus,* originaire du nord de l'Europe, et très-rustique, dont les tiges grêles sont terminées par un panicule peu garni. Elle a une odeur agréable, mais sa racine trace si abondamment, *qu'il faut,* dit M. Dumont de Courset, *la placer dans un lieu isolé, ou en garnir les places vides des prairies, où elle donnera une bonne odeur au foin.*

Elle nous paraît également peu recommandable.

DACTYLE. Le DACTYLE GLOMÉRÉ OU PELOTONNÉ, *dactylis glomerata,* ainsi désigné à cause de la disposition unilatérale de ses panicules qui ont quelque ressemblance avec une patte, est le seul de ce genre qu'on ait essayé de cultiver jusqu'à présent, et qui paraisse mériter l'attention du cultivateur.

Il s'élève quelquefois jusqu'à un mètre environ, sur les terres fraîches bien exposées et bien abritées, et se rencontre fréquemment, mais plus humble, sur celles qui sont sèches et élevées. Ses tiges, assez grosses et dures, d'abord presque entièrement couchées, et qui se redressent ensuite, sont garnies de feuilles larges et rudes, d'un vert glauque, et surmontées d'un panicule également rude, garni de quatre à cinq rameaux, chargés d'épillets nombreux qui sont aussi fort rudes.

Cette plante rustique, précoce et productive, très-commune presque par-tout, sur-tout sur les terres plus sèches qu'humides, a pour principal mérite de pouvoir fournir, sur des sols de médiocre qualité, un fourrage très-précoce et assez abondant, mais qu'il faut faucher de bonne heure, car ses tiges et ses feuilles durcissent très-promptement, ses panicules deviennent rudes et désagréables aux bestiaux, et il en résulte un foin grossier qu'ils rejettent quelquefois, d'après l'expérience que nous en avons faite ; et c'est sans doute ce qui la fait appeler en quelques endroits *foin rude* ; la pesanteur de ses panicules chargés de graines la fait aussi verser et rouiller assez souvent, dans des situations humides.

M. Dumont de Courset, après être convenu qu'elle pousse très-vite et se renouvelle promptement dans le Boulonnais où il la regarde comme une des graminées les plus communes, reconnaît également *qu'elle fait un mauvais foin.*

Le dactyle pelotonné nous paraît bien plus recommandable en pâturage ou en fourrage vert qu'en foin sec ; nous avons remarqué que lorsqu'il était brouté ou fauché de bonne heure, il se renouvelait très-promptement, et l'emportait par sa vigueur sur les graminées plus faibles qu'il faisait disparaître assez souvent. Sa rusticité le fait ordinairement végéter même en hiver. Il a encore le mérite de croître assez bien sur quelques terres argileuses, rebelles à d'autres cultures, et même à l'ombre, ce qui le rend convenable pour garnir le sol des vergers, et ce qui le fait désigner quelquefois sous la dénomination d'*herbe aux vergers.*

Nous devons dire ici que le célèbre cultivateur anglais Coke a introduit cette plante dans son assolement quadriennal, à la place du trèfle, afin d'éviter le retour trop fréquent de celui-ci. Il le sème avec l'orge, au printemps, le laisse subsister deux ans, et le remplace par le froment, de sorte que la durée de sa rotation devient par là quinquennale.

AVEINES. Indépendamment de l'aveine élevée, placée dans notre seconde division, ce genre nous fournit encore trois autres espèces vivaces, recommandables pour les prairies et les pâturages de la première. Ce sont l'aveine des prés, l'aveine pubescente et l'aveine jaunâtre.

L'AVEINE DES PRÉS, *avena pratensis,* qui s'élève quelquefois jusqu'à 64 centimètres dans les prairies et les pâturages peu humides qui lui conviennent, a les feuilles menues, glabres, et un peu rudes. Sa tige, souvent rougeâtre au sommet, a un panicule serré en forme d'épi, composé d'épillets cylindriques, dont les valves sont lisses, luisantes, et d'une couleur argentée ou quelquefois purpurine.

L'AVEINE PUBESCENTE, *avena pubescens,* ainsi nommée à cause du léger duvet qui la recouvre, s'élève à-peu-près à la même hauteur que la précédente, dans de semblables positions, et lui ressemble beaucoup pour le port. Ses épillets sont également lisses et luisans, ordinairement violets à leur base et argentés à leur sommet.

L'AVEINE JAUNATRE, *avena flavescens*, ainsi désignée à cause de la couleur jaunâtre de son panicule, est plus petite que les deux espèces précédentes; ses épillets aussi plus petits et plus délicats forment un panicule lâche et finement divisé. Elle est assez abondante dans la plupart des pâturages élevés, où les bêtes à laine la recherchent. Mais on la rencontre aussi fréquemment dans les prairies basses et fraîches sans être aquatiques, et elle y fournit un fourrage de première qualité.

Ces trois espèces d'aveine vivace, qui redoutent les terres trop humides, comme celles qui sont trop arides, fournissent un aliment très-délicat et qui paraît très-agréable aux bestiaux, lorsqu'on ne les laisse pas trop durcir et se dessécher sur les terres peu fertiles qu'elles couvrent souvent spontanément.

FÉTUQUES. Indépendamment des espèces dont nous avons fait connaître le mérite pour les terres de notre seconde division, ce genre nombreux et précieux nous en fournit pour celle-ci plusieurs autres très-recommandables, dont les principales sont la fétuque ovine, la fétuque rouge, la fétuque durette, la fétuque inclinée, la fétuque glauque, la fétuque améthyste, et la fétuque hétérophylle.

La FÉTUQUE OVINE OU COQUIOLE, *festuca ovina*, qui tire son nom spécifique de l'avidité avec laquelle les bêtes à laine recherchent cette petite mais précieuse graminée, qui leur fournit l'aliment le plus convenable à leur constitution, se remarque par ses tiges tétragones peu élevées, ayant ordinairement deux ou trois nœuds colorés, garnies à leur base de feuilles en touffe, filiformes et d'un vert foncé et surmontées d'un panicule unilatéral, resserré en épi, avec des épillets de quatre à cinq fleurs munis de barbes courtes, et quelquefois sans barbes.

Cette espèce, qu'on rencontre ordinairement, ainsi que les suivantes, sur les montagnes élevées, et dans toutes les positions les plus arides et les plus ingrates, qu'elle est très-propre à utiliser, ne s'élève guère qu'à 20 centimètres, ce qui la rend plus convenable aux pâturages qu'aux prairies, car nous la voyons constamment rester fort basse, même dans nos prairies riches et humides, où nous la trouvons quelquefois. C'est une des plantes qui exigent le moins d'humidité pour prospérer, et elle convient essentiellement sur les coteaux sablonneux et arides. Elle y produit une herbe fine et délicate, très-convenable aux bêtes à laine, comme toutes les plantes peu aqueuses, qui dédommagent ordinairement de leur faible quantité par leur excellente qualité.

La FÉTUQUE ROUGE, *festuca rubra*, ainsi désignée à cause de la couleur rougeâtre de son panicule resserré, a également ses tiges menues, droites, nues, et ses feuilles déliées, quelquefois en touffe, mais elle s'élève ordinairement davantage; ses tiges sont à demi arrondies et ses épillets barbus ont six fleurs.

La FÉTUQUE DURETTE, *festuca duriuscula*, ainsi surnommée parce que ses feuilles et ses tiges sont ordinairement plus fermes que les autres, est la plus précoce de toutes, ce qui la rend précieuse dans plusieurs cas, ses feuilles sétacées sont courtes et en gazon serré. Son panicule, étroit et unilatéral, est oblong, et ses épillets ovales, lisses et pointus, sont ordinairement violets et garnis de trois à quatre fleurs et de barbes très-courtes : elle paraît résister fortement à la sécheresse.

La FÉTUQUE PENCHÉE, *festuca decumbens*, tire sa dénomination de l'inclinaison de ses tiges peu élevées et couchées vers leur base. Ses feuilles courtes et rares sont rudes et velues, et ses tiges grêles sont surmontées d'un panicule garni d'épillets ovales, dont les fleurs, au nombre de trois à quatre, et sans arêtes, sont presque entièrement renfermées dans le calice. Ce panicule est la principale partie dont les bestiaux se nourrissent, et on ne la trouve guère que dans les bois élevés.

La FÉTUQUE GLAUQUE, *festuca glauca*, très-remarquable par sa couleur d'un vert bleu cendré, a ses feuilles sétacées, obliquement contournées, et ses tiges surmontées d'un panicule flexueux, unilatéral et penché.

La FÉTUQUE-AMÉTHYSTE, *festuca amethystina*, ainsi désignée à cause de la couleur distinguée de son panicule étalé, a ses feuilles linéaires comme celle de la coquiole, à laquelle elle ressemble, mais elle est plus élevée et fournit plus de fourrage. Elle croît aux endroits les plus arides.

La FÉTUQUE HÉTÉROPHYLLE, *festuca heterophylla*, Lam., dont les feuilles radicales sont très-déliées comme celles de la précédente, a ses feuilles caulinaires plus larges; elle s'élève quelquefois jusqu'à 64 centimètres, et fournit un assez bon fourrage dans les endroits élevés; mais on ne la rencontre guère aussi que dans les bois.

Toutes ces fétuques et quelques autres fournissent, sur les terres et dans les situations les plus ingrates et les moins convenables à la culture, un pâturage très-sain, mais peu abondant, et qui durcit promptement, s'il n'est consommé de bonne heure. La plupart méritent, et surtout la première, d'être introduites sur les pâturages arides des bêtes à laine, lorsqu'elles n'y croissent pas spontanément, et elles remplaceraient avantageusement les plantes inutiles ou nuisibles qui s'y trouvent souvent.

PATURINS. Outre les quatre espèces de ce genre, dont nous avons fait connaître les avantages pour les situations basses, humides et même aquatiques, il en fournit plusieurs autres vivaces, précieuses dans des positions plus élevées et plus sèches. Les principales sont le pâturin des Alpes, le pâturin comprimé, le pâturin à feuilles étroites, le pâturin bleuâtre, le pâturin bulbeux, le pâturin à crête et le pâturin des bois.

Le PATURIN DES ALPES, *poa alpina*, qu'on trouve fréquemment sur les montagnes élevées où il se plaît, a une tige grêle, qui, dans des positions convenables, s'élève quelquefois jusqu'à 64 centimètres ; ses feuilles sont douces et molles, et son panicule diffus et très-rameux a des épillets de six fleurs et cordiformes. Tous les bestiaux mangent avec plaisir son herbe fine et délicate.

Le PATURIN COMPRIMÉ, *poa compressa*, qu'on distingue à sa tige comprimée, s'élève à-peu-près comme le précédent, dans les champs les plus arides et même sur les murs ; son panicule unilatéral et resserré, et ses épillets pointus sont à valves rougeâtres à leur sommet. Il est un peu plus dur que le précédent.

Le PATURIN A FEUILLES ÉTROITES, *poa angustifolia*, ainsi distingué des autres, à cause de la petitesse de ses feuilles radicales filiformes, a son panicule diffus, garni d'épillets à quatre fleurs, pubescens à leur base. Il fournit une herbe très-fine et délicate.

Le PATURIN BLEUATRE, *poa cœsia*, Smith, qui tire son nom spécifique de sa couleur un peu glauque, a des feuilles larges et tendres, et sa tige, qui s'élève généralement peu, est terminée par un panicule resserré en forme d'épi, et garni d'épillets très-petits. Son fourrage est savoureux.

Le PATURIN BULBEUX, *poa bulbosa*, ainsi désigné parce que ses feuilles radicales sont renflées à leur base en forme de bulbes, est assez précoce. Il est commun sur nos pâturages les plus sablonneux et les plus arides. Ses feuilles menues et rassemblées en touffes sont très-peu élevées et se dessèchent ordinairement aussitôt après la floraison. Ses tiges grêles et rougeâtres sont surmontées d'un panicule court et ramassé, garni d'épillets quadriflores, les valves des fleurs s'allongent quelquefois en manière de feuilles, ce qui fait paraître le panicule feuillé, chevelu et comme frisé. L'apparence de ces fleurs prolifères le fait appeler quelquefois *pâturin frisé*, comme ses espèces de bulbes lui font aussi donner le nom de *paturin-échalotte*. Ses tiges et sur-tout ses panicules fournissent plus de nourriture aux bêtes à laine que ses feuilles, d'après ce que nous avons eu occasion de remarquer plusieurs fois.

Le PATURIN A CRÈTE, *poa cristata*, généralement plus élevé que le précédent, et qu'on trouve aussi dans les endroits les moins fertiles et les plus arides, a des feuilles striées assez larges, mais courtes et réunies en touffes. Il est ainsi appelé à cause de l'écartement des valves aiguës de ses épillets, qui forment un panicule resserré en épi allongé, luisant et panaché de vert et de blanc, que les bêtes à laine broutent avec plaisir, ainsi que ses feuilles.

Le PATURIN DES BOIS, *poa nemoralis*, qu'on trouve souvent dans les lieux ombragés, peu fertiles, s'élève ordinairement à la hauteur du pâturin des prés, avec lequel il a quelque ressemblance; mais ses feuilles et ses tiges plus rudes ont une couleur plus foncée et celles-ci sont souvent courbées. Son panicule très-lâche est penché et diffus, et ses épillets, portés sur des rameaux divergens, sont biflores ou triflores, très-petits, rudes et pointus. Il fournit un fourrage assez abondant, un peu dur, et prospère à l'ombre, mais vient assez bien aussi en plein air.

Tous ces pâturins et quelques autres fournissent une nourriture très-saine et agréable aux bestiaux, mais peu abondante. Ils sont généralement plus propres aux pâturages, sur les terres ingrates qu'ils utilisent, qu'aux prairies, et doivent être consommés de bonne heure.

CRETELLE. La cretelle hupée ou en crête, *cynosurus cristatus*, ainsi nommée à cause des bractées pectinées, en forme de crête, qui environnent ses épillets, est la seule graminée de ce genre qui paraisse mériter l'attention du cultivateur. Ses feuilles sont rares, étroites, tendres, et s'élèvent peu, et sa tige, qui, dans les situations convenables, s'élève jusqu'à 64 centimètres, est garnie d'un long épi unilatéral.

Quoique nous ayons cru devoir la recommander particulièrement pour les terres de cette division, elle se trouve cependant assez souvent dans les prairies basses, lorsqu'elles ne sont pas trop humides, et lorsqu'elle est pâturée ou fauchée de bonne heure, elle fournit une nourriture sèche ou verte également bonne, mais peu abondante. Lorsqu'elle est avancée en maturité, ses épis écailleux sont peu agéables aux bestiaux, et elle devient peu profitable : lorsqu'elle est consommée en temps convenable, elle peut fournir un bon pâturage, et particulièrement aux bêtes à laine qui la recherchent et auxquelles sa nature peu aqueuse convient essentiellement.

Il existe une autre graminée désignée par Linné, sous le nom de CRETELLE BLEUE, *cynosurus cœruleus*, appelée aujourd'hui SESLÉRIE BLEUE, *sesleria cœrulea*, et désignée ainsi à cause de la couleur glauque de ses feuilles réunies en touffe à la base de ses tiges grêles. Elle se trouve souvent sur les rochers calcaires et arides ; c'est de toutes nos graminées vivaces celle qui fleurit la première, sa fleur paraissant ordinairement en mars. Elle fournit peu, mais elle résiste très-bien à la sécheresse et les moutons sont avides de son herbe fine et courte, quoiqu'elle soit un peu rude.

CANCHES. Indépendamment des deux espèces que nous avons cru devoir signaler, pour les prairies basses, humides et aquatiques, ce genre nous en fournit deux autres vivaces, recommandables pour les positions élevées, sèches, siliceuses ou calcaires ; ce sont la canche de montagne et la canche blanchâtre.

La CANCHE DE MONTAGNE OU FLEXUEUSE, *aira flexuosa*, qui affecte les lieux secs et élevés, et que Linné a désignée ainsi, parce que les pédoncules de ses fleurs sont tortueux, n'élève guère qu'à 40 centimètres ordinairement sa tige grêle, qui paraît au milieu de ses feuilles sétacées et junciformes, et dont le panicule étalé et divergent a les fleurs velues à leur base, et barbues, et les balles luisantes et argentées.

Elle forme souvent la base des prairies et des pâturages très-élevés ; elle est agréable à tous les bestiaux, sur-tout aux bêtes à laine.

La CANCHE BLANCHATRE, *aira canescens*, qu'on trouve également dans les champs arides et sablonneux, s'élève beaucoup moins que la précédente ; ses tiges forment des touffes épaisses de gazon, et sont garnies à leur base de feuilles nombreuses, sétacées et blanchâtres ; son panicule, d'un blanc luisant et resserré en forme d'épi engaîné, a les balles pointues, argentées, et mêlées de rose et de violet.

Elle est peu productive, et ne peut utiliser que les sables les plus stériles et les plus arides.

MÉLIQUE. Ce genre, qui fournit pour les prairies basses et humides la mélique bleue, qu'on rencontre aussi quelquefois dans des situations sèches et élevées, en renferme plusieurs autres qui exigent généralement peu d'humidité pour prospérer ; ce sont la mélique élevée, la mélique penchée, la mélique ciliée, la mélique uniflore, et la mélique pyramidale.

La MÉLIQUE ÉLEVÉE, *melica altissima*, originaire de Sibérie et que nous observons pousser très-vigoureusement, depuis plusieurs années, sur un terrain peu fertile naturellement et non engraissé, nous paraît être une plante précieuse par la vigueur et la précocité de sa végétation. Elle élève quelquefois jusqu'à un mètre ses tiges nombreuses et droites, ornées d'un panicule droit, serré et très-rameux, qui a quelque ressemblance avec celui de l'avoine élevée. Son fourrage est un peu dur, comme celui de la plupart des graminées vigoureuses ; mais étant fauché de bonne heure, il nous semble réunir la qualité à la quantité et à la précocité, et la culture de cette plante nous paraît recommandable.

La MÉLIQUE PENCHÉE, OU DE MONTAGNE, *melica nutans*, ainsi caractérisée, parce qu'elle penche ordinairement sous le poids des fleurs : son panicule, resserré et peu garni, a des tiges grêles et faibles, de 32 à 64 centimètres, des feuilles planes et assez longues, et les balles d'un rouge brun. Elle se trouve souvent dans les endroits ombragés.

Elle se trouve aussi quelquefois dans les prairies, et son foin est assez tendre quoique un peu grossier.

La MÉLIQUE CILIÉE, *melica ciliata*, qui s'élève à-peu-près à la même hauteur que la précédente, sur les collines stériles, est ainsi nommée, parce que la valve extérieure de la fleur inférieure est garnie de poils soyeux qui se redressent en forme de cils lors de la maturité. Ses feuilles glauques sont striées et assez courtes, et son panicule, resserré en épi cylindrique, est blanchi par les cils des valves.

La MÉLIQUE UNIFLORE, *melica uniflora*, Retz, qui s'élève à 48 centimètres environ, qui a quelque ressemblance avec le millet étalé, et qui se rencontre assez souvent dans les haies et les bois, sur les terrains peu fertiles, et quelquefois aussi à côté de la mélique penchée, avec laquelle on l'a confondue, se distingue sur-tout à son panicule composé et à ses calices uniflores.

Son fourrage ressemble assez, pour la qualité, à celui de cette dernière qui est plus abondant.

La MÉLIQUE PYRAMIDALE, *melica pyramidalis*, Lamk., qui élève ordinairement moins sa tige grêle et droite, garnie de feuilles sétacées, junciformes et glauques, a son panicule droit très-lâche, et se retrécissant supérieurement en forme de pyramide.

L'herbe de la plupart des méliques, fauchée ou pâturée en temps convenable, afin de prévenir son endurcissement, nous paraît mériter, par son abondance et sa qualité, de fixer l'attention des cultivateurs.

BRIZE. Ce genre nous fournit une espèce que les bestiaux recherchent, et qui est assez commune dans les prairies plus sèches qu'humides, et sur les pâturages élevés. C'est la brize tremblante, ou amourette, *briza media*, surnommée tremblante, parce que les pédoncules capillaires des rameaux géminés qui supportent son panicule lâche et très-ouvert, font facilement agiter par le vent ses épillets ovales, arrondis, verts et blancs ou violets.

Elle s'élève ordinairement peu, mais fournit un pâturage recherché des bêtes à laine, et un foin très-fin.

23 *

FLÉOLE. La fléole des Alpes, *phleum alpinum*, dont la tige ne s'élève guère qu'à 34 centimètres, et dont l'épi ovale, allongé, velu et noirâtre, est garni de balles ciliées à deux cornes, se trouve dans les prairies montueuses, et y fournit un foin assez délicat, mais peu abondant. Elle fleurit en juin, et produit un bon pâturage avant cette époque.

PHALARIDES, ou ALPISTES. Indépendamment de la phalaride arondinacée, que nous avons indiquée pour les prairies naturellement humides ou irriguées, ce genre fournit encore une espèce vivace recommandable, la PHALARIDE FLÉOÏDE, *phalaris phleoides*, qu'on rencontre ordinairement dans les prairies sèches et élevées, ou sur les pâturages arides et peu fertiles.

Cette espèce, connue aussi sous la dénomination d'alpiste-fléau, parce que son panicule cylindrique en forme d'épi serré a de la ressemblance avec celui de la fléole des prés, dont il diffère cependant en ce que ses balles sont portées sur des pédoncules lâches et rameux, qu'on aperçoit en glissant l'épi entre ses doigts, a une tige droite, qui s'élève quelquefois à 64 centimètres environ, qui est lisse, feuillée, et souvent un peu rougeâtre. Ses feuilles sont larges, mais très-courtes.

Elle fournit une nourriture fine et agréable à tous les bestiaux, et sur-tout aux bêtes à laine qui la recherchent lorsqu'elle est jeune.

MILLET ou MIL. Ce genre nous offre deux espèces vivaces, recommandables pour les prairies ou pâturages secs et élevés ; savoir, le millet étalé et le millet noir.

Le MILLET ÉTALÉ, *millium effusum*, ainsi nommé à cause de l'écartement de ses panicules très-lâches, se trouve assez souvent dans les parties sèches des bois. Sa tige, qui s'élève quelquefois jusqu'à plus d'un mètre, est droite et grêle, garnie de feuilles striées, larges, longues et sèches, et surmontée d'un panicule peu garni de fleurs petites.

Il fournit un fourrage assez abondant, d'une odeur agréable, et qui est recherché de tous les bestiaux, et il demande une situation ombragée.

Le MILLET NOIR, *millium paradoxum*, remarquable par la couleur noire et luisante de ses semences, qui s'élève aussi assez haut, et qui se trouve dans les bois secs, comme celui de Vincennes, fournit encore un fourrage agréable aux bestiaux.

AGROSTIDE. Ce genre nous fourni l'AGROSTIDE COMMUNE, *agrostis vulgaris*, Smith, dont les tiges droites et garnies de fleurs nombreuses et rougeâtres, dispersées, en panicule étalé, s'élèvent jusqu'à 34 centimètres environ. Elle fournit, sur les terres médiocres, un foin très-agréable aux bestiaux.

STIPE. Ce genre fournit deux espèces vivaces assez élevées, qui croissent dans les prairies et les pâturages arides montagneux, sablonneux et pierreux de nos départemens méridionaux ; ce sont la stipe empennée et la stipe joncée.

La STIPE EMPENNÉE, *stipa pennata*, ou plumet, ainsi nommée parce que chaque fleur porte une barbe très-longue et plumeuse, s'élève à 64 centimètres environ, sur une tige droite et grêle, terminée par un panicule étroit. Ses feuilles très-menues, sont junciformes et fasciculées.

La STIPE JONCÉE, *stipa juncea*, qui tire son surnom de la forme de ses feuilles, et qui a beaucoup de rapport avec la précédente dont elle n'est peut-être qu'une variété, a ses feuilles velues intérieurement, son panicule un peu épars, et les barbes de ses fleurs se couchent et se tortillent en tous sens.

Ces deux espèces de stipe, dont les barbes plumeuses ont un aspect singulier, produisent une herbe dure et qui doit être prise de très-bonne heure, et sur-tout avant la floraison, pour être agréable aux bestiaux.

LAGURIER. Ce genre nous fournit une espèce vivace qu'on rencontre aussi dans quelques prairies sèches de nos départemens méridionaux ; c'est le LAGURIER CYLINDRIQUE, *lagurus cylindricus*, appelé aussi *queue-de-lièvre*, à cause de la forme de son épi cylindrique, cotonneux et très-velu. Il s'élève jusqu'à 64 centimètres, et fournit, étant jeune, un aliment de médiocre qualité.

BROME ou DROUE. La plupart des espèces de brome, annuelles ou vivaces, qui se multiplient ordinairement avec une facilité désolante sur les terres et dans les positions les plus ingrates, sont plus nuisibles qu'utiles aux prairies naturelles ou artificielles, qu'elles détruisent promptement par l'étonnante propagation qui résulte de leur rusticité et de leurs nombreuses semences ; elles ne sont propres tout au plus qu'à fournir un pâturage de courte durée, avant que leurs panicules rudes, ordinairement garnis de longues barbes, désagréables, et souvent même très-nuisibles aux bestiaux, paraissent ; car nous avons constamment remarqué qu'ils n'y touchent plus à l'époque de la floraison, et que lorsque ces dangereuses graminées se trouvent mêlées au foin en certaine quantité, ce qui arrive fréquemment dans les vieilles prairies artificielles, les barbes longues et rudes blessent souvent les animaux qui en mangent, soit en entrant dans leurs yeux, soit en se fixant entre leurs dents mâchelières, soit en s'arrêtant au palais, soit enfin en s'insinuant sous la langue et dans les gencives, ce qui les incommode fortement.

Ces inconvéniens graves s'appliquent sur-tout au BROME STÉRILE, *bromus sterilis*, qui n'est que trop fécond, et qui a probablement reçu sa dénomination de son inutilité, ou de ce qu'il stérilise considérablement la terre qu'il épuise par ses nombreuses semences, qui, tombant de bonne heure, ont pu aussi le faire supposer stérile par les anciens; aux BROMES DES CHAMPS et DES TOITS, *bromus arvensis* et *tectorum*, qui peuvent lui être assimilés pour leur port et leurs mauvais effets; au BROME DOUX, *bromus mollis*, qu'on a cependant recommandé, plus élevé généralement que les précédens, mais qui fournit un foin grossier, peu recherché des bestiaux, et dont les semences nombreuses et pesantes, qui garnissent ses larges épillets, le font très-souvent verser, et se répandre également de bonne heure; au BROME SEIGLIN, *bromus secalinus*, plus élevé encore que celui-ci, auquel il ressemble, et qui, avec les mêmes inconvéniens dans les prairies, a sur-tout celui de mêler au seigle dans lequel on le trouve fréquemment, ses semences amères, assez grosses et très-nuisibles à la qualité du pain lorsque le crible ne les sépare pas; au BROME A GRAPPES, *bromus racemosus*, dont chaque épillet, porté sur un court pédoncule, est garni de six fleurs très-barbues et très-dangereuses. Toutes ces espèces étant annuelles, on peut s'opposer à leur propagation en les fauchant à l'époque où leurs semences sont formées sans être assez avancées en maturité pour pouvoir se détacher et se répandre sur la terre.

Nous devons encore signaler particulièrement le BROME PINNÉ, ou CORNICULÉ, *bromus pinnatus*, rangé maintenant dans les fétuques, ainsi désigné à cause de la forme et de la disposition de ses épillets alternes, distiques, cylindriques et un peu courbés. Il est vivace et assez commun dans les prairies ou pâturages arides, où il se multiplie promptement, et où il est facile de le reconnaître à ses larges touffes serrées, dont les feuilles larges, rudes et coupantes, sont d'un vert jaunâtre, et que les bestiaux refusent pour peu qu'elles soient avancées, lorsqu'ils ne sont pas pressés par la faim.

Nous pensons cependant que, dans quelques circonstances, on pourrait tirer un parti avantageux, pour la nourriture des bestiaux, du BROME GIGANTESQUE, *bromus giganteus*, qui se trouve ordinairement dans les prés couverts, dans les haies et dans les bois, et qui est une des graminées vivaces les plus élevées. Cette espèce qui s'élève quelquefois au-dessus de 2 mètres, pourrait probablement, étant fauchée de bonne heure avant la floraison, fournir un fourrage peu délicat mais abondant.

Ses feuilles larges et longues sont garnies d'une nervure blanche; son panicule lâche et pendant est très-allongé, et ses épillets petits, lisses, verdâtres et cylindriques, ont quatre fleurs garnies de barbes courtes.

Le BROME DES PRÉS, *bromus pratensis*, Lamk., qui s'élève aussi assez haut, et qui se rencontre fréquemmemt dans les prés secs, fait encore un foin passable lorsqu'il est fauché de très-bonne heure; mais après sa floraison, ses épillets barbus et ses longues feuilles dures, rayées, un peu roulées, rudes en dessus et garnies de poils longs et isolés, rendent son fourrage grossier, dur, et quelquefois malfaisant.

ROSEAU. Ce genre, qui nous fournit le roseau commun pour les terres marécageuses, en renferme encore une espèce bien précieuse pour les sables, et sur-tout pour ceux qui sont mobiles sur les bords de la mer; c'est le ROSEAU DES SABLES, *arundo arenaria*.

Cette espèce recommandable, vulgairement désignée sous le nom d'*oyat*, dans nos départemens septentrionaux maritimes, et dont les tiges droites s'élèvent à 34 centimètres et plus; dont les feuilles radicales, nombreuses et fasciculées, sont droites, roulées, très-fermes et d'un vert glauque, et dont le panicule, en forme d'épi très-allongé, est blanchâtre et couvert de poils très-courts, n'est recherchée par les bestiaux que lorsqu'elle est jeune et tendre; mais elle peut devenir d'une bien grande utilité en la propageant sur les sables mobiles et maritimes des *dunes*, ou monticules sableux, sur lesquels elle croît souvent spontanément, et qu'elle est très-propre à fixer.

On est parvenu, par son moyen, à utiliser dans le département du Pas-de-Calais et ailleurs, de vastes étendues de sables improductifs et très-nuisibles par leur mobilité, qu'on a converti en pâturages, en prairies, et même en champs labourables, qui ont amplement dédommagé des frais occasionnés par la propagation de cette précieuse plante, dont les nombreuses et profondes racines, ainsi que les feuilles et les tiges, ont arrêté très-efficacement les envahissemens qui désolaient autrefois ces plages; et nous ne saurions trop en recommander la culture dans des circonstances semblables à celles où nous avons été témoins de ses bons effets.

ELYME. Ce genre nous fournit encore, indépendamment de quelques autres espèces que nous croyons devoir signaler particulièrement à cause de leur mérite remarquable pour notre objet, une espèce bien précieuse pour la fixation des sables mobiles des dunes maritimes ; c'est l'ÉLYME DES SABLES, *elymus arenarius*, Lin.

Cette espèce, que les bestiaux ne recherchent également que lorsqu'elle est jeune et tendre, a des racines articulées, nombreuses, longues, vigoureuses et très-traçantes. Sa tige, d'une couleur glauque très-prononcée, ainsi que ses feuilles, s'élève droite, de 64 centimètres à un mètre environ. Ses feuilles radicales sont très-longues, aiguës, striées, et son épi, très-allongé, est droit et blanchâtre. Cette plante, qui croît spontanément sur les bords de la Méditerranée, est aussi propre que le roseau des sables, quoique un peu moins rustique, à utiliser les plages les plus ingrates et les moins productives, en arrêtant les déplacemens, les éboulemens et les envahissemens des sables mobiles, en les consolidant, et en favorisant, par ce moyen, l'établissement permanent de la culture d'autres végétaux précieux, spécialement pour les prairies ou pâturages.

Elle se multiplie aisément, comme le roseau des sables, en automne, ou, mieux, au printemps, de ses nombreux drageons et de ses semences longues, blanches, qui renferment une substance farineuse alimentaire, d'une saveur agréable, et dont les oiseaux sont très-avides.

Les autres espèces d'élymes que nous croyons devoir indiquer sont, l'élyme de Virginie, celle de Sibérie, et la gigantesque, qui, indépendamment de leur mérite pour la fixation des sables mobiles, nous paraissent en outre recommandables pour la nourriture des bestiaux, par l'abondance de leur fourrage.

L'ÉLYME DE VIRGINIE, *elymus virginicus*, dont les tiges s'élèvent à plus d'un mètre, au milieu d'une touffe épaisse de feuilles glabres, et sont terminées par un épi droit, court et serré, nous paraît propre, étant fauchée de bonne heure, à fournir abondamment du fourrage d'assez bonne qualité, et nous paraît aussi très-rustique.

L'ÉLYME DE SIBÉRIE, *elymus sibericus*, au moins aussi rustique, mais moins élevée que la précédente, et dont les feuilles sont arondinacées et l'épi terminal serré, pendant, et garni de barbes, avec des épillets géminés ou ternés, étant traitée de même, nous paraît aussi avoir le même mérite.

L'ÉLYME GIGANTESQUE, *elymus giganteus*, Valh., très-élevée, à feuilles glauques, striées et plus rudes, nous paraît encore propre à la nourriture des bestiaux, pourvu qu'elle soit consommée de bonne heure, de même que les autres espèces qui deviennent dures et désagréables lorsqu'elles sont très-avancées, à cause de l'aiguillon qui termine leurs feuilles.

Nous devons dire ici qu'on a beaucoup vanté, depuis quelques années, sous le nom d'*herbe de Guinée*, le panic très-élevé, *panicum altissimum,* L., qui avait déjà été recommandé jadis comme une excellente plante fourrageuse. Nous devons craindre, d'après nos essais et d'après ceux de plusieurs autres agriculteurs, que notre climat convienne peu à cette plante dont le fourrage abondant et de bonne qualité nous a paru d'ailleurs très-nourrissant. Elle nous paraît cependant mériter d'être essayée dans nos contrées les plus méridionales.

Nous dirons encore que nous essayons en ce moment la zizanie aquatique, *zizania aquatica,* L., dont la graine est arrivée dernièrement d'Amérique, où il paraît qu'on en tire un parti assez avantageux comme plante fourrageuse croissant dans les marais et comme fournissant une semence propre à la nourriture de l'homme.

Des soins qu'exigent les prairies et les pâturages.

Après avoir fait connaître les principales particularités relatives à chacune des graminées dont on peut faire choix pour la formation des prairies ou des pâturages, entrons dans quelques généralités sur leur établissement, leur entretien, leur administration, leur emploi, leur défrichement et leur assolement.

Puisque les prairies, soit naturelles, soit artificielles, sont incontestablement la base de toute bonne agriculture, au lieu de les négliger, comme cela arrive fréquemment, pour s'occuper exclusivement des terres labourables; au lieu de les abandonner entièrement à la nature, qui favorise indistinctement tous les végétaux, que nous appelons, relativement à nos besoins, à nos habitudes et à nos usages, bons ou mauvais, utiles ou nuisibles; notre propre intérêt nous commande impérieusement de diriger nos premiers soins vers ces sources abondantes de prospérité agricole, d'y multiplier, par tous les moyens possibles, les plantes reconnues pour être les plus productives et les plus profitables, d'en extirper celles que nous avons également reconnues comme inutiles et d'une prompte et facile multiplication, et, plus particulièrement encore, toutes celles qui se distinguent par leurs propriétés malfaisantes; enfin, de les clore complétement, lorsqu'elles ne le sont pas, cette sorte d'amélioration, de la plus grande utilité pour tous les genres de produits, étant sur-tout applicable aux prairies, et suffisant seule pour augmenter considérablement leur valeur; de les dessécher lorsqu'elles sont aquatiques et marécageuses, l'eau stagnante et surabondante donnant toujours des produits dont la quantité ne compense jamais le défaut de qualité, et ces prairies étant non-seulement nuisibles aux animaux, mais sur-tout aux hommes, en viciant l'air par leurs émanations dangereuses ; de les débarrasser de tout ce qui, en les ombrageant trop fortement, nuit également à la qualité de leurs produits ; notamment de tous les drageons d'arbres ou arbrisseaux voisins, qui, en envahissant le terrain, produisent encore le mauvais effet de rendre l'opération du fauchage plus pénible ; d'égaliser le plus possible le terrain, afin de rendre cette opération plus facile ; et, par-dessus tout, de tirer parti de tous les moyens que l'art, joint à la nature, peut procurer pour établir les irrigations, qui augmentent le revenu des prairies d'une manière si encourageante.

Voilà pour les prairies, ou naturelles, ou anciennement établies. Passons maintenant aux principes généraux applicables à celles de nouvelle formation, et qui le sont également à toutes celles désignées plus particulièrement sous le nom de prairies artificielles, comme celles formées de luzerne, de trèfle, de lupuline, de sainfoin, etc., que nous comprenons ici, afin d'éviter des répétitions inutiles à chaque article.

On peut réduire à cinq chefs principaux tous les objets essentiels relatifs aux prairies de nouvelle formation ; savoir, 1°. la situation et la préparation des terres ; 2°. leur ensemencement ; 3°. l'entretien de la prairie établie ; 4°. l'emploi de son produit ; et 5°. son défrichement et son assolement, c'est-à-dire sa conversion en terre arable.

I. *De la situation et de la préparation du terrain destiné à être mis en prairie.*

Il nous reste peu d'observations générales à faire sur la situation du terrain la plus convenable à l'établissement des prairies des graminées, ou d'autres plantes, après ce que nous avons déjà remarqué sur cet objet, et ce que nous aurons encore occasion de remarquer à chaque article particulier qui nous reste à traiter ; nous nous bornerons donc ici aux observations suivantes : 1°. les champs éloignés du centre du manoir sont généralement les plus propres à être convertis en pâturages ou en prairies, à cause des difficultés des charrois et des opérations aratoires ; 2°. ceux qui sont en pente douce, surmontés par des collines, y conviennent plus aussi que ceux qui sont en plaine, parce qu'il est ordinairement facile d'y établir des irrigations (moyen qui peut lui seul compenser en grande partie la médiocrité du sol), en dérivant, retenant et dirigeant adroitement les eaux supérieures, au lieu de les laisser former des ravins, et parce que les prairies y préviennent d'ailleurs le danger des éboulemens ; 3°. ceux exposés directement au nord, et qui reçoivent rarement la bénigne influence du soleil, fournissent un foin de peu de qualité, parce que les sucs n'en sont pas assez élaborés, de même que celui des prairies aquatiques, qui, lorsqu'il est complétement desséché, est spécifiquement moins pesant et moins substantiel que celui des prairies sèches et élevées, lequel gagne ordinairement en poids, en finesse et en saveur ce qu'il perd en volume et en hauteur.

Quant à la préparation du terrain, elle est bien loin d'être indifférente, comme on paraît le supposer, d'après la conduite qu'on tient assez souvent.

Parce que les prairies améliorent le sol, au lieu de le détériorer comme font plusieurs cultures, on croit assez généralement qu'en quelque état d'épuisement qu'il ait été réduit par les cultures précédentes, il est toujours propre à recevoir une prairie.

D'abord, il ne faut jamais attendre qu'un champ soit épuisé pour le mettre en prairie, de quelque nature que ce soit, parce qu'*aucune terre réellement épuisée ne peut fournir une bonne récolte d'aucun genre,* quoi qu'on en ait dit, et que *la variété des cultures ne peut jamais compenser la stérilité absolue;* ensuite, il ne suffit pas que ce champ conserve encore assez de fertilité pour suffire à de nouveaux produits, il faut encore qu'il soit le plus exempt possible de semences et de racines nuisibles, qui envahiraient bientôt le terrain consacré à la prairie, ou nécessiteraient au moins des sarclages très-dispendieux dans les premières années.

Pour assurer le plein succès d'une prairie qu'on se propose de former, il est donc toujours très-avantageux de faire précéder l'année de son établissement par une culture améliorante, c'est-à-dire par une culture qui exige, pour prospérer, d'abondans engrais, et sur-tout des sarclages répétés et rigoureux, telles que celles des plantes cultivées spécialement pour leurs racines, de toutes celles qui admettent les houages et buttages, de celles qu'on peut faucher en vert ou consommer sur le champ même, et de celles enfin qu'on peut enfouir comme moyen d'engraissement et de nettoiement.

En supposant la terre ainsi préparée préalablement à toute autre opération, en supposant encore qu'il se soit écoulé un intervalle suffisant entre l'époque de la destruction d'une ancienne prairie et celle de son renouvellement, objet d'une grande importance, sur-tout à cause des graminées nuisibles qui se perpétuent souvent sur les terrains défrichés, et qui, par leur antériorité de possession, autant que par leur prompte propagation, deviennent le fléau le plus redoutable des prairies qu'elles affament et privent des principaux agens de la végétation; en supposant, disons-nous, toutes ces conditions remplies, il s'agit alors de labourer cette terre assez profondément, et de l'ameublir et la diviser suffisamment pour que les racines puissent la pénétrer aisément à une profondeur convenable. Examinons successivement ces deux objets importans.

Profondeur du labour. Quelle que soit l'organisation des racines des plantes dont on se propose de former des prairies, il est toujours utile que les labours qu'on donne à la terre soient aussi profonds que la qualité de la couche arable le permet.

Le remuement de la terre peut à peine être jamais trop profond, lorsqu'il s'agit de plantes à racines longues et pivotantes, comme la luzerne et le sainfoin, qui ont besoin de les enfoncer profondément pour y puiser une partie de leur nourriture, d'une part, et de l'autre, pour résister plus fortement à la sécheresse.

Dans ce cas, il ne faut pas même craindre d'amener à la surface une partie de la terre du fond, ordinairement dépositaire d'une portion des engrais infiltrés, et qui, même dans le cas d'infériorité en qualité, se trouvant convenablement mélangée avec la couche supérieure, et exposée aux bénignes influences de l'atmosphère et des opérations aratoires, augmente insensiblement l'épaisseur de cette couche et sa fécondité.

Lorsqu'il s'agit de plantes graminées, ou de toutes autres à racines traçantes et chevelues, cette profondeur peut être moindre; mais il ne faut pas en conclure cependant qu'un labour superficiel doive suffire généralement.

Il convient d'observer d'abord que, quoique ses racines s'enfoncent ordinairement moins que les pivotantes, elles pénètrent cependant plus profondément en terre qu'on ne le suppose, lorsqu'elles la trouvent suffisamment défoncée et ameublie; et nous avons eu souvent occasion de nous convaincre de cette vérité. Il est essentiel de rappeler ensuite que la profondeur du labour n'est pas seulement utile à la pénétration des racines; elle sert très-efficacement encore à former une espèce de filtre à travers lequel une plus grande quantité d'eau pénètre au-dessous des racines, pour y servir de réservoir utile en été, sur les terres sèches, en remontant par l'effet de la chaleur, et de canal souterrain de desséchement, en hiver, pour les terres humides, en facilitant l'infiltration de l'eau surabondante. Ainsi, les labours superficiels, dans tous les cas, ont le double inconvénient d'exposer les jeunes plantes à périr par l'effet de la sécheresse en été, et par l'excès d'humidité en hiver.

Ameublissement et division du sol. En vain le labour aurait la profondeur convenable, si la terre n'était suffisamment ameublie et divisée.

Les semences des plantes qui font la base de nos prairies étant généralement très-fines, indiquent assez la nécessité de cet ameublissement et de cette division, afin qu'elles ne s'y trouvent pas couvertes, d'une part, par des mottes qui les pri-

veraient de l'air nécessaire à leur germination et à leur développement, et qu'elles puissent aisément, de l'autre, enfoncer
leurs radicules, deux objets indispensables à leur prospérité.

Il est donc de la plus grande importance de ne commencer
l'ensemencement que lorsqu'on a atteint complétement ces deux
buts, par l'emploi fait à propos et réitéré des instrumens aratoires les plus convenables aux localités.

Nous ne chercherons pas à déterminer ici, comme quelques
auteurs l'ont fait, la préférence à accorder pour ces objets à tel
instrument sur tel autre, persuadés comme nous le sommes que
ce choix, qui ne peut être bien déterminé que par les circonstances locales seules, doit être abandonné entièrement au jugement du cultivateur, comme tous les détails minutieux
d'exécution que ce jugement doit lui suggérer, et qu'il est au
moins superflu de lui indiquer.

Nous ne chercherons pas davántage à déterminer le nombre
des labours nécessaires, cet objet très-variable devant aussi,
d'après notre expérience, être laissé à la sagacité du cultivateur ; nous nous bornerons à observer que, dans tous les cas,
les labours seront toujours assez nombreux lorsque la terre se
trouvera profondément remuée et bien ameublie, divisée et
égalisée, objets d'une grande importance qu'on n'obtient pas
toujours et par-tout avec un même nombre de labours, et qui
dépendent également des circonstances locales.

A l'égard des terres naturellement compactes et humides,
toutes les cultures préparatoires qui ouvrent le sol et l'ameublissent, comme celles des fèves, des vesces, des pois, des
choux, et autres plantes de cette nature, peuvent être très-
utiles pour opérer leur division ; et un profond labour donné
avant l'hiver, en temps convenable, ameublit plus la terre,
par l'action pénétrante et divisante de la gelée, que des labours
multipliés à toute autre époque.

Dans tous les cas, la herse et le rouleau doivent opérer le
complément de l'effet produit par la charrue, pour la division
et le nivellement de la terre.

II. *De l'ensemencement.*

Cet objet nous amène naturellement à examiner, 1°. quelle
est l'époque de l'année la plus favorable aux semailles des prairies ; 2°. quelle peut être la meilleure composition de ces prairies ; 3°. quels soins on doit apporter dans le choix des semences, et quels sont les signes indicateurs de leurs bonnes et
de leurs mauvaises qualités ; 4°. quelles préparations peuvent
leur être utiles ; 5°. quelles doivent être leurs quantités respectives ; et 6°. quelles précautions doivent précéder, accompagner et suivre l'ensemencement pour assurer son succès.

Arrêtons-nous sur chacun de ces points essentiels relatifs à l'ensemencement.

§ 1. *De l'époque de l'année la plus favorable aux semailles des prairies*. Deux opinions principales, diamétralement opposées, ont partagé depuis long-temps les agronomes sur ce point important : les uns ont assigné l'automme comme l'époque la plus convenable; les autres le printemps. Il ne s'agissait que de s'entendre pour se concilier, et cette divergence d'opinion démontre l'inconvénient des propositions générales exclusives, en agriculture, où il est souvent dangereux de décider, d'après sa position particulière, parce que les principes doivent nécessairement être subordonnés aux circonstances locales.

Sans doute, en suivant l'ordre naturel, l'ensemencement doit suivre immédiatement la maturité des semences.

Sans doute aussi, lorsqu'on a à redouter l'effet destructeur de l'hiver, on doit le différer jusqu'au printemps.

Si, dans le premier cas, on a à redouter l'excès du froid et de l'humidité, on n'a pas moins à craindre, dans le second, l'excès de la chaleur et de la sécheresse.

Ainsi, afin d'éviter tout principe exclusif, nous pensons qu'il convient de réduire les règles à suivre, sur ce point, à des considérations simples et faciles à saisir.

Toutes les fois que, d'après les connaissances météorologiques locales, la température du climat qui, comme l'on sait, n'est pas toujours en raison directe de sa latitude, n'autorise pas à redouter un degré de froid ou d'humidité que ne pourraient supporter les semences qu'on veut confier à la terre, et toutes les fois que, sur les terres élevées et naturellement arides, on doit redouter l'effet de la sécheresse au printemps, il y a généralement de l'avantage à semer immédiatement après la maturité des semences, lorsque la terre qu'on leur destine est suffisamment préparée.

On avance beaucoup sa jouissance par ce moyen, et les plantes mieux enracinées résistent beaucoup mieux, aussi, à la sécheresse du printemps et à la chaleur de l'été, deux objets d'une grande importance.

C'est ainsi que nous avons souvent substitué, depuis long-temps, avec succès, l'ensemencement d'automne à celui du printemps, sur notre exploitation, contre l'opinion exclusive de Gilbert, et contre l'usage ancien et ordinaire des environs, pour le sainfoin, pour la luzerne, pour la lupuline et pour les graminées vivaces, en exceptant de cette pratique le trèfle seul, qui, étant d'une nature plus aqueuse, nous a paru plus sensible au froid, sur-tout lorsqu'il est jeune, quoiqu'il réussisse aussi, quelquefois, étant semé à cette époque.

Toutes les fois, au contraire, que, d'après les mêmes observations locales, on a moins à redouter la sécheresse et la chaleur que le froid et l'humidité, principalement dans les positions basses et brumeuses, il est généralement avantageux de différer l'ensemencement jusqu'au printemps.

En retardant ainsi sa jouissance, on la rend plus assurée, dans les cantons de la France plus septentrionaux que méridionaux, dont les abris ne tempèrent pas l'âpreté du climat, et c'est particulièrement à l'égard des plantes d'une constitution plus humide que sèche, que cette précaution devient utile.

Ajoutons à ces données, que la connaissance du lieu originaire des plantes, qui peut quelquefois servir de guide pour déterminer l'époque la plus convenable à leur ensemencement, est moins utile, cependant, pour cet objet, que celle de leur degré plus ou moins avancé d'acclimatation dans la contrée où on les sème.

§ 2. *De la composition la plus avantageuse des prairies.* Chaque espèce de plante doit-elle être semée seule, ou associée avec d'autres?

En admettant l'association, doit-elle se faire avec des plantes de la même famille naturelle, ou avec celles de familles différentes?

Voilà deux questions importantes qui ont aussi partagé les agronomes, parce qu'elles ne sont pas non plus susceptibles d'une solution générale, rigoureuse et exclusive, et qu'elles doivent, comme la plupart de celles qui sont relatives à l'économie rurale, être toujours soumises aux circonstances locales qu'on sait être très-variables.

Il nous suffira donc d'exposer, d'abord les principaux avantages ou inconvéniens de *la séparation* et de *l'association* des plantes propres à la formation des prairies, et en admettant ensuite la possibilité et l'utilité de l'association, dans plusieurs cas, nous entrerons dans quelques détails sur les moyens de l'opérer de la manière la plus efficace, en indiquant les principales plantes les plus convenables pour cet objet.

« L'expérience de tous les siècles et de tous les climats, dit Rozier, prouve que deux espèces de graminées quelconques n'ont strictement, ni la même époque de floraison ni de maturité, ni une force de végétation égale, d'où il arrive nécessairement, dans le premier et dans le second cas, qu'une partie de l'herbe est mûre, tandis que l'autre ne l'est pas, et, par conséquent, qu'il faudra retarder la fauchaison; il résulte de ce mélange, que ce qu'une espèce gagne en maturité, l'autre le perd par trop de maturité; dès-lors on n'aura que la moitié de la récolte prise à point. Quant à l'inégalité de force dans la végétation, c'est où réside un abus aussi démontré que les deux premiers. Il est dans l'ordre naturel que le plus fort détruise le plus faible. Une plante a, par exemple, une force de végétation comme dix-huit, tandis que celle de la plante voisine est comme quatre; il s'ensuit que les graines de ces plantes semées ensemble végéteront à-peu-près également pendant la première année, parce qu'elles trouveront toutes à étendre leurs racines, mais peu-à-peu la plus active devancera la plus faible, toutes deux en souffriront, jusqu'à ce qu'enfin la plus vigoureuse triomphe. Il ne restera plus, à cette époque, que des plantes vigoureuses, égales en végétation, et dès-lors susceptibles de se tenir toutes en équilibre de vigueur, et forcées de vivre ensemble. »

En laissant aux assertions de Rozier ce qu'elles ont de vrai, en ne considérant les prairies que comme des champs uniquement destinés à produire du foin, abstraction faite de l'objet très-important du pâturage, nous croyons devoir observer, 1°. qu'il n'est pas rigoureusement nécessaire que toutes les espèces de graminées vivaces, associées en prairie, aient strictement la même époque de floraison, et encore moins la même époque de maturité, ni la même vigueur et le même produit, attendu que l'époque de la fauchaison, indiquée par celle de la floraison, peut, sans inconvénient, être avancée ou retardée de plusieurs jours, et que plusieurs graminées qui peuvent s'améliorer réciproquement, comme la flouve odorante et le pâturin des prés, qui ajoutent à la qualité de l'avoine élevée et du vulpin des prés ce que ceux-ci leur procurent en quantité, n'ont réellement que peu de différence dans l'époque précise du développement complet de leur floraison, qui, d'ailleurs, peut encore, sans inconvénient, être plus ou moins avancée, quoiqu'il ne faille pas attendre la maturité; 2°. que, de l'association de plusieurs graminées, ayant à-peu-près la même époque de floraison, mais une élévation et une manière d'être différentes, il résulte que la prairie se trouve garnie à différentes hauteurs, avantage important pour empêcher le bas des plantes les plus élevées de jaunir et de se dessécher, comme cela arrive fréquemment lorsque des plantes de la même espèce sont seules en possession du champ, et qu'elles ne peuvent jouir des influences atmosphériques à différentes hauteurs. Voilà pour les graminées seules; mais il est plusieurs autres plantes, bonnes en elles-mêmes, de familles différentes, qui peuvent leur être associées avec avantage dans les prairies, soit comme propres, d'un côté, à garnir et à tenir frais le pied des premières, ce qui est ordinairement très-essentiel, et de l'autre, à leur procurer un ombrage salutaire, soit parce que leurs racines pivotantes prennent une partie de leur nourriture à une plus grande profondeur que les graminées, soit enfin, parce

que plusieurs d'entre elles, prises dans la précieuse famille
des légumineuses, en s'élevant et s'appuyant sur les tiges de
celles-ci, dont elles préviennent l'endurcissement, ajoutent
beaucoup à la quantité ainsi qu'à la qualité du produit, comme
nous avons souvent occasion de le remarquer.

Mais il est une autre considération assez importante qui mi-
lite en faveur des associations judicieuses, convenables aux localités ; c'est que la variété des plantes dans le foin, aussi utile
en général aux animaux qu'avantageuse au sol qui les produit,
est sur-tout d'une importance majeure pour les pâturages qui,
dans un grand nombre de cas, sont tout ce qu'on peut obtenir
de la médiocrité de la terre, et qui deviennent toujours une
ressource précieuse dans les prairies, après l'enlèvement du
foin, à une époque souvent assez critique, le milieu de l'été.
Cette dissemblance de plantes de diverses espèces ou variétés
fournit perpétuellement et successivement un nouvel aliment,
qu'une seule espèce de graminée, ou d'autres plantes équivalentes, n'auraient pu fournir que pendant un intervalle trop
court ; et cet avantage, dont nous avons, chaque année, de
fréquens et concluans exemples sous les yeux, mérite d'être
pris dans la plus grande considération.

Il est facile de se convaincre que, dans les prairies plus sèches qu'humides, et plus élevées que basses, les graminées,
ainsi que toutes les plantes à racines fibreuses et superficielles,
deviennent souvent nulles pour le pâturage, pendant les fortes
chaleurs qui suspendent leur végétation, tandis que toutes les
plantes vivaces à racines pivotantes et profondes qui les accompagnent, telles que plusieurs espèces ou variétés de trèfle, de
luzerne, de vesce, de lotier, de sainfoin, de gesse, etc., ainsi
que la jacée des prés, la millefeuille, la pimprenelle, etc.,
résistant beaucoup mieux à l'action prolongée de la sécheresse,
fournissent seules au pâturage des animaux pendant un intervalle assez long, en attendant que les pluies d'automne
viennent ranimer la végétation des premières.

Ajoutons une dernière considération aux précédentes, en
faveur de la réunion de diverses plantes dans les prairies. C'est
que ces prairies, étant souvent établies pour long-temps, et des
plantes d'une seule et même espèce pouvant se trouver ou entièrement détruites, ou fortement endommagées, ou plus ou
moins fatiguées, par l'effet d'une disposition atmosphérique
qui leur est contraire, il en résulte qu'en admettant exclusivement cette espèce, les prairies sont exposées à se trouver
nues dans certaines années, ou, au moins, plus ou moins dégarnies et souillées de plantes nuisibles ou inutiles ; tandis
qu'avec la ressource que procure l'association, l'une peut ré-

parer, par l'accroissement de sa vigueur, le dommage éprouvé par l'autre, et remplir avantageusement les lacunes.

Voilà encore pour les prairies dont les graminées font la base. Quant à celles qui sont composées de légumineuses, telles que la luzerne, le trèfle, le sainfoin et la lupuline, qui ont ordinairement une durée comparativement inégale, comme le terrain qui convient à l'une est rarement celui qui convient à l'autre, et que, d'ailleurs, leur mode de végétation et leur époque de floraison ne sont pas les mêmes, nous pensons qu'en général il convient mieux de les cultiver seules qu'associées entre elles, excepté peut-être dans quelques cas particuliers, que nous examinerons en nous occupant particulièrement de la luzerne et du trèfle.

En admettant donc la possibilité et l'utilité de l'association de plusieurs espèces de plantes, dans plusieurs circonstances, nous nous occuperons d'abord des graminées, puis des légumineuses, et ensuite de quelques autres plantes de familles différentes, qui méritent l'attention du cultivateur pour la composition des prairies.

Entrons, avant tout, dans quelques notions générales sur le choix des plantes les plus propres à leur composition.

C'est une très-grande erreur, que trop de cultivateurs partagent encore, de croire que toutes les plantes susceptibles d'être admises avec avantage dans nos cultures ordinaires, faites en grand, en plein champ, sont connues généralement par-tout, et qu'il est impossible de rien ajouter, sous ce rapport, à nos richesses actuelles. Un très-grand nombre de plantes précieuses ont été transportées, avec beaucoup d'avantage, depuis peu, des lieux agrestes et incultes ou des jardins, dans nos champs cultivés, et, sans doute, il en existe un très-grand nombre encore que nous pourrons y introduire avec un égal succès. Il s'agit pour cela d'épier la nature, et d'observer quelles sont celles que les différentes espèces de nos animaux domestiques recherchent, ou qui nous paraissent convenir à leur constitution; quelles sont les qualités qui les distinguent éminemment, et qui peuvent les rendre recommandables dans plusieurs circonstances particulières; quel sol, quel climat et quelle température leur conviennent essentiellement. Il ne faut pas sur-tout se laisser induire en erreur par le peu d'apparence qu'elles présentent assez souvent, dans l'état de nature, une culture soignée les rendant ordinairement peu semblables à elles-mêmes, en les améliorant au point de les rendre quelquefois méconnaissables. Il convient de les soumettre d'abord à quelques essais en petit, toujours peu dispendieux, et qui ne tardent pas à donner à ceux qui ne se laissent ni séduire par un enthousiasme trompeur, ni décourager par de fausses apparences, la mesure de leur véritable mérite. Non-seulement il peut être utile de les essayer séparément, mais aussi comparativement, et de se convaincre par soi-même des avantages ou des inconvéniens qui peuvent résulter de leur association.

L'époque de la floraison des diverses graminées vivaces étant une des principales circonstances à étudier pour pouvoir les associer avec avantage en en formant des prairies, nous croyons devoir donner ici un aperçu indicatif de cette époque pour celles qui nous paraissent les plus importantes à connaître, et que nous avons le plus étudiées.

Nous les divisons, pour cet objet, en trois grandes classes susceptibles de quelques sous-divisions.

La première comprend les plus précoces pour la floraison; la deuxième, celles qui les suivent immédiatement; et la troisième, les plus tardives.

Les graminées vivaces qui fleurissent les premières après la seslérie bleue qui annonce le printemps, sont la flouve odorante, le vulpin des prés, celui des champs, le pâturin des prés, le commun, le dactyle pelotonné, la fétuque durette, la fétuque rouge et celle des buissons, le phalaris fléoïde, les stipes joncée et empennée, l'avoine élevée, l'ivraie vivace et le pâturin bulbeux.

Celles qui suivent immédiatement ces premières sont, les fétuques des prés, élevée, améthyste, glauque, hétérophylle, penchée, élégante, flottante et ovine; la brize tremblante; la cretelle hupée; les avoines des prés, jaune et pubescente; les houques laineuse et molle; les méliques penchée, ciliée et pyramidale; les pâturins des marais, des Alpes, aplati, des bois et en crête; le millet noir et l'étalé; le brome des prés, et les élymes.

Les plus tardives sont l'orge des prés; le vulpin bulbeux et le genouillé; les fléaux des prés et noueux; le brome gigantesque; les roseaux communs et des sables; les agrostides blanche, genouillée et capillaire; les canches; les méliques élevée, bleue et de montagne; le phalaris-roseau et les chiendens.

Nous devons observer que cet aperçu, dressé sur des observations faites dans les environs de Paris, peut varier dans d'autres localités. Aussi, l'indiquons-nous comme un simple renseignement local, susceptible de variations, suivant les circonstances que chacun doit étudier; nous observerons encore que le sol, le climat et la constitution atmosphérique de chaque année, ont la plus grande influence sur l'époque de la floraison, que la chaleur et la sécheresse avancent et que le froid et l'humidité retardent.

Chaque cultivateur peut associer, dans la formation des

24 *

prairies ou pâturages, celles de ces graminées convenables à sa localité, et il peut encore, dans plusieurs cas, les mélanger avec quelques-unes des plantes tirées d'autres familles que nous allons indiquer.

Ces plantes sont, parmi les légumineuses, diverses espèces et variétés de Luzerne, de Trèfle, de Mélilot et de Sainfoin (*voyez* ces mots et Lupuline), les gesses, vesces, lotiers, orobes, astragales et coronilles vivaces; et dans d'autres familles, un assez grand nombre d'espèces dont nous nous bornerons à indiquer les plus connues par leurs propriétés, et quelques autres, qui nous paraissent également douées d'avantages précieux.

Soit qu'on croie devoir les cultiver seules ou mélangées, ou faciliter seulement leur multiplication lorsqu'elles croissent spontanément, elles méritent toujours de fixer l'attention des cultivateurs qui désirent étendre leurs ressources pour la nourriture de leurs bestiaux, et d'être essayées comparativement, ou propagées dans un grand nombre de localités : nous croyons donc devoir entrer à leur égard dans quelques détails.

Parmi les plantes propres à entrer dans les prairies de notre seconde division, nous remarquons particulièrement, dans les gesses vivaces, la gesse des prés, la gesse des marais, la gesse tubéreuse, la gesse des bois, et la gesse à larges feuilles.

LA GESSE DES PRÉS, *lathyrus pratensis*, s'élève quelquefois dans les terrains frais jusqu'à 48 centimètres environ, sur des tiges grêles, très-branchues et anguleuses, qui portent des feuilles nombreuses, garnies de vrilles, avec lesquelles elle s'accroche aux plantes qui l'avoisinent, et des fleurs jaunes ramassées en grappes courtes. Elle fleurit en juin et juillet. Sa racine traçante la fait étendre beaucoup dans les meilleures prairies où elle abonde, et les bestiaux sont avides de son fourrage en sec et sur-tout en vert.

La gesse des marais, *lathyrus palustris*, dont les tiges également faibles, et qui s'élèvent à-peu-près à la même hauteur, et fleurissent un peu plus tard, sont garnies de vrilles rameuses et de bouquets de quatre à cinq fleurs d'un rouge bleuâtre, se trouve souvent dans les prairies humides, dont elle améliore le foin.

La gesse tubéreuse, *lathyrus tuberosus*, ainsi nommée à cause des petits tubercules pyriformes et mangeables qu'on trouve à l'extrémité de chaque radicule, et qu'on désigne souvent sous le nom de *macuson*, est aussi assez commune dans nos meilleures prairies, dont elle garnit le pied. Ses tiges délicates et peu élevées se couvrent de fleurs ramassées, d'une odeur suave et d'un rouge clair agréable. Elle fournit un fourrage dont l'excellente qualité dédommage de sa faible quantité, et elle demande aussi des supports pour pouvoir s'élever au lieu de ramper. Nous l'avons même vue souvent s'élever assez haut, lorsqu'elle se trouvait naturellement ramée.

La GESSE DES BOIS, *lathyrus silvestris*, Lin., qu'on rencontre aussi quelquefois dans les prairies, fournit également un bon fourrage. Ses tiges, qui s'élèvent beaucoup plus que celles des précédentes, sont ailées, grimpantes et portent des feuilles composées de deux folioles uniformes très-pointues, avec des fleurs roses assez grandes, disposées en grappes.

La GESSE A LARGES FEUILLES, appelée pois vivace, pois à bouquets, *lathyrus latifolius*, ne diffère guère de la précédente que par l'amplitude de toutes ses parties, et fournit beaucoup de fourrage. Elle croît spontanément dans les endroits un peu ombragés; elle demande, plus encore que les autres, des soutiens pour s'élever, et elle s'élève fort haut lorsqu'elle se trouve avantageusement placée sous ce rapport, et sous celui du terrain. Elle se couvre de fleurs en grappes, d'un rose pourpre, que les abeilles recherchent. Son fourrage est abondant et de bonne qualité (1).

Nous distinguons pour notre objet, parmi les vesces vivaces, un assez grand nombre d'espèces que notre collègue Thouin a cru devoir recommander particulièrement comme propres à être soumises à la culture. Les principales sont la vesce pisiforme, celle des haies, celle des buissons, celle des bois, celle multiflore, et celle d'Allemagne.

LA VESCE PISIFORME, *vicia pisiformis*, qui reçoit sa dénomination de sa ressemblance avec les pois, a, comme les quatre suivantes, ses fleurs portées sur un long pédoncule multiflore, et ses pétioles polyphylles ont huit folioles ovales, dont les inférieures sont sessiles. Son fourrage est très-agréable aux bestiaux.

La VESCE DES BUISSONS, *vicia dumetorum*, élève à un mètre au moins, dans les buissons, sa tige rameuse et un peu ailée.

---

(1) M. Sonnini a indiqué une autre espèce de gesse, et nous croyons devoir transcrire ici ce qu'il en dit.

« La gesse recourbée, *lathyrus incurvus*, n'est point encore connue dans l'économie rurale, et mérite de l'être. C'est au savant botaniste feu M. Willemet que je dois d'avoir été à portée d'essayer la culture de cette espèce vivace; et quoique mes essais n'aient été faits qu'en petit, faute d'une quantité suffisante de graines, je me suis assuré que la *gesse recourbée* se conserve bien en pleine terre dans la partie de l'ancienne Lorraine que j'habitais. Si, comme cela est fort à désirer, la culture en grand de cette plante se propage, l'économie rurale et domestique aura fait l'acquisition d'un nouveau fourrage de très-bonne qualité. M. Willemet avait reçu quelques semences de cette belle gesse d'un botaniste danois, sous le nom de *lathyrus incurvus Rothii*. Elle a les tiges anguleuses et élevées, les fleurs d'un rouge foncé, et les semences rondes. »

Ses folioles ovales sont réfléchies et terminées en pointe très-saillante, et ses fleurs purpurines sont réunies en grappes. Elle donne aussi un bon fourrage.

La VESCE DES BOIS, *vicia silvatica*, s'élève ordinairement un peu moins ; sa tige est striée et rameuse, garnie de folioles alternes et ovales, et de fleurs blanches réunies huit ou dix, un peu pendantes et unilatérales. Les bestiaux la recherchent dans les bois, et elle leur fournit une excellente nourriture.

La VESCE MULTIFLORE OU A ÉPI, *vicia cracca*, qui s'élève à-peu-près à la même hauteur, a une racine très-traçante. Sa tige est carrée, faible et striée, garnie de folioles nombreuses, alternes, linéaires et velues, et de fleurs également nombreuses, violettes ou bleues. Autant elle est incommode dans les moissons dans lesquelles elle se rencontre souvent, autant elle est profitable dans les prairies dont elle augmente considérablement le produit. Elle s'élève beaucoup lorsqu'elle est soutenue, et nous la voyons fréquemment résister aux débordemens sur notre exploitation, ce qui peut la rendre souvent très-précieuse.

La VESCE D'ALLEMAGNE, *vicia cassubica*, dont les tiges, ordinairement couchées, et qui s'étendent quelquefois jusqu'à un mètre, ont des fleurs d'un rouge pâle, disposées en épis, et les folioles ovales, aiguës, rassemblées par dix, fournit aussi un bon fourrage.

La VESCE DES HAIES, *vicia sepium*, qui diffère des précédentes en ce que ses fleurs sont axillaires et presque sessiles, élève quelquefois jusqu'à un mètre sa tige anguleuse, un peu velue ainsi que les bords et les nervures des folioles, qui vont en décroissant vers leur sommet. Ses fleurs sont d'un pourpre obscur, et ses racines tracent aussi beaucoup et s'enfoncent profondément. Elle fournit une grande abondance de fourrage de bonne qualité et un excellent pâturage, attendu qu'elle est très-rustique et qu'elle végète presque toute l'année.

Toutes ces espèces de vesces, qui fournissent beaucoup de semences et qui se propagent en outre presque toutes par leurs racines, conviennent essentiellement aux terres compactes et argileuses, qu'elles sont très-propres à ameublir et à fertiliser en les utilisant; et elles gagnent beaucoup à être associées à d'autres plantes, qui, en les protégeant, empêchent que la partie inférieure de leurs tiges ne pourrisse.

Il existe encore une vesce bisannuelle, *vicia biennis*, dont les tiges très-élevées, garnies de dix à douze folioles, glabres et lancéolées, avec le pétiole sillonné, ont des fleurs d'un bleu léger. Elle a été indiquée par M. Thouin, avec les précédentes, comme étant propre à la culture.

Nous remarquons deux lotiers vivaces, qui se trouvent souvent dans les prairies et les pâturages, et qui contribuent d'une manière très-efficace à la quantité et à la bonne qualité du fourrage, ce sont le lotier corniculé, et le lotier siliqueux.

LE LOTIER CORNICULÉ, *lotus corniculatus*, ainsi nommé, parce que ses gousses sont un peu recourbées en forme de cornes, désigné aussi quelquefois sous la dénomination de *pied d'oiseau*, parce que la disposition écartée de ces gousses y ressemble un peu, est une plante rampante, peu élevée, et formant des gazons serrés, lorsqu'elle se trouve seule ; mais elle élève quelquefois jusqu'à 64 centimètres, et même à un mètre, ses tiges garnies de fleurs aplaties, d'un beau jaune, placées circulairement au sommet du pédoncule, en manière d'ombelle, lorsqu'elle trouve un appui dans un terrain frais. Cette belle et bonne plante est commune dans nos meilleures prairies et pâturages, où elle est très-remarquable, et ce qui la rend bien précieuse à nos yeux, c'est que nous lui avons reconnu le double mérite de résister également bien, et pendant très-long-temps, aux débordemens et aux sécheresses, deux qualités qui la rendent très-recommandable sur les prairies basses comme sur les pâturages arides, où nous remarquons que tous les bestiaux la recherchent comme une excellente nourriture.

Le LOTIER SILIQUEUX, *lotus silicosus*, qui a reçu son nom de ses fortes gousses, semblables à des siliques, et bordées de membranes qui les font paraître quadrangulaires, et qui le distinguent, a comme le précédent des tiges couchées, velues, et peu élevées lorsqu'elles se trouvent seules, garnies de fleurs axillaires et solitaires d'un jaune pâle.

On le rencontre assez souvent dans les prairies humides, et il y fournit un médiocre fourrage.

On trouve encore dans le midi de la France un lotier vivace, à tiges droites, *lotus rectus,* qui élève quelquefois jusqu'à plus d'un mètre ses tiges rameuses, rougeâtres et velues, garnies de fleurs d'un blanc rougeâtre, ramassées en petites têtes terminales, et qui, associé convenablement avec les graminées qui forment la base des prairies, fournirait encore un excellent fourrage. Les essais comparatifs auxquels nous l'avons soumis pendant plusieurs années, ne nous en ont pas donné une idée bien avantageuse.

Parmi les orobes vivaces, nous distinguons particulièrement l'orobe gessier, le jaune, le printanier, le tubéreux, le noirâtre, et celui des bois.

L'OROBE GESSIER, *orobus lathyroides*, originaire de la Sibérie et très-rustique, fournit plusieurs tiges qui s'élèvent ordinairement à 34 centimètres environ : elles sont garnies de feuilles à deux folioles opposées, sessiles, glabres, raides et d'un vert léger, et portent des fleurs d'un beau bleu, disposées à leur sommet en épis serrés.

L'OROBE JAUNE, *orobus luteus*, indigène ainsi que les suivans, élève à un mètre environ ses tiges droites, striées et un peu rameuses, garnies de feuilles de six à dix folioles, et de grappes de cinq à dix fleurs jaunâtres qui le distinguent. C'est le plus élevé de tous.

L'OROBE PRINTANIER, *orobus vernus*, le plus précoce et qui fleurit de très-bonne heure, élève beaucoup moins ses tiges droites et lisses, garnies de feuilles de quatre à six folioles pointues et de fleurs purpurines assez grandes.

L'OROBE TUBÉREUX, *orobus tuberosus*, qu'on distingue aux tubercules de sa racine, a des tiges grêles de 34 centimètres environ, garnies de feuilles ailées à folioles allongées, au nombre de quatre à six, et de fleurs d'un rouge pourpre, réunies par deux ou par quatre.

L'OROBE NOIRATRE, *orobus niger*, a ses tiges un peu plus élevées, fermes, anguleuses et rameuses, garnies de feuilles à six folioles, petites, pointues et glauques, et de fleurs purpurines.

L'OROBE DES BOIS, *orobus silvaticus*, a des tiges basses, rameuses et couchées, velues à leur base et garnies de quatorze à vingt folioles, petites, rapprochées, serrées, et de six à douze fleurs purpurines.

Tous ces orobes sont assez rustiques et peu délicats sur la nature et l'exposition du terrain. Ils sont agréables aux bestiaux, et se multiplient aisément de leurs semences confiées à la terre en automne, réunion de circonstances qui les rend recommandables.

La famille des légumineuses, qui domine, d'après nos observations, dans les meilleures prairies de la Prévalaie, dont le beurre est si renommé, nous fournit encore plusieurs autres genres de plantes vivaces, précieuses pour notre objet; mais, comme elles sont plus particulièrement applicables à notre première division des terres cultivables, nous les indiquerons en nous occupant des principales plantes propres aux prairies ou pâturages secs et élevés. Il nous reste à en indiquer pour celle-ci quelques-unes qui sont tirées d'autres familles; ce sont le plantain à feuilles étroites, la jacée des prés, et la sanguisorbe officinale.

LE PLANTAIN A FEUILLES ÉTROITES, connu également sous les dénominations de plantain lancéolé et à cinq côtes, *plantago lanceolata*, qu'on distingue aisément des deux autres espèces, dont nous parlerons après, à l'étroitesse de ses feuilles, garnies de cinq nervures glabres et dentées, et à sa tige un peu anguleuse, a été plus particulièrement recommandé comme propre à entrer dans la composition des prairies sèches ou humides. Nous remarquons cependant qu'il ne vient très-bien que dans celles qui sont constamment fraîches et substantielles, et quoique Haller ait cru devoir attribuer en grande partie la bonté du laitage des vaches qui paissent sur les Alpes, à la fréquence de cette plante et de la millefeuille, nous pensons, d'après nos observations particulières, qu'elle est au-dessous de la réputation que quelques Anglais lui ont faite pendant un certain temps, en la considérant comme plante destinée à fournir du fourrage sec, qui est peu abondant, de médiocre qualité, et qui fane d'ailleurs difficilement. En vert, les chevaux ne s'en soucient guère, mais les vaches et les moutons la paissent volontiers.

On a aussi recommandé le GRAND PLANTAIN, *plantago major,* dont les feuilles très-larges et cordiformes ont sept nervures, et dont la tige un peu velue est terminée par des épis de 16 à 24 centimètres. Il s'élève à la vérité assez haut, et fournit passablement de nourriture verte; mais il a avec les inconvéniens du précédent celui de se propager ordinairement de manière à détruire toutes les plantes voisines, qui sont plus avantageuses que lui pour la nourriture des bestiaux.

Ces deux plantains fanant très-difficilement et fournissant d'ailleurs un fourrage sec de médiocre qualité, sont plus propres aux pâturages qu'aux prairies, et résistent mieux à la sécheresse que la plupart des graminées.

On a encore recommandé une espèce de PLANTAIN DES ALPES, *plantago alpina,* à feuilles linéaires, graminées, planes et en gazon, dont les tiges sont velues et dont les épis oblongs s'allongent à mesure que les fleurs se développent. On nous assure qu'il a la propriété de croître sur les terrains salés, où il peut fournir un bon pâturage, tous les bestiaux en étant avides, sur-tout les bêtes à laine. Il peut devenir une ressource précieuse pour ces terrains ingrats, ainsi que le PLANTAIN MARITIME, *plantago maritima,* avec lequel on l'a peut-être confondu; et on a également recommandé pour cet objet le TROCART DES MARAIS et LE MARITIME, *triglochin palustre* et *maritimum.* L'un et l'autre donnent un pâturage sain, et ils croissent très-bien sur ces terrains où peu d'autres plantes prospèrent. Le dernier sur-tout, plus productif, réussit sur les sols humides les plus stériles, et communique à la chair des bestiaux une saveur fort agréable. Ils ont tous deux des feuilles radicales très-longues et linéaires, et un épi assez long porté sur une hampe grêle et droite.

Nous ajouterons que, d'après les recherches et les observations que nous avons faites sur les Alpes, nous pensons que le plantain que Haller a indiqué comme donnant une excellente qualité au lait des vaches, est celui des Alpes que nous y avons trouvé très-abond nt sur plusieurs pâturages renommés.

LA JACÉE DES PRÉS, *centaurea jacea*, blâmée par les uns, et très-préconisée par les autres, regardée par Cretté de Palluel comme *le trésor des prés*, nous paraît avantageuse sous plusieurs rapports. Elle se propage facilement dans les prairies non aquatiques, et y fournit un fourrage abondant et de bonne qualité, lorsqu'il est fauché de bonne heure et convenablement mélangé avec les graminées. Elle est commune dans nos prairies, comme dans la plupart de celles des environs de Paris, où on l'appelle fréquemment *le bouquet du foin*, à cause de ses fleurs composées, rougeâtres. Ses longues racines pivotantes lui fournissent le moyen de résister long-temps à la sécheresse et de fournir un pâturage très-recherché des bêtes à laine, à une époque où les chaleurs prolongées rendent la plupart des graminées et beaucoup d'autres plantes qui tapissent les prairies, nulles ou peu utiles pour cet objet important.

LA SANGUISORBE OFFICINALE, *sanguisorba officinalis*, dont les tiges droites, anguleuses, rougeâtres et glabres sont couvertes de feuilles alternes, cordiformes, obtuses et dentées, un peu glauques en dessous, lisses en dessus, et terminées par des fleurs en tête ovale, d'un beau rouge, est cultivée, d'après M. Dumont de Courset, comme fourrage, dans les bonnes terres. Elle drageonne beaucoup, exige une terre fraîche et substantielle pour fournir des produits abondans et plusieurs coupes, et il convient de la faucher de très-bonne heure pour prévenir l'endurcissement de ses tiges. Elle a beaucoup de rapport avec la pimprenelle, dont elle diffère essentiellement par l'amplitude de toutes ses parties, et parce qu'elle a proportionnellement moins de feuilles. Nous avons trouvé cette plante vigoureuse dans plusieurs prairies aquatiques dont elle nous paraît très-propre à améliorer le foin, en corrigeant par sa saveur astringente les mauvais effets des plantes trop aqueuses.

Avant de passer à l'examen des plantes qui sont plus particulièrement convenables pour les prairies et pâturages secs et élevés, nous croyons devoir en indiquer ici plusieurs autres qui ont été spécialement recommandées et cultivées par Cretté de Palluel et par quelques autres cultivateurs, dans des positions marécageuses et aquatiques. Ce sont la reine des prés, la salicaire, l'épilobe à feuilles étroites, la rue des prés, l'eupatoire commune, et les peucédans officinal et des prés.

LA REINE DES PRÉS, *spiræa ulmaria*, ainsi nommée probablement, parce que dans les prairies très-humides, ses tiges droites, fermes, rougeâtres, anguleuses et peu rameuses, qui s'élèvent souvent à plus d'un mètre, couronnées de belles fleurs blanches, petites, nombreuses et disposées en cime paniculée, ont un aspect majestueux qui annonce sa supériorité sur les autres; la reine des prés produit un fourrage grossier en apparence, mais appétissant et nourrissant pour tous les bestiaux, lorsqu'il est fauché à l'époque de la floraison.

LA SALICAIRE A ÉPIS, *lithrum salicaria*, non moins recommandable par son utilité sur les terrains aquatiques, que par la beauté de ses fleurs nombreuses, purpurines, en longs épis terminaux, a des tiges fort élevées, quadrangulaires, peu rameuses, rougeâtres et glabres, garnies de feuilles nombreuses, sessiles et entières. Tous les bestiaux la recherchent en vert, sur-tout les bêtes à laine, et son fourrage sec, qui est très-abondant, leur est également agréable, lorsqu'il est bien fané.

L'ÉPILOBE A FEUILLES ÉTROITES, *epilobium angustifolium*, vulgairement connu sous les noms de *laurier Saint-Antoine* et *osier fleuri*, élève également fort haut, dans les endroits aquatiques, ses tiges cylindriques, simples, nombreuses et rougeâtres, garnies de feuilles également nombreuses, alternes, lisses, entières et lancéolées, et de fleurs rougeâtres, disposées en long épi terminal. Il se propage promptement par ses racines traçantes et charnues, qu'on mange en quelques endroits, ainsi que ses jeunes pousses et la moelle de ses tiges, et qu'on fait aussi entrer dans la composition de la bière, ou par ses semences aigrettées qui forment une sorte d'ouate. Son fourrage vert est appété des vaches, des chèvres et des bêtes à laine, et il leur plaît également étant sec.

On pourrait aussi utiliser l'ÉPILOBE VELU, ou amplexicaule, *epilobium hirsutum*, qui s'élève également fort haut dans les prés aquatiques; le MOLLET, *epilobium pubescens*, Roth, et celui des MARAIS, *epilobium palustre*, qui s'élèvent moins; ils fournissent une nourriture agréable aux bœufs, aux chèvres, aux moutons et aux chevaux.

LE PIGAMON, ou LA RUE DES PRÉS, *thalictrum flavum*, dont les tiges droites et sillonnées s'élèvent fort haut et sont garnies de feuilles composées de plusieurs folioles et de fleurs herbacées, jaunâtres, en panicules terminaux, est commun dans les prés marécageux et tourbeux, où il fournit une nourriture agréable à tous les bestiaux, verte ou sèche. Son foin abondant est gros, mais appétissant et de bonne mâche.

L'EUPATOIRE COMMUNE, ou D'AVICENNE, *eupatorium cannabinum*, dont les tiges élevées quelquefois de plus d'un mètre, cylindriques, velues, rameuses et d'un vert foncé, sont garnies de feuilles aromatiques et amères, opposées, sessiles, à trois folioles lancéolées et dentées ou incisées, et de fleurs d'un violet purpurin, en corymbes terminaux, n'est broutée que par les chèvres en vert, ce qui vient probablement de son odeur aromatique, car lorsqu'elle l'a perdue par le fanage, elle fournit un fourrage abondant et recherché des bêtes à laine sur-tout. Elle est assez commune dans les terrains bas et marécageux.

LE PEUCÉDAN OFFICINAL, *peucedanum officinale*, appelé vulgairement fenouil de porc, ou queue de pourceau, a des tiges de 64 centimètres à un mètre, garnies de feuilles quatre à cinq fois ternées et de fleurs jaunes en ombelles.

LE PEUCÉDAN DES PRÉS OU SAXIFRAGE DES ANGLAIS, *peucedanum silaus*, élève à la même hauteur ses tiges striées, un peu anguleuses, garnies de feuilles trois fois ailées et de fleurs jaunes en ombelles lâches.

Ces peucédans fournissent un bon fourrage assez abondant.

D'après les essais de culture qui ont été tentés avec ces différentes plantes, leurs graines, semées au printemps, sont ordinairement un mois ou cinq semaines à lever dans les terrains convenables, et elles peuvent fournir deux coupes chaque année.

Nous indiquerons encore, pour le même objet, le SÉLIN DES MARAIS, appelé vulgairement persil laiteux, et l'anguleux, ou à feuilles de carvi, *selinum palustre* et *carvifolia*, qui, dans les endroits bas et humides, élèvent jusqu'à un mètre leurs tiges anguleuses, rameuses, garnies de feuilles ailées et de fleurs blanches en ombelles. Tous les bestiaux mangent avec plaisir leur fourrage vert, et les vaches en sont très-avides.

Nous recommanderons plus particulièrement, d'après notre expérience, la TANAISIE COMMUNE, *tanacetum vulgare*, dont les tiges droites, nombreuses et très-feuillées, sont garnies de feuilles bipinnées, dentées et incisées d'un vert foncé et de fleurs d'un beau jaune disposées en corymbe terminal.

Cette plante, fortement aromatique et amère qui croît naturellement dans les terrains meubles et frais, et qui se propage facilement par ses racines traçantes et par ses nombreuses semences, est agréable en vert aux vaches, aux bêtes à laine et aux chevaux, lorsque la chaleur n'a pas développé trop fortement son arome ; mais ce qui la rend plus précieuse à nos yeux, c'est que les bêtes à laine sont avides de son fourrage sec, en hiver, et qu'il nous paraît être un excellent préservatif contre la pourriture, si commune dans les pays humides qui conviennent sur-tout à cette plante. Nous en avons plusieurs fois nourri nos troupeaux, dans les saisons pluvieuses, et nous avons toujours remarqué que cette nourriture fortifiante, vermifuge, carminative et stomachique, produisait le meilleur effet sur le tempérament naturellement très-relâché des bêtes à laine. Il serait possible qu'elle fût aussi un préservatif contre la terrible maladie du *tournis*, occasionnée par le toénia hydatigène.

Parmi les plantes les plus propres à entrer, après les graminées vivaces, dans la composition des pâturages ou des prairies, sur les terrains siliceux, calcaires, secs et élevés, nous distinguons particulièrement la pimprenelle usuelle; l'achillée millefeuille, la coronille changeante, divers astragales, l'anthyllide vulnéraire, la bugrane non épineuse, l'hippocrèpe vivace, diverses scabieuses, la renouée bistorte, le persil commun, le ciste hélianthème, l'æthuse à feuilles capillaires, et l'aurone sauvage.

LA PIMPRENELLE USUELLE, *poterium sanguisorba*, que tout le monde connaît, a beaucoup de rapport avec la sanguisorbe officinale, avec laquelle plusieurs auteurs l'ont confondue, sous le nom de grande pimprenelle; mais elle est moins forte dans toutes ses parties et moins élevée.

Sa longue racine ligneuse et pivotante, jointe à ses feuilles nombreuses, lui donne la faculté de résister très-long-temps à la sécheresse, comme elle résiste également très-bien aux froids rigoureux, ce qui lui procure la rare propriété de végéter au milieu de l'été, comme au milieu de l'hiver, et de fournir un pâturage très-précoce et long-temps prolongé, aux bêtes à laine qui en sont avides, et à la constitution desquelles la nature sèche, fortifiante et échauffante de son fourrage convient, sur-tout dans les temps humides.

Cultivée seule, elle durcit promptement, monte bientôt en graine, dont on a essayé de nourrir les chevaux en place d'avoine, et fournit un foin médiocre que la plupart des bestiaux n'appétent pas, d'après notre expérience : elle nous paraît donc bien moins propre à être traitée ainsi, qu'à être mélangée avec les graminées vivaces et autres plantes qui peuvent croître comme elle sur les terrains crétacés, arides et élevés, et elle fournit alors une nourriture saine et agréable à tous les bestiaux, et même aux chevaux qui paraissent ne pas la rechercher d'abord. Elle s'épaissit ordinairement beaucoup en vieillissant, et son fourrage vert, fauché de bonne heure, convient aussi aux porcs, mais sur-tout aux vaches, dont il augmente la qualité comme la quantité du lait.

Nous avons semé, il y a très-long-temps, la pimprenelle, dans une de nos prairies les plus sèches et assez étendue, où elle se trouve mêlée avec plusieurs graminées et légumineuses vivaces; elle y a fourni constamment, et y produit encore chaque année un fourrage de très-bonne qualité, agréable à tous les bestiaux et très-nourrissant, et par-dessus tout, un pâturage excellent, dont nos troupeaux de bêtes à laine jouissent presque en tout temps; nous la croyons très-recommandable pour cet objet, lorsqu'elle se trouve convenablement mélangée sur les terres de médiocre qualité, qu'elle est très-propre à utiliser.

Nous devons observer que c'est un Français, M. Rocque, originaire de la Provence, qui le premier a soumis en Angleterre la pimprenelle à la culture en grand en plein champ.

L'ACHILLÉE MILLEFEUILLE, *achillea millefolium*, connue aussi sous la dénomination d'*herbe aux charpentiers*, parce que ces derniers appliquent quelquefois sur les plaies qui proviennent de leurs instrumens, ses feuilles qu'on substitue aussi en quelques endroits au houblon, dans la fabrication de la bière, approche beaucoup de la pimprenelle par ses qualités, considérée comme propre à entrer dans les pâturages. Comme elle, ses nombreuses racines traçantes et ses feuilles très-multipliées la font résister victorieusement aux sécheresses prolongées et aux fortes chaleurs ; comme elle aussi, elle végète souvent au milieu de l'hiver, et fournit aux bêtes à laine qui en sont avides, et à la constitution desquelles sa nature légèrement aromatique et astringente convient, un pâturage précoce et long-temps prolongé ; comme elle encore, elle produit des tiges qui durcissent promptement, montent bientôt en graine, sont rebutées en cet état par les bestiaux, et fournissent un foin de médiocre qualité ; et comme elle enfin, cette plante, recommandée par plusieurs agronomes, que nous avons trouvée abondante dans les meilleurs pâturages pour les bêtes à laine, en Angleterre comme en France et en Italie, et qui demande à être continuellement broutée, est essentiellement propre aux pâturages sur les terres ingrates les plus élevées et les plus arides, où elle peut être associée avec les graminées et les autres plantes les plus convenables à ces positions peu favorables à la culture.

LA CORONILLE CHANGEANTE, *coronilla varia*, ainsi désignée à cause du changement de couleur de ses fleurs, tantôt roses, tantôt blanches, tantôt violettes, disposées circulairement en forme de couronne, est une plante légumineuse qui résiste, comme les deux précédentes, aux sécheresses prolongées, sur les terrains siliceux calcaires et arides, sur lesquels elle croît spontanément ; ses nombreuses racines traçantes et profondes, et ses feuilles nombreuses lui donnent cette faculté. Ses tiges creuses, herbacées et rampantes, lorsqu'elles ne rencontrent aucun support, s'élèvent peu, durcissent promptement, et couvrent la terre d'un grand nombre de feuilles et de fleurs ; mais lorsqu'elles sont associées à d'autres plantes à tiges plus fermes, elles s'élèvent souvent de 64 centimètres à un mètre, et fournissent une assez grande quantité de fourrage de bonne qualité, lorsqu'il est fauché de bonne heure. Les bêtes à laine recherchent cette plante dans les pâturages, lorsqu'elle n'est pas trop avancée, et nous remarquons que sur les terres les plus ingrates de notre exploitation, où elle est assez commune, elles la broutent avec plaisir et très-près de terre, lorsqu'elle est jeune ; mais ses tiges ne repoussent pas ordinairement à l'approche de l'hiver, ce qui l'avait sans doute fait regarder comme annuelle par M. Lamarck, quoiqu'elle soit très-vivace.

Nous pensons que sur les coteaux crayeux, où elle croît souvent spontanément, et dans les pâturages élevés, siliceux et arides, elle peut être associée avantageusement avec d'autres plantes convenables à ces positions ingrates, et fournir une bonne nourriture aux bêtes à laine, au printemps et en été.

Il existe un très-grand nombre d'espèces d'astragales, plantes légumineuses, croissant la plupart spontanément sur des terres médiocres et qui sont munies de racines nombreuses et très-vivaces, lesquelles peuvent fournir une nourriture assez abondante et de bonne qualité pour les bestiaux, et dont la culture pour cet objet a été particulièrement recommandée par le savant professeur Thouin, et par quelques autres agronomes.

Nous croyons devoir indiquer ici les principales, qui sont l'astragale-réglisse, l'astragale à queue de renard, l'astragale à boursette, l'astragale-faucille, l'astragale à fruit rond, l'astragale-sainfoin, et l'astragale rude.

L'ASTRAGALE-RÉGLISSE, ou FAUSSE RÉGLISSE, *astragalus glycyphyllos*, ainsi désigné, parce que ses feuilles, ainsi que ses racines, ont une saveur sucrée qui approche de celle de la réglisse qu'elle remplace quelquefois, est très-commun en Europe, sur-tout au centre et au nord, dans les taillis, sur les lisières des forêts élevées, et le long des haies. Ses longues racines traçantes, qui s'enfoncent quelquefois en terre jusqu'à un mètre, et qui se propagent aisément en tous sens, jointes à ses tiges rampantes, qui s'étendent considérablement, et qui sont garnies de feuilles larges et nombreuses, composées de dix à douze paires de folioles, glabres, ovales, et d'un vert foncé, le font résister, aux plus grandes sécheresses, sur les terrains les plus ingrats. Ses fleurs jaunâtres, en épis courts, sont remplacées par des gousses trigones et arquées, qui renferment deux rangs de semences réniformes, jaunâtres et nombreuses, dont la volaille est avide, et qui rendent sa multiplication facile. Lorsque les tiges de cette espèce se trouvent resserrées accidentellement ou par l'effet d'un semis épais, elles prennent une direction plus verticale qu'horizontale, et fournissent un fourrage abondant et agréable aux bestiaux, quand il est fauché ou pâturé de bonne heure ; et lorsqu'ils y sont accoutumés, elle nous paraît être assez recommandable. Cette plante est très-rustique et croît très-bien à l'ombre, ce qui peut la rendre précieuse dans plusieurs cas. Elle est très-commune dans plusieurs prairies du Lyonnais et de la Dombe, et M. de la Thourette la recommande fortement dans son *Voyage au mont Pilat.*

L'ASTRAGALE A QUEUE DE RENARD, *astragalus alopecuroides,* ainsi appelé, à cause de la forme des épis courts, ramassés, très-gros et velus, formés par ses fleurs jaunâtres, placées dans l'aisselle des feuilles supérieures, est originaire des montagnes élevées. Il sort de sa racine ligneuse et profonde des tiges droites, cylindriques, simples, velues et épaisses, hautes quelquefois d'un mètre et qui sont garnies depuis la base jusqu'au sommet de feuilles longues, ailées, à folioles nombreuses, oblongues, velues et rapprochées. A ses fleurs succèdent des gousses qui renferment plusieurs semences anguleuses. Cette espèce est moins rustique que la précédente, et le duvet blanchâtre et lanugineux qui la recouvre la rend d'ailleurs moins convenable à la nourriture des bestiaux.

L'ASTRAGALE A BOURSETTE, *astragalus galegiformis,* qui tire ses dénominations spécifiques de la forme de ses feuilles qui imitent celles du galéga, et de celle de ses gousses presque triangulaires, courtes et ventrues, qui sont remplies de semences jaunâtres, est originaire de la Sibérie, et naturalisé au Jardin du Muséum, d'où il s'est répandu en diverses parties de la France. Ses racines nombreuses, longues, filandreuses, coriaces et très-vivaces, fournissent un grand nombre de tiges droites, glabres, striées, d'un vert blanchâtre, qui s'élèvent à plus d'un mètre, et qui sont garnies, dans toute leur longueur, de feuilles ailées, composées d'un très-grand nombre de folioles oblongues et légèrement velues, et de fleurs d'un blanc jaunâtre, pendantes et disposées en épis axillaires.

L'ASTRAGALE FAUCILE, *astragalus falcatus,* Lamk., originaire des marais de la Sibérie, et répandu en France depuis un assez grand nombre d'années, a des racines longues, profondes et coriaces, d'où partent des tiges droites, presque glabres, un peu rameuses, qui s'élèvent au-dessus de 64 centimètres, et qui sont garnies de feuilles assez nombreuses et déliées, divisées en un grand nombre de folioles longues et étroites, d'un vert foncé en dessus, et moins intense en dessous, et de fleurs jaunâtres, en longs épis, auxquelles succèdent des gousses pendantes et courbées en faucille, d'où lui vient sa dénomination.

L'ASTRAGALE A FRUIT ROND, *astragalus cicer,* originaire du midi et de l'est de la France, a des racines coriaces et très-vivaces, peu profondes, plus traçantes que pivotantes, qui s'étendent au loin, et des tiges diffuses et flexibles, en partie couchées, un peu redressées vers leur extrémité et très-allongées comme celles de l'astragale-réglisse, garnies de feuilles très-composées, d'un vert foncé, et un peu velues en dessous, et de fleurs jaunâtres en épis courts, remplacées par des gousses globuleuses, renfermant plusieurs semences dures et arrondies.

L'ASTRAGALE-SAINFOIN, OU ESPARCETTE, *astragalus onobrychis*, ainsi nommé à cause de sa ressemblance avec cette plante, se trouve dans le midi de la France. Ses racines vivaces et ligneuses, poussent des tiges nombreuses, couchées dans l'état de nature, et droites lorsqu'elle est cultivée, qui s'élèvent de 32 à 64 centimètres environ, garnies de feuilles très-composées, velues, soyeuses et d'un vert tendre : ses fleurs sont d'un pourpre bleuâtre, en épis courts, arrondis et axillaires, et ses fruits sont des gousses droites, pointues et pubescentes qui renferment de petites semences brunes.

L'ASTRAGALE RUDE, *astragalus asper*, de Jacquin, est originaire de Sibérie. Ses racines dures, filandreuses et vivaces, s'enfoncent à 64 centimètres environ, et fournissent des tiges de même longueur, droites, cylindriques, creuses par le bas, cannelées et rameuses par le haut, garnies de feuilles très-composées, étroites, presque linéaires, pointues et soyeuses; ses fleurs, d'un blanc jaunâtre, en épis serrés et axillaires, sont remplacées par des gousses allongées, pointues, qui renferment de petites semences noires.

Toutes ces espèces d'astragales, d'après M. Thouin, qui en a fait plusieurs fois l'expérience, sont mangées en vert avec avidité par la plupart des animaux ruminans, et ceux qui les refusent d'abord s'y accoutument insensiblement, lorsqu'on mêle leurs fanes avec celles des autres plantes qu'on est dans l'habitude de leur donner. Elles sont robustes et d'une longue vie, et elles résistent fortement à la sécheresse et à la chaleur qu'elles ne craignent point, non plus qu'une humidité passagère qui ne les rend que plus vigoureuses lorsqu'elle est proportionnée à la chaleur du climat, mais elles redoutent les terrains compactes, argileux et aquatiques. On peut les propager par leurs drageons et œilletons, comme par leurs semences, quoique le dernier moyen soit le plus simple et le plus sûr; le terrain doit être convenablement préparé par les opérations aratoires, et l'ensemencement, qui peut se faire en automne, dans le midi, doit être différé jusqu'au printemps, dans le nord et le centre de la France et partout où l'on a à redouter les hivers rigoureux. Les autres détails relatifs aux soins de culture et de récolte rentrent dans les renseignemens généraux, dont nous traiterons, en examinant chaque objet important particulièrement.

Nous observerons que les espèces d'astragales qui rampent naturellement sont susceptibles de prendre une direction verticale par la culture, lorsqu'elles sont semées drues ou mélangées avec d'autres plantes, comme nous l'avons remarqué à l'égard de plusieurs autres végétaux, dont les tiges perdent, par une culture soignée et serrée, leur disposition horizontale naturelle.

C'est ici l'occasion de dire un mot d'une plante voisine des astragales et de la même famille, qui a été préconisée par quelques auteurs, comme propre à la composition des prairies artificielles : c'est le GALÉGA COMMUN, *galega officinalis*, désigné aussi quelquefois sous les noms de *galec, lavanèze, rue-de-chèvre*, et *faux indigo*. Cette plante, originaire des contrées méridionales de l'Europe, a des racines vivaces et rameuses, d'où s'élèvent des tiges nombreuses, droites, fistuleuses, cannelées et rameuses, formant quelquefois un buisson de plus d'un mètre de hauteur. Ces tiges sont garnies de feuilles ailées, aromatiques, très-composées, dont les folioles sont ovales, lancéolées, et de fleurs bleues ou blanches, un peu pendantes, disposées en épis axillaires pédonculés ; elles fournissent une grande quantité de fourrage, mais il est dur, et les bestiaux ne mangent ordinairement que les jeunes pousses, d'après les essais que nous en avons faits, et comme d'autres cultivateurs l'ont remarqué. Observons encore que le galéga exige, pour prospérer, un terrain de première qualité. Il faut donc, pour qu'il puisse être profitable, que la terre soit substantielle, meuble et fraîche, qu'il soit fauché de très-bonne heure, et que les bestiaux y soient habitués, car plusieurs n'en sont pas avides d'abord, et le refusent même obstinément. Traité ainsi, il pourrait peut-être devenir utile dans quelques cas ; mais nous craignons qu'il ne puisse soutenir avantageusement la concurrence avec la luzerne, qui prospère, comme l'on sait, avec le sol et le climat que le galéga réclame particulièrement.

Nous ajouterons que nous avons vu des champs entiers couverts naturellement de cette plante dans les états romains où elle est fort commune, et les bestiaux n'y touchaient pas.

L'ANTHYLLIDE VULNÉRAIRE, *anthyllis vulneraria*, est une autre plante légumineuse indigène, que nous avons souvent rencontrée dans les prés et les pâturages secs ; que les bêtes à laine, les chevaux, les chèvres et les bœufs mangent, et qui nous paraît propre à utiliser les terrains les plus ingrats. Ses racines vivaces et pivotantes fournissent des tiges herbacées, un peu velues, couchées dans l'état de nature, et formant une touffe étalée d'environ 34 centimètres. Ses feuilles ailées ont peu de folioles, et ses fleurs jaunes sont ramassées en têtes géminées.

LA BUGRANE NON ÉPINEUSE, *ononis arvensis,* aussi utile que l'arrête-bœuf ordinaire, *ononis spinosa,* et nuisible par ses épines, est aussi une légumineuse que tous les bestiaux mangent, et qui, dans les endroits arides, leur fournit un assez bon pâturage, lorsqu'elle est broutée de bonne heure. On doit donc la regarder comme une plante aussi utile dans les endroits inaccessibles à la charrue, où ses racines nombreuses et traçantes sont encore très-propres à prévenir les éboulemens par leur entrelacement, qu'elles deviennent toutes deux nuisibles dans les champs cultivés, par leurs longues racines coriaces et profondes, d'où leur est venu le nom d'*arrête-bœuf.* Les tiges de cette espèce rampent dans l'état de nature, et se redressent aussi par la culture.

L'HYPOCRÈPE VIVÁCE ou **Fer-a-cheval**, *hypocrepis comosa,* est encore une petite légumineuse assez utile dans les pâturages arides, où elle croît souvent spontanément. Elle n'élève guère qu'à 20 ou 25 centimètres ses tiges lisses, sillonnées, diffuses et en touffe, garnies de feuilles ailées à folioles obtuses, et de fleurs jaunes en tête, remplacées par des gousses garnies d'échancrures qui imitent des fers à cheval ; mais les bêtes à laine en sont avides, et elle leur fournit une pâture aussi délicate qu'elle est peu abondante.

On a recommandé diverses espèces de scabieuses, pour la composition des prairies et pâturages, et particulièrement la scabieuse succise, celle des champs, celle des bois, et celle des Alpes.

LA SCABIEUSE SUCCISE, *scabiosa succisa,* ou mors du diable, ainsi nommée, parce que sa racine courte et fibreuse est comme rongée et mordue dans le milieu, s'élève à 64 centimètres environ ; sa tige presque simple est garnie de feuilles inférieures, ovales, entières et velues, de feuilles supérieures lancéolées, entières, ou dentées, et de fleurs bleues en tête, un peu globuleuses.

La scabieuse des champs, *scabiosa arvensis,* élève à la même hauteur sa tige simple ou rameuse, velue, garnie de feuilles pinnatifides, presque ailées, terminées par un grand lobe un peu denté, et de fleurs terminales et pédonculées, d'un bleu rougeâtre. Elle se trouve dans les prés et pâturages secs et élevés.

La scabieuse des bois, *scabiosa silvatica,* élève de 64 centimètres à un mètre sa tige rameuse, chargée de poils naissant d'un point rougeâtre, garnie de feuilles ovales, pointues, dentées, d'un vert sombre, relevée par une nervure blanche et de fleurs rougeâtres, grandes et terminales. Elle se rencontre aux endroits montueux.

La scabieuse des Alpes, *scabiosa alpina,* élève à plus d'un mètre ses tiges assez droites, peu rameuses et feuillées à leur sommet, garnies de feuilles ailées et dentées en scie, et de fleurs d'un jaune pâle, terminales et penchées.

On nous assure qu'on cultive avantageusement une espèce de scabieuse, comme fourrage, dans les Cévennes, où elle croît naturellement et abondamment, ainsi qu'au mont Pilat où elle est commune dans les prairies. Tous les bestiaux la mangent volontiers, à l'exception des porcs. « Elle les rafraî- » chit et les engraisse, dit Gilbert, et sur-tout les moutons, » qui en sont très-friands.

» Les agneaux qui en mangent profitent beaucoup, parce » qu'étant apéritive, elle excite leur appétit, et il se pourrait, » continue-t-il, comme des cultivateurs l'assurent d'après » leur propre expérience, que son usage préservât les animaux » de quelques maladies auxquelles ils n'échappent pas ordinai- » rement. »

Nous devons ajouter que nous avons trouvé plusieurs es- pèces de scabieuse très-abondantes dans les meilleurs pâtu- rages du Jura, des Alpes et des Apennins.

Nous observerons que lorsque les vaches pâturent ces plantes au printemps, elles communiquent quelquefois au lait une teinte bleuâtre, mais qui n'altère pas sa qualité.

LA RENOUÉE BISTORTE, *polygonum bistorta*, ainsi désignée à cause de la disposition particulière de sa racine re- pliée sur elle-même, qui s'emploie en quelques endroits dans la composition des appâts pour attirer le poisson, et dont M. Dambourney a retiré la véritable couleur du poil de cas- tor, est une plante vivace des montagnes et des prés élevés, que la plupart de nos bestiaux mangent avec plaisir. Sa tige très- simple, qui s'élève à 34 centimètres et plus, est garnie de feuilles amplexicaules, ovales, planes et glauques en dessous, et terminées par un épi oval, serré, composé de petites fleurs d'un rouge clair, imbriquées d'écailles luisantes, et qui sont remplacées par des semences triangulaires, dont on peut tirer parti pour la nourriture des hommes et des animaux.

« Cette plante, nous dit Gilbert, est cultivée en prairies ar- » tificielles dans quelques cantons de la Suisse. La nature des ». lieux qu'elle affecte ordinairement semble l'exclure des » plaines ; c'est sur les côtes montagneuses qu'on la cultive. » J'en ai vu, nous dit-il, quelques champs dans le Jura ; elle » avait au mois de juin 15 à 18 pouces, et paraissait devoir » donner un fourrage un peu dur, mais assez abondant. »

Elle est très-commune, aussi, dans les prairies du mont Pilat.

Nous en avons vu de superbes prairies sur le mont Cenis, dont le fromage et le beurre nous ont paru ne le céder en rien pour la qualité, au fromage de Roquefort et au beurre de la Prévalaie. Nous l'avons également trouvée très-abondante dans les meilleures prairies du mont d'Or en Auvergne.

LE PERSIL COMMUN, *apium petroselinum*, dont il existe une variété à racines mangeables, est une plante bisannuelle, originaire des pays chauds, qui s'élève de 64 centimètres à un mètre; sa tige glabre, striée et rameuse, est garnie de feuilles inférieures bipinnées, les caulinaires étant linéaires, et de fleurs jaunâtres en ombelle.

Nous croyons devoir mentionner ici cette plante, qui, pour prospérer, demande un terrain meuble, sec et chaud, parce que nous avons connaissance de quelques essais, suivis de succès, de sa culture faite en grand en plein champ, seule ou mélangée avec du trèfle ou des graminées vivaces, et qu'il a été reconnu que son fourrage apéritif, donné aux bêtes à laine, dans les pays humides et dans la saison des pluies, était utile comme préservatif de la pourriture, qui occasionne souvent de si terribles ravages parmi ces animaux précieux. Elle nous paraît agir comme la tanaisie, que nous avons cru devoir également recommander pour le même objet, et sa culture peut devenir avantageuse dans quelques positions où le cultivateur doit redouter ce fléau destructeur.

LE CISTE-HÉLIANTHÈME, ou FLEUR DU SOLEIL, *cistus helianthemum*, est une petite plante très-rustique que tous les bestiaux recherchent, et qui, sur les terres ingrates où elle croît naturellement, fournit un bon pâturage, et résiste fortement à la sécheresse.

L'ÆTHUSE A FEUILLES CAPILLAIRES, *œthusa meum*, est très-commune sur la plupart des pâturages de nos montagnes alpines. Son goût aromatique communique légèrement au lait des bestiaux qui la broutent losqu'elle est jeune, une saveur agréable, ainsi qu'une excellente qualité aux fromages qui en proviennent.

L'AURONE SAUVAGE, *artemisia campestris*, dont les racines ligneuses et profondes fournissent des tiges fermes et en partie couchées, qui, s'étendant circulairement jusqu'à 64 centimètres, couvrent d'assez grands espaces, et sont garnies de feuilles pinnées et de petites fleurs globuleuses, croît sur les sables les plus arides, et dans les interstices des vieux murs.

Elle est commune sur les sables mobiles de la Varenne-Saint-Maur, qu'elle est très-propre à fixer, et MM. de Mallet et Carrier Saint-Marc ont observé depuis long-temps que leurs beaux et nombreux troupeaux en étaient avides au printemps, et qu'ils la tondaient très-près. Nous avons fait la même observation sur des débris de carrières sur notre territoire, et nous croyons que sur les terrains ingrats et peu propres à la culture, cette plante, voisine de la tanaisie, et qui participe un peu de son arome et de son amertume, peut encore être une nourriture très-saine et un préservatif contre la pourriture des bêtes à laine.

Nous l'avons aussi trouvée très-abondante dans les pâturages dont jouit le troupeau royal de mérinos, près de Perpignan, et ces animaux la broutaient également avec avidité.

Il est essentiel de ne pas attendre pour la faire pâturer que ses tiges soient devenues ligneuses et que son odeur soit trop développée; car, en cet état, les bestiaux ne l'appètent plus, et elle a cela de commun avec toutes les plantes aromatiques.

Il existe ordinairement dans les prairies et les pâturages un si grand nombre de plantes ou nuisibles ou au moins inutiles, qui occupent des espaces considérables, et dont nous indiquerons plus loin les principales, qu'on ne saurait trop y multiplier les bonnes, lorsqu'on le peut, et, indépendamment de celles que nous avons signalées, il en existe plusieurs autres qui sont recommandables pour cet objet, telles que plusieurs espèces de campanules, dont les moutons sont avides; les polygales, qui passent pour donner beaucoup de lait aux vaches et aux brebis nourrices, comme leur nom l'indique; le séséli des montagnes ou cumin des prés, *seseli montanum*; les boucages sur-tout la saxifrage, *pimpinella saxifraga*, qui a été cultivée; les condrilles, les centaurées et les valérianes, qui plaisent aussi beaucoup aux bêtes à laine, et plusieurs autres dont il est facile aux cultivateurs qui observent de reconnaître les bonnes qualités. Nous ne parlons pas ici de plantes annuelles ou bisannuelles de bonne qualité, qui sont souvent mêlées aux fourrages, telles que le carvi, *carum carvi*, la carotte, *daucus carrota*, les myrrhides ou aiguilles, etc., parce qu'étant fauchées ou broutées à temps, elles doivent bientôt disparaître et ne peuvent convenir à des établissemens permanens, ou qui sont au moins de plus longue durée que la leur.

Avant de terminer cet article, nous devons rappeler qu'on a aussi proposé d'établir des prairies permanentes au moyen de semis épais d'arbres, arbrisseaux et arbustes, qui, fauchés régulièrement à certaines époques, comme l'ajonc, *ulex europeus*, l'est en plusieurs endroits de la Bretagne, de la Normandie et de la Navarre, et comme l'était chez les anciens la luzerne arborescente, sous le nom de cytise, *medicago arborea*, pourraient fournir une abondante provision de fourrage de bonne qualité.

Les plus recommandables, selon nous, pour cet objet, et dont la plupart se trouvent dans la nombreuse et si utile fa-

mille des légumineuses, sont, parmi les arbres, les faux robinier, et févier inerme, *robinia pseudo-acacia* et *gleditsia
inermis ;* le chicot du Canada, *cymnocladus canadensis ;* le
caroubier à siliques, *ceratonia siliqua,* qui par ses feuilles, ainsi
que par ses gousses sucrées, dont Proust a obtenu une bonne
eau-de-vie, sert souvent à la nourriture des bestiaux en Italie ;
plusieurs sophoras, et notamment celui du Japon, *sophora
japonica ;* et les saules-osiers et marsaults dont tous les bestiaux sont avides ; parmi les arbrisseaux, plusieurs cytises, et
sur-tout le cytise des Alpes ou faux ébénier, *cytisus laburnum ;*
celui des jardins, *cytisus sessilifolius ;* le blanchâtre, *cytisus
canescens*, et le velu, *cytisus hirsutus ;* plusieurs espèces de
baguenaudier très-rustiques et qui résistent fortement à la sécheresse ; plusieurs caragans, et sur-tout l'arborescent ou arbre
aux pois, *robinia caragana*, dont les moutons sont avides, et
qui est peu délicat sur le sol ; l'amorpha d'Amérique, *amorpha fruticosa ;* et parmi les arbustes, plusieurs genêts, cytises
et lotiers, la coronille des jardins, *coronilla emerus*, et même
la vigne qu'on peut ainsi utiliser dans le nord, où son fruit
mûrit mal, et ailleurs. Il est essentiel de faucher les jeunes
pousses avant qu'elles soient devenues ligneuses, et de les
couper le plus bas et le plus net possible.

Revenons aux détails et aux principes généraux relatifs à la
formation des prairies et à leur administration.

§ 3. *Des soins qu'on doit apporter dans le choix des semences.* Malgré l'importance dont nous avons fait sentir que
l'établissement des prairies à base de graminées pouvait être
dans plusieurs circonstances, on en établit peu, et lorsqu'on
le fait, on apporte si peu de soins au choix des semences, que
l'objet qu'on se propose est entièrement manqué ou incomplétement rempli.

On prend ordinairement, pour cet objet, ce qu'on appelle
très-proprement *du poussier de foin*, c'est-à-dire un mélange
de débris, de poussière, et d'un nombre plus ou moins considérable d'espèces de graines bonnes ou mauvaises, mûres ou
non, qu'on a ramassées ou dans les prairies, au pied des meules,
ou dans les granges et les greniers, dessous les tas de foin, et
l'on confond ainsi très-souvent les climats, les expositions,
les sols, les espèces et les genres opposés.

Si cette provision de semences provenait au moins d'une
réunion rigoureusement faite de plantes choisies et reconnues
avantageuses, elle pourrait convenir pour l'objet auquel
on la destine; mais elle provient ordinairement de vieilles
prairies naturelles, souvent usées, dans lesquelles, avec quelques bonnes plantes, dominent ordinairement des plantes médiocres ou mauvaises : on établit nécessairement ainsi une

prairie mal composée, et lorsqu'on achète *ce poussier*, ignorant encore le plus souvent d'où il provient, quand et comment il a été ramassé, et les espèces de plantes dont il renferme les graines, on s'expose en outre à confier à la terre des semences peu convenables à sa nature, ou surannées ou échauffées qui ne lèvent pas ou qui lèvent mal, et qui, dans tous les cas, donnent des résultats peu avantageux.

C'est donc, sous tous les rapports, une économie bien mal entendue que d'agir ainsi, et quoiqu'il puisse paraître moins dispendieux, et qu'il soit, sans doute, plus facile et beaucoup plus commode de se procurer une ample provision de cette manière, nous ne saurions trop répéter qu'une petite quantité de graines choisies est toujours beaucoup plus profitable que ces tas d'ordures qu'on préfère ordinairement, par une négligence ou une parcimonie très-déplacée, quand il s'agit d'un objet de cette importance.

Lorsqu'on désire former une bonne prairie, et qu'on ne peut se procurer d'ailleurs, d'une manière certaine, toutes les semences convenables avec les qualités requises, le meilleur moyen d'y parvenir consiste à faire soi-même, dans les endroits où elles croissent spontanément ou par adoption, un choix des plantes analogues aux circonstances dans lesquelles on se trouve, et qu'on croît être les plus avantageuses à propager.

A cet effet, on fait ramasser, à la main, lors de leur pleine maturité, et par un temps sec, par des personnes intelligentes, les semences, rigoureusement séparées, de chaque espèce de plante reconnue bonne, qui se trouve dans les prairies ou ailleurs, et, après les avoir convenablement séchées et vannées, on les confie à la terre, avec les précautions convenables, aussitôt que les circonstances le permettent.

Lorsque la quantité qu'on peut ainsi parvenir à se procurer est trop faible pour en couvrir en entier le champ qu'on se propose de mettre en prairie, on doit semer chaque espèce à part, ou essayer les mélanges en différentes proportions, lorsqu'on les croit convenables, et ces essais en petit, au moyen desquels on parvient bientôt à se procurer une suffisante quantité de semences choisies, peuvent encore donner d'utiles leçons sur les qualités respectives de chaque espèce, et sur le plus ou le moins de convenance de leurs mélanges, relativement à leur mode de végétation et à leurs autres propriétés ; car, *malgré toutes les règles qu'on peut établir en agriculture, il est toujours prudent d'en venir aux essais, chacun pour soi, relativement aux localités, sur un grand nombre d'objets qu'on ne peut prescrire d'une manière invariable, comme on le fait trop souvent.*

Quelquefois, par exemple, une espèce de plante ne réussit pas dans des circonstances qui devraient lui être favorables d'après les idées reçues, *et vice versâ*, et des essais locaux en petit peuvent seuls, sur ce point, comme sur plusieurs autres, procurer des renseignemens exacts et économiques. Chacun, d'ailleurs, peut essayer aisément, indépendamment des plantes vivaces les plus propres aux prairies, et dont nous nous sommes attachés à indiquer et à faire connaître les principales, celles que ses propres observations l'auront porté à considérer comme avantageuses sous ce rapport, en n'oubliant jamais que l'agriculture moderne a fait plusieurs découvertes importantes en ce genre, qu'il en reste encore beaucoup à faire, et qu'une culture soignée et prolongée améliore tellement la plupart des végétaux qu'on fait sortir de l'état de nature, qu'elle les rend souvent méconnaissables, comme nous l'avons observé plusieurs fois.

Avant de passer à l'examen des préparations qui peuvent être utiles aux semences des prairies, il nous reste deux observations importantes à faire sur leur choix.

La première, c'est qu'il est essentiel de les choisir, autant qu'il est possible, sur les plantes les plus vigoureuses, et de préférer encore les premières mûres aux dernières, parce qu'elles sont en général mieux nourries, en se rappelant que, toutes choses égales d'ailleurs, les plus belles semences donnent toujours les plus beaux produits ; et c'est là ce qui rend sur-tout le renouvellement de toutes les semences avantageux, lorsqu'on les tire de contrées plus fertiles que celles où on les adopte.

La seconde, c'est qu'il n'est pas moins essentiel qu'elles soient fraîchement récoltées, parce qu'en général les semences les moins vieilles, sur-tout parmi les graminées et les légumineuses, outre qu'elles lèvent plus tôt, donnent les produits les plus vigoureux, et que la faculté germinative et végétative de la plupart des semences s'affaiblit beaucoup en vieillissant. Lorsqu'on se les procure d'ailleurs, on doit les choisir nettes, pleines, fraîches, lisses, sèches, sans mauvaise odeur, d'une couleur non altérée, et sur-tout très-pesantes, car le poids spécifique des semences a une influence très-prononcée sur les produits qui en résultent, comme plusieurs agronomes s'en sont assurés, et comme nous l'avons vérifié nous-mêmes sur un grand nombre d'espèces de plantes économiques, et sur-tout parmi les graminées et les légumineuses.

Nous observerons encore que la couleur indicative de la bonne qualité des graines de la luzerne ordinaire, de la lupuline et du trèfle est la jaune dorée, et que la couleur rougeâtre indique une altération dans toutes les trois, comme la noire dans celle du sainfoin, qui doit être grisâtre extérieurement et verdâtre intérieurement.

Au reste, la prudence conseille d'essayer toujours en petit les semences qu'on n'a pas récoltées soi-même, quels que puissent être les indices de leur bonne qualité, afin de ne pas s'exposer à des non succès en grand, qui sont toujours aussi décourageans que dispendieux ; comme on l'a observé avec raison, rien ne s'oppose plus puissamment, en général, à l'extension d'une culture nouvelle, que le peu de succès des premiers essais, et ce défaut de succès est souvent dû à la mauvaise qualité des semences qu'on emploie. Il est donc de la plus grande importance de s'assurer, par tous les moyens qu'on a en son pouvoir, de la qualité de celles qu'on désire confier à la terre, afin de n'être pas exposé à tirer des conséquences fausses et fâcheuses des non succès.

§ 4. *Des préparations qui peuvent être utiles aux semences.* On a cru devoir proposer, pour augmenter la vigueur des plantes destinées à former des prairies artificielles, plusieurs recettes aussi compliquées, inutiles et absurdes que celles indiquées pour le froment (*voyez* FROMENT), dans lesquelles on conseillait de tremper les semences. On a aussi proposé, sous différens prétextes, de les huiler, précaution qui ne peut qu'être nuisible à leur germination; de les plonger quelque temps dans l'eau avant de les semer, ce qui nous paraît inutile dans le plus grand nombre de cas, et ce qui peut devenir nuisible dans quelques-uns; de les tremper dans du jus de joubarbe, ou dans d'autres lotions amères, à l'exemple des anciens, afin de les préserver des ravages des insectes et autres animaux nuisibles, ce qui nous paraît encore inutile lorsqu'on sème en temps convenable, et d'une efficacité douteuse dans tous les cas; enfin de les mêler avec du plâtre pulvérisé ou calciné, du sable, de la cendre, de la terre, etc., afin d'en rendre par ce mélange la dissémination plus facile et plus égale, ce qui nous a toujours paru produire un effet contraire à celui qu'on en attendait. Le poids spécifique des semences et celui des divers ingrédiens qu'on y mêle n'étant pas les mêmes, ils se séparent nécessairement, comme nous l'avons remarqué, par l'effet du mouvement imprimé par la marche et le jet du semeur : les ingrédiens, ordinairement plus fins et plus pesans que les graines, vont bientôt au fond du semoir, et rendent par là, ou leur effet nul, ou, ce qui est pis encore, la dissémination inégale à la fin, à moins que le semeur n'ait constamment la précaution de remuer et de rétablir le mélange, en ramenant en dessus ces ingrédiens qui tendent toujours à se précipiter vers le fond.

Nous nous sommes toujours bien trouvés, avec les précau

tions convenables, de supprimer ces mélanges, après en avoir essayé plusieurs et avoir reconnu leurs inconvéniens. La seule préparation raisonnable qu'on puisse, selon nous, recommander pour les semences, sur-tout pour celles des graminées vivaces, comme préservatif des maladies du charbon, de la carie et de l'ergot, dont plusieurs espèces sont atteintes quelquefois, quoique moins communément que celles qui sont annuelles, c'est le chaulage, qui peut encore dans quelques cas les garantir des ravages qu'on aurait à redouter de la part des insectes ou d'autres animaux; et toutes les fois qu'on choisira, pour semer, une époque et un temps favorable, c'est-à-dire, calme, brumeux et disposé à la pluie, lorsque la terre est suffisamment humectée, en automne ou au printemps, toute autre addition nous paraît au moins inutile, sinon nuisible.

§ 5. *Des quantités de semences nécessaires*. Cet objet important nous fournit une preuve frappante des graves inconvéniens attachés à ces fixations banales de quantités de semences que la manie de tout généraliser a porté un trop grand nombre d'écrivains à établir, sans distinction pour tous les cas, relativement à telle ou telle autre plante; comme si les semences des mêmes espèces, très-variables entre elles, avaient toujours et par-tout la même grosseur chaque année; comme si les différentes natures de terres, et leur état plus ou moins amélioré, exigeaient constamment la même mesure; enfin, comme s'il fallait aussi employer toujours la même quantité de semence aux diverses époques de l'année, dans les ensemencemens hâtifs, comme dans les ensemencemens tardifs. C'est vouloir déterminer invariablement un objet qui, par sa nature, ne peut pas l'être généralement, d'une manière satisfaisante et positive; et c'est encore, selon nous, un de ces objets de détail qu'il faut nécessairement abandonner à la sagacité du cultivateur, et à quelques essais particuliers, qui l'instruiront beaucoup mieux sur ce point que toutes les données précises qu'il suffit de comparer entre elles, comme l'a fait Gilbert, pour démontrer leur complète inutilité, et l'erreur dans laquelle elles peuvent jeter les commençans.

Il nous suffira donc ici d'établir quelques principes généraux, dont chaque cultivateur pourra faire aisément l'application aux circonstances dans lesquelles il se trouvera, avec les modifications convenables; ainsi, nous nous bornerons à observer que plus la semence qu'on veut confier à la terre est fraîchement récoltée; plus elle est nette; plus elle est saine; plus elle est petite; plus le sol, le climat et l'époque de l'ensemencement lui sont convenables; plus le champ est humide, mieux il se trouve préparé pour la recevoir; enfin plus la dissémination s'en fait également, et moins il en faut, *et vice versá.*

En traitant cet objet généralement pour tous les grains, à l'article FROMENT, après avoir reconnu que le grand art, consistait, en cela comme en toute autre chose, à tenir un juste milieu entre le trop et le trop peu, nous avons prouvé qu'il y avait généralement moins d'inconvéniens à pécher par excès que par défaut, sous ce rapport, parce que le mal était bien plus facile à réparer, et moins funeste dans ses conséquences; c'est sur-tout aux prairies que cette vérité est applicable, sous le triple rapport de l'économie des frais de sarclage tout en détruisant les plantes nuisibles, de la conservation de l'humidité, et de la qualité du fourrage; trois objets d'une grande importance, qu'on ne peut obtenir avec l'économie de la semence. C'est ce qui rend aussi ridicule, qu'elle est impraticable en grand la méthode si préconisée autrefois, et qui ne peut plus séduire aujourd'hui que quelques débutans dans la carrière, plus enthousiastes qu'instruits sur leurs véritables intérêts, de cultiver les prairies en rayons, en faisant usage de l'instrument connu sous le nom de *semoir*, au moyen duquel on peut bien augmenter la quantité de fourrage, mais au détriment de la qualité, et économiser aussi la semence, mais en multipliant les frais de culture et de sarclage.

Nous ne pouvons mieux terminer cet article qu'en transcrivant ici l'opinion de Gilbert sur l'économie de la semence, qu'il nous paraît avoir saisie sous son véritable point de vue, et qui confirme complétement notre expérience à cet égard, ainsi que l'emploi du *semoir.*

« Je conviens d'abord, dit-il, que les plantes dont sont formées les prairies semées d'après les principes des partisans de la nouvelle culture (c'est ainsi qu'on désignait alors la culture en rayons espacés, formés par le *drill* ou semoir), deviendront plus grandes, plus grosses, plus vigoureuses; qu'elles donneront enfin plus de fourrage, lorsque la semence aura été économisée, que lorsqu'elle aura été prodiguée. Les exemples que cite M. Tull, les expériences faites après lui par MM. de Châteauvieux, les membres de la société de Bretagne, et Duhamel, ne laissent point de doute à cet égard. Mais la quantité de fourrage est-elle donc le seul avantage qu'on doive rechercher dans les prairies artificielles? N'est-ce pas à la qualité qu'il faut sur-tout s'attacher? Or, il est hors de doute que la luzerne, le trèfle, et spécialement le sainfoin, semés dru, sont d'une qualité bien supérieure à celle de ces plantes semées plus clair. Le défaut des plantes des prairies artificielles est en général d'avoir des tiges trop grosses, trop dures, qui opposent une trop grande résistance à l'action de la mastication, et sur-tout à celle des sucs dissolvans de l'estomac. Cet inconvénient diminue, il disparaît même presque entièrement, lorsque la semence n'a pas été épargnée ; les tiges sont déliées, tendres, ne s'élèvent pas à une aussi grande hauteur ; mais comme elles sont plus nombreuses, elles gagnent en quelque sorte d'un côté ce qu'elles perdent de l'autre.

« Un autre avantage qui me paraît très-important, c'est que les plantes très-serrées étouffent, dès la première année, les plantes étrangères qui leur disputent le terrain ; elles rendent inutiles les sarclages si dispendieux, et quelquefois même si nuisibles aux herbages nouvellement sortis de terre. L'un des plus grands fléaux pour les prairies artificielles, dans nos climats du moins, sur-tout pour le trèfle et la luzerne, c'est la sécheresse. Les tiges se défendent contre elle, lorsqu'elles sont serrées ; elles dérobent le sol qu'elles recouvrent à l'action de la chaleur du soleil, et s'opposent à l'évaporation de l'humidité qu'il contient. J'ai remarqué que lorsque les plantes étaient semées trop dru, car il est un milieu dont on ne doit point s'écarter, les tiges les plus vigoureuses étouffaient celles de leurs voisines, et qu'il ne restait réellement sur le sol que le nombre des tiges qu'il pouvait nourrir.

» Les plantes des prairies cultivées en rayons ont besoin pendant toute l'année, observe ailleurs Gilbert, des bras du cultivateur ; la terre des intervalles doit être continuellement ameublie, et nettoyée des plantes parasites dont la nature tend sans cesse à les couvrir. C'est à cette attention soutenue de l'entretenir parfaitement nette et meuble, qu'on doit attribuer les produits considérables qu'on en obtient. Il faut donc beaucoup de bras, il faut beaucoup de dépenses, que les agriculteurs sont bien rarement en état de soutenir ; il faut encore des instrumens particuliers, des semoirs, dont les plus simples sont toujours très-compliqués et sujets à se déranger, des charrues ou des cultivateurs pour labourer sans cesse les intervalles des rayons. Si l'on ajoute à ces considérations celle de la différence dans la qualité du fourrage, et la destruction des plantes nuisibles sans secours étrangers en semant dru et à la volée, on n'hésitera pas généralement sur le choix des deux méthodes. »

Ajoutons à ces détails qu'on doit admettre encore comme principe général, reconnu également par cet agronome, que *les plantes vivaces devant être moins serrées que celles qui sont annuelles, elles doivent l'être d'autant moins qu'elles sont plus vivaces et que leurs racines et leurs tiges sont plus nombreuses et s'étendent davantage latéralement.*

§ 6. *Des précautions qui doivent précéder, accompagner et suivre immédiatement l'ensemencement pour assurer son succès.*

I. Avant de commencer l'ensemencement des prairies artificielles, la terre doit nécessairement être amenée, par toutes
les opérations aratoires indispensables, au plus haut degré
possible d'ameublissement, de netteté, de fertilité et d'égali-
sation.

II. On ne doit jamais l'entreprendre non plus, que la terre
ne soit pas assez ressuyée pour ne point gâcher, et néanmoins
assez humide pour pénétrer les semences d'une humidité nécessaire à leur développement; la température de l'atmosphère
et par suite celle de la terre doivent être assez élevées pour
déterminer une prompte, facile et complète germination.

III. Le temps doit être calme et assuré pendant l'opération,
afin que la dissémination des semences puisse s'opérer convenablement, malgré leur ténuité, et que le vent ne puisse ni les
emporter au loin, ni les ramasser inégalement par tas.

IV. La semaille doit se faire à la volée; et afin qu'elle se
fasse le plus régulièrement possible, le semeur doit, 1°. prendre
toujours également la semence entre le pouce, l'index et le
doigt du milieu, et la répandre devant lui, avec le même jet,
du côté opposé au vent; 2°. embrasser un faible espace, en
allant et en revenant, et s'écarter toujours du premier jet, à
des distances égales et très-rapprochées; et 3°. suivre constamment une ligne droite au moyen de marques indicatives,
soit jalons, raies superficielles parallèles, ou autres indices
certains. Avec ces précautions, il préviendra les lacunes et les
doubles emplois de semences, toujours nuisibles au succès de
la prairie.

V. Lorsqu'on croit devoir associer plusieurs espèces de
plantes sur le même champ, il est prudent de semer chaque
espèce l'une après l'autre, afin d'éviter l'inconvénient qui résulte ordinairement de la différence de leur poids spécifique,
lorsqu'on mêle les semences avant de les répandre.

VI. Les semences doivent être couvertes immédiatement
derrière le semeur, afin que le vent ne puisse pas les dé-
placer, d'une part, et de l'autre, afin que les oiseaux ne les
mangent pas; ce qui, malgré toutes les précautions précitées,
produirait nécessairement des vides ou surcharges qu'il est si
essentiel d'éviter.

VII. Elles doivent être, à raison de leur finesse, peu profondément enterrées, avec une herse légère ou un châssis garni
d'épines, ou seulement avec le rouleau, sur-tout sur les terres
humides; on imite d'ailleurs en cela la nature, qui ne recouvre ordinairement que de quelques feuilles les semences
placées d'elles-mêmes dans de légers enfoncemens, où elles
jouissent de l'air essentiel à leur développement et qui leur
devient d'autant plus nécessaire qu'elles sont plus petites.

VIII. Quelque moyen qu'on croie devoir employer pour recouvrir les semences, il est toujours important que les instrumens adoptés à cet effet ne fassent aucune traînée et ne gâchent point la terre, et, dans tous les cas, l'opération du rouleau, indispensable dans les terres sèches, est toujours utile pour faciliter celle du fauchage par la suite.

Nous devons examiner ici une question assez importante, qui se trouve nécessairement liée à notre objet, et qui a plus d'une fois fourni matière à discussion.

Convient-il de semer seules les plantes vivaces ou bisannuelles dont on veut former des prairies artificielles, ou de les associer avec des grains, ou avec toute autre production annuelle ?

Cette question, controversée et contradictoirement décidée par divers agronomes, nous fournit une nouvelle preuve de l'inconvénient des propositions générales et exclusives en agriculture.

Les uns, prétendant que les plantes annuelles qu'on associe aux jeunes plantes des prairies leur nuisent, en les privant d'air et de lumière, deux des principaux agens de la végétation, ont décidé que cette association était toujours nuisible.

Les autres, prétendant de leur côté que chaque plante trouve dans la terre une nourriture qui lui est particulièrement convenable, ont assuré que cette association pouvait se faire sans que les plantes qui devaient former la prairie éprouvassent la moindre soustraction de la substance alimentaire qui leur était exclusivement affectée.

Nous observerons d'abord que la privation d'air et de lumière n'a lieu que lorsque les plantes annuelles, associées à celles qui doivent former la prairie, sont semées trop dru, ce qu'il est toujours facile d'éviter ; et ensuite, sans répéter ici ce que nous avons dit en développant notre cinquième principe d'assolement, nous dirons que, quoique nous ayons eu souvent occasion de nous convaincre qu'une plante qui croît à côté d'une autre, semée en même temps, soutire toujours plus ou moins de la nourriture de sa voisine, quelle que soit la différence qui existe entre la forme de leurs racines et leur organisation particulière, vérité dont l'ensemencement des prairies nous offre sur-tout de frappans et fréquens exemples, nous n'en sommes pas moins d'avis qu'il y a généralement de l'avantage à associer, la première année, les plantes annuelles à celles qui sont destinées à former la prairie par la suite, parce que 1º. le bénéfice que procure la récolte des premières excède de beaucoup la perte occasionnée par la soustraction d'une portion de la nourriture des dernières ; 2º. l'ombrage procuré par un ensemencement convenable est plus salutaire que nuisible aux plantes faibles que les autres abritent, sur-tout sur les terres et dans les années sèches, en les garantissant très-efficacement d'une trop grande évaporation, du hâle, des vents violens et des effets d'une chaleur excessive; 3°. il est important de ne pas perdre en non produit une année entière, sur une terre que nous supposons convenablement préparée par les labours et les engrais, avant son ensemencement.

D'ailleurs, lorsqu'on s'aperçoit qu'une végétation trop vigoureuse peut intercepter l'air et la lumière, il est toujours facile de sacrifier en partie cette première récolte, en la fauchant en vert, et le fourrage qui en provient, sans nuire à la prairie, vaut beaucoup mieux et coûte beaucoup moins que celui des plantes qui croissent ordinairement spontanément dans les prairies semées seules, et qui exigent en outre de dispendieux sarclages.

Nous pensons donc que, dans le plus grand nombre de cas, il résulte des avantages importans de cette association, qui pourrait cependant ne pas convenir à quelques positions basses et humides.

On peut semer avec les prairies, sur les terres bien préparées, le froment, le seigle, l'orge, l'avoine, le lin, le sarrasin, les fèves, les vesces, les gesses, le lupin, et plusieurs autres plantes annuelles.

L'orge nous paraît être, d'après notre expérience, une des plus convenables pour cet objet, parce qu'elle exige comme les prairies, pour prospérer, une terre bien ameublie, et dans le meilleur état de culture, et parce que s'élevant peu, et mûrissant promptement, elle est bien plus utile que nuisible, quoiqu'elle soutire beaucoup de nourriture du sol.

Les mêmes observations sont applicables au lin.

Le sarrasin, qui emprunte proportionnellement beaucoup moins de la terre, nous a toujours paru aussi mériter la préférence pour les ensemencemens tardifs, et sur les terres de médiocre qualité.

Les fèves, les vesces et les gesses épuisent très-peu la terre, sur-tout lorsqu'elles sont fauchées de bonne heure; elles l'ameublissent beaucoup, et conviennent essentiellement pour cet objet sur les terres compactes et argileuses. Les dernières peuvent être avantageusement ramées et soutenues par les premières ou par des grains.

Le lupin convient sur-tout aux terres naturellement peu fertiles.

Les semences de ces plantes annuelles devant être enterrées à une plus grande profondeur que celles des prairies, il convient de les semer les premières, et de bien herser la terre avant de semer les autres.

Quelquefois on les laisse lever avant de faire le second ensemencement, ce qui dépend de l'état de la terre et de quelques autres convenances locales; mais il est essentiel, dans ce cas, que les plantes annuelles, dont la végétation est plus accélérée que celle des plantes vivaces, parce qu'elle est moins prolongée, ne soient pas trop élevées, parce qu'alors elles pourraient les étouffer.

Quelquefois aussi, on sème les prairies au printemps, sur des terres ensemencées en grains en automne : indépendamment du même inconvénient que ci-dessus, qu'on peut avoir à redouter alors, la terre ne se trouvant plus aussi meuble que si elle avait été fraîchement labourée, les semences se trouvent souvent dans une position moins favorable pour réussir. On herse après l'ensemencement, lorsqu'on ne craint pas de déraciner le grain, et, dans le cas contraire, on y supplée par les épines et le rouleau; mais il est essentiel que la terre soit bien ressuyée, afin que le rouleau ne déplace pas les semences en se chargeant de terre, comme cela arrive fréquemment, pour peu que la terre ou les plantes conservent d'humidité superficiellement.

En général, plus l'époque à laquelle on répand les semences des prairies se trouve rapprochée de celle à laquelle les plantes annuelles ont été semées, plus elles ont de chances favorables pour germer promptement, enfoncer profondément leurs racines dans la terre, qui est alors plus meuble, et se développer complétement.

Il est essentiel de faucher le plus bas possible le chaume des plantes annuelles semées avec les prairies, afin que ce chaume ne puisse nuire par la suite, ni au fauchage, ni à la qualité du fourrage.

Il n'est pas moins essentiel que les javelles soient faites très-minces, et qu'elles séjournent le moins long-temps possible sur la prairie, afin de ne pas faire périr les jeunes plantes en les étiolant par une entière privation d'air et de lumière, ce que nous avons souvent vu arriver en observant l'abusive pratique du javelage, plus nuisible encore en ce cas qu'en tout autre.

Si l'on s'aperçoit, après l'enlèvement de la récolte, que, malgré toutes les précautions indiquées, la prairie ne se trouve qu'imparfaitement garnie des plantes qu'on a semées, il ne faut pas hésiter à labourer le champ, et à l'ensemencer de nouveau, si les lacunes sont considérables, et lorsqu'elles sont faibles, il suffit de les garnir de nouvelle semence, de herser et de rouler, en choisissant un temps favorable pour ces opérations, qu'il faut différer le moins possible.

III. *De l'entretien des prairies.*

L'entretien des prairies exige des soins aussi étendus et une attention plus soutenue encore que leur établissement.

Les principaux objets à considérer sur ce point consistent dans le nettoiement, l'épierrement et l'affermissement du sol, la destruction des animaux nuisibles, l'amendement, l'engraissement, l'enclosure, le desséchement et l'irrigation.

§ 1. *Du nettoiement.* Soit que l'on ait semé les prairies seules, ou associées avec une production annuelle et temporaire en grains ou en autres produits, le nettoiement de la terre, c'est-à-dire, l'extirpation de toutes les plantes nuisibles, est d'une nécessité rigoureuse non-seulement la première année, ce qui est essentiel, car il faut toujours tâcher d'arrêter le mal dans son principe, mais aussi dans les années suivantes, pour détruire celles qui ont échappé ou qui se sont reproduites, si l'on veut que les plantes utiles l'emportent constamment sur les inutiles, les médiocres et les dangereuses.

Ces dernières dominent fréquemment dans les vieilles prairies naturelles, comme le prouve l'analyse qui a été bien faite, sauf quelques erreurs, par M. de Livoys, sur les prairies hautes, basses et moyennes de la Bretagne; il en est résulté que, sur quarante-deux espèces de plantes formant les prairies des environs de Rennes, il en a trouvé vingt et une inutiles, une parasite, trois nuisibles aux bestiaux, et dix-sept seulement qui leur fournissaient une bonne nourriture. Le résultat a été plus défavorable encore sur les pâtures naturelles ordinaires, où, sur trente-huit espèces de plantes, huit seulement contribuaient à la nourriture des bestiaux, et trente étaient inutiles ou dangereuses. Un travail semblable, fait par M. Dumont de Courset, sur les prairies du Boulonnais, lui a fourni des résultats équivalens. De cent vingt-cinq espèces de plantes qu'il a reconnues dans ces prairies, il a dressé le tableau suivant :

Bonnes,	29
Id., mais trop basses,	17
Indifférentes,	25
Inutiles,	40
Mauvaises,	14
TOTAL	125

« Il n'y a pas, dit-il, le tiers de bonnes, et tout au plus la moitié de bonnes et d'indifférentes ensemble ; l'autre moitié est composée d'inutiles, que les bestiaux ne mangent que lorsqu'ils n'en ont pas d'autres ; de trop basses, que la faux ne peut prendre, et qu'à peine les animaux, excepté les moutons, peuvent brouter ; et de mauvaises, et souvent très-nuisibles, qui causent plus de ravages qu'on ne pense, et auxquelles on ne fait pas assez d'attention. »

Dans les recherches auxquelles nous nous sommes livrés nous-mêmes sur des prairies fort étendues qui bordent la Marne et la Seine, nous avons également reconnu que le nombre des espèces de plantes indifférentes et inutiles l'emportait de beaucoup sur celui des espèces qui produisaient réellement un bon fourrage, et que celles-ci s'élevaient à peine au tiers, tandis que les plantes essentiellement mauvaises, ajoutées à celles qui produisaient un foin de médiocre qualité, excédaient ordinairement les deux tiers. A la vérité, il s'en trouve, dans ces dernières, plusieurs qui fournissent un assez bon pâturage ; au reste, les fréquens débordemens des deux rivières, multipliant sans cesse les plantes inutiles ou nuisibles, rendent leur destruction totale impossible. Enfin, nous avons fait la même remarque dans l'énumération que quelques auteurs nous ont donnée des plantes qui croissent dans plusieurs prairies d'Angleterre, d'Italie et d'Allemagne.

Comme le cultivateur intelligent et instruit doit s'attacher à observer les plantes qui lui paraissent les meilleures, pour les propager sur son exploitation, de même aussi il doit étudier et chercher à connaître celles qui sont nuisibles ou inutiles, afin de les détruire, ou au moins d'en diminuer le nombre. Quoique chaque climat ait, pour ainsi dire, les siennes propres, il en est un assez grand nombre qui jouissent de la fâcheuse faculté de se multiplier presque par-tout ; et nous croyons devoir indiquer ici les vivaces principales, et quelques bisannuelles, qui doivent plus particulièrement fixer son attention.

Les prairies basses, humides et marécageuses, sont ordinairement celles qui renferment le plus grand nombre de plantes nuisibles ou inutiles. On y remarque sur-tout parmi les ombellifères,

Les œnanthes fistuleuse, safranée et pimprenellière, *œnanthes fistulosa*, *crocata* et *pimpinelloides*, auxquelles les bestiaux ne touchent pas ; les berces à feuilles larges et étroites, *silum lati* et *angustifolium* ; on a remarqué que la première occasionnait souvent en Suède des maladies graves aux bêtes à cornes ; et la seconde paraît avoir les mêmes propriétés ; les cerfeuils champêtre et des marais, *chœrophellum silvestre* et *palustre;* la racine du premier est mortelle, dit-on, pour les vaches, qui mangent assez bien ses feuilles cependant, et l'on a cru devoir en conseiller la culture pour cet objet; la berce-brancursine, *heracleum sphondilium,* que les bestiaux mangent jeune, mais qui fait un très-mauvais fourrage sec, qui est très-envahissante, et qu'on peut aisément détruire en coupant ses tiges entre deux terres, à l'époque de sa floraison, parce qu'elle n'est que bisannuelle; la ciguë aquatique, *cicuta virosa,* qui renferme un suc jaunâtre, est un poison aussi violent pour les animaux, si l'on excepte peut-être la chèvre, que pour l'homme; le phellandrie aquatique, *phellandrium aquaticum,* que quelques bestiaux mangent en vert, mais qui ne peut faire qu'un très-mauvais foin et qu'occuper inutilement un espace considérable; les sisons inondé et verticillé, *sison inundatum* et *verticillatum,* qui offrent les mêmes observations; la grande ciguë, *conium maculatum,* qui paraît être la vraie ciguë des anciens, et qui est quelquefois mortelle pour plusieurs animaux, quoiqu'ils la mangent souvent impunément, surtout les vaches, et qui, étant bisannuelle, peut se détruire comme la berce; enfin le panicaut commun, ou chardon rollant, *eryngium campestre,* très-nuisible aux animaux par ses rudes épines.

Toutes ces plantes sont de la famille des ombellifères, et l'on remarque que, tandis que celles de cette nombreuse famille naturelle qui croissent sur les terrains secs et élevés sont salutaires, la plupart de celles qu'on rencontre sur ceux qui sont bas et aquatiques sont dangereuses.

Dans la famille des renonculacées, dont un grand nombre sont âcres, caustiques, et plusieurs dangereuses et vénéneuses pour l'homme et les bestiaux, on doit sur-tout distinguer:

Les *anémones,* qui sont généralement âcres et corrosives, et auxquelles les bestiaux ne touchent que lorsqu'ils sont poussés par la faim, si l'on excepte la chèvre, qui, comme l'on sait, est beaucoup moins délicate que les autres; les plus communes sont l'anémone des bois ou sylvie, *anemone nemorosa,* qui cause des hémorrhagies aux moutons qui en mangent; l'anémone pulsatille, *anemone pulsatilla,* vulgairement appelée passefleur, coquelourde, ou herbe du vent; et celle des prés, *anemone pratensis,* plus commune au nord qu'au midi;

Les *renoncules,* qui aiment toutes l'humidité, qui presque toutes sont très-âcres, qui toutes se propagent avec une affligeante facilité, et dont plusieurs sont nuisibles aux bestiaux, sur-tout la renoncule-flammette, ou petite douve, *ranunculus flammula,* dont les tiges lisses, peu rameuses et basses, ont les feuilles lancéolées, un peu dentées, glabres, pétiolées et les fleurs jaunes, moyennes, pédiculées et terminales. La grande douve, ou renoncule à feuilles longues, *ranunculus*

lingua, commune dans les marais, dont la tige droite, velue, qui s'élève jusqu'à un mètre, a les feuilles longues, pointues, entières, un peu amplexicaules, et les fleurs d'un beau
jaune, pédonculées, terminales et luisantes : ces deux espèces
sont douées d'une grande âcreté ; les bestiaux n'y touchent
que lorsqu'ils sont pressés par la faim, et elles leur deviennent
alors très-nuisibles ; la blonde, *R. auricomus*, assez commune, dont les tiges de 16 à 32 centimètres, glabres et rameuses, ont des feuilles radicales, pétiolées, réniformes, crénelées, incisées, et les caulinaires digitées et linéaires, surmontées de fleurs jaunes, pédonculées et terminales ; cette
espèce qui se reconnaît aisément par ses pétales, dont un à
trois avortent, est une des plus nuisibles aux bestiaux, d'a-
près les observations de M. Dumont de Courset, quoique tous
la mangent, excepté le cheval, d'après Linné ; la bulbeuse,
R. bulbosus, ainsi nommée à cause de la bulbe ressemblante
à une petite rave, qu'on trouve à sa racine, et qui est commune et peu élevée ; elle est également dangereuse ; ses tiges
un peu couchées et velues ont des feuilles radicales pétiolées,
ternes, crénelées, incisées, quelquefois veinées de blanc, et
des fleurs jaunes, petites, solitaires et terminales, remarquables par leur calice réfléchi ; on l'appelle vulgairement ge-
nouillette ; la scélérate, *R. sceleratus*, qu'on distingue aisément à son fruit long et conique, et qui a emprunté sa dénomination de ses dangereuses qualités ; l'âcre, *R. acris*, ainsi
désignée à cause de sa grande âcreté, et qu'on nomme vulgairement *bassinet* et *bouton d'or* lorsqu'elle est double, a des
tiges rameuses et droites, glabres, les feuilles inférieures pétiolées, palmées, découpées en lobes incisés, et les supérieures
linéaires, et des fleurs d'un beau jaune luisant, et comme vernissées, avec des pédoncules cylindriques ; elle est très-commune dans les prés, et nuisible ; et la ficaire, *R. ficaria*, dont
on a fait un genre particulier, appelée aussi *petite chélidoine*
ou *éclairette*, remarquable par ses feuilles cordiformes, d'un
beau vert luisant, portées sur de longs pétioles, par ses fleurs
d'un jaune brillant, et sur-tout par ses racines granuleuses,
qui ont quelque ressemblance avec des grains de blé et dont
les porcs sont avides : c'est une des moins âcres, mais elle se
propage très-promptement par ses racines traçantes.

Il ne faut pas confondre ces espèces avec la renoncule rampante, *ranunculus repens*, ou *pied-de-poule*, dont les tiges
traçantes sont stolonifères, les feuilles pétiolées, composées,
à plusieurs folioles, anguleuses, lobées, incisées, velues, souvent tachetées de blanc, et les fleurs jaunes terminales, luisantes, quelquefois doubles, avec les pédoncules sillonnés.
Cette espèce, une des plus communes dans les prairies hu-

mides, n'est point âcre du tout ; elle a même un goût agréable qui la fait employer comme légume en quelques endroits. Les bestiaux la mangent également verte ou sèche, sans inconvénient, et on la regarde dans plusieurs endroits comme une bonne plante.

Au reste, toutes les renoncules âcres perdent une partie de leur âcreté par la dessiccation, et lorsqu'elles ne sont pas très-communes dans les prairies ou pâturages, elles agissent sur l'estomac des animaux comme des stimulans, et peuvent être regardées dans ce cas comme des condimens utiles ; mais elles se propagent si rapidement aux dépens des meilleures plantes, qu'il est prudent de s'opposer autant que possible à leur multiplication.

Les *aconits*, qui sont tous âcres, caustiques et généralement nuisibles, mais que l'on ne trouve guère que dans les endroits élevés, sur-tout l'aconit napel, *aconitum napellus*, dont les tiges droites et simples, qui s'élèvent jusqu'à un mètre, formant une touffe serrée, sont garnies de feuilles digitées, à folioles munies de dents écartées, dont les tiges d'un bleu foncé triste sont disposées en épi terminal, et dont les racines sont napiformes ; l'aconit tue-loup, *A. lycoctonum*, dont les tiges, au moins aussi élevées, ont les feuilles palmées et velues, et les fleurs également velues, d'un jaune pâle. Ces deux espèces *sont très-nuisibles*, assure M. de Lasteyrie, *lorsqu'elles se trouvent dans les pâturages ; elles occasionnent aux animaux plusieurs maladies dont souvent on ignore la cause, et on doit chercher à les extirper, afin de prévenir ces accidens.*

Le POPULAGE OU SOUCI DES MARAIS, *caltha palustris*, plante basse, en touffe arrondie et serrée, qui s'élève à environ 34 centimètres, avec des feuilles grandes, pétiolées, arrondies, réniformes, crénelées, un peu épaisses, d'un vert luisant, et des fleurs assez grandes, d'un beau jaune, axillaires et terminales. Elle est commune dans la plupart des marais et prés humides. Elle est âcre et occupe la place de meilleures plantes, ainsi que toutes les renonculacées précédentes.

Dans la famille des CYNAROCÉPHALES, il faut distinguer tous les chardons, chausses-trapes, pédanes ou onopordes, carlines, carthames et bardanes, et sur-tout la chausse-trape étoilée, *centaurea calcitrapa*, qui se multiplie prodigieusement, et qui est très-nuisible ; le chardon des marais, *carduus palustris*, et celui à feuilles d'acanthe, *carduus acanthoïdes*, qui infestent trop souvent les prairies humides ; le chardon-marie, *carthamus marianus*, très-nuisible aux hommes et aux animaux, par ses rudes épines ; le chardon hémorrhoïdal ou des champs, *serratula arvensis* de Linné, l'un des plus communs et des plus nuisibles, qui se propage autant par

ses fortes racines traçantes que par ses nombreuses semences ;
le chardon sans tige, *carduus acaulis*, très-difficile à détruire
à cause de ses racines aussi traçantes ; le pédane acanthin ,
onopordon acanthium, qui occupe une place considérable en
pure perte ; la carline vulgaire, *carlina vulgaris,* qui présente
le même inconvénient; et la bardane commune, ou glouteron,
arctium lappa, aussi nuisible par l'adhérence très-incommode
de ses têtes de fruits que par l'abondance de ses semences et
l'espace considérable qu'envahissent ses pieds rustiques et vigoureux.

On doit sur-tout remarquer parmi les JONCS tous les joncs
proprement dits, auxquels les bestiaux ne touchent que lorsqu'ils sont pressés par la faim ; le jonc fleuri, ou butome om-
bellé, *butomus umbellatus,* qui leur répugne également ; le
plantain des marais, *alisma plantago,* qui n'est brouté que
par les chèvres, et qui occupe une place considérable; les el-
lébores vératres ou varaires, *veratra,* fréquens dans les endroits frais et ombragés, et qui sont tous très-âcres et dangereux, même étant secs; et le colchique d'automne, ou safran
des prés, voyeute et tue-chien, *veratrum autumnale* ; sa racine bulbeuse est un violent poison pour les chiens et les loups;
toutes ses parties ont une odeur nauséabonde qui rebute les
bestiaux comme les hommes ; ses feuilles infectent le foin , et
l'on doit s'attacher à le détruire de bonne heure en automne
lorsqu'il est en fleurs , en enlevant la bulbe avec une pioche,
une bêche, ou tout autre instrument équivalent. On assure
qu'il attire les taupes, qui se nourrissent de ses bulbes; c'est
encore un nouveau motif bien puissant pour l'extirper , et un
moyen pour détruire aussi ces animaux nuisibles en le faisant
servir d'appât.

Dans la famille des CYPÉROÏDES, qui abondent dans les endroits marécageux, et dont les tiges dures et les feuilles coriaces sont rarement mangées par les bestiaux auxquels ces
plantes fournissent d'ailleurs un aliment de mauvaise qualité ,
on doit sur-tout distinguer,

Les LAICHES ou *carets, carices,* très-nombreuses , dont la
plupart des espèces infestent les lieux aquatiques, et qu'on doit
considérer toutes comme de mauvaises herbes qui gâtent les
prés, les pâturages et le foin qu'on en retire, à cause de la
dureté de leurs tiges et de leurs feuilles qui, dans quelques
espèces, sont si accrochantes qu'elles font l'effet d'une scie sur
la langue des animaux qu'elles ensanglantent souvent.

Les SCHOINS, *schœni,* dont les bestiaux ne se soucient guère,
si l'on en excepte le blanc, qui est peu élevé, *schœnus albus,*
mais dont une espèce, le schoin maritime, *schœnus mucro-
natus,* qui croît sur les plages maritimes des contrées méri-

dionales, est très-propre à fixer les sables mobiles et à former des digues élevées très-solides, par la faculté qu'elle a de résister fortement aux flots et aux vents, lorsqu'elle est bien enracinée, et de percer très-facilement le sable amoncelé qui la recouvre.

Les ÉRIOPHORES, *eriophora*, appelées linaigrettes ou lin des marais, à cause de l'espèce d'aigrette formée de poils très-longs qui environnent les semences, poils qu'on a cherché à utiliser comme celui de lapin, et qui, avalés par les bestiaux qui mangent ces plantes, peuvent donner naissance à des égagropiles ou gobbes dangereuses, dont on attribue souvent, dans les campagnes, la cause à la malveillance.

Le NARD SERRÉ, ou à épis courts, *nardus stricta;* ses feuilles linéaires, géminées et rudes, ainsi que ses tiges, s'élèvent peu, et résistent souvent au coup de la faux dont elles détruisent promptement le fil, ce qui rend très-incommode pour les faucheurs cette petite plante qu'ils appellent *poil-de-loup.*

Les SCIRPES, *scirpi*, dont plusieurs espèces sont mangées par les bestiaux, mais qui occupent la place des meilleures plantes, ainsi que les SOUCHETS, *cyperi*, qui sont dans le même cas.

Dans diverses autres familles, on remarque,

Toutes les PATIENCES, qui fournissent un très-mauvais fourrage et un mauvais pâturage, excepté l'OSEILLE COMMUNE, *rumex acetosa*, qui se rencontre dans les endroits les plus humides, et qui, à cause de son acidité, fournit aux animaux qui la recherchent un bon correctif de l'excès d'humidité, et aux bêtes à laine qui en sont très-avides dans la saison pluvieuse, ainsi que la PETITE OSEILLE, *rumex acetosella*, comme nous l'avons souvent remarqué, un excellent préservatif contre la pourriture. On ne peut détruire efficacement les patiences qu'en arrachant entièrement, ou au moins en piochant profondément leurs racines.

Toutes les plantes du genre GALLIUM (GALIET OU CAILLE-LAIT), qui fournissent un pâturage médiocre à la vérité, mais qui font un très-mauvais foin, et qui se fanant très-difficilement, gâtent souvent le bon. Celui des MARAIS, *gallium palustre*, qui se multiplie prodigieusement, s'il n'est arraché de bonne heure, est sur-tout très-nuisible sous ce rapport; mais on n'a point reconnu qu'aucune espèce fît cailler le lait, comme leur dénomination semblerait l'indiquer.

La PÉDICULAIRE DES MARAIS, *pedicularis palustris*, qu'on regarde comme très-nuisible aux bêtes à laine, sans doute parce qu'elle croît dans des pâturages qui ne lui conviennent pas; la CINÉRAIRE DES MARAIS, *cineraria palustris*, qui est aussi nuisible. Elle répugne à tous les bestiaux, excepté à la chèvre.

Toutes les PRÊLES, ou queues-de-cheval (*equiseta*), qui fournissent un médiocre pâturage et un très-mauvais fourrage, et qui ont de plus l'inconvénient de se multiplier prodigieusement par leurs nombreuses et vigoureuses racines traçantes, qui ne redoutent que la sécheresse.

Tous les TITHYMALES ÉPURGES, ÉSULES, OU EUPHORBES, *euphorbiæ*, sur-tout l'EUPHORBE DES MARAIS, *euphorbia palustris*, qui, dans les prairies marécageuses, forme quelquefois des touffes considérables de tiges, grosses, dures et très-élevées, qu'on ne peut détruire efficacement qu'en piochant profondément les racines et en les exposant à la sécheresse. Toutes les plantes de cette famille nombreuse renferment un suc laiteux très-âcre, caustique et purgatif drastique, et sont plus ou moins dangereuses pour les hommes et pour les animaux.

L'HIÈBLE, *sambucus ebulus*, qui se multiplie considérablement par ses vigoureuses racines traçantes dans les terrains frais et de bonne qualité, que la multiplication de cette vigoureuse plante indique d'une manière assez sûre, et dont l'odeur nauséabonde des feuilles, ainsi que celle des baies qu'on substitue quelquefois à celles du sureau et du phytolacca décandre pour donner plus d'intensité à la couleur du vin rouge, répugne aux bestiaux et infecte le foin.

Le SENEÇON DES MARAIS, *senecio paludosus*, qui a aussi l'inconvénient de tracer, et de fournir un très-mauvais foin.

Le STACHIS DES MARAIS, ou épi fleuri, *stachis palustris*, et la SCROPHULAIRE AQUATIQUE, *scrophularia aquatica*, qui réunissent les mêmes inconvéniens.

La CUSCUTE, ou teigne, *cuscuta europæa*, plante parasite qui étouffe promptement les plantes auxquelles elle s'attache, et particulièrement parmi les légumineuses, les luzernes, les vesces, les gesses, les trèfles, etc. *Voyez* LUZERNE.

La MORELLE DOUCE-AMÈRE, *salonum dulcamara*, qui, dans les endroits humides, étend promptement ses tiges rampantes ou grimpantes, qui donnent une mauvaise odeur au foin.

La GERMANDRÉE AQUATIQUE, *teucrium scordium*, que la faim seule porte les vaches à manger dans les marais, et qui fait contracter au lait une saveur et une odeur d'ail désagréables, ainsi que l'ALLIAIRE, *erysimum alliara*.

Les MENTHES, et sur-tout celle *des champs*, *mentha arvensis*, qui nuit à la coagulation du lait des vaches, lorsque, faute d'autres herbes, elles en mangent beaucoup.

Le LYCOPE DES MARAIS, *lycopus europæus*, ou EUPATOIRE DE MESNÉ, ou MARRUBE AQUATIQUE, qui répugne aux bestiaux.

Les sisymbres, et sur-tout l'aquatique, *sisymbrium amphibium*, qui nuit au fanage et fait un très-mauvais foin.

La corneille ou lysimachié commune, *lysimachia vulgaris*, et la lysimachie nummulaire, ou herbe aux écus, *lysimachia nummularia*, qui réunissent les mêmes inconvéniens, et qui passent en outre, ainsi que plusieurs autres plantes, pour donner la pourriture aux bêtes à laine, sans doute parce qu'elles sont communes dans les prairies aquatiques, dont le pâturage est très-propre à communiquer cette maladie.

La grassette commune, *pinguicula vulgaris*, qui jouit des mêmes inconvéniens et de la même réputation.

Les inules, et sur-tout l'inule ou aunée aquatique, *inula britannica*, et l'inule dysentérique ou conize des prés, *inula dysenterica*, qui occupent inutilement beaucoup de place.

Les potentilles, et sur-tout l'ansérine ou argentine, *potentilla anserina*, et la rampante ou quintefeuille, *potentilla reptans*, dont les tiges et les racines rampantes rendent très-envahissantes ces plantes basses, aussi peu utiles que communes dans les prairies aquatiques.

La consoude officinale ou grande consoude, *symphitum officinale*, qui, couvrant de grands espaces, nuit beaucoup à la prospérité des plantes utiles et à la qualité des foins.

L'achillée sternutatoire, ou herbe a éternuer, ainsi appelée parce que ses feuilles déterminent l'éternuement, *achillea ptarmica*, qui se multiplie quelquefois dans les prairies humides au point de les rendre presque nulles pour le produit en bon foin ou en pâturage réellement utile, et l'achillée visqueuse, *achillea ageratrum*, qui a le même inconvénient dans celles du midi.

Les fougères, sur-tout la commune, *pteris aquilina*, qui envahit promptement une grande étendue de terrain dans les prés frais et ombragés, et qui fournit un foin grossier et de mauvaise qualité.

Les aristoloches, qui répugnent aux bestiaux, et particulièrement la clématite, *aristolochia clematitis*, dont la racine trace très-loin.

Les tussilages, et sur-tout le tussilage commun, ou pas-d'ane, *tussilago farfara*, qui se propage aussi très-rapidement dans les prairies dont le sol est compacte, argileux et humide, et qui les détruit promptement, ainsi que le tussilage pétasite, ou herbe aux teigneux, *tussilago petalises*, à l'égard duquel M. Dumont de Courset, après nous avoir dit, dans ses *Mémoires sur l'agriculture du Boulonnais et des cantons maritimes voisins*, « qu'il serait à désirer que l'on purgeât les prairies naturelles hautes et basses des herbes nuisibles, et de celles dont les bestiaux ne se soucient pas, parce qu'elles enlèvent les sucs et prennent la place des bonnes, qui, n'étant plus mélangées, seraient d'un rapport plus grand et plus sûr, et donneraient une nourriture saine, avec laquelle les bestiaux profiteraient davantage et ne seraient point exposés aux maladies; après avoir observé avec beaucoup de raison que la plupart de ces plantes, très-vigoureuses, font d'autant plus de tort dans les prairies, qu'elles enlèvent pour elles seules à la terre dix fois plus de substance qu'il n'en faudrait pour la végation et l'accroissement des bonnes, M. Dumont ajoute : » Je connais un pré flotté où les pétasites se sont tellement multipliés, qu'ils couvrent actuellement une grande partie de la prairie par leurs feuilles prodigieuses et leurs drageons enracinés, que le propriétaire n'a pas le courage de détruire. Les fermiers, continue-t-il, s'embarrassent peu de la qualité des herbes qui croissent dans leurs prés, ils ne regardent que la quantité de bottes, et ne les estiment qu'en conséquence de ce rapport; ils ne veulent pas voir que dans les herbes qui composent ces bottes les bestiaux n'en mangent tout au plus que les deux tiers, et que le reste est foulé à leurs pieds. Ce n'est pas que souvent ils ne laissent rien, et les paysans concluent de là que leurs foins sont bons; mais c'est que chez la plupart, la quantité en est si épargnée, que les pauvres animaux sont obligés de s'en nourrir faute de meilleurs, et pressés par la faim. Ces prairies, quelles qu'elles puissent être, sont d'une grande ressource pour l'indolence naturelle de presque tous les gens de campagne; elles ne demandent, selon eux, aucun soin, et leur rapport est, dans certains cantons, assez considérable. Je ne veux pas leur ravir ces précieux avantages, mais je voudrais qu'ils prissent quelques peines et quelques soins pour les rendre plus profitables, qu'ils arrachassent les mauvaises herbes vivaces qu'ils connaissent, qu'ils coupassent les plantes annuelles inutiles avant la maturité de leurs graines, pour les empêcher de se semer, et qu'ils eussent l'attention de les remplacer par de bonnes. »

Indépendamment des moyens particuliers de détruire les plantes nuisibles aux prairies, en les coupant entre deux terres, ou en les arrachant, ce qui vaut toujours mieux, et en les brûlant sur le lieu même qu'elles couvrent, il en est de généraux, propres à détruire ou à diminuer au moins considérablement le nombre de la plupart de celles que nous venons d'indiquer. Ils consistent soit dans le desséchement, lorsqu'il est possible, au moyen duquel on détruit toutes les plantes qui exigent beaucoup d'humidité pour prospérer, soit dans les amendemens et les engrais alcalins et dessiccatifs, tels que la chaux, la craie, la marne, le plâtre, les cendres, la suie, et tous les

engrais calcaires qui produisent souvent des effets équivalens,
en privant toutes les plantes aquatiques de l'eau qui leur est
indispensable, et en activant la végétation des autres, qui se
trouvent aussi délivrées par ces moyens de la surabondance
d'humidité qui leur était préjudiciable, soit enfin dans le parcage, qui, outre la nature dessiccative de l'engrais qu'il fournit, sert encore à opérer la destruction de la fougère et de plusieurs autres plantes nuisibles.

Il existe aussi, à notre connaissance, quelques exemples de
la destruction de plantes marécageuses et de la bruyère, même
de l'assainissement des prairies, par l'emploi réitéré d'irrigations avec de l'eau courante au printemps; et en fauchant ou
en faisant pâturer de bonne heure les prairies et les pâturages
aquatiques, nous en avons vu encore plusieurs fois disparaître
les plantes les moins propres à la nourriture des bestiaux.

Parmi les plantes les plus nuisibles, qui se trouvent dans les
prairies moins humides que celles dont nous venons de parler,
ou dans les pâturages secs et élevés, on doit sur-tout remarquer et chercher à détruire :

Toutes les MOUSSES, sur-tout les HYPNES, *hypna :* on y
parvient par l'emploi des amendemens et des engrais ci-
dessus indiqués, et par des hersages croisés, légers, et faits
en temps sec ;

Toutes les espèces d'AIL, qui donnent au laitage une saveur
et une odeur désagréables, et qu'on ne parvient à détruire efficacement qu'en enlevant les bulbes;

Les ORTIES, et sur-tout la DIOÏQUE, OU GRANDE ORTIE, *ur-
tica dioica*, dont on a cru devoir conseiller la culture, comme
plante filamenteuse, et comme nourriture des vaches; mais
elle est bien inférieure au chanvre sous le premier rapport, et,
sous le second, elle l'est également à beaucoup d'autres plantes
moins voraces, moins incommodes et moins traçantes; les
vaches ne mangent d'ailleurs volontiers que ses jeunes pousses
fanées et amorties, qu'on donne souvent hachées aux dindon-
neaux, et dont le principal mérite est de pousser de bonne
heure le long des murs que cette plante affecte plus particulièrement. Il est difficile de la détruire, à cause de ses fortes
et nombreuses racines traçantes qu'il faut extirper entièrement,
et qui fournissent du reste une teinture jaune.

Dans la famille des LABIÉES, on doit sur-tout détruire, indépendamment du STACHIS, de la GERMANDRÉE, du LYCOPE
et des MENTHES que nous avons indiqués dans les prairies
basses et humides, toutes les SAUGES dont l'odeur aromatique
exaltée déplaît à la plupart des bestiaux, et sur-tout la
SAUGE OFFICINALE, *salvia officinalis;* la SAUVAGE, *salvia silvestris;* celle des PRÉS, *salvia pratensis*, qui occupe beaucoup

d'espace aux dépens des meilleures plantes, et fournit un foin grossier; et la SCLARÉE ORVALE, OU TOUTE-BONNE, *salvia sclarea*, qui occupe plus de place encore par ses feuilles très-larges qui détruisent la plupart des plantes voisines, et qui ne fournit pas un meilleur foin; la CHATAIRE, *nepeta cataria*, qui répugne à presque tous les bestiaux, ainsi que la BÉTOINE, *betonica officinalis;* la BALLOTTE FÉTIDE, OU MARRUBE NOIR, *ballota nigra*, et le MARRUBE COMMUN, *marrubium vulgare*, qui ne plaît à aucun; le LIERRE TERRESTRE, *glecoma heredacea*, qui trace et s'étend considérablement dans les endroits ombragés; l'AGRIPAUME VULGAIRE, *leonurus cardiaca*, qui s'élève fort haut et devient très-nuisible; le CLINOPODE COMMUN, OU BASILIC SAUVAGE, *clinopodium vulgare;* l'ORIGAN COMMUN, *origanum vulgare*, qui ne sont broutés qu'étant fort jeunes; et le CALAMENT *melissa calamintha*, qui répugne aux bestiaux, ainsi que l'herbe imprégnée de son odeur.

Dans la famille des SOLANÉES, indépendamment de la MORELLE DOUCE-AMÈRE que nous avons indiquée dans les prairies humides, on doit sur-tout détruire le COQUERET ALKEKENGE, *physalis alkekengi* commun sur les sols argileux, et désagréable aux bestiaux; les MOLÈNES, *verbasca*, OU BOUILLONS BLANC, NOIR, etc., qui occupent des espaces considérables, et auxquels les bestiaux ne touchent pas; les JUSQUIAMES, *hyoscyami*, et la STRAMOINE COMMUNE, OU POMME ÉPINEUSE, *datura stramonium*, qui répugnent également à tous les bestiaux pour lesquels elles sont des poisons, ainsi que pour l'homme, de même que la MANDRAGORE, *atropa mandragora*, et la BELLADONE, *atropa belladona*, qui sont très-dangereuses, la dernière sur-tout, dont l'odeur seule devient souvent nuisible dans la chaleur, et dont les fruits, qui ont une ressemblance trompeuse avec les cerises, donnent la mort aux personnes qu'ils séduisent, lorsqu'elles ne sont pas secourues à temps par des vomissemens provoqués, de copieuses boissons acidulées et des lavemens émolliens.

Dans d'autres familles, les principales plantes nuisibles sont, le CÉRAISTE RAMPANT, OU OREILLE-DE-SOURIS, *cerastium repens*, petite plante que les bestiaux broutent, à la vérité, mais qui, par ses racines traçantes et très-envahissantes, détruit ou affame des plantes plus utiles, et devient d'une destruction très-facile dans les champs où les prairies sont alternées avec d'autres récoltes; l'ORPIN OU SÉDON BRULANT, OU VERMICULAIRE BRULANTE, *sedum acre*, et l'ORPIN SEXANGULAIRE, *sedum sexangulare*, un peu moins caustique, qu'on trouve souvent ensemble dans les prairies et pâturages les plus arides, où ils se multiplient prodigieusement, même par leurs feuilles qui forment autant de boutures naturelles, qui sont rebutées de tous les bestiaux, si l'on excepte la chèvre, et qui gâtent le foin.

La SPARGELLE, OU GENET HERBACÉ, *genista sagittalis*, que les bestiaux ne broutent jamais, et qui détruit les plantes qui l'environnent.

Les CARDÈRES SAUVAGES, *dipsaci*, inutiles aux bestiaux, très-nuisibles aux prairies et pâturages par leurs nombreuses semences, et qu'il faut bien distinguer de la CARDÈRE OU CHARDON A FOULON, *dipsacus fullonum*, espèce dont les paillettes du réceptacle sont raides et courbées en dessous à leur extrémité, ce qui la rend très-utile au cardage, tandis que celles des autres sont faibles, droites et inutiles pour cet objet.

La GLOBULAIRE COMMUNE, *globularia vulgaris*, qui se trouve sur les pâturages élevés, et dont l'amertume déplaît aux bestiaux.

La CYNOGLOSSE, *cynoglossum officinale*, et la VIPÉRINE COMMUNE, *echium vulgare*, qui répugnent aux bestiaux, et qui sont très-nuisibles dans les prairies artificielles, la dernière sur-tout, qui se multiplie prodigieusement.

Toutes les LINAIRES, et sur-tout la PLUS COMMUNE, *linaria vulgaris*, plante très-traçante, et à laquelle les bestiaux ne touchent pas plus qu'aux autres.

Parmi les MALVACÉES, toutes les MAUVES, *malvæ*, GUIMAUVES, *altheæ*, et ALCÉES, *alceæ*, auxquelles les bestiaux ne touchent que lorsqu'ils sont pressés par la faim, plantes qui s'étendent beaucoup et en remplacent de meilleures.

Enfin, la COCRÈTE GLABRE, OU CRÊTE-DE-COQ, OU POU DES PRÉS, *rhinanthus crista galli*, que les bestiaux mangent étant verte, mais qu'ils refusent étant sèche ; elle gâte beaucoup le foin, et il est très-facile de la détruire en la faisant brouter ou faucher avant la maturité complète de sa graine, comme toutes les plantes annuelles, moins communes ou moins nuisibles, dont nous n'avons pas cru devoir parler, non plus que de celles qui sont indifférentes dans les prairies ou pâturages, soit par la faible quantité de fourrage, soit par sa médiocre qualité ; leur existence est peu nuisible ; il est d'ailleurs facile de les reconnaître lorsqu'on s'est familiarisé avec les meilleures comme avec les plus nuisibles, et de les détruire si on le juge convenable.

Les annales de la médecine humaine, et celles de la médecine vétérinaire, renferment un grand nombre d'exemples des effets pernicieux produits par la plupart des plantes nuisibles que nous avons cru devoir signaler, sur-tout dans les prairies basses et humides. Le docteur Targioni Tozzetti reconnut que l'empoisonnement de dix-huit personnes était dû à un fromage fait avec le lait de vaches qui avaient pâturé dans des prairies abondantes en renoncule scélérate, aconit, ciguë, colchique, tithymales, et autres plantes dangereuses ; et un très-grand nombre d'accidens dont les bestiaux sont les victimes, et dont le cultivateur cherche inutilement bien loin la cause, qu'il attribue trop souvent à la malveillance, aux maléfices, aux sortiléges, etc., n'en ont pas d'autre que les plantes qui infestent ses prairies et ses pâturages.

Il n'est pas moins essentiel à la prospérité des prairies et des pâturages de détruire tous les arbrisseaux, arbustes et drageons ou surgeons d'arbres environnans, qui non-seulement occupent souvent des espaces considérables presque en pure perte, mais qui ajoutent encore à cet inconvénient majeur ceux non moins graves de nuire à la végétation de l'herbe par leurs racines et par leur ombrage, d'arracher la laine des moutons par leurs aspérités ou par leurs épines, et de nuire essentiellement à l'exploitation, en formant des éminences qui s'opposent au fauchage, au hersage, au roulage, au charroi, etc. Il en est quelques-uns, tels que les aunes, qui nuisent beaucoup à la qualité de l'herbe et à l'assainissement des prairies.

Des fossés de ceinture, des élagages convenables à l'emploi de la pioche et de la cognée, sont les meilleurs moyens de prévenir ces inconvéniens, ou d'y remédier quand ils existent.

Lorsque le mal a fait des progrès trop rapides par l'incurie du propriétaire, et lorsque les moyens de destruction, généraux et particuliers, que nous avons cru devoir indiquer, sont ou trop lents ou trop pénibles, et sur-tout trop dispendieux pour triompher des plantes nuisibles et déjà trop multipliées, le remède ne peut plus exister que dans la conversion des prairies ou pâturages en terre labourable ; et c'est ce dont nous nous occuperons particulièrement après avoir examiné tous les points essentiels de leur administration. Nous dirons ici que nous publierons incessamment un ouvrage *ex professo*, couronné depuis plusieurs années, *sur la destruction des plantes les plus nuisibles aux récoltes*, et dont nous n'avons différé jusqu'à présent l'impression que parce que nous désirions l'enrichir du résultat de nos nouvelles recherches et d'un grand nombre d'expériences.

§ 2. *De l'épierrement.* Si le nettoiement des prairies, à l'aide de sarclages rigoureux, les débarrasse des plantes nuisibles ou inutiles, l'épierrement procure les moyens de tirer tout l'avantage possible de celles qui sont plus utiles, en rendant le fauchage et le pâturage plus faciles et plus commodes.

Cette opération est donc de rigueur ; elle doit être faite aussitôt et aussi exactement que les circonstances le permettent, et les pierres, réunies d'abord en tas rapprochés, pour accélérer la besogne, doivent être transportées hors du champ, sans délai, pour servir à garnir les canaux de desséchement, s'ils sont nécessaires, et, dans tous les cas, pour rehausser et affermir les chemins d'exploitation, sur lesquels elles seront aussi utiles qu'elles étaient nuisibles dans les prairies.

Il n'est pas moins avantageux de répandre également partout, à l'époque de l'interdiction des pâturages, et même avant, les excrémens déposés en tas par les bestiaux, et qui deviennent toujours, en cet état, plus nuisibles qu'utiles, en servant de retraite aux insectes, et en détruisant l'herbe par l'interception de l'air, comme aussi d'enlever tous les bois morts et les feuilles provenant des clôtures environnantes, qui deviennent toujours très-nuisibles en se mêlant au foin, et nous rappellerons, à cet égard, l'usage observé dans quelques cantons, et qui devrait l'être par-tout, de balayer soigneusement les prairies couvertes de feuilles mortes.

Cet usage se pratique plus particulièrement dans le département de la Haute-Vienne, où la culture des prairies est portée à un grand degré de perfection. Les cultivateurs ont soin, non-seulement de tenir bien unie la superficie des prés, mais encore d'enlever tout corps étranger qui pourrait nuire à la crue des plantes, ou détériorer les fourrages, et à la fin de l'hiver, lorsque les premières pousses commencent à paraître, ils balaient avec un soin tout particulier les feuilles des arbres que le vent a portées sur les prairies.

§ 3. *De l'affermissement du sol.* L'affermissement du sol est, dans tous les cas, une opération fort utile, lorsqu'elle est bien faite et en temps convenable, sur-tout sur les jeunes prairies, d'abord pour fixer convenablement en terre les racines que la sécheresse, la gelée, les averses, et plusieurs autres accidens peuvent déchausser ou endommager d'une manière quelconque, et ensuite pour faire taller et épaissir l'herbe, en la fixant contre terre, en la forçant à s'étendre latéralement, et en concentrant l'humidité qui lui est nécessaire.

Un rouleau court, parfaitement cylindrique et pesant, est l'instant le plus convenable pour cette opération, qu'il faut d'abord commencer en travers, et qu'on peut ensuite réitérer en long, suivant l'exigence des cas. Une herse mise sur le dos, ou un simple châssis formant un carré long, connu sous le nom de *ploutre,* est encore d'une grande utilité pour rabattre la terre ramenée à la surface par les vers, et chausser l'herbe, et l'un ou l'autre de ces deux instrumens peut être substitué au rouleau dans les prairies et pâturages dont le sol est argileux et humide.

L'automne et le printemps sont les saisons les plus convenables pour pratiquer ces utiles opérations, aux époques où la terre n'est ni trop sèche ni trop humide.

On emploie aussi quelquefois les bestiaux pour produire le même effet; mais, d'abord, il est moins uniforme et régulier, et ensuite, lorsque la terre est meuble et les plantes peu enracinées, ils les arrachent souvent, au lieu de les affermir en terre, et il vaut mieux généralement leur interdire l'entrée de de la prairie, sur-tout aux bêtes à laine, la première année de son établissement, lorsque les graminées à racines traçantes et superficielles y dominent. Dans tous les cas, on doit surtout éviter d'y introduire les bestiaux par un temps humide, parce qu'ils y font alors beaucoup de tort, en gâchant la terre, en la corroyant par leur piétinement, en la défonçant et en y pratiquant des excavations qui retiennent long-temps l'eau, et rendent souvent marécageuses les prairies et les pâturages, inconvéniens toujours difficiles à réparer.

§ 4. *De la destruction des animaux nuisibles.* Si la nature tend sans cesse à multiplier, avec un soin égal, les diverses espèces d'animaux et de végétaux répandues sur la surface du globe, en ne faisant acception ni exception d'aucune, et en faisant servir constamment les unes à l'entretien et à la prospérité des autres, l'homme a dû nécessairement les distinguer en espèces utiles ou nuisibles, relativement à ses besoins, et le cultivateur doit sans cesse s'occuper de la destruction des dernières, afin de tirer tout le parti possible des premières.

Parmi les animaux les plus nuisibles aux prairies, nous distinguons particulièrement la taupe, la fourmi, le hanneton, la courtilière et le criquet.

LA TAUPE, dont les ravages sont très-connus, et qui les exerce sur-tout dans les terres les plus meubles et les plus fertiles, en traçant à couvert ses galeries souterraines, et en détruisant ou endommageant fortement un très-grand nombre de racines qu'elle ronge ou soulève, fait périr beaucoup de plantes utiles et cause ainsi des lacunes considérables dans les prairies, sur-tout dans celles de nouvelle formation. Par l'étendue et l'élévation de ses monticules ou taupinières, elle détruit encore une quantité d'herbe assez considérable, et nuit singulièrement au fauchage, en rendant la surface du sol trèsraboteuse et inégale; quelquefois même, on la voit occasionner des inondations, en perforant des digues voisines des rivières, des étangs et autres pièces d'eau.

C'est sur-tout au printemps, au lever et au coucher du soleil, et quelquefois aussi à neuf heures du matin, à midi et à trois heures, mais rarement dans les intervalles, qu'on voit la taupe remuer et soulever la terre, et préparer le réduit souterrain où elle dépose sa progéniture, et qu'on reconnaît ordinairement au rapprochement de plusieurs grosses taupinières.

En profitant de ces données pour la saison et les heures les plus convenables à sa destruction, en évitant de faire du bruit et des mouvemens trop sensibles sur la terre, ce qui avertirait la taupe qui a l'ouïe très-délicate, on se munit d'une espèce de houe ou bêche de forme ovale et pointue ; on cherche les taupinières les plus fraîches et non percées à leur sommet, ce qui annoncerait l'émigration de la taupe en un endroit plus commode ; en se plaçant sous le vent, on ne tarde pas ordinairement à la voir remuer et on peut aisément la prendre en fouillant précipitamment à l'endroit soulevé, avec l'instrument dont on est armé. En foulant les taupinières et principalement les conduits superficiels apparens, qui communiquent de l'un à l'autre, on la voit aussi chercher bientôt à les rétablir et on peut encore la prendre de la même manière. On emploie quelquefois des chiens dressés pour la déterrer. Enfin on peut aussi tendre des piéges à ressort ou tout autre dans le passage des conduits, ou y placer des appâts destructeurs, tels que des noix bouillies dans une lessive fortement alcaline, de la racine d'ellébore ou de ciguë, ou tout autre poison recouvert de farine ; mais nous observons que les fumigations de soufre et de tabac, qui ont été recommandées, sont peu praticables et très-peu efficaces. On peut encore, lorsqu'il est facile de se procurer de l'eau, faire sortir la taupe en en versant dans ses souterrains, comme on peut prendre les jeunes en fouillant les fortes taupinières sous lesquelles elles se trouvent ordinairement déposées.

Lorsqu'on n'a pu prévenir le mal, il faut au moins tâcher de le réparer. Il est essentiel de répandre également sur les prairies, en automne et au printemps, toutes les taupinières fraîches qui auront été formées. Au lieu de détruire l'herbe, elles lui donneront une nouvelle vigueur, au moyen de cette précaution, en la couvrant légèrement d'une terre très-ameublie, et on convertira ainsi le mal en bien.

Cette opération peut se faire à l'aide de plusieurs instrumens, mais celui qui nous paraît le plus simple et le plus expéditif pour cet objet, est une espèce de herse traînée par des chevaux, dont on se sert avec beaucoup de succès dans les environs de Provins, et dont M. de Perthuis nous a donné la description et la figure sous le nom de herse à étaupiner, *Pl. II*, tom. 12, p. 360.

LA FOURMI est quelquefois aussi nuisible que la taupe dans les prairies et les pâturages plus secs qu'humides, en élevant également des espèces de monticules qui nuisent beaucoup au fauchage, et en donnant en outre à l'herbe, qu'elle détruit souvent par ses fréquentes allées et venues, une odeur et une saveur qui répugnent aux bestiaux, sans doute à cause de l'acide particulier connu sous le nom d'acide formique dont elle l'imprègne.

Nous ne recommanderons pas ici, pour détruire cet insecte nuisible, une foule de moyens proposés, tels que l'eau bouillante versée sur la fourmilière, ainsi que l'eau froide imprégnée de substances âcres, amères ou caustiques, comme le tabac, la suie, l'hièble, la chaux, etc.; l'huile qui détruit tous les insectes en obstruant les organes de leur respiration; les fumigations sulfureuses et autres moyens de ce genre peu praticables en grand et par conséquent inadmissibles dans les prairies.

Nous nous bornerons à l'indication de quelques moyens expéditifs dont nous avons éprouvé l'efficacité. Un feu de paille, de feuilles, ou de menus branchages, entretenu pendant quelque temps, par un temps sec et chaud, dessus la fourmilière, est très-efficace. Le remuement de la fourmilière en tous temps, mais sur-tout à l'entrée de l'hiver, avec un instrument qui ramène le fond en dessus, après avoir pelé le gazon, qu'on replace ensuite, produit également un très-bon effet. L'addition d'un lait de chaux à ces deux moyens, ou son emploi seul sur la fourmilière, lorsqu'il est praticable, est encore d'une grande efficacité : d'abondans engrais et les irrigations produisent aussi les meilleurs effets sous ce rapport.

Il n'est pas moins essentiel de répandre également et de bonne heure les fourmilières comme les taupinières, et l'instrument que nous avons indiqué pour ces dernières convient également pour la prompte et économique dispersion des premières.

De fréquens roulages, en temps convenable, sont encore des moyens que nous avons reconnus très-efficaces pour dégager promptement et économiquement une prairie des fourmis en détruisant les fourmilières, et le parcage produit aussi le même effet.

LE HANNETON est un des insectes les plus nuisibles aux prairies.

Les dégâts de cet insecte sur les arbres sont plus connus que les moyens de les détruire, qui se bornent à-peu-près à le ramasser, après l'avoir fait tomber par des secousses réitérées, et à le donner à la volaille qui en est avide, ou à l'enfouir profondément et avec précaution. Les dégâts de sa larve, désignée fréquemment sous les dénominations de *ver blanc*, *man*, *turc*, *bardoire*, etc., ne le sont pas moins, principalement dans les prairies, où elle étend ses ravages comme dans les jardins et les champs, en rongeant les racines et en faisant périr les

27*

plantes. On la détruit dans les champs par des labours profonds, faits par un temps sec et chaud, qui la ramènent à la surface du sol, où l'action du soleil la tue promptement, comme nous l'avons souvent remarqué, et où elle se trouve en outre exposée à la voracité des nombreux oiseaux qui s'en nourrissent.

On la détruit aussi dans les jardins par le même moyen, ou en semant des plantes à racines tendres telles que les diverses espèces de laitue et de chicorée qui l'attirent, et facilitent sa destruction ; mais elle est plus difficile à détruire dans les prairies, où elle fait quelquefois des ravages considérables, quoique les fourmis, les courtilières et d'autres animaux lui fassent la guerre. Elle y séjourne environ quatre ans avant de se développer en insecte parfait ; le seul moyen praticable, d'après notre expérience, après les irrigations réitérées qui sont encore ici très-efficaces, consiste à cerner promptement, par une petite tranchée assez profonde, les endroits attaqués, lorsqu'ils sont peu étendus ; on les reconnaît aisément à la teinte jaunâtre de l'herbe. Lorsque les ravages sont trop étendus pour pouvoir employer avec succès ce moyen partiel, et que la submersion de la prairie n'est pas praticable, il faut de toute nécessité avoir recours aux labours, en temps convenable, pour la défricher, et ne la rétablir qu'après avoir pratiqué un assolement d'assez longue durée pour pouvoir le faire sans danger. C'est ce dont nous nous occuperons à la fin de cet article.

LA COURTILIÈRE, ou taupe-grillon, fait en petit dans les prairies ce que la taupe y fait en grand. Elle établit beaucoup de galeries souterraines, et en traçant elle coupe toutes les racines qu'elle rencontre, et fait périr un grand nombre de plantes. Elle vit à la vérité d'autres insectes plus ou moins nuisibles, ce qui diminue le tort qu'elle fait au cultivateur, mais ne le compense pas. Cet insecte se multiplie prodigieusement, et c'est ordinairement au printemps qu'il fait sa ponte. On reconnaît alors son nid à une petite butte de terre trèsmeuble. On met l'ouverture de la galerie à découvert, en écartant cette terre, et on y verse de l'eau, dans laquelle on a mis assez d'huile commune pour former dessus une couche légère : peu de temps après l'animal paraît et meurt ayant ses trachées bouchées par l'huile qui surnage. On peut ainsi en détruire beaucoup en peu de temps, et Cretté de Palluel nous assure avoir employé ce moyen avec succès dans ses prairies.

On trouve souvent la courtilière dessous les tas de fumier et sur-tout dessous les bouses de vaches qui attirent un grand nombre d'autres insectes qu'elle cherche à détruire, et on peut aisément l'y prendre. L'immersion de la prairie est encore un moyen très-efficace pour sa destruction.

LE CRIQUET, appelé quelquefois improprement *grillon* ou *sauterelle*, n'exerce ordinairement ses ravages que dans les prairies sèches, dans les climats chauds ou au moins tempérés, et au milieu de l'été. Quelquefois à cette époque il se multiplie si prodigieusement que l'herbe en est couverte, et qu'il y fait beaucoup de tort. Nous avons vu des prairies qui en étaient entièrement ravagées, et nous ne connaissons de remède à ce mal que dans le fauchage qu'il devient essentiel de ne pas différer lorsqu'on s'aperçoit de la multiplication de cet insecte; car il détruit beaucoup d'herbe en peu de temps et souille le reste, lorsque des pluies abondantes n'arrêtent point ses ravages. L'immersion de la prairie, lorsqu'elle est praticable immédiatement après l'enlèvement de la récolte, est encore ici un grand moyen de destruction.

Nous devons encore ajouter à ces animaux nuisibles aux prairies les canards et les oies qui ne le sont pas moins, et qu'on doit en bannir très-rigoureusement.

§ 5. *De l'amendement et de l'engraissement des prairies.* Nous distinguons pour les prairies, comme pour les terres labourables, les amendemens des engrais, quoique cette distinction n'ait pas toujours été faite par les agronomes.

Nous entendons par amendement toute substance ou toute opération qui, par un effet purement mécanique, change ou modifie avantageusement, d'une manière sensible et durable, la manière d'être d'un champ, en le rendant plus meuble, ou plus compacte, ou plus sec, ou plus humide, ou plus chaud, ou plus froid, etc.

Nous appelons engrais toute substance qui, par elle-même, ou par sa décomposition, ou par le résultat de sa combinaison avec d'autres, fournit ou procure quelque principe utile à l'entretien des végétaux.

L'on voit par là que tous les engrais n'agissent pas comme amendemens; mais plusieurs substances agissent tout-à-la-fois comme amendemens et comme engrais, ce qui a sans doute porté à les confondre généralement.

Quoique les terres cultivables, converties en prairies avec les précautions que nous avons indiquées, aient en général beaucoup moins besoin d'amendemens et d'engrais lorsqu'elles sont traitées convenablement, que lorsqu'elles sont soumises à toute autre culture, cependant c'est une grande erreur de croire qu'elles peuvent et doivent toujours s'en passer.

Sans doute, si la prairie a été établie avec toutes les précautions convenables, elle n'aura pas rigoureusement besoin d'engrais les premières années; mais lorsqu'on peut lui en procurer, après un certain laps de temps, et sur-tout lorsqu'on s'aperçoit que ses produits commencent à diminuer, c'est sans contredit un des meilleurs moyens de l'entretenir, de la rajeunir et d'en améliorer l'herbe, et il ne faut jamais attendre son entier dépérissement pour lui en donner, car il vaut toujours mieux prévenir le mal que d'être obligé de le réparer.

L'aridité du sol de la prairie établie, lorsqu'elle se manifeste par la faiblesse de ses produits, peut aussi quelquefois être corrigée par un amendement convenable, tel qu'une couche de marne argileuse, ou de toute autre terre qui se trouve à proximité, et qui, par sa nature compacte, peut donner au sol plus de consistance, et l'aider à retenir plus long-temps l'humidité. Lorsqu'il pèche, au contraire, par excès d'humidité, l'emploi d'une marne calcaire, de craie friable, de chaux, de sable calcaire, et de toute terre absorbante et dessiccative, corrige efficacement ce défaut essentiel, et fait changer la nature de l'herbe par le desséchement et l'élévation du sol, qui, en favorisant la végétation des plantes les plus utiles, nuisent à toutes celles qui exigent beaucoup d'humidité pour prospérer, et les font insensiblement disparaître. Une couche légère de sable pur a plusieurs fois produit un effet équivalent sur les prairies argileuses, et amélioré le fonds puissamment ; et Rozier nous atteste que « dans beaucoup d'endroits, sur les bords de la Charente, on corrige les prairies marécageuses, en y transportant des gravas, des pierrailles, qu'on recouvre ensuite de quelques pouces de terre. »

Les engrais les plus convenables aux prairies sont ceux qui se trouvent naturellement ou artificiellement réduits à un état de division très-avancé, tels que le terreau, les balayures, le limon, la vase, la terre des fossés ; l'eau des mares, et toutes celles propres aux irrigations ; la terre tourbeuse et végétale quelconque ; les résidus des brasseries et distilleries ; les râpures d'os de cornes et tous les engrais terreux, huileux et mucilagineux, qui conviennent plus particulièrement aux prairies et pâturages secs et élevés ; la suie, les cendres végétales et sulfureuses ; le plâtre ; le résidu des aluneries, savonneries, boucheries et sucreries ; le sel, la poudrette, l'urate, la tangue ou sable de mer qu'on trouve à l'embouchure des rivières ; enfin les ouïes et les intestins de harengs et autres poissons, connus sous le nom de *caquures,* que nous avons vus employés avec tant de succès sur les prairies qui avoisinent les côtes septentrionales de la France. Ces derniers engrais, ainsi que le parcage des bêtes à laine, l'urine, la colombine, et tous ceux qui sont fortement alcalins, sont particulièrement applicables aux prairies basses et humides, dont ils améliorent beaucoup la nature de l'herbe, et ils produisent toujours d'excellens effets.

L'automne nous a paru être en général la saison la plus convenable pour l'application des amendemens et des engrais aux prairies, parce que, d'abord, les pluies ordinaires de cette saison et de l'hiver les dissolvent promptement, et les font entrer en terre, ce qui prévient leur évaporation ; et qu'ensuite, se trouvant entièrement dissous lorsque la végétation recommence au printemps, non-seulement ils agissent en totalité, mais ils ne communiquent pas de saveur désagréable à l'herbe, et aucun de leurs débris ne peut se mêler au fourrage, ce qui est très-important.

Cependant la crainte de voir, dans certaines circonstances, les engrais ou les amendemens lavés par des pluies abondantes, et entraînés hors du champ, sur-tout dans les prairies en pente, peut faire retarder cette opération jusqu'à l'approche du printemps. Leur action sur la végétation en sera plus immédiate, s'ils sont très-divisés et s'il survient des pluies suffisantes après ; car la sécheresse du printemps rend souvent plus nuisibles qu'utiles les engrais appliqués après l'hiver, sur-tout sur les terres naturellement arides, comme nous avons eu fréquemment occasion de le remarquer.

Dans tous les cas, il ne faut laisser sur la prairie aucune portion d'engrais non consommés, lorsque le printemps vient ranimer la végétation que l'hiver avait ralentie.

Quelle que soit l'époque à laquelle on charrie les amendemens et les engrais sur les prairies et les pâturages, il est essentiel que la terre ne soit pas trop humide, et que les charrières soient changées le plus possible, afin d'éviter des enfoncemens toujours très-préjudiciables.

Nous croyons ne devoir rien prescrire sur les quantités, qui doivent toujours être relatives à l'état de la terre, à la nature de l'engrais, et sur-tout à l'abondance des ressources et à la facilité des charrois. On doit, en général, bien moins craindre de pécher par excès que par défaut, même avec les engrais les plus riches, toutes les fois qu'ils sont convenablement administrés et distribués, ce qui est bien différent lorsqu'on a la production du grain en vue.

Les amendemens et les engrais doivent toujours être déposés par petits tas rapprochés, aussi égaux que possible en volume et en distance, et distribués ensuite uniformément sur toute la surface, et sans perdre de temps, afin de prévenir leur évaporation, ainsi que la destruction de l'herbe dessous les tas.

Lorsque les prés engraissés sont arrosables, il convient d'augmenter la quantité d'engrais à l'endroit où l'irrigation commence, parce que l'écoulement de l'eau, quelque lent qu'il soit, entraîne toujours l'engrais le plus délié vers les parties les plus basses du champ.

§ 6. *De l'enclosure.* L'enclosure, ou entourage, est l'opération par laquelle, en isolant un champ de ce qui l'avoisine, on le soustrait aux incursions des hommes et des animaux.

Cette opération, trop négligée, est une des plus importantes en économie rurale, et particulièrement pour les prairies et les pâturages.

Les droits si sacrés et si attrayans de la propriété ne s'exercent réellement dans toute leur plénitude que sur les terrains convenablement enclos et inaccessibles, par ce moyen, aux hommes et aux animaux qui n'ont pas le droit d'y pénétrer.

Une vérité, qui n'en est pas moins incontestable pour être trop méconnue, c'est que, par l'enclosure seule, on augmente considérablement le revenu d'un champ, et cette augmentation, souvent du quart et même du tiers, s'élève quelquefois à la moitié.

Parmi les nombreux avantages résultant des enclos, on remarque plus particulièrement ceux-ci.

Ils suppriment les chemins et les sentiers qui ne sont point indispensables, et qui, se trouvant tracés souvent diagonalement à travers les champs pour abréger le trajet, occasionnent des dégâts inévitables, ordinairement considérables.

Ils favorisent essentiellement la santé et l'engraissement des bestiaux, en leur évitant les contrariétés qu'ils éprouvent toujours dans les champs ouverts qui leur sont souvent si préjudiciables. Ils facilitent leur dépaissance dans les pâtures, dans lesquelles on peut alors les enfermer en nombre proportionné à la qualité et à la quantité de nourriture qui s'y trouve.

En supprimant le parcours et la vaine pâture, ils font cesser les nombreux inconvéniens de la compascuité, aussi nuisible aux végétaux qu'elle détruit, qu'aux animaux qu'elle affame.

Par l'avantage inappréciable qu'ils procurent de ne faire brouter l'herbe que dans les circonstances les plus favorables, et de lui laisser le temps nécessaire pour qu'elle repousse suffisamment avant d'être broutée de nouveau, ils économisent beaucoup la nourriture.

Il a été reconnu par des engraisseurs de bestiaux qu'un champ de 25 hectares, divisé en cinq parties closes, était égal pour la nourriture à un champ de 30 hectares de même nature, non clos (1).

L'étendue des clôtures doit toujours être subordonnée aux

---

(1) Nous avons eu occasion de vérifier dans le département du Calvados ce fait, qui nous avait été attesté dans le comté de Leicester, en Angleterre.

localités, aux besoins, à la culture, et à la qualité de la terre. En général elles doivent être d'autant plus rapprochées que les champs sont plus élevés, froids, arides, sans abris, et exposés aux vents, et d'autant plus écartées qu'ils sont plus humides, resserrés, et boisés naturellement.

De tous les moyens d'enclore les prairies et les pâturages, aucun n'est préférable à l'emploi des haies vives, formées d'arbres, arbrisseaux, ou arbustes convenables au sol, au climat et aux expositions.

Nous ne pouvons entrer ici dans les nombreux détails des principes qui doivent présider à leur établissement et à leur entretien, et qui font la matière d'un travail étendu et particulier que nous préparons sur cet important objet. Nous nous bornerons à observer que lorsque ces haies sont solidement établies et soigneusement entretenues, indépendamment de l'abri salutaire qu'elles procurent aux bestiaux contre la violence des vents impétueux qu'elles modèrent, et contre l'intempérie des saisons; de la douce chaleur et de la bienfaisante humidité qu'elles entretiennent sur le sol; de l'obstacle très-utile qu'elles opposent aux ravins que la rapidité de la descente de l'eau forme sur les terres en pente qu'elle sillonne; et indépendamment des limites solides qu'elles peuvent encore fixer invariablement; leur produit en bois surpasse de beaucoup, pour la quantité et spécialement pour la qualité, celui qu'on obtiendrait d'un taillis ordinaire, de même essence, qui occuperait le même espace, parce qu'il jouit davantage des bénignes influences de l'air, de la lumière et de toutes les circonstances favorables à la végétation. Ce produit surpasse très-souvent celui des autres végétaux qu'on pourrait cultiver à leur place, et leurs débris annuels ajoutent encore à tant de bienfaits celui de fournir d'amples matériaux pour la formation de la terre végétale.

Des arbres à bois ou à fruits, placés autour de ces clôtures, et dans l'enceinte même des prairies ou des pâturages, comme cette excellente pratique s'observe dans un grand nombre de nos départemens, et plus particulièrement dans ceux du nord, de l'ouest et du centre, peuvent aussi procurer de nouvelles ressources bien précieuses, sans nuire beaucoup au produit principal; ils le favorisent même, lorsqu'ils sont sagement distribués. Ils procurent encore, dans les fortes chaleurs, un ombrage bien avantageux à l'herbe et aux bestiaux, et offrent à ceux-ci une paisible retraite en tous temps, ainsi que de nouveaux moyens de subsistance.

Nous avons indiqué un assez grand nombre d'arbres, arbrisseaux et arbustes qui pouvaient être cultivés particulièrement pour la nourriture des bestiaux; et nos vœux, à l'égard de plusieurs de ces végétaux, se trouvent déjà réalisés en quelques endroits. M. Cambon, un des cultivateurs les plus zélés du département de la Gironde, nous a informés « qu'il a obtenu du robinier inerme, sur un terrain aride, des produits quadruples de ceux de la luzerne, et qu'un cheval, qui mangeait journellement 20 livres de foin, se trouva suffisamment sustenté avec 6 à 7 livres des pousses de cet arbre, qu'il dévora, en refusant toute autre nourriture qui lui fut offerte. » M. de Père nous a communiqué un excellent *Essai sur la culture des vignes arbustives dans les pays méridionaux, à l'usage des bestiaux,* dans lequel il démontre que la vigne peut être très-utilement associée aux arbres, dans les prairies et les pâturages, et y fournir, comme il le dit, *une nouvelle prairie aérienne,* dont les produits sont aussi agréables qu'abondans.

On sait d'ailleurs que l'ajonc, employé quelquefois aux clôtures des prairies, fournit par ses jeunes pousses, dans plusieurs de nos départemens, une nourriture aussi saine qu'elle est agréable aux bestiaux.

§ 7. *Du desséchement et de l'irrigation.* Ces deux opérations importantes pour les prairies sont souvent intimement liées entre elles, parce que la première peut fournir, dans plusieurs circonstances, des moyens faciles et économiques de pratiquer la seconde.

Par l'opération du desséchement, on facilite l'écoulement des eaux surabondantes; par celle de l'irrigation on utilise ces mêmes eaux; et si l'eau, quand elle est surabondante, est un des plus grands ennemis pour la plupart des végétaux, elle est un des principaux agens de la végétation lorsqu'elle se trouve réduite à des proportions convenables.

L'opération du desséchement, quoique souvent dispendieuse et quelquefois même difficile, est généralement, lorsqu'elle est praticable, car elle ne l'est pas toujours, une des plus profitables auxquelles le cultivateur puisse se livrer, parce que les prairies qu'elle assainit et améliore, comme les terres qu'elle rend à la culture, sont ordinairement d'une excellente qualité, et par conséquent d'une grande valeur, quand elles sont convenablement traitées.

Elle est ordinairement assez facile, lorsque le terrain à dessécher et une partie des terres environnantes ont une pente suffisante pour l'écoulement des eaux; mais elle devient plus difficile lorsque la surface du champ est sur un plan presque horizontal et sans inclinaison sensible, ou entourée d'éminences qui interceptent le cours des eaux, ou de niveau avec le lit des rivières voisines, ou, ce qui a lieu quelquefois, au-dessous même de ce niveau.

Dans ces divers cas, lorsque les fossés couverts sont impraticables ou insuffisans, il est souvent avantageux de faire la part aux eaux, en creusant leur lit pour exhausser les parties environnantes et en l'entourant de plantations utiles qui réunissent le triple avantage d'employer, d'assainir et d'ombrager les dépôts d'eau stagnante, qui, de nuisibles qu'ils étaient auparavant, peuvent ainsi devenir très-utiles sous plusieurs rapports.

Ces plantations contribuent aussi très-puissamment aux desséchemens par leurs détritus annuels, par l'entrelacement de leurs racines, et sur-tout par l'abondance de l'eau qu'elles absorbent; car l'expérience a prouvé qu'un aune, un saule, un peuplier, ou tout autre arbre aquatique absorbait en vingt-quatre heures, à dix ans, près de 3 kilogrammes d'eau, lorsqu'il était en pleine végétation, et qu'il rendait à l'atmosphère toute celle qu'il ne s'appropriait pas par la voie de l'assimilation.

Il est essentiel d'augmenter le plus possible la profondeur et de diminuer d'autant l'étendue superficielle de l'eau; on la rend par ce moyen beaucoup moins nuisible; car toute eau stagnante est d'autant plus insalubre qu'elle a moins de profondeur, et il est toujours très-avantageux de resserrer et d'encaisser, autant que les circonstances le permettent, celle qu'on est forcé de conserver, parce que les desséchemens partiels et incomplets sont des foyers très-actifs des maladies les plus meurtrières.

Par-tout l'irrigation des prairies faite convenablement, en augmente considérablement le revenu, en améliore puissamment le fonds, et en accélère singulièrement la végétation; mais ses bons effets sont sur-tout sensibles sur celles dont le sol est aride ou situé sous un climat méridional; et dans ces circonstances l'eau devient réellement un excellent amendement.

On ne doit donc négliger nulle part de tirer parti de toutes les eaux disponibles pour cet objet, et l'on doit plus particulièrement encore chercher à les utiliser dans les deux cas précités, en les retenant, les détournant et les dirigeant judicieusement, d'après les localités et la pente du sol.

Mais elles ne sont pas toutes également bonnes pour cet objet, et plusieurs même sont nuisibles à la végétation, telles que celles qui sont thermales ou glaciales, séléniteuses, ferrugineuses ou vitrioliques, sableuses, pierreuses ou graveleuses, et celles qui ont traversé des bois étendus.

Les meilleures sont les plus douces, les plus potables, qui dissolvent le mieux le savon, qui ont traversé des terrains fertiles, sur-tout en automne, et qui ont la température de l'atmosphère.

On peut corriger celles qui n'ont pas ces qualités, en leur faisant prendre la température convenable, dans des réservoirs ouverts en forme d'étangs, et en leur faisant déposer les substances nuisibles qu'elles tiennent en suspension; ainsi on le peut encore par l'addition d'engrais et d'amendemens appropriés à la nature du terrain.

Lorsque les eaux tiennent naturellement ou artificiellement en suspension des molécules terreuses convenables au sol de la prairie, elles peuvent l'améliorer non-seulement en y déposant des substances fertilisantes, mais encore en l'exhaussant, s'il est bas et marécageux; et ce moyen économique a été employé avec succès pour niveler les terrains soumis à des irrigations régulières, en dirigeant vers les bas-fonds ces eaux limoneuses qui les exhaussent en y déposant les substances terreuses qu'elles charrient Ce moyen, qu'on appelle desséchement par *accoulis*, a été employé avec beaucoup de succès par M. de Perthuis, auteur d'un excellent traité très-détaillé sur les irrigations, et nous l'avons vu employer avec un égal succès, dans plusieurs parties de l'Italie, sous le nom de *colmate* ou *comblées*.

L'été, ainsi que la fin du printemps et le commencement de l'automne, sont généralement les époques les plus favorables aux irrigations, principalement pour la production des regains; cependant elles ont lieu quelquefois en hiver, afin de soustraire les plantes des prairies, sur-tout les plus humides à l'action du gel et du dégel, par l'interposition de l'eau qui les recouvre; mais cette pratique n'est pas sans inconvénient: le trop long séjour de l'eau à cette époque peut nuire à la qualité de l'herbe, en favorisant le développement des plantes marécageuses, au détriment des autres, et sa retraite intempestive peut aussi donner plus de prise au mal qu'on cherche à éviter. Les irrigations qui ont lieu au printemps, lorsque la végétation commence, sont encore favorables dans un grand nombre de cas.

En général, les irrigations doivent avoir lieu avant que l'herbe ait commencé à s'élever, et elles deviennent souvent nuisibles après cette époque, lorsque l'eau charrie des molécules terreuses qui rouillent l'herbe et la vasent.

On a distingué les irrigations en irrigations par inondation ou submersion, et en irrigations par infiltration.

Les premières, particulièrement convenables aux prairies, consistent à couvrir l'herbe d'une eau amenée du dehors, qu'on fait ensuite écouler; et les secondes, applicables sur-tout aux marais desséchés, consistent à refouler l'eau retenue dans des canaux couverts ou découverts, de manière à procurer aux plantes une humidité suffisante pendant les fortes chaleurs, et à prévenir ainsi les crevasses auxquelles les terrains tourbeux et argileux sont sujets pendant l'été.

Les canaux découverts ont sur ceux qui sont couverts plusieurs avantages qui doivent généralement les faire préférer, et dont un des principaux est d'exposer les eaux aux influences atmosphériques qui les améliorent; ils sont sur-tout d'une confection et d'un entretien beaucoup plus faciles. On peut d'ailleurs souvent les utiliser en plantant leurs bords d'arbres ou arbrisseaux analogues aux terrains.

Les principaux travaux nécessaires pour pratiquer les irrigations par inondation ou submersion, qui sont les plus ordinaires, consistent dans les opérations propres 1°. à retenir à la partie la plus élevée du champ les eaux dérivées d'un cours d'eau quelconque; 2°. à les distribuer également sur toute la prairie; et 3°. à leur procurer un écoulement suffisant et commode après avoir produit l'effet qu'on en attendait.

On retient souvent l'eau à la partie supérieure, dans une espèce de réservoir formé par un barrage solide, et on peut l'y préparer et l'améliorer si elle en a besoin. On la fait couler ensuite, par un ou plusieurs déversoirs commodes, dans un canal de dérivation, ordinairement creusé au-dessous pour la recevoir dans toute l'étendue supérieure du champ. La pente de ce canal doit être suffisante pour le remplir aisément sans raviner le terrain, et ses dimensions doivent être relatives au volume d'eau qu'il a à recevoir. Ses bords doivent être en talus d'autant moins rapide que le sol a moins de consistance, et les terres qui en proviennent doivent former une berge du côté de la partie arrosable, en observant un franc-bord pour pouvoir le relargir au besoin.

On pratique ordinairement dans ce canal des vannes d'irrigation ou barrages, destinés à élever le niveau de l'eau pour la forcer à se répandre par des ouvertures pratiquées dans la berge, à l'effet de se rendre ensuite dans les rigoles principales d'irrigation.

On distribue l'eau également sur toute la prairie, au moyen des rigoles principales d'irrigation, correspondantes aux vannes établies sur le canal de dérivation, ainsi que par des rigoles secondaires et des saignées obliques qui en sont les embranchemens; mais ces rigoles et saignées ne sont pas toujours indispensables, et le canal de dérivation y supplée lorsque la pente est ou trop rapide ou trop faible.

Enfin on fait écouler par des fossés de desséchement ou de décharge aboutissant au lit naturel du cours d'eau que l'on a détourné, l'eau qui a servi à l'irrigation, lorsqu'elle est accumulée dans les bas-fonds de la prairie, et qui, si elle y restait stagnante, en rendrait le sol marécageux. On établit ces fossés dans la plus grande pente du terrain, en ayant la précaution, pour éviter les ravins, de leur donner des dimensions relatives au volume d'eau à écouler.

L'irrigation des prairies contiguës à des ruisseaux ou rivières peut souvent se pratiquer aisément, en élevant l'eau à la partie supérieure par des vannes ou batardeaux, et en la restituant par un canal de décharge pratiqué à la partie inférieure.

Il est essentiel d'observer que le trop long séjour de l'eau d'irrigation sur les prairies, qui se manifeste à l'écume dont elle se couvre, laquelle indique un commencement de décomposition de l'herbe, peut devenir très-nuisible.

A défaut d'eau courante, suffisante pour pratiquer des irrigations, on peut quelquefois y suppléer par des eaux de pluie réunies par un ou plusieurs réservoirs, qui, indépendamment de leur utilité sous cet important rapport, ont encore l'avantage de prévenir les ravins, toujours si nuisibles par les dégradations qu'ils occasionnent; ou par la découverte de sources cachées, et par des puits artésiens formés par le taraudage du sol à la partie supérieure, lequel peut donner issue à des filets d'eau précieux que la nature compacte de la couche superficielle retenait dessous cette couche; par ce moyen ingénieux, on réunit souvent le double avantage de dessécher les terrains humides, et de se procurer en même temps un moyen facile d'y pratiquer d'utiles irrigations à volonté.

N. B. Nous évitons de parler ici de tous moyens mécaniques pour élever et distribuer l'eau, parce qu'ils ne se conçoivent aisément qu'en les voyant en action, et qu'il est toujours très-utile de les voir avant de chercher à les introduire sur son exploitation.

IV. *De l'emploi du produit des terres en herbages.*

En vain le cultivateur établirait et entretiendrait ses prairies et ses pâturages d'après les meilleurs principes, s'il n'apporte constamment la plus grande attention à utiliser leur produit de la manière la plus avantageuse, il manque le but essentiel auquel tout bon économe doit tendre, et il perd en grande partie le fruit de ses travaux et de ses avances.

Ce produit consiste essentiellement dans le pacage ou pâturage, qui rend inutile le fauchage; et dans la consommation du fourrage en vert, ou en sec, après avoir été fauché; ce qui établit trois manières différentes d'en tirer parti.

Chacune d'elles était applicable à diverses circonstances locales, il nous suffira d'exposer ici les avantages ou les inconvéniens qui peuvent y être attachés dans le plus grand nombre de cas, et chaque cultivateur devra faire choix, pour sa localité et le genre de bestiaux qu'il entretiendra plus particulièrement, de celle qui conviendra le mieux à ses intérêts sous ce rapport, ainsi que sous celui de la conservation et de l'amélioration des herbages; car aucune d'elles, selon nous, ne mérite, dans tous les cas, une préférence exclusive, quoiqu'elles aient été alternativement mises l'une au-dessus de l'autre; ce qui nous fournit une nouvelle preuve de l'inconvénient des propositions générales en agriculture, lorsqu'elles sont exclusives.

Nous allons donc considérer, 1°. la récolte faite par les bestiaux même, dans les herbages, ce qui constitue le pacage ou pâturage proprement dit; 2°. le fauchage en vert de cette récolte, pour être consommée immédiatement à l'étable; et 3°. son fauchage à l'époque de la maturité, pour être convertie en foin après avoir été fanée.

§ 1. *Du pacage ou pâturage.* Le pacage ou pâturage est ordinairement le seul moyen praticable de consommer les produits naturels ou artificiels qui croissent dans la plupart des positions élevées, souvent escarpées, inégales, raboteuses, et éloignées du centre du manoir, que nous avons reconnues peu convenables par leur situation, comme par la qualité et la disposition des terres, aux cultures céréales ordinaires qui exigent l'emploi des instrumens aratoires, toujours difficile, dispendieux, et souvent même très-nuisible dans ces ingrates positions, condamnées, par les inconvéniens qui résultent de leur défrichement, à un état d'herbage permanent, lorsqu'elles ne sont pas couvertes de plantations analogues à la nature du sol et au climat qui y règne. La difficulté et souvent même l'impossibilité du charroi de la récolte est d'ailleurs une raison très-déterminante pour qu'elle soit faite par les bêtes à laine ou par les chèvres, auxquelles ces herbages ordinairement très-secs, peu abondans, mais très-nourrissans, conviennent essentiellement.

Dans les prairies aquatiques, abondantes en plantes très-vigoureuses, nuisibles ou inutiles, nous avons reconnu qu'un des meilleurs moyens généraux de détruire ces plantes souvent pernicieuses consistait à faire pâturer de bonne heure ces prairies lorsque ce moyen était praticable. En faisant un choix convenable d'animaux analogues aux circonstances, ils broutent généralement la plupart de ces plantes sans inconvénient, lorsqu'elles sont jeunes encore, et elles se trouvent ordinairement remplacées par des graminées et des légumineuses qui fournissent un fourrage aussi sain qu'abondant, comme nous l'avons souvent remarqué. Notre expérience nous a convaincus que, dans ce cas assez commun, l'adoption du pâturage était, sans contredit, un des moyens les plus économiques, les plus expéditifs et les plus certains d'améliorer le fonds des prairies, d'abord par le desséchement qu'il y détermine en le découvrant et en l'exposant ainsi aux influences atmosphériques auxquelles une couche épaisse formée par une végétation luxuriante le soustrayait, et ensuite par la dissémination des déjections animales que les bestiaux y répandent en détruisant cette couche; deux circonstances que nous avons constamment reconnu être très-nuisibles à la prospérité de toutes les plantes marécageuses, et très-avantageuses à toutes celles qui ne le sont pas, et auxquelles l'engrais, joint au desséchement qu'il contribue encore puissamment à effectuer, devient aussi utile que l'excès d'humidité leur était défavorable.

Nous avons vu plusieurs fois, après l'emploi de ce moyen, les prairies marécageuses se couvrir spontanément de diverses espèces de trèfle, et sur-tout de trèfle rampant, *trifolium repens*, de lupuline, *medicago lupulina*, de lotier corniculé, *lotus corniculatus*, de vesce à bouquets, *vicia cracca*, et de graminées d'excellente qualité qu'on n'y remarquait pas auparavant; et nous ne saurions trop recommander un moyen dont nous avons souvent constaté l'efficacité.

Toutes les fois que les circonstances le permettent, les bêtes à laine sont à préférer pour cet objet, avec les précautions convenables, et sur-tout par un temps sec, soit à cause de la nature de leurs déjections, très-appropriées à l'effet qu'on désire opérer; soit à cause de la propriété qu'elles ont de raser l'herbe plus près de terre qu'aucun autre animal, ce qui convient dans ce cas, soit enfin parce que leur faible poids affaisse moins que celui de bestiaux plus pesans les prairies qu'il faut sur-tout craindre de battre ou de défoncer, ce qui les rendrait plus marécageuses encore.

Les chèvres qui réunissent à ces avantages celui de brouter impunément un assez grand nombre de plantes qui nuisent ou qui répugnent aux autres bestiaux, sont encore très-convenables pour cet objet : viennent ensuite les chevaux, dont la manière de pincer l'herbe et la nature des déjections n'ont pas ici l'inconvénient qu'on leur reproche avec raison dans les herbages qui ne sont pas marécageux; puis les bestiaux désignés sous la dénomination triviale de bêtes à cornes, qui sont les moins propres à cet usage, à cause de la nature beaucoup moins alcaline et dessiccative de leurs déjections, et sur-tout à cause de leur poids, lequel peut devenir, ainsi que celui des chevaux, très-nuisible dans les prairies qui pèchent essentiellement par excès d'humidité. Quant aux porcs, on doit les proscrire rigoureusement de toute espèce d'herbage qu'on désire conserver, parce que, cherchant sur-tout les racines tuberculeuses et les insectes cachés sous terre, ils font, pour les obtenir, des dégâts considérables, qu'on peut à la vérité prévenir ou diminuer, au moins en partie, par un moyen que nous indiquerons plus loin.

Dans un assez grand nombre de cas, la consommation sur pied des regains peu abondans, qui poussent après la coupe des foins, nous paraît encore généralement avantageuse et favorise même ordinairement la sortie de pousses nouvelles au printemps, sur-tout lorsque cette consommation a lieu aux approches de l'hiver, qui détruit souvent la majeure partie de cette herbe et la rend nuisible aux prairies, en la faisant pourrir, lorsqu'elle n'est pas consommée, comme nous l'avons aussi remarqué.

Nous observerons qu'ayant essayé, à deux reprises différentes, de conserver intact sur une de nos prairies, à base de graminées, un regain de cette nature, pour le faire consommer après l'hiver, d'après un usage que nous avions vu pratiquer et recommander en Angleterre, nous avons remarqué chaque fois que nos bestiaux n'appétaient pas cette nourriture ainsi hivernée, et que sa conservation avait été plus nuisible qu'utile à la prairie dans les années suivantes.

Hors les cas que nous venons d'exposer, avec quelques autres peut-être moins communs, et celui où l'on veut substituer aux herbages la culture des céréales, nous pensons qu'il y a généralement plus d'inconvéniens que d'avantages à faire pâturer les prairies, au lieu d'en faucher le produit, pour être consommé soit en vert, soit en sec, et nous croyons devoir transcrire ici, sur ce point, les réflexions de Gilbert, parfaitement conformes à nos constantes observations à l'égard des prairies à base de légumineuses, et qui sont, aussi, souvent applicables à celles à base de graminées ou de plantes de toute autre famille.

« Si l'usage constamment malheureux, dit-il, d'une pratique que le temps et l'habitude ont en quelque sorte consacrée, suffisait pour la faire proscrire, celle de faire paître les bestiaux dans les prairies artificielles le serait certainement depuis long-temps ; il n'en est point de plus nuisible, de plus désastreuse, tant pour les prairies que pour les animaux mêmes. C'est sur-tout dans les premières années que l'effet du pâturage est très-funeste ; mais il n'est pas une seule époque à laquelle il ne le soit beaucoup ; les pieds du cheval enfoncent le sol, y laissent des empreintes où l'eau séjourne et pourrit les plantes qui, au reste, ne peuvent plus être atteintes par la faux ; sa dent tranchante saisit les bourgeons qui commencent à sortir, et ronge jusqu'au collet de la racine, que son urine dessèche et brûle ; les pieds et sur-tout la dent du mouton produisent les mêmes effets. Les bœufs, pour être moins dangereux, ne laissent pas cependant que de faire beaucoup de tort.

» Je n'ai parlé, continue-t-il, que du tort que font les troupeaux aux prairies, mais celui que ces prairies font aux troupeaux ne mérite pas moins d'attention. Toutes les plantes vertes contiennent beaucoup d'air et d'humidité, lorsqu'elles sont entassées dans l'estomac ; la chaleur qu'elles y trouvent les fait entrer en fermentation, l'air s'en dégage avec explosion, et cause des maladies connues sous les noms de météorisation, de tympanite, de tranchées, de coliques venteuses ; cette funeste propriété, commune à toutes les plantes, celles des prairies artificielles la possèdent à un bien plus haut degré que toutes les autres, soit, comme on n'en peut douter, qu'elles contiennent plus d'air et d'humidité, soit parce qu'elles sont avalées avec trop d'avidité par les animaux, de manière que l'estomac, surchargé tout d'un coup par une masse considérable, ne peut plus agir sur elle : quelle que soit la cause de cet accident, il est trop vrai qu'il est très-commun, et que c'est un des principaux obstacles qui s'opposent à l'étendue de la culture des prairies artificielles. Il ne faut que la mort d'un bœuf ou d'une vache échappée dans une luzerne ou un trèfle, pour faire regarder ces plantes comme un poison funeste dans tout un canton. Je sais bien qu'on peut diminuer la fréquence de ces accidens, en faisant passer les bestiaux rapidement dans l'herbage, en attendant sur-tout, pour les y faire entrer, que le soleil ait abattu la rosée, qui augmente la disposition qu'ont ces plantes à fermenter ; mais je sais aussi que ces repas faits en courant contrarient le vœu de la nature, et l'expérience m'a malheureusement appris que, lorsque des accidens ne pouvaient être prévenus que par une surveillance continuelle de la part des domestiques, on était à-peu-près sûr qu'ils arriveraient.

» D'après tant de motifs pour exclure les bestiaux des prairies artificielles, on ne peut assez s'étonner que la dangereuse méthode de les y laisser paître ne soit pas encore proscrite, que dis-je, qu'elle soit conseillée par des auteurs de réputation. Si l'on s'obstine à abandonner ces prairies aux bestiaux, qu'on attende donc du moins leur troisième année, et comme c'est dans les premiers jours que cette pâture est sur-tout dangereuse pour les animaux, et que l'habitude en diminue jusqu'à un certain point les inconvéniens, qu'on fasse choix d'une suite de beaux jours pour en permettre l'entrée, et qu'on ait bien soin d'attendre que le soleil ait dissipé toute l'humidité ; autrement, je le répète, on court risque de tout perdre, prairies et bestiaux (1). »

On a, dans plusieurs départemens, une méthode de faire paître les trèfles et autres prairies qui a moins d'inconvénient que la méthode ordinaire; on n'abandonne à chaque vache dont la longe est attachée à un piquet enfoncé en terre, que la quantité de trèfle qu'on sait par l'expérience ne pouvoir lui causer d'indigestion; cette portion mangée, on laisse la vache ruminer, et on déplace le piquet, qu'on avance plus ou moins, selon que le trèfle est plus ou moins haut, plus ou moins épais. Lorsque les vaches sont arrivées à l'extrémité du champ, on les ramène à celle par laquelle on a commencé, qui en peu de temps a repoussé avec assez de vigueur pour pouvoir être consommée; la même prairie sert ainsi pendant tout l'été.

Cette méthode, quoique moins mauvaise que celle de laisser les animaux libres dans le champ, ne laisse pas que d'avoir ses inconvéniens; si lorsqu'on commence à faire paître, l'herbe est au point de maturité où elle doit être, elle est nécessairement trop avancée lorsque les bestiaux arrivent à l'extrémité du champ; d'ailleurs elle a ses dangers dans les temps humides; il faut ou renoncer à faire paître les bestiaux, ou courir les risques des indigestions. Le procédé le plus commode, le plus avantageux à tous égards, celui qui est adopté dans les pays où la culture des prairies artificielles est le plus étendue et l'éducation des animaux le mieux entendue, consiste à faucher la provision de chaque jour pour être consommée à couvert.

---

(1) « Lorsque, malgré les attentions que j'indique ici, la nourriture des herbes artificielles a produit des tranchées, des météorisations, il est des moyens d'y remédier ; voici ceux qui m'ont toujours paru les plus sûrs : l'immersion dans l'eau d'une rivière, d'un étang, d'une mare, les douches d'eau froide sur le dos, les reins, les flancs, l'accélération de la marche triomphent quelquefois de cet accident, sans autre secours ; mais trop souvent, aussi, ces moyens sont insuffisans. La société économique de Berne, qui a proposé un prix sur ce sujet intéressant, a obtenu des effets avantageux des cendres gravelées (une dissolution de toutes autres cendres fortement alcalines remplit le même objet). On a aussi célébré l'eau de goudron ; mais, de tous les remèdes administrés intérieurement, celui que j'ai trouvé le plus efficace, après l'éther, cependant, que son prix exclut, c'est une dissolution de sel de nitre (nitrate de potasse) dans l'eau-de-vie. Lorsque ce médicament n'agit pas assez promptement, que la panse continue de se ballonner, il n'y a pas un moment à perdre, il faut recourir à la ponction de cet estomac avec un trocart ou un instrument tranchant, quel qu'il soit. Un tube de roseau ou de sureau sert de canule. Si, ce qui est rare, l'expulsion de l'air qui s'échappe par cette ouverture ne soulage pas l'animal, il faut prolonger l'incision avec le bistouri, introduire le bras dans la panse et en retirer la masse d'aliment qui cause tout le mal : on fait ensuite quelques points de suture. Cette opération, qui est facile, n'a d'effrayant que l'apparence ; je ne l'ai jamais vu manquer. »

28 *

Avant de nous occuper particulièrement de cet objet, ajoutons à ces vérités quelques observations non moins importantes que nous a fournies notre pratique.

Le pâturage de la lupuline, du trèfle rampant, du trèfle incarnat, et particulièrement celui du sainfoin, nous ont toujours paru exempts du reproche si fondé qu'on peut faire à la plupart des plantes fourrageuses tirées de la famille des légumineuses, sous le rapport des météorisations; mais ce grave inconvénient et celui non moins dommageable de la détérioration des prairies, excepté dans les cas précités, ne sont pas les seuls qui résultent de l'exercice du pâturage. Nous avons souvent remarqué 1°. que toute herbe pâturée repoussait moins vite et moins bien que lorsqu'elle avait été fauchée à temps et convenablement, ce qui s'explique aisément par la différence de la coupe qui, dans le premier cas, est souvent hachée et inégale, tandis que, dans le second, elle est tranchée, nette et égale, et que le terrain reste d'ailleurs couvert d'une partie des feuilles radicales, ce qui contribue beaucoup à la sortie de nouvelles pousses; 2°. que l'inégalité du pâturage, résultant du piétinement et de l'effet produit par les déjections des bestiaux, qui les empêchent de brouter souvent pendant plusieurs années, non-seulement les parties sur lesquelles elles sont déposées, mais aussi toutes celles qui les environnent ou qui sont trépignées, occasionnent une perte assez considérable dans la consommation du fourrage; 3°. que l'engrais qui se trouve ainsi disséminé sur la prairie est en grande partie perdu pour la reproduction, sur-tout en été et sur les prairies sèches, parce qu'il est promptement évaporé ou dévoré par des myriades d'insectes, auxquels il sert de pâture et de retraite; 4°. enfin, que sur les prairies pâturées, et principalement sur celles qui sont plus sèches et plus élevées que basses et humides, le sol se trouve bien plus épuisé que sur celles qui ont été fauchées, ce dont nous nous sommes plusieurs fois convaincus par des expériences comparatives en grand, circonstance qui exerce une grande influence sur les assolemens, et que nous expliquerons tout-à-l'heure.

Malgré les inconvéniens attachés au pâturage dans un grand nombre de cas, plusieurs agronomes ont prétendu d'une manière générale qu'on épuisait la terre en fauchant les prairies plus qu'en faisant consommer leur produit sur pied, et qu'elles devaient être alternativement pâturées et fauchées.

Sans doute, si le fauchage se fait à contre-temps, comme cela n'arrive que trop souvent, c'est-à-dire lorsque la majeure partie des plantes est chargée ou même déjà dépouillée de graines mûres, la terre peut se trouver ainsi plus épuisée que par l'action du pâturage, et de plus, souillée d'un grand nombre de plantes nuisibles ou au moins inutiles. Mais si, comme cela doit toujours se faire, on saisit, pour commencer le fauchage, l'époque où la majeure et la meilleure partie des plantes entre en fleurs, alors la prairie fauchée devra nécessairement se trouver moins épuisée que celle qui aura été pâturée, et la différence sera d'autant plus possible, que la prairie sera naturellement plus sèche et plus élevée.

Afin de mettre cette vérité hors de doute à nos yeux, nous avons fait, à plusieurs reprises, des expériences comparatives sur cet objet important.

Nous avons divisé en deux parties des prairies qui avaient été jusqu'alors soumises au même traitement, sous tous les rapports, dans lesquelles la nature du sol, l'exposition et toutes les autres circonstances essentiellement influentes sur la végétation étaient aussi égales qu'il est possible, et que nous avions l'intention de défricher l'année suivante. Nous avons fait pâturer l'une, à diverses reprises, depuis le commencement du printemps jusqu'à l'époque du fauchage; et nous avons fait faucher l'autre, à laquelle les bestiaux n'avaient pas touché, à l'époque où la majeure partie des plantes entrait en fleurs. La totalité ayant ensuite été rigoureusement soumise au même traitement, défrichée et ensemencée en diverses natures de céréales et autres productions, nous avons constamment reconnu que la partie fauchée donnait des produits supérieurs à ceux de la partie pâturée. La différence, comme nous l'avons dit, était d'autant plus sensible que la prairie était naturellement plus sèche et le sol de qualité moins bonne; et c'est sur-tout sur nos sainfoins que cette différence était très-prononcée.

L'explication théorique de ce résultat nous paraît d'ailleurs assez facile. Les plantes, comme l'on sait, sont alimentées par la terre et par l'atmosphère, c'est-à-dire que leurs racines et leurs feuilles sont deux puissans moyens dont la nature les a pourvues pour puiser leur aliment dans ces deux grands réservoirs. Dans le premier cas, celui du pâturage, les soustractions réitérées des feuilles privent nécessairement les plantes pendant assez long-temps d'un de ces deux moyens essentiels à leur prospérité; et la terre qui fournit alors, elle seule, les produits d'une végétation itérativement interrompue, les racines étant le seul moyen restant de puiser l'aliment, doit nécessairement en être plus épuisée. Dans le second cas, celui du fauchage, l'atmosphère concourant toujours à l'entretien des plantes par l'organe des feuilles, la dernière doit aussi nécessairement se trouver d'autant moins épuisée, que la première aura contribué davantage à cet entretien. Mais à cette cause essentielle d'épuisement des prairies pâturées, il se joint ordinairement une seconde cause assez puissante de détérioration;

elle existe dans le piétinement, et sur-tout dans le dépouille-
ment du sol. D'une part, le resserrement de la terre ne permettant plus aux bénignes influences atmosphériques de la pénétrer et de l'améliorer, elle cesse d'être meuble et fertile,
comme on la trouve toujours sous une couche épaisse d'herbe,
et l'action des instrumens aratoires a d'ailleurs moins de prise
sur elle : de l'autre, l'exposition de sa surface à toute l'action
stérilisante du hâle, des chaleurs excessives et des averses,
occasionne encore une forte évaporation et par conséquent la
soustraction de principes utiles à la végétation.

Mais, dira-t-on, peut-être, les déjections animales déposées
sur la prairie durant l'exercice du pâturage peuvent établir
une compensation équivalant à la déperdition. Il faut se dé-
sabuser sur ce point. L'engrais, très-inégalement disséminé
d'abord, et ensuite presque entièrement évaporé ou entraîné
souvent hors de la prairie; et si l'on en excepte les prairies
marécageuses, où il produit ordinairement les bons effets que
nous avons signalés principalement lorsque le pâturage s'y
exerce de bonne heure, il est presque nul pour la reproduction; souvent même il devient nuisible, en détruisant l'herbe,
ou en la rendant désagréable aux bestiaux. Ainsi, tout concourt, comme l'on voit, à rendre spécialement les prairies
sèches, qui ont été soumises au pâturage, moins fertiles que
celles qui ont été convenablement fauchées.

D'après tout ce qui précède, nous nous croyons donc autorisés à conclure que, dans un très-grand nombre de cas,
l'action du pâturage est plus nuisible qu'utile aux prairies,
ainsi qu'aux bestiaux, qui, indépendamment des inconvéniens
précités, sont souvent fortement incommodés des divagations
auxquelles ils sont assujettis, et de leur exposition continuelle
à toutes les intempéries des saisons.

Cependant, comme il se trouve aussi un assez grand nombre
de cas où le pâturage est non-seulement utile, mais encore déterminé forcément par les circonstances locales, ou par d'autres
motifs aussi puissans, tels que la nécessité de l'exercice et
d'un air renouvelé, pour le parfait développement et la santé
des jeunes animaux particulièrement, et l'impossibilité de les
tenir toujours tous à couvert par diverses causes; le moyen de
le rendre ou plus avantageux, ou moins nuisible aux prairies
et aux bestiaux, consiste essentiellement à en régler convenablement l'exercice, et c'est ce que nous allons essayer de faire.

Les principales précautions à prendre relativement aux bestiaux qu'on soumet d'abord au pâturage, consistent, 1°. à
choisir une époque à laquelle le temps paraît au beau depuis
plusieurs jours, et l'herbe pas trop avancée en végétation; 2°. à
ce qu'ils ne soient jamais affamés lorsqu'ils entrent au pâtu-

rage; 3°. à ce que l'étendue à pâturer soit proportionnée à la quantité d'alimens qu'ils peuvent prendre sans s'incommoder; 4°. à ce qu'ils soient soustraits autant que possible aux fortes intempéries des saisons; et 5°. à ce que la qualité de l'herbe soit assortie à la nature des bestiaux. La nécessité de ces précautions est assez sensible pour n'avoir pas besoin de développement, surtout d'après ce que nous avons déjà exposé sur cet objet.

Celles qu'il est essentiel d'observer à l'égard des prairies; consistent, 1°. à ce qu'on y admette l'espèce de bestiaux analogue à la nature de l'herbage; 2°. à ce que l'exercice du pâturage ne soit point fait à contre-temps, ni trop long-temps prolongé; et 3°. à ce qu'il soit suspendu pendant les temps très-humides.

Ces principes exigent quelques développemens.

Il convient d'observer d'abord, que chaque espèce particulière de bestiaux exige, pour prospérer, une nature d'herbage différente, ainsi :

La bête à laine préfère à tous autres, les pâturages secs et élevés, dont l'herbe est plus remarquable par sa qualité que par sa quantité.

La chèvre est plus particulièrement appropriée aux coteaux escarpés, qu'elle seule peut souvent utiliser, et qu'elle dévaste plus souvent encore; elle broute avidement toutes les pousses d'arbres, d'arbrisseaux et arbustes, et nous avons déjà eu occasion de remarquer qu'elle se nourrit impunément d'un grand nombre de plantes malfaisantes ou désagréables aux autres bestiaux.

Le bœuf demande, pour prospérer, un herbage gras et abondant.

Le porc recherche les prairies marécageuses et fangeuses, sur lesquelles il aime à se vautrer, à cause de l'humidité dont il a essentiellement besoin, et il y recherche avidement les racines tuberculeuses et les insectes.

Le cheval est un animal de plaine, lequel préfère généralement les herbages qui tiennent le milieu entre ceux qui sont secs et élevés, et ceux qui sont bas et humides.

L'âne, originaire du midi, préfère les expositions abritées et méridionales à celles qui sont découvertes et septentrionales; mais il est peu délicat sur la nature de l'herbe.

Enfin, le buffle cherche particulièrement les herbages marécageux et aquatiques, qui lui fournissent, avec un pâturage humide et grossier, les moyens de se plonger dans l'eau qui est nécessaire à sa prospérité.

Nous remarquons ensuite que l'effet que produit sur les

herbages chaque espèce de ces bestiaux présente aussi des df-
férences.

La bête à laine tond l'herbe plus près de terre qu'aucune
autre, et elle la détruit souvent, soit en la broutant jusqu'au
collet, soit en l'arrachant sur les prairies sèches qu'elle parcourt en été. Nous avons eu souvent occasion de remarquer cet
effet, quoiqu'il ait été révoqué en doute par un de nos premiers
agronomes; et, quoiqu'il ait plus rarement lieu en Angleterre,
à cause de l'humidité du climat, qui y corrige souvent la sécheresse naturelle des pâturages médiocres, nous l'y avons cependant aussi remarqué plusieurs fois sur les dunes méridionales (*south downs*) de ce pays et ailleurs.

La chèvre, plus vagabonde, se fixe moins long-temps sur
un point; mais elle parcourt et ravage davantage les pâturages,
et particulièrement les clôtures que la bête à laine dévaste aussi
trop souvent.

Le cheval pince l'herbe moins près de terre que les bestiaux précédens, mais plus près que les suivans; et ses déjections, fortement alcalines et dessiccatives, ainsi que celles
de la bête à laine et de la chèvre, sont ordinairement plus
nuisibles qu'utiles aux pâturages, si l'on en excepte cependant
ceux qui péchent par excès d'humidité, comme nous l'avons
remarqué.

L'âne présente à-peu-près les mêmes avantages et les mêmes
inconvéniens que le cheval; cependant il est généralement
moins délicat sur sa nourriture, et se repaît volontiers de plusieurs plantes grossières que celui-ci refuse ordinairement.

Le bœuf est de tous nos bestiaux celui qui nuit le moins
aux herbages. Il fauche, pour ainsi dire, l'herbe à une certaine hauteur et l'endommage très-rarement; ses déjections,
très-humides et onctueuses, améliorent plutôt les pâturages
qu'elles ne leur nuisent, lorsqu'elles sont convenablement dis-
séminées; et quoique, par son poids, il soit très-propre à défoncer le sol qu'il foule par les temps humides, il a moins que
le cheval cet inconvénient, à cause de la bifurcation et de
l'évasement de ses pieds, qui présentent plus de surface et d'é-
cartement.

Le buffle réunit à-peu-près les mêmes avantages, et y ajoute
celui de s'accommoder beaucoup mieux des prairies aquatiques,
qui lui conviennent essentiellement, et des herbes marécageuses qu'il semble préférer.

Le porc est essentiellement dévastateur, et, par les fouilles
répétées qu'il pratique pour déterrer les racines et les insectes
qu'il recherche, il détruit souvent plus d'herbe qu'il n'en consomme, à moins qu'on ne lui passe dans le groin une espèce

d'anneau de fer qui l'empêche de fouiller sans éprouver une douleur qui le retient ordinairement.

Ces faits fournissent des renseignemens fort utiles pour l'exercice du pâturage.

Lorsqu'on est maître du choix, on doit reléguer la chèvre sur les pics et les rochers escarpés, qui sont, dans l'état de nature, son asile habituel; on doit sur-tout l'éloigner des plantations précieuses; mais on peut l'admettre la dernière dans tous les pâturages où elle trouvera encore à se rassasier d'un grand nombre de plantes rebutées par les bestiaux qui l'auront précédée.

Les pâturages les plus élevés et les plus arides conviennent essentiellement à la constitution de la bête à laine ainsi que les prairies les plus saines et les plus abondantes en herbes fines et savoureuses ; mais il faut, autant que possible, éviter qu'elle les épuise et les détruise, en y prolongeant trop long-temps son séjour, sur-tout en été. Il y a généralement de l'avantage à ne l'admettre dans les prairies qu'après le bœuf et le cheval, lorsqu'elles ont besoin d'être broutées très-ras, et elle peut être fort utile sous ce rapport dans les prairies humides dont on désire améliorer l'herbage en les desséchant ; mais, comme nous devons le répéter, il est essentiel de prendre toutes les précautions convenables, en ce cas, pour la santé des animaux, comme pour la conservation de l'herbe ; et on y pourvoira sur-tout en évitant les temps humides. La bête à laine, par son aptitude à tondre l'herbe très-près de terre, peut encore être employée fort utilement pour faire taller, dans les jeunes prairies, l'herbe clair-semée qui tend naturellement plus à s'élever qu'à s'étendre, lorsqu'on ne la force pas à prendre une autre direction ; et nous l'avons plusieurs fois fait servir avec succès à cet effet.

On doit, autant que possible, éviter pour le cheval les pâturages arides, comme ceux qui péchent par excès d'humidité. Il est aussi nuisib... nables; mais il peut quel... premiers qu'ils lui sont peu convela bête à laine, et par des mo..., améliorer les derniers, comme lement de l'avantage à l'admettre équivalens. Il y a générabœuf, et avant la bête à laine, parce qu... âturages après le entre les deux par la manière dont il pince l'... le milieu est très-essentiel d'éviter les temps humides, à cause ... il poids et de la forme de son sabot, qui entre très-aisément en terre lorsqu'elle est saturée d'eau, et y forme des trous dans lesquels la bonne herbe pourrit, se détruit, et se trouve remplacée par des plantes marécageuses. On remarque qu'il épuise et dessèche ordinairement les herbages les plus sains et les plus fertiles, tant par la nature de ses déjections que par la

manière dont il pince l'herbe près de terre : aussi ne l'y ad-
met-on généralement qu'avec beaucoup de réserve, lorsqu'ils
sont bien administrés, et on lui conserve plus particulièrement,
pour les mêmes raisons, ceux qui redoutent moins les effets
de la sécheresse et des engrais fortement alcalins et peu onctueux.

On doit sur-tout réserver pour les bœufs et les vaches les
herbages de la meilleure qualité, comme de la plus grande
fertilité ; et il existe les plus grands rapports de convenances
entre ces herbages et ces animaux, qui s'améliorent réciproquement. Les déjections de ceux-ci, très-humides et très-onc-
tueuses lorsqu'elles sont convenablement distribuées, conservent et augmentent même la fertilité de ceux-là, qui se perpétue par ce moyen, ainsi que par la manière dont ils pincent
et fauchent en quelque sorte l'herbe, sans l'arracher, ni la
couper trop bas; ce qui prévient le desséchement et l'épuisement du fonds. Il convient généralement de commencer l'exercice du pâturage par ces animaux, qui, pour cet objet, méritent la préférence sous tous les rapports.

Le choix à faire entre les bœufs et les vaches, ainsi qu'entre
les jeunes et les vieux animaux, relativement à la nature du
pâturage, doit être établi sur les convenances locales, et sur
le genre de spéculation que le cultivateur a en vue. Les principaux objets à considérer sur ce point sont, 1°. l'élève ou l'é-
ducation des jeunes animaux; 2°. l'engraissement de ceux qui
sont adultes, ou seulement leur entretien; 3°. la fabrication du
beurre ; et 4°. celle du fromage. On peut établir sur ces divers
objets quelques principes généraux.

Les herbages les plus nouveaux sont généralement les plus
appropriés à l'état des jeunes animaux, parce qu'ils les développent et les nourrissent plus qu'ils ne les engraissent. Les
herbages anciens, au contraire, dont l'herbe a plus de corps,
plus de soutien, dont les sucs, moins aqueux, sont plus élaborés et plus disposés à l'assimilation, conviennent essentiellement aux animaux adultes, parce qu'ils leur procurent
promptement l'embonpoint et la graisse dont ils ont besoin,
lorsqu'ils sont consacrés à la boucherie ; et on doit les éviter,
ou les dispenser au moins avec beaucoup de sobriété, aux animaux qu'on désire conserver pour le travail ou pour tout autre
objet, dans un état mitoyen entre la maigreur et l'obésité, qui
sont également à redouter.

Il est d'observation générale que les herbages les plus bas et
les plus humides sont moins propres à engraisser les bœufs
qu'à augmenter la quantité du lait des vaches, et on doit les
destiner préférablement à ce dernier objet, lorsque les circonstances le permettent.

Les herbages élevés, ouverts, et très-exposés à l'action des vents, conviennent moins aussi, pour la production du lait, comme pour l'engraissement, que ceux qui sont bas, clos et abrités.

On observe encore en plusieurs endroits, et nous l'avons observé nous-mêmes, que les herbages nouveaux, aqueux, marécageux, garnis d'herbes grossières, sont plus convenables ordinairement à la fabrication du fromage qu'à celle du beurre, qui à son tour est généralement plus abondant et de meilleure qualité sur les herbages anciens, sains et fertiles.

Enfin, on a observé également que le beurre se conserve plus long-temps, et qu'il est plus ferme et plus consistant, lorsqu'il provient du pâturage dans les herbages anciens naturellement fertiles et non engraissés, que lorsqu'il résulte d'herbages alternés avec les cultures céréales, qui ont exigé des engrais ou des amendemens, et sur-tout lorsque les derniers sont d'une nature calcaire, ce qui doit être pris en considération dans les assolemens.

On ne doit jamais admettre le porc dans les herbages de bonne qualité qu'on désire conserver; mais, lorsqu'on veut les détruire, il peut être employé utilement pour purger la terre de toutes les plantes à racines traçantes, charnues et tuberculeuses, qu'il détruit efficacement, ainsi que plusieurs insectes nuisibles qu'il déterre en fouillant. Les pâturages qui conviennent le mieux à sa constitution sont ceux qui sont marécageux; car il a le plus grand besoin de tempérer la chaleur et d'assouplir la rigidité de sa peau, en se vautrant dans les endroits frais et humides; et s'il paraît immonde, comme on le suppose assez généralement, c'est que l'eau dont il a besoin se trouve souvent souillée d'immondices qui sont réellement plus nuisibles qu'utiles à sa prospérité. On peut encore lui consacrer avec avantage les tréflières qu'on a l'intention de défricher ensuite; il y [prospère] beaucoup et s'y développe rapidement; mais, nous le répé[tons], l'eau et non la malpropreté est indispensable à sa santé; [...] mieux encore, de sources et [de] herbages garnis de mares, ou [...]aux, sont toujours à préférer pour cet animal.

Entrons maintenant dans quelques consi[dérations] générales sur l'administration des prairies consacrées au p[âturage].

Plusieurs objets importans à considérer se présentent relativement à cette pratique.

Convient-il d'associer dans les pâturages plusieurs espèces de bestiaux, ou d'y admettre isolément et alternativement chaque espèce particulière, ou enfin de les consacrer exclusivement à une seule espèce?

D'après les faits que nous avons exposés, et les principes

que nous en avons déduits précédemment, il n'y a point de doute que, pour tirer le plus grand parti possible des herbages, il n'y ait de l'avantage, dans un grand nombre de cas, à admettre plusieurs espèces différentes de bestiaux sur les mêmes pâturages, chacune d'elles ayant une manière différente de raser l'herbe, et l'une pouvant d'ailleurs profiter de ce qui ne convient point à d'autres; mais nous ne pensons pas qu'il puisse être généralement avantageux d'y admettre tout-à-la-fois plusieurs espèces, parce que nous avons remarqué que toutes recherchaient d'abord les parties les plus délicates de l'herbage pour lesquelles elles paraissent avoir toutes une égale prédilection, quoique toutes ne présentent pas ordinairement le même degré d'intérêt au propriétaire, qui doit souvent préférer une espèce de bestiaux à une autre, relativement à l'objet principal de sa spéculation, à l'avantage plus ou moins grand qu'il en retire, ou qu'il en espère, et à d'autres circonstances.

Il faut ajouter à ce motif très-déterminant pour admettre successivement chaque espèce dans l'ordre de l'intérêt qu'on y attache, et de la manière plus ou moins rase dont elle coupe l'herbe, un autre motif assez puissant; c'est que, lorsque différentes espèces d'animaux se trouvent réunies sur le même pâturage, il résulte souvent de la différence de leurs habitudes, de leurs besoins et de leurs forces, que l'une devient nuisible à l'autre, soit en la tourmentant, soit en la privant bientôt, par sa manière de paître, de la nourriture qu'elle aurait eue sans elle. Ainsi, quoique nous sachions très-bien que le mélange que nous croyons devoir réprouver ici ait souvent lieu, et qu'il puisse être quelquefois convenable, nous n'en pensons pas moins, d'après les observations multipliées que nous avons été à portée de faire sur ce point, qu'il présente, dans la pratique générale, plus d'inconvéniens que d'avantages réels.

Lors donc qu'on n'est point contraint à ce mélange par les circonstances, nous pensons qu'il convient d'admettre isolément et successivement, d'après les principes que nous avons établis, différentes espèces de bestiaux dans les pâturages, et, même les individus égaux d'âge et d'état dans chaque espèce, particulièrement. Par exemple, dans le cas où l'on a des animaux à engraisser, et d'autres à élever seulement, les premiers doivent toujours précéder les seconds dans leur admission aux pâturages et dans le choix de l'herbe. Par cette succession judicieuse, selon l'âge, l'espèce et la destination, l'on remplit également bien le double objet qu'on a en vue; savoir, de tirer tout le parti possible des herbages, en les faisant consommer en totalité.

Convient-il de livrer d'abord une grande étendue de terrain à parcourir aux bestiaux, ou de les resserrer dans un espace plus étroit ?

L'opinion des herbagers nous a paru loin d'être uniforme sur ce point; il nous semble que la divergence de cette opinion provient souvent de la différence des circonstances locales. Les uns prétendent qu'ils ont trouvé plus d'avantage à ouvrir tout-à-la-fois une grande étendue d'herbage, sous le double rapport de l'économie de l'herbe et de l'entretien des bestiaux; les autres assurent, au contraire, que leurs bestiaux plus resserrés ont mieux profité, et qu'il y a eu moins de dévastation dans l'herbe. Nous pensons, d'après les nombreuses observations que nous avons été à portée de faire, que, sur ce point comme sur beaucoup d'autres, le mieux se rencontre ordinairement dans un juste milieu entre les deux extrêmes, et que la différence des positions doit souvent en apporter dans la détermination à prendre à cet égard. Dans le premier cas, il faut compter pour beaucoup l'exercice plus ou moins considérable dont les bestiaux peuvent avoir besoin, relativement à leur âge, à leur constitution, etc., et la faculté de pouvoir choisir l'herbe qui est essentielle pour ceux qu'on veut engraisser, et d'en avoir toujours abondamment; dans le second, on doit compter également sur le repos, la tranquillité et l'abri, souvent si nécessaires à leur prospérité, et dont ils jouissent ordinairement d'autant plus qu'ils sont plus resserrés et réunis en plus petit nombre. Quant à la dévastation de l'herbage par l'effet du piétinement et des déjections, elle nous paraît généralement plus forte dans le premier cas que dans le second, à cause d'un plus grand mouvement; cependant cet inconvénient se remarque aussi assez fortement lors des changemens de pâturages, plus fréquens dans le second que dans le premier cas; et il peut souvent y avoir compensation sous ce rapport.

Dans tous les cas, la proportion du nombre et de l'espèce des bestiaux, relativement à l'étendue de l'herbage, nous paraît devoir être plutôt trop faible que trop forte; car il vaut toujours mieux s'exposer à perdre un peu d'herbe, qu'à affamer ses bestiaux. On ne peut établir aucune règle fixe sur cette proportion, qui doit nécessairement dépendre de la nature et de l'état de l'herbage, ainsi que de l'espèce, de l'âge et de l'état des bestiaux, tous objets très-variables, et qu'il faut toujours prendre dans la plus grande considération : mais on doit généralement plutôt craindre de pécher par défaut que par excès de nourriture, sur-tout à l'égard des animaux qui sont à l'engrais; car une fausse économie procure toujours une perte réelle.

A quelles époques convient-il d'ouvrir et de fermer les pâturages, et quelles précautions doit-on prendre en les fermant?

L'ouverture des pâturages, au printemps, nous paraît devoir être bien moins réglée sur des époques fixes et invariables, comme elle l'est souvent, que sur la nature du sol, son exposition et sa situation, et sur-tout sur la constitution atmosphérique, parce que toutes ces circonstances ont incontestablement une influence très-prononcée sur la végétation, qu'elles peuvent beaucoup avancer ou retarder, et que c'est d'après son état plus ou moins florissant que le cultivateur doit essentiellement se déterminer à faire cette ouverture, ou à la reculer.

Nous pensons aussi qu'il y a généralement moins d'inconvéniens à devancer un peu l'époque de l'ouverture des herbages qu'à la reculer, parce que si, d'une part, on doit craindre les effets fâcheux du hâle du printemps, sur-tout sur les pâturages plus secs et élevés que bas et humides, en découvrant trop tôt ou trop fortement le sol, inconvénient qu'on peut du reste éviter en grande partie par une dépaissance convenable et alternative de plusieurs herbages contigus ou rapprochés, on s'expose, de l'autre part, à faire une perte inévitable de toute l'herbe trop avancée, dont la tige est endurcie, et que les bestiaux rebutent et foulent aux pieds. Nous avons souvent observé qu'ils mangeaient presque indistinctement les plantes les meilleures, les médiocres, et même plusieurs mauvaises, sans inconvénient, tant qu'elles étaient jeunes et dans un état succulent et herbacé ; tandis que, lorsqu'elles se trouvaient plus développées, ils choisissaient souvent les premières, et rebutaient les secondes, mais sur-tout les premières, qui, si elles n'étaient soigneusement fauchées ensuite, montaient en graines, lesquelles se répandaient sur l'herbage, et le détérioraient promptement, en l'épuisant et en le couvrant de plantes nuisibles.

Il est en outre essentiel que les bestiaux soient remis au vert le plus tôt possible, et que le passage de la nourriture sèche à la nourriture verte se fasse progressivement, et pour ainsi dire insensiblement, au printemps ; et c'est un nouveau motif pour devancer un peu l'époque du pâturage, et ne pas attendre que l'herbe soit assez abondante pour qu'ils puissent être exposés aux météorisations en commençant : mais il faut aussi qu'elle le soit assez pour que ceux dont on veut achever l'engrais dans les herbages ne soient jamais exposés à y jeûner, ce qui produit toujours les résultats les plus fâcheux.

Lorsque le pâturage s'exerce pendant tout l'été, il est essentiel que les herbages ne soient pas trop rigoureusement tondus à l'époque des fortes chaleurs, parce que les plantes se trouvant alors privées, par la soustraction de leurs feuilles, d'un des grands moyens que la nature leur a donnés pour subsister, et les racines leur fournissant aussi une faible quantité d'aliment, par l'effet de l'aridité du sol, qui se gerce souvent, se crevasse en tous sens, et les expose ainsi à l'influence meurtrière des chaleurs excessives, il en résulte ordinairement une grande détérioration de l'herbage. Nous avons vu plusieurs fois des prairies entièrement détruites par cette cause ; et les dangereux effets d'une dépaissance outrée, en été, sont sur-tout très-sensibles dans les climats méridionaux, lorsque les prairies sont privées d'irrigation, lorsqu'elles sont naturellement sèches et élevées, et lorsqu'elles consistent essentiellement en plantes à racines fibreuses, traçantes et superficielles, comme les graminées, qui y résistent bien moins long-temps que les légumineuses à racines pivotantes et profondes.

L'exercice du pâturage en automne n'a aucun des inconvéniens que nous venons de signaler dans les deux paragraphes précédens ; l'herbage est bien moins exposé alors à se dessécher, et l'herbe, qui repousse ordinairement assez promptement, tend aussi bien moins à s'élever qu'à s'étendre latéralement ; elle est plus succulente et herbacée que dure et ligneuse, mais elle est généralement moins substantielle et nourrissante ; car la quantité est presque toujours aux dépens de la qualité. A cette époque, il y a donc moins d'inconvéniens qu'en toute autre à laisser pâturer l'herbe très-près de terre : cependant, il y en aurait encore beaucoup à surcharger les herbages de bestiaux, parce que indépendamment de la perte des plantes que nous avons souvent vue résulter de la destruction du collet, où paraît placé le point vital, nous avons également remarqué que les herbages sévèrement dépouillés en automne résistaient moins bien aux intempéries de l'hiver que ceux qui conservaient à cette époque une légère couverture de feuilles, et que leur végétation était moins avancée et moins vigoureuse au printemps.

Dans les herbages très-fertiles, et sur-tout dans ceux qui sont très-humides, il y aurait un autre inconvénient non moins fâcheux à y laisser avant l'hiver une couverture trop épaisse, en ne les faisant point tondre assez près de terre. Dans ce cas, l'herbe pourrit ordinairement sur pied, et nuit beaucoup à la végétation en interceptant l'air ; et nous avons encore remarqué que, dans toutes les prairies abondantes et d'une nature marécageuse, l'herbe est d'autant plus grossière au printemps que la dépaissance y a été plus incomplétement exercée en automne.

Dans tous les cas, avant de fermer les herbages, il est utile de les débarrasser avec la faux, ou tout autre instrument équivalent, de toutes les tiges élevées que les bestiaux peuvent y avoir laissées, et qui nuiraient à la végétation et à l'exercice du pâturage et du fauchage l'année suivante. Nous avons vu quelquefois les bestiaux manger ces tiges étant fauchées, quoiqu'ils les rebutassent sur pied, ainsi que plusieurs plantes assez rudes; et on peut encore profiter de cette circonstance pour en tirer parti dans plusieurs cas.

Il y a généralement beaucoup d'inconvéniens à prolonger jusqu'en hiver l'exercice du pâturage dans les herbages, et il y en a encore plus à faire détruire au printemps, par les bestiaux, les premières pousses dans les prairies dont on destine l'herbe à être fauchée. Dans le premier cas, si l'herbage est humide sur-tout, la terre est gâchée, pétrie et défoncée, l'herbe est souvent détruite ou ravagée par le piétinement des chevaux, et la végétation y est languissante au printemps; dans le second cas, le dernier inconvénient est plus sensible encore, et nous voyons trop souvent le produit des prairies ainsi *déprimées*, considérablement diminué par l'effet d'une pratique détestable, consacrée par un ancien usage, qui abandonne aux ravages des bestiaux, chaque année, les prairies fauchables, jusqu'au 25 de mars, quelle qu'ait été et quelle que soit alors la constitution atmosphérique.

Cette année nous a fourni un exemple frappant, entre plusieurs autres, de l'abus révoltant de cet antique usage, dont nous avons été forcément victimes. Les mois de février et de mars ayant été extraordinairement doux, les prairies abandonnées à elles-mêmes s'étaient couvertes d'une épaisse verdure, qui les aida puissamment à résister à la sécheresse du printemps, et elles produisirent une quantité de foin de beaucoup supérieure, toutes choses étant égales d'ailleurs, à celle qu'on put obtenir de toutes celles sur lesquelles, par l'effet du droit absurde du parcours et de la vaine pâture, l'herbe avait été continuellement broutée jusqu'au 25 de mars; plus la prairie est sèche, élevée et exposée au midi, plus cette différence est forte et sensible.

§ 2. *Du fauchage de l'herbe destinée à être consommée en vert.* D'après les inconvéniens que nous avons reconnus à l'exercice du pâturage, dans un grand nombre de cas, il est souvent avantageux de faucher l'herbe des prairies, pour la faire consommer en vert par les bestiaux à couvert, et d'après un grand nombre d'expériences comparatives qui ont été faites en diverses contrées et que nous avons répétées, ce mode de consommation du produit des prairies est sans contredit un des plus profitables.

Il convient essentiellement aux vaches laitières, aux brebis nourrices et à tous les bestiaux qu'on veut engraisser.

Nous nous sommes convaincus plusieurs fois que, par ce moyen, non-seulement on obtenait une plus grande abondance de lait à l'aide d'une sage administration, et on procurait plus promptement aux bestiaux l'embonpoint et la graisse qu'on désirait leur faire prendre ; mais qu'on obtenait encore une économie de fourrage qui, avec la précaution d'éviter toute espèce de gaspillage, allait quelquefois jusqu'à la moitié ; outre que, par cette méthode, on court moins de risques, en conservant constamment ses animaux sous la surveillance immédiate, ce qui est d'une grande importance, et qu'on conserve toutes les déjections, autre objet qui doit toujours être aussi d'un très-grand intérêt, et qui établit une ample compensation des frais de fauchage, de charriage, et de distribution de l'herbe.

On a fait, à la vérité, un reproche à ce mode de consommation, relativement à la santé des bestiaux, en disant que l'état stationnaire et sédentaire dans lequel on les retenait continuellement étant contre nature, il devait en résulter des indispositions plus ou moins graves.

Sans vouloir prétendre ici que l'excès du repos ne puisse pas être suivi d'inconvéniens sous le rapport de la santé, et en observant seulement qu'on attribue souvent au régime sédentaire des effets fâcheux dont le défaut de renouvellement de l'air est ordinairement la cause principale, sinon l'unique, ce que nous paraissent prouver de très-longs séjours des bestiaux dans les étables, sans le moindre affaiblissement de leur santé, dans les pays froids, et par-tout où on ne laisse pas perdre à l'air les qualités indispensables aux fonctions vitales, et ce que prouvent sur-tout l'abondance de lait et l'embonpoint qu'on obtient toujours en ce cas, avec une suffisante provision de nourriture saine et convenable, avec un air renouvelé, nous remarquerons qu'il est facile de prévenir le mal qu'on pourrait avoir à redouter, en ménageant, près du séjour habituel des bestiaux soumis à ce régime, un clos commode et spacieux, où ils s'exerceraient au besoin, et respireraient un air pur, sur-tout pendant qu'on curerait les étables ; et nous ajouterons que cette ressource doit toujours exister dans toutes les administrations de bestiaux bien entendues, lorsque la disposition du local ne s'y oppose point.

Les principales précautions à prendre relativement à l'administration du fourrage en vert aux bestiaux retenus à l'étable, consistent, 1º. à ne point faucher les plantes lorsqu'elles sont trop aqueuses encore, ou chargées d'une grande humidité par l'effet de la rosée ou de la pluie, parce que l'excès d'humidité peut donner lieu à des accidens graves, comme nous avons déjà eu occasion de le remarquer ; 2º. à prévenir leur fermentation, en les déposant à couvert, en couches minces, et en les remuant de temps en temps; et 3°. à les administrer aux bestiaux avec réserve, sur-tout en commençant à leur en donner peu et souvent, et à les intercaler avec quelque nourriture sèche.

Ce mode de consommation est particulièrement applicable au produit des prairies artificielles, sur-tout au trèfle, à la luzerne et au sainfoin, qu'il est toujours fort avantageux de consommer en vert à l'étable.

§ 3. *Du fauchage des prairies, à l'époque de la maturité de l'herbe, pour être convertie en foin par le fanage.* La conversion de l'herbe des prairies en foin, par l'opération du fanage à l'époque de la maturité, est la pratique le plus universellement suivie à l'égard de cette herbe, qui est beaucoup plus rarement consommée en vert, soit sur la prairie même, par l'exercice du pâturage, soit à l'étable, quoique ces deux dernières manières de la consommer soient plus naturelles.

Le foin est généralement moins profitable aux bestiaux, à quantité égale, que l'herbe consommée en vert, parce qu'indépendamment de l'eau de végétation qui s'évapore lors de la dessiccation, et dont ils profiteraient, il s'exhale aussi, quelques précautions que l'on prenne, une portion assez considérable de son arome, qui se volatilise, comme il est facile de s'en convaincre par l'odorat, et qu'il est d'ailleurs exposé encore à d'autres déchets et à des altérations plus ou moins considérables.

Cependant, d'une part, l'impossibilité de faire consommer en vert toute l'herbe des prairies par les bestiaux, et de l'autre, la nécessité de réserver, pour la saison rigoureuse, une ample provision de nourriture, jointes à l'utilité de procurer en tout temps aux animaux de travail un aliment moins relâchant et plus fortifiant, sous un moindre volume, doivent nécessairement déterminer à convertir en foin une forte partie du produit des prairies.

Toutes les opérations qui concernent cette base essentielle de la nourriture de nos bestiaux, sont, sans contredit, des plus importantes en économie rurale, et méritent une attention particulière.

Nous allons les considérer sous les rapports du fauchage, du fanage, de l'emmeulage, du bottelage, de la conservation et de la consommation; et nous terminerons par quelques observations générales sur *le regain*.

§ 4. *Du fauchage.* Le point le plus important de tous à saisir, lorsqu'on veut convertir l'herbe en foin, est celui de la maturité convenable pour faucher, et c'est néanmoins celui sur lequel on se trompe le plus grossièrement dans la pratique ordinaire.

On prend communément le mot *maturité* dans son acception rigoureuse, et l'on attend conséquemment, pour mettre la faux dans les prairies, que toutes les plantes ou la majeure partie au moins, soient arrivées au dernier terme de la fructification.

Il résulte inévitablement de cette méthode abusive, beaucoup trop commune, les conséquences les plus fâcheuses pour la qualité du foin, pour la fertilité de la terre, et, par une suite nécessaire, pour l'intérêt du propriétaire.

La maturité complète, c'est-à-dire la perfection des semences d'une plante quelconque, ne s'exécute jamais qu'aux dépens des tiges et des feuilles qui sont destinées à y concourir, et qui charrient et élaborent la substance nécessaire à ce grand œuvre de la nature, laquelle, à cette époque, s'occupe bien moins de la conservation des individus que de la multiplication des espèces.

Ces tiges et ces feuilles, dépouillées ainsi de la substance muqueuse qui les rendait si nutritives au moment de la floraison et dont elles n'étaient que les véhicules élaborateurs, se décolorent, jaunissent ou noircissent, se dessèchent, se fanent promptement, et ne tardent pas à être réduites à l'état ligneux ou pailleux, dans lequel elles sont aussi peu propres à subir la mastication et à se laisser dissoudre par les sucs de l'estomac, qu'à nourrir les animaux qui sont réduits à cet aliment.

La formation et la maturation des semences épuisent aussi considérablement le sol, qui ne contribue jamais plus fortement à la subsistance des végétaux, qu'à cette époque critique, comme nous l'avons démontré en développant notre second principe d'assolement; ces semences, qui ont tant coûté à la plante et à la terre, sont en outre, en très-grande partie, perdues pour la nourriture, tombant ordinairement, lorsqu'elles ne sont pas la proie des oiseaux, sur la prairie ou ailleurs, soit naturellement, soit par l'effet des secousses opérées par le fauchage, le fanage et toutes les autres opérations subséquentes et indispensables. Un assez grand nombre d'entre elles provenant de plantes nuisibles ou inutiles, souillent encore la terre sur laquelle elles se disséminent, et nécessitent souvent des opérations longues et dispendieuses pour les extirper, circonstance très-importante dans les assolemens.

Ajoutons à tous ces inconvéniens majeurs, résultant du retard apporté ordinairement à la fauchaison, celui non moins préjudiciable de la perte des regains, ou, au moins, des pâtures abondantes que peuvent encore fournir la plupart des prairies, lorsqu'elles sont fauchées avant l'épuisement et le dessèchement de leurs tiges et de leurs racines ; nouvel objet de la plus haute importance.

L'époque de la végétation la plus favorable à la fauchaison est donc celle du développement complet de la floraison de la majeure partie des plantes qui composent les prairies.

À cette époque, les plantes sont réellement dans l'état de perfection pour l'objet auquel on les destine ; elles abondent en principe muqueux, qui est essentiellement nourrissant ; il y est entièrement développé et également répandu dans toutes les parties, et le fourrage qui en résulte est plus odorant, mieux coloré, plus appétissant et plus nourrissant qu'à toute autre époque. Plus tôt, il est trop vert, trop aqueux, perd trop au fanage, et n'est pas assez substantiel ; plus tard il est trop sec, trop dur, et peu nourrissant.

Un des principaux motifs qui engagent la plupart des cultivateurs à retarder la fauchaison jusque après la formation et souvent même jusque après la maturité complète des semences des plantes des prairies, c'est la persuasion dans laquelle ils sont qu'elles perdent moins en poids et en volume à cette époque qu'à celle de la floraison.

Nous avons déjà eu occasion d'observer que la majeure partie des semences complétement formées étaient perdues pour la nourriture, en se détachant très-aisément de leurs réceptacles; nous ajouterons qu'une grande partie des feuilles jaunissent et tombent aussi à cette époque, ce qui occasionne un déchet assez considérable : et quand il serait aussi vrai qu'il nous a paru faux, d'après les expériences comparatives auxquelles nous avons cru devoir nous livrer sur ce point important, qu'on obtient réellement plus de poids et de volume d'une étendue donnée de prairie fauchée lors de la maturité des semences, que de celle qui l'est à l'époque précise de la floraison complète de la majeure partie des plantes, il faudrait encore distinguer ici la quantité de la qualité ; et les plantes fauchées en fleurs présenteraient certainement sur ce point une ample compensation, par la supériorité incontestable de la qualité de leur fourrage sur celle du fourrage qui provient des plantes fauchéees en graines.

A la vérité, les plantes fauchées en fleurs, conservant ordinairement plus d'humidité que celles qui sont en graines, leur fanage est plus long; mais ce léger inconvénient, qui détermine trop souvent à retarder la fauchaison, est bien faible, lorsqu'on le compare à tous les avantages que nous avons fait connaître, et il ne peut légitimer ce retard, sur-tout lorsque le temps est beau.

Il y a donc généralement beaucoup d'avantage à faucher les prairies à l'époque que nous avons indiquée, et il y a généralement aussi moins d'inconvénient à la devancer qu'à la reculer, dans les exploitations abondantes en prairies, lorsque le temps paraît propre à la fenaison, parce que, quelque célérité que l'on mette dans les opérations, le dérangement assez fréquent du temps à cette époque, joint aux contrariétés qu'on éprouve aussi trop souvent de la part des ouvriers, et aux retards occasionnés par toute autre cause, fait que les dernières prairies fauchées sont ordinairement trop avancées en maturité, lorsqu'on n'a pas pris les précautions convenables pour prévenir cet inconvénient. Il est même des cas où le fauchage doit devancer l'époque de la floraison, c'est lorsqu'on s'aperçoit que l'herbe très-épaisse commence à jaunir au pied, ou que les amendemens et les engrais, les vents ou la pluie l'ont versée, ce qui la ferait promptement pourrir.

Souvent, nous dit M. de Perthuis, qui s'est occupé particulièrement de l'amélioration des prairies naturelles et de leur irrigation, *un préjugé très-préjudiciable à la récolte des foins empêche de saisir l'époque favorable dans les localités où de grandes prairies sont terminées par des plaines ou des coteaux ensemencés en blé. On prétend que, si on fauchait les prairies avant que les fromens fussent entièrement défleuris, cette opération occasionnerait leur rouille ; en sorte que, quel que soit l'état de maturité des herbes, on ne commence pas la fauchaison si la fleur des fromens n'est pas passée.*

Pour expliquer cette conduite, on dit que la fauchaison des grandes prairies exposerait presque subitement à l'évaporation, au moyen de la température alors existante, l'humidité que leurs herbes concentraient sur leur sol ; qu'alors il s'y formerait une brume épaisse qui se répandrait bientôt sur les blés environnans ; qu'elle s'attacherait à leurs tiges, et qu'y étant combinée avec la sève, qui est surabondante dans les fromens à cette époque de leur végétation, elle y serait fixée par l'ardeur du soleil de cette saison, et produirait l'accident connu sous le nom de rouille des blés.

C'est bien de cette manière, continue M. de Perthuis, que se forme la rouille des blés ; mais avant d'accuser la fauchaison des grandes prairies de produire un accident aussi désastreux, il faudrait constater le fait par des expériences suivies et très-authentiques. Ce que je puis affirmer à cet égard, ajoute-t-il, c'est que tous les ans je fais faucher mes prairies aussitôt que leurs herbes ont acquis la maturité convenable, et que depuis vingt ans que je pratique cette méthode, je ne me suis jamais aperçu que les fromens qui les avoisinent aient été plus souvent exposés que les autres aux accidens de la rouille.

Nous ajouterons à ce fait positif et concluant, que, depuis un espace de temps plus considérable encore, nous avons exploité une prairie fort étendue, au confluent de la Seine et de la Marne, laquelle est entrecoupée et bornée par des champs non moins étendus, soumis souvent aux cultures céréales ordinaires, et nous n'avons jamais remarqué non plus que nos blés fussent plus rouillés dans le voisinage de cette prairie qu'ailleurs.

Nous nous croyons autorisés à conclure de tout ce qui précède, qu'excepté la disposition du temps à la pluie, ou son incertitude, ou son changement désavantageux, circonstances qui rendent le fanage long, pénible et dispendieux, et qui détériorent souvent le foin, aucun motif légitime ne nous paraît autoriser le retard de la fauchaison, lorsque l'époque que nous indiquons est arrivée.

A quelque époque que l'on fauche, il est toujours très-avantageux de choisir pour commencer un jour serein et un temps sec et chaud ; le vent du nord et celui de l'est sont ordinairement ceux qui présagent une plus longue série de beaux jours dans la majeure partie de la France.

Passons au mode de fauchage le plus avantageux.

Il est bien plus important qu'on ne paraît le supposer généralement que le fauchage soit fait le plus également, le plus nettement et le plus près de terre possible, car il résulte, selon nous, trois inconvéniens majeurs de tout fauchage trop haut et irrégulier.

Il existe d'abord une perte assez considérable dans la quantité du fourrage, lorsque les tiges sont coupées trop loin de terre ; il existe ensuite une nouvelle perte plus considérable dans la coupe des regains, parce que la portion des tiges, laissée adhérente à la racine, et qui était déjà trop élevée après la première coupe, se trouvant endurcie lors des suivantes, force indispensablement à la faucher plus haut encore, sa dureté refoulant la faux dont elle émousse d'ailleurs bientôt le fil. Enfin, l'élévation et l'irrégularité du fauchage nuisent essentiellement encore à la vigueur des nouvelles pousses, par deux motifs. La sève qui se distribue encore dans ces restes de tiges y devient en pure perte, ou ne donne lieu qu'à des jets avortés, qui ne sont jamais aussi vigoureux que ceux qui partent du collet même des plantes, et le peu de netteté de la coupe est un nouvel obstacle à la prospérité de la végétation ; car, dans les végétaux comme dans les animaux, les plaies ne sont jamais plus nuisibles que lorsqu'elles sont hachées et irrégulières, au lieu d'être nettes et tranchées.

Il est donc d'une grande importance que l'herbe soit fauchée très-bas et très-net ; à cet effet les faux doivent avoir la lame peu allongée (d'un mètre environ), et le tranchant très-acéré,

et les coups de faux doivent se suivre régulièrement, et sur-tout
se croiser exactement, ce qui n'a point lieu lorsque le faucheur
embrasse un trop grand espace à-la-fois, comme cela arrive fréquemment.

Du fanage. Cette opération essentielle à la confection du
foin exige célérité, adresse et intelligence de la part de celui
qui la dirige et de ceux qui l'exécutent.

Quoiqu'on réserve souvent ce travail aux femmes et aux enfans, il faut toujours qu'ils aient avec eux des hommes forts,
actifs et intelligens, en nombre suffisant; car une fausse économie, en pareil cas, peut devenir très-préjudiciable.

C'est sur-tout à l'époque de la fenaison qu'un beau temps
fixe, sec et chaud, devient indispensable pour abréger le travail et assurer son succès, en économisant les frais.

Lorsqu'on en jouit, il ne faut pas perdre un instant, dès que
la rosée est dissipée, pour répandre également sur toute la
prairie, avec des fourches de bois, légères et solides tout-à-la-
fois, bifurquées ou trifurquées, les chaînes longitudinales
d'herbes ramassées par la faux, et qu'on désigne généralement
sous le nom d'*andains,* ou, mieux, *ondains*, à cause de la forme
de leur disposition ondoyante.

Un trop long séjour des ondains sur la prairie nuit aux
plantes qu'ils recouvrent; il retarde d'ailleurs le fanage, et
fait blanchir le dessus de l'herbe, et jaunir ou noircir le dessous.

Nous ne recommanderons point ici, à l'exemple de quelques
agronomes, d'après Commerell, d'enfoncer dans la prairie, de
distance en distance, des bâtons de 9 ou 10 pieds de longueur,
percés en différens sens dans leur étendue, et traversés par des
morceaux de bois cylindriques d'un pouce et demi de diamètre, de 4 de longueur, sur lesquels on élèverait l'herbe,
comme sur des juchoirs. Tout cet attirail ne nous paraît admissible que dans le cabinet, ou tout au plus sur le gazon d'un
jardin pittoresque; il serait ridicule et impraticable en grand,
en plein champ.

Tout l'art du fanage consiste à priver l'herbe qu'on veut
convertir en foin, de l'eau de végétation qui nuirait à sa conservation, en y déterminant un mouvement de fermentation
dangereux, et à lui conserver, en même temps, le plus possible, la couleur naturelle, l'odeur suave, le poids et la
substance nutritive qui en font tout le mérite.

A cet effet, il faut avancer sa dessiccation, sans la précipiter, et tâcher de lui enlever son humidité surabondante,
sans cependant trop l'exposer aux rayons brûlans du soleil
qui grillent souvent et font tomber les feuilles, ou les décolorent fortement et les réduisent en poussière, tandis que les

tiges conservent encore intérieurement beaucoup d'humidité qui se manifeste lorsqu'elles ont été amoncelées pendant quelque temps.

En principe général, plus le soleil est ardent, plus l'herbe qu'on veut faner est d'une nature sèche, plus elle est rare, moins il faut l'étendre mince sur la prairie; le fanage, dans ce cas, doit, pour ainsi dire, s'opérer à couvert et lentement; moins au contraire la constitution atmosphérique est brûlante, et plus l'herbe est aqueuse et abondante, moins ses couches doivent être épaisses, et plus elles doivent être remuées souvent, et soulevées légèrement, de manière à prévenir tout amoncèlement, et à faciliter le passage de l'air et de la chaleur par-tout également: il convient aussi de transporter l'herbe des endroits bas, humides, couverts et peu aérés, sur les parties les plus élevées, afin d'en accélérer le fanage.

Nous avons remarqué plusieurs fois que l'herbe des prairies fumées, toutes autres circonstances égales d'ailleurs, était généralement plus difficile à faner, et sur-tout plus disposée à s'échauffer en tas que toute autre; nous dirons à cette occasion que la même observation a été faite à l'égard des grains, qui sont aussi plus difficiles à sécher et à conserver, lorsqu'ils proviennent de champs engraissés, que lorsqu'on les obtient de ceux abandonnés à leur fertilité naturelle.

Un point essentiel dans l'opération du fanage, c'est de soustraire le foin à l'action dévorante du soleil, dès que la majeure partie de son eau de végétation est enlevée, afin de prévenir une trop forte évaporation qui est toujours au détriment de la qualité et du poids du foin, lequel peut quelquefois déchoir de vingt pour cent au moins par son exposition au soleil ardent, pendant une heure de trop seulement, comme nous nous en sommes assurés; il n'a plus alors ni la couleur, ni l'odeur, ni la substance nutritive qu'il conserve lorsqu'il est convenablement amoncelé à temps.

Aussitôt qu'on s'aperçoit que la couche superficielle de l'herbe répandue est suffisamment fanée, il faut la retourner de manière à remplacer le dessous par le dessus, *et vice versâ*; lorsque le tout paraît suffisamment desséché, il faut le rapprocher avec des râteaux en bois à doubles dents, connus sous le nom de *fauchets*, et le réunir en chaînes ou bandes, plus fortes et plus élevées, qui perfectionnent et achèvent la dessiccation, sans exposer le foin à une trop forte évaporation.

Soit que l'on redoute l'action décolorante du soleil, de la rosée ou de la pluie, il est toujours avantageux de rouler avec précaution et de rassembler en petits tas, ou meulons, le foin de ces chaînes, afin de compléter sa dessiccation à couvert et sans danger; et cette disposition qu'il convient sur-tout de lui donner pour la nuit, afin d'empêcher qu'il ne jaunisse ou noircisse, facilite d'ailleurs son transport à la meule, où l'on doit l'entasser dès qu'il paraît propre à y entrer.

Lorsque des pluies abondantes ont pénétré ces meulons, on doit en répandre soigneusement le foin tout autour, pour le sécher convenablement, et les rétablir ensuite.

De l'emmeulage. Aussitôt que le foin des meulons paraît suffisamment sec, et spécialement lorsqu'on a à redouter la pluie, on ne doit point perdre de temps pour le porter à la meule ; à cet effet deux hommes armés de longues perches, légères et flexibles, en saule, aune, peuplier, tilleul, ou tout autre bois équivalent, qu'ils passent dessous ces tas, à des distances égales, les chargent et les portent très-commodément et promptement, et les déposent au pied de la meule, où un troisième, armé d'une longue fourche, les entasse régulièrement et circulairement.

Lorsque le foin est très-sec, un enfant doit monter sur la meule pour la fouler ; il y a plus d'avantage que d'inconvénient, dans ce cas, à la faire le matin et le soir à la fraîcheur, qu'au milieu du jour, et elle doit être aussi large et aussi élevée qu'il est possible. Lorsqu'au contraire la crainte du mauvais temps précipitant cette opération, le foin n'est pas tout-à-fait aussi sec qu'il serait à désirer, il faut l'entasser le plus légèrement qu'on le peut, et par la chaleur, lorsque cela est praticable, puis faire les meules moins fortes, et sur-tout ne pas les fouler.

La forme parfaitement conique est la plus convenable pour les meules, parce qu'elle renvoie l'eau de la pluie en la faisant couler comme sur un toit à pente rapide, lorsqu'elles sont bien faites et sur-tout bien terminées en pointe ; celle-ci doit être chargée avec toutes les ratelures, qui, étant ordinairement moins sèches et plus pesantes, sont les plus convenables pour cet objet.

Quelque sec que paraisse le foin lorsqu'on le met en meule, l'intérieur des tiges conserve toujours une portion plus ou moins considérable d'humidité qui tend à s'exhaler, et le séjour du foin dans la meule facilite la sortie de cette eau de végétation, qui deviendrait nuisible si elle se trouvait trop fortement concentrée pour pouvoir s'évaporer aisément.

Rien de plus facile que le fanage et l'emmeulage lorsque le temps est beau et assuré ; rien de plus difficile, au contraire, lorsqu'il est pluvieux ou incertain ; et dans le doute où l'on est sur l'avenir, les meilleurs principes se trouvent souvent en défaut, ce qui fait dire vulgairement qu'on a beaucoup plus de mal pour faire de mauvais foin que pour en faire de bon ;

assertion qui n'est pas aussi paradoxale qu'elle peut le paraître d'abord.

Lorsque, par la crainte du mauvais temps, on a cru devoir précipiter le fanage et l'emmeulage, il est essentiel de visiter scrupuleusement les meules, de bon matin, le lendemain du jour où elles ont été faites. En se plaçant sous le vent, à cette époque, en enfonçant fortement les bras dans chaque meule vers son milieu, et en tirant fortement à soi le foin qu'on a pu saisir, on s'aperçoit aisément, à l'intensité de sa chaleur et à sa décoloration, s'il s'est établi au centre une fermentation forte et nuisible (car il en existe toujours une faible, souvent insensible, qui ne peut occasionner aucun dommage); ordinairement même, la fermentation excessive qu'on doit redouter se manifeste le matin, à une vapeur épaisse qui s'élève du sommet de la meule en forme de fumée, parce que la condensation de l'air la rend plus apparente en retardant sa volatilisation.

Il n'y a pas de temps à perdre dans cette occurrence, lorsque le temps le permet, pour décombler la meule, l'aérer, la détasser, et empêcher que la fermentation, en parcourant entièrement ses périodes, ne pourrisse le foin ; on la rétablit ensuite légèrement, dès que le mal est dissipé; et lorsqu'il est arrêté à temps, les conséquences en sont ordinairement peu fâcheuses.

Du bottelage. L'usage de botteler le foin dans le champ n'est pas généralement pratiqué : il est adopté ou rejeté en différens cantons de la France, d'après les convenances locales, et souvent aussi d'après la puissance tyrannique de l'habitude, qui conserve et étend son domaine dans les campagnes plus que par-tout ailleurs. Il nous suffira d'indiquer ici rapidement ses principaux avantages et inconvéniens, et d'entrer dans quelques détails sur la manière d'y procéder.

Les principaux avantages du bottelage sont, 1°. de rendre le foin plus commode à charger, à décharger, à entasser et à détasser ensuite ; points importans pour l'économie du temps et de la main d'œuvre, à l'époque des récoltes; 2°. d'être un moyen sûr, commode et facile pour que le cultivateur puisse se rendre compte exactement, sur-le-champ, du produit de ses prairies, ce qui peut avoir une grande influence sur ses arrangemens ultérieurs; 3°. d'avoir son foin tout préparé et réglé pour la vente, et d'avoir aussi les rations bien établies pour la consommation de ses bestiaux. Ce dernier avantage est de la plus haute importance pour prévenir les gaspillages, les dilapidations et les tromperies des valets, dont le propriétaire et les bestiaux sont trop souvent dupes d'une manière bien fâcheuse, d'après la disposition qu'ont la plupart des domestiques à gorger de nourriture tous les animaux confiés à leurs soins, par l'effet d'un attachement mal calculé et d'un amour-propre outré.

Le principal inconvénient qui puisse résulter du bottelage consiste en ce que le foin botelé se tasse et se foule moins exactement que celui qui ne l'est pas, à cause des interstices que les bottes laissent entre elles, ce qui lui fait occuper plus de place, d'une part, et de l'autre, donne plus d'accès aux animaux nuisibles et à l'air, et le rend moins propre à être conservé long-temps sans altération.

D'après ces données, ceux pour qui la force de l'habitude n'est pas une autorité insurmontable pourront se déterminer sur le choix qui convient le mieux à leur position locale.

Mode du bottelage. On bottèle le foin à un, à deux et à trois liens; la troisième manière, qui est la plus usitée, nous paraît préférable à la seconde, et celle-ci à la première.

On ne doit jamais commencer le bottelage que le foin ne soit bien sec, et qu'il n'ait perdu la chaleur qui résulte du léger mouvement de fermentation qui se développe ordinairement dans la meule, parce qu'avant cette époque il peut devenir poudreux dans la botte.

Lorsqu'on entame une meule, il faut avoir soin de mettre de côté tout le foin extérieur s'il est mouillé par l'effet de la pluie ou de la rosée; au lieu de le mettre dans le milieu des bottes, ainsi que celui qui touche contre terre et qui contracte plus ou moins d'humidité que le sol lui communique, comme les botteleurs le font très-souvent, s'ils ne sont pas rigoureusement surveillés, et ce qui gâte considérablement de foin dans le tas, parce qu'une seule botte mauvaise suffit pour endommager tout ce qui l'environne; il faut, quand on n'a pas pu le faire sécher convenablement, leur ordonner de le lier à part à un seul lien, en leur payant le même prix; par ce moyen, dont nous nous sommes toujours très-bien trouvés, on les force à bien faire par leur propre intérêt, et on arrange ensuite convenablement ce foin, qu'on place à part, après l'avoir fait sécher dehors ou à couvert.

Les botteleurs disposent régulièrement sur la prairie, par quarterons distincts et contigus, tout le foin botelé; il est ainsi, non-seulement plus commode à compter et à charger, mais encore plus à l'abri des intempéries dont on peut aussi le garantir en le couvrant avec le mauvais foin mis à part.

De la conservation et de la consommation du foin. Soit que le foin soit botelé sur la prairie, soit qu'on l'entasse sans être botelé, il est toujours essentiel qu'il soit placé séchement après sa dessiccation, afin de prévenir toute espèce de détérioration ultérieure.

On le place ordinairement ou à couvert ou à l'air, c'est-à-dire, ou dans des granges ou des greniers qui servent de fenils, ou en fortes meules sur la prairie même, ou dans des enclos près des habitations des bestiaux.

Lorsqu'on a à sa disposition des fenils suffisans, le foin y est beaucoup plus séchement que par-tout ailleurs, et il suffit de le garantir de l'humidité que les murs, les toitures et l'aire pourraient lui communiquer, en l'entourant d'une couche de paille, ou de foin grossier, ou de toute autre matière de peu de valeur.

Lorsqu'on l'entasse dans les granges, il est nécessaire d'ajouter aux mêmes précautions celle très-essentielle de l'asseoir sur un lit très-épais, ou *soustrait,* formé des mêmes matières, et même de bourrées, fagots et autres objets équivalens, afin de le soustraire entièrement aux atteintes de l'humidité que le sol pourrait lui communiquer.

Lorsqu'on se détermine à mettre son foin en meule, il est généralement préférable de la placer dans un enclos commode près de l'habitation des bestiaux, au lieu de l'établir sur la prairie même, comme cela arrive assez souvent.

Dans le dernier cas, indépendamment de ce que la meule peut être moins facilement surveillée et mise hors de l'atteinte des malfaiteurs, elle nuit à la prairie par son séjour, et plus encore lorsqu'elle est consommée sur le lieu même par les bestiaux, comme cela se pratique quelquefois, à cause du trépignement et du gaspillage qui résultent nécessairement de ce mode très-vicieux de consommation, lequel ne convient pas plus à la santé des bestiaux qu'à l'intérêt du propriétaire.

Dans tous les cas, il est indispensable aussi que le foin soit assis sur un soustrait très-élevé, auquel on peut ajouter de fortes pierres ou pièces de bois, afin de l'isoler de terre le plus possible, après avoir choisi un emplacement sec, élevé, et sur un plan parfaitement horizontal.

Quand on veut établir une meule à courant d'air, afin de rafraîchir le foin et de prévenir le danger d'une fermentation considérable, qui a lieu lorsque le fanage a été incomplet, ou lorsque le foin, après avoir été mouillé, n'a pas été suffisamment séché, *ce qui produit trop souvent des incendies qu'on attribue à toute autre cause,* on doit disposer les pierres ou les pièces de bois de manière qu'elles se croisent dessous le soustrait à angles droits, en aboutissant au centre (*voyez* la meule figurée *à la fin de ce traité*), et qu'elles soient placées sur deux lignes parallèles assez distantes entre elles pour former des conduits d'air qu'on recouvre avec des planches, des bourrées, des fagots, ou toute autre matière équivalente assez forte pour résister à la pression du foin. On laisse au centre, où se réunissent les quatre conduits, une ouverture qui établit le courant d'air. On y plante une perche au moins aussi élevée que la meule qu'on veut établir, et cet axe qui la traverse dans son milieu lui sert tout-à-la-fois de tuteur et de régulateur pour lui donner une circonférence égale, ainsi que de conducteur à une machine formée de quatre planches clouées ensemble. (*Voyez les mêmes figures.*) Cette machine doit avoir environ un mètre 30 centimètres de longueur; l'extrémité G H, 30 centimètres en carré, et celle I K, 24 centimètres aussi en carré.

Vers le milieu de la longueur, on place deux crochets L M, dont les crocs sont en dessous pour arrêter la machine, et l'empêcher de descendre lorsqu'elle a commencé à monter, et une cheville de bois, N O, traversant le haut, sert à l'élever quand il en est besoin.

Le pied de la meule étant préparé comme nous l'avons indiqué, on place cette machine au centre contre la perche qui lui sert de conducteur, l'ouverture la plus étroite vers la terre, et la plus large au-dessus. On commence alors à épandre du foin, ayant attention de l'entasser le plus serré possible. Lorsque la meule est montée au niveau de la cheville, on soulève la machine jusqu'à la hauteur des crochets qui la soutiennent, et on continue ainsi jusqu'à ce que la meule soit achevée. On la retire alors, et il reste au centre un conduit en forme de cheminée. On en bouche l'entrée avec une botte de foin ou de paille, pour empêcher la pluie d'y pénétrer, dès qu'on s'aperçoit qu'il n'y a plus dans l'intérieur assez de chaleur pour gâter le foin.

Nous avons employe avec succès ce moyen simple de conserver au foin la fraîcheur convenable, et que MM. Delporte ont recommandé d'après un long usage.

On peut rigoureusement remplacer cette machine par un simple panier d'osier serré, allongé et cylindrique, qu'on soulève par les anses, et on peut aussi adapter ce courant d'air aux greniers et aux granges qui servent de fenils, ainsi que nous l'avons souvent pratiqué.

Un courant d'air est inutile, et peut même devenir nuisible, lorsque le foin est bien sec, en l'éventant trop, et parce qu'il peut d'ailleurs donner accès à l'humidité par la suite.

Pour que la meule soit, le plus possible, hors des atteintes de la pluie, on doit augmenter insensiblement sa largeur jusque vers le tiers de sa hauteur, de manière à donner à cette partie la forme d'un cône renversé, dont la base tronquée serait assise sur la terre; on doit la diminuer ensuite progressivement jusqu'au faîte, en donnant aussi à cette seconde partie, de deux tiers environ plus élevée que l'autre, la forme d'un cône posé sur le premier; par ce moyen, après avoir bien

peigné la meule tout à l'entour, et en couvrant la partie su‑
périeure de paille ou de roseaux adroitement fichés, imbri‑
qués, saillans à leur base, et terminés par un faîtage épais de
même matière, on l'abrite parfaitement dans toutes ses parties.
On doit encore établir au pourtour un fossé pour recevoir l'eau
qui tombe de la couverture, et l'empêcher de s'insinuer des‑
sous la meule, en rejetant les terres de ce côté. (*Voyez les fi‑
gures à la fin de ce traité.*)

Nous observerons qu'on peut remplacer très-avantageusement
le soustrait et la couverture que nous avons indiqués, 1°. par
des cippes ou quilles en pierres, en briques ou en bois, gar‑
nies d'un chapiteau, et sur lesquelles on pose un plancher de
madriers; et 2°. par quatre poteaux, sur lesquels on élève un
toit mobile. Cet établissement de meules fixes, qui convient
aux foins comme aux récoltes de céréales, est réellement
économique, et garantit très-bien de la pluie et des animaux
nuisibles.

Lorsqu'on établit plusieurs meules (et il est toujours plus
avantageux de le faire pour la commodité du service, quand
on a beaucoup de foin, que de le réunir en meules énormes),
on doit les écarter suffisamment pour avoir un libre accès
tout autour avec les voitures, et sur-tout pour pouvoir arrê‑
ter plus efficacement le progrès des incendies en cas d'accident.

Quelque sec que puisse paraître le foin en meule, il con‑
serve toujours intérieurement une portion d'humidité plus ou
moins considérable, qui y établit un mouvement léger de fer‑
mentation, lequel se manifeste par l'odeur exhalée pendant
assez long-temps dans l'atmosphère environnant. On dit vul‑
gairement alors *qu'il jette son feu,* c'est-à-dire l'eau de vé‑
gétation non combinée qu'il renfermait encore, et qui, im‑
prégnée d'une partie de son arome, s'exhale sous la forme
d'un gaz délétère, très-souvent nuisible dans les lieux ren‑
fermés, comme nous en avons vu un exemple terrible.

Ce mouvement intestin dure ordinairement deux mois, plus
ou moins, selon que les plantes ont été récoltées par un temps
et sur un terrain plus ou moins humides ou secs, et sur-tout
sur une prairie plus ou moins fumée. Jusqu'à ce qu'il soit en‑
tièrement calmé, il est généralement dangereux de nourrir les
animaux avec ce foin, quoiqu'ils en soient avides, parce qu'on
remarque qu'il les échauffe beaucoup, et qu'il peut leur
donner toutes les maladies qui sont l'effet de la pléthore,
comme l'observe avec raison Gilbert.

Lorsqu'on est contraint, par les circonstances, de leur ad‑
ministrer de ce foin avant qu'il ait entièrement ressué, il est
prudent de le faire avec beaucoup de discrétion, et de le mé‑
langer d'abord avec d'autre foin vieux, ou de la paille, ou

toute autre nourriture qui ne présente pas le même inconvénient, et on prévient ainsi les accidens.

Pour prendre la provision journalière à la meule, on peut
se servir avec beaucoup d'avantage d'une espèce de couteau à
lame très-large, très-longue et très-acérée, garnie d'un manche
recourbé, et avec lequel on coupe le foin à mesure des besoins.
Par ce moyen, en commençant à entamer la meule par en
haut, et du côté le moins exposé à la pluie, et en recouvrant
avec de la paille le foin découvert, on empêche qu'il ne soit
mouillé ou éventé, et on prévient toute espèce de perte et de
déchet..

Du regain. On appelle ainsi le produit de toutes les coupes
postérieures à la première, que l'on obtient des prairies, et
qui varient beaucoup en nombre et en qualité, selon le climat,
la saison et la nature des plantes fauchées.

En général, le regain est plus aqueux, moins substantiel et
moins nourrissant que le foin de la première coupe, et il convient moins que ce dernier aux animaux de travail. Il convient
plus particulièrement aux vaches, aux bêtes à laine et aux
jeunes animaux, parce qu'il est plus tendre et plus garni de
feuilles, et qu'il subit plus aisément la mastication.

Lorsqu'il est peu élevé, on le fait ordinairement consommer sur pied, ou bien à l'étable, après avoir été fauché ; et
dans ces deux cas il convient de prendre les précautions que
nous avons indiquées pour prévenir les météorisations.

Dans les prairies basses et humides, il est plus avantageux
de faucher le regain que de le faire consommer sur place, parce
que les bestiaux peuvent nuire beaucoup à la prairie, et se
nuire à eux-mêmes, en paissant cette herbe, sur-tout dans la
saison pluvieuse.

Quand on le fait consommer ainsi, il est également nuisible
à l'intérêt du cultivateur d'y mettre trop tôt ou trop tard ses
bestiaux : dans le premier cas, il est très-peu nourrissant, ne
dure guère et fait peu de profit ; dans le second, il est souvent couché par le vent et la pluie, jaunit par le pied, et est
foulé par les bestiaux qui ne l'appètent guère.

Nous nous sommes toujours mal trouvés d'avoir essayé de
conserver sur pied du regain de prairies à base de graminées,
pour le faire pâturer au printemps, quoique cette méthode ait
été recommandée par quelques agronomes étrangers.

Lorsqu'on se détermine à le faucher, quoique étant peu
élevé, il est essentiel de le faire avant qu'il soit sec, parce
que, présentant en cet état peu de résistance à la faux, elle
passe ordinairement par-dessus, et l'opération est très-irré-
gulière.

Le fanage du regain est beaucoup plus difficile que celui de la première coupe, parce qu'il est beaucoup plus aqueux ; il est donc très-essentiel de profiter, pour cette opération, d'un temps serein, et qui paraisse assuré, ainsi que de répandre très-mince et de retourner très-souvent cette herbe pour la convertir en foin.

Nous avons essayé avec succès un moyen de faner le regain, qui nous avait été recommandé par un cultivateur du nord de l'Europe, et qui consiste à l'emmeuler immédiatement après le fauchage, et à le laisser ainsi jusqu'à ce qu'il s'y soit établi une forte fermentation. En le répandant alors, il fane beaucoup plus vite par l'effet de la fermentation qui fait évaporer une grande partie de son humidité, mais il se décolore, et il est cuit en quelque sorte ; cependant les bestiaux le mangent avec plaisir, et il nous a paru qu'il leur était très-profitable.

Malgré toutes les précautions que nous venons d'indiquer, il arrive souvent qu'on ne peut faner complétement le regain, et alors, pour ne pas le perdre, il convient d'en faire des couches minces et alternatives avec de la paille ou du foin sec de peu de qualité. Ces deux substances s'améliorent réciproquement ; la paille, en soutirant une portion de l'humidité superflue du regain, s'en trouve plus appétissante, et le regain, ainsi desséché, n'est plus exposé à se moisir, lorsque les tas sont peu épais et arrangés avec soin, sans être foulés.

Ce moyen peut aussi être employé avec avantage pour les foins de la première coupe, qui sont rouillés, vasés, et peu secs, ainsi que celui qui consiste à les saupoudrer de sel, que nous avons également employé avec beaucoup de succès et qui est usité dans les marais de la Charente. Par ce dernier moyen, le foin altéré devient plus appétissant, de plus facile digestion, et il est beaucoup moins malsain.

Après avoir examiné les principaux points d'administration des prairies naturelles ou artificielles, qui avaient un rapport plus ou moins direct avec l'objet que nous traitons plus particulièrement, il nous reste à parler de la conversion de ces prairies en terres labourables et de l'assolement qui leur convient alors.

V. *De la destruction et de l'assolement des terres qui sont en prairies ou en pâturages.*

Le sort de tout ce qui existe, comme l'observe un de nos premiers agronomes, est d'être faible dans son principe, d'arriver peu-à-peu à son plus haut degré de force, d'y briller un moment, et d'être entraîné ensuite rapidement vers sa ruine ; s'il est quelques moyens d'en modérer le cours, il n'en est point de l'arrêter.

Les prairies étant soumises à cette loi impérieuse de la

nature, il est une époque où elle avertit le cultivateur de la nécessité de les remplacer, pour son propre intérêt, par d'autres cultures.

La conversion des prairies en terres labourables, comme celle de ces dernières en prairies, est sans contredit une des rotations les plus conformes aux principes d'une saine agriculture. Aucune opération agricole ne peut être plus lucrative que cet alternat périodique, qui, d'une part, procure à peu de frais des récoltes aussi avantageuses par l'abondance que par la qualité et la netteté des produits, et de l'autre, fournit également à peu de frais les moyens d'en obtenir constamment de semblables, d'une manière indéfinie, en conservant la terre nette, meuble et fertile.

Le père de notre agriculture, le savant Olivier de Serres, avait sans doute reconnu dans sa pratique tout l'avantage résultant de cette importante opération, qu'il conseille en termes formels : « Voyant, dit-il, votre pré ne rapporter à » suffisance, ne soyés si mal avisé de le souffrir avec si petit » revenu ; ains lui changeant d'usage, le convertirez en terre » labourable ; en quoi profitera plus en un an, produisant de » beaux blés et pailles, que de six en foin. Dont estant le » fonds renouvelé, au bout de quelques années, sera remis en » prairie, etc. »

La plupart de nos agronomes modernes ont également reconnu les grands avantages résultans de cette conversion : plusieurs l'ont recommandée particulièrement pour les prairies à base de graminées, vulgairement désignées sous la qualification de prairies naturelles, en opposition à celles à base de légumineuses, généralement désignées sous celle de prairies artificielles, et de la destruction desquelles les avantages sont plus connus, parce qu'il est plus souvent pratiqué que celui des premières qui sont ordinairement permanentes.

Nous avons déjà eu occasion de citer plusieurs exemples de cette excellente pratique, en développant nos principes d'assolement, et notamment ceux qui ont lieu dans les environs d'Ypres, où, après avoir procuré six récoltes alternées de fèves, de froment, de lin, d'orge, de trèfle et de colza, le champ qui les a produites est converti en prairie de graminées ou en pâturage pendant un intervalle équivalent ; nous avons cité aussi quelques exemples qui sont assez fréquens sur les rives des Deux-Nèthes, où diverses graminées vivaces établissent, après plusieurs cultures annuelles sagement intercalées, une prairie, qui, après un intervale réglé sur les circonstances dans lesquelles se trouve le cultivateur, fait place aux pommes de terre, lesquelles commencent ordinairement le nouveau cours de culture.

Tome XIV. 30

Nous voyons également, entre Tarbes et Bagnères, comme l'observe M. de Père, substituer alternativement avec le plus grand succès, au moyen des irrigations, les cultures annuelles aux prairies, et celles-ci aux premières.

Enfin, un des premiers cultivateurs du Pas-de-Calais, M. Delporte, qui a employé pour l'amélioration de l'agriculture du Boulonnais le double moyen des écrits et de l'exemple, s'exprime ainsi, en parlant de la nécessité de défricher les anciens pâturages de cette contrée : « Il est étonnant qu'on ne sente point la nécessité de défricher ces pâturages usés ; les récoltes qu'on en tirerait seraient très-considérables, le terrain se bonifierait par la culture ; on pourrait, après quelques années, le convertir de nouveau en pâturages, qui produiraient infiniment plus d'herbe et d'une meilleure qualité.

» Ce changement, continue-t-il, serait d'autant plus facile à nos cultivateurs, qui font beaucoup d'élèves en bestiaux, qu'ils peuvent former un pâturage d'une terre en culture, pour remplacer celui qu'ils auraient défriché ; nous avouerons cependant qu'il se trouve déjà des cultivateurs éclairés qui ont adopté cette pratique de défricher les anciennes pâtures. *Ces cultivateurs*, ajoute-t-il, *connaissent leurs intérêts, et il est à désirer que les autres les imitent.* »

Nous pensons, d'après ces faits, et d'après ceux qui nous sont personnels, que si l'on excepte quelques pâturages placés dans des situations ingrates, escarpées et rebelles à la culture, ainsi que les prairies qui, longeant le cours des rivières, sont exposées à de fréquens débordemens, lesquels détruiraient souvent les récoltes annuelles, tandis qu'ils améliorent ordinairement les herbages, et qu'ils leur sont rarement nuisibles, il y a généralement beaucoup d'avantage à les alterner avec les cultures de céréales et d'autres plantes utiles aux arts, aux hommes et aux animaux, dont le produit en ce cas est double, triple et quelquefois même quadruple des produits ordinaires ; cette rotation vaut bien mieux que de les abandonner à un état permanent souvent consacré par l'usage, et qui se trouve souvent aussi en opposition directe avec l'intérêt du cultivateur.

Ainsi donc, toutes les fois que les moyens que nous avons cru devoir indiquer pour l'entretien, l'amélioration ou la restauration des prairies, seront inadmissibles, ou d'un faible effet ; toutes les fois que les plantes nuisibles ou inutiles l'emporteront sur celles qui sont réellement avantageuses, le véritable remède consistera dans le défrichement ; on ne devra point hésiter à l'entreprendre, dans ce cas ; et si l'assolement adopté est conforme aux vrais principes, il en résultera tou-

jours les plus grands avantages pour la terre et pour le cultivateur.

Ce qui nous fournit une nouvelle preuve bien convaincante
que les graminées n'exigent pas de la terre, comme quelques
personnes le pensent, des principes alimentaires qui leur soient
propres et particuliers, c'est qu'après la destruction des prairies dont les graminées vivaces font la base, on peut rigoureusement obtenir, et l'on n'obtient que trop souvent plusieurs
récoltes successives très-abondantes des graminées annuelles,
telles que l'avoine, l'orge, le seigle et le froment. Ce qui fait
aussi que les graminées vivaces fertilisent, ameublissent et
nettoient la terre, au lieu de l'épuiser, de l'endurcir et de
la souiller, comme font ordinairement les graminées annuelles, c'est que les premières sont le plus souvent et doivent toujours être fauchées avant la maturité de leurs semences, et qu'à cette époque elles ne peuvent ni épuiser, ni
souiller, ni endurcir la terre, qu'elles ombragent d'une manière très-serrée ; leurs débris annuels, lors de la fenaison,
augmentent tous les ans la couche de terre végétale, et leur
dépaissance par les bestiaux, lorsqu'elles y sont soumises, y
ajoute encore un engrais animal, résultant de leurs déjections ;
enfin elles fournissent encore, lors de leur destruction, un
engrais végétal très-riche et très-abondant par la décomposition du gazon qui tapissait la terre : tandis que les secondes,
qu'on laisse toujours achever la maturité complète de leur
fortes et nombreuses semences, lesquelles se trouvent mêlées
avec celles non moins épuisantes des plantes nuisibles aux
récoltes, épuisent, souillent et durcissent le sol, et ne lui
laissent qu'une bien faible portion de débris desséchés et d'une
bien faible valeur comme engrais, c'est-à-dire le chaume qu'on
lui enlève même assez souvent.

Les graminées vivaces fauchées en fleurs, qui font la base
de la plupart de nos prairies, peuvent donc être très-avantageusement intercalées avec les graminées annuelles, soumises
à nos cultures ordinaires ; et, comme nous l'avons déjà observé, et ne saurions trop souvent le répéter, cette conversion alternative de prairies en terres arables est une des opérations agricoles les plus avantageuses et les plus conformes
aux bons principes ; plusieurs faits attestent même que les
terres compactes, ainsi traitées, finissent souvent par devenir
propres à la culture du trèfle, de l'orge et d'autres productions importantes auxquelles elles se refusaient auparavant.

Cependant, malgré tous ces avantages incontestables, il
existe une prévention générale contre le défrichement des
prairies et des pâturages, et on se détermine ordinairement
avec beaucoup de difficulté à l'entreprendre. Quelle peut en

être la cause? Indépendamment du peu de connaissances qu'on réunit ordinairement pour en former convenablement de nouvelles, ce qui doit nécessairement faire redouter la destruction des anciennes, nous pensons qu'on peut attribuer la véritable cause de cette répugnance aux vicieux cours de culture presque toujours adoptés après les défrichemens, et dont le résultat ordinaire est d'épuiser complétement et de souiller horriblement la terre au bout de quelques années, en abusant du précieux état de netteté, d'ameublissement et de fertilité dans lequel elle se trouve, et qu'on eût pu conserver indéfiniment avec des assolemens convenables.

Avant de passer à l'examen de ces assolemens, arrêtons-nous un peu sur les divers modes de destruction des prairies et des pâturages, après avoir observé que la première chose à faire, pour se livrer avec succès à cette opération, consiste à dessécher convenablement le sol, avant tout, lorsqu'il est trop humide.

Les instrumens qu'on emploie le plus communément pour défricher les prairies sont la bêche, l'écobue et la charrue.

Malgré toute la perfection du travail opéré avec la bêche ou avec tout autre instrument équivalent, et malgré la grande prédilection que Rozier manifeste pour elle, relativement à plusieurs cultures, et notamment à l'égard du défrichement des prairies, nous ne pouvons lui accorder la préférence sur la charrue, dans les défrichemens en grand, dont il s'agit ici, qui nous paraissent réclamer impérieusement l'emploi de ce dernier et expéditif instrument. Nous savons très-bien que la bêche retourne, divise et enfouit mieux le gazon et toutes les racines, en ramenant à la surface une terre meuble très-propre à la culture; mais nous savons très-bien aussi que le travail de cet instrument est long, pénible et dispendieux, trois inconvéniens de la plus haute importance dans toutes les cultures en grand, où il est toujours essentiel de les éviter autant que possible; et nous pensons qu'ici, comme en beaucoup d'autres cas, *le mieux est réellement l'ennemi du bien*, et qu'il faut laisser, en général, cet instrument aux petites cultures, où la célérité, la facilité et l'économie ne sont pas toujours les principaux objets qu'on a en vue.

L'écobue est une espèce de *houe*, *binette*, *pioche* ou *tranche* recourbée, plus ou moins longue, et plus ou moins large, dont le fer nous paraît avoir, le plus communément, environ 20 à 24 centimètres de long, sur moitié à-peu-près de largeur à sa base tranchante, qui va ordinairement en se rétrécissant jusqu'au manche, où il se trouve réduit au quart environ de cette largeur.

Cet instrument, fait avec le meilleur fer, et d'une épaisseur proportionnée à ses autres dimensions, renforcé dans le milieu où l'effort se fait, et ayant son tranchant trempé solidement en acier, se fixe dans un manche court, par une douille ronde et solide, ménagée dans le haut.

L'ouvrier qui s'en sert, en s'inclinant vers la terre, et en tenant ses jambes écartées, commençant à défricher à la droite du champ, à une de ses extrémités, enfonce d'abord cet instrument un peu horizontalement à sa droite, puis devant lui, et il donne ensuite à sa gauche un troisième coup, qui enlève un gazon d'environ 32 centimètres de large sur 48 de long, et 8, à-peu-près, d'épaisseur.

Par un léger mouvement, il déplace de dessus son instrument ce gazon, qu'il pose à sa droite, dans le même sens, c'est-à-dire les racines en dessous, et il continue toujours ainsi devant lui, en avançant jusqu'à ce qu'il soit arrivé à l'extrémité opposée du champ. Il revient alors commencer de nouveau à côté de sa première ouverture.

Lorsque plusieurs *écobueurs* sont employés à la même opération, ils se placent successivement et en échelons, à la gauche les uns des autres, et se conforment en tout à la marche et au travail du premier.

Il est essentiel que l'écobue soit enfoncée au-dessous des principales racines traçantes, afin qu'elles ne puissent plus produire de nouvelles plantes.

Il est indispensable aussi de choisir, pour commencer cette opération, une saison chaude et un temps sec, afin d'accélérer la dessiccation des gazons qui, par un temps humide et dans une saison pluvieuse, végéteraient plutôt que de sécher.

Afin de hâter leur dessiccation, on peut les retourner alternativement des deux côtés, ou plutôt les dresser et les appuyer supérieurement l'un contre l'autre, en les inclinant.

Dès qu'on s'aperçoit qu'ils sont suffisamment secs, on les ramasse pour les amonceler de distance en distance dans le champ, et on les dispose de la manière suivante.

On les entasse carrément, ou, mieux, circulairement, en laissant dans le centre un vide, en forme de petit fourneau peu élevé, et recouvert le plus solidement possible par de nouveaux gazons superposés horizontalement d'abord, et verticalement ensuite.

On a soin de placer inférieurement et intérieurement, autant que possible, la partie gazonneuse, afin que le feu prenne plus aisément.

Après avoir mis, dans l'intérieur, un peu de matière très-inflammable, comme des feuilles, des racines, de la bruyère ou de la paille, qui soient bien sèches, et avoir ménagé une légère ouverture en forme de cheminée, on met le feu.

Il est essentiel de choisir, pour l'incinération, un temps calme, parce qu'un vent violent donnant à la flamme trop d'énergie, dissiperait en pure perte la majeure partie du combustible et vitrifierait la silice.

C'est aussi pour éviter cet inconvénient, ainsi que pour amortir la flamme qui dévorerait la substance la plus utile à la végétation, et calcinerait trop fortement les matières soumises à son action, ce qui produirait deux effets également nuisibles, qu'il faut boucher soigneusement toutes les ouvertures, excepté celles indispensables pour empêcher que le feu ne s'éteigne. Les gazons doivent brûler à feu lent et étouffé, et plus la combustion sera prolongée et concentrée, plus les cendres qui en résulteront seront abondantes et plus elles auront de qualité. Elles conserveront alors une teinte noirâtre et charbonneuse, et nous avons reconnu qu'elles étaient plus efficaces en cet état que lorsqu'elles avaient été réduites, par la violence du feu, à une couleur blanchâtre.

Lorsque la couche superficielle du terrain que l'on défriche abonde en substance calcaire, une forte partie se calcine pendant l'incinération de la substance végétale; elle augmente la quantité de cendre et les bons effets de l'opération, et le sol se trouve tout-à-la-fois engraissé et amendé.

Dès qu'on s'aperçoit que le feu est éteint, il est prudent de ne pas perdre de temps pour répandre les débris des fourneaux le plus également possible sur toute la surface du champ, et pour les enterrer par un labour léger, dans la crainte que le vent n'en enlève une partie. Cette opération se ferait, sans doute, avec moins de perte, par un temps calme et après une pluie, mais il faut prendre garde d'en compromettre le succès en la différant. Quelques cultivateurs ont prétendu que les cendres s'amélioraient en restant quelque temps répandues sur le sol; en admettant cette assertion, les risques de les voir balayées par le vent contre-balancent fortement cet avantage, s'il est réel.

Il faut avoir la plus scrupuleuse attention d'enlever complétement la cendre qui s'est accumulée sous les tas; sans cette précaution, la végétation y devient trop vigoureuse, et c'est toujours au détriment du cultivateur, qui, trompé par une séduisante apparence, y récolte peu de grains.

Lorsqu'on a pu admettre la charrue à la place de l'écobue, ce qui est plus expéditif et plus économique, et lorsqu'on croit devoir brûler la couche gazonneuse qu'elle a enlevée, il faut alors la couper en carrés réguliers, et suivre les mêmes procédés qu'après l'écobuage.

Dans tous les cas, il est essentiel d'enfouir les cendres à peu de profondeur, parce qu'il est d'observation constante qu'elles

tendent, ainsi que la chaux, la suie et tous les engrais pulvérulens, à s'enfoncer naturellement au-dessous du labour.

Nous devons entrer ici dans quelques détails sur les effets
de l'incinération qui suit ordinairement l'écobuage, qu'on
confond souvent avec elle, quoiqu'il n'en soit qu'une opération
préparatoire qui n'est pas même indispensable, puisqu'on peut
la remplacer souvent avantageusement par le labour, comme
on le fait quelquefois.

De toutes les opérations agricoles, aucune peut-être n'a été
envisagée par les agronomes sous des rapports plus opposés.
Les uns l'ont reconnue comme *une pratique excellente*, tandis
que d'autres l'ont déclarée, sans hésiter, *une pratique détestable*.

Les premiers ont vu que, par cette opération, on détruisait
très-efficacement toutes les racines des plantes vivaces et traçantes, comme le chiendent et toutes celles qui sont analogues; qu'on détruisait également tous les germes de plantes,
d'insectes et autres animaux nuisibles aux récoltes, que la
terre recélait dans son sein; qu'on détruisait aussi les larves
des insectes, les matières excrémentielles et les racines des
plantes mortes; qu'on communiquait au sol un degré de chaleur très-propre à activer la végétation; qu'on mettait en action toutes ses facultés, en réduisant l'humus à un état de dissolution très-prononcé; enfin qu'on ajoutait souvent l'amendement à l'engrais, en rendant les terres tourbeuses moins
spongieuses et plus réduites, les terres argileuses moins compactes et plus perméables, et les terres calcaires plus friables
et plus divisées.

Les derniers ont vu, dans l'incinération de la couche gazonneuse, une dissipation nuisible des principes de la végétation, qu'il eût fallu retenir au lieu de faire évaporer en
fumée les sels, les huiles et toutes les matières qu'on retrouve
dans la substance fuligineuse; quelques-uns même y ont vu,
en outre, les terres compactes et argileuses se réduire en une
espèce de terre briquetée, d'autres en une sorte de vitrification,
et d'autres enfin en une espèce de frite improductive.

Quelque opposées que soient les observations que nous venons de rapporter, ou d'autres semblables, et quelque prévention ou impartialité qu'on ait mise à les faire, nous pensons,
sans chercher ici à prononcer sur le degré relatif de confiance
que chacune d'elles mérite, qu'en traitant généralement la
question de l'incinération, elle présente plus d'avantages que
d'inconvéniens réels; qu'elle est sur-tout applicable aux sols
tourbeux, marécageux et argileux, couverts de plantes à racines traçantes, qu'on ne peut bien détruire que par ce
moyen, ainsi que les germes de végétaux et d'animaux nui-

sibles, les matières excrémentielles et les racines des plantes mortes; que la pratique éclairée de nos plus célèbres cultivateurs l'a constamment reconnue avec raison comme infiniment au-dessus de toutes les autres opérations, pour obtenir ces résultats essentiels; et enfin, que les graves inconvéniens que nous savons qui en résultent réellement quelquefois, sont bien plus attribuables à l'abus qu'on en fait, et principalement aux vicieux assolemens qui sont introduits ordinairement après, qu'à un vice réel inhérent à cette pratique.

Quoi qu'il en soit, il est essentiel, lorsqu'on s'y détermine, 1°. d'enlever le plus de racines possible, en n'enlevant pas assez de terre pour nuire à leur prompte et complète incinération; 2°. que les cendres soient intimement mêlées avec le sol et peu enfouies, afin de rendre leur action plus prononcée et plus immédiate; et 3°. que l'assolement adopté ensuite soit tel qu'on n'abuse jamais du grand degré de fertilité que cette importante opération communique à la terre.

La prompte réduction de l'humus à un état dissoluble est un des grands moyens d'activer la végétation, et l'incinération procure incontestablement cet effet, d'une manière aussi prompte qu'elle est économique; mais on peut encore l'opérer par un autre procédé, praticable dans un grand nombre de cas. C'est par l'emploi de la chaux éteinte, déposée également en grande quantité sur les herbages qu'on veut détruire, préalablement à leur défrichement. Ce moyen réduit aussi très-promptement le gazon en terre soluble, et active singulièrement la végétation; mais il exige les mêmes précautions que nous avons cru devoir prescrire pour l'incinération, étant également susceptible de résultats très-fâcheux lorsqu'on en abuse, et sur-tout lorsque l'assolement adopté est plus avide que raisonné.

Soit que l'on emploie l'incinération, ou la chaux, pour accélérer la dissolution de l'humus et activer la végétation, il est toujours essentiel que le labour qui suit cet emploi soit fait superficiellement, afin de ne pas placer l'engrais trop bas, et pour achever la décomposition du gazon par l'influence de l'atmosphère, dont l'action dissolvante est aussi très-puissante, quand elle agit sur les corps désorganisés.

Lorsque, sans avoir recours à ces deux moyens, on emploie seulement le labour pour le défrichement des prairies, il doit être plus profond qu'après leur emploi, afin de soustraire le gazon à l'air et à la lumière qui ranimeraient sa végétation, s'il n'était complétement enfoui; sur les terrains exempts de pierres et de fortes racines, l'addition à la charrue, d'une espèce de coutre large et horizontal en forme d'écumoir, qui, en précédant le soc, écume, pour ainsi dire, le gazon qui tombe au fond de la raie, est aussi une chose fort utile.

L'époque la plus convenable pour le défrichement des prairies avec la charrue est en été, si l'on veut semer avant l'hiver, ou détruire beaucoup de racines traçantes, parce que les labours répétés dans cette saison sont le meilleur moyen, après l'écobuage et l'incinération, pour les détruire et pour décomposer le gazon ; c'est en automne, si l'on veut semer au printemps, parce que les gelées de l'hiver détruisent une grande partie du gazon qui n'a pu être enfoui, et la terre se trouvant aussi ameublie par la même cause, se prête beaucoup mieux aux opérations aratoires subséquentes.

Nous observerons avec Rozier que, dès que la chaleur n'est pas à 10 degrés au-dessus du point de congélation du thermomètre de Réaumur, l'herbe pourrit difficilement, et elle ne pourrit point du tout, si la chaleur n'est que de 2 à 3 degrés, parce qu'il n'y a point alors de fermentation, et sans fermentation point de putréfaction.

C'est d'après cela que lorsque le premier labour n'a pu être fait, comme cela arrive souvent en défrichant les prairies, à une époque où une chaleur assez forte ait pu décomposer le gazon, il y a généralement de l'inconvénient à donner plusieurs labours, au lieu de se borner au premier, parce que les derniers ne font autre chose que ramener à l'atmosphère la couche gazonneuse intacte ou peu décomposée, et qu'il en résulte toujours les plus grands inconvéniens, ainsi que nous l'avons souvent observé.

Revenons maintenant à l'assolement des prairies ou des pâturages qui ont été détruits.

Quelque moyen qu'on ait employé pour détruire une prairie ou un pâturage, et pour en décomposer le gazon, la terre y est généralement douée d'une grande fertilité, résultante de l'accumulation des débris végétaux qui ont dû s'amasser tant que l'herbe y existait, ainsi que de l'effet de son défrichement ; elle est également assez nette de semences nuisibles aux récoltes, qui ont été détruites en grande partie par le séjour de l'herbage, et elle est encore ordinairement très-meuble, tant par l'effet du terreau qui s'est mêlé à la terre, que par l'opération même du défrichement.

C'est cet heureux état qu'il est de la plus haute importance de prolonger le plus possible, tout en obtenant des produits avantageux; un assolement quelconque, conforme aux principes que nous avons établis et développés, en procure aisément les moyens.

En cet état, la terre peut admettre avantageusement dans son sein toutes les semences que sa nature et le climat com-

portent, et la plupart des plantes que nous avons particulièrement affectées à notre troisième division, comme exigeant
généralement le terrain le plus fertile, peuvent s'y cultiver
avec beaucoup de succès, sur-tout le maïs, le millet, le panis, l'alpiste et le sorgho; le pastel, la moutarde et le rutabaga; le chanvre, le lin, la garance, la cardère, le tabac, le
safran et le pavot; ainsi que le chou, le colza, la gaude, la
pomme de terre, la rave, les fèves, l'avoine, etc. Le point
essentiel consiste à tellement coordonner entre elles ces diverses cultures ou autres équivalentes, et à les intercaler de
telle manière avec d'autres cultures, qu'elles maintiennent
constamment le sol meuble, net et fertile.

Une attention générale qu'on doit avoir, c'est de confier à
la terre moins de semences que dans les cas ordinaires, parce
qu'étant plus fertile, chaque plante talle ordinairement et
se ramifie beaucoup, et qu'il peut résulter de grands inconvéniens d'un excès de semence, tels que le versement, l'étiolement, la rouille, la coulure et la luxuriance des feuilles aux
dépens des graines.

Une seconde attention importante consiste à retarder l'admission de l'orge, jusqu'à ce que le terrain soit complétement
ameubli, parce qu'elle exige essentiellement, pour prospérer,
un terrain ainsi préparé; il faut différer aussi celle du froment
jusqu'à l'entière destruction du gazon, parce qu'il réussit toujours fort mal dans les terres gazonneuses.

Enfin une troisième attention qu'il ne faut jamais perdre de
vue, c'est d'accélérer, par tous les moyens possibles, cette destruction complète du gazon et des racines vivaces et traçantes
qui entrent dans sa composition.

Nous mettons au premier rang, pour opérer ce salutaire
effet, la culture de la pomme de terre, que nous avons vue
commencer le cours régulier qui suit tous les défrichemens
dans l'ancien département des Deux-Nèthes et dans plusieurs
autres, et qui donne constamment en ce cas les produits les
plus avantageux, tout en remplissant complétement l'objet
désiré; celle de la rave, qui réussit également très-bien, en
remplissant parfaitement le même objet, et qui, après l'écobuage et l'incinération, donne, ainsi que le colza et la navette, des récoltes du plus grand produit; celle des fèves cultivées en rayons, particulièrement applicable aux terres compactes et argileuses, qu'elles ameublissent et préparent merveilleusement pour toutes les cultures céréales; celle de l'a-
voine, le moins délicat de tous nos grains sur la préparation
du sol, et qui fournit aussi, à très-peu de frais et ordinairement sur un simple labour, des produits très-abondans, en
détruisant également bien le gazon par son ombrage; enfin la

culture du chanvre, qui possède le même avantage, et qui y réunit celui de ne point verser.

Il est également très-essentiel d'intercaler rigoureusement les cultures très-exigeantes et très-épuisantes, et sur-tout avec celles des grains et des plantes oléifères, celles qu'on peut appeler restaurantes et améliorantes, telles que celles des vesces, des gesses, des pois, des fèves, et de toutes les plantes fauchées en vert pour fourrage.

On ne doit jamais non plus se déterminer à rétablir une prairie qu'on a détruite, qu'après avoir complétement décomposé tout le gazon qui en provenait et principalement les racines vivaces, et avoir donné à la terre des engrais équivalens à ses déperditions; car ces deux conditions sont toujours de rigueur pour assurer le succès de tout établissement nouveau en ce genre.

Terminons ces préceptes généraux par quelques exemples des assolemens ou rotations de culture, qui nous ont paru le plus généralement applicables aux prairies défrichées de notre première et de notre seconde division, et qui peuvent également ment convenir à la troisième.

Sur les terres de la première division,

Première année. Pommes de terre ou raves, sur-tout après l'écobuage et l'incinération.

Deuxième. Avoine ou orge, selon l'état plus ou moins meuble de la terre; puis raves ou spergule, ou toute autre pâture momentanée consommée sur place.

Troisième. Vesce ou gesse fauchée en vert; puis sarrasin.

Quatrième. Orge et trèfle, ou lupuline.

Cinquième. Trèfle ou lupuline, plâtré ou cendré.

Sixième. Froment ou seigle, ou épeautre; puis raves ou spergule, etc., consommés sur place.

Septième. Vesce ou gesse, ou tout autre fourrage convenable.

Et *huitième*, orge et prairie à base de graminées, avec engrais pour rétablir la prairie, en laissant la terre très-nette, meuble et fertile à la neuvième année.

Ou bien,

Première année. Avoine, puis raves, ou spergule consommées sur place.

Deuxième. Pommes de terres, ou sarrasin, ou raves.

Troisième. Orge et trèfle, ou lupuline.

Quatrième. Trèfle ou lupuline avec le secours du plâtre, des cendres, de la suie ou de tout autre engrais pulvérulent.

Cinquième. Froment ou seigle, etc., comme précédemment.

Sixième. Pâture momentanée de colza, navette, etc., ou

tout autre fourrage fauché en vert, ou , mieux, consommé sur place; puis seconde récolte améliorante.

Et *septième*, orge et prairie de graminées avec engrais, afin de rétablir la prairie, en laissant également la terre dans le meilleur état de netteté, d'ameublissement et de fertilité.

Sur les terres de la seconde division,

En commençant par les fèves ou par l'avoine, on peut les intercaler très-avantageusement, sur-tout en houant les premières, pendant quatre, cinq, ou six ans, suivant les besoins et l'état de la terre, en la fumant une ou deux fois, en la semant ensuite en trèfle à la dernière récolte intercalée ainsi, puis en froment; et, après une avant-dernière récolte préparatoire fumée, telle que vesce, gesse, fèves, chou ordinaire, ou colza, on peut y rétablir la prairie à base de graminées avec une dernière récolte d'avoine, lorsque la terre est suffisamment nette, meuble et engraissée.

Sur les terres de la troisième division ,

On peut substituer la carotte, le panais, la betterave, le chanvre, le lin, et autres cultures qui exigent une terre essentiellement meuble et fertile, aux fèves, chou, colza, sarrasin, pommes de terre, vesce, gesse, etc.; et l'escourgeon, au seigle, à l'épeautre et au froment.

Au reste, le choix des récoltes doit toujours être déterminé par les circonstances locales; l'essentiel consiste à les intercaler convenablement, d'après les principes que nous avons établis, à y multiplier le plus possible celles qui peuvent être houées et consommées sur place, et à ne jamais rétablir la prairie que la terre ne soit complétement nettoyée, ameublie et engraissée, après l'entière destruction du gazon.

SECONDE SECTION.

Des Légumineuses.

Les principales plantes légumineuses les plus applicables à notre seconde division, sont, 1°. toutes les espèces de trèfle, annuelles, bisannuelles ou vivaces, soumises à nos cultures, ou susceptibles de l'être; spécialement le trèfle commun, le trèfle rampant, le trèfle-fraisier, le trèfle de montagne et le trèfle incarnat; 2°. diverses espèces et variétés de fève, de vesce, de gesse et de pois.

DU TRÈFLE COMMUN. Le trèfle commun, *trifolium pratense purpureum*, qu'on appelle en divers cantons de la France *grand trèfle, trèfle des prés, trèfle pourpre, trèfle de Hollande*, ou *de Normandie*, ou *de Flandre*, ou *de Piémont, herbe à vache, triolet, trémène* et *clave*, d'où paraît dérivé son nom anglais *clover*, est une plante indigène dont la durée ne se prolonge guère au-delà de la troisième année, et qui périt même souvent à la seconde, après avoir fructifié, quoique ses reproductions l'aient souvent fait considérer comme étant plus vivace.

De sa racine ligneuse, pivotante et fibreuse, s'élèvent plusieurs tiges, quelquefois jusqu'à un mètre environ, garnies de feuilles composées de trois folioles ovales, assez souvent tachetées de blanc et de noir, et de fleurs purpurines en têtes arrondies, remplacées par de petites gousses renfermant des graines rondes, jaunâtres ou d'un brun violet.

Cette plante, l'une des plus importantes de l'agriculture française, et qui croît spontanément dans un très-grand nombre de nos prairies naturelles, où elle est si inférieure à celle qui se trouve cultivée en grand, qu'on la prendrait à peine pour la même plante, ce qui nous fournit une nouvelle preuve frappante de l'heureuse influence d'une culture soignée et prolongée : elle ne paraît pas avoir été tirée de son état naturel, long-temps avant le seizième siècle. Olivier de Serres n'en parle pas plus que ses contemporains ; du temps même de Duhamel, sa culture était bien peu répandue, et les moyens d'en tirer le parti le plus avantageux pour les assolemens étaient peu connus.

Parcourons d'abord les divers périodes de cette culture, et nous verrons ensuite que cette plante est une des plus précieuses qui existent pour nos assolemens, principalement pour ceux qui sont à court terme.

Qualité et préparation du sol. On a dit et répété que le trèfle prospérait sur les terres sablonneuses et légères : cela peut être, et cela est en effet en Angleterre comme en Hollande, à cause de l'humidité du climat et du sol ; mais comme ces deux circonstances se rencontrent beaucoup plus rarement en France et en Italie que dans ces contrées, si l'on excepte quelques-unes de nos régions septentrionales, ces terres conviennent généralement peu à cette production, parmi nous, à moins qu'elles ne soient abreuvées d'une grande humidité, ce qui est assez rare.

Les terres argileuses, marneuses et humides sur-tout, rendues moins compactes par l'effet des amendemens convenables, par la chaux ou autres substances calcaires, par des fumiers longs et abondans, et par de profonds labours d'automne, lorsqu'ils sont praticables, nous paraissent bien plus convenables ordinairement au trèfle que les premières, sur lesquelles nous avons remarqué que les produits étaient presque toujours faibles et souvent brûlés ; il convient beaucoup mieux de consacrer ces terres légères au sainfoin.

« Le trèfle, dit M. de Père, réussit bien dans les terrains argileux, quand ils sont égouttés parfaitement, bien ameublis et amendés, et on ne doit pas en tenter la culture sur les terrains trop amaigris par défaut d'engrais et une longue succession de récoltes épuisantes, sur les terrains de roche couverts de pierres ou de gravier, sur les sables secs et maigres, sur les terres ferrugineuses, submergées ou marécageuses. »

On le fait cependant très-souvent, et on accuse le trèfle du défaut de succès qui en résulte nécessairement.

Procédés particuliers de culture et de récolte. D'après les détails généraux dans lesquels nous sommes entrés, relativement à la préparation du sol, à la semaille, à l'établissement et à l'entretien des prairies artificielles, et auxquels nous renvoyons, afin d'éviter ici des répétitions au moins inutiles, il nous suffit de considérer quelques objets particuliers de la culture et de la récolte du trèfle.

1°. La forme pivotante de la racine du trèfle, qui est assez longue, lorsqu'elle peut se développer complétement, et qui est fibreuse, aussi, exige des labours profonds et bien faits, principalement avant les fortes gelées qui peuvent éviter bien des labours; le développement de cette plante est ordinairement proportionné à la longueur, à l'enfoncement et à la grosseur de sa racine.

2°. Les engrais, sur-tout ceux qui sont calcaires, sont indispensables à la prospérité du trèfle et à celle des récoltes qui lui succèdent immédiatement. Lorsqu'on n'a pu fumer la terre avant son ensemencement, il convient de le faire au moins l'automne ou l'hiver suivant, en couvrant légèrement le trèfle d'engrais ; à défaut de fumier, le plâtre, la suie, la chaux, la poudrette, l'urate, les cendres de tourbe, de charbon de terre et de bois, ou tout autre engrais pulvérulent analogue, semés le plus tôt possible, en petite quantité et par un temps calme et humide, y suppléent d'une manière très-efficace et économique, particulièrement sur les terrains qui manquent de l'humidité nécessaire à la prospérité de cette végétation.

3°. Le choix de la semence est un des objets les plus importans de cette culture. De même que, par des soins convenables et prolongés, l'industrie du cultivateur est parvenue à élever l'humble *triolet* de nos prairies jusqu'à la hauteur d'un mètre, et à rendre cette plante une des plus productives en fourrage, de même aussi on la voit insensiblement se rapprocher, par le défaut de soins, de son état primitif et naturel, vers lequel tendent toujours les êtres améliorés, dès qu'on leur refuse les soins constans et nécessaires qu'on leur avait prodigués jusque alors.

La respectable société d'agriculture, du commerce et des

arts, qui a si puissamment contribué aux améliorations agricoles et commerciales de la ci-devant Bretagne, a constaté, il y a long-temps, la différence qui pouvait exister entre plusieurs sortes de graines de trèfle ; elle a trouvé une grande supériorité, pour la multiplication et le produit, à celle qu'elle s'était procurée de la Hollande, qui la tire souvent de la Flandre, pays par excellence pour cette production dont elle paraît avoir été le berceau, sur celle de Normandie, qui lui est généralement inférieure en poids et en qualité.

Gilbert, qui connaissait les expériences comparatives de cette société sur cet important objet, les répéta devant nous, et reconnut qu'à volume égal, la graine de Hollande pesait un septième environ de plus que l'autre ; qu'après avoir été lavée, la première perdait un neuvième de son poids, et la seconde un cinquième. Une même quantité de grains choisis de l'une et de l'autre ont donné des résultats très-différens ; en comparant la totalité des produits, il a été reconnu que ces deux sortes de graines avaient donné à-peu-près le même nombre de tiges ; mais le trèfle de Hollande s'est élevé beaucoup plus vite, et il est parvenu à une plus grande hauteur ; ses feuilles plus longues ont beaucoup mieux garni le terrain, *et ont donné beaucoup plus de fourrage* que celui de Normandie.

Nous ajouterons à ces faits qu'ayant semé plusieurs fois comparativement, dans des circonstances parfaitement semblables, de la graine de trèfle récoltée sur notre exploitation, dont les terres sont généralement peu convenables à cette production, et de la graine récoltée dans les environs de Lille, nous avons constamment trouvé une différence remarquable dans les produits comme dans le poids respectif de ces deux sortes de graines, la dernière nous ayant donné des produits bien plus avantageux que la première.

On doit donc toujours se procurer, pour semer, la graine de trèfle la plus pesante, la plus nette et la mieux nourrie, et lorsqu'on ne peut l'obtenir sur sa propre exploitation, il est généralement avantageux d'en tirer des contrées les plus renommées pour cette production, et particulièrement dans nos départemens septentrionaux.

La graine de trèfle, provenue de cette plante à sa seconde année, vaut mieux que celle qu'elle produit quelquefois à l'automne de la première, et elle est encore préférable, comme nous nous en sommes assurés, à celle de la troisième qu'elle n'atteint pas toujours, et où elle est moins vigoureuse et moins nette, toutes les fois qu'elle y parvient.

Nous avons remarqué, avec d'autres cultivateurs, que les graines produites par la première végétation du printemps étaient généralement moins bonnes que celles de la seconde, ca qu'il faut attribuer à ce que cette végétation est ordinairement trop vigoureuse pour cet objet, parce que la luxuriance des tiges et des feuilles est généralement aux dépens de la fructification, et qu'elles verseraient souvent, d'ailleurs, si on les laissait long-temps sur pied après la floraison. Il est donc plus avantageux, sous plusieurs rapports importans, de n'obtenir la graine que de la seconde pousse, qui est toujours plus nette, plus droite et plus modérée dans son essor; mais il est essentiel que la première pousse soit récoltée le plus tôt possible, afin de ne pas trop retarder la maturité de la semence produite par la seconde, et on la fait quelquefois, à cet effet, pâturer de bonne heure au printemps.

Il est généralement avantageux de défricher le plus tôt possible les tréflières dont on a obtenu de la graine.

On peut récolter la graine de trèfle de deux manières principales : la première, qui est la plus expéditive, consiste à moissonner les plantes porte-graines, ou avec la faucille ou avec la faux, à les étendre très-minces sur-le-champ, jusqu'à ce qu'elles soient bien sèches, et à les lier ensuite pour les battre à la grange avec le fléau. La seconde, plus longue et plus coûteuse, à la vérité, mais qui sépare beaucoup plus sûrement la graine de cuscute et autres semences nuisibles, consiste à n'enlever à la main que les têtes qui renferment la graine de trèfle, lorsqu'elles sont bien sèches, et à les battre sans délai, lorsque le temps est chaud, avec de petites gaules qui en font assez facilement sortir les semences à cette époque. Cette graine est quelquefois dévorée par un petit insecte; mais lorsqu'elle est bien sèche et mise sèchement à couvert, elle en est exempte.

On distingue ordinairement deux nuances particulières dans la graine de trèfle dégagée de son enveloppe : la jaune et la brune, ou plutôt la violette. Nous pensons que Gilbert s'est trompé en regardant la dernière comme *infiniment moins bonne* que la première; nous considérons au contraire sa nuance comme un indice certain du perfectionnement de sa maturité; et elle nous a toujours paru meilleure, ainsi qu'à d'autres cultivateurs. On a assuré, aussi, que la graine de deux ou trois ans était meilleure que celle d'une année; nous n'avons jamais remarqué cet effet, qui nous paraît d'ailleurs contraire aux principes généraux applicables sur-tout aux semences faibles, et nous la croyons très-sujette, comme celles-ci, à se détériorer par l'âge.

On peut rigoureusement semer cette graine enveloppée dans sa gousse, comme nous l'avons fait quelquefois; elle n'en est que plus à l'abri des ravages des insectes et ne s'en conserve que mieux jusqu'au moment de sa germination; mais on l'en débarrasse ordinairement, sur-tout pour la vente, cela étant beaucoup plus commode ; c'est ce qu'on appelle en plusieurs endroits *éhouper,* et l'on a imaginé près d'Orléans et dans quelques autres parties de la France, des moulins fort ingénieux pour remplir expéditivement cet objet.

Lorsqu'on soupçonne que la graine de trèfle est infectée de semences nuisibles ou imparfaites, il est avantageux de la plonger dans l'eau ; la plupart de ces semences surnagent, et on peut aisément les en séparer avec une écumoire, ou en faisant déborder l'eau.

On a quelquefois semé cette graine en automne avec succès, seule ou sur des champs ensemencés en grains ; mais cette méthode convient rarement ; la meilleure manière nous paraît consister à la semer au printemps, sur les champs ensemencés en céréales, ou autres productions printanières, ou immédiatement après la semaille principale, ou après la levée, ce qui doit toujours dépendre de l'état de la terre, de la nature des productions et de plusieurs autres circonstances que le cultivateur doit prendre en considération (1).

On la sème aussi assez souvent au printemps, sur les champs ensemencés, dès l'automne, en grains ou autres productions ; et tantôt on la recouvre avec la herse, tantôt avec le rouleau, tantôt avec des épines, tantôt avec le châssis appelé *ploutre ;* quelquefois même on ne la recouvre pas du tout : elle a généralement, ainsi, des chances moins favorables pour son succès, et dans ce cas, comme dans tout autre, plus tôt on la sème, mieux cela vaut ; on la répand quelquefois avec beaucoup d'avantage, lorsque la terre est légèrement couverte de neige ; elle s'enfonce en terre lors de la fonte, n'a pas besoin d'être recouverte, et germe aux premières chaleurs.

4°. Soit qu'on veuille consommer le trèfle en fourrage vert, soit qu'on veuille le convertir en fourrage sec, il convient de le faucher lors du développement complet de la floraison ; plus tôt, il est trop aqueux, il est moins nourrissant et fane beaucoup plus difficilement ; et plus tard, il épuise inutilement la terre.

Cependant, lorsque le temps ne paraît pas assuré, il est toujours avantageux de retarder cette opération, et il ne l'est pas ordinairement de l'avancer ; car il a été éprouvé, comme

---

(1) **M.** le comte Chaptal a eu la bonté de nous informer, depuis que ceci est écrit, qu'il a semé avec succès, en automne, du trèfle avec du seigle, sur sa magnifique propriété de Chanteloup, dont nous avons eu l'avantage d'admirer l'excellente culture qu'il y a introduite depuis plusieurs années ; et nous nous sommes assurés que cette méthode se pratiquait en quelques autres endroits.

l'observe M. de Père, sur deux espaces égaux d'une tréflière, que trois coupes d'une herbe trop tendre, faites sur l'un en six semaines, n'ont produit en tout que soixante-dix livres de fourrage; tandis que sur l'autre, une seule coupe d'un trèfle parvenu à toute sa croissance a produit un quintal

En fauchant le trèfle à l'époque indiquée, on peut ordinairement en faire trois coupes; la première est la plus nourrissante et la plus abondante; et la seconde l'est plus que la troisième qu'il convient souvent d'enfouir comme engrais végétal, en défrichant la tréflière. On parvient quelquefois à augmenter le nombre de ces coupes par le moyen des engrais pulvérulens indiqués, ou par des engrais liquides.

Un des plus grands inconvéniens du trèfle consiste dans la difficulté de son fanage : c'est la plus aqueuse de nos plantes cultivées communément en prairies artificielles, et nous avons plusieurs fois constaté qu'il perdait par la dessiccation les deux tiers environ de son poids. Pour peu qu'il soit mouillé après avoir été fauché, il noircit, et se moisit quelquefois, s'échauffe en tas, et s'altère au point de n'être plus propre qu'à être converti en fumier.

Lorsqu'on le remue beaucoup pour le faner, il perd la majeure partie de ses feuilles qui se dessèchent long-temps avant les tiges, et qui se réduisent en poussière lorsqu'on y touche par un temps sec et chaud. Il convient donc d'éviter les momens de la plus forte chaleur pour le répandre et le remuer, et de ne jamais le faire brusquement; il ne faut jamais l'amonceler non plus qu'il ne soit bien sec, car il s'échauffe très-promptement, et la pluie le pénètre aisément.

Lorsqu'on n'a pu le faner complétement, on peut le stratifier avec de la paille ou du foin sec ordinaire, et ils s'améliorent réciproquement.

Cretté le mêlait même quelquefois avec du vieux foin dans le champ, pour accélérer sa dessiccation qu'on ne saurait trop avancer lorsqu'on le peut, et ce moyen est infiniment préférable aux *juchoirs à perroquets* recommandés par quelques écrivains.

On peut aussi appliquer au trèfle le fanage par fermentation que nous avons indiqué en parlant du regain des prairies.

Lorsqu'on moissonne le grain avec lequel il a été semé, il est avantageux d'en faire la récolte avec la faucille, et de faucher ensuite le chaume mêlé au trèfle dont il facilite la dessiccation, et qui s'en trouve amélioré.

Un beau temps fixe est plus nécessaire pour opérer le fanage complet du trèfle, que pour produire le même effet sur nos autres prairies artificielles ordinaires, et on doit l'attendre toutes les fois que cela est praticable sans inconvéniens graves.

Quoique la cuscute, ou rache, ou teigne, attaque plus rarement le trèfle que la luzerne (*voyez* ce mot), elle s'implante cependant aussi quelquefois sur ses tiges, et en rend le fanage plus difficile encore. Il est toujours avantageux de faner et de mettre à part toutes les parties qui en sont attaquées, parce qu'elles peuvent gâter le bon foin en conservant très-long-temps une humidité dangereuse.

Dans quelques cantons de nos départemens septentrionaux, on a introduit l'excellente pratique de couvrir d'un chapiteau en paille les meules de trèfle, qui se trouvent ainsi préservées des dommages qu'occasionnent souvent les pluies abondantes et prolongées, lors de la récolte.

Principaux emplois du trèfle. Soit en vert, soit en sec, le trèfle offre à tous les bestiaux une nourriture saine et abondante; ils le mangent tous avec beaucoup d'avidité, et il est essentiel de ne leur en donner qu'avec réserve, car l'excès, lorsqu'il est vert, les relâche souvent trop, ou les météorise, et l'on a remarqué qu'il produisait l'excès contraire, lorsqu'il était sec.

Il engraisse très-bien les bêtes à laine, augmente beaucoup le lait des brebis nourrices, et contribue puissamment au développement des agneaux, auxquels il fournit un aliment tendre, très-convenable. Sa précocité le rend encore très-propre à achever l'engrais des bœufs et des moutons au printemps.

Il donne aussi aux vaches laitières un lait très-abondant et de bonne qualité, auquel on a quelquefois reproché un goût désagréable; nous ne nous en sommes jamais aperçus, et l'on ne s'en plaint pas, que nous sachions, dans les cantons où le trèfle est le plus cultivé; mais on remarque que le beurre qui en provient le cède en qualité à celui des vaches qui paissent dans les prairies naturelles à base de graminées.

On peut également le donner en vert, avec beaucoup d'avantage, aux chevaux qui ont besoin d'être soumis à cette nourriture relâchante et rafraîchissante, et lorsqu'on le leur donne en sec, il convient de lui intercaler quelque autre nourriture, parce qu'on a plusieurs fois remarqué que seul il les échauffait trop.

« Quoi qu'en ait dit Tull, observe Gilbert, on ne peut nier qu'il n'engraisse et ne fortifie les chevaux. »

Mais le principal objet auquel on puisse employer avec beaucoup d'avantage le trèfle en vert, c'est la nourriture et même l'engrais des porcs, en le leur faisant pâturer dans une tréflière close, lorsqu'on veut la détruire, et dans laquelle il y ait de l'eau pour les abreuver. Un grand nombre de faits attestent que cette nourriture est très-analogue à leur constitution, et qu'au moyen de l'exercice qu'ils prennent ainsi en plein air, ils jouissent d'une excellente santé, se développent promptement, et finissent par engraisser. Ils détruisent encore une grande partie des racines nuisibles qui peuvent se trouver dans le champ, et ajoutent leur engrais à l'engrais végétal qui y reste.

« Il faut seulement, observe Gilbert, avoir soin d'en écarter les truies pleines, auxquelles il cause des tranchées qui les font avorter; mais lorsqu'elles ont mis bas, il leur est aussi nécessaire qu'il leur aurait été nuisible avant le part.

» Ce qui paraît, continue cet agronome, s'être opposé jusqu'ici à ce que cette culture ne s'étendît davantage, c'est surtout la funeste propriété qu'à le trèfle de causer des tranchées, des météorisations souvent mortelles aux animaux auxquels on le donne en vert, sans ménagement, ou chargé d'humidité; mais outre qu'il y a plusieurs moyens d'arrêter ces accidens que nous avons rapportés, il est bien aisé de sentir qu'il est plus facile encore de les prévenir. » Il indique comme un excellent préservatif, employé avec un succès complet par le maître de poste de Lauterbourg, qui nourrissait presque uniquement tous ses bestiaux de trèfle, un moyen dont nous avons également constaté l'efficacité, et qui consiste à les faire boire avant de leur faire prendre cette nourriture. Nous ajouterons qu'en la leur laissant prendre en petite quantité à-la-fois, surtout en commençant, et lorsqu'elle n'est chargée ni de rosée ni de pluie, on prévient encore très-efficacement cet inconvénient, résultat ordinaire des négligences à cet égard.

On peut faire consommer le trèfle en vert aux bestiaux de deux manières principales, ou sur le champ même en pâturant, ou à l'étable étant fauché. La première manière, qui convient davantage pour l'exercice et la santé des bestiaux, et sur-tout pour les porcs, est moins avantageuse sous le double rapport de l'économie du fourrage et de son effet sur le sol, ainsi que nous le démontrerons en nous occupant de l'assolement. Nous avons déjà vu que le trèfle séparé trop tôt de sa racine produisait plus d'un quart de moins que lorsque ce retranchement était fait à temps, et la différence du produit du trèfle pâturé comparé avec celui du trèfle fauché, est souvent de moitié à l'avantage du dernier, comme nous nous en sommes assurés, indépendamment de son action défavorable sur le sol, comme nous le verrons plus loin.

Avant de terminer cet article, nous croyons devoir consigner ici un emploi particulier des racines de trèfle, rapporté ainsi par Gilbert : « Les habitans du village de Blankenloch, dépendant du margraviat de Baden-Dourlac, ont imaginé de tirer du trèfle un parti ignoré ailleurs, et qui me paraît mériter d'être connu. Ils ramassent avec soin toutes les racines, qu'ils conservent pour nourrir les animaux, qui les mangent très-bien lorsqu'il n'y a plus aucune nourriture fraîche ; ces racines servent en quelque sorte de transition de la nourriture verte à la nourriture sèche, et tous ceux qui connaissent l'économie animale doivent sentir les avantages de cette gradation, si conforme au vœu de la nature. »

Le point principal à déterminer, relativement à ce nouveau moyen alimentaire, nous paraît consister dans la comparaison à faire des frais et des inconvéniens de cette éradication qu'il faut considérer comme une importante soustraction faite au sol, avec les effets résultans de son emploi, que nos principes d'assolement réprouveraient d'autant plus que ses bénéfices se trouveraient être moins considérables.

ASSOLEMENT. Le trèfle est la plante par excellence pour alterner les récoltes sur les terres auxquelles il convient; lorsqu'il est bien cultivé, toutes les céréales qui lui succèdent donnent des produits plus avantageux qu'après la jachère absolue.

Cette incontestable vérité, dont nous avons déjà rapporté plusieurs preuves frappantes tirées de l'agriculture française, en développant nos principes d'assolement, et en traitant l'article jachère, est suffisamment reconnue, depuis long-temps dans nos départemens du Nord, du Haut et du Bas-Rhin, sur les rives de l'Eure, de la Sarthe, de l'Orne et de la Seine-Inférieure, dans le Calvados, et dans d'autres parties de la France, comme elle l'est également dans les contrées qui nous avoisinent; mais elle est encore ou ignorée ou méconnue dans un grand nombre de nos départemens, et elle devrait être gravée par-tout en caractères ineffaçables, comme une maxime fondamentale de prospérité agricole nationale.

Ajoutons quelques nouvelles preuves de cette si utile vérité, à celles que nous avons déjà consignées dans cet essai, et examinons les principaux moyens d'en tirer parti sous l'intéressant rapport de l'assolement.

« Le trèfle que je sème sur un terrain bien préparé, dit M. Lullin, est toujours très-beau, très-épais, absolument net de mauvaises herbes, donne un produit considérable, et *le blé qui lui succède est toujours plus beau et mieux grené qu'après une jachère complète.* »

Cet agriculteur recommande pour les terres qu'il appelle légères l'assolement suivant, que nous avons vu pratiquer depuis long-temps dans plusieurs de nos départemens septentrionaux, et que nous avons vu également substitué, avec le succès le plus complet par M. de Rosnay, dans celui de la Seine-Inférieure, à l'antique routine triennale qui admet la jachère après deux récoltes consécutives de céréales. *Première année*, plantes sarclées et fumées; *seconde*, orge ou avoine avec trèfle; *troisième*, trèfle; et *quatrième*, froment. Il indique pour les terres fortes celui-ci, qui se pratique également dans le nord de la France. *Première année*, fèves fumées et sarclées; *seconde*, blé; *troisième*, trèfle; *quatrième*, blé.

Avec ces assolemens, comme l'observe judicieusement M. Lullin, avec des soins de culture répétés, des engrais abondans, des sarclages fréquens et soigneusement faits, le fermier s'assurera de riches récoltes de toutes espèces, et une grande quantité d'excellens engrais.

Avec les précautions convenables, dit M. Pictet, *le trèfle est le plus puissant améliorateur des terres que l'on connaisse*, et il cite plusieurs preuves de cette assertion.

L'excellent corps d'observations de la société de Bretagne dont nous avons déjà parlé renferme l'exemple bien remarquable et bien digne d'éloges d'une veuve Gougeon, fermière près de Rennes; *après avoir commencé l'exploitation de sa ferme, sans s'écarter des pratiques des laboureurs ordinaires, ayant senti d'elle-même les changemens qu'elle devait apporter aux méthodes du pays, et guidée par ce bon esprit, qui seul peut apprendre à observer et à deviner la nature, elle couvrit de trèfle une partie assez étendue de ses terres, malgré les contradictions de ses propres enfans, ses premiers contradicteurs, et non-seulement elle obtint par ce moyen de bonnes récoltes dans les champs où les fermiers qui l'avaient précédée savaient à peine en obtenir de médiocres; mais elle porta la fécondité sur des terrains autrefois incultes.*

« C'est en grande partie à l'introduction du trèfle dans les assolemens du Haut et du Bas-Rhin, nous dit M. Girod-Chantrans, qu'est due l'étonnante révolution qui s'y est opérée, en si peu de temps, et qui s'étend d'année en année dans les contrées limitrophes, par-tout où il est admissible, et notamment dans le Doubs et le Jura où avec moins de frais de culture on récolte plus de froment qu'avec l'improductive jachère. »

Ecoutons encore M. le Gris-Lasalle sur cet objet.

« Après avoir long-temps cherché, dit cet agriculteur très-distingué du département de la Gironde, un système d'assolement qui fût approprié à nos besoins, à notre climat, et à la nature de notre terrain, il m'a semblé faire un bon choix en adoptant la division ternaire qui présente tous les avantages que je désirais. En effet, elle n'éloigne ni ne rapproche trop le retour périodique du froment; elle permet d'introduire la culture du trèfle de Hollande, celle des plantes charnues et fourrageuses, et laisse sur-tout au cultivateur tout le temps nécessaire pour les travaux préparatoires, sans lesquels on n'obtient jamais de belles récoltes.

» D'après ces considérations, je me suis décidé à partager 72 journaux de terre labourable en trois mains ou soles de 8 hectares, ou 24 journaux. Chaque sole est divisée en deux portions égales pour la plus grande facilité du travail, et afin d'avoir toujours à-peu-près la même quantité de fourrage. J'ai tous les ans un tiers en froment, un tiers en trèfle de Hollande et un tiers en racines ou fourrages annuels. Mon cours de culture est donc comme il suit, 1°. froment, 2°. trèfle, 3°. trèfle, 4°. racines ou fourrages, 5°. froment, 6°. racines ou fourrages annuels, etc. ; ce qui me donne en résultat, dans l'espace de six années, deux fois du froment, autant de fois du trèfle et des racines ou fourrages, et ramène à la fin de cette période, lorsque la rotation est complète, les mêmes productions sur les mêmes champs.

» On remarquera, sans doute, que, d'après cette nouvelle méthode, on sème moins de froment qu'on ne le ferait en suivant celle qui est usitée dans le pays, qui consiste à diviser les terres en deux mains, ou, en d'autres termes, à alterner entre le repos et le produit. En me conformant à cette dernière pratique, reconnue vicieuse par les meilleurs observateurs, j'aurais chaque année 12 hectares (36 journaux) de ce grain, tandis que je me suis borné au nombre de 8 hectares (24 journaux); mais c'est précisément dans cette réduction que je trouve les plus grands avantages, puisque sans elle mon assolement serait inexécutable, et que je serais privé de tous les bénéfices des récoltes alternatives. Au reste, il me serait facile de prouver que la proportion entre la semence et le produit, est entièrement changée depuis que mon assolement est établi; car si je sème moins, je recueille cependant beaucoup plus; ce qui s'explique par le grand nombre de bétail que la culture des plantes alimentaires me donne le moyen de nourrir en toutes saisons, et par l'abondance des engrais dont je peux fertiliser les champs destinés aux céréales; ainsi l'objection la plus forte en apparence tombe d'elle-même; et l'on ne peut s'empêcher de reconnaître que s'il est utile de s'y conformer, c'est sur-tout à l'établissement des prairies artificielles et à la suppression des jachères qu'on devra les succès infaillibles qui en seront le résultat.

» Le trèfle, ajoute-t-il, moins abondant dans ses produits que la luzerne, se prête mieux, par sa durée bisannuelle, au système alternatif; d'ailleurs, il est moins difficile sur la qualité du sol, qui lui convient toujours, s'il n'est ni graveleux, ni sablonneux, ni d'une nature trop sèche, et s'il a environ un pied de profondeur ; j'ai dû, d'après ces motifs, lui donner la préférence sur toutes les autres plantes vivaces pour en étendre la culture et la traiter en grand. »

D'après des exemples aussi concluans de la bienfaisante influence du trèfle sur l'accroissement du produit du froment, exemples que notre expérience personnelle a confirmés depuis bien long-temps, nous nous croyons en droit d'établir en principe de culture incontestable, cette précieuse vérité : *Une belle récolte de trèfle assure une belle récolte de blé.*

Cependant, malgré les grands avantages que nous avons reconnus au trèfle, on lui a fait plusieurs reproches que nous devons examiner ici.

On lui a reproché, comme l'observe Gilbert, d'alléger beaucoup trop le sol, et de le rendre *creux*, pour se servir de l'expression consacrée; mais, outre que l'art offre différens moyens de remédier à cet inconvénient, qui n'a lieu que dans les terres légères, il devient une ressource très-précieuse dans les terres argileuses et compactes, dans lesquelles il réussit assez bien, lorsqu'elles sont convenablement préparées ; ses racines en rompant l'aggrégation des molécules terreuses, corrigent, détruisent même le vice qui s'oppose si puissamment à la fécondité de ces terres. Qu'on compare les effets de ce moyen si simple avec ceux des instrumens aratoires auxquels on applique des forces si considérables pour triompher de la résistance que ce sol rebelle leur oppose sans cesse, qu'on compare sur-tout les dépenses et qu'on décide. L'emploi du rouleau et du parcage remédie, d'ailleurs, complétement à cet ameublissement, lorsqu'on croit devoir en redouter les effets.

Nous avons déjà répondu au reproche relatif aux météorisations que son fourrage vert occasionne quelquefois, et à la difficulté de le convertir en fourrage.

On lui a aussi reproché de laisser après lui l'un des plus grands fléaux des céréales, le chiendent.

Nous répondons à cela qu'il ne laisse après lui que ce qui existait sur le champ avant lui, soit en racines, soit en semences nuisibles; nous n'assurerons pas, avec quelques auteurs, qu'il les détruit toujours efficacement, parce que nous ne l'avons jamais observé; mais nous assurons qu'il ne fait au plus que favoriser le développement des germes et des racines qu'il couvre de son ombrage et qui peuvent y résister; toutes les fois que le champ est réellement purgé de ces ennemis, comme il doit toujours l'être avant qu'on l'y admette, il le laisse dans le même état, après sa culture, indépendamment de l'amélioration que sa destruction y apporte.

« Le trèfle, dit Rozier, enrichit ou appauvrit le sol, suivant que sa culture est bien ou mal dirigée. »

Enfin on lui a encore reproché de lasser promptement la

terre qui lui fournissait une partie de sa nourriture, et de finir par ne donner que des produits faibles et peu abondans.

Un assez grand nombre de nos départemens septentrionaux, où il est cultivé avec succès, sur les mêmes terres, à des retours périodiques, comme il l'est en Hollande, en Angleterre et ailleurs, depuis des siècles répondent victorieusement à cette inculpation. Cependant il ne faut pas croire que le trèfle fasse exception au principe que nous avons établi et développé, qui reconnaît qu'*il est généralement avantageux de reculer, le plus possible, le retour des mêmes végétaux sur le même champ.* Assurément s'il y revient trop fréquemment, s'il y revient sur-tout, sans toutes les précautions convenables pour assurer son succès, ses produits iront en décroissant, et il n'y a rien que de très-naturel, rien qui ne soit conforme à la loi commune aux autres végétaux ; mais un cultivateur instruit peut toujours prévenir cet effet, en variant ses cultures à propos.

. M. de Chancey cite un assolement de vingt-cinq ans, qu'il a suivi, et dans lequel il est revenu tous les cinq ans sans inconvénient, étant plâtré.

« On doit, dit M. de Père que nous nous plaisons toujours à citer, éviter le retour fréquent de cette plante sur les terrains même qui lui conviennent le mieux : la terre ne s'en lassera jamais, s'il ne reparaît qu'après un intervalle de six ans, ou au moins de quatre. La cinquième ou sixième partie d'un domaine pourrait être constamment occupée par le trèfle. Sa véritable place dans un cours de moissons judicieux devrait être celle-ci, 1°. fèves, vesces ou dragées sur le terrain bien fumé, 2°. froment, 3°. trèfle, 4°. froment; ou bien, 1°. racines sur terrain bien défoncé et bien amendé, ou maïs sur un terrain bien fumé, 2°. avoine avec trèfle, 3°. trèfle, 4°. froment; ou bien, en terrain amaigri, 1°. engrais végétal, 2°. froment, 3°. trèfle, 4°. trèfle, 5°. froment. »

La dernière rotation laissant subsister le trèfle au-delà du terme qui nous paraît généralement le plus convenable, devrait, il nous semble, en reculer le retour, d'après le même principe qui établit encore que *ce retour doit être d'autant plus différé pour chaque végétal, que son analogue aura occupé originairement le sol plus long-temps, et l'aura plus épuisé et souillé ;* car nous avons remarqué, avec d'autres cultivateurs, que lorsque la durée de cette plante se trouve ainsi prolongée, non-seulement elle prépare moins bien le sol pour le blé qui la suit ; non-seulement ses produits sont diminués, mais encore que par une suite nécessaire de ce dernier résultat, elle le salit souvent, et c'est probablement un des principaux motifs qui ont engagé M. Le Gris-Lasalle, dans l'assolement que nous avons cité, à faire suivre immédiatement son trèfle d'une récolte préparatoire et améliorante avant celle du blé.

Ajoutons que M. Pictet, qui admet également ce principe dans son *Traité des assolemens*, après avoir reconnu que la récolte de la troisième année du trèfle est ordinairement faible, parce qu'une partie des plantes ayant péri dans le second hiver, les vides se trouvent remplis par des gramens dont la croissance est spontanée, ajoute : « Il est plus profitable de ne laisser le trèfle que dix-huit mois en terre. Ce n'est pas tant sous le rapport de la diminution de la récolte de fourrage qu'il importe de ne pas laisser le trèfle en terre jusqu'à la troisième année ; mais c'est par la raison que, dans un trèfle où les plantes sont rares, les chiendens prennent le dessus, et que leurs racines ayant le temps de se multiplier et de se fortifier, ces chiendens nuisent essentiellement à la récolte des grains qui succède au trèfle. »

Dans le pays de Caux, on défriche généralement le trèfle après une année de produit, depuis qu'on a reconnu qu'en prolongeant son existence, le blé était moins abondant et moins net, et quelquefois on y fait consommer le dernier regain par les moutons, en les y parquant. Cette excellente pratique s'observe aussi dans plusieurs autres cantons.

Cependant, il est des circonstances assez fréquentes en France, principalement dans nos départemens méridionaux, qui empêchent de défricher le trèfle, après dix-huit mois d'existence environ pour y mettre du blé, sur un seul ou plusieurs labours. Cela arrive quelquefois lorsqu'on a besoin de le conserver comme pâturage à la fin de l'automne et même en hiver ; mais c'est sur-tout lorsque la terre ne peut être labourée à l'époque convenable, à cause de la sécheresse, ou par quelque autre circonstance impérieuse ; alors il convient généralement d'en différer le défrichement jusqu'aux approches du printemps, comme nous le faisons de temps en temps, pour y admettre des cultures printanières.

« Il y a des années si sèches et des terres si tenaces, dit encore M. de Père, qu'après la seconde fauche, il est impossible d'ouvrir la terre ; dans ce cas, on doit préférer de laisser subsister le trèfle pour le défrichement l'année suivante, après la première coupe, ou bien on renoncera à semer du froment, et l'on devra essayer une récolte plus tardive. »

M. de Bullion nous donne aussi à cet égard des détails fort intéressans, que nous devons transcrire ici.

« J'ai cultivé, dit-il, pendant plusieurs années, du trèfle et du sainfoin ; je les semais avec les avoines ; un mois après la récolte de l'avoine, j'avais une pâture qui me durait jusqu'aux gelées, pour plusieurs espèces de bestiaux.

» Au printemps suivant, je faisais répandre du fumier sur le trèfle ou sainfoin; et à la fin de juin je les faisais faucher; après cette récolte, je faisais labourer pour ensemencer en blé. Dans les années humides, je n'ai point eu de peine à faire les labours et les semences. J'ai été obligé de renoncer à cette manière de cultiver le trèfle et le sainfoin, à cause de la difficulté de faire les labours et les semences dans les années de sécheresse.

» Pour ne pas tomber dans cet inconvénient, et ne pas renoncer à la culture du trèfle et du sainfoin, qui fournissent une quantité prodigieuse de fourrage, et par le moyen desquels on peut doubler et tripler les bestiaux dans une ferme, j'ai distribué mon terrain en quatre soles; je sème avec les avoines du trèfle et du sainfoin; après la récolte des avoines, je mets les bestiaux sur le trèfle et le sainfoin qui ont poussé, et j'y fais parquer les moutons jusqu'aux gelées, si je n'ai point de fumier à y répandre.

» L'année suivante, au lieu de ne faire qu'une coupe de ce trèfle ou sainfoin, j'en fais deux ou trois, suivant la fraîcheur ou la sécheresse de l'année, et après les deux ou trois coupes, j'y fais paître les bestiaux et parquer les moutons jusqu'aux gelées. Au printemps suivant, je donne les premiers labours, et je fume ces terres pour les préparer à recevoir du blé l'automne suivant; on peut semer sur ces guérets des refroissis, la récolte des blés n'en souffrira pas; ils ont été suffisamment parqués et fumés. Ordinairement je loue ces terres pour y semer des pois et des haricots, et après la récolte je leur donne les derniers labours, et je les sème en blé au commencement d'octobre.

» Cette manière de cultiver les terres me paraît la meilleure et la plus avantageuse, parce que récoltant beaucoup de fourrage, on peut aussi nourrir beaucoup de bestiaux qui fournissent une grande quantité d'engrais, sans lesquels on ne peut avoir d'abondantes récoltes. »

Dans les environs de Nivelle et près de Rolduc, nous nous sommes assurés qu'on ne défrichait ordinairement le trèfle aussi qu'à la fin de l'hiver, après l'avoir fait servir de pâture jusque alors, et qu'on le remplaçait par l'avoine qui rapportait le double et même le triple du produit ordinaire après d'autres grains.

M. Duhamel nous informe que dans les environs de Coutances où il cultive, « on laisse quelquefois *la tremaine* (le trèfle) une année de plus pour herbager les bestiaux, et semer ensuite du fourrage qui donne un produit considérable et prépare très-bien la terre pour recevoir du froment à la fin de la seconde année. » Cette méthode nous paraît encore excellente.

Lorsqu'on veut laisser subsister le trèfle jusqu'à ce qu'il se détruise naturellement, comme cela arrive quelquefois, on peut le semer avec de l'ivraie vivace ou toute autre graminée qui le remplace lorsqu'il est détruit, et il peut ainsi fournir un très-bon pâturage.

Observons cependant que le trèfle pâturé prépare moins bien la terre pour les cultures suivantes, comme nous l'avons plusieurs fois reconnu, et nous en avons expliqué le motif dans nos principes généraux sur la consommation du produit des prairies artificielles.

Observons encore que celui dont on a exigé la semence est aussi dans le même cas, et nous en avons également donné les raisons en développant le second principe d'assolement.

Quoique le trèfle se sème ordinairement avec le blé, ou avec l'avoine ou avec l'orge, quand le sol le permet, on le sème aussi quelquefois avec le lin, le sarrasin, la fève, la vesce, le pois, etc., et quelquefois aussi, mais beaucoup plus rarement, seul, ce qui nous paraît moins avantageux, parce qu'il nuit peu aux plantes qui l'accompagnent, et qu'elles lui sont souvent fort utiles.

Il est généralement convenable de faucher les premières coupes et d'enfouir la dernière, comme engrais végétal, surtout lorsque la terre n'est pas naturellement très-fertile.

D'après les avantages incontestables que présente la culture du trèfle dans nos assolemens sur les terres qui lui conviennent (et il en est un très-grand nombre dans ce cas, avec les précautions convenables), nous ne saurions la recommander trop vivement même aux plus chauds partisans des jachères. S'ils redoutent de déranger leur routine triennale, ce motif illusoire, pour ne rien dire de plus, ne suffit pas ici pour repousser cette bienfaisante culture; s'ils refusent d'adopter un cours de moissons plus prolongé et plus conforme aux meilleurs principes; s'ils veulent toujours persister dans leur ancien usage de faire suivre le blé, hors lequel, à les entendre, il n'est point de salut pour eux, par l'avoine ou par l'orge; qu'ils essaient au moins de semer le trèfle avec l'un ou l'autre de ces derniers grains, et de le fumer l'année suivante. Au lieu d'exposer leurs bestiaux à périr de faim sur leurs improductives et ruineuses jachères, comme cela n'arrive que trop fréquemment; au lieu de les fatiguer par de fréquens, d'inutiles et pénibles labours, toujours dispendieux, quelquefois même nuisibles, et bien rarement compensés par un accroissement suffisant de produits; au lieu d'avoir encore à soutenir une lutte perpétuelle et inégale avec la nombreuse série de plantes nuisibles à leurs récoltes, qu'ils parviennent si difficilement et si rarement à détruire d'une manière réellement efficace; il est permis d'espérer qu'en adoptant le conseil que leur dicte notre vif intérêt pour eux, et de l'utilité duquel notre propre expérience jointe à celle d'un très-grand nombre d'autres cultivateurs leur est un sûr garant, nous les verrons enfin jouir des moyens infaillibles de nourrir abondamment tous leurs bestiaux en tous temps, d'augmenter la quantité et la qualité de leurs engrais, par l'accroissement du nombre de ces animaux et par leur bon entretien, et d'obtenir, avec de moindres frais de culture, des récoltes plus nettes, plus abondantes et plus lucratives, en attendant qu'ils puissent adopter un meilleur assolement, en admettant les cultures sarclées, dont nous avons fait sentir toute l'importance à l'article JACHÈRE, et sur lesquelles nous ne saurions trop souvent revenir. M. Perrault de Jotemps, l'un des premiers agriculteurs du département de l'Ain, dans lequel il existe une très-louable émulation pour la propagations des assolemens raisonnés, nous fournit un nouvel exemple de l'avantage de ces cultures. « Dans mon assolement quadriennal, dit-il, le trèfle vient toujours après une récolte sarclée et fumée, et il est semé en même temps que le blé du printemps sur une terre fraîchement labourée. Le résultat de cette pratique est on ne peut plus satisfaisant. Il ajoute à la fin de l'excellente notice insérée dans le Journal d'agriculture du département de l'Ain, en mars 1822, sur la culture, les produits et les assolemens de son domaine de Chenevex, dans le pays de Gex : « Nous sommes en droit de conclure avec tous les agronomes, que la culture alterne a sur la culture avec jachère un grand avantage, qu'elle accroît beaucoup les produits bruts et notablement les produit nets. On ne saurait trop publier cette importante vérité. »

Indépendamment de quelques variétés du trèfle commun, dont une très-recommandable est cultivée en Normandie, dans les environs de Bolbec et de Fauville, sous le nom de *grand trèfle*, à cause de sa vigueur extraordinaire, il existe aussi plusieurs autres espèces vivaces de trèfle, dont quelques-unes sont cultivées en plein champ, et dont plusieurs nous paraissent mériter d'y être essayées.

Parmi les dernières, nous distinguons particulièrement le trèfle des Alpes, *trifolium alpinum*, dont la tige est garnie de feuilles à folioles linéaires, lancéolées, et de fleurs rougeâtres; il pourrait peut-être utiliser quelques terrains ingrats, semblables à ceux sur lesquels il croît spontanément sur nos Alpes; le trèfle rouge ou à longs épis, *trifolium rubens*, dont la tige assez élevée est garnie de folioles étroites, striées, dentées, et de fleurs d'un rouge foncé, en épis très-allongés et assez gros : il est originaire de l'Europe méridionale et paraît très-productif et d'une excellente nature : le trèfle étoilé, *tri-*

folium stellatum, dont les tiges nombreuses et diffuses sont garnies de folioles velues, et de fleurs rougeâtres en épis denses et velus ; il est originaire de nos contrées méridionales ; le trèfle de Hongrie, *trifolium pannonicum*, dont la tige velue, très-élevée, est garnie de feuilles très-velues et très-entières, et de fleurs en longs épis d'un blanc jaunâtre.

Parmi les premières nous remarquons le trèfle rampant, le trèfle-fraisier, et le trèfle de montagne.

DU TRÈFLE RAMPANT. Le trèfle rampant, *trifolium repens*, appelé communément *trèfle blanc*, quoiqu'il ne soit pas le seul dont les fleurs aient cette couleur, est désigné aussi quelquefois sous le nom de *trèfle hollandais*, parce que les Hollandais, qui paraissaient l'avoir soumis les premiers à la culture et qui font un commerce assez considérable de sa graine, le cultivent fréquemment. C'est une plante indigène, très-vivace, à racine pivotante et très-fibreuse. Ses tiges grêles, rampantes et nombreuses, qui, s'enracinant très-souvent à chaque articulation qui touche la terre, deviennent stolonifères, sont couvertes de folioles denticulées, ordinairement vertes, quelquefois d'un brun pourpre, et de fleurs pédonculées, serrées, en têtes arrondies, blanches, remplacées par des gousses renfermant trois ou quatre semences très-petites.

D'après les détails généraux de culture dans lesquels nous sommes entrés à l'article *prairie*, auquel nous renvoyons, et d'après ceux que nous venons de consigner à l'article du *trèfle commun*, il ne nous reste que quelques observations particulières à insérer ici sur cette espèce de trèfle.

1º. On en distingue plusieurs variétés, plus ou moins précoces, élevées, vigoureuses et vivaces, et dont les fleurs et les feuilles ont des nuances de couleur variées, quelquefois assez tranchantes.

2º. L'époque de l'introduction de sa culture en grand en Europe paraît peu éloignée ; cette culture est même encore très-peu répandue, et elle l'est plus au nord qu'au midi.

3º. Elle exige généralement des terres moins humides que le trèfle commun ; elle réussit souvent sur celles qui ne conviennent pas à ce dernier, et elle est plus rustique.

4º. Cette espèce exige aussi des labours moins profonds, sa racine principale étant beaucoup moins longue et moins volumineuse, et ses racines stolonifères s'enfonçant ordinairement peu.

5º. Elle exige encore moins d'engrais, parce que voyageant, pour ainsi dire, à la surface du sol, sur lequel on la voit quelquefois faire des trajets assez étendus dans une seule année, elle y puise une grande partie de sa nourriture, et elle s'oppose très-efficacement à son évaporation, en tapissant exactement la terre d'un riche tapis de verdure.

Cependant les engrais, et tous ceux sur-tout qui sont d'une nature calcaire, activent singulièrement sa végétation qui est précoce ; l'application d'un seul de ces engrais, mais plus particulièrement l'emploi du plâtre, de la chaux, de la suie et des cendres de tourbe, de charbon de terre et de bois, suffit très-souvent, comme nous l'avons remarqué plusieurs fois, pour en couvrir le champ d'une manière spontanée, bien digne de fixer l'attention du cultivateur. Cette espèce redoute l'excès d'humidité et croît très-souvent spontanément sur les prairies convenablement desséchées. En général, sa présence est l'indice rarement trompeur d'une terre de bonne qualité, comme son apparition subite est ordinairement celui d'une amélioration importante.

6°. La ténuité de sa graine et l'heureuse disposition de sa tige à s'étendre latéralement par ses rejets, conseillent naturellement l'économie de sa semence, qui doit sur-tout être très-peu enterrée.

7°. Il est généralement très-avantageux de la semer en automne sur les champs ensemencés en blé ou en une autre production hivernale ; mais on peut souvent différer avec avantage jusqu'au printemps.

8°. On peut la semer seule, ou mélangée avec diverses graminées vivaces, en différentes proportions, ce qui est généralement plus avantageux ; et cette plante fait alors un excellent fonds de prairie perpétuelle.

9°. Plus elle est forcée de s'étendre latéralement par l'action du rouleau et par le piétinement des bestiaux, particulièrement des bêtes à laine, plus elle s'épaissit et devient vigoureuse, et elle forme alors un gazon très-dense, aussi agréable que profitable.

10°. Elle fournit à ces animaux, même au milieu de l'été, lorsque les graminées sont souvent nulles pour le produit, un pâturage court, mais succulent, très-nourrissant et très-durable. Elle convient sur-tout, de cette manière, aux bêtes à laine qui en sont fort avides, qu'elle engraisse bien, et qu'elle ne météorise pas comme le fait le trèfle commun ; quoiqu'on puisse aussi la faucher et la consommer en fourrage vert à l'étable, ou la convertir en fourrage sec, cette première destination est la plus naturelle, la plus économique et la plus profitable.

11°. Entre plusieurs endroits où l'on a introduit sa culture en grand parmi nous, nous citerons *plusieurs vallées des rives de la Seine-Inférieure, et sur-tout les bords de la mer de ce département où on l'a substituée, avec beaucoup d'avantage, au trèfle commun qui ne s'y plaisait pas.*

12°. Une partie d'une prairie naturelle basse, humide, et très-exposée aux débordemens de la Seine, ayant été fortement parquée par nos bêtes à laine, en automne, nous l'avons vue se couvrir, l'année suivante, d'une couche épaisse de trèfle rampant, remplaçant avantageusement un très-grand nombre d'autres plantes inutiles ou nuisibles, qui la garnissaient l'année précédente, et nous avons plusieurs fois déterminé la croissance et le développement spontané de ce trèfle, sur plusieurs parties de cette même prairie et sur d'autres, en y semant, en automne ou de bonne heure au printemps, du plâtre calciné et pulvérisé, ou de la cendre de tourbe.

Quelques faits attestent que les récoltes de froment sont généralement moins bonnes après la culture du trèfle rampant, qui est presque toujours consommé en pâture, qu'après celle du trèfle commun, qui est ordinairement fauché; ce résultat se trouve en parfaite concordance avec ce que nous avons dit en considérant ce dernier, sous le rapport de l'assolement, et en traitant généralement ce point de fait à l'article de la consommation du produit des prairies, qu'on peut consulter à cet égard, ainsi que celui qui établit les principes des assolemens les plus avantageux après leur destruction. Nous avons cependant vu de fort belles récoltes de froment, de seigle et d'orge hivernale après cette culture, sur les bords du Rhin où elle commence à s'étendre sur des terres peu fertiles.

DU TRÈFLE-FRAISIER. Le trèfle-fraisier, *trifolium fragiferum*, a, comme le trèfle rampant avec lequel il a assez de ressemblance pour le port, ses tiges grêles, couchées, garnies de folioles ovales et striées, en cœur au sommet; ses fleurs en têtes, d'un rouge blanchâtre, portées sur de longs pétioles, sont remplacées par des calices renflés et renversés qui renferment les petites gousses dont la réunion offre un aspect assez ressemblant à celui de la fraise, d'où lui vient son nom.

Nous croyons devoir indiquer ici cette plante dont nous essayons en ce moment la culture, parce que l'ayant vue résister à de très-longues submersions, elle nous paraît pouvoir être utile dans plusieurs cas. Elle est assez commune et se trouve souvent à côté du trèfle rampant, avec lequel on peut d'abord la confondre (1).

DU TRÈFLE DE MONTAGNE. Le trèfle de montagne, *trifolium montanum*, a une tige droite et fistuleuse, beaucoup

---

(1) Elle est aujourd'hui assez multipliée dans une ancienne prairie de l'exploitation que nous avions, qui est très-exposée aux débordemens de la Seine, et elle y fournit un excellent fourrage et un très-bon pâturage.

plus élevée que les précédens, garnie de folioles lancéolées et denticulées, et de fleurs blanches en têtes ovales, remplacées par des calices velus renfermant les gousses et les semences.

Nous croyons encore devoir indiquer cette espèce de trèfle, assez commune en Europe, parce que nous sommes informés par M. Dorsh, ancien sous-préfet de Clèves, que *le trèfle de montagne est cultivé dans le département de la Roër, où il sert à la pâture du grand bétail, et donne un bon fourrage, tant en vert qu'en sec. Il peut rester plusieurs années dans le même terrain; mais les bons cultivateurs,* dit-il, *préfèrent le semer de nouveau. Les champs qui l'ont produit sont labourés en automne, et ensemencés en froment ou en seigle, et le blé,* continue-t-il, *y prospère mieux que si le terrain avait été amendé ou laissé en jachère.*

Parmi les espèces de trèfle annuelles, nous distinguons spécialement pour la culture en plein champ le trèfle incarnat.

DU TRÈFLE INCARNAT. Le trèfle incarnat. Le trèfle incarnat, *trifolium incarnatum*, est connu dans le midi de la France, tantôt sous le nom de *lupinelle*, qu'il porte aussi en Italie, tantôt sous celui de *farouche*, *farouch*, ou *ferrou*, quelquefois sous celui de *trèfle annuel*, et le plus souvent, sous celui de *trèfle de Roussillon*, parce qu'on le cultive fréquemment dans cette contrée, où il paraît que sa culture a été d'abord introduite en grand. C'est une espèce annuelle de trèfle indigène, dont la tige pubescente qui s'élève à plus de 64 centimètres dans une situation favorable, est ornée de folioles larges velues, souvent cordiformes, et de belles fleurs d'un rouge incarnat, en épi ovale et oblong, remplacées par des gousses velues et roussâtres qui renferment des semences jaunâtres et arrondies.

Cette espèce précieuse, à peine connue dans un grand nombre de nos départemens où elle pourrait être introduite avec avantage, comme elle l'est déjà dans plusieurs, nous offre une nouvelle ressource pour la nourriture de nos bestiaux, un nouveau moyen de varier l'assolement de nos terres, et elle mérite que nous la considérions ici sous ses principaux rapports.

1°. Quoiqu'elle ait été indiquée par quelques auteurs comme convenant aux sols secs et arides, l'expérience que plusieurs années de culture en grand nous ont donnée à son égard, jointe à celle de MM. de Père, Pincepré et Petit, qui l'ont cultivée en plein champ avec beaucoup de succès, nous autorise peut-être à assurer qu'il lui faut pour prospérer des terres fraîches de meilleure qualité. Nous l'avons vue réussir sur celles qui convenaient à la culture du trèfle commun, et *comme lui,* dit M. de Père, *le farouche ameublit et engraisse la terre.*

2°. Lorsque ce trèfle succède au blé immédiatement après la récolte (et c'est là sa véritable destination), on peut le semer sur le chaume, même sans labour, comme nous l'avons fait plusieurs fois avec succès, en l'euterrant seulement avec une forte herse de fer suivie du rouleau (*voyez les fig. à la fin de ce vol.*), et comme le font constamment MM. Pincepré et Petit, qui ont même reconnu qu'il venait mieux ainsi, sur les terres de bonne qualité, que lorsqu'ils les labouraient; ce qui procure un avantage précieux.

3°. Si la terre à laquelle on le confie a été bien fumée pour la culture du froment, il réussit ordinairement sans engrais; cependant un engrais pulvérulent, principalement le plâtre, augmente ses produits.

4°. S'élevant sur une seule tige, et n'étant destiné qu'à la production du fourrage; étant d'ailleurs quelquefois exposé à être dévoré par des insectes en naissant, on doit le semer dru et avec sa gousse, dont il est d'ailleurs assez difficile de faire sortir sa graine qui y est très-enfoncée et resserrée; il n'exige d'autre soin jusqu'à la récolte que d'être préservé des dégâts de tous les bestiaux qui en sont avides.

5°. Lorsqu'il a été semé de bonne heure, en automne, il peut être récolté en mai, et remplacer très-avantageusement les premières nourritures vertes que fournissent les graminées annuelles, ou les dernières qu'on peut encore retirer de quelques racines.

6°. On peut le faire consommer sur le champ même par les bestiaux, sur-tout par les bêtes à laine, ainsi que nous le faisons ordinairement et il a l'avantage bien précieux de ne point les météoriser; ou le donner en vert, après l'avoir fauché, aux chevaux qu'on veut rafraîchir et aux vaches dont il augmente le lait qui acquiert en outre une saveur très-agréable, lorsqu'elles sont soumises pendant quelque temps à cette nourriture. On doit le faucher, dès qu'il est en fleurs; il ne produit qu'une seule coupe, mais elle est ordinairement fort abondante, et *telle*, dit M. de Père, *qu'elle surpasse ou égale au moins les deux premières coupes du trèfle commun.* Lorsqu'on la fait consommer de bonne heure, sur pied, par les bêtes à laine, on peut y revenir à plusieurs reprises, comme nous le faisons faire par nos troupeaux; on peut encore le convertir en fourrage sec, et il fane très-aisément, étant peu aqueux; mais ce n'est pas là sa destination la plus avantageuse.

7°. Les hivers rudes et les insectes le détruisant quelquefois, il est prudent d'en réserver toujours de la vieille graine, qui lève très-bien lorsqu'elle est conservée dans sa gousse; il en produit ordinairement beaucoup, et elle se bat très-aisément lorsqu'elle est bien sèche.

8°. Le trèfle incarnat nous présente plusieurs faits importans sous le rapport des assolemens.

M. Simonde en parle ainsi dans son *Tableau de l'agriculture toscane* : « la lupinelle ou trèfle annuel est une des plus
jolies plantes que l'on cultive pour le fourrage dans le val de
Nievole, où ses belles fleurs oblongues, d'un rouge incarnat,
la couleur foncée de son feuillage et la vigueur de sa végétation en font l'ornement des campagnes; on la sème en septembre, et elle se fauche depuis le milieu d'avril au milieu de
mai ; quelquefois on l'entremêle avec des lupins, que l'on arrache en automne ; son fourrage est plus abondant que celui
du lin, et il équivaut à celui de notre trèfle dans sa vigueur,
mais on ne le fauche qu'une seule fois. On alterne quelquefois
le sol avec la lupinelle, bien qu'elle ne produise qu'une seule
récolte de fourrage; cependant cette récolte est si abondante
et se vend si bien, que la culture en serait certainement avantageuse si elle était universelle; mais elle demande un bon terrain meuble et riche tout ensemble; aussi les paysans de la
colline ne la sèment-ils que dans les meilleurs champs qu'ils
aient, et dans les terres où il y a fort peu de pente, et où chaque
enclos a quelque étendue. La lupinelle, de même que toutes
les plantes que l'on fauche en fleurs, enrichit le terrain au
lieu de l'épuiser; mais elle l'enrichirait davantage si on en
faisait manger la récolte dans l'étable au lieu de la vendre. »

M. de Père, qui a enrichi de ce trèfle le canton de Mezin,
comme il nous l'apprend lui-même, en faisant venir du pied
des Pyrénées, il y a près de trente ans, la première graine
qui en ait paru dans le département de Lot-et-Garonne et
dans les départemens circonvoisins, où l'usage en est bientôt
devenu général, s'exprime ainsi à son égard : « Sa précocité
laisse le terrain libre d'assez bonne heure pour permettre une
seconde récolte dans la même année, telle que raves, chanvre,
maïs-fourrage, et il s'intercale parfaitement bien entre deux
récoltes de froment ou de seigle, en laissant la terre libre
bien préparée pour une seconde récolte dans la même année,
comme dans le cours suivant :

« 1°. Fèves, vesces ou dragées sur terrain bien fumé ;

» 2°. Froment ou seigle ;

» 3°. Farouch, qu'on fauchera en mai ; ensuite, en mai ou
juin, chanvre, arachide ou haricots ; ou en juin et juillet, du
maïs-fourrage, ou bien en août des raves. »

Nous n'avons vu jusqu'ici le trèfle incarnat enrichir que nos
départemens méridionaux, qu'on regarde presque généralement comme les seuls propres à l'admission de sa culture. Nous
allons voir M. Pincepré de Buire, près Péronne, et M. Petit
de Courselles, l'un de nos élèves, faire pour le département

de la Somme ce que nous avons vu M. de Père faire avec tant
de succès pour celui de Lot-et-Garonne , et prouver que cette
plante peut franchir avec beaucoup d'avantage la distance considérable qui sépare ce département du Roussillon ; exemple
bien encourageant pour essayer au nord de la France l'acclimatation de plusieurs végétaux indigènes à son midi.

Ces deux agriculteurs distingués , très-zélés pour tout ce
qui peut tendre à l'amélioration de notre agriculture, ont cultivé depuis long-temps le trèfle incarnat sur leurs jachères, et
l'ont intercalé avec un grand bénéfice entre les récoltes de céréales ou autres cultures principales, en le semant sur chaume,
comme nous l'avons dit, sans labourer la terre, et en l'enterrant seulement avec la herse. Ils se sont empressés d'en distribuer de la graine à plusieurs cultivateurs qui ont imité leur
exemple , et nous saisissons avec plaisir l'occasion qui se présente ici de leur témoigner publiquement notre reconnaissance
pour celle que nous en avons reçue, que nous avons substituée avec avantage à celle que nous avions tirée originairement
du midi , et qui était moins acclimatée.

Nous avons cultivé avec succès, pendant un grand nombre
d'années, le trèfle incarnat pour la nourriture de printemps
de nos troupeaux de bêtes à laine superfine, comme récolte
préparatoire et améliorante. Nous apprenons avec satisfaction
qu'on a aussi essayé sa culture dans le département de la Seine-
Inférieure , et nous espérons qu'elle s'étendra insensiblement
hors des limites trop circonscrites qui la possèdent aujour-
d'hui.

Nous nous empressons d'indiquer ici un nouveau moyen fort
avantageux de tirer parti du trèfle incarnat , lequel nous a été
communiqué par le savant agronome M. Charles Pictet, qui
l'a introduit avec succès, depuis plusieurs années, sur sa belle
exploitation de Lancy, sur laquelle nous en avons admiré les
résultats , l'été dernier, avec M. Marant de Bulgneville : elle
consiste à semer en juillet, immédiatement après une première récolte , ce trèfle mélangé soit avec le panic miliacé ,
panicum miliaceum, Lin , soit avec la vesce, soit avec le maïs,
soit avec l'avoine. Ce mélange, qu'on peut faucher en septembre , fournit alors, comme nous nous en sommes assurés ,
une excellente et abondante nourriture verte pour les bestiaux,
tout en contribuant au nettoiement et à l'ameublissement du
sol. Nous avons vu aussi , sur l'exploitation de M. Mathieu de
Dombasle , un champ de trèfle incarnat qui avait été semé au
printemps et qui avait une fort belle apparence.

Ces faits démontrent de plus en plus que cette précieuse
espèce de trèfle peut être admise avec succès dans plusieurs
combinaisons avantageuses de culture et d'assolement.

Il existe encore un assez grand nombre de trèfles annuels indigènes, dont plusieurs assez élevés seraient peut-être susceptibles de donner des résultats avantageux ; on pourrait essayer de les soumettre à la culture, dans les cantons où ils croissent spontanément, et nous les recommandons aux cultivateurs zélés pour la multiplication de nos ressources, pour la nourriture de nos bestiaux et la variété de nos assolemens.

DE LA FÈVE. La fève, *vicia faba*, originaire de la Perse, où le savant voyageur Olivier l'a trouvée sauvage, plante annuelle aussi connue et estimée, sous plusieurs rapports importans, par les cultivateurs anciens que par les modernes, est une des plus intéressantes de la nombreuse et si utile famille des légumineuses, pour la culture des terres compactes, argileuses et humides.

Sa racine pivotante et en général très-peu fibreuse, donne naissance à une tige quadrangulaire et tubuleuse, qui s'élève ordinairement à un mètre environ, et quelquefois davantage dans un terrain et avec une culture convenable. Cette tige se couvre de feuilles alternes, presque sessiles, très-tendres, poreuses, succulentes et épaisses, qui se conservent très-long-temps vertes, ce qui leur donne les moyens de soutirer beaucoup de nourriture de l'atmosphère, et d'en exiger d'autant moins de la terre. Les fleurs sont axillaires, blanches avec des veines et des taches noires ; elles sont remplacées par des gousses également très-tendres et très-épaisses avant leur entière dessiccation, qui se complète très-lentement. Ces gousses renferment plusieurs semences ordinairement aplaties, ou plus ou moins ovales ou cylindriques.

On distingue plusieurs variétés de fèves, dont les principales pour la culture en grand sont, 1°. la fève dite de cheval, parce qu'elle lui fournit un excellent aliment ; ou féverole, et par corruption févelotte, ou petite fève, à cause de la petitesse de son grain comparé avec celui des autres variétés ; elle est appelée *gourgane* dans plusieurs de nos départemens méridionaux, et c'est la véritable fève des champs ; 2°. la fève ordinaire, dite de marais, parce qu'elle est souvent cultivée dans les jardins qui portent ce nom ; elle l'est aussi, en plein champ, en plusieurs endroits.

La première est plus rustique et plus productive, mais ses produits sont moins délicats, et ne sont guère employés qu'à la nourriture des animaux ; tandis que ceux de la seconde, moins nombreux, plus volumineux et plus agréables, sont ordinairement affectés à la nourriture des hommes.

Ces deux variétés principales se subdivisent encore en quelques sous-variétés, ou plus précoces, ou plus rustiques, ou plus abondantes, ou plus délicates, et qu'on désigne ordinairement sous les dénominations de fèves hâtives, d'hiver, d'abondance, etc.

Entrons dans quelques détails sur la culture, les produits et l'emploi de cette plante bien précieuse pour nos assolemens, et, afin de traiter convenablement ce dernier point, considérons d'abord les divers objets de cette culture ; ensuite la qualité du sol et sa préparation ; l'époque et le mode de la semaille ; les opérations subséquentes ; puis la récolte et l'emploi.

Des principaux objets de culture de la fève.

En cultivant la fève, on peut avoir en vue trois objets distincts ; savoir, 1°. de la récolter en grain ; 2°. de la convertir en fourrage ou en pâturage ; et 3°. de l'enfouir en herbe, dans le champ même pour l'engraisser.

Arrêtons-nous d'abord aux principaux détails relatifs au premier objet, qui est le plus ordinaire.

De la qualité et de la préparation du sol. Quoique la fève, ainsi que beaucoup d'autres plantes, préfère à toute autre les terres les plus meubles, les plus fraîches et les plus substantielles, elle donne cependant, assez généralement, des produits abondans sur la plupart des terres compactes, humides et d'une nature argileuse ; on peut l'appeler *la plante par excellence*, pour diviser, ameublir, fertiliser et préparer à la culture des céréales, et particulièrement à celle du froment, ces terres souvent ingrates et rebelles, d'une exploitation ordinairement très-coûteuse, difficile et peu profitable.

La préparation de ces terres est loin d'être indifférente. Quelles qu'elles soient, il est toujours essentiel, indispensable même, pour assurer le succès, qu'elles soient bien et profondément labourées, sur-tout avant l'hiver, cette saison étant la plus propre de toutes à ameublir complétement ces terres très-tenaces, de manière à éviter par la suite plusieurs labours difficiles et dispendieux. Il ne l'est pas moins qu'elles soient bien engraissées, et le plus possible avec des fumiers longs et pailleux, peu consommés, mais ayant déjà subi un degré de fermentation suffisant pour détruire la majeure partie des germes des plantes et des insectes nuisibles ; ils agissent alors autant comme amendement que comme engrais.

De l'époque et du mode de la semaille. Dans nos contrées méridionales, où l'intensité et la durée du froid de l'hiver ne sont pas à redouter, on doit généralement préférer les semailles d'automne à celles du printemps, les pousses étant toujours, en ce cas, plus vigoureuses, mieux enracinées et mieux nourries, et les produits en grains, étant aussi beaucoup plus considérables et plus assurés, parce qu'elles résistent mieux aux sécheresses et aux fortes chaleurs qui s'y font sentir. Dans nos autres départemens, au contraire, et sur-tout dans ceux qui sont septentrionaux, on doit souvent préférer la dernière époque à la première, mais en semant toujours le plus tôt possible, lorsque les gelées ordinaires ne sont plus à redouter; car plus tôt on sème, et plus tôt la terre est libre pour être préparée à la récolte suivante; cet objet est de la plus haute importance pour assurer le succès de cette récolte, et l'on ne doit jamais le perdre de vue dans les assolemens des terres argileuses sur-tout. D'ailleurs le produit de cette plante est, le plus souvent, toute autre circonstance étant égale d'ailleurs, en raison directe de l'avancement de l'époque de la semaille, la fève redoutant par-dessus tout les effets funestes de la sécheresse et de la chaleur qui se manifestent à l'époque de sa floraison.

Il existe différens modes de semer cette plante.

Le premier consiste à la semer à la volée, soit sur le champ, avant le labour, soit au fond des raies ouvertes par la charrue. Quelquefois ce champ est préalablement labouré, hersé, et même roulé, ce qui est généralement fort utile. Ce mode n'est guère applicable qu'aux cultures qui ont pour objet ou la consommation sur le champ, ou le fauchage en vert, ou l'enfouissement, ou l'établissement d'une prairie; et il convient beaucoup moins que le suivant aux cultures améliorantes et préparatoires.

Le second consiste à placer la semence en lignes ou rayons, au fond des raies ouvertes par la charrue, soit avec l'instrument connu sous le nom de *semoir*, qui nous paraît applicable à cet objet avec avantage, soit en y suppléant en la plaçant de la même manière, à la main, derrière la charrue, soit enfin en la plantant, ce qui est plus long et plus dispendieux.

Quelque moyen qu'on emploie, pour ce dernier mode, les rayons doivent être les plus droits possible, et suffisamment écartés pour faire passer commodément entre leurs intervalles la petite herse triangulaire et la houe à cheval (*voy. les figures à la fin de l'ouvrage*). Il doit toujours, par conséquent, y avoir une raie vide et une raie pleine, ce qui établit une distance d'environ 48 à 64 centimètres.

Dans les terrains très-humides, il convient d'établir les rayons sur la crête des billons relevés; dans les petites cultures où le sarclage et le binage se font avec une simple binette à la main, les rayons peuvent être moins écartés.

Ce second mode, qui convient essentiellement aux terres qu'on veut nettoyer, ameublir et préparer pour les récoltes subséquentes, par les sarclages, houages et buttages, exige bien moins de semences que le premier. Il est plus long et plus dispendieux à la vérité, mais il donne des résultats bien plus avantageux , qui compensent , et au-delà , l'augmentation du temps et de la dépense ; dans les essais comparatifs que nous avons faits plusieurs fois de ces deux méthodes , nous avons reconnu la supériorité de la dernière , sous les rapports importans du produit et de l'amélioration du sol , et nous ne saurions trop la recommander.

Il est toujours avantageux de choisir pour la semaille la semence la plus mûre , la mieux nourrie et la plus fraîche , quoique la vieille soit susceptible de germer et de fructifier après un assez grand nombre d'années , sur-tout lorsqu'elle a été conservée à couvert et sèchement , dans les gousses. A cet effet , on fera bien de ne battre les tiges qu'au moment de la semaille , lorsque les circonstances le permettront , et de préférer toutes les semences bien pleines , exemptes des attaques des bruches , et d'une couleur brune ou rougeâtre ; celles qui sont blanches et ridées annoncent ordinairement le défaut de maturité , et celles qui sont très - noires et ternes annoncent souvent aussi une altération occasionnée ou par l'humidité ou par la fermentation.

Les mulots et d'autres animaux étant très-avides de la fève, et cette graine étant d'autant plus exposée à leurs ravages qu'elle reste plus long - temps en terre , où elle prolonge en effet ordinairement son séjour assez long - temps avant que de germer , parce que l'épaisseur de son enveloppe et sa dureté s'opposent à ce qu'elle soit promptement pénétrée par l'humidité , il peut être souvent utile de la tremper dans l'eau pendant vingt - quatre heures au moins avant de la semer , afin d'accélérer sa germination.

La quantité de la semence doit être relative à l'état de la terre à l'époque de la semaille , à la qualité de cette semence , et sur-tout à sa grosseur , mais plus particulièrement encore au mode de la semaille ; et l'on doit généralement semer très-dru , lorsqu'on sème à la volée , à moins d'un établissement simultané d'une prairie , comme nous le verrons plus loin.

Des opérations postérieures à la semaille. Quel qu'ait été le mode de la semaille , qui doit toujours être suivie d'un nombre de hersages et de roulages suffisant pour ameublir et égaliser convenablement le champ , opérations qu'on peut même quelquefois renouveler avec avantage quelque temps avant que la fève ne lève , afin de détruire les germes déjà développés des plantes nuisibles , et ameublir d'autant plus la terre , il faut se hâter d'opérer le premier nettoiement , lorsque l'état de la terre et le temps le permettent.

Lorsqu'on a semé à la volée , l'emploi de la petite herse triangulaire et de la houe à cheval devient impossible , et si l'on y suppléait par des opérations manuelles , elles seraient

longues, difficiles et dispendieuses. L'emploi d'une herse légère nous paraît être, en ce cas, le seul moyen praticable lorsqu'on n'a point semé de prairie ; et nous avons vu souvent
employer ce moyen avec succès dans plusieurs de nos départemens septentrionaux. Le léger dommage opéré par le piétinement des chevaux et par l'arrachage de quelques pieds n'est
rien en comparaison du bien qui résulte ordinairement de cette
opération, lorsqu'elle est bien faite, en temps convenable, et
sur-tout lorsqu'on a eu la précaution de semer assez dru pour
parer à ce faible inconvénient. Cette opération chausse les
pieds qui y résistent, en ameublissant la terre et en détruisant
une grande partie des plantes nuisibles à racines traçantes et
peu enfoncées, et la végétation de la fève en devient plus rapide
et plus vigoureuse. On ne doit et l'on ne peut ordinairement la
pratiquer qu'une seule fois.

Lorsqu'on a semé la fève en rayons équidistans, suffisamment espacés pour permettre le libre passage de la petite herse
et de la houe à cheval, on doit faire usage du premier instrument dès que la végétation est aussi avancée que dans le cas
précédent, et ses dents extirpent facilement et promptement
toutes les plantes nuisibles qui se trouvent dans les intervalles,
en ameublissant très-bien la terre. On réitère cette opération
aussi souvent que les circonstances paraissent l'exiger ; et dès
que les plantes sont assez élevées pour pouvoir être légèrement
buttées, et qu'elles sont près de fleurir, on emploie la houe
à cheval, qui complète les opérations nécessaires à leur parfait développement ; on renouvelle son emploi quelque temps
après, lorsque cela paraît nécessaire et praticable.

Le puceron est l'ennemi le plus redoutable de la fève, dont
il attaque ordinairement la sommité, comme étant la partie
la plus tendre ; il lui nuit beaucoup, en déterminant par ses
piqûres multipliées une grande extravasation de la sève, et
en s'opposant par là à la formation ou au développement des
fruits.

Nous avons remarqué que cet insecte est d'autant plus multiplié et nuisible, que la plante souffre davantage de la sécheresse ; les utiles opérations que nous venons d'indiquer l'en
garantissent souvent. Mais dans le cas contraire, il est encore
possible d'y remédier, en retranchant les extrémités attaquées,
avec les doigts ou avec une faucille, une faux, ou tout autre
instrument équivalent. On a même remarqué que cette opération, qui n'est pas aussi longue qu'on pourrait le supposer, et
qui est d'ailleurs assez facile, accélérait la maturité des fruits,
lorsqu'elle était pratiquée à l'époque de la floraison (ce qui est
un avantage très-important), et qu'elle augmentait encore le
produit en beauté et en quantité. Nous l'avons trouvée usitée

dans le département du Puy-de-Dôme et sur plusieurs autres points de la France, où on la considère comme fort avantageuse.

M. de Père, qui est entré dans des détails fort intéressans sur la culture de la fève en terrain ar;ileux, observe que *les fleurs qui se forment au sommet des tiges n'atteignant jamais leur perfection, ce serait une inutile opéra'ion de retrancher les sommités avec la main, pour les faire manger aux bestiaux.* Il observe aussi que *le brouillard contrarie trop souvent la récolte en grain des fèves;* mais nous ne connaissons aucun remède à ce mal.

De la récolte et de l'emploi. La maturité de la fève s'annonce par le changement de la couleur verte des gousses en une couleur noire, par le fanage de la tige et la chute des feuilles. En général, il est peu avantageux d'attendre que ces caractères soient très-prononcés pour commencer la récolte; nous pensons qu'on la fait souvent trop tard, et qu'il en résulte plusieurs inconvéniens graves. D'abord, on n'a plus le temps nécessaire pour préparer convenablement la terre pour la récolte suivante, point essentiel cependant pour assurer son succès; ensuite, les tiges et les gousses, au lieu d'être propres à servir d'aliment aux bestiaux, qui en sont avides et auxquels elles sont très-profitables lorsqu'elles ont été convenablement récoltées et séchées, ne peuvent plus s'employer que comme litière ou combustible, lorsqu'elles sont dures, ligneuses et desséchées à outrance, différence qui mérite d'être prise en considération. Il est donc généralement plus avantageux, lorsque le temps est beau, de devancer un peu la récolte que de la reculer, et l'on gagne beaucoup plus d'un côté qu'on ne perd de l'autre.

On peut arracher ou scier ou faucher la fève. Le dernier moyen d'en faire la récolte nous paraît le plus économique, le plus expéditif, et généralement le plus convenable.

Il est très-important que les javelles soient faites le plus mince possible, sur-tout lorsqu'on moissonne de bonne heure, comme nous le recommandons, parce que l'épaisseur des tiges, et sur-tout celle des gousses, ainsi que la grosseur des grains, rendent nécessairement la dessiccation longue et difficile; afin de ne pas retarder l'époque si critique du premier labour à donner à la terre, on fait quelquefois sécher ces tiges hors du champ, comme nous l'avons pratiqué nous-mêmes, et comme il est souvent avantageux de le faire, lorsque cette translation est commode et peu coûteuse.

Dans tous les cas, on ne doit les lier et les mettre à couvert que lorsqu'elles sont bien sèches, et elles se conservent et se battent beaucoup mieux; on ne doit non plus les battre, en général, qu'à mesure des besoins de la graine que la bruche des pois attaque, qu'elle rend impropre à la reproduction en en détruisant le germe, et peu propre à la consommation. Les tiges nouvellement battues sont d'ailleurs beaucoup plus nettes et plus appétissantes ; et la fève battue peu de temps après sa récolte, s'échauffe plus encore que les autres grains, si l'on n'a la précaution de l'entasser peu épais et de la remuer souvent.

On fait un assez grand usage de la variété de la fève, dite de marais, comme aliment, dans plusieurs de nos départemens, et plus particulièrement dans ceux du midi et de l'ouest, surtout dans l'ancienne Guienne, le Poitou, la basse Provence et le bas Languedoc, ainsi qu'en Italie ; et on l'emploie avantageusement ou verte ou sèche, selon sa qualité et les besoins. On lui substitue aussi quelquefois la féverole, quoiqu'elle soit moins délicate.

« Les fèves, dit M. de Père, sont dans notre canton (celui de Mezin, département de Lot-et-Garonne), après le froment et le maïs, le principal objet de la culture. Celles qui cuisent bien ont une valeur égale à celle du froment ; elles forment presque exclusivement la soupe des habitans de la campagne, qui les emploient à cet usage en si grande quantité, qu'elles remplacent en grande partie les autres alimens. Celles qui ne cuisent pas entrent pour un douzième dans la formation de leur pain. Pendant le mois de juin, la soupe des habitans de la ville, comme celle des habitans de la campagne, ne se fait guère qu'avec des fèves vertes ; cette grande consommation diminue beaucoup le produit de la récolte, qui va rarement au quadruple de la semence. La faiblesse de ce produit a une autre cause qui dérive du même usage. Pour faire la cueillette de la provision des fèves vertes pour chaque jour, on traverse la févière, on blesse une partie des tiges, ou on les écorche pour arracher les cosses. On remédierait à ce double inconvénient, continue M. de Père, en établissant une double févière, l'une destinée pour entrer au grenier, l'autre pour la consommation des fèves vertes, dont on faucherait ensuite les tiges pour fourrage d'hiver. »

Nous avons cru devoir faire connaître ces utiles renseignemens, qui placent le remède à côté du mal, et qui sont applicables à un grand nombre de localités ; nous consignerons plus loin d'excellentes observations du même auteur, relatives à l'assolement.

On emploie encore en plusieurs endroits la fève torréfiée et moulue, comme substitut du café ; mais que n'a-t-on pas employé pour le même objet, sur-tout depuis quelques années ?

La féverole est plus particulièrement destinée à la nourriture des chevaux et des autres animaux, soit entière, sèche ou humectée, soit moulue, ou plutôt concassée, ce qui convient beaucoup mieux, sur-tout aux vieux animaux, et on la leur donne seule, ou mélangée en diverses proportions avec l'avoine ou d'autres grains. Elle est très-propre à les nourrir et à les engraisser promptement, et on remarque que la chair et le lard des porcs qui en sont nourris sont très-fermes et d'un excellent goût.

M. Gaujac, dont le zèle pour la propagation de la culture en grand de la fève a été récompensé publiquement comme il le méritait, par la société d'encouragement, non-seulement a nourri avec beaucoup de succès les animaux de son exploitation avec la fève ; mais d'après son Mémoire, « avec 6 livres de féveroles mondées réduites en farine fine non blutée, il a formé, en moins d'une demi-heure, une purée suffisante pour la soupe et la pitance de quinze personnes. Ce repas a nourri et lesté tout son monde, depuis onze heures du matin jusqu'à sept heures du soir, moins le goûter, qui consistait en un morceau de pain et de fromage. En comptant, dit-il, le pain et l'assaisonnement, ce dîner ne coûte que 39 sous, même en évaluant à 12 sous le prix des féveroles. Avec une addition de 3 livres de porc salé cuit séparément, ce dîner peut servir pour dix-huit personnes, et n'augmente que de bien peu la dépense, d'après la manière économique dont l'auteur nourrit et engraisse ses porcs. » Il en a nourri également ses chevaux et autres bestiaux, et sur-tout ses brebis pleines et nourrices, ses vaches, ses veaux et ses porcs, à qui il la donnait concassée, ou en purée, ou en eau blanche un peu tiède. On l'emploie aussi très-souvent ainsi dans plusieurs de nos départemens septentrionaux.

« Lorsque les veaux ont teté pendant une douzaine de jours le lait de leurs mères, dit encore M. Gaujac, on ne leur en donne qu'une partie mêlée avec trois parties de fèves délayées dans 2 ou 3 litres d'eau tiède, et cette boisson, qu'on leur distribue trois fois par jour, à des doses convenables, leur procure une excellente nourriture et un engrais suffisant pour être livrés à six semaines au boucher, à un prix élevé.

» Cette manière d'engraisser les veaux, continue-t-il, est beaucoup plus profitable que celle que l'on emploie généralement dans toutes les campagnes. Un veau engraissé suivant cette méthode ne coûte que le quart du prix de la vente, et on conserve pendant long-temps le lait des vaches, qui couvre infiniment au-delà de ce qu'il en a coûté en farine de fèves. Il assure encore que les veaux ainsi nourris ont meilleur goût et bien plus de substance que ceux qui ne sont nourris qu'au

lait, et que les chevaux sont mieux nourris avec les trois
quarts d'un boisseau de fèves qu'avec un boisseau d'avoine. »

Nous ajouterons que nous avons souvent vérifié la dernière
assertion, et nous observerons, avant de passer à l'examen
des deux autres principaux objets de culture de la fève, que
l'on a remarqué que le miel recueilli par les abeilles, en buti-
nant sur les fleurs de cette plante, est de mauvaise qualité.

De la culture de la fève pour fourrage. Cette culture diffère
de la précédente, en ce qu'au lieu de semer en rayons, on sème
toujours à la volée, avant le dernier labour qui enfouit la fève;
en ce qu'il est très-essentiel d'aplanir complétement la surface
du champ avec le rouleau; en ce qu'il faut toujours semer
très-dru, la fève ne tallant et ne se ramifiant pas ordinairement; et enfin en ce qu'au lieu d'attendre la maturité, on fauche
à l'époque de la floraison.

Cette culture, préparatoire des subséquentes, ameublit et
nettoie le champ par son ombrage et par le fauchage de toutes
les plantes en fleurs; elle épuise très-peu, à cause de ces deux
dernières circonstances importantes; elle occupe peu de temps
la terre, et facilite l'application de toutes les opérations postérieures et l'admission des autres cultures; et l'on obtient ordinairement ensuite de très-abondantes récoltes de céréales ou
autres; sur-tout si le champ a été fumé avant le dernier labour
avec du fumier peu consommé, avec lequel on a moins à redouter les semences des plantes nuisibles, qui se trouvent détruites par le fauchage et les labours.

Le fourrage qu'on en obtient est très-nourrissant; il peut se
consommer en vert ou en sec; mais nous observerons qu'il se
fane lentement et difficilement, contenant beaucoup d'eau de
végétation. On peut souvent en obtenir plusieurs coupes, et
même un pâturage assez prolongé, parce que le fauchage des
tiges en fleurs leur fait ordinairement pousser plusieurs rejets
latéraux qui ombragent complétement le champ et qui fournissent une nourriture tendre et succulente.

On mêle quelquefois à la fève, la vesce, la gesse, la lentille,
le pois et quelques grains de céréales, soit qu'on veuille en faire
du fourrage ou en obtenir une récolte mûre. Ce mélange est
très-fréquent dans le département du Pas-de-Calais et dans
quelques autres, sous le nom de *waret, dragée, dravie, gra-
vière,* etc., et il fournit une excellente nourriture d'été ou
d'hiver.

Quelquefois aussi, au lieu de faucher la fève en fleurs, on
attend que les cosses soient formées; elle en est plus nourrissante, et ce fourrage peut remplacer très-bien le foin et
l'avoine.

« Les fèves qui se fauchent au moment où les cosses sont formées, dit M. de Père, et avant qu'elles ne sèchent sur pied,

sont un fourrage d'hiver que les chevaux et les moutons aiment
de préférence, et qui les engraisse. Ainsi les fèves peuvent faire
le même service que les vesces. Le mélange des unes et des
autres avec le seigle et l'avoine dans la proportion de quatre à
un, compose un excellent fourrage qu'on peut semer à diverses
époques avant et après l'hiver, pour en jouir en mai, juin et
juillet. Ce fourrage peut tenir lieu aux chevaux et aux moutons
de foin et d'avoine. »

De la culture de la fève pour engrais. Cette culture, qui est
entièrement conforme à la précédente, à l'exception du fumier
qu'elle n'exige pas et qu'elle remplace très-économiquement
par l'engrais qu'elle procure, n'est nulle part aussi commune
qu'elle pourrait et devrait l'être.

Nous avons déjà reconnu que la fève, par sa racine pivotante et peu fibreuse, par ses feuilles très-tendres, poreuses,
succulentes et épaisses, qui se conservent long-temps vertes,
devait soutirer beaucoup de nourriture de l'atmosphère et peu
de la terre ; la pratique confirme cette théorie. Toutes les fois
qu'on l'enfouit en fleurs dans le champ sur lequel elle a été
semée, elle lui apporte, indépendamment de la faible portion
d'aliment qu'elle en avait emprunté, une ample provision de
substance fertilisante, dont elle avait dépouillé l'air pour se
l'assimiler.

Quoiqu'elle s'élève ordinairement sur une seule tige, on peut
lui en faire pousser plusieurs d'une manière très-profitable, en
la faisant pâturer de bonne heure par les bêtes à laine. Nous
avons plusieurs fois employé ce moyen avec succès. Elle s'é-
lève moins alors, mais elle couvre davantage la terre en se ramifiant, et elle devient plus facile à enfouir.

Lorsqu'elle est en pleine fleur, il est avantageux de la coucher avec le rouleau, à la rosée ou après une pluie, avant de
l'enfouir avec la charrue ; sa contexture lâche, molle et succulente, la réduit promptement en terreau.

On l'arrache ordinairement lorsqu'on l'enfouit avec la bêche,
ainsi que nous l'avons vu pratiquer près de Naples, dans la
Campanie.

Les auteurs géoponiques latins nous informent que les Ita-
liens, ainsi que les Thessaliens et les Macédoniens, employaient
fréquemment la fève, de leur temps, pour engraisser leurs terres.

Les Toscans, comme les Napolitains, l'emploient encore
aujourd'hui pour cet objet ; nous l'avons vue également consacrée à cet usage dans quelques-uns de nos départemens méridionaux, et nous l'avons essayée nous-mêmes avec beaucoup
de succès.

Olivier de Serres nous apprend que de son temps *on en en-
graissait aussi les terres en Dauphiné, dans le canton de Die.*
En faisant l'éloge de cet engrais végétal, dont il fait le plus

grand cas et « à l'emploi duquel, dit-il, deux écus dépensés, porteront plus de profit au cultivateur que six en fumier, » il fait une observation bien remarquable, très-propre à servir de texte à l'objet de l'assolement dont nous allons nous occuper.

De l'assolement. « Les fèves, dit Olivier de Serres, engraissent aussi les terres où elles ont été semées et *recueillies*, y laissant quelque vertu agréable aux fromens qu'on y sème après. »

Cet intéressant passage de l'immortel ouvrage du patriarche de notre agriculture, et auquel on avait sans doute fait trop peu d'attention, se trouve aujourd'hui pleinement confirmé par une foule d'assertions univoques et de faits authentiques et décisifs, soit en France, soit à l'étranger, qui mettent dans la plus grande évidence cette *vertu* améliorante et préparatoire de la fève pour la culture du froment.

Toute la gloire de cette prétendue découverte moderne lui est donc entièrement due, et nous nous empressons de la lui restituer comme un hommage sacré, en l'arrachant aux insulaires, qui, selon leur ancien usage, s'attribuent la plupart des découvertes utiles qui honorent la nation française.

« La culture de la fève, observe avec raison M. de Père, mérite d'être mieux soignée et de recevoir plus d'extension, sur-tout dans les terres argileuses ; c'est la plante qui convient le mieux avec le froment dans les sols dont la nature compacte ne comporte pas un grand nombre de productions ; on pourrait l'y faire alterner avec le froment, *sans interruption*, pourvu que la terre soit bien fumée avant la semaille ; il est d'expérience qu'on peut soutenir long-temps ce cours-ci : »

« 1°. Fèves fumées ; 2°. froment ; 3°. fèves ; 4°. froment. Mais il sera toujours mieux d'introduire le trèfle et le maïs dans ce cours.

» 1°. Fèves fumées ; 2°. froment ; 3°. trèfle ; 4°. froment ; 5°. maïs, etc. »

Cet excellent assolement pour le midi a l'avantage important de varier les cultures.

M. Gaujac, qui a introduit avec un grand succès la culture de la fève dans le canton de Coulommiers, département de Seine-et-Marne, observe aussi, d'après sa pratique, « que la fève n'effrite point la terre, qu'elle nettoie le sol où on l'a semée, pour le livrer bien propre au froment qui doit lui succéder, et que *la récolte de cette céréale est toujours beaucoup plus productive que lorsqu'elle succède à toute autre plante.* » Il préfère la culture de la féverole à celle de l'avoine, la première rendant beaucoup plus que celle-ci ; elle nettoie la terre quand l'avoine, semée immédiatement après la dépouille du blé, la salit.

Nous avons déjà vu que, dans l'arrondissement d'Hazebrouck, département du Nord, dont les terres sont généralement humides et argileuses, *les fèves et le froment se succèdent souvent, pendant très-long-temps, avec succès;* le même assolement que MM. Delporte et Mouron, cultivateurs très-distingués près Boulogne et Calais, ont recommandé par leur pratique, s'observe aussi, dans les mêmes circonstances, sur un très-grand nombre de nos départemens septentrionaux.

M. Charles Pictet, qui nomme la fève avant toute autre plante d'assolement pour les terres argileuses, parce que c'est celle de toutes qui a le plus d'importance, et qui rapporte, à l'appui de son opinion, plusieurs faits tirés de l'agriculture anglaise, reconnaît aussi, et sans doute d'après sa propre expérience, que *sa culture prépare de belles récoltes de blé.*

S'il était nécessaire d'ajouter les résultats de notre pratique à tant d'autorités respectables, nous dirions que, ayant plusieurs fois admis la culture de la fève sur nos terres les plus compactes et les plus humides, nous avons, aussi, constamment reconnu qu'elle préparait merveilleusement la terre pour la culture des céréales, et particulièrement du froment; sur-tout lorsqu'elle était cultivée en rayons, semée de bonne heure, convenablement nettoyée et houée, et enlevée assez à temps pour donner à la terre les préparations nécessaires.

Lorsque cette récolte se fait trop tardivement pour remplir cet objet, il est généralement avantageux de différer l'ensemencement jusqu'au printemps, et l'on peut alors admettre avec beaucoup d'avantage le blé de mars, ou l'orge, ou l'avoine, qui donne ordinairement des produits très-abondans. Dans plusieurs endroits de la ci-devant Guienne, on cultive la fève sur les terres humides, dans l'année de jachère, entre deux récoltes de céréales.

Nous avons déjà eu occasion de remarquer que la culture de la fève, intercalée avec celle de l'avoine, était un des meilleurs moyens de faire consommer avantageusement le gazon des prairies avant de semer du froment.

Elle succède encore avec beaucoup d'avantage au trèfle, comme plusieurs exemples le prouvent, au moyen d'un seul labour ou de deux au plus.

Elle sert quelquefois à établir une prairie artificielle, qu'elle accompagne et protège par son abri, la première année; c'est ainsi que dans les environs de Meaux, où cette culture est assez répandue, nous avons vu semer plusieurs fois, avec beaucoup de succès, la fève avec le trèfle.

Quelquefois aussi on sème des raves et des navets dans l'intervalle des rayons, après le dernier houage, et on se procure ainsi une double récolte à peu de frais.

Enfin, on peut encore, dans quelques cas, cultiver la fève

en rayons alternatifs avec la pomme de terre, dans les terrains qui comportent ces deux cultures.

« Dans la févière destinée pour la provision du ménage, c'est-à-dire dont on cueillerait toutes les cosses vertes, on pourrait, dit M. de Père, planter des pommes de terre entre les rangées, comme on le fait à Paris dans les rangées de pois; après la récolte des cosses, on faucherait, ou on arracherait les tiges pour remuer la terre et chausser les pommes de terre, qui présenteraient ainsi une seconde récolte dans la même année. »

Concluons des détails ci-dessus, que la fève est incontestablement la plante qu'on peut intercaler avec le plus d'avantage avec les céréales, sur toutes les terres argileuses, compactes et humides. Lorsqu'elle est cultivée en rayons et convenablement houée et sarclée, elle jouit de l'éminente propriété de rendre le sol très-meuble et très-net, et beaucoup mieux préparé à la production du froment, qu'il ne l'est par une ruineuse et improductive jachère : cet effet est sensible sur-tout lorsqu'elle est fauchée au lieu d'être arrachée, parce que ses racines pivotantes, qui ouvrent la terre comme autant de coins, y laissent une substance qui agit comme engrais et comme amendement; il est très-sensible aussi lorsqu'on la récolte un peu verte, ce qui non-seulement peut se faire sans inconvéniens, mais ce qui la rend moins coriace, plus nourrissante et plus agréable aux bestiaux. Reconnaissons encore, que indépendamment de son grand mérite dans sa culture la plus ordinaire, elle peut fournir un excellent fourrage, vert ou sec, un pâturage très-sain et un engrais végétal très-économique.

Il existe quelques variétés de fèves, autres que celles que nous avons indiquées comme étant soumises à la culture en grand; les principales sont : la verte, ainsi nommée à cause de la couleur de ses fruits; la julienne, plus précoce; la naine hâtive, plus précoce encore, petite et branchue; la longue cosse, très-élevée, à gousses longues et très-garnies; la windsor, plus élevée encore, à semences larges et presque rondes, mais moins rustique et moins productive, la rouge, la violette, et celle d'Héligoland.

DU POIS. Le pois cultivé, *pisum sativum,* est une des plantes dont la culture est la plus étendue pour la nourriture de l'homme et pour celle de ses bestiaux.

Originaire des contrées méridionales de l'Europe, où on le rencontre dans l'état sauvage, l'ancienneté et les différences de sa culture l'ont multiplié en un très-grand nombre de variétés et de sous-variétés ou nuances, difficiles à distinguer pour la plupart.

Les principales à considérer pour la culture en plein champ sont :

1°. Le POIS DES CHAMPS PROPREMENT DIT, qui paraît être le type de l'espèce; il est désigné souvent sous le nom de pois gris, ou bisaille, à cause de sa couleur, et de pois de mouton, d'agneau ou de brebis, parce qu'il est une des premières nourritures pour les bêtes à laine qui en sont singulièrement avides. Son grain, un peu aplati sur les côtés, de couleur le plus souvent grisâtre, et quelquefois brunâtre, rougeâtre et bleuâtre, est ordinairement moins gros que celui de la principale variété désignée sous la dénomination de pois commun; il est également moins fort dans toutes ses parties; ses folioles sont moins entières, et ses fleurs, presque toujours d'un rouge violet, et qui sont quelquefois blanches, sont souvent solitaires.

On le subdivise en pois d'hiver et de printemps, quelques sous-variétés étant reconnues plus en état que d'autres de résister aux rigueurs de la première saison; on le subdivise encore en pois à cochons, parce que quelques sous-variétés sont, aussi, quelquefois préférées à d'autres pour l'engrais de ces animaux.

2°. Le POIS COMMUN, ainsi nommé parce qu'il est le plus cultivé, soit dans les champs, après le premier, soit dans les jardins. Il est plus fort ordinairement dans toutes ses parties que celui qui le précède, comme nous l'avons observé; ses feuilles sont entières, et les fleurs, plus grandes et ordinairement blanches, sont portées plusieurs ensemble sur de longs pédoncules axillaires. C'est celui qui se consomme le plus en sec.

3°. Le POIS SUISSE, ou *grosse cosse hâtive*. C'est un de ceux qui redoutent le moins les rigueurs de l'hiver, et c'est aussi un des plus productifs. Ses cosses, longues et grosses, sont très-multipliées et bien remplies de grains ronds et d'une couleur jaune verdâtre.

4°. Le POIS DOMINÉ, moins précoce que le suivant, mais plus rustique, plus vigoureux, plus productif, aussi gros, aussi bon, et moins délicat sur le choix du terrain. Son grain est blanc et un peu moins arrondi. Il en existe une sous-variété, dite *pois-laurent*, moins hâtive encore, plus délicate sur le sol et l'exposition, et qu'il ne convient guère de semer qu'au printemps.

5°. Le POIS-MICHAUX, appelé aussi *pois chaud, quarantain, hâtif,* ou *de quarante jours,* dont une sous-variété de Hollande ou d'Allemagne est plus précoce encore. Il est très-hâtif et productif; son grain blanc, rond et uni, est assez gros, tendre et sucré; mais il est beaucoup plus délicat que les précédens sur le choix du terrain et l'exposition. Il préfère les terres meubles, sèches et chaudes, et redoute sur-tout celles qui sont froides, compactes et humides.

6°. Le POIS CARRÉ BLANC, ainsi désigné à cause de sa forme et de sa couleur. Il est gros et délicat; sa tige s'élève beaucoup; mais il est tardif, rarement très-productif, et difficile sur le sol. Il en existe une sous-variété dont l'ombilic est noir, et qu'on appelle *cul-noir*.

7°. Le POIS CARRÉ VERT est sur-tout recommandable en purée : il diffère essentiellement du précédent par sa couleur, et redoute comme lui les terres compactes et humides.

8°. Le POIS NORMAND est assez ressemblant aux deux précédens pour la qualité, et au dernier pour la forme et la couleur; il a de plus le mérite d'avoir la peau fort mince, ce qui le rend préférable pour la purée; mais il est généralement moins productif et demande un sol fertile.

9°. Le POIS VERT, dit *d'Angleterre*, très-élevé, très-productif et d'un excellent goût, en terre substantielle. Il est gros, de forme allongée un peu ovale, et de couleur verdâtre.

10°. Le POIS DE CLAMART, ou *carré fin*, très-productif et d'un très-bon goût. Son grain aplati sur deux faces, parce qu'il est très-serré dans la cosse où il s'en trouve jusqu'à dix ou douze, est petit et d'une couleur variable, blanchâtre, roussâtre ou verdâtre.

11°. Le POIS NAIN, ainsi nommé parce qu'il s'élève moins que les précédens, et dont il existe plusieurs sous-variétés, de forme, de couleur et de goût différens, mais ordinairement peu précoces et productives.

La racine de tous ces pois est grêle, pivotante et fibreuse.

Occupons-nous d'abord de la première variété, la plus intéressante de toutes pour le cultivateur, parce qu'elle est sans contredit la plus convenable pour la culture en grand, en plein champ, et comme étant la plus rustique, nous examinerons ensuite les autres variétés, sous ce rapport.

De la culture du pois des champs, ou bisaille, sous le rapport de la qualité du sol et de sa préparation; de la semaille, de la récolte, et de l'emploi.

De la qualité du sol et de sa préparation. Les terrains frais, un peu tenaces, sur lesquels les fèves et les choux donnent des récoltes avantageuses, sont généralement aussi ceux qui conviennent le plus à la bisaille, quoiqu'on la voie réussir quelquefois sur des terres plus friables et d'une moindre qualité, lorsque la constitution atmosphérique est plus humide que sèche. Elle exige généralement aussi un petit nombre de labours pour prospérer, et pourrait même rigoureusement se passer d'engrais si l'on ne devait avoir plus en vue dans sa culture la préparation et l'amélioration du sol pour les récoltes subséquentes, que le produit même de sa récolte. Lorsqu'on la sème dans l'intention de la faucher avant sa maturité complète, et lorsqu'on la cultive sur des terres compactes et argileuses, les fumiers pailleux et peu consommés sont ordinairement les plus convenables, et ils font tout-à-la-fois l'office d'amendemens et d'engrais.

De la semaille. Pour cette variété, comme pour toutes les autres, on doit toujours préférer, pour semer, les pois de la dernière récolte à ceux des années antérieures, qui très-souvent ont perdu leur faculté germinative, sur-tout lorsqu'ils ont été séparés de leur gousse long-temps avant l'époque de la semaille. Ils doivent aussi être les plus exempts possible des attaques de la bruche du pois, insecte qui y fait quelquefois de terribles ravages, en se logeant dans l'intérieur du grain, et en rongeant souvent jusqu'au germe. Lorsqu'on s'aperçoit qu'ils en sont attaqués, il est avantageux de les plonger dans l'eau, et l'on voit alors surnager tous les grains fortement endommagés et légers, ainsi que les insectes et autres objets nuisibles, qu'on peut facilement enlever avec une écumoire, ou en faisant déborder l'eau.

L'époque de la semaille doit nécessairement varier suivant le climat, l'état, la nature de la terre, et la variété qu'on a à sa disposition. On ne saurait trop l'avancer dans les climats méridionaux, dont cette plante redoute les fortes chaleurs, et l'on doit toujours la différer jusqu'au printemps sur tous les terrains très-humides, dans les climats froids.

La bisaille s'élevant ordinairement sur une seule tige, et sa récolte étant d'autant plus améliorante qu'elle ombrage plus fortement la terre, en prévenant une évaporation nuisible et en étouffant les plantes plus nuisibles encore; son grain étant aussi très-exposé aux dégâts des pigeons, qui le dévorent même quelquefois en levant, comme font les corbeaux et autres oiseaux granivores, et comme nous nous en sommes assurés à nos dépens, il est ordinairement avantageux de la semer dru, et il y a plus à craindre de pécher par défaut que par excès de quantité de semence.

On doit toujours aussi la semer à la volée, pour les mêmes motifs et afin d'éviter des frais de sarclage et de houage trop rarement compensés par une augmentation proportionnelle de produit, et l'on doit sur-tout l'enterrer le plus exactement possible, à cause des dégâts que les pigeons, qui en sont très-avides, y font trop souvent. Il convient même, lorsqu'on le peut, de l'enfouir par un labour, au lieu de la semer dans les sillons formés par le dernier labour, et de herser ensuite pour l'enterrer, comme on le pratique fréquemment ; mais ce labour doit être léger, car les pois trop enterrés, sur-tout lors des semailles précoces en terrain humide, pourrissent souvent.

De la récolte. On fauche la bisaille, pour la convertir en fourrage vert ou sec, lorsqu'elle est défleurie, ou après sa maturité complète. Dans le premier cas, elle nettoie et améliore puissamment la terre, et laisse beaucoup de temps pour la préparer à la récolte principale suivante, et même quelquefois assez pour obtenir encore une seconde récolte-jachère dans la même année. Dans le second cas, elle emprunte davantage du sol, laisse moins de temps pour les opérations aratoires qui doivent suivre immédiatement sa récolte, et ne devient réellement améliorante que lorsque le sol a été abondamment engraissé et préservé de la dissémination des graines nuisibles.

Dans le premier cas, il importe de faner convenablement le fourrage vert, qu'on peut sécher et conserver pour la nourriture des bestiaux en hiver ; et, dans le second, il est essentiel de ne pas faucher trop tard, parce que, d'une part, les pois les premiers mûrs, et qui sont toujours les meilleurs, soit comme aliment, soit comme semence, s'égreneraient dans le champ, et de l'autre, les tiges desséchées fourniraient un fourrage d'une médiocre qualité. Il ne faut pas perdre de temps pour faucher lorsque les tiges sont fortement couchées sur terre, particulièrement en terrain humide, parce qu'elles ne tardent pas à y pourrir, et que d'ailleurs elles grènent peu alors, faute d'air suffisant.

De l'emploi. La bisaille fournit pour tous nos bestiaux, et même pour quelques volailles, un aliment de première qualité.

Ses diverses dénominations de pois de brebis, pois à moutons, pois-agneau, indiquent assez de quelle utilité elle est pour les bêtes à laine. Son fourrage, vert ou sec, les nourrit on ne peut mieux, et son grain les engraisse très-promptement : il est souvent destiné à cet usage, sur-tout pour les jeunes agneaux, dont il rend la chair très-succulente, blanche et délicate.

La dénomination de pois à cochons, sous laquelle on en désigne aussi quelquefois une sous-variété, indique encore combien son grain est propre à engraisser ces animaux, qui sont aussi très-avides de son fourrage vert ; et il est bien reconnu aujourd'hui en plusieurs cantons, que la farine de pois mêlée à celle d'orge et fermentée, est une des nourritures les plus économiques et les plus propres à engraisser promptement ces animaux et à leur donner une chair ferme et d'excellent goût.

Les bœufs, les chèvres et les chevaux sont également avides

de son fourrage et de son grain, qui leur sont aussi très-profitables, et le dernier est bien préférable à l'avoine.

Nous examinerons la bisaille sous le rapport de l'assolement, après être entrés dans quelques détails sur la culture des autres variétés de pois que nous considérerons dans le même ordre, et qui peuvent être soumises aussi à la culture en plein champ, près des cités populeuses, et sur-tout le pois commun, qui peut encore être cultivé, comme il l'est quelquefois avec avantage, pour la nourriture des bestiaux.

De la nature du sol et de sa préparation. Toutes les autres variétés de pois, moins rustiques que la bisaille, sont aussi moins indifférentes qu'elle sur la qualité du sol et sur son exposition; elles préfèrent généralement un sol meuble, sec et chaud, à ceux qui sont humides, compactes et froids; elles préfèrent aussi une exposition méridionale à toute autre.

Plus ce sol est substantiel et calcaire, plus ces variétés prospèrent ordinairement; mais elles s'accommodent rarement de fumiers, sur-tout s'ils sont peu consommés, et d'engrais très-actifs; elles préfèrent les terreaux, les vases et les boues bien préparées, ainsi que les terres engraissées l'année précédente, où elles sont plus productives en grains que dans celles qui sont récemment fumées, lesquelles produisent beaucoup en tiges et peu en fruits.

La terre ne saurait être trop bien préparée et ameublie par des labours profonds et faits de bonne heure par un temps non humide.

De la semaille et des soins postérieurs à cette opération. L'époque de la semaille doit généralement être différée jusqu'à ce qu'on n'ait plus à redouter l'effet destructeur des gelées après la levée, et, malgré cette précaution, les gelées tardives et intempestives détruisent trop souvent la plupart de ces variétés, à l'époque de la floraison, et forcent à semer de nouveau.

On a remarqué qu'il était ordinairement avantageux de renouveler la semence des diverses variétés de pois, et il faut principalement prévenir leur mélange entre elles.

On les sème à la volée, ou en touffes, ou en rayons.

Pour la semaille faite à la volée, qui est beaucoup moins productive et moins améliorante, mais qui entraîne moins de soins et de dépenses, on peut se conformer à ce que nous avons dit en nous occupant de la bisaille.

Nous ne pouvons approuver la semaille faite en touffes, parce qu'elle expose les plantes à s'affamer réciproquement, et à être privées de l'air et de la lumière nécessaires à leur développement complet, ainsi qu'à leur fructification; on peut consulter les raisons et les faits rapportés à l'appui de notre opinion à cet égard, aux articles LENTILLE et HARICOT, qui sont dans le même cas.

Quant à la semaille faite en rayons, elle économise ordinairement la semence de moitié, et double à peu près le produit en grain; elle nettoie et prépare mieux la terre pour la récolte suivante; mais elle est plus longue, plus dispendieuse, et exige plus de soins.

Lorsqu'on adopte cette dernière pratique, il est avantageux d'espacer assez les rayons pour que le sarcloir et le buttoir à cheval (*voyez les figures à la fin de ce traité*) puissent être employés, en formant alternativement une raie pleine et une raie vide, ce qui économise les frais et le temps employés à les sarcler et à les butter. Il est souvent avantageux de rapprocher deux rangées à 34 centimètres environ l'une de l'autre, en laissant entre elles un intervalle de 64 centimètres. Ces deux rangées se soutiennent réciproquement, et la culture des intervalles en devient plus commode.

On doit sarcler ces intervalles aussitôt que, toutes les plantes étant bien sorties hors de terre, on s'aperçoit qu'ils se couvrent de plantes nuisibles, et l'on doit aussi réitérer cette opération aussi souvent qu'on la croit nécessaire jusqu'aux approches de la floraison.

Dès que les intervalles sont assez nets et les plantes assez élevées, on doit les butter légèrement, en rapprochant au pied des tiges la terre meuble qui se trouve entre les rayons, ce qui produit le triple effet de leur fournir un nouvel aliment, de leur tenir le pied frais et de les empêcher de se coucher contre terre, trois circonstances qui contribuent beaucoup à leur prospérité.

Les pois sont en proie à plusieurs insectes très-nuisibles qui y font d'autant plus de dégâts que leur végétation est moins vigoureuse. Les principaux sont les chenilles, les pucerons et les vers, contre lesquels on peut employer les moyens que nous avons indiqués pour les raves et les choux; mais leur plus grand ennemi c'est la bruche du pois, espèce de charançon ou mylabre, contre lequel on ne connaît encore aucun remède bien efficace, praticable en grand dans les champs. M. Vilmorin a observé que les pois les plus hâtifs et les plus tardifs en étaient ordinairement exempts, et lorsqu'on s'aperçoit qu'ils en sont infectés après être battus, on peut détruire cet insecte dans les pois qu'on destine à la consommation, en les exposant dans un four pendant quelque temps à une chaleur d'environ 45 degrés, et préserver de ses ravages ceux qu'on destine à la reproduction, en les mêlant bien secs avec du sable, de la cendre, de la suie, du charbon pulvérisé, ou

toute autre matière qui, en prévenant ses excursions, diminue beaucoup le mal qu'il pourrait faire.

On pince aussi quelquefois la sommité des pois, soit pour
les débarrasser des pucerons, soit, le plus souvent, pour accélérer leur maturité en diminuant leur production par un
refoulement de la sève; mais ce moyen n'est guère praticable en grand, non plus que l'emploi des rames, ou des
perches transversales attachées sur des pieux, et qu'on
peut remplacer plus économiquement et plus fructueusement
par un mélange de fèves qui servent aux pois d'appui naturel
et productif.

De la récolte et de l'emploi. On récolte ces variétés de pois,
en convertissant leurs tiges défleuries en fourrage vert ou sec
pour les bestiaux, comme avec la bisaille, ce qui a lieu plus
rarement, ou en en consommant le grain en vert, pour l'usage
domestique, ce qui se pratique assez fréquemment, sur-tout
à l'égard de quelques variétés que nous avons désignées comme
plus propres à cet objet, ou en sec, comme cela arrive assez
souvent.

La première manière améliore plus la terre que la seconde,
et celle-ci plus que la troisième, qui fournit aussi un fourrage
de moindre qualité que les deux précédentes.

La consommation des pois, soit en sec, entiers, ou plutôt
en purée, parce qu'ils sont moins venteux et se digèrent mieux,
soit en vert, assaisonnés de diverses manières, est une des
plus fortes que procurent nos plantes légumineuses, et ils
fournissent un aliment sain, économique, et aussi nourrissant
qu'agréable.

Nous croyons devoir observer que les cosses vides de pois,
dont on ne tire trop souvent aucun parti, fournissent aussi
un aliment sucré et très-nourrissant, comme toutes les parties
des plantes qui contiennent généralement d'autant plus de
substance nutritive qu'elles sont plus voisines de la semence,
particulièrement dans toutes celles qui ne fournissent pas de
racines alimentaires; on peut tirer un parti très-avantageux
de ces cosses pour en nourrir les bestiaux, comme nous l'a-
vons fait plusieurs fois avec beaucoup de succès. Il est même
de ces cosses dans les variétés qu'on appelle pois sans parchemin, goulus, gourmands ou mange-tout, parce qu'ils ont l'enveloppe plus fine, qui fournissent un excellent aliment aux
hommes, soit entières, soit en purée.

Du pois considéré relativement aux assolemens. Une observation générale, par laquelle nous devons commencer, c'est
que le pois, ainsi que le lin, le colza, le safran, et quelques
autres plantes, ne doit pas, lorsqu'il a mûri ses semences, être
ressemé dans le même champ, avant un intervalle assez long;

et l'on observe que lorsqu'on le sème consécutivement plusieurs fois à la même place, il donne ordinairement des produits faibles, et jaunit souvent.

Il est généralement avantageux d'observer un intervalle de six années au moins entre les diverses cultures de cette plante. M. Sageret nous assure même que dans la plaine du Point-du-Jour, près Paris, où diverses variétés de pois sont cultivées pour l'approvisionnement de la capitale, les cultivateurs craignent d'en semer sur les terres qui en ont produit dix ans auparavant, et qu'ils préfèrent et louent beaucoup plus cher, pour cette culture, celles qui passent pour n'en avoir jamais produit. En général, plus on la recule, mieux cela vaut : plus on l'éloigne aussi des autres plantes annuelles de sa famille, telles que la fève, la gesse et la vesce, plus ses produits sont ordinairement assurés et abondans.

Quoique le pois paraisse communiquer au sol qui l'a aidé à perfectionner ses semences, quelque qualité nuisible pour lui-même, il n'en est pas ainsi à l'égard des céréales et d'autres plantes soumises à nos cultures en plein champ.

L'expérience démontre qu'il prépare très-bien la terre pour la culture des céréales, lorsqu'il est convenablement cultivé; cette vérité est sur-tout applicable à la bisaille, qui, par son ombrage épais, établit sur le sol une fermentation putride très-favorable à la végétation, prévient une évaporation excessive toujours nuisible en été, et laisse d'abondans et utiles débris de feuilles et de racines, qui sont promptement convertis en humus.

Il prépare principalement la terre à la production du froment sur les sols tenaces et argileux, qu'il améliore en les ameublissant par l'effet salutaire produit par son ombrage et par sa racine pivotante, qui s'enfonce assez profondément. Il rend également ces terres propres à la production de l'orge, par les mêmes effets.

« Le pois gris, dit Gilbert, est de toutes les plantes légumineuses après le lupin, celle qui emprunte le moins de la terre qui la porte, ou qui lui rend le plus ; ce qu'on doit attribuer à la grande quantité de rameaux et de feuilles dont il se charge, et qui, enlacés étroitement, forment un abri impénétrable aux rayons du soleil. »

« Le pois, dit Dumont de Courset, est le légume à qui les engrais préliminaires sont le moins nécessaires, parce qu'il est alimentaire dans son état naturel. »

Tous les cultivateurs qui observent et qui réfléchissent sur leurs opérations, reconnaissent qu'il emprunte beaucoup moins de la terre que les cultures de céréales, et nous l'avons souvent éprouvé nous-mêmes.

On obtient généralement d'abondantes récoltes de grains, immédiatement après sa culture, avec le secours d'un seul labour fait en temps et de la manière convenables.

Les variétés de pois précoces peuvent admettre deux récoltes différentes dans la même année, et lorsqu'elles sont cultivées en rayons, elles peuvent aussi admettre dans leurs intervalles, après la dernière opération de culture, des raves, des navets, des carottes, des panais, de la navette, du chanvre, du maïs, des pommes de terre, de la gaude, et plusieurs autres plantes précieuses qui peuvent les remplacer d'une manière aussi économique que profitable.

On peut semer avec beaucoup de succès toutes les variétés de pois, sur-tout les dernières, sur un seul labour, lors du défrichement des trèfles, des sainfoins, des luzernes, des pâturages et des prairies à base de graminées, ainsi qu'après les défrichemens de bois et l'arrachage des vignes. Elles y donnent ordinairement des produits vigoureux, abondans et délicats.

La culture des navets fumés et houés prépare aussi très-bien la terre pour recevoir les pois.

Les variétés les moins rustiques et les plus délicates sur la qualité du sol, donnent sur tous les terrains qui sont compactes, argileux ou séléniteux, des grains durs, coriaces, et qui cuisent difficilement.

Toutes les variétés redoutent également les champs ombragés, et demandent une exposition découverte pour s'élever et fructifier beaucoup, parce que le défaut d'air et de lumière suffisans nuit singulièrement à l'accomplissement de leur fructification, qui est toujours très-imparfaite, lorsqu'elles sont couchées contre terre. C'est pour prévenir cet inconvénient qu'on leur procure souvent des soutiens avantageux ; et la nature, en les munissant de mains ou vrilles, indique au cultivateur qu'elles ont besoin d'appui. Nous avons déjà vu qu'on employait avec succès la fève pour cet objet ; on y emploie également l'avoine, le seigle, et quelques autres plantes avec la fève ; cet utile mélange porte en différens cantons les noms de warat, dragée, dravière, barjelade, mélarde, etc., etc.

Nous cultivions fréquemment en rayons diverses variétés de pois ; nous cultivions aussi la bisaille, ordinairement mélangée avec la fève, l'avoine ou le seigle, et les variétés moins rustiques ; et nous avons constamment reconnu que ces diverses cultures étaient avantageuses et excellentes pour préparer la terre à d'autres productions. Les variétés les plus délicates sont fréquemment cultivées aux environs de la capitale, comme autour de toutes les villes très-peuplées ; c'est sur-tout dans les cantons de Charenton, Vincennes, Montreuil, Gennevilliers, Clichy et Nanterre, que leur culture est répandue ; et par-tout, avec les préparations convenables, elles sont suivies de récoltes de grains abondantes et nettes.

On sème aussi quelquefois les pois, sur-tout la bisaille, pour être enfouis en fleur comme engrais végétal ; mais la vesce dont nous allons nous occuper nous paraît généralement préférable pour cet objet, d'après les essais comparatifs que nous en avons faits, comme étant plus petite, s'enfouissant mieux, pourrissant plus vite, coûtant moins, et parce qu'une moindre quantité est nécessaire pour cet objet. Nous remarquerons cependant que dans les parties les mieux traitées des plaines d'Issoire et de Brioude, on sème après la moisson une variété de pois très-vigoureuse, dont on enfouit la pousse, en automne, avant les gelées, et qu'on obtient des champs ainsi traités de beau chanvre, l'année suivante, sans autre engrais.

DE LA VESCE. La vesce commune, *vicia sativa*, désignée fréquemment dans le midi de la France sous le nom de *pesette*, et quelquefois sous celui de *barbotte*, est une des plantes fourrageuses les plus connues de tous les bons cultivateurs, et une des plus avantageuses et des plus commodes pour les assolemens, comme nous le démontrerons à cet article de sa culture que nous allons d'abord considérer sous les rapports importans de la qualité du sol et de sa préparation ; de la semaille et des soins subséquens ; de la récolte et de l'emploi.

De la qualité du sol et de sa préparation. Le sol qui convient à la BISAILLE (*voyez* ce mot) est aussi celui qui convient le mieux à la vesce, et sa préparation peut encore être la même.

Elle redoute sur-tout l'excès d'humidité qui la fait pourrir et qui expose davantage aux ravages de la gelée la variété d'hiver ; elle redoute aussi l'excès de sécheresse qui suspend entièrement et détruit souvent sa végétation ; ainsi les sols frais, un peu tenaces et non humides, lui conviennent généralement mieux que tout autre, et tous ceux qui sont pierreux et inégaux en rendent le fauchage plus difficile et moins complet.

Sa racine grêle et pivotante exige des labours profonds ; cependant un seul labour, s'il est bien fait, en temps convenable, suffit souvent pour assurer son succès.

Elle peut rigoureusement se passer d'engrais, parce qu'elle emprunte de l'atmosphère la majeure partie de sa nourriture, sur-tout lorsqu'on la fauche en vert à l'époque de sa floraison, et parce que l'épaisseur de son fourrage s'oppose fortement aussi aux déperditions du sol, à la surface duquel il détermine une fermentation très-salutaire ; mais sa culture, considérée comme préparatoire d'autres cultures principales, rem-

plit beaucoup mieux cet objet avec l'addition d'engrais convenables.

S'il est bien démontré dans la pratique, comme nous l'avons
très-souvent reconnu, qu'il résulte la plus grande économie
et les plus grands avantages de l'emploi des fumiers frais,
pailleux et peu consommés, lorsqu'ils sont appliqués à des
cultures convenables, particulièrement sur les terrains frais,
compactes et argileux, c'est essentiellement à l'égard de la
vesce cultivée pour fourrage que cette importante vérité peut
recevoir son utile application.

Pouvant être semée avec succès presque à toutes les époques
de l'année, et sur une très-grande variété de terrains, elle
présente au cultivateur intelligent, actif à saisir toutes les
occasions de tirer le parti le plus avantageux de ses fumiers,
un moyen très-avantageux de les voiturer commodément sur
ses champs, à mesure qu'ils se forment, au lieu de les laisser
long-temps, comme cela n'est que trop ordinaire chez les cultivateurs négligens et routiniers, exposés à toutes les déperditions qui résultent toujours de leur exposition prolongée à
la chaleur, aux vents et à la pluie, qui diminuent de beaucoup leur efficacité sans qu'on paraisse souvent s'en douter.

S'il résulte de cette prompte et successive application des
fumiers aux champs destinés à la culture de la vesce ou de
toute autre plante dans le même cas, le transport de la semence de plusieurs plantes nuisibles aux récoltes, il est sans
inconvénient, avec les soins convenables, parce que ces semences germant et se développant avec la vesce, elle les
étouffe ordinairement par la force de sa végétation et par
l'épaisseur de son ombrage ; si quelques-unes y résistent et
survivent à ces deux ennemis redoutables, on peut toujours
assurer leur innocuité, en les fauchant avec la vesce, avant
la maturité complète et sur-tout avant la dissémination de
leurs semences ; de nuisibles qu'elles auraient pu devenir, on
en convertit ainsi la plupart en plantes utiles, en les faisant
contribuer, par leur produit, à l'augmentation du fourrage.

La vesce fournit aussi un excellent moyen de détruire les
chardons, en les privant d'air, si l'on a eu soin de les couper
en naissant, afin de les empêcher de prendre le dessus.

Ajoutons à ces faits que toutes les productions qui suivent
immédiatement la culture de la vesce aidée du fumier sont
toujours plus belles et plus nettes que lorsque cet engrais n'a
été appliqué à la terre qu'après la culture de cette plante, et
à cette époque, il est d'ailleurs généralement moins commode
de transporter aux champs toute espèce d'engrais, à cause de
l'urgence des travaux relatifs aux semailles. Cette vérité est

particulièrement applicable au froment qui suit immédiatement la culture de la vesce.

De la semaille et des soins subséquens. On distingue deux variétés principales de la vesce ordinaire ; celle qui se sème ordinairement en automne, avec ou sans mélange, et qu'on appelle communément vesce d'hiver ou d'automne, hivernache ou hivernage, et quelquefois improprement gesse, et celle de printemps, qui se sème ordinairement dans cette saison, et quelquefois aussi en été.

Nous devons nous occuper des principales particularités relatives à ces deux variétés, avant d'examiner les points principaux qui ont trait à la semaille et aux soins subséquens.

La vesce d'hiver a le grain ordinairement plus gris, plus gros et plus pesant que la vesce de printemps. Elle est, d'ailleurs, généralement plus productive en fourrage et en grain ; elle se ramifie et s'étend davantage ; et nous avons observé que son grain s'échappait plus difficilement de la gousse à l'époque de la maturité, ce qui n'est pas un faible avantage, lorsque la récolte s'en trouve retardée par quelque circonstance impérieuse.

Sur les terrains qui ne sont pas trop humides, elle résiste assez bien aux hivers ordinaires, sur-tout à ceux qui ne présentent pas une grande alternative de gels et dégels brusques. Lorsqu'un nombre même assez considérable de ses pieds ont été détruits par quelque intempérie trop prononcée, ceux qui ont pu y résister se ramifient et s'étendent souvent à tel point, aux premiers mouvemens de la végétation, que le dommage est en grande partie réparé par cette heureuse circonstance, qui doit déterminer à ne jamais se livrer à un nouvel ensemencement qu'après s'être bien assuré qu'on ne peut pas compter sur ce résultat ordinaire que nous avons souvent éprouvé.

Lorsqu'il a lieu ce résultat, et sur-tout lorsque la totalité du plant a résisté à l'hiver, cette précieuse variété fournit de très-bonne heure, au printemps, un fourrage vert abondant, de première qualité, « et c'est, dit M. Dumont de Courset, *dans les pays septentrionaux*, la meilleure façon de semer ce grain, par la certitude où l'on est de le récolter, quand les froids ne sont pas trop violens. » Lorsque la vesce d'hiver a succombé totalement aux rigueurs de cette saison, on peut la remplacer à peu de frais par celle du printemps.

Celle-ci a le grain ordinairement plus brun, plus arrondi et plus petit ; elle se ramifie et s'élève moins ; elle est moins productive en grain et en fourrage, et elle redoute la sécheresse et les chaleurs prolongées beaucoup plus que celle d'hiver.

D'après ces données générales, on doit se déterminer à semer l'une ou l'autre de ces variétés, selon la nature du sol, l'âpreté du climat, les besoins et l'état de la terre, en se rappelant que les semailles les plus avancées sont généralement celles qui donnent les résultats les plus avantageux ; parce que plus une plante a de temps pour parcourir les différentes périodes de son développement, plus elle acquiert de vigueur, et plus ses produits sont considérables et élaborés.

Au moyen de ces deux variétés, ainsi que d'une troisième qui se cultive assez communément dans le département de la Somme, et qui supporte mieux que les autres les semailles tardives, variété dont M. Petit, l'un de nos élèves, cultivateur près Péronne, a adressé un hectolitre environ à M. Rendu, notre gendre, qui l'a cultivée avec beaucoup de succès, on peut prolonger la semaille de la vesce pendant une grande partie de l'année, ce qui rend cette plante bien recommandable pour les assolemens.

Il ne nous paraît pas plus convenable de déterminer, d'une manière fixe et invariable, la quantité de semence nécessaire pour tous les cas, que de vouloir préciser les époques de la semaille, laissant à la pratique, qui est ici la seule qui soit réellement instructive, la solution locale de ces objets de détails très-variables. Nous nous bornerons donc à observer, sur ce premier point, que la variété d'hiver doit généralement être semée plus dru que celle de printemps, quoiqu'elle se ramifie ordinairement davantage, parce que son grain est plus gros et sur-tout parce qu'elle est souvent exposée à des chances plus défavorables ; nous ajouterons qu'on doit aussi semer plus clair la vesce destinée à achever la maturité de sa graine que celle semée seulement pour fourrage ou pour engrais végétal, et qu'il y a beaucoup moins d'inconvénient à semer trop dru que trop clair, parce que le premier cas, toujours réparable d'ailleurs, a des résultats bien moins désavantageux pour la terre et le produit, que le second, qui la salit souvent au lieu de l'améliorer.

Il est très-avantageux de herser en tous sens le champ immédiatement après la semaille, parce que la vesce, qui doit être peu enterrée afin de ne pas pourrir, étant ordinairement semée dans les sillons du labour, le hersage en travers contribue beaucoup à la placer plus également sur tout le champ, et la met encore plus à l'abri des ravages des pigeons qui en sont excessivement avides.

Il n'est pas moins utile de le bien rouler, particulièrement en travers afin de rendre l'opération du fauchage plus facile et plus complète.

Indépendamment des dégâts souvent considérables que les pigeons exercent ordinairement sur la vesce, elle est encore exposée aux ravages de plusieurs insectes, et particulièrement des chenilles et des altises. Outre les moyens généraux que nous avons déjà indiqués contre elles, en traitant l'article *rave*, nous devons recommander ici, d'après notre expérience, l'emploi de la cendre de tourbe et du plâtre calciné et pulvérisé, semés le matin à la rosée, par un temps calme, avant ou immédiatement après la pluie : ces engrais pulvérulens, non-seulement nuisent beaucoup à ces insectes, mais encore ils activent singulièrement la végétation de la vesce, lorsqu'elle commence à bien couvrir la terre, comme aussi celle de toutes les plantes légumineuses et crucifères, principalement sur les terres sèches et de médiocre qualité.

De la récolte, de sa conservation et de son emploi. Il y a deux époques principales pour faire la récolte de la vesce, suivant l'objet qu'on a eu en vue.

Lorsqu'on a pour premier objet la récolte du grain, soit pour la semence, soit pour la consommation, il ne faut pas attendre que la maturité de toutes les semences soit complète, cette plante ayant souvent tout-à-la-fois des semences formées, des fleurs développées et des boutons naissans, et l'attente des dernières pouvant occasionner la perte des premières qui sont toujours les meilleures.

Lors donc que la majorité des gousses commence à se dessécher, à se décolorer et à prendre une teinte brunâtre, lors sur-tout que le temps paraît assuré, il faut faucher sans délai, en devançant plutôt qu'en retardant cette époque critique.

Lorsqu'on a au contraire le fourrage pour seul objet, il est généralement avantageux de faucher à l'époque de la floraison de la majeure partie des plantes, principalement quand il doit être consommé en vert ; on peut cependant attendre, lorsque le temps est incertain, qu'elles soient défleuries en grande partie, et sur-tout si elles doivent être converties en fourrage sec. Il y a dans ce cas moins d'inconvénient à différer qu'à devancer l'époque.

Dans tous les cas, le fanage est ordinairement long et difficile, mais plus particulièrement dans le dernier, parce que la plante est très-aqueuse, et on ne doit l'emmeuler ou la botteler que lorsqu'elle est bien séchée ; il convient de la conserver dans un endroit très-sec, parce que, étant très-spongieuse, elle attire et retient fortement l'humidité, et devient poudreuse et de mauvaise qualité. « Les vesces, dit M. Dumont de Courset, destinées à être employées sèches et semées en mars, sont très-difficiles à obtenir bonnes dans les pays septentrionaux, parce qu'elles mûrissent tard, et que les automnes, assez souvent pluvieux, empêchent alors d'en faire la moisson. Je les ai vues fréquemment encore sur la terre en octobre, et alors elles sont à moitié perdues ou égrenées. »

L'emploi de la vesce est très-étendu, soit en grain, soit en fourrage.

Ce grain paraît être celui que les pigeons préfèrent à tout autre, et il les rend très-productifs et d'un bon goût. Il n'en est pas de même des autres volailles; il paraît même, d'après quelques expériences, qu'il peut devenir nuisible aux canards, aux jeunes dindons, et sur-tout aux poules. Il paraît aussi que les porcs, quoique généralement peu délicats sur le choix de leurs alimens, ne s'accommodent pas non plus de ce grain, et qu'il leur est plus nuisible que profitable. Il n'en est pas de même des bêtes à laine auxquelles il convient beaucoup : il augmente la quantité et la qualité du lait des brebis, et il engraisse promptement les moutons et les jeunes agneaux, pour lesquels il remplace souvent la bisaille. Il engraisse aussi les bœufs, il augmente le lait des vaches, et peut être donné aux chevaux en place d'avoine avec avantage à poids égal, et non à mesure égale, car il est beaucoup plus pesant et nourrissant : mais il vaut mieux généralement le mélanger avec celui du sarrasin, ou avec tout autre, que de le donner seul, parce que en cet état il échauffe beaucoup les animaux. Réduit en farine, on peut en composer, dit M. de Père, d'excellentes buvées pour les vaches, ou bien une eau blanchie que les jumens et les poulains préfèrent à toute autre. On soumet aussi quelquefois ce grain réduit ainsi, à la panification, mélangé avec d'autres grains, comme la nécessité y contraignit dans l'année calamiteuse et trop mémorable de 1709; mais on n'en obtient qu'un aliment aussi désagréable qu'indigeste; et s'il est vrai, comme nous l'assure M. Lullin de Genève, qu'un pain mêlé d'orge, d'avoine et de vesce d'hiver fait la base de la nourriture des habitans des Alpes, on doit autant les plaindre d'être condamnés à un si mauvais aliment, que les louer d'avoir des mœurs si pures et les féliciter de jouir d'un air si salubre et d'une si belle nature.

Le fourrage de la vesce qui a mûri et qui a fourni sa semence est généralement peu recherché des bestiaux et peu nourrissant, comme toutes les pailles ou tiges qui sont entièrement dépouillées de leurs grains. Celui qui a été fauché en fleurs, et sur-tout celui qui l'a été après la floraison, est aussi appétissant que nourrissant, lorsqu'il est bien fané et conservé sèchement; il l'est même beaucoup plus que le foin ordinaire : il est très convenable pour tous les bestiaux qu'on désire engraisser; il doit être administré avec réserve à tous les animaux de travail, qu'il faut seulement maintenir en bon état.

Le fourrage consommé en vert est encore très-propre à ra-

fraîchir et à nourrir les bestiaux, à l'époque de la floraison ;
car avant, il est ordinairement trop aqueux et trop relâchant,
et plus tard il produit l'effet contraire. Il forme une excellente nourriture pour les chevaux qu'on veut mettre au vert ;
il donne beaucoup d'excellent lait aux vaches et aux brebis
nourrices ; il conserve et augmente l'embonpoint des bœufs et
des moutons, et accélère singulièrement le développement des
agneaux ; on peut encore en nourrir les jeunes porcs avec beaucoup d'avantage. La vesce d'hiver a par-dessus tout ce mérite ;
on peut souvent en faire plusieurs coupes, en commençant de
bonne heure, sur-tout à l'aide du plâtre, de la cendre de
tourbe, ou de tout autre engrais sulfureux ou pulvérulent,
soit cendres végétales ou cendres de charbon de terre ; et si
l'on sème la vesce à différens intervalles, ainsi que le recommande avec tant de raison M. de Père, comme de quinze en
quinze ou de huit en huit jours, en septembre, octobre, novembre et décembre, en février et en mars, elle peut offrir chaque jour un excellent fourrage, depuis le mois de mai, et même
avant, jusqu'à l'époque où l'on peut faire usage du maïs-
fourrage.

On peut aussi faire pâturer ce fourrage sur pied par les bêtes
à laine ; mais un excellent moyen d'en tirer un grand parti,
en améliorant beaucoup la terre, consiste à en faucher chaque
jour une provision suffisante pour la nourriture d'un troupeau
mis au parc sur la pièce de vesce même, à la faire consommer dans des râteliers, et à faire pâturer chaque partie fauchée avant de la parquer. Il résulte de ce procédé, que nous
avons plusieurs fois mis en pratique avec beaucoup d'avantage,
une excellente nourriture très-économique, et un engrais vé-
géto-animal, qui ne l'est pas moins.

Le fourrage vert de la vesce est une ressource précieuse lors
de la disette des autres fourrages ordinaires, et c'est dans ces
momens critiques qu'on en sent bien tout le prix et qu'on doit
s'en procurer.

« Je trouve, dit M. Lullin, au fourrage vert de la vesce
l'avantage de pouvoir venir au secours du cultivateur qui juge
que sa récolte de foin sera mauvaise, puisque depuis le milieu
de mai jusqu'à la fin de juin il pourra juger de l'état de ses prés
et de la quantité de vesce qu'il lui convient de semer, pour
remplacer le déficit qu'il présume devoir éprouver dans ses
fourrages. J'en dirai autant de la récolte des regains ; car en
semant des pesettes d'hiver ou des gesses en août, époque
à laquelle l'abondance ou la disette des seconds foins est décidée, le fermier s'assurera un pâturage vert, sain et abondant
pour la mi-avril, soit pour manger sur place, soit encore mieux,
en la fauchant pour donner au râtelier à l'étable.

Tome XIV.   34

« Les mois d'avril et mai sont les plus difficiles à passer lorsque les foins ont été rares l'été précédent, ils sont alors d'une cherté prodigieuse, et il est souvent impossible de s'en procurer : le cultivateur prévoyant qui se sera assuré une quantité de gesses ou de pesettes hivernées n'aura plus la crainte d'être obligé de vendre à vil prix une partie de ses bestiaux, ou de mettre un capital considérable en achat de fourrage, s'il ne veut les voir mourir de faim. »

De la vesce considérée relativement aux assolemens. Un très-grand nombre d'autorités incontestables, appuyées sur l'expérience, attestent que la culture de la vesce est améliorante et préparatoire pour d'autres cultures principales.

Nous croyons pouvoir nous borner à en consigner ici quelques exemples des plus remarquables.

« La vesce, dit Olivier de Serres, engraisse plutôt qu'elle emmaigrit le terroir, après laquelle et l'avoine ensemble mêlées, on peut utilement semer du froment, du seigle et autres blés hivernaux, pourvu que le fonds en ait été bien et diligemment labouré. »

Gilbert, après avoir rappelé que les Romains faisaient un grand usage des plantes légumineuses pour féconder leurs terres, ajoute : « Si la vesce ne féconde pas aussi puissamment le sol que l'ont prétendu les anciens, il faut convenir cependant qu'elle ne l'épuise pas... Comme sa végétation est très-hâtive, on peut la couper assez tôt pour avoir le temps de préparer la terre qui la porte à recevoir du froment et du seigle. L'un de ses avantages est de couvrir exactement le sol, par l'étendue et la multiplicité de ses rameaux et de ses feuilles, de manière à s'opposer à l'évaporation de l'humidité, et c'est sans doute ce que n'ont pas assez observé les partisans de Tull, qui ont conseillé de la cultiver en rayons. »

Parmi les nombreux avantages de la vesce, dit Rozier, on ne doit pas compter pour peu celui de contribuer si directement à la suppression des jachères.

« Les vesces d'hiver, dit M. Pictet, qui les appelle improprement gesses, fournissent une ressource importante dans les assolemens des terrains argileux, soit qu'on destine cette plante à porter sa graine, soit qu'on la place, comme récolte fourrageuse, entre deux récoltes de grains blancs. Les vesces réussissent ordinairement bien après le blé et sans fumure, dans une terre argileuse, médiocrement en bon état, pourvu que cette terre soit parfaitement égouttée. »

Nous croyons cependant devoir observer ici que nous avons reconnu que la récolte en grain de la vesce d'hiver avait quelquefois un inconvénient relativement aux semailles des grains d'automne qui la suivaient immédiatement, c'est que plusieurs de celles de ses semences qui se répandaient sur le sol lors de sa récolte se reproduisaient avec ses grains, et les rendaient moins nets et moins beaux, à moins qu'on ne parvînt à les détruire toutes avant la semaille, ce qui n'est pas toujours facile.

Un autre cultivateur génevois, M. Lullin, fait le plus grand cas, d'après son expérience, de la vesce, comme récolte améliorante et préparatoire. « L'introduction de la vesce pour fourrage, dit-il, est une amélioration agricole que tout bon cultivateur appréciera bien vite, lorsqu'il en aura fait usage, et qu'il tentera sûrement dès qu'il en aura pesé tous les avantages. 1°. C'est une récolte dérobée entre le blé et les plantes à sarcler qui lui succèdent. 2°. C'est une plante fourrageuse qui servira à augmenter la quantité des engrais. 3°. En appliquant aux vesces tout le fumier destiné aux plantes à sarcler, il servira à produire une beaucoup plus grande quantité de fourrage, sans s'user pour cette récolte ; lorsqu'elles sont coupées en fleurs, on retrouve, en labourant pour les choux ou les turneps, l'engrais dans le même état à-peu-près que lorsqu'on l'a enfoui. 4°. Le fumier favorise la pousse des mauvaises herbes que les pesettes étoufferont. 5°. Les vesces laissent la surface du terrain si nette et si bien menuisée, qu'elles sont une excellente préparation pour les choux, les turneps, etc. 6°. Elles sont une économie pour les sarclages de la récolte subséquente, par la destruction des mauvaises herbes, et l'atténuement de la surface du sol ; les binages s'en font plus façilement, plus vite et par conséquent à moins de frais, etc.

« Je doute, ajoute-t-il, qu'on puisse trouver un assolement plus productif pour les terres fortes que le suivant :

» Première année, pesettes fumées et fauchées pour fourrage, puis choux-cavaliers et turneps ou rutabagas entre leurs rayons ; 2e. année, fèves en rayons et turneps entre ; 3e. année, froment ou avoine ; 4e. année, trèfle ; 5e. année, blé suivi de sarrasin (si le climat le permet) ; 6e. année, pesettes fumées et turneps consommés à l'étable ; 7e. année, blé.

» Le champ aura ainsi donné douze récoltes en sept années, dont huit améliorantes, trois de grains blancs et une de blé noir. Si vous avez des terres légères, votre rotation sera celle-ci :

» Première année, pesettes fumées suivies de turneps, qu'on pourra remplacer par des choux-cavaliers, comme plus productifs, si la terre le permet ; 2e. année, orge ou blé ; 3e. année, trèfle ; 4e. année, blé suivi de sarrasin.

» Ou le suivant qui est plus avantageux :

» Première année, pesettes suivies de turneps, etc. ; 2e. année, blé suivi de sarrasin ; 3e. année, carottes fumées et choux-cavaliers ou maïs, dans l'intervalle des rayons ; 4*. année, orge ou blé ; 5e. année, trèfle ; 6e. année, blé suivi de sarrasin.

» Il y a, observe M. Lullin, dix récoltes en six ans, dont cinq améliorantes, trois de grains blancs et deux de sarrasin; si le terrain n'est pas fertile, on pourra supprimer une des récoltes de blé noir, jusqu'à ce que, par l'amélioration des plantes à sarcler, on puisse l'adapter. »

M. de Père fait également, d'après son utile expérience, le plus grand cas de la vesce pour les assolemens.

« Comme le trèfle, dit-il, les vesces s'intercaleront avec avantage entre deux récoltes de froment ou autres grains blancs. Leur croissance touffue dans une terre bien amendée l'empêchera de se trop dessécher. Les racines et les feuilles qui tombent forment un engrais qui l'ameublit, et les mauvaises herbes périssent sous leur ombrage. Elles réussissent après le blé, même dans un terrain médiocre ; mais le succès n'est presque jamais douteux quand on le fume bien ; c'est de cette manière sur - tout qu'il convient d'employer le fumier ; il assurera le succès des vesces et le fourrage des vesces préparera bien le terrain pour une belle récolte de froment. »

M. de Père après avoir recommandé, comme nous l'avons fait avec MM. Pictet et Lullin, l'emploi du plâtre et des cendres sur la vesce en herbe pour activer sa végétation, ajoute ces deux exemples d'assolement avec la vesce.

1°. Vesces semées seules avant l'hiver ou au printemps sur terrain bien fumé, 2°. froment, 3°. trèfle, 4°. froment.

Ou bien 1°. vesces, engrais végétal, on récolte morte enfouie en mai ; sarrasin semé sur ce labour, qui enterrera les vesces ; 2°. froment ; 3°. trèfle ; 4°. froment.

Quelque suffians que soient ces divers exemples pour démontrer, d'une manière irrésistible, les grands avantages de l'introduction de la vesce dans nos assolemens, nous ne pouvons cependant nous refuser au plaisir d'y ajouter encore celui que nous fournit un de nos premiers cultivateurs, M. Legris La Salle, dans son intéressant domaine de Tustal près Bordeaux, dont nous avons déjà eu occasion de parler.

« Sur un champ en jachère, de la contenance de 2 journaux ou 66 ares, dit-il, j'ai fait semer en septembre, après une bonne fumaison, du seigle avec un tiers de vesce. Dans le mois de mai suivant, on a commencé la consommation de ce fourrage qui a servi pendant cinq semaines à nourrir abondamment aux râteliers trois cents bêtes à laine ; la repousse a été fauchée et séchée vers la fin de mai, et elle a produit 10 quintaux décimaux (20 quintaux) — Les moutons ont été menés aussitôt sur ce champ où ils ont trouvé leur dépaissance pendant plusieurs jours. — Après la première pluie, la charrue a ouvert la terre pour la disposer à recevoir du froment en automne.

» Avantages remarquables ! continue-t-il ; une jachère ordinaire, non-seulement n'aurait rien produit, mais aurait coûté des frais de labour. Celle-ci a rendu à l'époque de l'année où il est le plus difficile de nourrir le bétail, une quantité de fourrage vert qu'on ne peut évaluer au-dessous du poids d'un quintal décimal (2 quintaux) et 10 quintaux décimaux de fourrage sec, préférable au meilleur foin. C'est le cas d'engager les propriétaires à comparer et à juger, et sur-tout à vérifier par l'expérience l'exactitude de ces calculs. »

Nous avons déjà vu cet habile cultivateur faire succéder dans la même année la pomme de terre à un mélange de seigle et de vesce, et n'en obtenir pas moins une abondante récolte de froment l'année suivante.

Nous venons de voir plusieurs exemples du mélange de la vesce avec les grains, et tous nos agronomes éclairés le recommandent avec raison. La nature a destiné cette plante à s'élever, en s'attachant par les vrilles dont elle l'a munie, aux autres plantes qui peuvent lui servir de supports, sans lesquels elle rampe et pourrit souvent ; ses produits sont toujours proportionnés à son élévation et au degré d'air et de lumière dont elle jouit, attendu qu'elle redoute, comme le pois, tous les endroits fortement ombragés, sur-tout lorsqu'on veut en obtenir de la semence.

Nous nous bornerons à rapporter ici un exemple remarquable des divers mélanges qu'on peut faire avec la vesce, sur-tout considérée comme fourrage.

« On est dans la très-sage habitude, dit M. Lullin, dans les environs de Frangy, Seissel, Rumilly, Chambéry, etc., de semer, depuis le commencement de mai jusqu'au commencement de juillet, un mélange de vesces, pois, sarrasin et maïs bien fumés ; on en sème tous les huit ou dix jours un certain espace, afin d'en avoir pendant un mois ou six semaines à faucher, qui soit toujours à-peu-près au même point de croissance, c'est-à-dire en fleurs ; on le destine sur-tout à rafraîchir les bœufs dans les temps où ils sont le plus fatigués, dès le milieu d'août jusqu'à la fin des semailles ; on leur en donne à midi et le soir, ce qui les préserve des maladies occasionnées si souvent, dans cette saison, par l'excès de la chaleur et celui de la fatigue ; cet aliment vert, rafraîchissant, d'une digestion facile, et nourrissant, les invite au repos, et leur procure un sommeil pendant lequel ils se refont de leurs fatigues.

» Cette admirable méthode, poursuit-il, devrait être suivie par-tout, et elle peut s'y adapter, quelle que soit la situation du domaine, en la modifiant pour l'époque de la semaille, et en remplaçant, dans les lieux trop élevés ou trop exposés au froid, le maïs par le colza ou la ravonaille, soit rabette. »

La vesce, ainsi mélangée peut servir très-avantageusement de préparation sur un seul labour, à la pomme de terre, aux raves, aux navets, au sarrasin, aux choux, etc., et fournir ainsi deux récoltes comme nous en avons vu plusieurs exemples, et comme Rozier le recommande particulièrement en prescrivant de semer de l'orge et du trèfle après celles de ces récoltes qui auraient été faites trop tard pour admettre le froment.

On désigne le mélange de vesce, de seigle, de pois, de fèves, de lentilles, etc., sous le nom d'hivernage, dans nos départemens septentrionaux, parce qu'il y fournit une excellente nourriture d'hiver. Celui qu'on sème en mars se désigne souvent sous les noms de dragée, dravière, trémois, mélarde, etc.

On peut aussi remplacer consécutivement la variété d'hiver par celle d'été ; mais il vaut mieux généralement conserver la première verte, pour pouvoir la faucher plusieurs fois, ou la remplacer par quelques-unes des productions indiquées ci-dessus.

La vesce peut encore remplacer très-avantageusement le trèfle manqué, sans déranger l'assolement, et M. de Père la recommande aussi pour cet objet.

Enfin, on sème aussi en plusieurs cantons la vesce, pour l'enfouir comme engrais végétal ; nous l'avons plusieurs fois destinée à cet objet, auquel elle est très-propre, et auquel les anciens l'employaient fréquemment.

« Quand le fumier n'abonde pas assez pour l'amélioration du terrain, dit M. de Père, on pourra l'engraisser avec des vesces, comme avec les raves, les fèves, les regains de trèfle ; ajoutez de la chaux et une demi-fumure à ce premier amendement : par ce moyen le terrain se trouvera disposé pour plusieurs récoltes successives, avec des fumures légères données de temps en temps. »

Dans la Limagne d'Auvergne, on sème fréquemment la vesce d'hiver dans l'année de jachère ; on la fauche en vert pour les bestiaux, au printemps, à 5 ou 5 pouces de terre, on enfouit le reste par un labour, et sans autre engrais, ces débris suffisent pour qu'on obtienne une bonne récolte de froment l'année suivante.

Nous ajouterons aux renseignemens précieux que nous avons cru devoir consigner ici sur les grands et nombreux avantages de la vesce pour les assolemens, qu'ayant très-souvent cultivé l'une et l'autre variété, ainsi que la variété blanche dont nous allons parler, nous les avons tous vus confirmés par notre propre expérience, et nous ne saurions trop recommander la culture de cette plante, sur-tout aux sectateurs de la routine triennale qui admet la jachère après deux cultures consécutives de céréales ; ils pourraient tout au moins la substituer à celle de l'avoine, qui, en épuisant et souillant leurs terres, leur donne des résultats bien moins avantageux. Introduite de cette manière, elle fournirait un fourrage qui tiendrait lieu, pour les chevaux, de foin et d'avoine ; étant fauchée après la floraison, elle supprimerait nécessairement et sans déranger leur rotation triennale, l'improductive année de jachère, qui pourrait au moins être consacrée à quelque pâturage momentané, en même temps que leurs terres seraient beaucoup mieux préparées à la production du froment.

Nous croyons devoir observer que la vesce est, ainsi que le lin et plusieurs autres plantes, attaquée quelquefois par une variété très-vigoureuse de cuscute. (*Voyez* à l'article LUZERNE, les moyens indiqués pour prévenir ses ravages ou les arrêter, ou pour la détruire.) Lorsqu'on s'en aperçoit, il est important de faucher la vesce avant que cette plante parasite ait mûri ses semences nombreuses, à cause de l'influence fâcheuse qu'elles auraient sur les cultures suivantes, et spécialement sur celle de la luzerne, dont elle est le plus mortel ennemi.

Il existe plusieurs autres espèces de vesces annuelles qui pourraient mériter d'être substituées, dans plusieurs cas, avec avantage, à la vesce commune. Les principales sont, la VESCE JAUNE, *vicia lutea,* ainsi désignée à cause de la couleur de ses fleurs jaunes solitaires et axillaires. Elle est très-élevée et rameuse, croît naturellement sur les terres médiocres, et, d'après les essais auxquels la société d'agriculture de Seine-et-Oise l'a soumise, *elle paraît pouvoir fournir plusieurs coupes et donner encore un pâturage tardif :* la VESCE A FEUILLES DE LIN, *vicia linifolia,* Bosc, qui élève à 64 centimètres environ ses tiges grêles, garnies de feuilles linéaires, et de fleurs bleuâtres, axillaires et géminées : la VESCE GESSIÈRE, *vicia lathyroïdes,* dont les tiges faibles et rampantes couvrent ordinairement les terres les plus stériles : et la VESCE VOYAGEUSE, *vicia peregrina,* ainsi spécifiée, parce que ses semences s'élancent au loin à l'époque de leur maturité, et dont la tige glabre et anguleuse est garnie de feuilles étroites et échancrées et de fleurs violettes.

De la vesce blanche. Il existe aussi une variété de vesce blanche qu'on désigne quelquefois sous la dénomination de lentille de Canada, que nous avons vue cultivée avec beaucoup d'avantage dans plusieurs cantons des départemens de l'Ain et de l'Isère, ainsi qu'en Suisse et en Italie, et que nous en avons rapportée. On la fait aussi entrer quelquefois dans le pain, et elle remplace plus souvent encore les pois, assaisonnée de diverses manières, en purée, et dans les soupes. Nous avons reconnu qu'elle était plus délicate, plus précoce et plus productive en fourrage que la variété ordinaire de printemps; mais elle nous a paru moins rustique. On la mêle souvent dans les départemens, où nous l'avons remarquée avec un quart ou un cinquième d'orge qui lui sert de soutien et la rend plus productive, et on la sépare d'avec ce grain au moyen de cribles.

Sa culture est la même que celle des autres variétés.

DE LA GESSE. Indépendamment des diverses espèces de gesses vivaces que nous avons fait connaître en nous occupant de la composition des prairies, il en existe plusieurs espèces annuelles soumises à la culture en plein champ, en diverses parties de la France, sur-tout au midi, ou qui sont susceptibles de l'être avec avantage, et qu'il ne faut pas confondre avec la variété de vesce d'hiver, comme quelques écrivains cultivateurs l'ont fait.

Les principales sont la gesse cultivée, la gesse chiche, la gesse angulaire, la gesse de Tanger, la gesse sans feuilles, la gesse sans vrilles, la gesse velue, la gesse annuelle et la gesse articulée.

Elles ont toutes des racines pivotantes assez profondes et légèrement fibreuses à leur base, qui leur fournissent les moyens de résister long-temps à la sécheresse et aux fortes chaleurs.

La GESSE CULTIVÉE, *lathyrus sativus*, qu'on désigne en divers endroits sous les noms de jarosse, pois-gesse, pois carré, pois breton, lentille suisse, carrée ou d'Espagne, a des tiges faibles et anguleuses, qui s'élèvent de 34 à 68 centimètres environ, et qui se garnissent de fleurs solitaires roses ou bleues, quelquefois blanches, remplacées par des légumes ovales, comprimés, renfermant trois ou quatre semences cubiques.

Cette plante, qui croît spontanément dans plusieurs de nos départemens méridionaux, était cultivée par les anciens qui en faisaient grand cas pour la nourriture des bestiaux, et elle l'est souvent pour cet objet dans plusieurs de nos départemens du midi et de l'ouest, où elle utilise fréquemment les glaises ingrates et autres terres de médiocre qualité sur lesquelles elle vient assez bien, quoiqu'elle prospère davantage dans les champs meubles, frais et substantiels.

Elle exige les mêmes soins de culture que la vesce, lorsqu'elle est semée de bonne heure et épais, lorsqu'elle couvre bien le champ et qu'elle est fauchée à temps, et principalement en vert, sa culture peut de même être regardée comme préparatoire et améliorante; mais il est sur-tout essentiel que le dernier objet soit rigoureusement observé, car « les gesses, dit M. de Père, ont un point de maturité précis qu'on ne peut devancer sans risquer de faire prendre la diarrhée aux bestiaux, et si on retarde trop de couper ce fourrage, il sèche tout-à-la-fois, toutes les tiges se trouvant en graine en même temps »

On peut la semer avant l'hiver, lorsqu'on n'a pas à redouter ses rigueurs; elle en devient plus vigoureuse et plus productive, mais elle y résiste généralement moins bien que la vesce, d'après les observations du même agronome, et elle redoute également une humidité surabondante.

Elle peut aussi, étant fauchée de bonne heure, fournir comme la vesce, lorsqu'elle se trouve dans des circonstances favorables, plusieurs coupes, ou un pâturage abondant; elle peut encore, étant enfouie en fleurs procurer, comme la plupart des légumineuses, un engrais économique; mais l'espèce suivante nous paraît cependant plus convenable pour cet objet.

La gesse employée comme fourrage convient à tous les bestiaux; les bœufs, les vaches et les chevaux la mangent avec plaisir, soit en vert, soit en sec; mais c'est sur-tout aux bêtes à laine qui en sont très-avides qu'elle convient particulièrement, et M. Heurtaut de Lamerville, l'un de nos premiers cultivateurs du département de l'Indre et grand propriétaire de troupeaux, la recommande fortement pour cet objet, d'après son expérience.

Sa semence, cueillie verte, peut fournir d'excellente purée; sèche, on s'en nourrit également; mais son enveloppe épaisse et coriace la rend désagréable et de difficile digestion. On la torréfie aussi quelquefois, et apprêtée de cette manière elle est plus agréable et remplace quelquefois le café; cependant, son emploi le plus ordinaire et le plus convenable, c'est pour la nourriture des bestiaux qu'elle nourrit bien, et qu'elle engraisse même assez promptement.

Dussieux, qui a introduit avec le plus grand succès sur son exploitation de terres glaises très-ingrates, près de Chartres, la culture de cette espèce de gesse qu'il avait tirée de l'Angoumois, recommande fortement cette culture et l'emploi de sa semence pour la nourriture ou plutôt pour l'engrais des porcs, après lui avoir fait subir quelques degrés de cuisson, ou l'avoir réduite en farine grossière qu'on peut mêler avec leurs autres alimens. « Sous ce dernier point de vue, dit-il, elle semble mériter à tous égards la préférence sur l'orge ou l'escourgeon. J'en semai 4 boisseaux sur un arpent, et son produit fut de 11 setiers 9 boisseaux et de 316 bottes de fourrage. Il n'est guère d'arpent en orge qui donne un semblable produit; en

outre la partie sucrée bien plus abondante, dit-il, dans le
pois-gesse que dans l'orge, le rend plus analogue que celle-ci
à la constitution du cochon ; enfin son fourrage, mis en comparaison avec la paille d'orge, doit encore lui mériter la préférence. »

Nous remarquerons que Dussieux eût pu ajouter à ses observations une nouvelle considération très-importante pour
les assolemens, c'est qu'une récolte de gesse épuise bien moins
la terre et la prépare bien mieux pour la récolte suivante qu'une
d'orge, et nous ajouterons qu'Olivier de Serres avait recommandé avant lui la gesse pour l'engrais des porcs, en la dési-
gnant sous le nom de *jarrus*, dont sont dérivés probablement
les mots jarosse et jarouse, qu'on emploie communément aussi
dans le midi pour la désigner.

Dussieux observe encore que « la forme anguleuse de cette
gesse lui servant, pour ainsi dire, de défense contre l'avidité
des pigeons, le cultivateur peut se flatter de voir sortir de la
terre presque autant de tiges qu'il lui a confié de germes, circonstance qui la distingue très-avantageusement de la vesce. »
Il ajoute que, « si on la fauche avant la floraison, on peut
compter sur une récolte abondante pour la fin de juin de l'année suivante »; et quoiqu'il n'en eût point encore fait l'essai,
il présume que « les gesses introduites dans un mélange de pois
gris et de vesce, que l'on nomme *dragée*, y produiraient un
bon effet, ne fût-ce que pour servir de support à ceux-ci, qui,
moins nourris et plus frêles, sont souvent versés par les effets
d'un orage. »

Mais il rapporte un fait bien plus important pour notre objet, et que nous nous empressons de consigner ici comme
confirmatif de notre cinquième principe d'assolement.

« Une récolte de gesse que je fis en plein champ, dit-il,
surpassa, toute proportion gardée, relativement à l'étendue
du terrain, d'environ un cinquième, celle que j'avais faite,
l'année précédente, dans un carré de jardin d'environ un
quart d'arpent. Ce fait, qui paraît d'abord problématique,
s'éclaircit très-aisément, dès qu'on sait que le carré de jardin
avait produit l'année précédente des pois, tandis que l'arpent
du dehors avait été ensemencé en navets. »

La gesse chiche, *lathyrus cicera*, est désignée dans le midi
de la France, où nous l'avons vue plus particulièrement cultivée, sous les noms de gessette, garoute, ou petite gesse,
parce qu'elle est constamment plus petite que la précédente
dans la largeur de ses tiges, de ses feuilles et de ses fruits,
quoiqu'elle soit au moins aussi élevée ; on la connaît aussi sous
le nom de petit pois carré, dans les environs de Meaux, où
nous l'avons également rencontrée, et où elle a été introduite

avec le plus grand succès depuis quelques années. Elle a les tiges menues, quadrangulaires, ordinairement multipliées, garnies de feuilles composées de deux folioles, opposées, lancéolées, et de fleurs solitaires d'un rouge pâle, portées sur un pédoncule assez long, remplacées par des gousses oblongues, comprimées, canaliculées sur le dos, et remplies de cinq à six semences anguleuses.

Ayant été à portée de prendre des renseignemens fort instructifs sur la culture et l'utilité de cette plante précieuse, trop peu connue; ayant rencontré, en remplissant une mission dont le gouvernement nous avait chargés relativement à l'amélioration de l'agriculture dans plusieurs de nos départemens méridionaux, MM. Boyer et Artaud frères, propriétaires-cultivateurs très-distingués dans les environs d'Aix, département des Bouches-du-Rhône, où cette plante est très-cultivée et estimée, lesquels nous donnèrent les détails les plus intéressans sur sa culture et son emploi; et ayant été également à même de l'examiner dans les environs de Monthyon, département de Seine-et-Marne, nous allons en tracer ici les principaux traits.

La petite gesse, d'après la longue pratique réfléchie des cultivateurs susnommés, dont nous avons reçu les renseignemens que nous transcrivons ici, n'est pas délicate sur la qualité du terrain; elle réussit parfaitement dans les terres calcaires : peu importe qu'elles soient fortes, légères ou graveleuses; il suffit qu'elles ne soient pas trop humides pendant l'hiver, et qu'elles soient assez fertiles pour rendre le quintuple de la semence en céréales.

On la sème dès la fin d'août (dans les environs d'Aix), et dans tout le courant de septembre sur les terres qui ont porté du blé. Il est à désirer qu'on ait pu d'abord enterrer le chaume à la charrue, après quoi, par un second labour, on couvre cette graine qu'il faut répandre un peu moins épais que si c'était du blé. Au défaut du premier labour, on sème sur le chaume. Il est sur-tout très-essentiel que la terre soit sèche, et que cette semaille soit faite avant les pluies d'automne; elles feront lever la graine, qui se conserve sans germer dans la terre sèche. Sa végétation est d'abord très-lente; cependant elle acquiert assez de force avant l'hiver pour avoir peu à craindre des plus fortes gelées. « Depuis trente ans que je la cultive, nous dit M. Boyer, je n'ai jamais vu le froid la tuer entièrement : dans les hivers les plus rigoureux, s'il en périt la moitié, les deux tiers même, cette perte est réparée par la plus grande vigueur que les plantes qui ont échappé acquièrent; se trouvant plus au large, elles tallent davantage. Si on la sème avec l'humidité, ajoute-t-il, elle ne réussit pas; il m'est même arrivé de perdre la semence pour l'avoir semée ainsi, et lorsque la saison était trop avancée. Peu importe, quand on la sème, qu'on jette la graine dans la poussière, et que la terre se lève en mottes ; il suffit que la charrue puisse la soulever ; le succès de la récolte n'en sera que plus assuré.

» La petite gesse réussira infailliblement pour peu que le printemps soit favorable : s'il est excessivement sec, elle s'élèvera peu ; s'il pleut quelquefois, comme c'est l'ordinaire dans les mois d'avril et de mai, elle s'épaissira tellement qu'elle formera un lit très-serré et très-uni, de 12 à 18 pouces de hauteur. Si le cultivateur veut la couper en herbe, il attendra, pour la faire faucher, qu'elle soit parfaitement fleurie ; alors il l'emploiera comme engrais ou comme fourrage. Il faut qu'il ait l'attention d'y mettre sur-le-champ la charrue pour enterrer les petites feuilles qui couvrent le terrain. S'il veut la laisser venir en graine, il attendra le moment de la parfaite maturité pour la récolter. Il faut être très-attentif à saisir ce point. Si elle n'est pas mûre, la graine se retire et se dessèche ; si elle l'est trop, elle s'échappe de la gousse, et il s'en perd beaucoup. Ce sont des femmes qui l'arrachent avec d'autant plus de facilité que sa racine, qui est très-faible, se rompt aisément. On la porte ensuite à l'aire, où on la foule, et on la nettoie à l'instar des autres grains. Les mulets et les chevaux ne mangent point sa paille, qui est recherchée par les bœufs, les chèvres et les moutons. Sa graine est sujette à être piquée par les insectes, ce qui oblige à tremper dans l'eau bouillante toute celle qu'on ne garde pas pour semence. Cultivée comme nous venons de le dire, elle produit de huit à dix pour un. On l'emploie avec succès à l'engrais des bœufs et des cochons ; on la leur donne en nature ou en farine délayée dans de l'eau, en guise de boisson. Les volailles la mangent bien, les pigeons en sont très-friands. Elle peut aussi servir à la nourriture des hommes ; plusieurs cultivateurs la mangent à la place des légumes secs : en temps de disette on peut même en faire du pain, en la mêlant avec du froment.

» Cette graine n'effrite point la terre. Au mois de septembre 1791, j'avais semé environ 6000 toises carrées de terre en petite gesse que je destinais à être enterrée au printemps suivant ; les pluies qui commencèrent en octobre et ne finirent qu'en février 1792, ne permirent pas de semer la plupart des terres ; il fallut faire des mars, dont le produit est toujours bien faible dans nos climats : la certitude de manquer de grains et de paille me forçait à profiter de tout. Je me déterminai à laisser grener ma petite gesse ; j'y recueillis le huit pour un de la semence, et plus de 60 quintaux de fourrage. Aussitôt après la moisson on y mit la charrue ; le blé qui a été semé sur ce chaume est venu tout aussi beau que celui semé sur la jachère,

au point que pendant toute l'année il a été impossible de reconnaître là où finissait ce chaume, tout le champ dont ce
chaume faisait partie étant d'une égale beauté. J'ai fréquemment observé, chez divers cultivateurs, que dans un champ
dont partie seulement avait porté de la petite gesse qu'on avait
laissée grener, il y avait peu de différence entre le produit du
blé semé sur le chaume de cette graine et celui de la partie du
champ laissée en jachère, pourvu qu'on eût labouré le chaume
immédiatement après la récolte.

» Mais le parti le plus avantageux qu'on puisse tirer de la
petite gesse est d'en faire du fourrage, ou de l'enfouir comme
engrais.

» L'extrême sécheresse de notre climat rend le succès des
prairies artificielles bien incertain. On critique l'état de notre
agriculture, sans réfléchir sur les difficultés qui s'opposent à
ses progrès: qu'on sache qu'il arrive fréquemment que les mois
d'avril et de mai se passent avec une ou deux pluies, quelquefois même sans qu'il tombe une seule goutte d'eau; que du
milieu de juin jusqu'à la fin de septembre, s'il pleut, ce n'est
que par orages; qu'il y en a dans cet intervalle ordinairement
un ou deux qui donnent à la terre une humidité passagère de
3 à 4 pouces; que du commencement d'août au milieu de septembre, il ne tombe presque jamais de rosée. Avec cela comment avoir des prairies artificielles? La luzerne seule peut résister à l'extrême sécheresse de notre département, parce que
sa racine pivote très-profondément; mais tous les terrains ne
lui conviennent pas; il faut avoir l'attention de lui choisir
une terre franche, plutôt légère que forte, qui soit un peu sablonneuse, et conserve long-temps sa fraîcheur en été. Elle
donnera deux coupes assez abondantes, l'une en mai, et l'autre
en juin, et une bonne herbe d'automne.

» On doit donc chercher à suppléer aux prairies artificielles, en semant des plantes annuelles qui remplissent le
même objet. On fait ici beaucoup de dragée (en provençal
bargelade); c'est un mélange de vesce et d'avoine qu'on sème
avant l'hiver, mais qui a l'inconvénient de craindre le froid.
En effet, le froid tue souvent la vesce. Je préfère de semer la
petite gesse, parce qu'elle est moins délicate, et qu'elle craint
peu le froid; elle s'élève aussi haut, se serre autant, et donne
à-peu-près la même quantité de fourrage. Elle fatigue beaucoup moins la terre, parce qu'on n'y mêle pas de l'avoine,
parce que sa racine est pivotante, tandis que celle de l'avoine
est chevelue, et que chacun sait qu'il faut, autant qu'on le
peut, faire succéder les unes aux autres, attendu que les racines chevelues se nourrissent de la superficie du champ, tandis que les plantes pivotantes vivent bien plus profondément,

sans toucher à la surface. Aussitôt que la petite gesse est bien fleurie, il faut la faucher, la sécher sur place comme le foin, et la renfermer sans qu'elle soit excessivement sèche, pour qu'elle ne se brise pas trop. Les chevaux et les mulets ne l'appètent pas, mais on s'en sert pour la nourriture et l'engrais des bœufs, des moutons et des chèvres : si on en donne en vert aux cochons, ils s'engraissent promptement; ils en sont très-avides. Ce fourrage produit autant qu'une bonne coupe de luzerne faite sur un terrain d'une surface égale.

» Aussitôt qu'on a enlevé le fourrage, il faut labourer le champ avec une forte charrue à versoir à quatre colliers, afin que les racines et les feuilles encore fraîches puissent se pourrir avant de se dessécher. Il est universellement reconnu que les terres où l'on a recueilli ce fourrage, et qu'on a labourées immédiatement après, sont mieux disposées pour porter du blé, et qu'il y est toujours plus beau que dans celles qui n'ont point donné de fourrage.

» Cette pratique mérite d'autant plus d'être répandue et encouragée dans les départemens méridionaux, où il sera trop difficile de former des prairies artificielles, qu'elle peut y suppléer en quelque sorte. J'ai éprouvé qu'un champ fumé convenablement pouvait porter dix récoltes consécutives, avant d'avoir besoin d'être fumé une seconde fois. On sème des légumes de toute espèce sur le fumier, ensuite du blé; l'an d'après de la petite gesse pour du fourrage, et on continue alternativement ainsi. En dix années ce champ produira une récolte de légumes, cinq de blé, et quatre de fourrage. Je ne crois pas qu'il y ait un moyen plus simple d'anéantir des jachères, de doubler le nombre des bestiaux de labour et les moutons, et de supprimer la moitié des prairies qui, étant défrichées, donneront d'excellentes cultures, et augmenteront la quantité des bonnes terres, peu communes dans ce département.

» Il est vrai que chaque année on perd la semence, et qu'il faut renouveler les labours, pour n'avoir qu'une coupe de fourrages, tandis que par le moyen des prairies artificielles pendant six à sept ans on n'a pas besoin ni de cultiver, ni de semer, et qu'on en fait annuellement plusieurs coupes. Je ne prétends pas non plus les comparer. Tout l'avantage est, sans contredit, en faveur des prairies artificielles: cela est évident. La petite gesse ne doit être cultivée comme fourrage que là où il est impossible de former des prairies artificielles. Mais les cultures qu'on donne à la terre pour y semer la petite gesse ne sont pas perdues, puisqu'un seul labour, donné immédiatement après l'avoir fauchée, suffit pour mettre le terrain en état d'être ensemencé en blé l'automne suivant. Quant à la perte de la semence, c'est très-peu de chose ; il suffit de laisser an-

nuellement grener un coin du champ, où la petite gesse aura
moins bien réussi, et où elle sera moins serrée; on aura ainsi,
presque sans frais, la semence nécessaire, et les mêmes cultures qu'il faudrait donner à la terre pour avoir du blé suffi-
ront pour produire, dans l'intervalle des labours, une récolte
de fourrages.

» La petite gesse a de plus l'avantage de nous offrir un excellent engrais végétal. La plupart des cultivateurs du terroir
d'Aix la sèment uniquement pour l'enfouir quand elle est en
pleine fleur. Cet engrais est presque aussi bon que le fumier :
il ne dure que deux ans, et il a l'inconvénient de retarder de
quelques jours la maturité des grains par la fraîcheur qu'il
communique à la terre, ce qui est important à observer dans
les terrains bas, où le blé craint l'effet du brouillard et des
rosées, et où il est si important d'avancer sa maturité au lieu
de la retarder. Mais dans les lieux élevés, où les brouillards
et les rosées ne sont pas dangereuses, c'est un engrais que les
cultivateurs ne peuvent trop multiplier, et que j'ai toujours vu
bien réussir : il est peu cher, puisqu'il ne s'agit que de la perte
de la semence; on peut se la procurer en grande abondance,
avantage inappréciable dans un pays où les fumiers sont très-
rares, par la disette des pailles et de toutes les matières qui
pourraient les remplacer.

» Dès que la petite gesse est en pleine floraison, nos cultivateurs en fauchent journellement la quantité qu'ils veulent enfouir à bras : comme l'herbe est souvent trop épaisse, et comme
il y en aurait trop pour fumer le terrain qui l'a portée, ils en
transportent sur le champ le plus à portée, et l'engraissent
ainsi par ce moyen. Mais si l'on opère sur une certaine étendue, il n'est plus possible d'enterrer à bras toutes ces plantes.
On se sert alors d'une forte charrue à versoir, à quatre colliers. Dès que la faux a abattu le fourrage, des femmes le
placent dans le sillon que la charrue vient d'ouvrir, et que le
sillon suivant recouvre. L'herbe est aussi bien enfouie que si
ce travail s'était fait à la pioche. Souvent par une économie
mal entendue, et pour épargner quelques journées de femmes
et de faucheurs, plusieurs fermiers font passer leurs bœufs et
leurs moutons sur le champ de petite gesse, afin qu'après en
avoir brouté les sommités, ils l'abattent et la foulent sous
leurs pieds : alors la charrue l'enterre plus facilement, pourvu
qu'on la fasse suivre par un ouvrier, qui avec la bêche recouvre
l'herbe qui pourrait rester au-dessus de la terre. Il est évident
que cette méthode d'enfouir cet engrais végétal est la moins
bonne de toutes, et que dans une exploitation un peu étendue, c'est la seconde qu'il faut préférer. Ces plantes ne sont
bien pourries qu'en automne; ainsi cette terre ne doit plus

être labourée que lorsqu'on la sèmera. Une culture donnée
aussi profondément ne permet point aux mauvaises herbes de
croître; d'ailleurs, par un labour prématuré, on rapporterait
au-dessus toutes ces plantes avant qu'elles fussent pourries, et
on en détruirait tout l'effet.

» Tels sont les avantages que procurera la culture de la
petite gesse dans les départemens aussi chauds et aussi secs
que celui des Bouches-du-Rhône : elle est si facile, et si peu
coûteuse, que nous ne saurions trop engager les cultivateurs
de ces contrées à se confier dans notre expérience, et à cultiver en grand cette plante dans les terres qu'ils laissent reposer. »

Nous devons ajouter aux détails aussi intéressans qu'instructifs que M. Boyer a bien voulu nous donner sur cette précieuse plante, et sur quelques autres objets qui y ont rapport,
que sa culture ne doit plus être restreinte comme autrefois
à nos départemens méridionaux, puisqu'elle a été introduite
avec le plus grand succès dans les environs de Meaux, entre
deux cultures de céréales, pour lesquelles on a reconnu qu'elle
préparait très-bien la terre; on y a également reconnu qu'elle
supportait assez bien l'intensité du froid qui se fait sentir en
hiver dans cet arrondissement; qu'elle y produisait jusqu'à
7,000 kilogrammes environ d'excellent fourrage par hectare
(700 bottes de 10 à 12 liv. par arpent) comme nous l'a attesté
M. Chatelain le fils, de Monthyon; et que les bêtes à laine
étaient singulièrement avides de son fourrage, qu'on leur ad-
ministrait particulièrement dans les temps humides.

Les essais multipliés auxquels nous avons soumis nous-mêmes
cette espèce de gesse, depuis un grand nombre d'années, ont
pleinement confirmé la bonne opinion que les faits rapportés
ci-dessus nous en avaient donnée; mais nous devons prévenir
les agriculteurs que plusieurs faits parvenus à notre connaissance, et dont quelques-uns ont été observés par nous-mêmes,
nous autorisent à penser que le grain de la gesse chiche, nouvellement récoltée, peut devenir nuisible aux hommes comme
aux bestiaux qui s'en nourrissent. Des personnes dignes de
foi attestent que le pain grossier provenant de ce grain mélangé dans une proportion considérable, avec les céréales,
dans une année de disette, a occasionné la mort de plusieurs
personnes, et a produit sur d'autres des paralysies incurables.
Nous savons aussi que plusieurs troupeaux de bêtes à laine
ont plus ou moins souffert après avoir mangé abondamment
de ce grain.

La GESSE ANGULEUSE, *lathyrus angulatus*, a les tiges très-
anguleuses, aussi élevées que celles de la précédente, les feuilles
composées de deux folioles linéaires, et les fleurs rouges et

solitaires. Elle croît spontanément dans les grains de nos départemens méridionaux, auxquels elle est quelquefois très-nuisible. « Je l'ai vue si abondante dans les environs d'Autun
» et de Lyon, observe notre savant collègue Bosc, qu'elle
» nuisait beaucoup aux récoltes. Ses tiges se tiennent presque
» droites et forment de très-grosses touffes. Le goût que les
» bestiaux témoignent pour elle semblerait devoir la faire
» cultiver pour fourrage. J'ose la recommander aux cultiva-
» teurs des parties moyennes et méridionales de la France. Les
» cantons où je l'ai observée en plus grande quantité of-
» fraient un sol granitique ou schisteux de fort médiocre
» qualité, et elle s'y élevait cependant à plus de 2 pieds. »

La GESSE DE TANGER, *lathyrus tingitanus*, « a été cultivée,
» nous dit Sonnini, par quelques amateurs d'agriculture,
» dans plusieurs cantons du midi de la France, comme un
» fourrage agréable aux bestiaux; mais j'observe que cette
» culture ne s'est pas répandue, quoiqu'elle ne puisse man-
» quer d'être avantageuse dans les climats chauds, puisque
» ses tiges ont jusqu'à un mètre 64 centimètre à un mètre 94
» centimètres de haut. Ses fleurs sont grandes, rouges et vio-
» léttes. »

La GESSE SANS FEUILLES, *lathyrus aphaca*, a des tiges faibles, anguleuses, d'environ 34 centimètres, garnies dans
toute leur longueur de larges stipules opposées, glabres, en
cœur et appliquées l'une contre l'autre, et de fleurs jaunes
et solitaires. Elle est souvent trop commune aussi dans les récoltes, mais les bestiaux sont avides de son fourrage.

La GESSE SANS VRILLES, *lathyrus nissolia*, appelée aussi nis-
solie des boutiques, élève à la même hauteur, et dans les
mêmes circonstances, sa tige droite, grêle, striée, garnie de
pétioles dilatés ressemblant à des feuilles étroites et lancéolées, et de petites fleurs rougeâtres. Les bestiaux sont très-
avides de son fourrage.

La GESSE VELUE, *lathyrus hirsutus*, élève davantage sa tige
un peu ailée, garnie de feuilles lancéolées et étroites, et de
deux ou trois fleurs purpurines axillaires. Les bestiaux la recherchent encore.

La GESSE ANNUELLE, *lathyrus annuus*, qui élève à peu près
à la même hauteur ses tiges un peu ailées, à deux folioles
oblongues, étroites et aiguës et à fleurs jaunes, petites et axillaires, est dans le même cas.

Enfin la GESSE ARTICULÉE, *lathyrus articulatus*, plus élevée
que les précédentes, et qui porte ordinairement jusqu'à un
mètre ses tiges ailées, à folioles lancéolées, à pétioles membraneux et à fleurs axillaires, avec l'étendard rouge, les ailes

et la carène blanches, est également très-recherchée des bestiaux.

Nous avons cru devoir signaler ici ces dernières espèces, parce que plusieurs pourraient probablement être utilisées dans quelques cas, et que nous sommes bien loin encore d'avoir épuisé nos ressources en ce genre.

TROISIÈME SECTION.

Des Crucifères.

Le chou proprement dit, et ses nombeuses variétés, particulièrement le colza, le chou-rave, le chou-navet et le rutabaga, sont les plantes les plus applicables à notre seconde division, dans cette famille si utile aux cultures en plein champ.

DU CHOU. Parmi les principales espèces et variétés que le genre *chou*, *brassica*, offre à la culture en plein champ, nous avons déjà traité de la rave, du navet et de la navette, relativement à notre objet, dans notre première division, et nous allons, sous ce titre, nous occuper dans celle-ci du chou proprement dit, distingué en chou vert et en chou pommé ainsi que du chou-rave, du chou-navet, du rutabaga, et du colza.

Du chou proprement dit. Le chou, *brassica oleracea*, est sans contredit, de toutes les plantes de la précieuse famille des crucifères, la plus utile pour la nourriture de l'homme et de ses bestiaux, auxquels il peut fournir toute l'année une nourriture saine très-abondante ; et c'est également, après la fève, la plus utile de toutes les plantes connues parmi nous, pour tirer un parti avantageux des terres compactes, humides et argileuses.

Il en existe un très-grand nombre de variétés, dues à l'ancienneté de sa culture, à la diversité des sols et des climats, et au mélange des poussières séminales, par l'effet du rapprochement des diverses espèces ou variétés, lorsqu'elles sont en fleurs, ou par quelques autres circonstances accidentelles.

Nous ne devons ici nous occuper particulièrement, sous le rapport de la culture en plein champ et de l'assolement, que des variétés que nous venons de désigner, comme étant les plus importantes à connaître pour cet objet.

Entrons d'abord dans des détails généraux, plus ou moins applicables aux diverses variétés, relativement à la nature du sol et à sa préparation ; au semis et à la transplantation ; à la culture pendant la végétation ; à la récolte, à sa conservation et à son emploi ; nous terminerons par des considérations et par des faits relatifs à l'assolement, avec lequel les premiers objets sont étroitement liés.

De la nature du sol et de sa préparation. Quoique le chou soit très-propre, comme nous l'avons observé, à utiliser les sols tenaces, marécageux et argileux, impropres à la culture de la rave, du navet, de la carotte, du panais, de la pomme de terre, de la betterave, etc., sur lesquels un très-grand nombre d'exemples attestent qu'il peut donner des produits très-avantageux ; ces produits sont cependant ordinairement proportionnés au degré de fertilité naturelle ou artificielle du sol. Il prospère principalement sur les terrains frais, meubles, profonds et substantiels tout-à-la-fois, sur les prairies basses défrichées, sur les terrains arrosables, sur les marais et les étangs desséchés, et il y réussit d'autant mieux que le climat est plus humide, tempéré et brumeux.

Une soigneuse préparation du sol est toujours indispensable pour assurer son succès : étant muni d'une racine forte, pivotante et très-fibreuse tout-à-la-fois, il exige, avant sa transplantation, de profonds labours multipliés, et d'abondans et riches engrais.

Les premiers ne sauraient se donner trop tôt avant l'hiver, toutes les fois que les circonstances le permettent, afin de nettoyer et d'ameublir simultanément le sol ; et leur nombre, qui ne peut être rigoureusement déterminé pour tous les cas, doit être fixé sur l'obtention de ces deux effets, et sur-tout du dernier. Il est quelquefois utile de relever le terrain en billons, et de planter sur la crête.

Les seconds sauraient à peine être trop abondans et trop bien préparés, parce que, d'une part, le chou en est singulièrement avide, et que, de l'autre, il contracte très-aisément l'odeur rebutante de tous les engrais mal consommés. L'expérience a prouvé qu'un mélange de chaux éteinte et de fumiers, ainsi que la vase, le terreau et la boue, bien préparés et amalgamés, et les engrais pulvérulens, liquides et mucilagineux, lui étaient essentiellement convenables.

Ces engrais doivent être déposés et enfouis dans le champ, le plus tôt possible, afin que, s'incorporant intimement avec le sol, ils puissent produire immédiatement tout l'effet désiré. On préfère cependant quelquefois de ne les appliquer qu'avant le dernier labour : de cette manière, la presque totalité s'en trouve placée à l'endroit où plongent les racines, et leur action se fait aussi sentir davantage sur la récolte qui vient après celle du chou.

Du semis et de la transplantation. Il est très-important de choisir la semence la plus mûre, la mieux nourrie, et récoltée sur des pieds isolés et de même espèce, sur le terrain le plus fertile, le plus frais, et le plus profondément labouré ; car la né-

35 *

gligence sur ces précautions expose le cultivateur à des résultats désavantageux.

Lorsqu'on ne peut s'en procurer par soi-même de cette manière, il ne faut pas hésiter d'en tirer des cantons fertiles, renommés pour la qualité de la variété qui s'y cultive en plein champ ; peu de plantes dégénèrent, ou plutôt s'abâtardissent autant que le chou, et ce fait avait déjà été reconnu par Olivier de Serres, qui nous dit : « C'est une semence difficile à recouvrer en Languedoc et en Provence ; on en tire de Briançon et d'ailleurs ; et par sur tous les autres choux, l'Isle de France en produit des plus gros, vers Aubervillers, près de Saint-Denis, d'où la semence se trouve très-bonne en Languedoc, ainsi que je l'ai expérimenté. »

Il n'est pas moins important de la semer sur un terrain convenablement préparé par les labours et les plus riches engrais, bien exposé et abrité, et d'en sarcler soigneusement le plant qui ne doit jamais être trop rapproché avant d'être transplanté, de crainte qu'il ne s'affame et ne s'étiole. La quantité de semence la plus convenable généralement est d'un demi-kilogramme environ pour chaque hectare qu'on veut couvrir par la transplantation. Il est d'ailleurs toujours utile d'avoir du plant surnuméraire, afin de pouvoir le choisir et regarnir les pieds qui manquent, et il vaut encore mieux pécher ici par excès que par défaut.

Il est ordinairement très-avantageux de repiquer le jeune plant sur une planche également bien préparée, à côté de celle où le semis a été fait. Il en devient plus vigoureux et plus endurci, et sa racine se garnit d'un plus grand nombre de chevelus qui sont essentiels à sa reprise et à sa prospérité.

On doit attendre, pour faire la transplantation définitive, que le plant soit assez garni de feuilles, et sa racine et sa tige assez fermes pour pouvoir résister à la sécheresse qu'il pourrait éprouver, et l'on a remarqué qu'il y avait généralement plus d'avantage à passer qu'à devancer cette époque.

Il est toujours très-avantageux, aussi, d'attendre, lorsqu'on le peut, pour se livrer à cette opération, que le temps soit brumeux, couvert et disposé à la pluie, cette disposition du temps contribuant beaucoup à faciliter la reprise.

On peut semer ou transplanter le chou, pour la culture en plein champ, depuis le mois de février ou de mars jusqu'en juillet et août et même septembre, pour les variétés rustiques qui ne doivent être consommées qu'au milieu du printemps, suivant le climat, l'époque des besoins, la nature, l'état et la préparation de la terre : il est même généralement utile de le semer et de le transplanter successivement à diverses époques ; mais les premiers semés et les premiers transplantés sont ordinairement les plus profitables, donnant les plus beaux produits, parce qu'ils ont moins à redouter de la sécheresse, de la chaleur et des froids rigoureux.

Lorsque le champ qu'on destine au chou est suffisamment préparé, que le plant est assez fort, et que le temps paraît convenable, on arrache soigneusement ce plant, auquel il ne faut rien retrancher, contre l'usage trop commun qui prescrit de *l'habiller* ou plutôt de le dépouiller des organes essentiels à sa reprise; on rebute celui qui est maigre, mal conformé et peu enraciné. On le tient le plus possible à l'abri du hâle et de la chaleur qui lui nuiraient également, en le mettant promptement en jauge et en le couvrant légèrement; et il est utile d'en plonger les racines dans l'eau, lorsqu'elle est à portée.

On le transplante, soit à la main, derrière la charrue qui ouvre la raie qu'une seconde raie vide recouvre, soit au plantoir, après le labour fait.

La distance à observer entre les plants doit nécessairement varier, relativement à la nature et à l'état du sol, et sur-tout au plus ou moins de vigueur naturelle de la variété qu'on veut cultiver. Afin de faciliter l'emploi du sarcloir et du buttoir à cheval, la distance entre les rayons doit être au moins de 64 centimètres, souvent d'un mètre, et celle d'un chou à l'autre, de 64 à 80 centimètres. La disposition en quinconce donne plus d'espace, mais elle exclut l'emploi en travers des instrumens ci-dessus, qui n'est jamais plus facile que lorsque tous les plants sont placés carrément.

Il est essentiel que la tige soit enfoncée le plus possible, parce qu'elle se garnit, dans toute sa longueur enterrée, de radicules qui aident singulièrement à l'accroissement de la plante, et il est avantageux de la chausser.

Nous ne recommandons point ici l'arrosage du plant après sa transplantation, parce qu'il est rare que cette opération soit commodément, expéditivement et économiquement praticable en plein champ, et que toute opération qui ne réunit pas ces trois qualités y est bien rarement avantageuse.

De la culture pendant la végétation. La culture nécessaire pendant la végétation, consiste à ameublir et nettoyer soigneusement les intervalles entre les rayons, avec le sarcloir à cheval, dès que le chou est assez élevé et que les herbes nuisibles sont bien apparentes; il faut le butter ensuite avec la houe à cheval, dès qu'il est assez développé et le champ assez net et meuble (*voyez les figures à la fin*). Ces deux opérations importantes, expéditives et économiques, peuvent et doivent se réitérer toutes les fois que les circonstances l'exigent; mais elles doivent toujours être faites par un beau temps, et lorsque la terre n'est pas imprégnée d'une grande humidité.

Quelquefois, au lieu de transplanter le chou, on le sème en place, ou à la volée, ou mieux, en rayons, sur un terrain bien préparé, et on l'éclaircit suffisamment lorsqu'il est levé. Cette méthode évite, à la vérité, les frais et les inconvéniens de la transplantation; mais elle multiplie ceux du sarclage, qui est toujours plus long, plus difficile et plus dispendieux, et le cultivateur doit opter entre ces deux chances, d'après les circonstances locales dans lesquelles il se trouve.

Quelquefois aussi on intercale, dans le même champ, le chou avec d'autres plantes plus précoces, comme nous avons déjà eu occasion de le remarquer, et comme nous le verrons encore; ce mélange a ordinairement de grands avantages dans les assolemens, en fournissant une seconde *récolte dérobée*, fort utile dans la saison rigoureuse.

Le chou, lorsqu'il est jeune sur-tout, est exposé aux ravages d'un grand nombre d'insectes qui le détruisent souvent, et il y est d'autant plus sujet que la nature du sol et la constitution atmosphérique lui sont plus contraires.

Ses principaux ennemis les plus communs, et ceux dont il est le plus facile de le débarrasser, sont les altises, qu'on appelle vulgairement *tiquets, lisettes* ou *puces de terre*, les *pucerons*, les *chenilles* et les *hélices* ou *limaces*. Voyez les moyens que nous avons indiqués en nous occupant de la rave, pour prévenir ou pour arrêter leurs ravages.

De la récolte, de sa conservation et de son emploi.

§ 1. *Récolte.* Il faut distinguer ici les deux principales variétés du chou, vert ou pommé, dont nous parlerons ci-après. Lorsqu'on cultive la première, on peut en retrancher successivement les feuilles à mesure qu'elles paraissent suffisamment développées; et à l'égard de la seconde, on peut également retrancher avec avantage les feuilles extérieures, qui pourrissent souvent sans cette précaution; mais, dans tous les cas, il ne faut jamais oublier que la soustraction de ces feuilles, comme de celles de tous les autres végétaux, est toujours plus ou moins nuisible au parfait développement de l'individu qui la supporte, lorsqu'elle est anticipée; il n'est réellement avantageux de la pratiquer que lorsque ce développement est complet, ou que la nature elle-même y autorise par un commencement d'altération dans la teinte naturelle de ces feuilles extérieures.

Dès que le chou est parvenu à sa maturité, il y a bien plus d'avantages à le consommer sans délai qu'à différer; car, dès ce moment, il va toujours en diminuant de poids et de qualité. Le chou pommé, particulièrement, se fend et crève; l'air et la pluie s'insinuant jusqu'au centre, le pourrissent promptement, et il est rebuté en cet état par les bestiaux ; ou s'ils le mangent, leur chair, leur lait et leur beurre en contractent un mauvais goût. La gelée produit encore trop souvent les mêmes effets et les mêmes résultats. D'ailleurs il devient souvent très-pénible, très-difficile et nuisible à la terre et aux animaux d'en faire la consommation sur le champ, ou de faire le charroi de la récolte dans la saison pluvieuse.

Ainsi, quelque avantage qu'il puisse y avoir à conserver, pour l'hiver et le printemps, une nourriture verte qu'on peut d'ailleurs remplacer assez souvent par d'autres, telles que le topinambour, le rutabaga, le colza d'hiver pour fourrage, le seigle et quelques autres plantes qui résistent beaucoup mieux généralement à cette saison rigoureuse que le chou pommé proprement dit, plus tôt la consommation en est faite après la maturité, et plus elle est profitable ordinairement.

Il existe deux manières principales de consommer le chou, et qui ont chacune une influence différente sur le sol, très-importante relativement à l'assolement.

La première consiste à le faire consommer sur le champ même par les bestiaux ; elle épuise beaucoup moins le sol, à cause des débris qui y restent et des déjections animales qui s'y mêlent ; mais elle est rarement praticable, à cause de la nature humide du terrain sur lequel le chou croît ordinairement, et sur-tout à cause de la saison pluvieuse, qui s'y oppose souvent. D'ailleurs, elle est généralement peu profitable sous le rapport de l'économie de la nourriture, dont une partie, quelquefois assez considérable, se trouve trépignée, souillée et perdue.

La seconde, qui améliore moins le sol, est communément plus profitable pour les bestiaux ; elle consiste à enlever les feuilles vertes, ou la pomme formée par leur application circulaire et serrée, et quelquefois aussi la tige, dont les bestiaux sont très-avides lorsqu'elle n'est ni dure, ni ligneuse, ni cordée, ni minée par le charançon-chlore découvert par Bosc. On devrait toujours enlever scrupuleusement cette tige, ainsi que la racine, à moins qu'on ne désire obtenir un regain et un pâturage des nouveaux rejets, parce qu'elle épuise toujours plus ou moins le sol, qu'elle nuit aux cultures subséquentes, pourrissant très-difficilement, et qu'elle est d'ailleurs très-propre à être convertie en cendres très-alcalines, ou en fumier, après avoir subi la fermentation, en tas.

Il est très-important que la terre soit sèche et le temps beau, lors de l'arrachage et du charroi de la récolte du chou, parce que le trépignement et le foulement du sol par les hommes, les bestiaux et les voitures, par un temps et sur un terrain humides, gâchent et pétrissent la terre, et la réduisent ainsi à un état très-défavorable aux récoltes suivantes, dont le peu de succès n'a souvent pas d'autre cause.

§ 2. *Conservation*. Lorsqu'on ne peut faire consommer la totalité de la récolte à mesure de l'arrachage, on peut en conserver l'excédent, en le transportant dans un clos près du manoir, où, en ouvrant à droite et à gauche des raies profondes à la charrue, on peut le placer expéditivement et économiquement, en y arrangeant chaque chou l'un contre l'autre, et en recouvrant les tiges de terre par de nouvelles raies. Arrangés de cette manière, qui peut encore être adoptée très-avantageusement lorsqu'on a des motifs pour débarrasser promptement le champ, soit pour un ensemencement d'automne, soit pour mieux le préparer à ceux du printemps, soit pour toute autre cause, on les conserve fort bien, même contre les atteintes de la gelée, sur-tout en les couvrant un peu de paille, et on peut prolonger long-temps cette provision. On les conserve aussi assez bien en les renversant, la racine en haut.

§ 3. *Emploi*. Le chou était en grande vénération chez les Romains, et leurs auteurs géoponiques, Caton particulièrement, parlent souvent avec éloge de ses propriétés alimentaires et médicamenteuses. Quoiqu'il y ait beaucoup à rabattre sans doute des dernières, les premières n'en sont pas moins constantes, et cette plante est une de celles qui fournissent la nourriture la plus abondante aux hommes et aux animaux, soit cuite, comme c'est l'usage le plus ordinaire, soit confite dans le sel et le vinaigre, comme dans le Forez et en quelques autres cantons, soit fermentée, comme dans la plupart de nos départemens de l'est, sous le nom de *sauerkraut*, et par corruption *choucroute*. Elle est employée ordinairement crue, mais quelquefois cuite aussi pour les bestiaux, et plus particulièrement dans nos départemens septentrionaux, où l'on en fait, avec un mélange d'eau chaude, de son et d'autres ingrédiens, des espèces de soupes ou *chaudeaux*, dont tous les bestiaux, et les vaches sur-tout, ainsi que les bœufs et les porcs à l'engrais sont très-avides, et qui fournit abondamment du lait aux premières, et engraisse promptement les autres.

On a plusieurs fois reproché au chou de donner à la chair des animaux qui en étaient nourris, et particulièrement au lait des vaches et au beurre qui en provenait, un goût très-désagréable ; nous avons déjà vu que cet effet était entièrement attribuable à l'état de décomposition dans lequel pouvaient se trouver les feuilles lorsqu'on les donnait aux bestiaux, et nous pouvons assurer, d'après les essais auxquels nous avons cru devoir nous livrer sur ce point, que, lorsque le chou est parfaitement sain, la chair, le lait et le beurre ne contractent aucun mauvais goût de cet aliment.

On peut, comme nous l'avons dit, l'employer avec beaucoup d'avantage à la nourriture et à l'engrais des bœufs et des porcs; on peut également s'en servir, pour les mêmes objets, pour les bêtes à laine et les chèvres, comme cela se pratique souvent au Mont-d'Or et ailleurs, spécialement avec le chou-cavalier, qu'on y appelle chou-chèvre. Tous les animaux en sont très-avides, et il n'est pas rare, comme l'observe Gilbert, de les voir forcer les barrières qu'on leur oppose pour le soustraire à leurs incursions. « On assure, dit-il, que le cheval ne le mange pas, mais j'ai souvent et très-souvent observé le contraire; ce qu'il y a de vrai, c'est qu'il n'en est pas aussi avide que les autres animaux. » Ajoutons à cela que cette nourriture aqueuse et relâchante n'est pas la plus convenable pour les animaux de travail, et que, lorsqu'on la leur donne, elle doit être mélangée avec une autre nourriture sèche plus substantielle et plus fortifiante; observons aussi qu'un grand nombre d'expériences comparatives nous ont démontré, ainsi qu'à d'autres cultivateurs, qu'elle était bien plus nourrissante que la rave et le navet, à poids égal.

Diverses variétés de choux, et plus particulièrement tous les choux verts, sur-tout le chou-cavalier, le chou à faucher, le chou-navet, le chou-colza et le rutabaga, se cultivent encore avantageusement pour fourrage vert étant fauchés, et pour pâturage, soit en automne, soit en hiver, soit au printemps, et ils deviennent souvent ainsi une ressource très-précieuse.

Ces variétés et plusieurs autres sont également employées avec beaucoup d'avantages comme engrais végétal très-efficace; à cet effet, on les enfouit, à diverses époques de l'année, dans le champ sur lequel elles ont crû, lorsque leurs feuilles sont suffisamment développées.

Faits et considérations relativement à l'introduction du chou dans nos assolemens. La culture du chou en plein champ, pour l'usage des bestiaux, paraît avoir commencé à s'établir d'abord dans le nord de l'Europe, où la nature du climat rend cette culture plus nécessaire comme nourriture d'hiver, et plus praticable, à cause des brumes et des pluies plus fréquentes que dans le midi. Elle s'est étendue successivement dans presque toute l'Allemagne, la Hollande, le nord de la France, et aussi vers l'ouest, et en Angleterre.

Cette culture en grand, en plein champ, s'est trouvée restreinte parmi nous à un nombre de localités proportionnellement moins considérable que dans les contrées qui nous environnent au nord et à l'ouest, et cela devait être, à raison de

la nature du sol et du climat qui lui conviennent particulièrement, et qui se rencontrent plus rarement en France que dans
ces contrées.

Le chou, dont l'introduction dans les champs pour l'usage
des bestiaux ne paraît pas s'étendre au-delà du siècle dernier,
était encore confiné dans nos jardins presque par-tout, du temps
d'Olivier de Serres, si l'on en excepte la plaine si bien cultivée, près Paris, entre Aubervillers et Saint-Denis, où cette
culture et plusieurs autres non moins productives s'observent
encore aujourd'hui, et d'où il nous apprend qu'il tirait sa semence afin de prévenir la détérioration ou l'abâtardissement de
l'espèce; il était aussi cultivé dans les environs de Senlis, où
La Bruyère Champier, contemporain d'Olivier, dit *avoir vu
avec étonnement des choux énormes*, ainsi que dans quelques
autres endroits très-circonscrits.

Mais on le cultivait déjà en grand, en plein champ, pour
les bestiaux; en plusieurs endroits de la France, avant l'époque
où Duhamel rédigeait ses Elémens d'agriculture; et après nous
avoir donné sur le chou vert cavalier quelques détails que
nous consignerons à son article, il nous cite l'expérience de
M. de Châteauvieux, qui « ayant fait préparer et disposer par
planches une pièce de terre, comme pour le froment, y fit
planter des choux blancs dans le mois de septembre. Le 9 mars
suivant, on leur donna un labour; le 25 avril, un second;
un troisième, le 3 juin; et enfin un quatrième, le 20 juillet.
Celui-ci fut donné à bras et à la houe, parce que les plantes
avaient pris trop d'étendue pour qu'on pût en approcher *le
cultivateur* (houe à cheval) dont nous remarquerons en passant
que Châteauvieux est l'inventeur.

« Ces choux, qui n'avaient été arrosés que dans le temps
qu'on les avait plantés, ont conservé leur fraîcheur pendant
tout l'été; la plus grande partie pesaient 15 à 18 livres, et ils
étaient plus forts que ceux qu'on avait cultivés avec soin
dans le potager. »

Peut-être cette différence était-elle due à une cause analogue
à celle remarquée à l'égard de la gesse par Dussieux.

De quelque côté qu'on promène ses regards, après la moisson, sur les belles plaines de l'ancienne Alsace, qui forme aujourd'hui les départemens du haut et du bas Rhin, on n'aperçoit par-tout, comme l'a remarqué Gilbert, que des choux,
dont plusieurs sont d'un poids énorme; leur culture y est alternée, avec beaucoup de succès, avec celle des céréales et d'autres plantes épuisantes, ainsi que dans plusieurs autres de nos
départemens de l'est, de l'ouest et du nord, et plus particulièrement dans les vallées de la Glane et de la Nahe, près des
rives de la Sarre, dans celles de l'Anjou, de la Bretagne, du

Maine et de la Touraine, où l'on préfère à tout autre le chou-cavalier, ainsi qu'aux environs de Lyon, et dans les environs de Bruxelles, où on lui donne le nom de *chou-collet* ou *chollet*.

M. Mouron l'a employé avec le plus grand avantage, comme culture intercalaire, sur la propriété fort étendue et très-bien cultivée, qu'il a soustraite au domaine de la mer, dans les environs de Calais.

M. Lullin, dans les environs de Genève, et M. de Père, dans le canton de Mezin, en ont tiré le même avantage sur des terres compactes, humides et argileuses.

Par la culture de cette plante, on est parvenu, en divers endroits, à obtenir d'abondantes récoltes d'orge sur des terrains qui ne pouvaient en produire que de chétives avant son introduction.

On l'alterne sur-tout très-avantageusement avec l'avoine, et lorsque la récolte s'en fait assez tôt avant l'hiver, on la fait suivre avec succès par celle du froment.

Quelquefois aussi on intercale les rangées de choux avec celles d'autres plantes plus précoces, comme nous l'avons déjà remarqué, et sur-tout avec la fève, à laquelle la même nature de terrain convient; et on se procure ainsi, à peu de frais, deux récoltes abondantes et précieuses, dans une même année.

On peut recommander pour les terres convenables l'assolement suivant à long terme, 1°. fève, 2°. blé, 3°. chou, 4°. orge et trèfle, 5°. trèfle, 6°. blé, 7°. vesce, 8°. blé, etc.; il n'exige que deux fois de l'engrais en huit ans, en tenant la terre nette, meuble et fertile, et donne des produits variés abondans.

Le chou peut encore succéder avantageusement à la fève et à la vesce, et préparer très-bien la terre pour le froment, l'avoine ou l'orge, avec un seul engrais.

On a plusieurs fois reproché au chou d'épuiser la terre. Sans doute une plante munie d'aussi fortes et nombreuses racines fibreuses et pivotantes, doit soutirer beaucoup de nourriture du sol, et elle doit en emprunter d'autant plus, que son produit ne peut être consommé ordinairement sur le champ même, comme celui de la rave et de plusieurs autres plantes : mais il ne paraît pas cependant, que, lorsque le champ sur lequel elle a crû a reçu toutes les préparations convenables, en riches engrais abondans, en labours profonds et multipliés, et sur-tout en sarclages, houages et buttages rigoureux, et lorsque la récolte en a été faite à une époque, d'une manière et par un temps convenables; il ne paraît pas, disons-nous, qu'avec la réunion de ces circonstances le sol se trouve réellement hors d'état de fournir après sa culture l'aliment nécessaire à d'abondantes récoltes de céréales. D'après plusieurs observations que Gilbert a été à portée de faire en Alsace et ailleurs, et d'après celles qui nous sont personnelles, ou qui sont parvenues à notre connaissance, nous pensons, comme lui, que cette plante ne mérite point ce reproche.

Nous croyons donc que le chou est, après la fève, la plante dont la culture, sous les climats tempérés et humides, est la plus appropriée aux terres compactes, fraîches et argileuses qu'elle peut fertiliser par l'effet des engrais et des opérations aratoires qu'elle exige pour prospérer ; elle peut y être d'autant plus précieuse qu'elle fournit une ample provision de nourriture verte d'hiver, sur des terrains qui se refusent ordinairement à toute autre production de ce genre, avantage qui la rend sur-tout très-recommandable dans ces positions critiques pour l'entretien des bestiaux dans la saison rigoureuse ; étant récoltée de bonne heure en automne, elle admet consécutivement avec avantage la culture du froment, et elle prépare trèsbien la terre au printemps, pour l'avoine, et sur-tout pour l'orge ; enfin elle devient essentiellement améliorante et préparatoire lorsqu'elle est fauchée en vert, ou pâturée, comme cela arrive quelquefois, et elle est très-fertilisante lorsqu'elle est enfouie dans le champ, après s'être suffisamment développée.

Passons maintenant à l'examen des principales variétés les plus cultivées en grand, en plein champ, pour l'usage des hommes et des bestiaux.

Des choux pommés et des choux verts. On distingue, comme nous l'avons déjà observé, le chou ordinaire en variétés vertes ou pommées.

§ 1. On appelle choux pommés ou cabus, ou en cœur, ou en tête, toutes les variétés dont les feuilles larges et épaisses, quelquefois frisées, se recouvrent les unes les autres circulairement, et forment ainsi une tête de forme sphérique ou ovale, plus ou moins ferme.

Ils présentent un bien plus grand nombre de variétés jardinières que les autres ; mais nous n'indiquerons ici que les principales, qu'on peut considérer comme champêtres, à cause de la préférence qu'on leur accorde ordinairement pour la culture en grand dans les champs.

Ce sont, 1°. le chou de Strasbourg ou d'Allemagne, appelé aussi chou d'automne, ou de troisième saison, parce qu'on le récolte souvent dans cette saison, et chou-quintal, à cause de son poids, ordinairement énorme, qui s'élève quelquefois à 50 kilogrammes environ. C'est le plus gros et le plus tardif de tous les choux-cabus précoces, et sans contredit l'un des plus précieux pour la nourriture des bestiaux. Ses feuilles, très-volumineuses, sont d'un vert foncé, et sa pomme est ordinairement peu serrée, parce que ses nervures sont trèssaillantes. C'est ce même chou dont les Anglais ont adopté depuis quelque temps la culture presque exclusivement à toute autre pour leurs bestiaux, en lui donnant le nom de chou d'Amérique, contrée qui l'a reçue d'Europe.

2°. Le chou pommé ordinaire ou chou-cabus commun, qui a quelque rapport avec le précédent et avec le pommé blanc d'Alsace, avec lesquels on le confond assez souvent. Il s'élève aussi à un poids considérable, et il a la tête très-large, ferme et aplatie, d'un vert blanchâtre, avec des nervures blanches ou violettes. C'est le plus communément cultivé presque partout.

3°. Le chou pommé rouge, ou plutôt violet, que plusieurs cultivateurs ont préféré pour la culture en grand, comme étant très-ferme, assez pesant, très-nourrissant et rustique.

4°. Le chou pommé blanc, d'Alsace, qui a la tige épaisse et peu élevée, et la tête plate et très-ferme. Il est aussi très-gros.

Celui que nous avons vu cultiver en Angleterre sous le nom de tête en tambour, *drum headed*, nous a paru lui ressembler beaucoup.

5°. Le chou pommé blanc de Hollande, dont la tige est plus élevée et la tête plus grosse, mais moins ferme que le précédent. Les Anglais l'ont aussi adopté.

6°. Le chou pommé de Saint-Denis ou d'Aubervillers, dont parle avec éloge Olivier de Serres qui le cultivait. Il a la tête assez grosse, arrondie et très-serrée, d'un vert foncé et d'une odeur musquée très-prononcée. Sa tige est courte, et son volume et son poids sont ordinairement moindres que ceux des précédens; mais il a l'avantage d'être moins délicat sur le choix du terrain.

7°. Le chou de Bonneuil, à tige basse, à feuilles glauques, et à tête ronde. Il est moins gros, mais plus hâtif que les précédens.

8°. Le chou cœur de bœuf, assez hâtif aussi, mais petit et de forme ovale allongée.

Les Anglais nous ont encore emprunté, pour la culture en grand, deux choux qu'ils désignent sous les dénominations de *chou de Savoie* et *d'Anjou*, qui sont plus verts que pommés, d'après ceux que nous avons vus chez eux sous ces noms. Nous leur avons vu aussi cultiver fréquemment en plein champ un chou d'Ecosse très-rustique, mais dont on a cru devoir abandonner la culture en plusieurs endroits, après l'avoir essayée comparativement avec notre chou de Strasbourg, dit d'Amérique.

Toutes ces variétés de choux pommés étant sujettes à se fendre, à crever et à pourrir promptement lorsqu'elles sont mûres, doivent être consommées sans délai à cette époque. Il convient ordinairement de les planter en plein champ, plutôt après qu'avant l'hiver, car elles sont généralement plus aqueuses et moins rustiques que les choux verts que nous allons faire connaître, et qui, à poids égal, sont plus nourrissans.

§ 2. On appelle choux verts toutes les variétés qui s'élèvent plus ou moins sans pommer, et dont les feuilles, quelquefois frisées, et de diverses couleurs, sont le plus communément vertes et unies.

Les principales variétés pour la culture en grand sont,

1°. Le grand chou vert, nommé souvent à cause de sa hauteur chou pyramidal, chou géant, chou-cavalier, chou-arbre, et grand chou à vaches et chou-chèvre, parce qu'on en nourrit ces animaux en France, en plusieurs endroits, sur-tout dans nos départemens de l'ouest et dans les environs de Lyon.

La plupart de nos agronomes font le plus grand éloge de cette précieuse variété de chou, qu'ils mettent au-dessus de toutes les autres pour la culture en plein champ, à cause de sa rusticité, de sa bonne qualité, de sa durée et de son produit.

C'est cette même variété qui a inspiré des réflexions et des dénégations si peu fondées à *Arthur Young*, à l'égard de notre illustre prédécesseur dans la chaire que nous occupons, du vertueux et savant Daubenton, dont on ne peut se rappeler les longs et fructueux efforts pour l'amélioration de nos races de bêtes à laine, sans avoir pour la mémoire de cet homme estimable à tant de titres, la plus profonde vénération.

Parce que cet Anglais ne connaissait pas la variété de chou que Daubenton avait préconisée dans son ouvrage classique pour l'instruction des bergers et des propriétaires de troupeaux, il a cru devoir, en faisant une critique injuste de ce précieux ouvrage, nier l'existence de ce chou, en suivant la même tactique qui lui avait fait blâmer le savant et laborieux Rozier, à qui il a injustement reproché l'application qu'il s'était faite sagement du *Laudato ingentia rura, exiguum colito*, de Virgile. Il aurait dû au moins se rappeler que son compatriote Morison, moins prévenu que lui sans doute contre tout ce qui portait le nom de français, en économie rurale, l'avait reconnue long-temps avant lui, sous la phrase botanique de *Brassica arborea, seu procerior ramosa*, dont on a depuis attribué au fameux Bakewell l'introduction dans l'agriculture anglaise (1).

C'est aussi cette variété dont Duhamel nous avait déjà recommandé la culture d'après son expérience, sous le nom de *grand chou vert*, en nous recommandant *d'en semer la graine*

_____

(1) Les anciens paraissent l'avoir connu, d'après ce passage de Caton : *Prima brassica est grandis, latis foliis, caule magno, validam habet naturam et vim magnam habet.* Livre 157.

dans une planche de potager; de le replanter à la cheville lors-
qu'il était assez fort, dans une terre bien fumée et labourée le
plus profondément possible, en laissant deux bons pieds d'in-
tervalle entre chaque plant, et en leur donnant, pendant l'été,
deux labours légers. Après nous avoir informés qu'il subsiste
plusieurs années, « je l'ai cultivé en plein champ à la charrue,
ajoute-t-il, et il a produit beaucoup de feuilles pour le bétail
et pour la cuisine. »

C'est encore cette variété que Gilbert déclare « avoir de très-
grands avantages sur les autres, et qu'il recommande très-par-
ticulièrement. Sa verdure, dit-il, est éternelle; de nouvelles
feuilles viennent sans cesse remplacer celles qu'on enlève; je
l'ai vu résister à des froids très-rigoureux; quoiqu'il ne vienne
pas sans culture, il est, sur ce point, bien moins difficile que
le chou-cabus; il permet des négligences qui seraient très-
préjudiciables à ce dernier. Le produit du chou-chevalier est
si considérable, qu'un fermier est impardonnable, lorsqu'il ne
consacre pas à sa culture un angle de terre. M. Daubenton,
ajoute-t-il, qui s'est occupé, et avec tant de succès, de l'é-
ducation des moutons, a fait sur le chou-chevalier des expériences qui le lui font regarder comme un des meilleurs alimens qu'on puisse offrir à ces animaux précieux, et j'en ai
moi-même nourri, continue-t-il, plusieurs sortes d'animaux
avec succès. »

C'est également cette variété que M. Lullin met encore au-
dessus de toutes les autres. « Je ne connais point, nous dit-il,
de variété de chou préférable au chou-chevalier; il est d'une
reprise facile à la transplantation, robuste; il résiste aux hivers
les plus rigoureux, donne une abondance de fourrage prodigieuse, qui convient à toute espèce de bestiaux; les vaches et
les brebis qu'on en nourrit sont abondantes en lait; on en engraisse les bœufs mieux qu'avec toute autre espèce d'herbage,
ainsi que les cochons. Le terrain qui lui convient le mieux est
une terre forte et fraîche, et c'est précisément sur celle-là que
les turneps, les carottes, pommes de terre et autres fourrages-
racines réussissent le moins bien. »

Il entre ensuite dans plusieurs détails sur sa culture, dont
les principaux sont *de préparer la terre par un profond labour*
en février ou mars, ou mieux après la dernière récolte en
grains, de fumer immédiatement, d'enterrer le fumier par un
second labour à petites raies, de herser huit ou dix jours après,
de donner un troisième labour, à la fin de mai, et quelques
jours ensuite un hersage. Si le terrain est frais et mou pendant
l'hiver, on formera des planches ou de larges billons, dont on
tiendra les raies parfaitement nettes, pour qu'étant bien égout-
tées, on puisse en tout temps faire la cueillette des feuilles

*sans en être empêché par l'humidité du sol. On plantera les
choux au commencement de juin, lorsqu'on prévoit une pluie
prochaine, à un mètre environ de distance d'une ligne à l'autre,
et à 64 centimètres dans la ligne, d'une plante à l'autre. La
graine aura été préalablement semée en bon terrain, bien préparée et en bonne exposition, en janvier ou février. On peut
aussi semer, sur le champ même, en lignes, et il faut toujours
houer, butter et sarcler soigneusement à plusieurs reprises, et
planter ou semer le plus tôt possible, afin d'éviter les arrosemens
coûteux, difficiles et quelquefois impossibles. On peut commencer à récolter les feuilles inférieures en novembre, en les
rompant net près du tronc, à mesure des besoins.*

*On peut conserver ce fourrage vert jusqu'à la fin d'avril; on
le voit fréquemment durer l'année entière dans les environs de
Lyon (où l'on voit, quoi qu'en ait bien voulu dire Arthur Young,
autre chose que des rochers et des chèvres), ils y acquièrent
une élévation de 5, 6 et même quelquefois 8 pieds. Ils ne
pomment jamais. Ils sont une nourriture excellente pour toute
espèce de bestiaux; ils ont par-dessus les autres variétés de
choux l'avantage de n'avoir jamais de feuilles pourries, car à
mesure qu'elles atteignent leur croissance, on les enlève pour
les consommer.*

« Je les ai fait consommer par les vaches, bœufs, brebis,
moutons et porcs, nous dit encore M. Lullin; tous ces animaux en sont très-friands. Ils donnent beaucoup de lait aux
vaches et aux brebis, et disposent admirablement les autres
bestiaux à prendre la graisse, etc., et il ajoute «qu'*avec les
précautions convenables, les récoltes subséquentes seront toujours superbes, soit en blé, herbages ou avoine.* » Il fait aussi
l'observation bien importante qui confirme ce que nous avons
dit, en commençant cet article, que « le climat assez humide
de l'Angleterre a pu permettre la culture du chou sur des
terres légères; le nôtre est trop chaud et sec dans certaines années pour qu'elle soit praticable sur de pareils terrains, à
moins qu'il ne fût possible de les arroser par irrigation, les
seuls arrosemens praticables sur un espace un peu considérable. »

Nous ne pouvons nous dispenser de remarquer ici qu'on ne
fait pas généralement assez d'attention à la différence du climat et à quelques autres circonstances essentielles, lorsqu'on
nous propose indistinctement, et avec un enthousiasme souvent plus exalté qu'éclairé, l'adoption chez nous des pratiques
agricoles anglaises, ou celles d'autres pays.

Enfin, c'est toujours cette même variété de chou, *dont
l'existence a été contestée,* que M. de Père recommande encore, comme celle à préférer d'après sa longue et utile expé-

rience ; et nous devons consigner ici l'opinion de cet agriculteur éclairé, avec les principaux détails de la culture qu'il
applique à cette plante.

Après avoir reconnu que « les choux sont du nombre des
plantes fourrageuses qui fournissent en plus grande quantité
la subsistance des bestiaux ; qu'on pourrait entretenir trois
têtes de bétail, en été, du seul produit d'un journal de belle
luzerne, et en hiver de celui d'un journal de choux, sans autre
nourriture ; que le produit de ces deux journaux, converti en
fumier après avoir servi d'aliment, en engraisserait trois, double
objet de culture bien digne de considération ; que les choux
possèdent une qualité très-nutritive pour le gros bétail et les
moutons, et qu'on peut en créer une prairie hivernale dans
tous les sols, *pourvu que le climat ne soit pas trop sec,* » circonstance toujours très-essentielle à observer ; il nous dit très-
positivement que « les choux que l'on cultive de préférence
comme fourrage sont verts, qu'ils ne pomment pas et qu'on
les nomme *choux à vaches* ou *cavaliers.*

» On doit, ajoute-t-il, semer la graine en pépinière dans le
mois de juin, pour repiquer le plant en septembre et octobre.»
Il est bon d'observer que l'auteur écrit dans le département de
Lot-et-Garonne.

» Dans les terrains forts et argileux, continue-t-il, l'importance de cette récolte vaut bien la peine qu'on lui destine
la terre même qui devrait porter du froment, après une récolte-jachère faite en juin et juillet, ou une récolte morte : on
aurait ainsi le temps de la disposer, par des labours et des engrais, à recevoir le plant en septembre.

» Dans les terrains sablonneux et maniables, on devra profiter d'abord après la moisson du froment ou du seigle, de la
première pluie qui aura bien détrempé la terre, pour la disposer à la plantation des choux, par un profond labour qui la
façonnera en larges billons de 2 pieds, séparés par des sillons
larges et profonds tout-à-la-fois : le mieux serait de faire passer
deux fois la charrue dans la même raie. Dans les terrains argileux il faudra de plus se hâter, après un labour semblable,
de tracer avec la bêche ou la pioche, à la place où l'on voudra
repiquer les choux, des trous larges de 4 à 5 pouces sur 3 de
profondeur ; on mettra 18 pouces d'intervalle entre les trous
qui seront destinés à se remplir d'eau, lorsqu'il tombera de la
pluie en septembre et octobre ; lorsque les trous seront pleins
d'eau, il faudra se presser d'y délayer du fumier gras et de la
terre meuble, pour la convertir en engrais boueux, dans lequel on plantera les jeunes choux en les couchant ; on ajoutera
par-dessus quelques poignées d'un terreau meuble et frais, et
on achèvera de les chausser jusqu'au collet ; dans la suite on

sarclera et on buttera comme il est d'usage pour les autres choux cultivés avec soin; avant chaque buttage on fera bien de les arroser avec de l'engrais liquide, et après le buttage, un peu de poudre de plâtre répandue autour de chaque pied y entretiendra l'humidité.

» Dans les grandes plantations, où l'on veut faire les travaux subséquens à la plantation avec la charrue, il faut espacer les rangées de 4 pieds; quand les choux sont ainsi clair-semés ils grossissent plus; lorsque les rangs sont plus resserrés, on peut être dédommagé par le nombre.

» On pourra commencer la récolte en décembre; elle se fait sans embarras, parce qu'elle se consomme à fur et à mesure. Les choux-cavaliers s'élèvent jusqu'à 6 pieds de hauteur; on cueille les feuilles le plus près de terre, à mesure que la tige s'élève. On continue toujours en montant la récolte des grandes feuilles jusqu'à ce que les choux produisent leurs fleurs : on cesse alors de cueillir les feuilles sur les pieds destinés à porter graine (il vaudrait mieux, sans doute, les laisser toutes à ceux-là). On arrache toutes les autres, dont on coupe les montans pour les servir aux bestiaux. (Il vaut encore mieux repiquer séparément des choux porte-graines, dans des lieux clos et dans l'isolément de toutes les autres variétés de choux destinés à fleurir; c'est le plus sûr moyen de les mettre à l'abri des accidens, et de conserver la graine dans sa pureté originelle.)

» Tous les bestiaux, bœufs, moutons et cochons, les volailles de toutes sortes, sont avides de ce fourrage qui les engraisse. Son usage se prolonge depuis la fin de l'automne jusqu'au printemps, et à l'époque où les fourrages de primeur peuvent être coupés; l'usage pourrait en avoir lieu toute l'année sans interruption, si l'on formait en septembre des pépinières, dont les plantes pourraient se repiquer en février, mars ou avril, et en mai ou en juin, pour repiquer en septembre. Il peut aussi devenir l'objet d'une seconde récolte dans la même année, en le faisant succéder, sur le même terrain, au froment, et remplacer par des carottes, des raves, du chanvre, du maïs-fourrage, des betteraves, des haricots.

» Les choux qu'on planterait en février, mars, avril, mai et juin, pourraient remplacer les racines, le farouch et autres fourrages de primeur, des récoltes mortes, et on pourrait leur faire succéder le froment, les raves, les pommes de terre, etc.

» En admettant la culture des choux-cavaliers, on pourrait former les séries suivantes :

» 1°. Racines; 2°. choux repiqués en avril; 3°. en septembre, fèves ou vesce, dragée, froment.

» 1°. Dragée, fourrage de primeur, récolte morte, froment,

seigle; 2°. en septembre, choux repiqués; 3°. en avril, mai ou juin, maïs pour grain ou fourrage, chanvre, arachide, haricots.

» 1°. Froment ou seigle; 2°. choux; 3°. pommes de terre, ou carottes ou betteraves. »

Ajoutons, à ces intéressans détails qui établissent d'une manière si authentique et si favorable l'existence du chou recommandé par Daubenton et par tant d'autres cultivateurs estimables, que nous l'avons aussi soumis à plusieurs essais. Notre ami M. Millet, jardinier botaniste de l'école d'Alfort, nous en ayant donné de la graine qu'il s'était procurée dans *le Marais de la Vendée*, où il avait été à portée d'en suivre et d'en admirer la culture avantageuse, en y remplissant une mission du gouvernement, nous lui avons reconnu tout le mérite qui lui était si justement attribué.

2°. Le chou-cavalier branchu, sous-variété du précédent, plus rameuse et plus branchue, mais moins élevée, qu'on désigne aussi quelquefois sous le nom de chou du Maine, où on le cultive assez fréquemment, et sous celui de chou de Flandre, de Bretagne et de Normandie, de Bruxelles, etc., ou chou-collet, nom qu'on lui donne ordinairement dans nos départemens septentrionaux, où il prépare les terres à la production des céréales, sur-tout dans les arrondissemens de Lille, Hazebrouck et Douay. Il ne faut pas le confondre avec le brocoli, cultivé sous le nom de *sproede* dans le département de la Dyle, et qui fournit de petites pommes entre chaque aisselle des feuilles.

3°. Le chou vert commun, à tige grosse, haut de 64 centimètres à un mètre environ, inférieur en produit aux précédens, dont il n'est peut-être qu'une détérioration, et qu'on rencontre dans quelques-uns de nos départemens, cultivé pour la nourriture de l'homme, et plus souvent pour celle des bestiaux. Il vaut généralement mieux cultiver ces choux en rayons que de les jeter à la volée, comme on le fait quelquefois.

4°. Le chou à faucher, qui se distingue encore en plusieurs sous-variétés à feuilles ordinairement frisées et de couleurs variées, dont les principales sont le violet, le vert et le blond. Les deux premiers sont préférables, parce qu'ils résistent mieux aux froids, et qu'ils fournissent davantage. On le désigne ainsi, parce que s'élevant peu, et ses jets et ses feuilles nombreuses, auriculées, crépues et dentelées, sortant ordinairement du collet de la racine, il est très-propre à être fauché, comme fourrage vert. Il réussit assez bien dans un terrain médiocre; on peut en faire plusieurs coupes, et c'est aussi un des plus propres à être enfoui comme engrais. Ses jets latéraux, qui touchent à terre, s'enracinent quelquefois et forment autant de drageons ; c'est ce qui lui a fait donner par Daubenton le nom de chou-bouture, qui peut s'étendre à plusieurs autres variétés.

Nous ne pouvons mieux terminer cet article qu'en consignant ici les renseignemens fort intéressans que M. Cavoleau a inséré dans sa *Description du département de la Vendée*, sur les procédés de culture et d'emploi du chou dans ce département.

« On cultive pour les bestiaux deux espèces de choux, 1°. le chou arborescent, ou chou-cavalier, dont la tige renflée dans sa partie supérieure, contient une moelle succulente, et s'élève quelquefois jusqu'à 2 mètres. La couleur de la variété la plus répandue est constamment verte ; ses feuilles sont larges et légèrement foncées sur les bords. Il y a deux autres variétés, dont l'une, de couleur verte, a les feuilles frisées ; l'autre a les tiges et les feuilles rouges ; elles ne valent pas la première. 2°. le chou rameux ou à mille têtes, dont la tige ligneuse, beaucoup moins élancée que celle du premier, produit à son sommet une grande quantité de branches. Ses feuilles lancéolées, plus épaisses et d'un vert foncé, sont aussi plus courtes, plus étroites et plus pointues que celles du chou-cavalier. Elles sont plus abondantes.

Le chou se sème en pépinière, vers le milieu du mois de mars. L'on donne trois labours au champ qui doit le recevoir; l'on fume bien avec de bon fumier d'étable, ou, mieux encore, avec de la cendre de marais, et l'on plante dans les quinze derniers jours du mois de juin, si la température n'est pas trop sèche. Les plants sont espacés d'un demi-mètre sur la longueur du sillon, et les sillons sont éloignés d'un mètre. L'on butte les plants avec la charrue, deux fois dans le cours de l'été. La récolte des feuilles commence à la fin du mois d'août, et continue jusqu'à la fin de janvier. Elle est plus précoce dans le chou-cavalier; et c'est cette opération, répétée pendant plusieurs mois, qui fait monter sa tige à une si grande hauteur.

» L'on arrache le chou-cavalier vers la fin d'octobre, pour semer du froment à sa place; et comme il est plus sensible au froid que le chou rameux, on le plante dans des tranchées profondes, à l'abri du nord ; malgré cette précaution, le froid le fait quelquefois périr ; et cet inconvénient devrait lui faire associer par-tout le chou rameux, dont le tempérament est plus rustique. Mais les deux espèces se partagent le département. Le rameux est cultivé exclusivement dans la partie orientale et l'autre dans la partie occidentale. L'association des deux espèces est très-rare.

» C'est au commencement de l'hiver qu'on fait manger aux bestiaux la tige du chou-cavalier, après l'avoir fendu en quatre dans toute sa longueur. Elle doit contenir plus de parties alimentaires que les feuilles.

» A la fin de janvier, l'on cesse de cueillir les feuilles du chou rameux, jusqu'au moment où les boutons des fleurs commencent à paraître. Le mouvement de la sève rend les anciennes branches plus succulentes, et en fait pousser de nouvelles plus succulentes encore. Dans cet état, l'on ne se borne plus à cueillir des feuilles; l'on coupe la tête du chou, qui a acquis un grand volume, et on la fait manger tout entière.

» L'on estime qu'un chou, depuis le premier instant où l'on a commencé à cueillir ses feuilles, a produit au moins 5 kilogrammes de nourriture. Ainsi, un hectare, qui contient plus de vingt mille choux, aura produit plus de cent mille kilogrammes de nourriture, ou quatre cent dix-sept pour chacun des deux cent quarante jours pendant lesquels on fait consommer des choux aux bestiaux. Cet aperçu suffit pour donner une idée de l'importance d'une culture à laquelle le Bocage doit une grande partie de sa richesse. »

DU CHOU-RAVE. Le chou-rave, ou plutôt chou à tige tubéreuse, *brassica gongyloides*, est une variété de chou dont la partie inférieure de la tige se distend hors de terre, près du collet, par l'affluence des sucs qui s'y portent, de manière à former une tubérosité assez considérable, de forme ovale ou arrondie, approchant de celle de la raye, d'où lui en vient sans doute le surnom, quoiqu'elle n'en ait pas le goût, et qui contient une pulpe succulente et bonne à manger.

On en distingue deux sous-variétés; le blanc ou le commun, et le violet, qui ne diffèrent essentiellement entre elles que par la couleur. Le blanc nous a cependant paru être plus volumineux, en général, et le violet plus rustique. Toutes deux sont munies d'une tige assez forte, semblable à celle du chou ordinaire, garnie de feuilles moyennes, d'un vert pâle, sinuées, dentées, ailées à leur base, et portées sur de longs pétioles, dont les intérieurs sont remplacés, lorsque la tige a acquis toute sa hauteur, par une tubérosité surmontée d'un bouquet de ces feuilles.

Le chou-rave peut se cultiver en rayons comme les autres variétés de chou dont nous avons parlé; il exige pour prospérer le même terrain et les mêmes soins, et sur-tout une fraîcheur constante pour empêcher sa tubérosité de devenir coriace et ligneuse. On le sème communément depuis mars jusqu'en juillet, pour le récolter en automne et en hiver, ou même après; car il est très-rustique et supporte les froids les plus rigoureux sans être désorganisé, comme nous nous en sommes plusieurs fois assurés. Il peut donc rester impunément en plein champ jusqu'à l'époque des besoins de nourriture verte, et il fournit, pour l'homme et pour ses bestiaux, une pulpe et des feuilles très-délicates, très-saines et très-nourrissantes.

Il est cependant peu cultivé en France, en plein champ, si ce n'est dans quelques cantons de l'Alsace et dans les environs de Lyon, ainsi que dans quelques cantons de l'Allemagne, où on le connaît sous le nom de *kohlruben*. Sa culture nous a semblé également peu étendue en Angleterre, où il paraît qu'on en a tiré d'abord la graine d'Espagne, et nous observons qu'il a probablement été connu d'Olivier de Serres, qui appelle « *presque sauvaiges dégénérans des bons, les chous-raves et autres, servans plus pour médecine que nourriture.* »

Gilbert fait le plus grand cas du chou-rave, d'après quelques rapports, et quelques essais et observations que nous allons transcrire.

« Il est encore, dit-il, deux autres espèces de choux moins connus, mais autant et peut-être plus recommandables que le chou-cavalier ; ce sont le chou-rave et le chou-navet. Outre les feuilles dont l'un et l'autre fournissent une assez ample moisson, et qui ont la propriété, non-seulement de résister aux froids les plus rigoureux, mais de végéter avec force lorsque la sève des autres plantes est engourdie ; immobile dans ses canaux, ils offrent encore, le premier dans sa tige, le second dans sa racine, une ressource infiniment précieuse pour la nourriture des animaux.

» Le chou-rave est connu et cultivé depuis très-long-temps en Angleterre et en France : la société des arts de Londres proposa, en 1757, un prix pour sa culture ; ce fut en faisant des expériences pour le mériter, que M. Raynold découvrit le chou-navet à travers des choux-raves dont il avait reçu la graine de Hollande, où elle avait été apportée de Russie. Il résulte des expériences de cet excellent observateur, que le produit du chou-rave dans les bonnes années est de 64 ou de 70 mille livres pesant par acre ; que celui du chou-navet est à-peu-près le même ; que l'un et l'autre, mais sur-tout le dernier, croissent assez bien sur les terrains les plus pauvres, sans engrais. Quand il faudrait rabattre beaucoup de ces éloges, répétés dans les mémoires sur l'agriculture de M. Dossie, dans le *Musæum rusticum*, etc., etc., il resterait toujours d'assez grands avantages pour engager à cultiver cette plante où elle peut être introduite. Mon opinion n'est pas fondée seulement sur l'observation des autres ; j'ai suivi la culture du chou-rave dans une première année, et dans une seconde la culture du chou-rave et du chou-navet. Ils sont venus très-bien l'un et l'autre sur un sol très-maigre, un sable mêlé de tuf peu profond, reposant sur un lit de gravier. Le renflement des choux-raves a communément 15 pouces de circonférence ; les racines du chou-navet sont un peu moins volumineuses, mais elles ont un goût plus agréable et leur substance est moins fibreuse. Ce qu'il y a de particulier, et ce que M. Raynold avait remarqué avant moi, c'est que dans un terrain beaucoup meilleur que les précédens, ou, pour parler plus exactement, beaucoup plus engraissé et mieux divisé (car le grain de terre est le même), ces racines ne sont pas devenues plus grosses ni meilleures que dans le terrain maigre. Une autre observation que j'ai faite, c'est qu'en cueillant, le 9 janvier, quelques-unes de ces racines, je trouve tous les choux-raves frappés de la gelée, tandis que les choux-navets qui sont dans le même terrain sont parfaitement intacts ; la différente exposition de la racine de l'un et du sphéroïde de l'autre suffit sans doute pour rendre raison de cet effet. Je soupçonne cependant qu'il n'est pas dû à cette seule cause ; la substance du chou-rave me paraît en général bien moins compacte, plus spongieuse, plus aqueuse que celle du chou-navet, et j'ai observé qu'à volume égal, le second pesait bien plus que le premier ; ce qui m'a sur-tout étonné dans celui-ci, c'est qu'il continua de végéter, lorsqu'il n'offrait, coupé transversalement, qu'un glaçon dans son intérieur. »

Dans la commune de Kaisersesch et autres de l'Eiffel, canton du département de Rhin-et-Moselle, *on cultive*, nous dit M. Lezay Marnesia, ancien préfet de ce département, dont nous avons déjà eu occasion de faire connaître le zèle ardent pour les progrès de notre agriculture, *une espèce de chou-rave qui pèse quelquefois seize livres, poids moyen 8 à 10 livres, non compris un feuillage très-abondant.*

Nous ajouterons à ces renseignemens qu'ayant aussi essayé à diverses reprises la culture du chou-rave, nous avons reconnu qu'il exigeait une fraîcheur constante du sol pour se développer convenablement, et sur-tout pour ne pas durcir ; que tous les bestiaux le mangeaient avec beaucoup d'avidité ; qu'il était très-propre à les nourrir et à les engraisser ; qu'il était de beaucoup supérieur à la rave et au navet pour ces objets ; et que sa chair, ferme et pulpeuse, égalait presque en qualités alimentaires celle de la betterave, de la carotte et du panais ; enfin qu'on pouvait l'introduire avec avantage dans les assolemens de toutes les terres fraîches, convenablement préparées, de la même manière que les autres variétés de chou, et qu'il méritait d'être plus cultivé pour la nourriture des hommes et des bestiaux qu'il ne l'est généralement.

DU CHOU-NAVET. Le chou-navet, ou plutôt chou à ra-

cine tubéreuse, *brassica napo-brassica*, qu'on confond très-
souvent en France, comme en Angleterre et ailleurs, avec le
chou-rave, quoiqu'ils diffèrent essentiellement entre eux par
la tige, la racine et la disposition des feuilles, est une autre variété de chou rustique, qui, par ses feuilles épaisses, lisses et
glauques, étalées contre terre ou près de terre, ressemble
assez à quelques autres variétés de choux verts; mais qui en
diffère totalement par la forme de sa racine tubéreuse, ordinairement fusiforme, et quelquefois orbiculaire, semblable
aux navets ou raves, mais d'une pulpe plus ferme, ordinairement d'un blanc jaunâtre, et recouverte d'une peau grisâtre,
d'une contexture plus serrée et plus dure.

C'est probablement un hybride résultant du mélange fortuit
des poussières séminales du chou et du navet.

Il en existe une sous-variété très-rustique, nouvellement
introduite dans notre culture sous le nom de *chou-navet de
Laponie,* ou de Sibérie, que quelques écrivains ont confondue
avec le rutabaga, ou navet de Suède, dont nous parlerons ci-
après, et qui en diffère essentiellement par la forme de ses
feuilles ressemblantes à celles de la rave et du navet ordinaires.

Cette sous-variété, résistant fortement aux froids de nos
hivers et étant très-productive, est précieuse pour la nourriture de nos bestiaux pendant et après cette saison, et elle est
bien préférable aux raves et aux navets, tant sous ce rapport
que sous celui des qualités alimentaires de sa racine, qui est
moins aqueuse, plus pesante, plus compacte, plus substantielle et beaucoup plus nourrissante, ainsi que ses feuilles.

On peut la semer à la volée, et la cultiver comme la RAVE
(*voyez* ce mot), ou mieux, en rayons, et même la transplanter
comme les autres variétés de choux, en lui donnant les mêmes
soins. Elle exige, pour pouvoir y développer complétement sa
racine qui fait son principal mérite, un terrain moins compacte et moins argileux que celui qui est nécessaire à ces derniers; et plus il est meuble et profondément labouré, plus ses
produits sont abondans.

On peut aussi la semer, avec succès, à diverses époques de
l'année dans les climats brumeux et humides. On peut encore
en récolter les feuilles en automne et pendant tout l'hiver, et
les racines au printemps. Tous les bestiaux sont avides des unes
et des autres, et principalement des dernières qui leur fournissent un excellent aliment dans la saison la plus critique de
l'année pour la nourriture verte; elles sont toujours d'autant
plus belles que le retranchement des premières a été fait plus
tard et avec plus de précautions.

Les unes et les autres sont également très-propres à la nourriture de l'homme, auquel elles peuvent offrir, sous différens apprêts, un mets délicat et très-nourrissant.

On peut enfin cultiver cette variété de chou comme plante oléifère; et plusieurs essais ont constaté qu'elle fournit abondamment de l'huile d'assez bonne qualité.

Nous avons déjà rapporté l'opinion, les essais et les observations de Gilbert sur cette plante, et il est possible que celle qui est cultivée avec tant de succès dans l'*Eiffel,* dont nous avons aussi parlé, soit le chou-navet, qu'on désigne vulgairement sous le nom de rutabaga, sur plusieurs points de la France, et dont la variété blanche est ordinairement plus grosse et la jaune plus rustique.

M. de Père observe qu'on pourrait faire du navet de Laponie l'objet d'une seconde récolte, en alternant de la manière suivante dans le midi, 1°. fourrage de primeur, farouch, dragée, chou, lin, fèves ou vesces enfouis, seigle, froment, fourrage; 2°. navet de Laponie semé ou repiqué en juin, juillet, août et septembre; 3°. maïs.

Nous en cultivons tous les ans une assez grande quantité pour la nourriture de nos bestiaux, mais d'une manière particulière, très-économique et peu commune. Immédiatement après la récolte de nos céréales fauchées, nous labourons la terre avec la forte herse de fer, ou scarificateur figuré à la fin de ce traité, après avoir semé le chou-navet assez dru sur le chaume, c'est-à-dire à environ 3 kilogrammes par hectare.

L'emploi du *scarificateur,* suivi immédiatement du rouleau, suffit pour ouvrir la terre et pour enterrer suffisamment cette semence qui ne tarde pas à germer. Le plant est abandonné à lui-même en cet état, sans aucune opération subséquente, pendant tout l'automne et l'hiver, et il couvre la terre d'une épaisse verdure, qui devient ici son principal produit. Au printemps, lorsque notre provision de topinambours est entièrement consommée, il nous fournit, pour la nourriture de nos brebis nourrices et de leurs agneaux, une ample pâture précoce, en attendant celle du seigle et des autres fourrages verts, cette excellente nourriture se prolonge long-temps en se renouvelant et elle est remplacée immédiatement par d'autres récoltes-jachères qui préparent économiquement la terre pour un nouvel ensemencement principal de céréales ou d'autres en automne.

Nous avons souvent semé ainsi le chou-rave et le rutabaga, dont nous allons parler.

DU RUTABAGA. Le véritable rutabaga, appelé aussi rave ou navet de Suède, n'est autre chose qu'une variété de rave, approchant assez de la rave ordinaire, sur-tout de la variété jaune de Hollande, par la forme et la disposition des feuilles et de la racine, qui est odinairement jaunâtre, souvent orbiculaire et rarement fusiforme, mais beaucoup plus compacte, plus pesante d'un quart environ, moins aqueuse, plus délicate au goût, plus nourrissante et sur-tout bien plus rustique et plus convenable pour la nourriture des hommes et des animaux que la rave ou le navet ordinaire, quoiqu'elle soit généralement moins productive en volume.

Il ne faut pas la confondre, comme on le fait souvent, avec la variété de chou connue sous le nom de chou-navet, parce que ses feuilles âpres et vertes sont bien différentes de celles du dernier, qui sont lisses et glauques; ni avec la sous-variété de ce chou, connue sous le nom de chou-navet de Laponie, quoique toutes deux soient très-rustiques et résistent aux plus grands froids de nos hivers, comme nous nous en sommes convaincus, les ayant vues supporter l'une et l'autre plus de 15 degrés de froid sec, et se conserver intactes jusqu'à la fin d'avril, où elles commencent à monter en graine, et où elles sont encore excellentes à pâturer, circonstance de la plus haute importance pour la nourriture verte des bestiaux.

Le terrain qui convient au rutabaga est le même que celui que nous avons indiqué pour le chou-navet; sa culture, les soins qu'il exige, ses produits et sa récolte peuvent aussi être les mêmes; ainsi, nous ne répéterons pas ici ce que nous avons dit à ce sujet en parlant du dernier. Nous observerons seulement que le rutabaga est ordinairement un peu plus hâtif, ce qui peut devenir intéressant pour certains assolemens, et qu'il redoute moins l'intensité du froid lorsqu'on n'y touche pas, que l'alternative du gel et du dégel, sur les terres humides.

On fait quelquefois consommer, sur le champ même, par les bestiaux, les racines du rutabaga, ainsi que celles du chou-navet; mais indépendamment du gaspillage qui peut en résulter, et du gâchis qui pourrait s'établir sur le sol, dans les terrains et par les temps humides, inconvénient toujours très-préjudiciable aux récoltes suivantes, la contexture coriace de la peau et la nature ferme et serrée de la pulpe du rutabaga rendent ordinairement ce mode de consommation peu profitable, et souvent même nuisible, en usant et en ébranlant promptement les dents des bestiaux, sur-tout celles des bêtes à laine, comme nous l'avons remarqué.

Ainsi, la meilleure manière pour l'économie de cette nourriture, ainsi que pour la conservation des bestiaux, nous paraît consister à transporter les racines hors du champ, lorsqu'elles sont assez volumineuses, à les mettre à l'abri de l'humidité et des ravages des animaux, et à les couper grossièrement avec le coupe-racines, après les avoir convenablement nettoyées à mesure des besoins.

Un assez grand nombre de nos cultivateurs les plus instruits, parmi lesquels nous nous bornerons à citer MM. Bertier de Roville, Poyferé de Cère, Marans (de Bulgneville), Roger (de Saint-Dizier), Durand (de Metz), Delporte frères et de Père, ont introduit très-avantageusement la culture du rutabaga dans leurs assolemens.

Nous avons déjà vu le premier, couronné par la société d'encouragement de l'industrie nationale, pour le zèle, l'intelligence et les soins apportés à la culture de cette plante, ainsi que pour celle de la carotte, obtenir en 1807, sur un hectare et demi environ de son exploitation exemplaire, la quantité de 9,050 kilogrammes en racines, et 14,600 kilogrammes en feuillage de rutabaga, indépendamment d'une récolte abondante, dans la même année, sur le même champ, de fève et de maïs; et il nous informe qu'il le cultive également avec beaucoup de succès comme plante oléifère, pour convertir sa graine en huile.

Le second a également introduit avec beaucoup de succès, depuis plusieurs années, le rutabaga, ainsi que le topinambour, sur son exploitation, non moins exemplaire, dans l'intéressant département des Landes, et il nous apprend qu'il est aussi satisfait de cette culture, que nous avons déjà vu qu'il l'était de l'autre pour la nourriture de ses précieux troupeaux de mérinos.

Nous avons eu le plaisir d'admirer sur l'ancien établissement rural de nos compatriotes MM. Delporte, près Boulogne-sur-Mer, une magnifique récolte de rutabaga après l'hiver; quoique les corneilles y eussent occasionné quelques dégâts.

Enfin, M. de Père, sur son intéressante ferme expérimentale de Reffy, département de Lot-et-Garonne, a également introduit cette culture avec succès, et il propose à son égard la même série de culture que nous avons fait connaître à l'article CHOU-NAVET.

Nous avons reconnu depuis long-temps que le rutabaga pouvoir être l'objet d'une seconde culture dans la même année, aussi avantageusement que d'une culture principale, et nous le destinons ordinairement à cet emploi, comme nous l'avons remarqué en traitant du chou-navet, notre provision abondante en topinambours suffisant amplement à l'entretien de nos bestiaux en nourriture verte, pendant tout l'hiver, et celle-ci la remplaçant ordinairement avec diverses graminées, au printemps.

DU COLZA. Le colza ou colsat, *brassica arvensis*, est la variété de chou qui approche le plus du type de l'espèce primordiale; ses feuilles sont d'un vert glauque; les radicales sont pétiolées et légèrement découpées, et les caulinaires sont entières, sessiles et cordiformes.

On en distingue plusieurs sous-variétés; les principales sont celles qu'on appelle *colza chaud*, ou d'été, qui a quelquefois les fleurs blanches, et *le colza froid*, ou d'hiver, qui les a ordinairement jaunes.

Il en existe une troisième, qu'on dit avoir été apportée du Nord, et qui a les fleurs constamment blanches. On l'appelle *colza blanc*. Il est plus difficile à battre que les autres, et il est peu cultivé. Le colza froid est, aussi, moins cultivé que le colza chaud, parce qu'il exige de meilleures terres et plus d'engrais, sans produire quelquefois plus que le chaud; mais il est généralement plus branchu et plus élevé, et ses tiges ont par conséquent plus de valeur.

Cette plante paraît avoir été inconnue à Olivier de Serres, qui ne parle que de la navette, qu'on confond quelquefois avec le colza, quoiqu'elle en diffère essentiellement par la racine et les feuilles. Elle est cultivée dans un assez grand nombre de nos départemens, sur-tout dans ceux du nord, de l'est et du centre, sous trois principaux points de vue. Le premier et le plus général est pour l'huile qu'on obtient de ses nombreuses graines, le second est pour la nourriture des bestiaux, soit fauchée comme fourrage vert, soit consommée sur pied dans le champ même; et le troisième est pour procurer un engrais végétal à la terre dans laquelle on l'enfouit.

Entrons d'abord dans quelques détails sur sa culture, relativement au premier objet, et nous considérerons ensuite les deux autres.

Afin de mieux établir les divers rapports d'intérêt de cette plante dans nos assolemens, examinons, 1°. la nature du sol et sa préparation; 2°. le semis et la transplantation; 3°. la culture pendant la végétation; et 4°. la récolte, sa conservation et son emploi.

Nous observerons d'abord que ces divers objets ont beaucoup de rapport avec les détails généraux dans lesquels nous sommes entrés en traitant du chou ordinaire, et nous y renvoyons.

De la nature du sol et de sa préparation. Quoique le colza puisse aussi utiliser quelquefois, comme le chou ordinaire, les terres compactes, humides et argileuses, que sa culture convenablement pratiquée peut encore ameublir et fertiliser, il exige cependant généralement, pour se développer de la manière la plus avantageuse sous le rapport de la multiplication et de la beauté de ses semences, un terrain frais et profond, moins tenace, et plus perméable aux bénignes influences de l'air, de l'eau, de la chaleur et de la lumière.

Lorsqu'il ne se trouve point naturellement en cet état, on ne doit rien négliger pour tâcher de l'y amener, principalement par de profonds labours multipliés, donnés le plus tôt possible avant l'hiver, si l'on veut semer au printemps, et suivis de quelques récoltes-jachères préparatoires et améliorantes, si l'on veut semer en automne ; et aussi par de riches et abondans engrais, le mieux incorporés possible avec la terre. On emploie souvent pour cet objet les tourteaux même de colza délayés dans l'urine.

Dans les terrains très-humides, les billons doivent être très-bombés et séparés par des sillons creux et larges, tenus bien nets, afin de faciliter l'écoulement de l'eau surabondante.

Du semis et de la transplantation. On observe à l'égard du semis, dans la pratique ordinaire, deux modes distincts : le premier consiste à confier la semence à des planches bien préparées pour cet important objet, et à en retirer le plant, lorsqu'il est suffisamment développé pour le transplanter en rayons, à des distances plus ou moins éloignées, et qui le sont plus communément d'environ 48 centimètres. Le second consiste à disséminer, le plus également possible, cette semence sur le champ même, à la volée, et quelquefois aussi, mais beaucoup plus rarement, en rayons équidistans, et à éclaircir les plants surnuméraires quelque temps après leur levée.

Le premier procédé laisse plus de temps pour préparer convenablement la terre destinée au développement et à la récolte du colza, objet très-important dans les assolemens ; et en facilitant les sarclages, houages et buttages nécessaires, il assure davantage le succès et l'abondance de cette récolte, mais il est long et coûteux.

Le second est plus expéditif, plus économique, et plus applicable aux cultures étendues, mais généralement moins favorable aux opérations subséquentes et à la prospérité de la récolte.

Chacun doit préférer celui qui paraît le plus applicable aux circonstances locales dans lesquelles il se trouve ; et dans tous les cas, la terre doit être le plus meuble et nette possible, avant et après le semis ou la transplantation ; les sarclages et houages sont toujours aussi non-seulement utiles à la récolte présente, mais encore très-avantageux pour les récoltes futures.

Le semis peut se faire à diverses époques du printemps, de l'été et de l'automne, selon les divers objets qu'on peut avoir en vue, et la variété d'été ou d'hiver qu'on préfère. Celle d'hiver se sème ordinairement ou se transplante en septembre et octobre, et celle d'été, en mars, avril et mai.

De la culture pendant la végétation. Plus souvent la terre est remuée, ameublie et nettoyée autour d'une plante en végétation, jusqu'à l'époque de sa floraison, plus on active et avance généralement cette végétation; dans toutes les cultures en plein champ, on ne doit s'arrêter sur ce point que lorsque les frais excèdent le bénéfice qui en résulte, et l'on doit ordinairement préférer l'emploi des instrumens aratoires aux opérations manuelles, afin de diminuer le temps, les difficultés et la dépense.

« Le colza, observe-t-on avec beaucoup de raison, dans le rapport sur les essais comparatifs, entrepris avec autant de sagacité que de succès par la société d'agriculture du département de l'Ain, est une des cultures que la charrue-cultivateur peut le mieux accomplir : un labour au râtissoir, lorsque le colza a pris quatre feuilles, suivi d'un petit travail à la main entre les lignes; un léger buttage, lorsque la plante a pris de la force, tant pour tenir la terre nette que pour défendre le collet de la plante des ravages du froid pendant l'hiver; une fumure superficielle en hiver, ou bien au printemps, de la suie répandue à la dose de dix à quinze fois, ou du marc d'huile à la proportion de quatre ou cinq fois la semence; enfin un second buttage au printemps lorsque les tiges commencent à monter, tiennent sans beaucoup de frais la terre très-nette, et bien cultivée, et offrent beaucoup de chances pour une bonne récolte. Quand le produit a été avantageux, comme le colza est épuisant, peut-être serait-il plus convenable de ne rien mettre pour seconde récolte, on peut alors donner à son sol une jachère d'été, qui assure, avec de l'engrais, un beau froment l'année suivante. »

Il faut sur-tout bien se garder de retrancher les feuilles du colza pendant sa végétation, pour en nourrir les bestiaux, comme nous l'avons vu quelquefois pratiquer, parce que les blessures et les soustractions que cette plante éprouve sont toujours au grand détriment de la qualité et de la quantité de la semence, comme il est facile de s'en convaincre.

De la récolte, de sa conservation et de son emploi. Dès que le flétrissement et la chute des feuilles inférieures, et la teinte jaunâtre de la tige avertissent que le grand œuvre de la nature est complété par la maturité de la semence, il ne faut pas perdre un instant, lorsque le temps est beau, pour commencer la récolte; car si l'on diffère, on s'expose à en perdre une forte partie, ou par les dégâts des oiseaux, qui sont avides de cette graine, ou par sa chute naturelle, ou par celle qui résulte toujours des secousses plus ou moins fortes que la plante éprouve par le seul effet de la récolte, auquel se joint trop souvent celui des vents impétueux.

On peut diminuer beaucoup la dernière perte, en se servant

d'une faucille à tranchant bien acéré, et en l'employant avec précaution et sans saccades, plutôt le matin et le soir que dans le milieu du jour, et par un temps frais, s'il est possible. Lorsque, par des circonstances quelconques, impossibles à prévoir et sur-tout à prévenir, une forte partie de la graine se trouve disséminée sur le champ, on peut encore en tirer quelque parti en le hersant immédiatement après la récolte : on peut en obtenir ainsi un fourrage vert et un pâturage abondant, ou enfin un engrais végétal, si on le préfère ; et de cette manière on purge le champ d'une semence inutile, qui pourrait devenir nuisible aux récoltes suivantes.

On ne doit pas employer ce plant pour de nouvelles cultures, parce qu'il donne des produits de beaucoup inférieurs à ceux qu'on obtient d'ensemencemens faits exprès sur une terre convenablement préparée.

Lorsque le temps et d'autres circonstances permettent de battre cette semence sur une aire garnie de toile, établie dans le champ même ou dans les environs, et à laquelle on apporte le colza sur des draps avec soin, cela est généralement plus expéditif et plus économique que de mettre les javelles bottelées en meules, dans lesquelles cependant la graine se perfectionne, et de les voiturer au manoir pour les placer dans des granges ou sous des hangars. Il ne s'agit plus, lorsqu'elle est battue, que de l'étendre mince sur l'aire d'un grenier, aussitôt que le van et le crible l'ont bien nettoyée, en attendant qu'elle se soit dépouillée de son humidité surabondante, et que le principe mucilagineux soit entièrement converti en principe huileux.

L'huile qu'on en retire, ordinairement par expression, à l'entrée de l'hiver, est généralement assez abondante, lorsque la graine, venue sur un terrain convenable est suffisamment mûre ; elle s'emploie à plusieurs usages dans les arts, et particulièrement à la fabrication du savon noir et à la préparation des cuirs et des draps, indépendamment de celle qui se consomme en nature pour les usages alimentaires.

Le marc ou résidu qu'on retire après l'extraction de cette huile, et dont on fait ordinairement des masses, qu'on appelle souvent pains, gâteaux ou tourteaux *de trouille*, fournit une nourriture grasse, excellente, et très-propre à engraisser les bestiaux, sur-tout les bœufs et les porcs, usage auquel on le destine fréquemment avec beaucoup d'avantage.

On le restitue aussi quelquefois à la terre comme engrais, soit réduit en poudre, soit délayé, et il convient essentiellement aux sols de médiocre qualité, qu'il améliore puissamment, et aux récoltes qui ont souffert de l'hiver, qu'il rétablit ordinairement en peu de temps, lorsqu'il est semé dessus au printemps par un temps humide ; mais quelque avantageux qu'il puisse être, employé de cette manière, nous pensons qu'il doit y avoir généralement plus d'avantage à ne rendre cette substance à la terre, qu'après l'avoir animalisée, et en avoir tiré un autre parti, plus avantageux encore, en la faisant passer dans l'estomac des bestiaux.

Du colza pour fourrage vert ou pour pâture. On peut aussi semer le colza dans l'intention de le faucher en vert pour le donner à l'étable, ou de le faire consommer sur le champ même par les bestiaux. On peut le semer, pour ces divers objets, à plusieurs époques de l'année, comme récolte-jachère et préparatoire; mais on le fait le plus communément en septembre et octobre, immédiatement après une récolte principale, sur un labour qui en enfouit le chaume. Il sert de pâture pendant l'hiver, auquel il résiste assez bien, et pendant une grande partie du printemps, pendant lequel on peut aussi le faucher en fleurs si l'on veut; il fournit ainsi une excellente nourriture aux vaches laitières, aux jeunes porcs, et sur-tout aux brebis nourrices et aux agneaux, à l'époque du sevrage. Il sert encore avec beaucoup d'avantage à l'engrais des moutons; mais il produit généralement peu. Quelquefois, après l'avoir fait pâturer pendant l'hiver, on le laisse monter en graine au printemps; mais il est alors très-peu productif. On le mêle quelquefois aussi avec de la vesce ou d'autres plantes pour fourrage.

Du colza pour engrais. Enfin on peut encore semer le colza à diverses époques, pour être enfoui lorsqu'il commence à monter en fleurs, et il peut alors fournir un engrais végétal abondant et très-économique, entre deux cultures principales.

Dans les deux derniers cas, il convient de le semer à la volée et épais, quoique pour le premier on le transplante quelquefois comme le chou ordinaire, ce qui paie bien rarement les frais; on peut l'employer de ces deux manières, sur toute espèce de sol; mais il est plus convenable sur ceux qui sont naturellement ingrats et de mauvaise qualité, qui se trouvent améliorés par l'exercice du pâturage et le parcage lorsqu'il a lieu, et plus particulièrement encore par l'enfouissement.

Passons aux considérations générales et aux faits relatifs aux assolemens.

De l'Assolement.

Nous avons déjà remarqué que c'était sur-tout dans nos départemens septentrionaux que la culture du colza se pratiquait; nous devons dire ici qu'elle s'y intercale avantageusement avec les cultures de céréales, et qu'elle réussit principalement sur les prairies ou pâturages défrichés.

« Le colza, dit Dieudonné, dans son excellente statistique

agricole du département du Nord, est de toutes les plantes oléagineuses celle qui est cultivée le plus généralement et avec le plus d'abondance dans les arrondissemens de Lille, Hazebrouck et Douay. Il commence à s'introduire dans les arrondissemens de Bergues au nord, Cambrai et Avesnes au sud. On le met sur-tout avec succès dans les pâtures rompues du premier de ces trois arrondissemens. On commence aussi à cultiver le colza de mars dans les terrains sablonneux de l'arrondissement de Douai. »

Ce zélé magistrat, dont les cultivateurs de ces contrées conservent respectueusement le souvenir, nous donne plus loin plusieurs exemples de cours de cultures qui prouvent que le colza est suivi avantageusement du froment, du lin, de l'avoine ou du seigle, et qu'on le sème souvent aussi sur les jachères pour le transplanter ailleurs; c'est ce qu'on appelle *le planchon de colza.*

Nous avons eu occasion d'admirer plusieurs fois dans ce département, et dans ceux qui l'environnent, la culture exemplaire de cette plante, et nous avons toujours remarqué des récoltes de blé nettes et abondantes immédiatement après cette culture.

C'est aussi une des principales cultures des polders de l'Escaut, comme l'observe M. François (de Neufchâteau) dans ses intéressantes Observations agricoles sur les environs de Bruxelles, et elle y donne des produits très-abondans, en préparant la terre à d'autres cultures.

M. de Père nous dit avoir fait la même observation, et plus particulièrement dans les environs de Lille où le froment réussit après, et il indique pour cette plante le cours suivant, 1°. froment ou seigle, lin, maïs, fourrage, récolte morte; 2°. colza, récolte morte de sarrasin; 3°. froment.

Nous avons eu aussi le plaisir de faire la même remarque sur la belle exploitation de M. Bertin, maître de poste de Roye, département de la Somme, qui fait précéder avec succès le froment par le colza, sur des terres bien fumées et bien préparées.

Messieurs Dailly fils, maître de la poste aux chevaux de Paris, qui a introduit avec un grand succès la culture en grand du colza sur sa belle exploitation de Trappe, et M. Caffin, qui l'a introduite de même dans les environs de Sacley près Bièvre, nous ont fait voir aussi des fromens de la plus grande beauté après la culture très-soignée de cette plante.

M. de Chancey a fait sur cette plante plusieurs observations et essais intéressans qui confirment les faits précédens. Il en a employé le marc comme engrais; il a reconnu qu'il était un des plus actifs et des plus puissans, et il indique un moyen éprouvé pour détruire les pucerons qui l'attaquent quelquefois. « Le champ d'un paysan, dont les colzas fleurissaient, dit-il, était fortement attaqué des pucerons ; il fut consulter un autre paysan qui lui dit : *A la rosée, répandez sur vos colzas de la cendre de votre foyer.* Le paysan mit à exécution le conseil donné, les pucerons disparurent, et le propriétaire fut assuré d'une très-bonne récolte.

M. Lullin, qui a également cultivé le colza avec beaucoup de succès, nous dit qu'il a reconnu « que cette plante robuste résiste parfaitement à la rigueur des hivers des environs de Genève ; qu'il en a eu des récoltes prodigieuses dont les tiges s'élevaient à plus de 4 pieds, dans une terre très-médiocre (c'était une bruyère défrichée) après une récolte de pommes de terre non fumées, et que cette terre ayant été fumée pour le colza, il obtint immédiatement après sa récolte, sur un seul labour, *une récolte de blé d'une grande beauté.*

On a cependant plusieurs fois reproché au colza d'épuiser la terre, et ce reproche ne nous paraît pas tout-à-fait dénué de fondement.

Cette plante, produisant une très-grande quantité de semences oléagineuses, doit nécessairement beaucoup emprunter du sol, à l'époque de leur maturité, comme toutes les autres plantes qui sont dans le même cas ; rendant ordinairement peu au sol par ses débris, qui n'y retournent pas toujours, ainsi que nous l'avons observé en développant notre troisième principe d'assolement ; exigeant d'ailleurs de riches engrais abondans ou une terre naturellement fertile, elle doit être rangée, comme nous l'avons fait, dans la catégorie des plantes plus exigeantes que restituantes, et son retour sur le même champ doit être peu fréquent.

Aussi a-t-on le plus grand soin dans le département du Nord, comme dans les environs des Deux-Nèthes et dans tous les endroits où sa culture est le mieux entendue, d'en différer le retour le plus possible dans les assolemens, et il n'a lieu ordinairement, au plus tôt, qu'après un intervalle de six ans et souvent plus, comme nous avons eu déjà occasion de le remarquer. « On observe, dit M. Lebrun, que le colza planté dans une terre au bout seulement de huit à neuf ans, toutes choses égales d'ailleurs, rend presque un quart de plus que celui qui est cultivé plus tôt, » et cette remarque est importante.

Si la récolte du froment, ou de toute autre plante qui suit immédiatement celle du colza, est nette et abondante, il ne faut donc pas l'attribuer à quelque vertu fertilisante que celui-ci communiquerait au sol qui l'aurait nourri, mais entièrement aux bienfaisantes préparations et opérations des labours, engrais, sarclages, houages et buttages qu'il a pu recevoir et qui

influent toujours si puissamment non-seulement sur les récoltes actuelles, mais encore sur toutes celles qui les suivent.

Une excellente pratique que nous ne saurions trop recommander afin d'économiser les engrais, en prévenant l'épuisement et le salissement du sol, c'est d'accompagner la culture
de la plante qui suit immédiatement le colza, de l'établissement
d'une prairie artificielle.

Quoique la culture du colza soit souvent admise immédiatement après des cultures céréales qui peuvent avoir épuisé et
souillé le sol qu'il faut ensuite engraisser et nettoyer, une
culture préparatoire et améliorante est cependant toujours
très-avantageuse pour lui procurer le maximum de prospérité
auquel tout bon cultivateur doit tendre dans toutes ses récoltes principales.

Nous avons déjà vu M. Lullin faire précéder cette culture
avec succès par celle de la pomme de terre, sur une bruyère
défrichée, et nous avons vu également M. de Père nous recommander de la faire précéder par le maïs-fourrage, ou par
une récolte morte, c'est-à-dire enfouie. Nous ajouterons que
nous avons vu quelquefois la vesce et les pois fauchés en vert,
devenir une excellente préparation pour celle du colza; et
d'autres plantes peu épuisantes peuvent rendre aussi le même
service.

On a également remarqué que l'écobuage et l'incinération
préparaient très-bien le sol pour la culture du colza.

Cette plante fournissant ordinairement moins de feuilles que
plusieurs autres variétés de chou, et moins que le rutabaga qui
a d'ailleurs l'avantage d'être plus rustique encore et d'avoir une
racine pulpeuse très-nourrissante, nous accordons ordinairement la préférence à ce dernier ainsi qu'au chou-navet, comme
nourriture d'hiver et de printemps, et il nous semble qu'ils
la méritent à tous égards pour cet objet.

QUATRIÈME SECTION.

Chicorée.

La chicorée sauvage est la principale plante parmi les chicoracées, qui nous paraisse applicable à notre seconde division, après les trois grandes et importantes familles que nous
venons d'examiner.

DE LA CHICORÉE SAUVAGE. La chicorée sauvage, ou
grande chicorée amère, *cichorium intubus*, est une plante vivace, à racine pivotante et fusiforme, dont la tige creuse,
presque nue, dure, flexueuse et rameuse, s'élève ordinairement, lorsqu'elle est cultivée convenablement dans un terrain
favorable, jusqu'à plus d'un mètre; dans l'état de nature,

dont elle n'a été tirée que depuis peu , elle atteint à peine ordinairement la moitié de cette hauteur , ce qui démontre fortement l'influence bienfaisante de la culture sur les végétaux réduits à l'état sauvage , et ce qui doit suffisamment encourager à y soumettre ceux qui promettent de donner des résultats avantageux pour la nourriture de l'homme et de ses bestiaux.

Ses feuilles un peu velues, obliquement découpées plus ou moins profondément , sessiles et alternes , sont assez larges et très-allongées ; ses fleurs, ordinairement d'un beau bleu azuré, et quelquefois rouges ou blanches , sont grandes , sessiles et géminées , et elles sont remplacées par des semences anguleuses et blanchâtres , qui conservent assez long-temps leur faculté germinative.

C'est à Cretté de Palluel qu'on est redevable de l'introduction de la chicorée dans la culture en grand. Ayant soupçonné que cette plante , qui est assez commune dans un grand nombre de nos prairies naturelles ou pâturages , et qui couvre souvent aussi le bord des chemins , des fossés , et les lieux incultes , où les bestiaux la broutent avidement , pouvait devenir très-utile , il en entreprit la culture en 1784, et il en obtint des succès étonnans.

C'est après avoir vu ses essais encourageans qu'Arthur Young , qui s'est empressé d'en introduire la culture en Angleterre , déclare , « qu'il ne voit jamais cette plante sans se féliciter d'avoir voyagé pour quelque chose de plus que pour écrire dans son cabinet, et que son introduction en Angleterre , si un lord n'avait rien fait autre chose pendant sa vie , serait suffisante pour prouver qu'il n'a pas vécu en vain. »

Entrons dans quelques détails sur sa culture et l'utilité dont elle peut être dans nos assolemens.

Qualité du sol et sa préparation. Quoique les essais de Cretté aient été commencés sur une terre sablonneuse et d'une qualité médiocre , le résultat des cultures que nous avons sous les yeux, depuis un assez grand nombre d'années , nous porte à croire cependant que ce ne sont pas celles qui lui conviennent le plus ; il annonce d'ailleurs *qu'elle croît aisément dans toutes sortes de terre ;* mais sachant que plusieurs essais ont démontré qu'elle pouvait donner des produits très-avantageux sur les terres humides, compactes et argileuses , c'est sur-tout pour ces terres ingrates que nous croyons devoir recommander ici sa culture.

Quant à leur préparation , la forme pivotante de la chicorée indique assez la nécessité de les ameublir le plus possible par des labours profonds et bien faits, en temps convenable ; et un seul labour, comme l'indique Cretté , peut suffire généralement , s'il est pratiqué de bonne heure en hiver. Comme il le dit aussi, *le produit sera beaucoup plus abondant si on fume le terrain l'hiver suivant;* nous préférons cependant de le fumer avant le labour qui précède l'ensemencement, avec du fumier long, peu consommé, et non brûlé ni desséché, comme il l'est trop souvent.

Semaille et opérations subséquentes. Le printemps est généralement l'époque la plus favorable à la semaille de la chicorée; on peut cependant la semer aussi, de bonne heure en automne, lorsque le climat le permet.

On peut l'accompagner, la première année, de céréales ou autres plantes annuelles qui l'abritent et la protègent, comme cela se pratique ordinairement pour la luzerne, le trèfle, la lupuline, le sainfoin, etc. On peut aussi la semer seule, quoique de cette manière elle produise ordinairement un peu plus la première année, nous préférons cependant la première méthode, qui donne plus de bénéfice.

On peut encore la semer à la volée, ou en rayons; la première manière, que nous préférons aussi, est plus économique; la seconde est plus productive, mais elle est plus longue et dispendieuse, et elle fournit sur-tout des tiges plus dures. Elle peut convenir cependant aux sols très-humides.

La quantité de semence nécessaire nous a paru être à-peu-près la même que celle qu'on emploie pour la luzerne, et Cretté la fixe à un boisseau de Paris, pour l'arpent équivalant à un tiers d'hectare environ.

Les opérations avant et après la semaille, doivent être les mêmes que celles que nous avons indiquées en traitant généralement des PRAIRIES, et nous y renvoyons.

Récolte, produit et usage. Il convient de faucher la chicorée sauvage avant que les tiges soient endurcies, parce que cette plante très-aqueuse fanant difficilement, son principal mérite consiste dans sa consommation en fourrage vert, et il y a généralement beaucoup d'inconvéniens et de perte à la convertir en fourrage sec. On peut aussi la faire pâturer très-avantageusement par les vaches et par les bêtes à laine, et c'est à ce dernier usage sur-tout que nous l'avons destinée.

Cretté dit avoir obtenu de la chicorée de plus de 2 mètres de haut (7 et même 8 pieds); il porte également le produit qu'il a retiré d'une seule coupe sur un arpent de Paris à plus de 55 milliers pesant de fourrage vert, *par l'appréciation et d'après le juste calcul qu'il en a fait,* et il dit qu'*on peut en obtenir quatre coupes dans l'année.* Nous ne prétendons pas révoquer en doute les résultats extraordinaires obtenus par cet estimable agriculteur; mais quelque productive que nous ait paru la chicorée, nous n'osons flatter ses partisans, d'après nos essais, de l'espoir d'obtenir généralement des résultats aussi avantageux.

Le principal usage de la chicorée doit consister, ainsi que nous l'avons observé, dans sa consommation en vert, soit sur le champ même, soit en fourrage fauché et consommé immédiatement à l'étable; on peut rigoureusement aussi la convertir en fourrage sec, que tous les bestiaux mangent bien; cependant nous ne le conseillons pas, d'après nos essais à cet égard, car elle est beaucoup moins profitable. « J'en ai recueilli, dit Cretté, que j'ai fait sécher et que les moutons ont très-bien mangée pendant l'hiver; mais la dessiccation en est difficile. »

Quoique tous les bestiaux n'appètent pas la chicorée, lorsqu'ils sont soumis à cette nourriture pour la première fois, tous la mangent cependant avec plaisir, lorsqu'ils y sont accoutumés.

Les bêtes à laine sur-tout en sont avides, comme de toutes les chicoracées, et lorsqu'elles la mangent dans les premiers jours du printemps, elle agit sur elles comme aliment et comme médicament tout-à-la-fois, en les purgeant légèrement; son usage peut faire cesser ou diminuer au moins considérablement les mauvais effets de la nourriture sèche de l'hiver, en diminuant l'âcreté de la lymphe, en donnant plus de fluidité aux humeurs, et en remédiant aux affections cutanées. « Les propriétés reconnues depuis long-temps à la chicorée, me l'ont fait cultiver, dit Cretté, pour procurer à mes moutons une nourriture qui, en leur purifiant le sang, pût prévenir les maladies qui leur arrivent si souvent, et dont mon troupeau a été plusieurs fois la victime. » Nous observerons cependant qu'il faut leur en donner modérément d'abord.

On peut également en donner aux chevaux qu'on veut mettre au vert, et elle produira sur eux les mêmes effets.

Lorsqu'on en donne aux vaches, il est bien reconnu qu'elles la mangent avec plaisir; mais il ne l'est pas également qu'elle augmente la quantité de leur lait et ne lui communique aucun goût désagréable.

Cretté dit bien positivement : « Les vaches auxquelles on donne à l'étable une ou deux rations de chicorée par jour, abondent en lait, et quoique cette plante soit amère, elles la mangent avec appétit, et donnent un lait aussi doux et aussi crêmeux que lorsqu'elles sont nourries avec tout autre fourrage. »

On dit cependant, aussi positivement, dans un Voyage au mont Pilat, que *cette plante donne au lait et au beurre de l'amertume;* et Gilbert assure plus positivement encore que M. Bourgeois, économe de la ferme royale de Rambouillet, « s'est assuré par des expériences très-exactes, qu'elle n'augmentait point le lait des vaches, et qu'elle lui communiquait beaucoup d'amertume, ainsi qu'au beurre et au fromage qui en étaient composés.

D'un autre côté, M. Dourches nous dit « qu'il a lu avec étonnement, dans le Voyage au mont Pilat, que l'auteur assure que cette plante donne au lait et au beurre de l'amertume. — Je me trouve obligé, dit-il, pour le bien public, de relever cette erreur : on a pu servir à l'auteur de mauvais lait et de mauvais beurre, et la chicorée aura servi d'excuse, comme les cabaretiers s'en prennent toujours à leur cave. »

Depuis que les mérinos ont totalement expulsé les vaches de notre exploitation, nous n'avons pas eu l'occasion de chercher à vérifier des assertions aussi contradictoires. Il faut cependant convenir, quelque fâcheux que soit cet aveu, que sur plusieurs points importans, l'exacte vérité est souvent bien difficile à établir en économie rurale, et peut-être ici se trouve-t-elle dans un juste milieu ; c'est-à-dire que la chicorée consommée seule, en fortes quantités pendant long-temps, peut bien mériter le reproche qu'on lui a fait, tandis qu'administrée avec réserve, et mélangée sur-tout, comme il y a toujours de l'avantage à le faire, avec tous les alimens, elle pourrait bien en être exempte.

Quoi qu'il en soit, il est bien constaté que les porcs sont avides de son feuillage, et plus encore de ses racines, qui sont généralement les parties qu'ils préfèrent dans la plupart des plantes.

Ses feuilles et ses racines sont aussi assez souvent employées, en divers endroits, à la nourriture de l'homme ; les premières, en salade, étant étiolées et blanchies par la privation de l'air et par la chaleur ; et les secondes, en boisson, étant torréfiées, moulues et mêlées au café ou infusées seules.

On cultive en assez grande quantité la chicorée pour ces divers objets dans le canton de Charenton que nous habitons, et dans plusieurs autres cantons environnant la capitale, ainsi que dans les environs de Senlis, de Compiègne, d'Onnaing, près Valenciennes, de Maëstricht, et dans quelques autres endroits.

Assolement. Ce qui peut rendre principalement la chicorée avantageuse dans nos assolemens, c'est son aptitude à croître sur les terrains argileux, compactes et humides ; à résister cependant assez fortement à la sécheresse, sur les terres arides, à cause de sa racine pivotante et de ses longues feuilles très-poreuses, ainsi qu'aux froids rigoureux de nos hivers, que nous lui avons vu supporter impunément ; à résister également à la violence des vents et des orages, à cause de la fermeté de sa tige qui en est rarement abattue ou couchée ; enfin, à végéter d'assez bonne heure au printemps, et à prolonger sa végétation assez tard en automne.

Quoiqu'elle soit vivace, sa durée ordinaire se borne cependant à un petit nombre d'années, et il convient de la remplacer dès qu'on la voit décroître.

Lorsqu'elle est cultivée pour ses feuilles et pour ses tiges, elle est améliorante et nettoie très-bien le sol, quand elle est semée en rayons, comme c'est l'usage dans les environs de la capitale, et qu'elle est soigneusement sarclée dans les intervalles.

Nous avons obtenu plusieurs fois des récoltes de céréales printanières très-nettes après cette culture préparatoire, quoique le sol conservât encore quelques plants de chicorée peu nuisibles; mais elle exige ordinairement des engrais immédiatement après, lorsqu'on ne l'entreprend que sur des terres médiocres, non fumées et épuisées, comme c'est le cas le plus ordinaire; sur-tout lorsqu'on prive le sol de la totalité de ses feuilles et de ses racines nombreuses et très-serrées qu'on enlève ordinairement en automne et en hiver pour les faire blanchir; tandis que lorsqu'elles se trouvent au contraire consommées ou détruites sur le sol, elles l'améliorent au point de rendre les engrais inutiles, et les terres argileuses plus meubles.

Lorsqu'elle est cultivée pour sa graine, comme nous l'avons vu pratiquer dans les environs de Claye, près Meaux, elle devient très-épuisante, comme toutes les plantes, et doit être suivie immédiatement d'une autre culture améliorante et préparatoire, à moins que la terre n'ait été fortement fumée, et la culture faite en rayons, mode qui convient sur-tout pour cet objet. On ne doit non plus en exiger la graine que lorsqu'elle est dans sa plus grande vigueur, à la seconde ou à la troisième année, et la défricher immédiatement après. Il faut ne la priver de ses feuilles en aucune manière, l'année même où l'on veut obtenir cette graine, ces organes étant trop essentiels à la fructification pour pouvoir les soustraire impunément; il faut aussi en commencer la récolte dès que les tiges commencent à blanchir, afin qu'elle n'épuise pas inutilement le sol par la maturité de ses dernières fleurs, tandis que la semence des premières, qui est toujours la meilleure, se perd et souille le champ. On obtient cette semence par le battage au fléau, dans les gelées sèches et vives, qui, donnant à l'air plus d'élasticité, la font aisément sortir de ses enveloppes.

Cretté nous informe qu'il a associé avec succès la chicorée à la pimprenelle, au trèfle et au sainfoin. « Cette prairie artificielle, d'un genre nouveau, a, dit-il, parfaitement réussi; les bestiaux en ont consommé les produits avec avidité; mais la chicorée n'a pas tardé à dominer les autres plantes, et la pimprenelle a été la première à lui céder le terrain. »

M. de Père a reconnu que « *la chicorée qui réussit bien dans les terrains sablonneux, peut se cultiver aussi avec succès sur les terres argileuses,* et qu'on doit la semer, pour son climat, en septembre, sur des lignes espacées d'un pied ; il conseille la rotation suivante avec cette plante : 1°. pommes de terre ou carottes ; 2°. dragées ; 3°. chicorée pendant deux ans ; 4°. froment ; ou bien, 4°. chanvre ; 5°. froment.

« La chicorée, observe-t-il, mérite, comme le trèfle, d'occuper une place distinguée dans un cours de récoltes bien réglé, d'autant plus qu'elle prospérera dans les sols qui ne conviendraient pas au trèfle. »

En terminant cet article, nous croyons devoir indiquer aussi une autre plante bisannuelle de la même famille, dont on a également reconnu le mérite pour la nourriture des bestiaux, et spécialement des bêtes à laine.

C'est le salsifis ou sersifis commun, *tragopogon porrifolium,* qu'il ne faut pas confondre, comme on le fait quelquefois, avec la scorsonère appelée souvent salsifis d'Espagne, *scorsonera hispanica,* espèce plus délicate.

Daubenton et plusieurs autres agronomes ont recommandé ses racines, comme celles des carottes et des panais, pour la nourriture d'hiver des bêtes à laine, et comme propres à augmenter le lait des brebis nourrices.

Nous avons vu aussi M. Bourgeois de Rambouillet qui cultivait cette plante par essai, en faire grand cas et reconnaître que ses tiges cylindriques, lisses, tendres et fistuleuses, qui s'élèvent à plus de 64 centimètres dans les terres les plus propres à la chicorée, et qui sont garnies de feuilles amplexicaules, longues et très-tendres, ressemblantes à celles du salsifis des prés, ou barbe-de-bouc, *tragopogon pratense,* dont les moutons sont très-avides, pouvaient encore, ainsi que les racines qui grossissent en proportion de la qualité du sol, fournir à nos bestiaux une nouvelle variété d'aliment, et à nos assolemens une nouvelle variété de culture.

TABLE

DES DEUX PREMIÈRES DIVISIONS

DES DIVERS OBJETS TRAITÉS A L'ARTICLE

SUCCESSION DE CULTURES.

PREMIÈRE DIVISION.

SECONDE DIVISION.

(*La troisième division de* L'ARTICLE SUCCESSION DE CULTURES *se trouve au commencement du tome XV.*)

FIN DU TOME QUATORZIÈME.

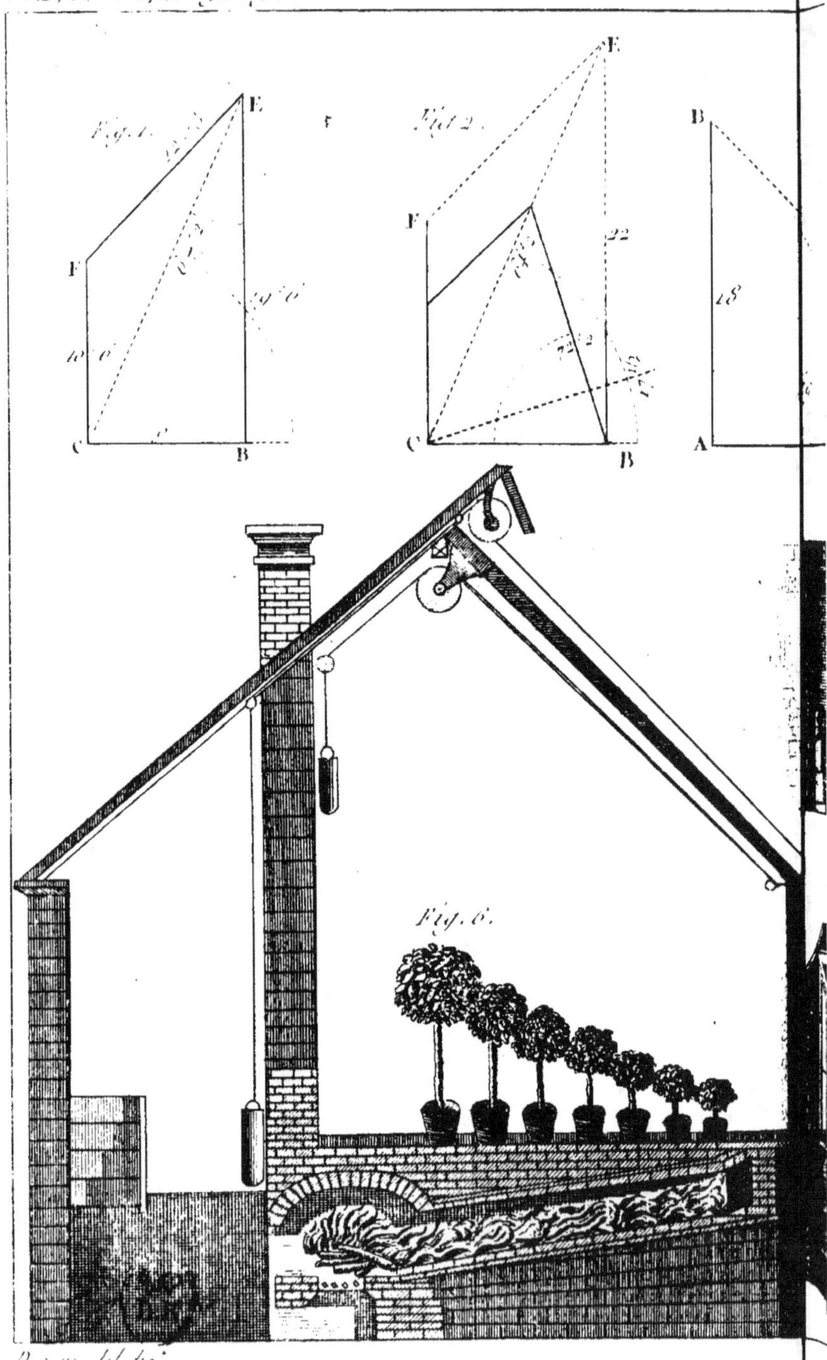
C.I. Tome 14. Page 12.
E
Fig. 1.
F
E
Fig. 2.
B
F
22
18
C
B
C
B
A
Fig. 6.

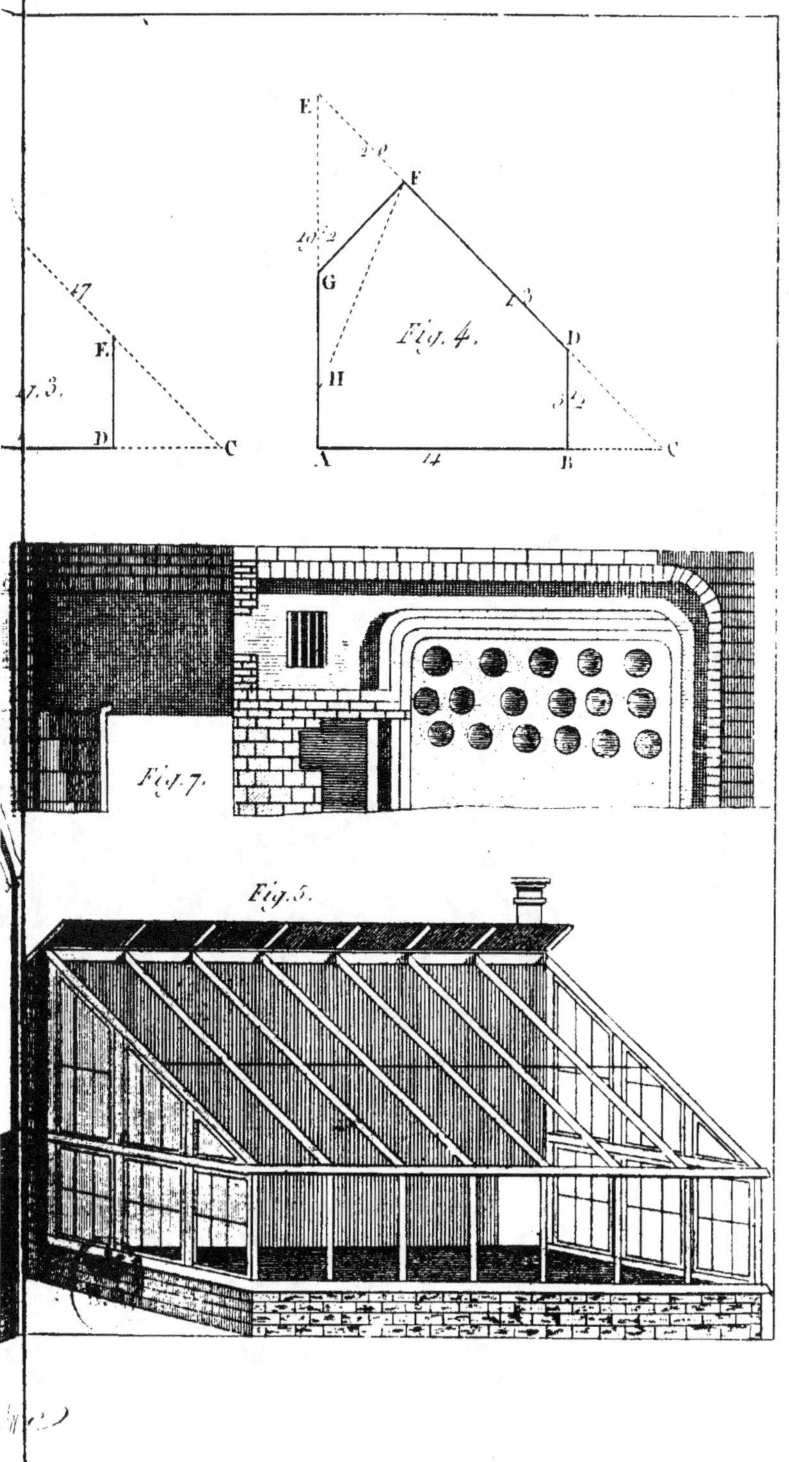

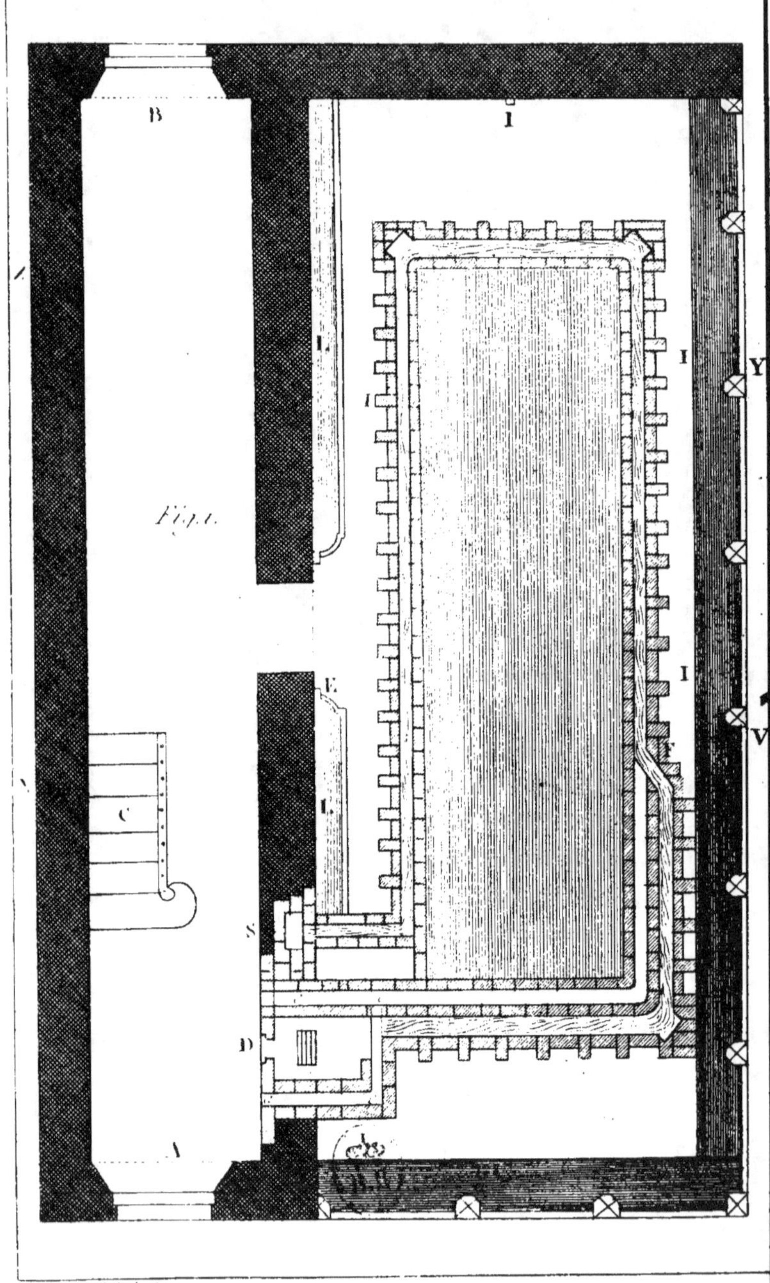
Pl. II. Tome 14. Page 20.
Fig. 1.
B
I
C
D
E
Y
V
F
A

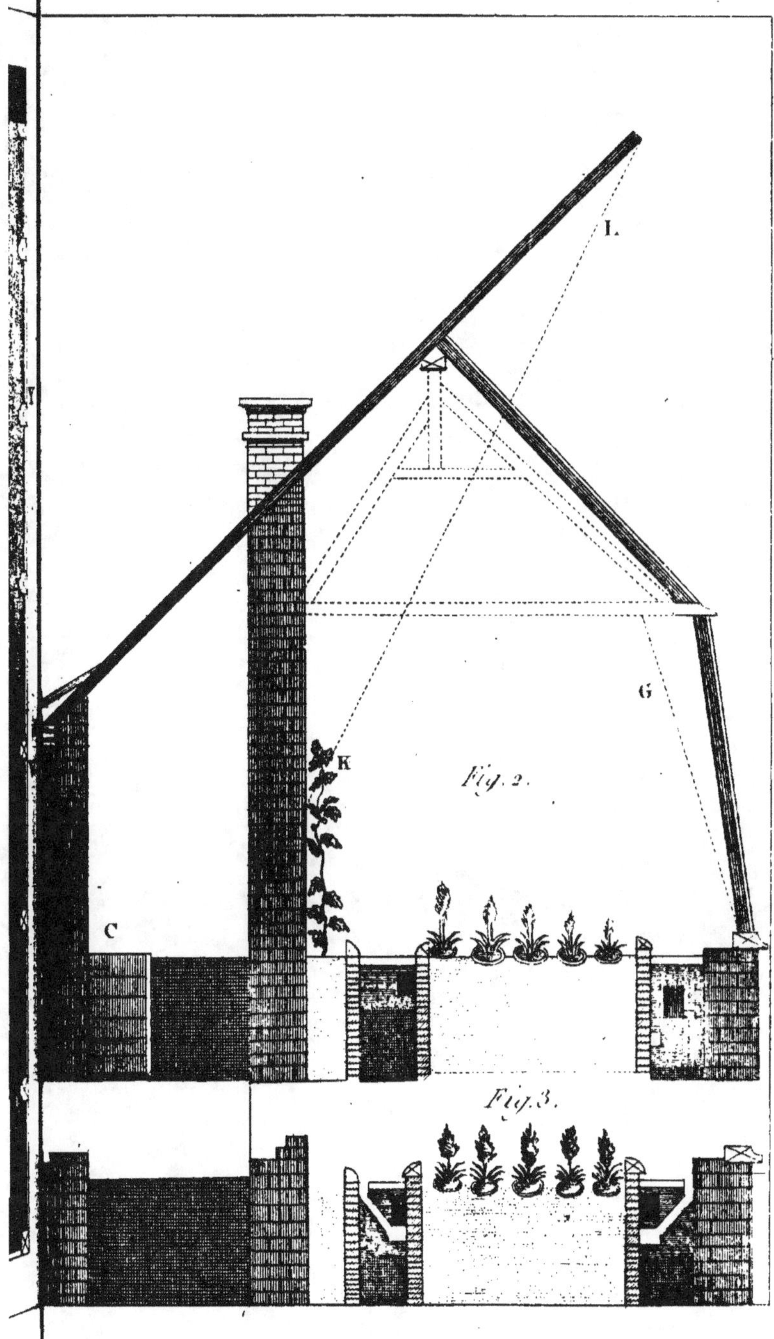

L.
G
K
Fig. 2.
C
Fig. 3.